utb 5018

Eine Arbeitsgemeinschaft der Verlage

Böhlau Verlag · Wien · Köln · Weimar
Verlag Barbara Budrich · Opladen · Toronto
facultas · Wien
Wilhelm Fink · Paderborn
Narr Francke Attempto Verlag · Tübingen
Haupt Verlag · Bern
Verlag Julius Klinkhardt · Bad Heilbrunn
Mohr Siebeck · Tübingen
Ernst Reinhardt Verlag · München
Ferdinand Schöningh · Paderborn
Eugen Ulmer Verlag · Stuttgart
UVK Verlag · München
Vandenhoeck & Ruprecht · Göttingen
Waxmann · Münster · New York
wbv Publikation · Bielefeld

Thomas Wohlgemuth, Anke Jentsch, Rupert Seidl (Hrsg.)

Störungsökologie

Haupt Verlag

Thomas Wohlgemuth ist Leiter der Forschungsgruppe Störungsökologie an der Eidg. Forschungsanstalt WSL in Birmensdorf (Schweiz). Er untersucht die Wiederbewaldung nach Windwurf, Waldbrand und trockenheitsbedingter Mortalität sowie die Verjüngung von Baumarten unter experimentellen Bedingungen. Sein Augenmerk gilt dem Wechselspiel von Störungen und Klimaveränderungen sowie den Auswirkungen auf Waldgesellschaften.

Anke Jentsch ist Professorin für Störungsökologie an der Universität Bayreuth (Deutschland). Sie forscht u. a. zu Störungen und Biodiversität, Naturrisiken und Klimawandel. Der Schwerpunkt ihres wissenschaftlichen Interesses liegt im Verständnis der Dynamik von Ökosystemen und der Resilienz von Lebensgemeinschaften. Ihre Arbeiten umfassen umfangreiche Freilandexperimente in Mitteleuropa zu den Auswirkungen von Wetterextremen auf Ökosystemfunktionen.

Rupert Seidl ist Professor für Waldökosystemmanagement an der Universität für Bodenkultur Wien (Österreich). Er forscht zur Dynamik von Waldökosystemen mit dem Ziel, durch ein verbessertes Verständnis von Störungen und Resilienz zu einem robusten Management von Ökosystemen im globalen Wandel beizutragen. Methodisch entwickelt er dynamische Simulationsmodelle, um vergangene und mögliche zukünftige Änderungen in der Struktur, Zusammensetzung und Funktion des Waldes quantitativ zu beschreiben.

1. Auflage 2019

Bibliografische Informationen der Deutschen Nationalbibliothek:
Die Deutsche Nationalbibliothek verzeichnet diese Publikation in der Deutschen Nationalbibliografie; detaillierte bibliografische Daten sind im Internet über http://dnb.dnb.de abrufbar.

Umschlagsgestaltung: Atelier Reichert, D-Stuttgart
Umschlagsfoto: Thomas Wohlgemuth, CH-Birmensdorf
Satz: Werkstatt Medien-Produktion GmbH, D-Göttingen

Printed in Germany

MIX
Papier aus verantwortungsvollen Quellen
FSC® C083411
www.fsc.org

UTB-Band-Nr.: 5018
ISBN: 978-3-8252-5018-8

Inhaltsverzeichnis

Textboxen

Vorwort

Vielleicht keimte der Gedanke, ein Europäisches Lehrbuch über Störungsökologie zu schreiben, Ende Februar 1990, als die Stürme Vivian und Wiebke über Mitteleuropa hinwegfegten und eine bis dahin ungekannte Zahl an Bäumen in wenigen Stunden zu Boden warfen. Die Ungewissheit über die Ursachen des Waldsterbens der 1980er-Jahre wich der Gewissheit über großflächige und unmittelbare Auswirkungen von Störungen. Und vielleicht führte der noch stärkere Sturm Lothar Ende 1999 zur Einsicht, dass abrupte Veränderungen in langsam wachsenden Wäldern nichts Singuläres, sondern etwas Wiederkehrendes sind. Zugleich wuchs die Wahrnehmung von Störungen als charakteristische Elemente vieler Ökosysteme. Die Stürme schüttelten nicht nur die Bäume aus dem Winterschlaf, sondern weckten viele Forschende in Mitteleuropa auf, sich mit nichtlinearen Entwicklungen in Ökosystemen ebenso zu befassen wie mit den Rhythmen der Vegetationsdynamik. Wer in den 1990er-Jahren den wissenschaftlichen Diskurs in den USA und in Skandinavien verfolgte, stieß schnell auf die neue Disziplin *«Disturbance Ecology»*, die durch richtungsweisende Publikationen in den 1970er-Jahren, wie zum Beispiel über die *Intermediate Disturbance*-Hypothese und die Lückendynamik, befeuert wurde. In Mitteleuropa standen dagegen die Landschaftsökologie und die Untersuchung von Offenlandschaften mit ihren anthropogenen Störungsregimen im Vordergrund. Das änderte sich mit den Sturmereignissen und den darauf folgenden großflächigen Borkenkäfergradationen, wie z.B. im Bayerischen Wald, die vielerorts eine Diskussion über die natürliche Dynamik von Wäldern in Mitteleuropa auslöste. Zwar griff die Erkenntnis um sich, dass das Thema «Störungen» in Mitteleuropa wissenschaftliches Neuland war. Doch dessen Erschließung fiel mit einer gleichzeitigen Internationalisierung der Ökologie zusammen, was vor allem bedeutete, dass die Fachbegriffe dieses neuen Gebiets fast ausschließlich in der wissenschaftlichen Lingua Franca – dem Englischen – existierten.

Die Idee, der Störungsökologie eine deutschsprachige Bühne zu geben, entstand konkret im Februar 2010 durch eine Anfrage von Martin Lind vom Haupt Verlag an Thomas Wohlgemuth. Der Vorschlag des Verlagslektors, das Thema Geobotanik zu bearbeiten, wurde in Richtung Störungsökologie umgelenkt, nicht zuletzt vor dem Hintergrund der 2009 an der ETH Zürich etablierten gleichnamigen Vorlesung. Ein Buchvertrag war rasch unterschrieben, und mehrere Autor*Innen, so auch Anke Jentsch, die seit 2004 an der Universität Bayreuth europaweit die erste Professur für Störungsökologie und Vegetationsdynamik belegt, konnten für die Mitarbeit gewonnen werden. Den guten Vorsätzen folgten aber vorerst wenig Taten. 2013 saß Rupert Seidl von der Universität für Bodenkultur Wien, im Büro von Anke Jentsch, die ihm vom Buchprojekt erzählte. Da sein Interesse groß war, telefonierte sie sogleich in die Schweiz. Nun funkte es. Eine Kapitelstruktur diente uns Dreien der gezielten Suche nach weiteren Kapitelautor*Innen. Im November 2016 traf man sich in Zürich zum gegenseitigen Vorstellen der Manuskripte, die zu diesem Zeitpunkt in einer ersten oder bereits überarbeiteten Fassung vorlagen. Die Fülle an verschiedenen Aspekten der Störungsökologie sowie die Tatsache, dass sich hier wohl zum ersten Mal die Störungsökologie-Gemeinschaft der deutschsprachigen Länder traf, stimmte uns euphorisch. Es dauerte nochmals eineinhalb

Jahre, bis die Texte in ihrer Endfassung dem Verlag übergeben werden konnten. Auf Verlagsseite erhielten wir von Martin Lind über die Jahre hinweg viel Geduld und Verständnis. Ihm sei hier dafür gedankt.

Die heutige Forschung ist stark auf das Publizieren in englischer Sprache ausgerichtet. Wir rechnen es unseren Buchautor*Innen deshalb hoch an, dass sie trotz dem internationalen wissenschaftlichen Wettbewerb die Zeit fanden, ihr Fachgebiet in Deutsch zu präsentieren. Wir hoffen, dadurch die Störungsökologie als Disziplin noch stärker in Mitteleuropa zu verankern. Die Manuskripte der Kapitel und die Textboxen wurden von zahlreichen Fachkolleg*Innen begutachtet. Unser herzlicher Dank dafür geht an Jürgen Bauhus (Albert-Ludwigs-Universität, Freiburg i.Br.), Margret Bunzel-Drüke (Arbeitsgemeinschaft Biologischer Umweltschutz, Soest), Horst Delb (Forstliche Versuchs- und Forschungsanstalt Baden-Württemberg, Freiburg i.Br.), Luuk Dorren (Hochschule für Agrar-, Forst- und Lebensmittelwissenschaften, Zollikofen), Thomas Feistl (Bayerisches Landesamt für Umwelt, München), Kerstin Grant (Bayerische Landesanstalt für Landwirtschaft, Freising), Gernot Hoch (Bundesforschungszentrum für Wald, Wien), Juha Honkaniemi (Natural Resources Institute, Finnland), Jasmin Joshi (Hochschule für Technik, Rapperswil), Markus Kautz (Forstliche Versuchs- und Forschungsanstalt Baden-Württemberg, Freiburg i.Br.), Felix Kienast (Eidg. Forschungsanstalt WSL, Birmensdorf), Thomas Kirisits (Universität für Bodenkultur Wien), Manfred J. Lexer (Universität für Bodenkultur Wien), Marcus Lindner (European Forest Institute, Joensuu), Jürg Luterbach (Justus-Liebig-Universität, Gießen), Jörg Müller (Julius-Maximilians-Universität, Würzburg), Sigrid Netherer (Universität für Bodenkultur Wien), Uwe Riecken (Bundesamt für Naturschutz, Bonn), Gert Rosenthal (Universität Kassel), Christian Scheidl (Universität für Bodenkultur Wien), Andreas Schuck (European Forest Institute, Central Europe Regional Office, Bonn), Thomas Stützel (Ruhr-Universität, Bochum), Willy Tinner (Universität Bern) und Maria-Barbara Winter (Forstliche Versuchs- und Forschungsanstalt Baden-Württemberg, Freiburg i.Br.)

In unseren Institutionen in Birmensdorf, Bayreuth und Wien haben wir Vertrauen und Freiheiten genossen, die eine langfristige Beschäftigung mit einem Forschungsthema sowie den internationalen Austausch ermöglichen. Davon hat dieses Buch stark profitiert, ebenso auch von den wiederholten ideellen und finanziellen Unterstützungen unserer Institute. Hierfür möchten wir uns bedanken.

Ein großer Teil dieses Buches entstand in der Freizeit – ohne das Verständnis unserer Familien wäre die Fertigstellung dieses Projekts nicht möglich gewesen – danke für Eure Unterstützung!

Thomas Wohlgemuth – Anke Jentsch – Rupert Seidl

1 Störungsökologie: Ein Leitfaden

Thomas Wohlgemuth[1], Anke Jentsch[2] und Rupert Seidl[3]

[1] Forschungseinheit Walddynamik, Eidgenössische Forschungsanstalt WSL, Birmensdorf, Schweiz
[2] Bayreuther Zentrum für Ökologie und Umweltwissenschaften (BayCEER), Universität Bayreuth, Deutschland
[3] Institut für Waldbau, Department für Wald- und Bodenwissenschaften, Universität für Bodenkultur Wien, Österreich

1.1 Die Rolle von Störungen in Sukzession und Ökosystemdynamik

Die Störungsökologie hat ihre Wurzeln in der über viele Jahrzehnte entwickelten Vegetationskunde und quantitativen Landschaftsökologie. Seit rund einem Jahrhundert haben sich die Vegetationskunde und die breiter gefasste Geobotanik mit der gesetzmäßigen Abfolge oder Sukzession von Pflanzengemeinschaften beschäftigt (Kratochwil & Schwabe 2001) und dabei Übersichten sowie Charakterisierung von Vegetationseinheiten geschaffen (z. B. Braun-Blanquet 1964, Ellenberg 1996). Der Fokus richtete sich v. a. in Mitteleuropa über lange Zeit auf einzelne Pflanzengemeinschaften in ihrem ökologischen Gleichgewicht an ihren typischen Standorten. Heute bauen viele neue Disziplinen auf diesen Arbeiten auf, u. a. um Reaktionen von Ökosystemen und insbesondere von Pflanzengemeinschaften auf Umweltfaktoren zu untersuchen. Die umfassendere Beschäftigung mit Ökosystemen – vom Individuum über Pflanzengemeinschaften bis zu Vegetationslandschaften – brachte neue Erkenntnisse: dass natürliche Pflanzengemeinschaften dynamische Systeme sind, dass sie eine große räumliche Heterogenität zeigen (Sousa 1984) und dass wiederkehrende Muster zeitlicher Abfolgen im Rahmen der Sukzession auftreten (Clements 1916, Watt 1947, Gurevich et al. 2006, Walker & Wardle 2014). Anzeichen früherer Unterbrechungen der Vegetationsentwicklung wie z. B. Feuernarben oder stehendes Totholz zeugen von vorübergehender Ressourcenveränderung (Davis et al. 2000) und vom Abreißen der ungestörten Sukzessionsabfolge. Sie belegen also die Abweichung (engl. *deviation*) (Odum et al. 1979) vom Normalfall, die kurz als Störung (engl. *disturbance*) bezeichnet wird.

In Nordamerika setzte in den 1970er- und 1980er-Jahren – aufbauend auf frühen Arbeiten – ein Umdenken ein, weg von der klassischen und statischen Sicht der Vegetationstypen hin zu dynamischen und durch Störungen geprägte Pflanzengemeinschaften in der Landschaft (vgl. Kap. 2.1). Hierbei setzten die grundlegenden Synthesen von Levin und Paine (1974), White (1979) und White und Pickett (1985) über die Bedeutung von Störungen für die Vegetationsdynamik neue Standards. Zur selben Zeit erschienen wegweisende Studien über die Artenvielfalt in Abhängigkeit zur Stärke von Störungen (generell: *Intermediate Disturbance*-Hypothese; Grime 1973, Connell 1978). Das Thema Störungen befeuerte in den folgenden Jahrzehnten besonders stark die ökologische Forschung im anglo-amerikanischen Sprachraum und wurde über Kontinente hinweg von Vegetationsökologen aufgegriffen (Abb. 1).

Wie entwickelte sich die Störungsökologie in Mitteleuropa? Die Auswirkung von Störungen war in die Systematik in der Pflanzensoziologie integriert (z. B. Braun-Blanquet 1964, Ellenberg 1996), und ihr Stellenwert wurde mit Begriffen deutlich eingeordnet. So führen Unterbrechungen der normalen Sukzession zu «Sekundärsukzessionen», und als Folge von wiederholten Störungen (als «Störungsregime» bezeichnet), stellen sich «Dauergesellschaften» ein, deren Artenzusammensetzung aus der Toleranz gegenüber wiederkehrenden Störungen hervorgeht. Sekundärsukzession und Dauergesellschaft waren selten Gegenstand tief greifender Untersuchungen in Europa, denn das Hauptinteresse der Forschung galt den in ihrer Artenzusammensetzung «stabilen» Pflanzengemeinschaften.

In Europa setzte die breite wissenschaftliche Auseinandersetzung mit Störungen deutlich später ein als im angloamerikanischen Raum. Dies mag daran liegen, dass in den 1970er-Jahren noch vielerorts die Pflanzensoziologie in der Lehre vorherrschte und ihre Erkenntnisse im aufstrebenden Naturschutz voll entfalten konnte. Die englischen Begriffe *perturbation* und *disturbance* (White 1979) waren in den 1990er-Jahren in Europa noch nicht etabliert, und das deutsche Pendant «Störung» benötigte für seine Einführung z. B. in den Forstwissenschaften viel Überzeugungsarbeit. Das stark negativ konnotierte Wort stieß anfänglich auf starke Ablehnung, die sich mancherorts bis heute hält. Man stellte sich vor, dass jegliche Art von Bewirtschaftungseingriffen als abrupte und räumlich ausgedehnte Erzeugung von Baummortalität, d. h. als Störung, aufgefasst wird, wodurch die Waldwirtschaft mit dieser Begrifflichkeit eine zumindest vordergründig negative Bedeutung erhält (vgl. Kap. 6.1). Doch zunehmend hat sich der Begriff der Störung auch in der Ökosystemforschung Mitteleuropas etabliert (White & Jentsch 2001). Ihre Bedeutung nimmt stetig zu, und der Begriff erhält durch neueste Erkenntnisse der Forschung eine positive Bedeutung, die sich im heute verbreiteten und favorisierten «Prozessschutz» auch naturschutzfachlich widerspiegelt (z. B. Scherzinger 1996, Müller 2015).

Störungen treten in allen Pflanzengemeinschaften auf (vgl. Kap. 2.1) und tragen maßgeblich zur Heterogenität von Ökosystemen in Raum und Zeit bei, wodurch vielen verschiedenen Arten eine Koexistenz ermöglicht wird (vgl. Kap. 3.1). Seit mehreren Jahrzehnten wird auch zur Stabilität von Ökosystemen geforscht, woraus der Begriff der ökologischen Resilienz hervorging, also die Fähigkeit von gestörten Ökosystemen, ihre ursprünglichen Funktionen wiederzuerlangen (vgl. Kap. 3.2). Je nach Auswirkung der auftretenden Störungsregime entwickeln Organismen entsprechende physiologische und morphologische Anpassungen (vgl. Kap. 3.3.).

Die Wälder in Europa sind abiotisch bedingten Störungen wie Feuer (vgl. Kap. 4.1), Wind (vgl. Kap. 4.2) und in Gebirgen Lawinen (vgl. Kap. 4.3) ausgesetzt. Biotische Störungen in diesen Ökosystemen werden häufig durch klimatische Extremereignisse (wie z. B. trocken-heiße Witterung) ausgelöst

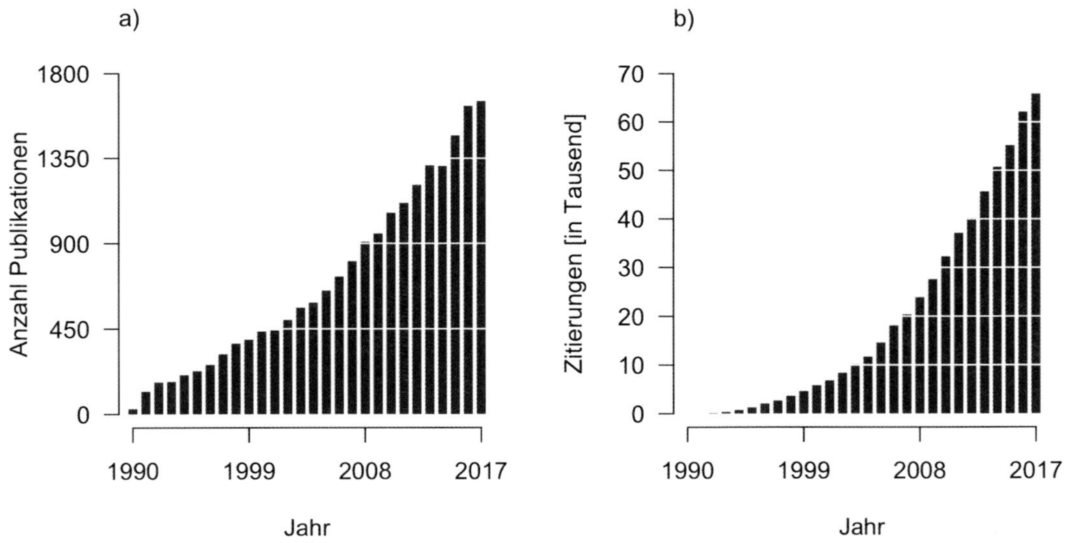

Abb. 1. Anzahl wissenschaftlicher Publikationen pro Jahr, die im Web of Science (WOS) die Suchbegriffe *«disturb* and ecol*»* in der Rubrik *«Topics»* enthalten, von 1990 bis 2017 (a) sowie jährliche Anzahl Zitierungen dieser Publikationen am Abrufdatum 27. 5. 2018 (b).

oder folgen auf bereits erfolgte Störungen (Interaktion), z. B. nach Windwurf. Störungen können dabei klein- und großräumig auch durch Pflanzenkrankheiten (vgl. Kap. 5.1), blattfressende Insekten (vgl. Kap. 5.2) und insbesondere durch Borkenkäfer (vgl. Kap. 5.3) ausgelöst werden und zur Heterogenität der Ökosysteme beitragen. Große Pflanzenfresser ab 50 kg Körpergewicht prägen je nach Populationsgröße die Vegetation unterschiedlich stark (vgl. Kap 5.4).

Den flächenmäßig größten Einfluss auf die aktuelle Vegetation in Europa übt aber der Mensch aus. Praktisch alle Wälder in Europa sind seit Jahrhunderten durch Nutzungen und Ertragsoptimierung in ihrer Struktur und Artenzusammensetzung verändert (vgl. Kap. 6.1). Acker- und Grünlandbewirtschaftung (vgl. Kap. 6.2) bestimmen einen Großteil der Offenlandfläche. In anderen Worten: Der größte Teil der aktuellen Vegetation in Mitteleuropa ist ein Resultat von aktuellen und historischen Störungsregimen (vgl. Kap. 2.2). Alle Ökosysteme sind somit von natürlichen und anthropogenen Störungsregimen geprägt.

1.2 Störung als Ausgangspunkt wichtiger ökologischer Konzepte

In der Forschung entwickelten sich die abrupt stattfindenden Veränderungen von Umweltbedingungen seit den 1980er-Jahren rasch zu einem zentralen Untersuchungsobjekt in der Ökologie (Johnson & Miyanishi 2007). Ein wichtiger Zweig der dynamischen Vegetationsmodellierung verwendet die durch Störung entstandene Lücke, engl. *gap* (Churchill & Hansen 1958, Forcier 1975, Glenn-Lewin & Van der Maarel 1992), als Ausgangspunkt für Waldentwicklungen entlang von ökologischen Gradienten (Kienast & Kuhn 1989,

Bugmann 1996). Neuere Modelltypen integrieren zunehmend Störungen als wichtiges Element der Systemdynamik (Seidl et al. 2011; vgl. Textbox «Störungsmodellierung», S. 344). Die Biodiversitätsforschung erbrachte unzählige Belege für den Einfluss von Störungen auf Artengemeinschaften (z.B. Thom & Seidl 2016, Thorn et al. 2018; vgl. Kap. 3.1). Die positiven Wirkungen von Störungen auf die langfristige Aufrechterhaltung der Heterogenität von Ökosystemen und damit ihre Funktion für die Erhaltung der Biodiversität sind ein weiteres wichtiges Untersuchungsfeld (Kulakowski et al. 2017). Hohe Artenvielfalt und Diversität wiederum vergrößern die Resistenz gegenüber Störungen, hier insbesondere klimatische Extremereignisse wie lange währende Trockenheit sowie Früh- und Spätfrost (Isbell et al. 2015; vgl. Kap. 3.3). Hiermit beschäftigt sich der Forschungszweig der funktionellen Biodiversität (z.B. Hector et al. 2010, Ratcliffe et al. 2017). Daraus entstand die experimentelle Störungsökologie, welche beispielsweise den Einfluss von Wetterextremen und Landnutzungsveränderungen auf Ökosystemfunktionen untersucht (Jentsch et al. 2007). Aus der Psychologie wurde der Begriff «Resilienz» auf Ökosysteme übertragen. Er wurde dabei erstmals im Rahmen der Erholung von nordamerikanischen Tannen- und Fichtenwäldern nach dem Befall durch eine Schmetterlingsart verwendet (Holling 1973). Seither wurde er zu einem Standardbegriff für die Charakterisierung der Regenerationsphase nach Störungen, sowohl bezüglich einzelner Pflanzengemeinschaften als auch bezüglich von Landschaften (vgl. Kap. 3.2).

1.3 Störungsregime im Wandel

In den verschiedenen Vegetationszonen der Erde herrschen unterschiedliche Störungsregime, sowohl klimatisch- als auch nutzungsbedingt (vgl. 2.1). Diese Regime sind zurzeit bedeutenden Änderungen unterworfen. Mit dem Klimawandel ist je nach Vegetationszone mit Veränderungen der Störungsregime und der Extremereignisse (IPCC 2013), darunter Niederschläge und vermehrtes Auftreten von Starkregen und starken Winden, zu rechnen. Generell wärmere Temperaturen führen zu einem größeren Feuerrisiko und verstärkter Insektenaktivität (vgl. Kap. 7.1). Im Rahmen der Einschätzung über die Zu- oder Abnahme von Störungen spielt schließlich das Konzept der Historischen Bandbreite der Ökosystemvariabilität, engl. *historical range of variability* (Landres et al. 1999), eine wichtige Rolle. Mit dem Klima wandelt sich auch die Landnutzung, die sich veränderten Umweltbedingungen anpassen muss. Stärker noch beeinflussen globale Märkte sowie politische Entscheidungen die Landnutzungen in allen Teilen Europas (z.B. die Bioökonomie-Strategie der EU) die Landnutzungen (www.fao.org/forestry/statistics/; European Commission 2017).

Mit der Veränderung von Störungen in Raum und Zeit variiert auch das Risiko im Ökosystemmanagement (vgl. Kap. 8.1). Gegenüber früheren Zeiten sind heute die gesellschaftlich nachgefragten Leistungen von Ökosystemen vielfältiger geworden. Mit dem steigenden Bewusstsein um die Endlichkeit von Arten und Ökosystemen weltweit und dem rasanten Verlust von Artenvielfalt und Habitatsflächen wurden seit dem Rio-Abkommen über die Biodiversität (UN 1992) Anstrengungen unternommen, die Leistungen der

Ökosysteme zu quantifizieren (Hassan et al. 2005; vgl. Kap. 8.2), wobei den Störungsregimen eine wichtige Rolle beigemessen wird.

1.4 An wen richtet sich dieses Buch?

Das vorliegende Lehrbuch vermittelt mit 17 Fachkapiteln einen breiten Überblick über störungsrelevante Forschungsergebnisse aus verschiedenen Disziplinen mit einem räumlichen Fokus auf Mitteleuropa. 31 Expert*Innen von Universitäten und Forschungseinrichtungen im deutschsprachigen Raum haben an dem vorliegenden Lehrbuch mitgewirkt und sorgen für die fachliche Tiefe in den breit gefächerten Themenfeldern der Störungsökologie. Es handelt sich hierbei um das erste deutschsprachige Lehrbuch zum Thema Störungsökologie, wobei wir bewusst die deutsche Sprache verwenden und vielfältige Beispiele aus Mitteleuropa zusammengetragen haben. An den Universitäten werden in der Lehre oft Fachbegriffe direkt aus englischsprachigen Zeitschriftenartikeln übernommen Unser Anliegen ist es, die vielfältigen Aspekte der Störungsökologie – oftmals zum ersten Mal – in die deutsche Sprache zu übersetzen und somit die Störungsökologie noch ein Stück stärker in Mitteleuropa zu verankern. Dazu werden in den Kapiteln einerseits die wichtigsten internationalen Referenzen zitiert, anderseits je nach Fachthema auch lokale Bezüge hergestellt. Somit ist dieses Buch vor allem an die Studierenden, Forschenden und Praktiker*Innen in Deutschland, Österreich und der Schweiz gerichtet. Ebenso ist es für Kolleg*Innen aus angrenzenden Forschungsfeldern interessant, die sich einen Überblick über den Stand der Forschung in der Störungsökologie verschaffen wollen. Wir hoffen, durch das vorliegende Buch einer interessierten Öffentlichkeit im deutschsprachigen Raum die Faszination von ökologischen Störungen näherbringen zu können.

Literatur

- Braun-Blanquet J (1964) Pflanzensoziologie. Grundzüge der Vegetationskunde, 3. Aufl. Springer, Wien, New York. 865 S.
- Bugmann H (1996) A simplified forest model to study species composition along climate gradients. Ecology 77: 2055–2074.
- Churchill ED, Hansen HC (1958) The concept of climax in arctic and alpine vegetation. Bot. Rev. 24: 127–191.
- Clements FE (1916) Plant succession: An analysis of the development of vegetation. Carnegie Institution of Washington, Washington.
- Connell JH (1978) Diversity in tropical rain forests and coral reefs: High diversity of trees and corals is maintained only in a non-equilibrium state. Science 199: 1302–1310.
- Davis MA, Grime JP, Thompson K (2000) Fluctuating resources in plant communities: a general theory of invasibility. J. Ecol. 88: 528–534.
- Ellenberg H (1996) Vegetation Mitteleuropas mit den Alpen in ökologischer, dynamischer und historischer Sicht (5. Aufl.). Ulmer, Stuttgart. 1095 S.
- European Commission (2017) Review of the 2012 European bioeconomy strategy. European Commission, Directorate-General for Research and Innovation: Diretorate F Bioeconomy, Brussels. 84 p.
- Forcier LK (1975) Reproductive strategies and co-occurrences of climax tree species. Science 189: 808–810.
- Glenn-Lewin DC, Van der Maarel E (1992) Pattern and processes of vegetation dynamics. In: Glenn-Lewin DC, Peet RK, Veblen TT (eds) Plant succession. Chapman and Hall, London. pp. 11–59.
- Grime JP (1973) Competitive exclusion in herbaceous vegetation. Nature 242: 344–347.

- Gurevich J, Scheiner SM, Fox GA (2006) The ecology of plants. Sinauer, Sunderland, MA, USA. 574 p.
- Hassan R, Scholes R, Ash N (2005) Millennium Ecosystem Assessment, Vol. 1: Ecosystems and human well-being: current state and trends. Island Press, Washington. 917 p.
- Hector A, Hautier Y, Saner P, Wacker L, Bagchi R, Joshi J, Scherer-Lorenzen M, Spehn EM, Bazeley-White E, Weilenmann M, Caldeira MC, Dimitrakopoulos PG, Finn JA, Huss-Danell K, Jumpponen A, Mulder CPH, Palmborg C, Pereira JS, Siamantziouras ASD, Terry AC, Troumbis AY, Schmid B, Loreau M (2010) General stabilizing effects of plant diversity on grassland productivity through population asynchrony and overyielding. Ecology 91: 2213–2220.
- Holling CS (1973) Resilience and stability of ecological systems. Ann. Rev. Ecol. Syst. 4: 1–23.
- IPCC (2013) Climate Change 2013: The physical science basis. Working Group I contribution to the IPCC fifth assessment report. Cambridge University Press, Cambridge, UK.
- Isbell F, Craven D, Connolly J, Loreau M, Schmid B, Beierkuhnlein C, Bezemer TM, Bonin C, Bruelheide H, De Luca E, Ebeling A, Griffin JN, Guo Q, Hautier Y, Hector A, Jentsch A, Kreyling J, Lanta V, Manning P, Meyer ST, Mori AS, Naeem S, Niklaus PA, Polley HW, Reich PB, Roscher C, Seabloom EW, Smith MD, Thakur MP, Tilman D, Tracy BF, Van Der Putten WH, Van Ruijven J, Weigelt A, Weisser WW, Wilsey B, Eisenhauer N (2015) Biodiversity increases the resistance of ecosystem productivity to climate extremes. Nature 526: 574–577.
- Jentsch A, Kreyling J, Beierkuhnlein C (2007) A new generation of climate – change experiments: events, not trends. Front. Ecol. Environ. 5: 365–374.
- Johnson EA, Miyanishi K (2007) Plant disturbance ecology: the process and the response. Elsevier, Amsterdam. 698 p.
- Kienast F, Kuhn N (1989) Simulating forest succession along ecological gradients in southern Central Europe. Vegetatio 79: 7–20.
- Kratochwil A, Schwabe A (2001) Ökologie der Lebensgemeinschaften: Biozönologie. Ulmer, Stuttgart.
- Kulakowski D, Seidl R, Holeksa J, Kuuluvainen T, Nagel TA, Panayotov M, Svoboda M, Thorn S, Vacchiano G, Whitlock C, Wohlgemuth T, Bebi P (2017) A walk on the wild side: Disturbance dynamics and the conservation and management of European mountain forest ecosystems. Forest Ecol. Manag. 388: 120–131.
- Landres PB, Morgan P, Swanson FJ (1999) Overview of the use of natural variability concepts in managing ecological systems. Ecol. Appl. 9: 1179–1188.
- Levin SA, Paine RT (1974) Disturbance, patch formation and community structure. Proc. Nat. Acad. Sci. USA 71: 2744–2747.
- Müller J (2015) Prozessschutz und Biodiversität: Überraschungen und Lehren aus dem Bayerischen Wald. Natur Landsch. 90: 421–425.
- Odum EP, Finn JT, Franz EH (1979) Perturbation theory and the subsidy-stress gradient. BioScience 29: 349–352.
- Ratcliffe S et al. (2017) Biodiversity and ecosystem functioning relations in European forests depend on environmental context. Ecol. Lett. 20: 1414–1426.
- Scherzinger W (1996) Naturschutz im Wald: Qualitätsziele einer dynamischen Waldentwicklung. Ulmer, Stuttgart. 448 S.
- Seidl R, Fernandes PM, Fonseca TF, Gillet F, Jönsson AM, Merganicová K, Netherer S, Arpaci A, Bontemps JD, Bugmann H, González-Olabarria JR, Lasch P, Meredieu C, Moreira F, Schelhaas MJ (2011) Modelling natural disturbances in forest ecosystems: a review. Ecol. Model. 222: 903–924.
- Sousa WP (1984) The role of disturbance in natural communities. Ann. Rev. Ecol. Syst. 15: 353–391.
- Thom D, Seidl R (2016) Natural disturbance impacts on ecosystem services and biodiversity in temperate and boreal forests. Biol. Rev. 91: 760–781.

- Thorn S, Bässler C, Brandl R, Burton PJ, Cahall R, Campbell JL, Castro J, Choi CY, Cobb T, Donato DC, Durska E, Fontaine JB, Gautier S, Hebert C, Hothorn T, Hutto RL, Lee EJ, Leverkus A, Lindenmayer D, Obrist MK, Rost J, Seibold S, Seidl R, Thom D, Waldron K, Wermelinger B, Winter B, Zmihorski M, Müller J (2018) Impacts of salvage logging on biodiversity: A meta-analysis. J. Appl. Ecol. 55: 279–289.
- UN (1992) Convention on biological diversity, Rio de Janeiro. 30 p.
- Walker LR, Wardle DA (2014) Plant succession as an integrator of contrasting ecological time scales. Trends Ecol. Evol. 29: 504–510.
- Watt AS (1947) Pattern and process in the plant community. J. Ecol. 35: 1–22.
- White PS (1979) Pattern, process, and natural disturbance in vegetation. Bot. Rev. 45: 229–299.
- White PS, Jentsch A (2001) The search for generality in studies of disturbance and ecosystem dynamics. Prog. Bot. 62: 399–449.
- White PS, Pickett STA (1985) Natural disturbance and patch dynamics: An introduction. In: Pickett STA, White PS (eds) The ecology of natural disturbance and patch dynamics. Academic Press, New York. pp. 3–13.

2 Definitionen und Quantifizierungen

2.1 Störungen und Störungsregime

Anke Jentsch[1], Rupert Seidl[2] und Thomas Wohlgemuth[3]

[1] Bayreuther Zentrum für Ökologie und Umweltwissenschaften (BayCEER), Universität Bayreuth, Deutschland
[2] Institut für Waldbau, Department für Wald- und Bodenwissenschaften, Universität für Bodenkultur Wien, Österreich
[3] Forschungseinheit Walddynamik, Eidgenössische Forschungsanstalt WSL, Birmensdorf, Schweiz

Kurzfassung
Die Störungsökologie ist ein Fachgebiet der Ökologie, welches Vegetationsökologie, Ökosystemdynamik und Biogeochemie der Stoffkreisläufe verbindet. Hier werden Inhalte und Themen der Störungsökologie, Definitionen von Störungsereignissen und Störungsregimen, Deskriptoren von Störungsregimen sowie Methoden zur quantitativen Charakterisierung von Störungsarten in Landschaftselementen Mitteleuropas vorgestellt. Elemente der Ökosystemdynamik wie Störungsinteraktionen, Störungszyklen und Störungskaskaden werden eingeführt. Wichtige Skalen der Störungsökologie wie Frequenz und Magnitude von Störungsereignissen werden diskutiert, Sukzessionsvorgänge in Abhängigkeit von Störungen klassifiziert und das Konzept des Dynamischen Gleichgewichts in der Landschaftsökologie erläutert. Die auf Störungen bezogenen Theorien Nischendifferenzierung, Intermediate Disturbance-Hypothese und die Rolle von Störungen für Biodiversität und Produktivität werden erörtert und ausführlicher in nachfolgenden Kapiteln erklärt.

2.1.1 Inhalte und Themen der Störungsökologie

Die Störungsökologie beschäftigt sich mit Ereignissen in Raum und Zeit, mit ihren Rhythmen und ihren ökologischen Auswirkungen. Mit Störungen in Ökosystemen geht oftmals der Verlust oder die Umwandlung lebender Biomasse einher. Erstaunlicherweise gehören zu den großen Themen der Störungsökologie aber auch die Stabilität und die Vielfalt von Ökosystemen sowie deren Funktionen. Entsprechend heißt eine der wichtigsten Erkenntnisse der Störungsökologie: Störungen fördern Biodiversität und ein dynamisches Gleichgewicht (vgl. Kap. 3.1). Alle Ökosysteme werden von den zu ihnen gehörenden Störungsregimen geprägt und durch diese erhalten. Es gibt keine Ökosysteme ohne Störungen. Die Störungsregime prägen ihre

Abb. 1: Störung als diskretes Ereignis: Windwurf in einem der letzten übriggebliebenen Primärwäldern Europas in der Nähe von Uppsala, Schweden. Echte Urwälder sind in Europa fast vollständig durch Wirtschaftswälder oder naturnahe Waldschutzgebiete mit unterschiedlichen Landschaftspflege- und Bewirtschaftungszielen ersetzt worden. (Foto: A. Jentsch)

natürliche Dynamik. Daher geht es in der Störungsökologie sowohl um Resilienz und funktionelle Stabilität (vgl. Kap. 3.2) als auch um Extremereignisse und dauerhafte Veränderungen in Landschaften.

Untersucht werden Störungen meistens auf der Skala von Ökosystemen und Lebensgemeinschaften, oftmals anhand der Vegetation und ihres Beitrags zu den Ökosystemleistungen (vgl. Kap. 8.2). Auf der ganzen Erde entwickeln sich Ökosysteme unterschiedlich, entsprechend den lokalen Standorteigenschaften, die durch abiotische Faktoren wie Wasser, Wärme, Licht, Nährstoffe, Salze, durch mechanische Faktoren wie Wind, Feuer, Schnee, Herbivorie, Mahd sowie durch biotische Faktoren wie Artenpool, biotische Interaktionen und trophische Netzwerke bestimmt werden (vgl. Kap. 2.2). Die Konstanz dieser Faktoren führt zu charakteristischen Artenzusammensetzungen und Lebensgemeinschaften, die den jeweils lokal vorherrschenden Bedingungen am besten angepasst sind. Dabei kann es sich z.B. ebenso um geschlossene Primärwälder handeln, die von menschlicher Nutzung unbeeinflusst sind (Abb. 1), als auch um Halbtrockenrasen, die durch Beweidung mit Nutztieren entstanden sind.

Über längere Zeiträume beeinflusst die Vegetation wiederum auch die statischen und dynamischen Standorteigenschaften, insbesondere Bodenbildungsprozesse und Mikroklima, aber auch die Störungsregime. So verringert eine ganzjährig geschlossene Vegetationsdecke Erosionsprozesse oder reduziert die Infiltration von Regenwasser in den Boden. Die Vegetationsstruktur beeinflusst die Witterung und auf größeren räumlichen Skalen auch das Klima ganzer Regionen. Ebenso kann die Invasion von einzelnen Pflanzen- und Tierarten, die als Ökosystem-Ingenieure wirken, zur Veränderung eines Störungstyps oder gar eines Störungsregimes führen (vgl. Textbox «Ökologische Neuartigkeit», S. 366). Vegetation, Klima und Störungen stehen somit in einem dynamischen Austausch miteinander und beeinflussen sich gegenseitig.

In Europa gehören zu den typischen natürlichen Störungen Windwurf, Feuer, Überflutung (Abb. 2), Insektenmassenvermehrung, Schneebruch, Spätfrost, Starkregen, Dürren und Hitzewellen. Zu den typischen anthropogenen Störungsregimen der Kulturlandschaften gehören die verschiedenen Formen der Offenlandnutzung wie Mahd und Beweidung, Holzeinschlag in Wäldern oder die Lenkung der Auendynamik.

Wie können Ereignisse definiert und zeitliche Dynamiken in Landschaften quantifiziert werden, welche die Ökosysteme, Lebensgemeinschaften und Populationen kurzfristig rasch und stark verändern, aber diese gleichzeitig auch langfristig in ihrem typischen Charakter prägen und erhalten? Wie also können Störungen und Störungsregime definiert werden?

Abb. 2: Überflutungsregime in Auenlandschaften gehen mit verschiedenen Niederschlagsrhythmen und -magnituden einher. Das «Jahrhundert-Hochwasser» an der Elbe 2003 veränderte die normale Auendynamik, die landschaftlichen Muster und die Möglichkeiten von Infrastruktur und Grünlandnutzung. (Foto: UFZ)

2.1.2 Definition von Störungsereignissen und Störungsregimen

Störungen werden sowohl relativ als auch absolut definiert (White & Jentsch 2001). Eine Störung wird in der *relativen Definition* als ein Ereignis beschrieben, welches eine Abweichung von der normalen Dynamik eines Ökosystems darstellt. Diese Abweichung wurde in der klassischen Literatur unterschiedlich bezeichnet, z.B. engl. als *deviation* (Odum et al. 1979) oder *perturbation* (Pickett & White 1985). Dabei werden Störungen als jene Ereignisse verstanden, welche die charakteristischen Prozesse des Ökosystems verändern, also z.B. die Unterbindung von Bränden in den Grasländern und Wäldern des Mittelmeerraums oder die Unterlassung von Beweidung in Halbtrockenrasen. Andere Ereignisse, die für das Ökosystem charakteristisch sind, wie etwa Brände in borealen Wäldern, Schneedruck in alpinen Hochstaudenfluren während des Winters oder das Umstürzen eines Baumes in einem alten Wald, werden nach der relativen Definition nicht als Störung verstanden.

Die relative Definition von Störungen ist jedoch aus drei Gründen problematisch: Sie geht von der Annahme aus, dass wir die «normale» Dynamik von Ökosystemen kennen und damit zwischen Stabilität, also die Fortdauer der dynamischen Muster, und Diskontinuität, also die Fluktuation innerhalb von festgelegten Grenzen, unterscheiden können. Hierfür müsste die statistische Häufigkeit von Störungen in Raum und Zeit bezüglich einer festgelegten Referenzperiode bekannt sein. Des Weiteren müsste von einem statischen System ausgegangen werden, bei dem die Umweltfaktoren vorübergehend oder auch längerfristig gleichbleiben. Angesichts des rasanten globalen Wandels mit Landnutzungsänderungen, Stickstoffdeposition, Klimawandel und Invasionsprozessen ist diese Perspektive, die noch in der zweiten Hälfte des 20. Jahrhunderts vorherrschte, jedoch ebenso hinfällig geworden wie das Konzept der statischen, potenziellen natürlichen Vegetation (PNV; Tüxen 1956), wonach sich Ökosysteme ohne Störungen idealerweise zu charakteristischen Endstadien entwickeln (Chiarucci et al. 2010). Neuere Studien legen jedoch nahe, dass sich Pflanzengemeinschaften nach Störungen wie z.B. Wetterextremen z.T. stochastisch verhalten und es zu ganz verschiedenen Sukzessionsverläufen mit unterschiedlichen Artenzusammensetzungen kommen kann (Kreyling et al. 2011). Werden Störungen relativ definiert, ist auch ein Vergleich der Störungs- und Regenerationsdynamik zwischen Ökosystemen nicht mehr möglich. Aus diesen und anderen Gründen wird heute in der Störungsökologie weitgehend eine absolute Definition verwendet.

Eine Störung wird in der *absoluten Definition* als eine messbare, abrupte Veränderung von Zustandsgrößen des Ökosystems bezeichnet, egal ob diese Veränderungen periodisch oder nur episodisch auftreten, ob sie vorhersagbar sind oder überraschend geschehen. Alle Feuerereignisse in mediterranen Wäldern sind damit Störungen, unabhängig von ihrer Intensität oder Frequenz. Unmittelbare Folge einer Störung ist hier der Verlust von Biomasse (Grime 1979) oder die rasch veränderte Verfügbarkeit von Ressourcen (White & Pickett 1985, Davis et al. 2000). In der absoluten Definition wird Störung also über eine einheitliche Währung (engl. *common currency*) definiert, z. B. Biomassereduktion (Grime 1979), Ressourceneintrag (z. B. Sousa 1984, Tilman 1985) oder Dominanzminderung von Arten (z. B. Wohlgemuth et al. 2002). Gemessen werden die Auswirkungen der Störung, z. B. auf die Vegetationsstruktur. Diese absolute, mechanistische Definition von Störung erfordert keine weitere Spezifikation von Attributen, wie die Unterscheidung zwischen menschlicher und natürlicher Ursache. Demnach ist eine Störung ein diskretes Ereignis in der Zeit, welches quantitative und qualitative Veränderungen in einer Lebensgemeinschaft verursacht und die Ressourcenverfügbarkeit oder die physikalische Umwelt beeinflusst (Pickett & White 1985). Meist geht damit der Verlust von Biomasse einher.

Als **Definition für das Lehrbuch Störungsökologie** schlagen wir entsprechend vor:

Definition Störungsereignis

Störungen sind zeitlich und räumlich diskrete Ereignisse, die zum Verlust von lebender Biomasse führen und die Verfügbarkeit von Ressourcen in Lebensgemeinschaften verändern.

Die charakteristischen Eigenschaften eines Störungsereignisses sind ein abrupter Anfang, die Dauer und die Stärke (Abb. 3). Die Dauer einer diskreten Störung ist kurz relativ zur Lebensspanne, Reproduktionsrate, Wachstumsrate oder Sukzessionsrate einer Art oder eines Ökosystems. Die Abruptheit eines Störungsereignisses ergibt sich aus seiner Stärke als Funktion der Dauer. Die Stärke kann als die anteilige Veränderung eines Parameters, z. B. der Verlust von Biomasse, gemessen werden. Prozesse, die kontinuierlich und ohne direkten Einfluss auf die Ökosystemstruktur wirken, werden als Stress und nicht als Störungen bezeichnet. Prozesse, die über lange Zeiträume wirken, keinen Ereignischarakter aufweisen und/oder keinen Biomasseverlust nach sich ziehen, werden als Umweltvariabilität und nicht als Störung bezeichnet.

Im Gegensatz zu einzelnen Störereignissen beschreibt das Störungsregime einer Landschaft die zeitliche und räumliche Dynamik aller Störungen sowie deren Interaktionen über einen längeren Betrachtungszeitraum hinweg (Turner 2010).

Definition Störungsregime

Das Störungsregime beschreibt die zeitliche und räumliche Dynamik aller in einer Landschaft wirkenden Störungen sowie ihrer Interaktionen über einen längeren Zeitraum hinweg.

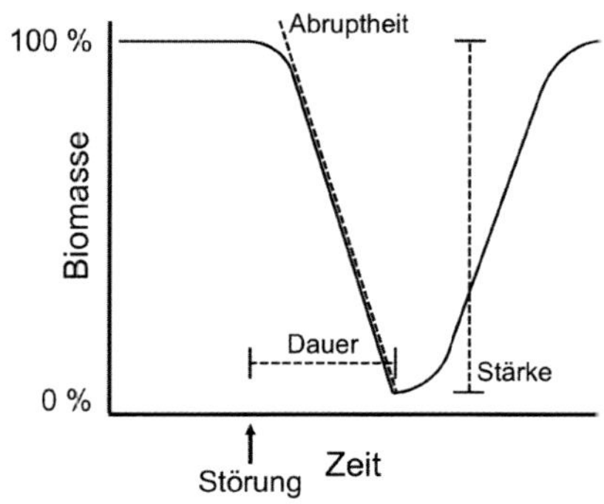

Abb. 3: Drei Kriterien für die Definition eines Störungsereignisses: 1) Diskreter Anfang und Dauer (Abruptheit), 2) kurze Dauer relativ zur Lebensspanne der dominanten Organismen oder Ökosysteme und 3) Stärke/Magnitude als anteilige Veränderung einer Messgröße, wie z. B. Biomasse (White & Jentsch 2001).

Die Elemente eines Störungsregimes sind die Art der Störungen, räumliche und zeitliche Charakteristika, Magnitude (Stärke), Spezifität und Interaktion mit anderen Störungen (Sousa 1984, White & Pickett 1985, Moloney & Levin 1996, White & Jentsch 2004). Räumliche Eigenschaften schließen die Fläche, Form und räumliche Verteilung von Störungen mit ein. Zeitliche Charakteristika betreffen die Dauer, Häufigkeit, Saisonalität und das Wiederkehrintervall von Störungen. Die Magnitude beinhaltet die Intensität oder physikalische Kraft der Störung selbst sowie die Stärke der Einflüsse auf das Ökosystem. Die Spezifität beschreibt die Selektivität von Störungen bezüglich Arten, Größenklassen, Flurstücken oder des Sukzessionsstadiums. Synergismen schließen die Interaktionen zwischen verschiedenen Störungsarten ein (vgl. Textbox: «Störungsinteraktionen»). Die wichtigsten Parameter zur Charakterisierung von Störungsregimen sind in Tab. 1 zusammengefasst.

Wird die Häufigkeit einer Störung relativ zur Lebensspanne und zur Wachstumsrate der dominanten Organismen quantifiziert, so können allgemeingültige Abläufe erkannt werden, womit ein Vergleich zwischen verschiedenen Ökosystemen möglich wird. Relativ gesehen sind die räumlichen und zeitlichen Muster von Störung und Regeneration auf verschiedenen Maßstäben und in verschiedenen Landschaften ähnlich.

Nicht-räumliche Faktoren wie Häufigkeit und Magnitude (Stärke oder Intensität) einer Störung bestimmen die unmittelbaren Auswirkungen des Ereignisses auf Ressourcen und Mitglieder einer Lebensgemeinschaft. Sie bestimmen z.B., wie stark die Artenzusammensetzung oder der Nährstoffhaushalt durch eine Störung verändert werden und welche Sukzessionsstadien während der Regenerationsphase ablaufen, bis sich die ursprüngliche Situation wieder einstellt. Die Stärke von Störungen wird je nach Typ unterschiedlich bemessen. So werden beispielsweise für die Stärke von Bränden (engl. *fire severity*) vier Grade unterschieden (Keeley 2009): *scorched* (Blattfall wegen Hitze), *light* (Streu am Boden ist verkohlt, Bäume und Humusschicht sind intakt), *moderate* bis *severe* (Teile des organischen Bodens sowie Kräuter und Sträucher sind verkohlt, einzelne Bäume sind abgestorben) und *deep burning/crown fire* (Bäume sind großflächig abgestorben). Bei Wirbelstürmen ist eine 5-teilige Skala üblich, bei Erdbeben die nach oben offene Richter-Skala.

Für die Mechanismen der Erholung der Vegetation nach einer Störung und für die langfristige Dynamik des Ökosystems sind besonders räumliche Faktoren wie z.B. die Größe, Verteilung und Form von Störungen von großer Bedeutung. Die Größe und Form einer Störfläche bestimmen beispielsweise die Rolle der Matrix- oder Randvegetation bei der Wiederbesiedlung. Diese ist am größten bei linearen Störungen wie Überflutungen. Des Weiteren treten Störungen in Raum und Zeit vielfach nicht unabhängig voneinander auf. Die Größe, die Form und die räumliche Interaktion der einzelnen Störungen bestimmen die Rate, in der gestörte Flächen wieder besiedelt werden, und letztlich die Struktur des Landschaftsmosaiks. Somit sind auch die räumlich-zeitlichen Abhängigkeiten zwischen Störungen ein wichtiger Aspekt in der akkuraten Beschreibung von Störungsregimen (vgl. Textbox «Quantifizierung von Störungsregimen»).

Tab. 1: Komponenten eines Störungsregimes (vgl. Textbox «Quantifizierung von Störungsregimen») nach Moloney und Levin (1996), Paine et al. (1998) und Turner (2010). Zu den nicht-räumlichen Komponenten zählen Frequenz und Intensität der Störung, zu den räumlichen Komponenten Größe und Form der Störung, zu den raum-zeitlichen Komponenten von Störungsinteraktionen die Synergismen und Kaskaden.

Indikator	Beschreibung
Räumlich	
Ausdehnung, Verteilung	Flächengröße, Form und Verteilung der von Störungen betroffenen Bereiche: z. B. Größe der von Windwurf betroffenen Waldflächen
Form	Form der von Störungen betroffenen Flächen: z. B. fraktale Dimension der von Windwurf betroffenen Waldflächen; linearer Überschwemmungsverlauf
Zeitlich	
Frequenz	Mittlere Anzahl der Ereignisse in einer definierten Zeitspanne: z. B. trifft ein großes Windwurfereignis eine bestimmte Fläche alle 100 Jahre, woraus sich eine Störfrequenz von 0,01 ergibt
Wiederkehrintervall	Mittlere Anzahl der Jahre zwischen zwei Ereignissen: z. B. 100 Jahre zwischen zwei Störungsereignissen
Magnitude	
Intensität	Physikalische Energie eines Ereignisses pro Flächeneinheit und Zeiteinheit: z. B. maximale Windgeschwindigkeit während eines Sturmes in m/s
Stärke	Ökologischer Effekt innerhalb der von einer Störung betroffenen Fläche: z. B. einzelne vom Wind geworfene Stämme vs. flächige Baummortalität durch Wind; % der zerstörten Biomasse
Raum-zeitlich	
Störungsinteraktionen (engl. *linked disturbance*)	Kausaler Zusammenhang zwischen zwei Störungen: z. B. steigendes Risiko von Borkenkäfer-Massenvermehrungen nach Windwurf
Störungskaskaden (engl. *compound disturbance*)	Potenzierende Effekte zwischen zusammenfallenden Störungsereignissen, die zu unerwarteten Ergebnissen führen können; z. B. der Föhnsturm «Uschi» (2002) in den Alpen und die darauffolgende Hitzewelle 2003, welche zu einer Borkenkäfermassenvermehrung bis in die subalpine Höhenstufe geführt haben

Die Quantifizierung von Störungsregimen in dynamischen Landschaften

In der Praxis ergeben sich für Störungsökologen vielfältige Herausforderungen, z. B. aus der Vielfalt der Störungstypen und Standortfaktoren: Neben den abiotischen Standortfaktoren **Klima** (z. B. Niederschlagsmenge, Temperatur, Strahlung, Saisonalität, Mikroklima, zeitliche Rhythmen, Extremereignisse), **Relief** (z. B. Hangrichtung und -neigung, Reliefposition), **edaphische Faktoren** (Bodentyp, Verfügbarkeit von Nährstoffen und Wasser) und **biotische Wechselwirkungen** (Konkurrenz, Herbivorie, Mykorrhizierung, Mikroorganismen) sind besonders **natürliche** und **anthropogene Störungen** (z. B. Überflutung, Feuer, Mahd, Beweidung, Befahrung) bestimmend für das Arteninventar, die Bestandsstruktur und die Populationsdynamik der Arten eines Standortes. Dieses prägende Störungsregime gilt es zu kategorisieren und zu quantifizieren.

Um den Einfluss der landschaftlichen Dynamik auf die Vegetation eines Standortes zu quantifizieren, ist zunächst die vorherrschende Landnutzung der verschiedenen Landschaftselemente zu beschreiben. Neben der Nutzungsart (z. B. Mahd) spielen aber auch deren Häufigkeit (z. B. Schnitte pro Jahr), die Intensität (z. B. Mahdhöhe) und der Zeitpunkt (z. B. Frühjahr oder Spätsommer) eine wichtige Rolle. Zusätzlich zur menschlichen Nutzung wirken ebenso natürliche Störungen (z. B. Erosion, Überschwemmung, extreme Trockenheit). Entsprechend kann ein Kartierungsschlüssel für Landschaftsdynamik und Störungsregime zur Anwendung gebracht werden (Tab. 1; vgl. Buhk et al. 2007), welcher sowohl natürliche als auch anthropogene Störungen erfasst und diese sowohl verbal typisiert als auch quantitativ kategorisiert. Die Gesamtheit aller vorkommenden Störungstypen mit ihren räumlichen und zeitlichen Eigenschaften ergibt das Störungsregime einer Landschaft.

Anke Jentsch, Bayreuther Zentrum für Ökologie und Umweltwissenschaften (BayCEER), Universität Bayreuth, Deutschland

Abb. 1: Anthropogene Störungsregime stellen die prägende Landnutzung in europäischen Kulturlandschaften dar: z. B. das Nebeneinander von Waldnutzung, Ackerbau, Weinbau und Weidenutzung in Italien. (Foto: A. Jentsch)

Tab. 1: Elemente zur Charakterisierung von typischen Störungsarten in typischen Landschaftselementen in Mitteleuropa (Kartierungsschlüssel).

A) Typische (natürliche und anthropogene) Landschaftselemente in Europa

(1) Nadelwald, (2) Laubwald, (3) Mischwald, (4) Wiese, (5) Weide, (6) Acker, (7) Brachfläche, (8) Fließgewässer, (9) Stillgewässer, (10) Weg/Straße, (11) Siedlung, (12) Hecke, (13) Blockschutthalde, (14) Quelle.

Diese Landschaftselemente können z. B. im Rahmen von landesweiten Schlüsseln zur Biotopkartierung näher charakterisiert werden.

B) Typische (natürliche und anthropogene) Störungsarten in Europa

1) Mahd, (2) Beweidung, (3) Tritt, (4) Holzeinschlag, (5) Windbruch, (6) Bodenbearbeitung/Bioturbation, (7) Überflutung, (8) Austrocknung, (9) Bodenverdichtung, (10) Brand, (11) Pestizideinsatz, (12) Nährstoffeintrag

C) Quantifizierung der Störungsart pro Landschaftselement

Zeitlicher Aspekt der Störung		**Räumlicher Aspekt der Störung**	
Frequenz	Jahrhundert(e)	*Größe*	punktförmig/linear
	Jahrzehnt(e)		25 % des Areals
	jährlich		50 % des Areals
	2x pro Jahr		75 % des Areals
	3x pro Jahr		ganzes Areal
	>3x pro Jahr		linear
	ständig diffus		flächig
	ständig intensiv		punktförmig
			homogen
Saisonalität	1. Quartal		heterogen
	1. und 4. Quartal		
	1.–3. Quartal	**Selektivität der Störung**	
	1.–4. Quartal		keine
	2.–3. Quartal		Alter
	2.–4. Quartal		Arten
	3. Quartal		Standort
	3.–4. Quartal		Flurgrenze
	4. Quartal		
Dauer	<1 Tag		
	<1 Woche		
	<1 Monat		
	<1 Jahr		
	>1 Jahr		

Literatur

- Buhk C, Retzer V, Beierkuhnlein C, Jentsch A (2007) Predicting plant species richness and vegetation patterns in cultural landscapes using disturbance parameters. Agr. Ecosyst. Environ. 122: 446–452.

Störungsinteraktionen, Störungszyklen, Störungskaskaden

Nachdem ein Störungsereignis stattgefunden hat, gibt es verschiedene Möglichkeiten der Ökosystemdynamik. Eine Störung kann entweder 1) keine Auswirkungen auf weitere Störungsereignisse haben, 2) Ereignisse desselben Typs nach sich ziehen, 3) Ereignisse desselben Typs verhindern oder 4) neuartige Störungen auslösen.

1. Ohne weitere Folgestörungen findet nach einer Störung die Erholung (engl. *recovery*) statt, die je nach Standort mit verschiedenen Dynamiken und Sukzessionsverläufen einhergehen kann.
2. Wiederholen sich Störungsereignisse desselben Typs in enger zeitlicher Folge, so ist Erholung kaum möglich. Im ausgelenkten Zustand bildet sich ein quasi-stabiles Pionierstadium, wie z.B. in Lawinenrinnen in Hanglagen oder in Äckern mit regelmäßigem Bodenumbruch. Es besteht also ein positives, verstärkendes Feedback zwischen Störungen.
3. Verbrauchen Störungsereignisse Ressourcen wie z.B. bei einem Brand brennbare Biomasse, so verhindert das vorübergehende Fehlen der Ressourcen für eine gewisse Zeit eine Wiederholung desselben Ereignisses. Es besteht also ein negatives, dämpfendes Feedback zwischen Störungen (Wilson & Agnew 1992).
4. Lösen Störungsereignisse weitere, andere Störungsereignisse aus, so entstehen Störungsregime mit Störungsinteraktionen. Diese Interaktionen (engl. *linked disturbances* und *compound disturbances*) können in relativ gut vorhersagbaren iterativen oder zirkulären Zyklen (engl. *disturbance loops*) stattfinden, so z.B. Borkenkäfergradationen nach Windwürfen. Sie können aber auch kaum vorhersagbare Kaskaden, die in einem Domino-Effekt weitere Störungsereignisse (engl. *disturbance cascades*) auslösen, zur Folge haben.

Störungsinteraktionen aller Art können durch folgende Parameter genauer charakterisiert werden:

1. Anzahl an kausalen Verbindungen (engl. *hierarchical links*) zwischen aufeinanderfolgenden Störungsereignissen.
2. Art der Interaktionen (engl. *trajectory pattern*), z.B. zirkulärer Störungszyklus (engl. *disturbance loop*) oder Störungskaskade mit Kettenreaktion (engl. *disturbance cascade*).
3. Grad der deterministischen Vorhersagbarkeit der Störungsinteraktionen, z.B. bezüglich der Art und Abfolge an Störungsereignissen: hoch oder gering.
4. Wiederkehrintervall des Musters der Störungsinteraktionen, z.B. jährlich, alle paar Jahre, alle paar Jahrzehnte, alle paar Jahrhunderte.

Der Anteil vorhersagbarer und wahrscheinlicher Interaktionen zwischen Störungsereignissen kann als Maß der Komplexität des Interaktionsnetzwerkes gelten. Oft ist die Vorhersagbarkeit eines weiteren Störungsereignisses direkt nach einer extrem starken Störung am geringsten, da ein Extremereignis den Zustand größtmöglicher Abweichung des Ökosystems von der Referenzdynamik bewirkt. Dieser geht oftmals mit einer größeren Zeitspanne einher, bevor das nächste Störungsereignis stattfindet.

Störungszyklen zeigen oft ökosystemtypische Wiederkehrintervalle, die von Regenerationszeiträumen abhängen und das entsprechende Biom charakterisieren. **Störungskaskaden** finden dagegen selten in ähnlicher Weise erneut statt, da sie oftmals von räumlichen Konfigurationen abhängen, die unvorhersagbar sind und selten wiederholt stattfinden. Störungsinteraktionen, welche Störungskaskaden mit Kettenreaktionen beinhalten, können auch durch zeitliche Parameter wie z.B. die Länge der Intervalle zwischen Ereignissen, durch räumliche Paramater wie z.B. lokale bis überregionale Auswirkungen oder durch trophische und organisatorische Dimensionen wie z.B. organismische bis landschafts- oder biomübergreifende Auswirkungen charakterisiert werden. Die zeitlichen Intervalle zwischen einzelnen Ereignissen von Störungsinteraktionsnetzen können sich verkürzen, verlängern oder gar kein Muster zeigen. In der Praxis ist es besonders wichtig, die Wahrscheinlichkeit serieller Störungsereignisse zu beurteilen und durch Kooperation mit Wissenschaftler*Innen die Vorhersagbarkeit von einzelnen Ereignissen zu verbessern. Typische Beispiele von Störungsinteraktionen in zirkulären Störungskreisläufen sind Windwurf, Insektenkalamitäten und Feuer in borealen Wäldern, aber auch das Phänomen des Waldsterbens in Mittel-, Nord- und Osteuropa (Abb. 1). Typische Beispiele von Störungsinteraktionen in Kaskaden mit Domino-Effekt sind Starkregen, Hangrutschung, Überflutung, Erosion und Zerstörung von Infrastruktur in temperaten Kulturlandschaften.

Störungsinteraktionen, deren Verlauf von Vor- oder Randbedingungen abhängig sind, können durch gezieltes Management verändert oder abgewendet werden. So wird in mediterranen Wäldern zurzeit verbreitet die brennbare Biomasse reduziert, um den Verlauf von Bränden zu verändern (vgl. Kapitel 4.1). Feuerschneisen verhindern das Übergreifen von Flammen auf benachbarte Bestände und damit die Entstehung von Großbränden. Gezieltes Abbrennen von kleinen Flächen (engl. *prescribed burning*) soll den Ausbruch größerer Brände verhindern. Auch die Entfernung von Totholz nach Windwurf (Abb. 2) dient dazu, dem Borkenkäfer das Brutmaterial zu entziehen. Eine solche Rückkopplung kann die Zeit zwischen Störungsereignissen verlängern.

Abb. 1: Waldsterben – ein geschädigter Hochlagenbestand am Nusshardt im Fichtelgebirge (Deutschland). Schadstoffemissionen führten über Jahrzehnte zu «saurem Regen», der den kalkarmen Boden versauerte, was bei verschiedenen Baumarten physiologische Schäden verursachte. In extrem trockenen Sommern starben viele der bereits geschwächten Bäume ab, was weitere Störungsereignisse auslöste. Nach Einführung von Katalysatoren für Personenfahrzeuge und der Reduktion der Schwefelemissionen in Schwerindustrieanlagen gilt das Waldsterben seit 2003 als beendet. (Foto: A. Jentsch)

Abb 2: Windwurf – ein Störungsereignis, welches in kurzer Zeit große Mengen an toter Biomasse produziert und so oftmals zu weiteren Störungen führt, wie z. B. Borkenkäferbefall (im Bild Wälder im Entlebuch, Schweiz) oder Pilzbefall und Feuer. (Foto: A. Bürgi, WSL)

Sowohl Interaktionen als auch Rückkopplungen können nur anhand der Störungsgeschichte einer Landschaft eingeordnet werden (vgl. Textbox «Quantifizierung von Störungsregimen»). Oft fehlen jedoch die Daten für viele biotische und abiotische Parameter und Aufzeichnungen über die historischen Ereignisse.

Anke Jentsch[1], **Phil J. Burton**[2] und **Lawrence R. Walker**[3]

[1] Bayreuther Zentrum für Ökologie und Umweltwissenschaften (BayCEER), Universität Bayreuth, Deutschland

[2] University of Northern British Columbia, Prince George BC, Kanada

[3] Department of Life Sciences, University of Nevada, Las Vegas, NV, Vereinigte Staaten von Amerika

Literatur

- Wilson JB, Agnew ADQ (1992) Positive-feedback switches in plant communities. Adv. Ecol. Res. 23: 263–336.

2.1.3 Die relevanten Skalen der Störungsökologie

Zur Bedeutung von Störungen für die Dynamik von Landschaften sowie für den Erhalt von Biodiversität und Ökosystemfunktionen sind verschiedene Konzepte und Hypothesen entwickelt worden. Diese können in ihrer Aussagekraft entlang der relevanten Skalen der Störungsökologie organisiert werden (White & Jentsch 2001): Räumlich interessieren die Kategorien «Kleinfläche» (engl. *patch*) und «Landschaft» (engl. *landscape*), zeitlich die Kategorien «Ereignis» (engl. *event*) und «Regime» (engl. *regime*).

Bei den Auswirkungen einer Störung innerhalb des gestörten Bereiches interessieren insbesondere die Änderung der Ressourcenverfügbarkeit, der Dominanzmuster und die organischen Reste. Diese beeinflussen die Mechanismen und die Geschwindigkeit der Erholung nach einer Störung. Auf landschaftlicher Ebene werden die Auswirkungen von Störungen auf die Biodiversität, die Ökosystemfunktionen und das dynamische Gleichgewicht untersucht. Außerdem interessieren die Wechselwirkungen zwischen Störungen. Auf allen Skalen interessieren die funktionellen Eigenschaften von Arten, welche die Anpassungen an die gesamte raum-zeitliche Dynamik darstellen.

Störungsfrequenz und Magnitude

Häufigkeit und Ausmaß von Störungen sind oft invers miteinander korreliert (Abb. 4), was auch als Frequenz-Areal-Potenzgesetz (engl. *frequency-area-power law*) im Auftreten von Waldbränden beschrieben wurde (Malamud et al. 2005). Zahlreiche Beobachtungen legen nahe, dass Ereignisse von geringem Ausmaß häufig auftreten (z.B. Bioturbation oder Kryoturbation), Ereignisse von großem Ausmaß dagegen selten

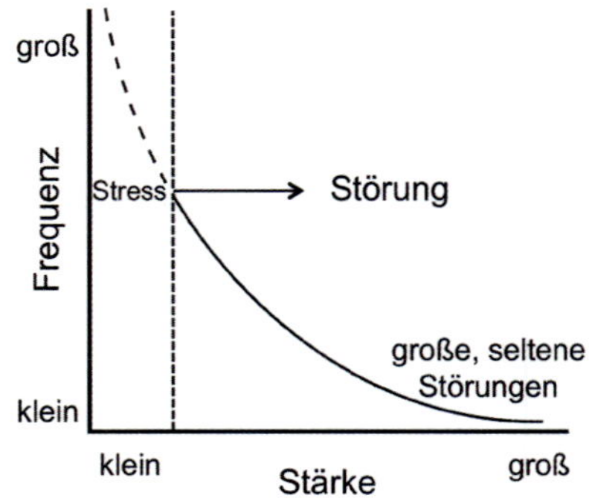

Abb. 4: Stärke und Häufigkeit von Störungsereignissen verhalten sich oft umgekehrt proportional, wobei starke Störungsereignisse in der Regel selten sind, da es Zeit für die Regeneration braucht, bis genug Ressourcen für das nächste Störungsereignis bereitstehen. Ereignisse von äußerst geringer Stärke (links der gestrichelten Linie) werden in der Regel nicht als Störung, sondern als Stress bezeichnet (White & Jentsch 2001).

(z.B. Feuer und Windwurf). Dies gilt insbesondere für Störungsregime, bei denen der Zustand des Ökosystems, z.B. das Vorhandensein brennbarer Biomasse, eine entscheidende Vorbedingung für das Zustandekommen des nächsten Ereignisses darstellen. Feuerregime, forstliche Holznutzung oder Mahdrhythmen in Offenlandschaften zeigen typischerweise eine solche ökosystem-spezifische Rückkopplung.

Die Unterdrückungs-Hypothese (engl. *suppression hypothesis*) besagt, dass Störungsereignisse umso stärker werden, je mehr und je öfter ihr Auftreten unterdrückt wurde. Im Fall von Feuerregimen kann die durch Feuerbekämpfung akkumulierte brennbare Biomasse zu katastrophalen Großfeuern führen (engl. *fire paradox*; vgl. Kap. 4.1). Auch einige invasive Arten können als Öko-system-Ingenieure prägende Störungsregime verändern, z.B. Feuerfrequenzen heraufsetzen (vgl. Textbox «Ökologische Neuartigkeit»).

Kleine, häufige Störungen sind in ihrer Auftretenswahrscheinlichkeit gut vorhersagbar und ermöglichen daher ein speziell an diese Störungsregime angepasstes Artenspektrum, welches oftmals aus konkurrenzschwachen, aber störungsadaptierten Arten besteht (Abb. 5). Große, seltene Störungen treten dagegen nur sporadisch auf. Sie liegen oftmals jenseits der historischen Variation der betroffenen Ökosysteme (Landres et al. 1999), was die Lebensspannen und Reproduktionszeiträume der darin enthaltenen Arten angeht. An solche Störungen sind die betroffenen Arten nur unspezifisch oder gar nicht angepasst.

Abb. 5: Das Silbergras (*Corynephorus canescens* (L.) P. Beauv.), eine Pionier- und Zielart des Naturschutzes, wächst nur in Offenstellen, die durch die Aktivität von Ameisen in Sandlebensräumen entstehen, hier auf ehemaligen, stabilisierten, kryptogamen-bewachsenen Binnendünen in Süddeutschland. (Foto: A. Jentsch)

2.1.4 Störungen lösen Primär- und Sekundärsukzession aus

Wenn Störungen alles organische Leben eines Standorts vernichten und die Ressourcenverfügbarkeit grundlegend verändern, folgt eine Primärsukzession. Typische Beispiele sind Vulkanausbrüche, Bergstürze und Schlammlawinen. Mit welchen Mechanismen die Erholung nach Störung erfolgt, hängt stark von der Störungsstärke und von der Störungsgeschichte des Ökosystems ab. Lösen Störungen nur vorübergehende Veränderungen in der Artenzusammensetzung oder in der Ressourcenverfügbarkeit aus, so führen sie zu einer Vielzahl von Mustern der Sekundärsukzession, z. B. «*Gap*-Dynamik», «*Patch*-Dynamik» oder «Zyklische Regeneration». Oft entscheidet die Stärke eines Störungsereignisses, welche Art von Dynamik einsetzt (Abb. 6).

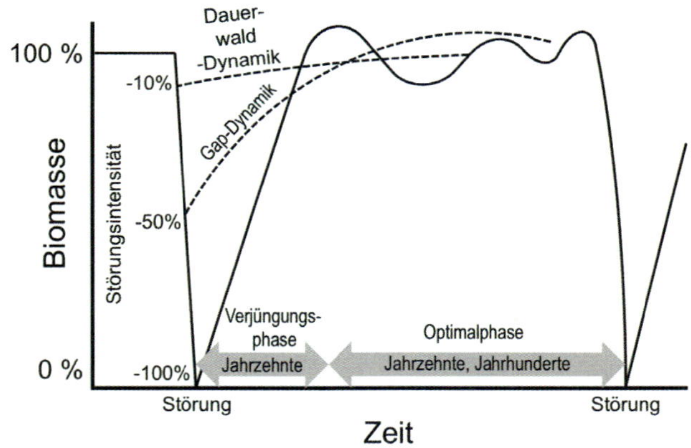

Abb. 6: Verschiedene Muster der Vegetationsdynamik werden anhand der Stärke des vorangegangenen Störungsereignisses klassifiziert. Hier wird die Menge an zerstörter Biomasse relativ zur vorhandenen Biomasse vor dem Störungsereignis angegeben (verändert nach Van der Maarel 1993, White & Jentsch 2001).

Zu den organischen Resten nach einer Störung (engl. *biological legacy*) gehören z. B. die überlebenden Organismen, aber auch dauerhafte Samen im Boden (Bodensamenbank), Mikroorganismen, Pilze oder auch Insekten, totes, organisches Material wie z. B. Humus und Wurzelreste sowie strukturelle Überreste wie Baumstümpfe. Die Menge und Verteilung von organischem Material, die Anwesenheit und die funktionellen Eigenschaften lebender Organismen sowie die Bodeneigenschaften beeinflussen maßgeblich die Ausgangspunkte, die Art und die Geschwindigkeit der Erholung nach einer Störung (Abb. 6 und 3). Mit abnehmender Stärke des Störungsereignisses

Die Rolle der Fernerkundung in der Störungsökologie

Fernerkundung (engl. *remote sensing*) beschreibt alle Verfahren zur Gewinnung von Informationen über die Erdoberfläche durch das berührungslose Messen von reflektierter oder emittierter elektromagnetischer Strahlung mittels der Nutzung von Flugzeugen oder Satelliten, was auch als flugzeug- oder satellitengestützte Fernerkundung bezeichnet wird. Die passive Fernerkundung misst dabei die von der Erdoberfläche reflektierte Sonnenstrahlung mittels eines am Flugzeug oder Satelliten angebrachten optischen Sensors, welcher sensitiv gegenüber den sichtbaren Wellenlängenbereichen (0,4–0,7 µm), dem nahen Infrarot (0,7–3 µm) oder der von der Erdoberfläche emittierten langwelligen Thermalstrahlung (8–14 µm) ist. Von den passiven Systemen abzugrenzen sind aktive Fernerkundungssysteme, welche selbstständig Strahlung emittieren und somit unabhängig von der Sonnenstrahlung sind. Aktive Systeme umfassen die Nutzung von Laser zur Messung der Laufzeit zwischen Entsenden und Detektion eines reflektierten Impulses (LIDAR; engl. *Light Detection And Ranging*) und Radiowellen (2–30 cm) zur Abtastung von Objekten (RADAR; engl. *Radio Detection and Ranging*).

Die von Fernerkundungssensoren gemessene Strahlung kann aufschlussreiche Informationen über den Zustand der auf der Erdoberfläche befindlichen Vegetation und deren Veränderung geben. Die von optischen Sensoren erfasste und reflektierte Sonnenstrahlung ist beispielsweise äußerst sensitiv gegenüber Änderungen im Chlorophyllgehalt und Wasserhaushalt der beobachteten Vegetation (Abb. 1). Der Zustand der Vegetation kann daher durch spektrale Indizes, wie z.B. den engl. *Normalized Difference Vegetation Index* (NDVI) oder die *Tasseled Cap Transformation* beschrieben werden. Aktive Systeme (insbesondere LIDAR) sind hingegen sensitiv gegenüber der vertikalen Stratifikation von Pflanzenbeständen. Die Fernerkundung erlaubt daher eine räumlich explizite Erfassung, Charakterisierung und Interpretation von durch Störungen verursachten physiologischen und strukturellen Änderungen der Vegetation.

Die mit Abstand wichtigste Aufgabe der Fernerkundung im Kontext der Störungsökologie ist die räumliche Erfassung und Kartierung von Störungen. Häufig wird dies durch manuelle Digitalisierung von Störungsflächen in flugzeuggestützten Luftbildern erreicht. Diese Methode liefert sehr genaue Ergebnisse, ist aber oft nicht über große Flächen oder lange Zeiträume realisierbar. Im Zuge der vermehrten Verfügbarkeit (kostenfreier) optischer Satellitendaten wurden daher Methoden zur automatisierten Erkennung von Abweichung im zeitlichen Verlauf spektraler Indizes entwickelt (Kennedy et al. 2009). Diese Methoden erlauben es, Störungen verlässlich über große Gebiete sowie auf jährlicher Basis zu kartieren (Hermosilla et al. 2016). Mit zunehmender Qualität von Sensoren und der Aufarbeitung historischer Aufnahmen steigt auch die Möglichkeit, verschiedene Störungsarten zu unterscheiden (z.B. Kalamitäten und Kahlschlag) sowie Störungen niedriger Intensität (z.B. Blatt- und Nadelfraß) zu erfassen (Senf et al. 2015). Weiterhin erlaubt die Nutzung von satellitengestützter Fernerkundung einen historischen Blick auf Störungen (ab 1972 mit dem Start des ersten *Landsat*-Satelliten), was wiederum wichtige Einblicke in die Vegetationsentwicklung gibt (Pflugmacher et al. 2012). Die satellitengestützte Fernerkundung erlaubt einen konsistenten Blick auf Störungsdynamiken, welcher unabhängig von politischen Grenzen, der Erreichbarkeit und Begehbarkeit eines Gebietes sowie historischer Datenabdeckung ist (Hansen et al. 2013). Sie bildet somit ein wichtiges Werkzeug der störungsökologischen Forschung, was sich auch in der steigenden Anzahl von Publikationen, welche Fernerkundung als Datengrundlage nutzen, widerspiegelt.

Cornelius Senf, Geographisches Institut, Humboldt-Universität zu Berlin, Deutschland

Literatur

- Hansen MC, Potapov PV, Moore R, Hancher M, Turubanova SA, Tyukavina A, Thau D, Stehman SV, Goetz SJ, Loveland TR (2013) High-resolution global maps of 21st-century forest cover change. Science 342: 850–853.
- Hermosilla T, Wulder MA, White JC, Coops NC, Hobart GW, Campbell LB (2016) Mass data processing of time series Landsat imagery: pixels to data products for forest monitoring. Int. J. Digit. Earth 9: 1035–1054.
- Kennedy RE, Townsend PA, Gross JE, Cohen WB, Bolstad P, Wang YQ, Adams P (2009) Remote sensing change detection tools for natural resource managers: Understanding concepts and tradeoffs in the design of landscape monitoring projects. Remote Sens. Environ. 113: 1382–1396.
- Pflugmacher D, Cohen WB, E. Kennedy R (2012) Using Landsat-derived disturbance history (1972–2010) to predict current forest structure. Remote Sens. Environ. 122: 146–165.
- Senf C, Pflugmacher D, Wulder MA, Hostert P (2015) Characterizing spectral-temporal patterns of defoliator and bark beetle disturbances using Landsat time series. Remote Sens. Environ. 170: 166–177.

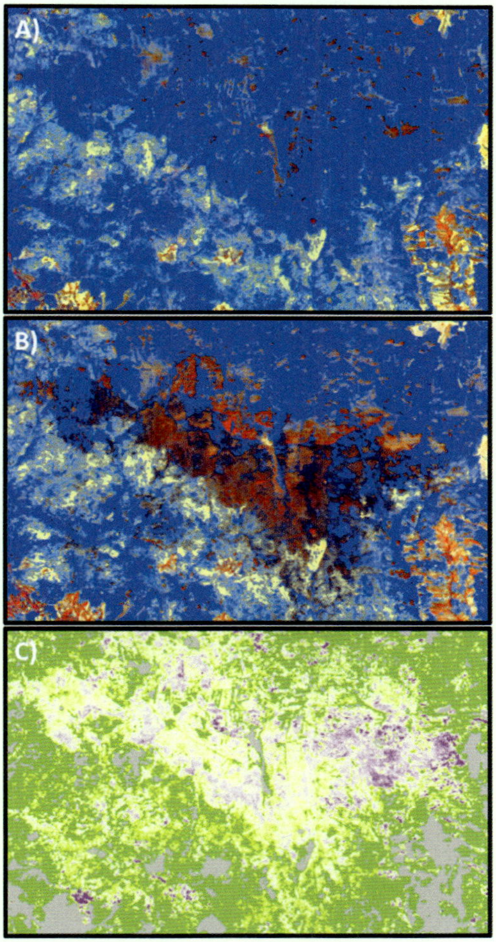

Abb. 1: Beispiel einer fernerkundlichen Erkennung von Borkenkäferbefall im Nationalpark Bayerischer Wald. Die Serie zeigt eine *Landsat*-Aufnahme (in *Tasseled Cap-Transformation*) von 1990 (A) und 2000 (B) mit deutlicher Veränderung von Nadelwald (blau) zu offenem Boden mit toter Vegetation (orange/braun). Abb. C zeigt eine entsprechende Änderung im Nadelwassergehalt, geschätzt aus den sechs Spektralkanälen des *Landsat*-Sensors (grün = geringe Veränderung, violett = starke Änderung).

erhöht sich die Bedeutung organischer Reste für die Erholung und den Wechsel von Arten während der Vegetationsdynamik nach einer Störung (White & Jentsch 2001, White & Jentsch 2004).

Störungen können sowohl zu einem Eintrag als auch zu einem Verlust von Ressourcen führen. Wenn durch Störungen Ressourcen freigesetzt werden, sind diese für manche Organismen neu verfügbar, anderen Organismen jedoch fehlen plötzlich eine oder mehrere Ressourcen. Die Rolle von Pionierarten (engl. *early colonisers*) liegt besonders in der Aufnahme von frei werdenden Ressourcen und deren Fixierung für den weiteren Sukzessionsverlauf (White & Jentsch 2004). Die Regenerationszeit nach Störungen ist anfänglich limitiert durch lokale Kolonisationsraten und standorttypische Wuchsraten. Später ist die Regenerationsrate limitiert durch mangelnde Ressourcen. Die maximale Regenerationsrate liegt bei mittleren Zeiträumen nach Störungsereignissen (White & Jentsch 2001, Jentsch & White in review).

2.1.5 Störungen in der Landschaftsökologie: Das dynamische Gleichgewicht

Die Landschaftsökologie kann dabei helfen, eine angemessene Dimension für die Erfassung von Störungsregimen zu finden. Denn ein dynamisches Gleichgewicht in Landschaften (Turner et al. 1993) besteht aus zwei Verhältnissen: einerseits dem Verhältnis der Größe der gestörten Fläche zur Flächengröße der gesamten Landschaft bzw. des Ökosystems, und andererseits dem Verhältnis der Häufigkeit von Störungsereignissen zur Dauer der benötigten Regenerationszeit bis zur vollständigen Erholung. Je kleiner die Störung relativ zur Landschaftsgröße (z.B. bei kleinflächiger Bioturbation durch Nagerpopulationen) und je geringer die Störungshäufigkeit relativ zur Erholungszeit ist (z.B. bei seltener Beweidung durch Wanderschäferei), desto wahrscheinlicher ist ein dynamisches Gleichgewicht (Abb. 7). Ein Ungleichgewicht kann durch sehr große Störungen wie massive Überschwemmungen, einen starken Windwurf, ein großes Feuer oder einen Vulkanausbruch verursacht werden. Man spricht von einem dynamischen Gleichgewicht, solange es keine lokalen Aussterbeereignisse gibt, obwohl die Schwankungen im Flächenanteil von verschiedenen Sukzessionsstadien und Arten innerhalb des gesamten Landschaftsraums groß sein können (Turner et al. 1993, Jentsch 2004). In einem dynamischen Gleichgewicht bleibt die gesamte Vielfalt mit allen ihren Elementen im System erhalten und durchläuft stabile und variable Phasen.

Ein stabiles, statisches Gleichgewicht (engl. *steady state*) ist relativ selten in den verschiedenen Vegetationszonen der Erde zu finden (vgl. Kap. 2.2), kommt aber bei Störungsregimen mit häufigen, kleinen Ereignissen wie Bioturbation durch Nager in Steppenlandschaften vor. Der Zustand eines dynamischen Gleichgewichts in störungsgeprägten Landschaften erreicht einen kritischen Schwellenwert zur Instabilität, wenn Störungen relativ zur Landschaftsgröße und Regenerationszeit extrem groß sind und selten vorkommen.

Während sich manche Störungen in einer unfragmentierten Landschaft schnell und über weite Flächen ausbreiten, sind denselben Störungen in einer fragmentierten Landschaft starke Grenzen in Raum und Zeit gesetzt. Prominente Beispiele hierfür sind Feuer oder Insektenkalamitäten in Naturlandschaften im Vergleich zu Kultur-

Störungsregime einer alpinen Flusslandschaft: der Tagliamento

Alpinflüsse besitzen eine hohe Abflussdynamik mit hoher Geröll- und Sedimentfracht (Geschiebe), zu der auch eine hohe Menge an Totholz gehört. Zur Schneeschmelze und bei Starkniederschlägen treten Hochwasser auf, die das Flussbett immer wieder neu gestalten. Dabei entstehen Pionierzonen, Inseln und Uferzonen unterschiedlicher Stabilität. Das typische Landschaftsbild eines alpinen Flusses ist das der breiten Furkationszone des Mittellaufs (altdeutsch Forke = Gabel). Diese Zone wird charakterisiert durch die sich immer wieder stark verzweigenden und vereinenden Flussarme. Eine Vielzahl von Inseln mit unterschiedlich alten Sukzessionsstadien ist das Resultat. In solch einer rezenten Umlagerungsaue, die sich begrifflich und biogeografisch von der Weich- und Hartholzaue unterscheidet, wird das mitgeschleppte Geschiebe abgelagert. Durch räumliche Gefälleunterschiede variieren die Strömungsgeschwindigkeiten des Wassers stark, wodurch Unterschiede in der turbulenten Schubspannung resultieren. Dadurch entsteht ein sehr heterogenes und hochdynamisches Landschaftsmuster. Besonders bei höheren Wasserständen verschütten alpine Flüsse wegen der großen Sedimentfracht regelmäßig ihr eigenes Flussbett. Deshalb ändert die Hauptströmung kontinuierlich ihre Fließrichtung, wodurch sich der Fluss entsprechend häufig aufgabelt (Kretschmer 1996, Tockner et al. 2005).

Die Abflussdynamik von Alpinflüssen reagiert oft sehr schnell und heftig auf Starkregenereignisse. Der oberflächlich abfließende Fluss kann innerhalb weniger Stunden um bis zu zwei Meter ansteigen und einen Tag später wieder auf das vorherige Niveau zurückfallen. Pionierpflanzen, die sich auf den vom zurückgehenden Hochwasser noch feuchten Sedimenten etablieren, können beim nächsten Hochwasser wieder weggespült oder übersandet und überschottert werden. Die Flussdynamik sorgt für ein hoch frequentes Störungsregime und für einen hohen Anteil an Pionierflächen (Lippert et al. 1995). Alpinflüsse beherbergen wegen der hohen Flussdynamik eine ungewöhnlich hohe Anzahl Tier- und Pflanzenarten, in der Regel hoch spezialisierte, konkurrenzschwache Pionierarten. Darunter sind z.B. am Tagliamento (Abb. 1), dem größten Alpinfluss Europas, die Deutsche Tamariske (*Myricaria germanica* (L.) Desv.), die Flussufer-Wolfspinne (*Arctosa cinerea* Fabricius) oder der Europäische Triel (*Burhinus oedicnemus* L.). Das Störungsregime der Alpinflussdynamik, die physikalischen Rahmenbedingungen des Geschiebetransportes und der Geschiebeablagerung, der Strukturreichtum sowie die Artenvielfalt der Umgebung und der hohe Energieinput in dieses Flusssystem sorgen für eine hohe Diversität (Kuhn 1995, Kuhn 2005).

Ein wichtiges Element des Störungsregimes von Alpinflüssen ist das mitgeschleppte Totholz, speziell große Baumstämme mit Wurzeltellern. Diese bleiben im Laufe des Hochwasserrückgangs im Flussbett hängen, drehen sich im Wasser mit der Strömung und richten sich an der Hauptströmung aus, sodass die Wurzelstöcke flussaufwärts zeigen. Bereits während das Hochwasser zurückgeht, sind diese ein Hindernis in der Strömung. Es bilden sich Bugwellen mit höheren Fließgeschwindigkeiten und Erosion sowie im Lee der Wurzelteller Kehrwasser und beruhigte Zonen mit Sedimentation. Im dort abgelagerten Feinsediment wird während der Trockenzeiten besonders gut Niederschlagswasser gespeichert. Dieses sichert den Pionierarten das Überleben. Innerhalb einer Vegetationsperiode kann sich aus dem angeschwemmten Totholz eine grüne Insel bilden. Nach weiterem Hochwasser akkumuliert sich weiteres abiotisches und biotisches Material. Die Insel wächst, sodass sich schon nach wenigen Jahren Weichholzaueninseln inmitten des Schotterbetts etablieren. Auf solchen Inseln stehen bald hohe Hybridpappeln, im Unterwuchs bildet sich ein dichtes Geflecht von Sträuchern (Gurnell et al. 2000), teils mit invasiven Neophyten. Je mehr Inseln im Flussbett vorhanden sind, desto geringer wird der Flussquerschnitt des Hochwassers, desto höher werden Strömung, Schubspannung und Erosionskraft. Diese höheren Kräfte erodieren seitlich an etablierten Inseln und mobilisieren das Substrat erneut. Dieser kontinuierliche Geschiebe- und Totholznachschub sorgt flussabwärts für die Entstehung der nächsten Inseln (Kollmann et al. 1999). Die hohe Störungsdynamik von Alpinflüssen sorgt für eine hohe Strukturdynamik und Artenvielfalt.

Andreas von Heßberg, Bayreuther Zentrum für Ökologie und Umweltwissenschaften (BayCEER), Universität Bayreuth, Deutschland

Abb 1: Der Alpinfluss Tagliamento – Referenzfluss für das NATURA 2000-Netzwerk und für die Europäische Wasserrahmenrichtlinie – fließt auf 170 Kilometern aus den östlichen Dolomiten in Nordost-Italien in die nördliche Adria. Im 2900 km^2 großen Einzugsgebiet des Tagliamentos fallen immens hohe jährliche Niederschlagsmengen von bis zu 3500 mm an, bedingt durch die starke südalpine Stausituation der sommerlichen Gewitterereignisse. Hier zu sehen ist die Furkationszone dieses typischen Alpinflusses mit einigen angeschwemmten Baumstämmen. (Foto: R. Worms)

Literatur

- Gurnell AM, Petts GE, Hannah DM, Smith BPG, Edwards PJ, Kollmann J, Ward JV, Tockner K (2000) Wood storage within the active zone of a large European gravel-bed river. Geomorphology 34: 55–72.
- Kollmann J, Viele M, Edwards PJ, Tockner K, Ward JV (1999) Interactions between vegetation development and island formation in the Alpine river Tagliamento. Appl. Veg. Sci. 2: 25–36.
- Kretschmer W (1996) Hydrobiologische Untersuchungen am Tagliamento (Friaul, Italien). Jahrb. Ver. Schutz Bergwelt 61: 123–144.
- Kuhn K (1995) Beobachtungen zu einigen Tiergruppen am Tagliamento. Jahrb. Ver. Schutz Bergwelt 60: 71–86.
- Kuhn K (2005) Die Kiesbänke des Tagliamento (Friaul, Italien) – ein Lebensraum für Spezialisten im Tierreich. Jahrb. Ver. Schutz Bergwelt 70: 37–44.
- Lippert W, Müller N, Rossel S, Schauer T, Vetter G (1995) Der Tagliamento – Flußmorphologie und Auenvegetation der größten Wildflußlandschaft der Alpen. Jahrb. Ver. Schutz Bergwelt 60: 11–70.
- Tockner K, Surian N, Toniutti N (2005) Geomorphologie, Ökologie und nachhaltiges Management einer Wildflusslandschaft am Beispiel des Fiume Tagliamento (Friaul, Italien) - ein Modellökosystem für den Alpenraum und ein Testfall für die EU-Wasserrahmenrichtlinie. Jahrb. Ver. Schutz Bergwelt 70: 3–17.

landschaften. Wird ein Ökosystem homogenisiert (z.B. kurz nach einer Störung oder aufgrund lange ungestörter Bedingungen), so wird es zunächst an Arten verlieren und ist weniger resilient gegenüber zukünftigen Auslenkungen. Ebenso können Unterbrechungen von natürlichen Störungszyklen zu Veränderungen der Abundanz vieler Arten führen.

Zu einer Landschaft im dynamischen Gleichgewicht gehören Störungsregime, die ein Nebeneinander vieler Altersstadien und eines großen Artenspektrums ermöglichen.

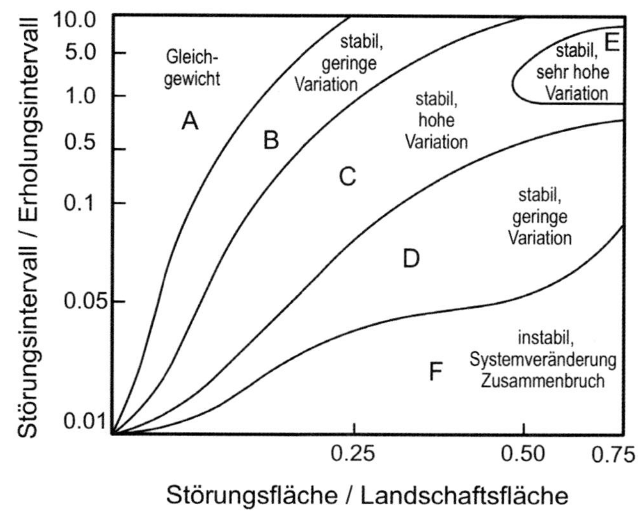

Abb. 7: Je nach Störungsausmaß und Störungsintervall sind Landschaften in einem dynamischen Gleichgewicht (A–D) oder unterliegen einer irreversiblen Veränderung (F). Landschaften weisen stabile Phasen und geringe Variabilität in der Artenzusammensetzung auf, wenn Störungen relativ klein und häufig sind (A, B, z. B. Bioturbation im Grasland) oder relativ groß und selten sind (D, z. B. Spätfröste in temperaten Wäldern). Landschaften können auch eine hohe Variabilität aufweisen, wenn Störungen relativ groß und unregelmäßig auftreten (C, z. B. Feuer in borealen Wäldern). Extremstandorte wie Gezeitenzonen sind durch eine hohe Varianz der Umweltbedingungen und zugleich eine große Stabilität in der Artenzusammensetzung charakterisiert (E). Ein Schwellenwert (Linie zwischen D und F) markiert Dynamiken, die zu irreversiblen Systemveränderungen und zu Regime-Shift führen (F), wie z. B. Überbeweidung in Kombination mit mehrjährigen Dürren oder bei Vulkanausbrüchen (nach Turner et al. 1993).

2.1.6 Störungen und Nischendifferenzierung in Pflanzengemeinschaften

Störungen erzeugen räumliche Heterogenität, setzen Sukzessionen in Gang und fördern die Entstehung von Artenvielfalt und von vielfältigen Lebensgemeinschaften (vgl. Kap. 3.1). Störungen erzeugen Selektionsdruck und evolutive Anpassungen, die zu einer Nischendifferenzierung in Lebensgemeinschaften führen. Solche funktionellen Adaptationen unterliegen zwei Mechanismen: Nischen-Komplementarität und Nischen-Redundanz. Einerseits verändern sich nach einer Störung das Artenspektrum und das Dominanzmuster innerhalb der Artengemeinschaft entsprechend der Veränderung der Ressourcen. Andererseits sind von einer Störung oft dominante Arten betroffen, wodurch weniger dominante Arten zunehmen. Diese haben häufig eine höhere Toleranz gegenüber Störungen (Komplementarität), auch wenn ihre funktionellen Eigenschaften und Beiträge im Funktionsgefüge von Ökosystemen denen der vormals dominanten Arten ähnlich sind (Nischen-Redundanz). Dominante und weniger dominante Arten wechseln in ihrer Abundanz bei sich ändernden Umweltbedingungen und tragen so zur funktionellen Stabilität bei. Somit spielt die funktionelle Redundanz eine große Rolle, wenn es darum geht, die Fortdauer der Funktionen des Ökosystems während sich ändernder Umweltbedingungen zu erhalten und die Widerstandsfähigkeit oder funktionelle Resilienz (vgl. Kap. 3.2) gegenüber Störungen sicherzustellen. Beide Mechanismen, also sowohl die Komplementarität als auch die Redundanz, können zur Ökosystemstabilität beitragen.

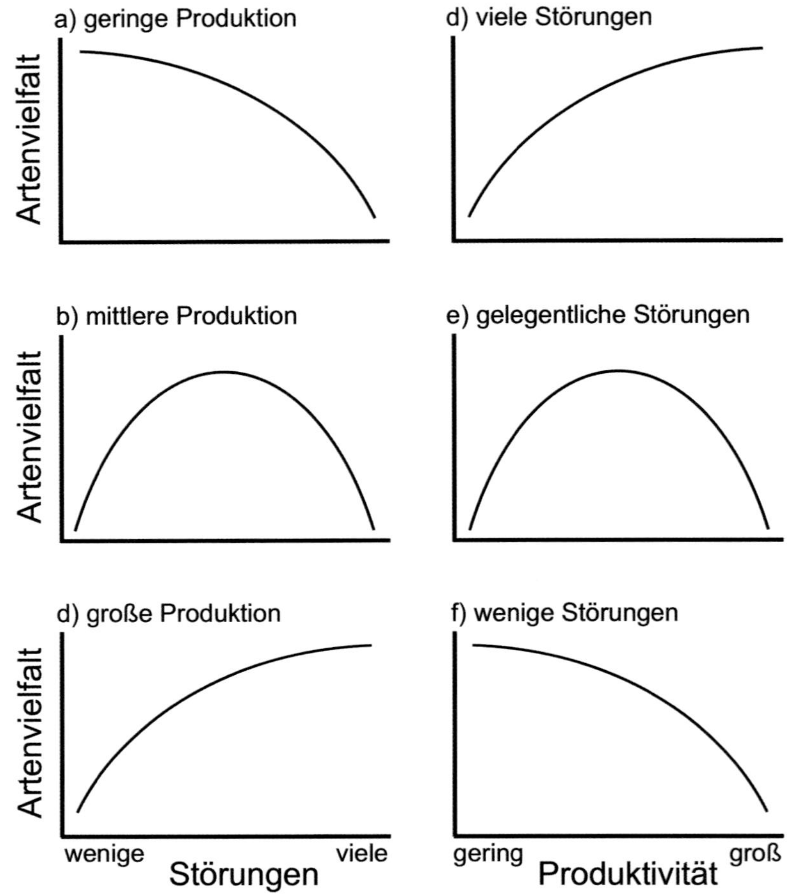

Abb. 8: Die Auswirkung der Störung auf die Artenvielfalt ist abhängig von der Frequenz der Störungen und der Produktivität bzw. der Wachstumsrate des Standorts. Gelegentliche Störungen führen nur bei mittlerer Produktivität zu maximaler Artenvielfalt (nachgezeichnet und übersetzt aus Huston 1994).

2.1.7 Die «Intermediate Disturbance Hypothesis»

Die «*Intermediate Disturbance*-Hypothese» (IDH) besagt, dass die Artenzahl entlang eines Gradienten zunehmender Störungsfrequenz, Regenerationszeit und Größe zunächst zunimmt und dann wieder abnimmt, wobei intermediäre bzw. mittlere Störungseigenschaften den größten Artenreichtum hervorbringen (Connell 1978). Grundvoraussetzung für dieses Muster sind zwei Annahmen: einerseits die Existenz von einem hierarchischen Konkurrenzgefüge zwischen Arten und andererseits die evolutive Entwicklung des Kompromisses (engl. *trade-off*) zwischen Konkurrenzkraft (engl. *competitive ability*) und Störungstoleranz (engl. *disturbance tolerance*). Hierbei sind störungstolerante Arten in der Regel konkurrenzschwach bezüglich der effektiven Aufnahme limitierender Ressourcen. So erfolgt eine Nischen-Partitionierung entlang des Störungsgradienten, d.h. eine Anordnung der Arten mit ihren verschieden Eigenschaften in verschiedenen raum-zeitlichen Nischen (engl. *niche partitioning*). Konkurrenzschwache Pionierarten, die kurz nach einer Störung auftreten, bilden einen ersten Teil des Artenpools, und konkurrenzstarke, später überhandnehmende Arten bilden den zweiten Teil des Pools. Bei intermediären Bedingungen können Arten aus beiden Artenpools koexistieren und tragen so zur Maximierung der Diversität bei. Eine weitere Diskussion der IDH erfolgt an späterer Stelle in diesem Buch. (vgl. Kap. 3.1).

2.1.8 Störungen, Artenvielfalt und Produktivität

Die Auswirkungen von Störungen auf die Artenvielfalt (vgl. Kap. 3.1) werden maßgeblich durch die Produktivität des Standorts modifiziert. Basierend auf der *Intermediate Disturbance*-Hypothese (Connell 1978) hat Huston (1994) präzisiert, dass die höchste Artenvielfalt bei intermediären Störungsraten nur bei mittlerer Standortproduktivität auftritt. Bei hohen Wachstumsraten ist die Artenvielfalt bei hoher Störungsfrequenz maximal, bei niedrigen Wachstumsraten bei niedriger Störungsfrequenz (Abb. 8).

Literatur

- Chiarucci A, Araujo MB, Decocq G, Beierkuhnlein C, Fernández-Palacios JM (2010) The concept of potential natural vegetation: an epitaph? J. Veg. Sci. 21: 1172–1178.
- Connell JH (1978) Diversity in tropical rain forests and coral reefs: High diversity of trees and corals is maintained only in a non-equilibrium state. Science 199: 1302–1310.
- Davis MA, Grime JP, Thompson K (2000) Fluctuating resources in plant communities: a general theory of invasibility. J. Ecol. 88: 528–534.
- Grime JP (1979) Plant strategies and vegetation processes. Wiley, Chichester. 222 p.
- Huston MA (1994) Biological diversity: the coexistence of species on changing landscapes. Cambridge University Press, Cambridge, UK. 685 p.
- Jentsch A (2004) Disturbance driven vegetation dynamics: Concepts from biogeography to community ecology and experimental evidence from dry acidic grasslands in central Europe. Diss. Bot. 384: 1–218.
- Jentsch A, White PS (in review) A theory of pulse dynamics and disturbance in ecology.
- Keeley JE (2009) Fire intensity, fire severity and burn severity: a brief review and suggested usage. Int. J. Wildland Fire 18: 116–126.
- Kreyling J, Jentsch A, Beierkuhnlein C (2011) Stochastic trajectories of succession initiated by extreme climatic events. Ecol. Lett. 14: 758–764.
- Landres PB, Morgan P, Swanson FJ (1999) Overview of the use of natural variability concepts in managing ecological systems. Ecol. Appl. 9: 1179–1188.
- Malamud BD, Millington JD, Perry GL (2005) Characterizing wildfire regimes in the United States. Proc. Nat. Acad. Sci. USA 102: 4694–4699.
- Moloney KA, Levin SA (1996) The effects of disturbance architecture on landscape-level population dynamics. Ecology 77: 375–394.
- Odum EP, Finn JT, Franz EH (1979) Perturbation theory and the subsidy-stress gradient. BioScience 29: 349–352.
- Paine RT, Tegner MJ, Johnson EA (1998) Compounded perturbations yield ecological surprises. Ecosystems 1: 535–545.
- Pickett STA, White PS (1985) The ecology of natural disturbance and patch dynamics. Academic Press, Orlando. 472 p.
- Sousa WP (1984) The role of disturbance in natural communities. Ann. Rev. Ecol. Syst. 15: 353–391.
- Tilman D (1985) The resource-ratio hypothesis of plant succession. Am. Nat. 125: 827–852.

- Turner MG (2010) Disturbance and landscape dynamics in a changing world. Ecology 91: 2833–2849.
- Turner MG, Romme WH, Gardner RH, Neill RVO, Kratz TK, O'Neill RV (1993) A revised concept of landscape equilibrium: Disturbance and stability on scaled landscapes. Landsc. Ecol. 8: 213–227.
- Tüxen R (1956) Die heutige potentielle natürliche Vegetation als Gegenstand der Vegetationskartierung. Angew. Pflanzensoz. 13: 5–42.
- Van der Maarel E (1993) Some remarks on disturbance and its relation to diversity and stability. J. Veg. Sci. 4: 733–736.
- White PS, Jentsch A (2001) The search for generality in studies of disturbance and ecosystem dynamics. Prog. Bot. 62: 399–449.
- White PS, Jentsch A (2004) Disturbance, succession, and community assembly in terrestrial plant communities. In: Temperton VM, Hobbs RJ, Nuttle TaS, Halle S (eds) Assembly rules and restoration ecology: Bridging the gap between theory and practice. pp. 342–366.
- White PS, Pickett STA (1985) Natural disturbance and patch dynamics: An introduction. In: Pickett STA, White PS (eds) The ecology of natural disturbance and patch dynamics. Academic Press, New York. pp. 3–13.
- Wohlgemuth T, Bürgi M, Scheidegger C, Schütz M (2002) Dominance reduction of species through disturbance – a proposed management principle for central European forests. Forest Ecol. Manag. 166: 1–15.

Puls-Dynamiken in der Ökologie

Puls-Ereignisse und die von ihnen ausgelösten Dynamiken sind ein weit verbreitetes Phänomen in der Ökologie. Zu ihnen gehören sowohl biotische als auch abiotische Prozesse, wie z. B. das über Jahre fluktuierende Klimaphänomen El Niño und die Südliche Oszillation (engl. *El Niño Southern Oscillation* ENSO), episodische Reproduktionsereignisse bei Nagern und Insekten, die alljährliche Wasserzirkulation von Süßwasserseen im Frühjahr und im Herbst oder Feuerregime, welche periodisch pflanzliche Biomasse reduzieren. Für die Beschreibung von Puls-Dynamiken sind zwei verschiedene zeitliche und räumliche Skalen relevant: Die Skala eines individuellen Puls-Ereignisses und die Skala wiederkehrender Puls-Ereignisse in Zeit und Raum. Zu diesen Puls-Ereignissen gehören auch Störungsregime in den verschiedenen Vegetationszonen der Erde (White & Pickett 1985, Holt 2008, Yang & Naeem 2008, Jentsch & White in review). Störungen sind wichtige Pulse in Ökosystemen, aber es gibt auch viele weitere gepulste Prozesse, welche die Ökosystemdynamik beeinflussen.

In der ökologischen Literatur werden fünf verschiedene Arten von Puls-Dynamiken unterschieden (Yang & Naeem 2008):

1. Abrupte Veränderungen von Umweltbedingungen wie z. B. Hitzewellen.
2. Abrupte abiotische Veränderungen in der Ressourcenversorgung wie z. B. der gelegentliche Auftrieb des marinen Tiefenwassers.
3. Abrupte biotische Veränderungen in der Ressourcenversorgung durch abrupte demografische Veränderungen die z. B. durch Massensterben und Räuber-Beute-Beziehungen verursacht werden können.
4. Abrupte Veränderungen von Ressourcen durch Transformation von lebenden zu toten Strukturen, wie z. B. bei Störungen, die zum Verlust von lebender Biomasse führen.
5. Räumlicher Ein- oder Austrag von Ressourcen durch Verlagerungen wie z. B. bei Massenbewegungen (Lawinen, Hangrutschen) oder bei Überflutungen in Auen.

Da bei Puls-Typ 5 Kräfte involviert sind, die Nährstoffe, organisches Material, Boden oder geologisches Substrat über Wind, Wasser und Schwerkraft bewegen, könnten diese auch als Puls-Typ 2 (Abiotische Veränderungen in der Ressourcenversorgung) oder als Puls-Typ 4 (Störungen) bezeichnet werden.

Ein individuelles Puls-Ereignis kann als eine abrupte Veränderung in Ökosystemparametern und -prozessen definiert werden, wobei der Grad der Abruptheit als die Stärke des Pulses, geteilt durch seine Dauer bestimmt werden kann. Puls-Ereignisse können in Stärke und Dauer stark variieren (Abb. 1a). Während Stärke und Dauer von Puls-Ereignissen kontinuierliche Variablen darstellen, unterliegen ökologische Systemantworten wie Resistenz gegenüber Pulskräften und Grenzen der Nischenbreite von Arten in der Regel Diskontinuitäten bzw. Unterbrechungen des Wachstums, die zu schnellen Zustandsänderungen oder Schwellenwert-Dynamiken nach Puls-Ereignissen führen können. Auf größeren, landschaftlichen Skalen werden Puls-Dynamiken durch ihr räumliches Ausmaß wie Größe und Verteilung beschrieben und durch zeitliche Attribute wie Auftretenshäufigkeit und Vorhersagbarkeit (Abb. 1b, 1c). Die ursprünglichen Pulse können eine Serie weiterer Pulse auslösen (Abb. 1d, 1e, 1f), welche durch biotische und abiotische Prozesse charakterisiert werden und wiederum Ressourcen von organischen in anorganische Pools umwandeln können, z. B. Stickstofffreisetzung durch Feuer. In Hinsicht auf die zwei relevanten Skalen ähneln sich das ressourcenorientierte Konzept der Puls-Dynamiken (Yang & Naeem 2008, Jentsch & White in review) und das musterorientierte Konzept der Patch-Dynamik in Raum und Zeit (White & Pickett 1985).

Jentsch und White (in review) haben ein neues Konzept zu Puls-Dynamiken in der Ökologie entwickelt, welches verschiedene Perspektiven aus Landschaftsökologie, Biogeochemie, Störungsökologie, Biodiversitätsforschung und Biogeografie integriert.

Anke Jentsch[1] und **Peter S. White**[2]
[1] Bayreuther Zentrum für Ökologie und Umweltwissenschaften (BayCEER), Universität Bayreuth, Deutschland
[2] Biology Department, University of North Carolina, Chapel Hill, Vereinigte Staaten von Amerika

Literatur

- Holt RD (2008) Theoretical perspectives on resource pulses. Ecology 89: 671–681.
- Jentsch A, White PS (in review) A theory of pulse dynamics and disturbance in ecology. Ecology.
- White PS, Jentsch A (2001) The search for generality in studies of disturbance and ecosystem dynamics. Prog. Bot. 62: 399–449.
- White PS, Pickett STA (1985) Natural disturbance and patch dynamics: An introduction. In: Pickett STA, White PS (eds) The ecology of natural disturbance and patch dynamics. Academic Press, New York. pp. 3–13.
- Yang LH, Naeem S (2008) The ecology of resource pulses. Ecology 89: 619–620.

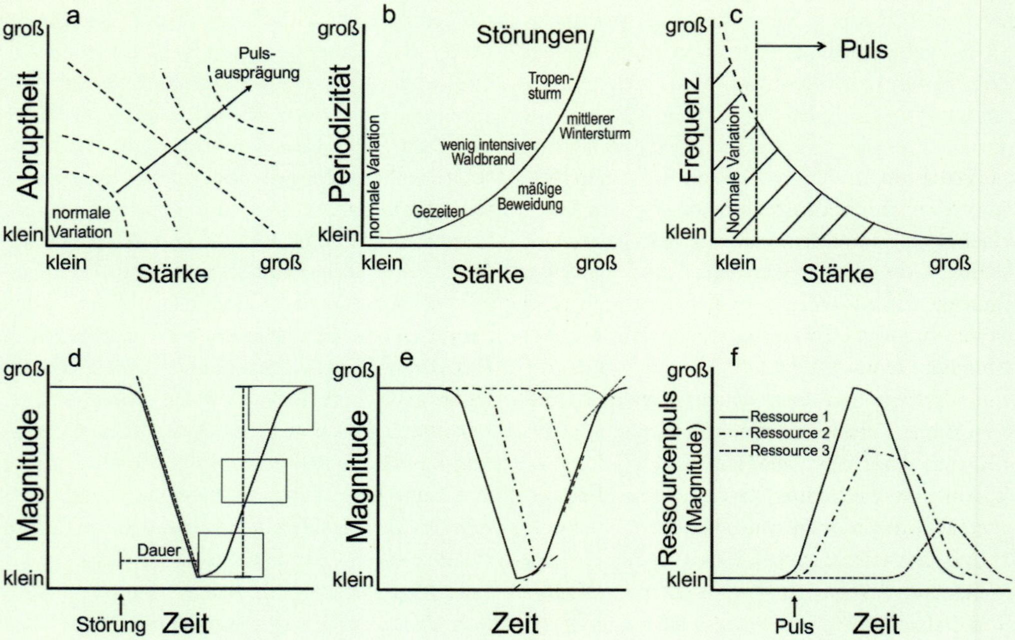

Abb. 1: Charakteristische Größen zur Beschreibung von Puls-Dynamiken. a) Puls-Ereignisse variieren in ihrer Stärke und Abruptheit, die wiederum beide unabhängig voneinander variieren können; b) Puls-Dynamiken variieren in Periodizität/Wiederkehrintervall, wobei der Grad an Variabilität in der Periodizität die Vorhersagbarkeit von Puls-Dynamiken bestimmt. c) Stärke und Häufigkeit von Puls-Ereignissen verhalten sich oft umgekehrt proportional, wobei schwache Puls-Ereignisse mit jeder Art von Häufigkeit vorkommen, starke Puls-Ereignisse jedoch in der Regel selten sind, da viel Zeit für die Regeneration benötigt wird, bis genug Energie oder Ressourcen für das nächste starke Puls-Ereignis bereitstehen (verändert nach White & Jentsch 2001). d) Die Regenerationszeit nach Störungen, welche lebende in tote Biomasse umwandeln, ist anfänglich limitiert durch lokale Kolonisationsraten und standorttypische Wuchsraten (unterer Kasten) und später limitiert durch zunehmend mangelnde Ressourcen (oberer Kasten). Die maximale Regenerationsrate liegt bei mittleren Zeiträumen nach Störungsereignissen (mittlerer Kasten). e) Die anfängliche Regenerationsrate nach Störungen (gestrichelte Linie) variiert mit der Stärke der Störung. f) Puls-Ereignisse können sekundäre Puls-Ereignisse auslösen, welche zu Synergismen in der Ökosystemdynamik führen, wie z. B. Kreisläufe in Störungsregimen (engl. *disturbance loops*) oder Störungskaskaden mit Domino-Effekt (engl. *disturbance cascades*).

2.2 Die Störungsregime und Klimaextreme der Vegetationszonen der Erde

Anke Jentsch[1] und Andreas von Heßberg[1]
[1] Bayreuther Zentrum für Ökologie und Umweltwissenschaften (BayCEER), Universität Bayreuth, Deutschland

Kurzfassung
Die Vegetationszonen der Erde sind sowohl durch unterschiedliche Klimaeinflüsse als auch durch natürliche und anthropogene Störungsregime charakterisiert. Tiefe Temperaturen, kurze Vegetationszeiten, klimatisch bedingte Störungen (wie Kryoturbation und Feuer) sowie Insektenkalamitäten, Großherbivoren und Holzeinschlag prägen die polaren bis borealen Zonen. Von der temperat-gemäßigten über die mediterrane, winterfeuchte Zone bis zur subtropisch/tropischen Trockenzone haben jahrtausendealte Landnutzungen durch den Menschen die Vegetation stark verändert. Während in der temperaten Zone Winterstürme, Fröste und Starkregen klimatisch maßgebend sind, spielen Feuer, Beweidung und Dürre in den frostfreien, wärmeren Zonen eine große Rolle. In den wechselfeuchten Suptropen/Tropen sind Starkregen und Sturmereignisse die vorherrschenden Störungen.

2.2.1 Einleitung

In den verschiedenen Vegetationszonen der Erde sind natürliche und anthropogene Störungen allgegenwärtig. Sie prägen die Ökosysteme, erzeugen und erhalten ihren typischen Charakter mit räumlicher Heterogenität und zeitlicher Dynamik, schaffen immer wieder freien Raum, drehen die Uhr der Sukzession zurück, bieten freies Substrat, stellen Nährstoffe zur Verfügung, modifizieren biotische Interaktionen und sind eine wichtige evolutive Kraft für die Entstehung und den Erhalt von Biodiversität (Walker 1999, White & Jentsch 2001, Jentsch & Beierkuhnlein 2011). Typische Störungen in verschiedenen Bereichen der Erde sind Feuer, Stürme, Insektenkalamitäten, Lawinen, Erdrutsche, Überflutungen, Dürren, Megaherbivoren, Bodenwühler, aber auch das ganze Spektrum menschlicher Landnutzung in den Kulturlandschaften wie Holzeinschläge in Wäldern und Ernten im Landwirtschaftsland (Richter 2001). Das Vorkommen von Störungen in allen Ökosystemen, ihr Auftreten über verschiedene zeitliche und räumliche Skalen hinweg und ihre evolutionär-selektive Rolle verleihen ihnen eine herausragende Bedeutung für die Dynamik aller Landschaftsräume der Erde (White & Jentsch 2001).

Dieses Kapitel liefert einen Überblick über die wichtigsten Störungsregime aller großen Vegetationszonen/Biome der Erde mit ihren typischen Pflanzenformationen (Abb. 1). Von Nord nach Süd behandeln wir die polare und subpolare Zone, die boreale Zone, die feuchten und trockenen Mittelbreiten, die trocken-temperierte Zone, die sommerfeuchte und winterfeuchte subtropische Zone, die subtropischen und tropischen Trockengebiete sowie die sommerfeuchte und immerfeuchte tropische Zone. Zudem gehen wir auf azonale Bereiche mit Hochgebirgen, Meeresküsten und Vulkaninseln ein (vgl. Textboxen «Permafrost» und «Marine Störungen»).

Die Ökozonen der Erde mit ihren charakteristischen Pflanzenformationen

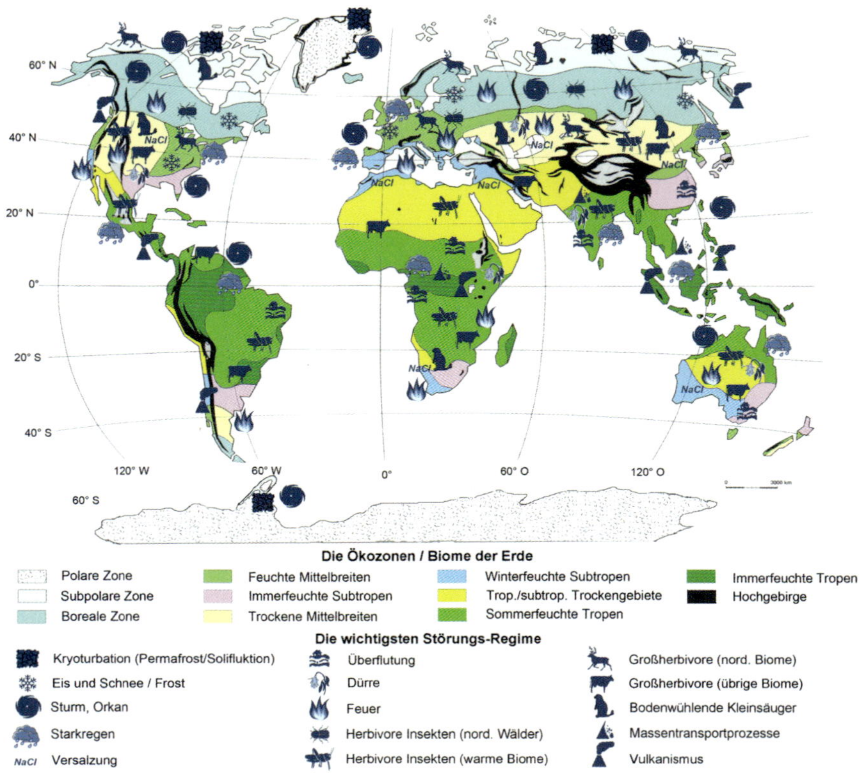

Abb. 1: Die Vegetationszonen der Erde (räumliche Abrenzung nach Richter 2001, Nomenklatur nach Schultz 2016) mit den großen Gebirgszügen (schwarz) und den sie prägenden Störungsregimen (graue Piktogramme).

und Lebensformen werden im Wesentlichen durch zwei Faktoren bestimmt: 1) die mittleren Jahresniederschläge und 2) die mittlere jährliche Biotemperatur, welche besonders entlang von Längengeraden und Höhengradienten variieren. Diese bestimmen die Klimazonen. Das Verhältnis von Niederschlag und potenzieller Evaporation durch Einstrahlung bestimmt wiederum die klimatischen Feuchtigkeitsprovinzen von hyper-arid bis perhumid, welche die Pflanzenformationen der Erde entscheidend prägen (Abb. 2a und b).

2.2.2 Die polare/subpolare Zone

Charakterisierung und ökologische Rahmenbedingungen

Die polare Zone umfasst die arktische und antarktische Zone. Ihre derzeitige Fläche beträgt 14,8 % der gesamten Landfläche der Erde, wovon 10,8 % eisbedeckt sind (Schultz 2016). Die subpolare Tundrazone bedeckt 15–24 % der Erdoberfläche (Bliss 1971, Tarnocai et al. 2009). Polare und subpolare Regionen besitzen ein polares Klima, das durch extreme physikalische Umweltbedingungen mit saisonal sehr stark schwankender Sonneneinstrahlung charakterisiert ist. Je nach nördlicher/südlicher Breite erreichen im Winter für mehrere Monate weder Licht noch Sonnenenergie die Landoberfläche. Im Hochsommer hat die Sonneneinstrahlung dagegen Werte von bis zu $70*10^8$ KJ ha^{-1}. In vielen Bereichen ist daher ein Wachstum von Pflanzen kaum oder gar nicht möglich, da selbst im kurzen Sommer die Monatsmitteltemperaturen kaum über die Frostgrenze reichen (polare Frostschuttgebiete) und die Böden nur oberflächlich auftauen (Permafrost). Nur wenige Organismen können in dieser Vegetationszone überleben. Das Temperaturminimum für ein Wachstum von höheren Pflanzen liegt allgemein bei ≥ 5 °C (Richter 2001). Wegen der kaum vorhandenen Mineralisierungsrate akkumulierten diese Böden über Jahrtausende große Mengen an Rohhumus (ca. 1,330–1,580 Pg Kohlenstoff) (Schuur et al. 2015). Diese Kohlenstoffsenken könnten sich in naher Zukunft zu einer gewaltigen Kohlenstoffquelle wandeln (Schuur & Abbott 2011, Ping et al. 2014). Polare und subpolare Regionen besitzen in der Regel trotz geringer jährlicher Niederschlagsmengen häufig wassergesättigte Böden, da der Permafrost ein Versickern verhindert. Die jährliche Nettoprimärproduktion beträgt zwischen 0 und 2 (selten bis zu 4) Tonnen pro Hektar.

Typische Störungsregime und klimatische Extremereignisse

Zu den typischen Störungsregimen der polaren und subpolaren Zone gehören Frost, Stürme, Kryoturbation, Bioturbation und Beweidung durch Rentiere.

Frost ist omnipräsent in der polaren und subpolaren Zone. Angepasste Pflanzen dieser Regionen sind während der Vegetationsperiode nicht frostentwöhnt, wie beispielsweise die Pflanzen der temperaten Zone, die im Sommer keinen Frost vertragen. Die Einlagerung von sekundären Stoffen (Glukose, Polysaccharide, Proteine) zur Froststabilität der Zellen verbraucht viel Energie (vgl Kap. 3.3). Daher wachsen die Pflanzen sehr langsam. Von der Keimung bis zur ersten Blüte können viele Jahre vergehen. Verholzende Zwergbäume und Zwergsträucher wachsen geschützt im Untergrund und entwickeln Blätter

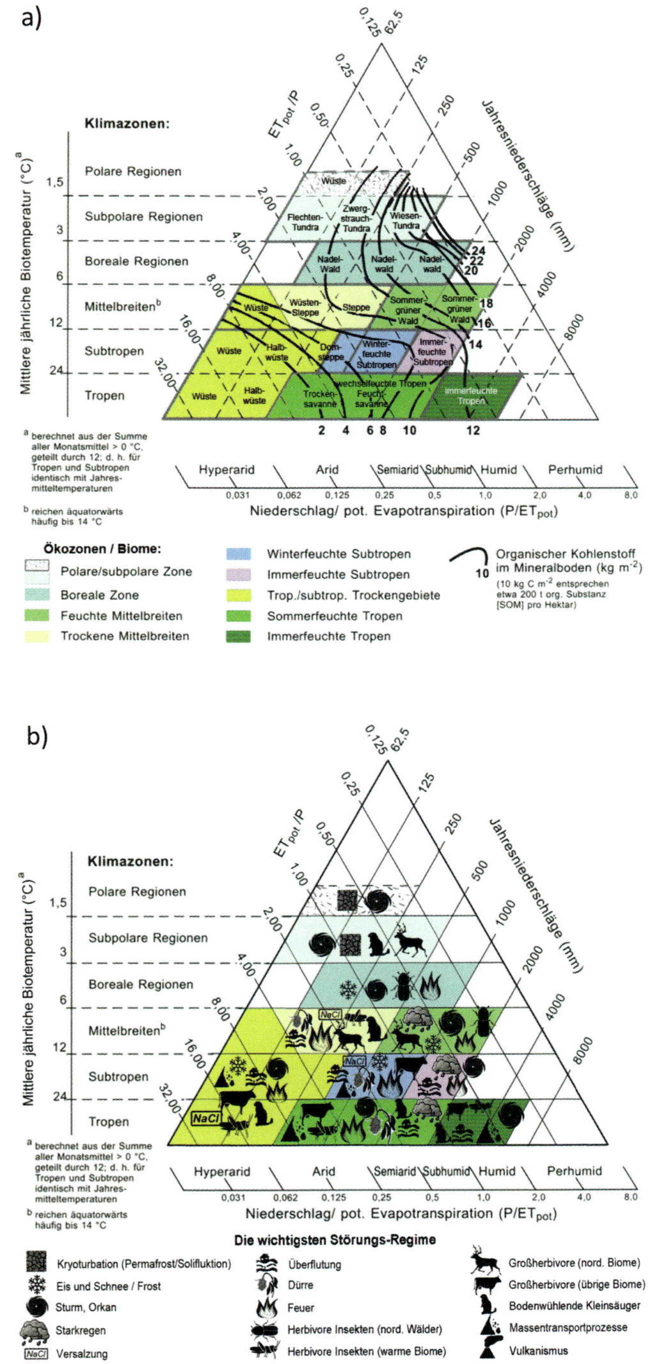

Abb. 2 a, b: Die Pflanzenformationen (a) und Störungsregime (b) der sechs großen Klimazonen der Erde in Abhängigkeit zur mittleren Jahrestemperatur, zum Jahresniederschlag und zur Evapotranspiration (Pflanzenformationen basierend auf Holdridge 1967).

und Blüten knapp oberhalb des Bodens (Körner 2003).

Stürme mobilisieren viel loses Feinmaterial von den meist vegetationsarmen Böden, besonders in der direkten Umgebung von Eisfeldern, wo zerkleinertes Bodenmaterial offen liegt. Feinmaterial und Schneekristalle verursachen bei hohen Windgeschwindigkeiten starke mechanische Störungen an Pflanzen. In der Nähe von großen Eisfeldern treten im Jahreswechsel Stürme als sogenannte Kaltluft-Sturzwinde (in Grönland «Piteraq» genannt) auf (van As et al. 2014). Die Pflanzen reagieren darauf, indem sie beispielsweise einen polsterartigen Wuchs mit relativ harter Oberfläche und kleinen Blättern entwickeln. Je niedriger die Pflanzen wachsen, desto stärker werden sie im Winter von Schnee bedeckt (Hemikryptophyten) und desto besser sind sie vor Frost und Abrasion geschützt (Pfadenhauer & Klötzli 2015).

Kryoturbation verursacht die Durchmischung des wassergesättigten Bodens durch Auftau- und Einfrierprozesse auf ca. 31 % der Permafrostgebiete (Hugelius et al. 2014), welche 22 % der Landoberfläche der Nordhalbkugel bedecken (Zhang et al. 2003). Damit verbunden ist eine Größensortierung des Oberbodenmaterials und eine Einarbeitung organischen Kohlenstoffs in tiefere Bodenschichten (Krab et al. 2018). Jede Bewegung und damit Störung des Bodengefüges ist auch eine Störung der dort wurzelnden Pflanzen (Abb. 3). Pfahlwurzeln oder verholzende Wurzeln werden stark geschädigt, Feinwurzeln von Gräsern und krautigen Pflanzen sind hingegen besser an diese Umschichtungsprozesse angepasst (Goulet 1995). Bei hoher Turbationsintensität kann das Pflanzenwachstum vollständig behindert werden, so z. B. auf Frostmusterböden (engl. z. B. *nonsorted circles*; Walker et al. 2008). In der Ebene formen Kryoturbationen typische Polygonbodenmuster, ab einer Hangneigung von 2° bilden sich Solifluktionszungen (Troll 1944).

Bioturbation erfolgt in den nicht wassergesättigten Tundren der subpolaren Zone durch eine Vielzahl von bodenwühlenden Nagetieren (Lem-

Abb. 3. Bodenfließen an der nördlichsten Baumgrenze in Alaska. (Foto: A. Jentsch)

mingen, Mäusen, Pikas, Ziesel, Murmeltieren). Die Tiere lockern so die Böden auf, bringen oberirdische Biomasse in tiefere Bodenhorizonte und fördern die Mineralisierung der torfartigen Rohhumusauflage des Oberbodens (Yu et al. 2017). Die Wühltätigkeiten bedingen auch mechanische Störungen der näheren Umgebung. Es entstehen Rohbodenflächen, wo sich verschiedenste Arten etablieren können.

Beweidung geschieht in den weiten Gebieten der subpolaren Tundra durch saisonal migrierende, in unterschiedlichen Graden domestizierte Rentierherden. Diese weiden flächig die Vegetation ab und tragen so zu einer Nährstoffumlagerung und Düngung in einem sonst stark stickstofflimitierten Biom bei. Die scharfkantigen Hufe verursachen in der großen Zahl einer durchziehenden Herde deutliche Störungen des Oberbodens und damit neue Keimbeete. Im Winter scharren die Rentiere mit ihren Hufen nach Flechten unter der Schneeauflage und können die Vegetation dabei erheblich beschädigen. Der Äseinfluss von Rentieren auf die Vegetation kann groß genug sein, um einen Wandel von flechten- zu grasdominierten Systemen hervorzurufen. Dies hängt jedoch extrem von der Beweidungsintensität ab. Andererseits können Rentierherden der klimawandelbedingten Expansion von Bäumen und Büschen in die Tundra durch bevorzugtes Äsverhalten entgegenwirken (Bernes et al. 2015).

Klimaerwärmung in der polaren und subpolaren Zone erfolgt häufig als saisonaler Wärmepuls. Dieser gehört zu den prägenden Faktoren des hohen Nordens. Er verstärkt die Störungsdynamik im hoch empfindlichen Biom (vgl. Kap. 7.1). Die hohen Breiten haben sich in den letzten Dekaden doppelt so stark erwärmt als die restlichen Teile des Planeten (IPCC 2013). Erhöhte Wintertemperatur und höhere Schneemengen verändern hauptsächlich mikrobielle Abbauraten, begünstigen jedoch auch das Überleben von frostsensiblen Arten außerhalb der Vegetationsperiode (Saccone et al. 2017). Eine für weite Teile der subpolaren Zone prognostizierte erhöhte Frühlingstemperatur wird die Länge der Vegetationsperiode und somit die Artenzusammensetzung auf lange Sicht verändern (Ernakovich et al. 2014). Der Gletscherrückgang und die erhöhten Sommertemperaturen setzen Prozesse der Primärsukzession in Gang. Aus Eiswüsten werden dadurch Frostschuttböden mit polaren Pflanzengemeinschaften. Diese Primärflächen erfahren anfänglich viele Störungen durch Massenbewegungen von Grob- und Feinmaterial sowie äolische Austragungen.

2.2.3 Die boreale Zone

Charakterisierung und ökologische Rahmenbedingungen

Die boreale Zone umfasst 13 % der weltweiten Landoberfläche (Schultz 2016) und ist zirkumpolar auf die Nordhalbkugel beschränkt. Sie besitzt ein kalt-gemäßigtes Klima mit langen, kalten Wintern und kurzen, mäßig warmen Sommern. Die Vegetationsperiode der borealen Zone ist in der Regel 4–5 Monate lang. Nach Norden ist die Grenze der borealen Zone fast identisch mit der +10 °C-Juli-Isotherme. Sie ist unterteilt in kalt-kontinentale, niederschlagsarme und kalt-ozeanische, niederschlagsreiche Bereiche. In den kalt-kontinentalen Bereichen sind Winter-Minimumwerte von unter -60 °C und Sommer-Maximalwerte von +30 °C zu finde (z. B. in Jakutien, Nordost-Russland). Die kalt-ozeanischen Bereiche dagegen liegen küstennah am

Permafrost

Permafrostgebiete bedecken 22 % der Landoberfläche der Nordhalbkugel im Bereich der polaren und subpolaren Zone, aber auch in alpinen Höhenlagen. Aufgrund dieser enormen Flächenausdehnung haben sie einen wichtigen Einfluss auf Klima- und Ökosystemdynamiken, bergen jedoch auch Gefahr für menschliche Infrastruktur.

Globale Klimadynamik

Permafrostböden akkumulierten und konservierten über Jahrtausende organischen Kohlenstoff aus gestorbenen Pflanzen und Tieren (Abb. 1). Diese Senkenfunktion befindet sich durch die vor allem in hohen Breiten beobachtete Klimaerwärmung im Wandel (IPCC 2013). Höhere Temperaturen ermöglichen nicht nur das Auftauen von tieferen Schichten, wodurch mehr organisch fixierter Kohlenstoff mineralisiert wird, sondern sie begünstigen bei größerer Wärme auch den mikrobiellen Abbau während längerer Vegetationszeiten. Man geht davon aus, dass 1,330–1,580 Pg (= Gigatonnen) terrestrischer Kohlenstoff im Permafrost gespeichert sind (Schuur et al. 2015, Celis et al. 2017; Abb. 2). Das ist doppelt so viel Kohlenstoff wie der Gehalt der Erdatmosphäre heute beträgt. Das flächige Auftauen von Permafrost dürfte genauso viel Kohlenstoff freisetzen, wie durch die globale Entwaldung bereits geschehen. Auf die Klimaerwärmung könnte der Effekt jedoch aufgrund der hohen Menge an Methan gar 2,5-mal stärker ausfallen (Schuur & Abbott 2011). Längere Vegetationsperioden, mildere Winter und Änderungen im Regime der Winterniederschläge werden das Pflanzenwachstum insbesondere von Büschen in der polaren und subpolaren Zone begünstigen (Elmendorf et al. 2012). Stärkeres Pflanzenwachstum wirkt durch die Einlagerung von mehr CO_2 dem CO_2-Ausstoß der Böden entgegen (Sweet et al. 2015). In der Bilanz werden die subpolaren Tundragebiete jedoch als Kohlenstoffquelle betrachtet (Celis et al. 2017).

Risiko für Mensch und Infrastruktur

In alpinen Höhenlagen wirkt Permafrost wie eine Art Zement auf Sediment und Grundgestein. Porenwasser und Eiskeile in Spalten und Klüften des Gesteins halten dieses zusammen und sorgen gerade in vegetationsfreien Zonen mit einer Hangneigung von mehr als 37° für Hangstabilität (Gruber & Haeberli 2007). Durch die Klimaerwärmung wird das thermische Regime des gefrorenen Gesteins verändert. Modellrechnungen zeigten, dass die Jahresmitteltemperatur am Gipfel der Zugspitze zwischen 1915 und 2015 um 2,7 °C angestiegen ist. Die Zunahme der Umgebungstemperatur führte dazu, dass sich der Permafrost um 7 m an der Südflanke und 2 m an der Nordflanke ins Berginnere zurückgezogen hat (Gallemann et al. 2017). Das Tauen von Permafrostschichten kann den Zusammenhalt großer Felsmassive aufheben und zu gewaltigen Felsstürzen und Erdrutschen führen. Derartige Massenbewegungen von über 1 Mio. Kubikmetern wurden z.B. in den Schweizer Alpen an den Dents du Midi und Dents Blanches im Jahr 2006 beobachtet (Gruber & Haeberli 2007).

Auf kleinerer Skalenebene kann sich geringere Schneebedeckung auf die Frostsprengung auswirken. Weniger Schnee bedeutet eine geringere Isolations- und somit eine kleinere Pufferschicht, was dazu führt, dass das Gestein innerhalb eines Jahres mehr Gefrier- und Auftauzyklen durchläuft als früher. Steinschläge werden somit begünstigt (Kellerer-Pirklbauer 2017). In den Schweizer Alpen, wo im Hitzesommer 2003 die durchschnittlichen Temperaturen um 3,0 °C höher lagen als im langjährigen Mittel, erhöhte sich die Anzahl von Steinschlägen enorm, was größtenteils den Auftauprozessen im permanent gefrorenen Gestein zugeschrieben wurde (Schiermeier 2003, Gruber et al. 2004).

Neben dem erhöhten Gefahrenpotenzial in alpinen Gebieten birgt das Auftauen von Permafrostböden ein Risiko für menschliche Infrastrukturen, wie z.B. Straßen, Eisenbahntrassen, Strom-, Öl- und Gasleitungen. Ebenfalls davon betroffen ist der Samenbunker der *Svalbard Global Seed Vault*-Organisation auf Spitzbergen, in welchem in bis zu 120 m Tiefe im Permafrost-Felsmassiv Samen aus aller Welt tiefgekühlt gelagert werden (USARC 2003)

Max Schuchardt, Bayreuther Zentrum für Ökologie und Umweltwissenschaften (BayCEER), Universität Bayreuth, Deutschland

Abb. 1: a) Permafrost-Bohrkern aus Nordschweden mit konserviertem organischem Material. b) Steile, mit Permafrost durchzogene Berggipfel im Mont-Blanc-Massiv. (Fotos: M. & J. Schuchardt)

Literatur

- Brown J, Ferrians OJ, Heginbottom JA, Melnikov E (1997) Circum-arctic map of permafrost and ground-ice conditions. U.S. Geological Survey in Cooperation with the Circum-Pacific Council for Energy and Mineral Resources. Circum-Pacific Map Series CP-45, scale 1:10,000,000, 1 sheet.
- Celis G, Mauritz M, Bracho R, Salmon VG, Webb EE, Hutchings J, Natali SM, Schädel C, Crummer KG, Schuur EAG (2017) Tundra is a consistent source of CO_2 at a site with progressive permafrost thaw during six years of chamber and eddy covariance measurements. J. Geophys. Res.-Biogeo. 122: 1471–1485.

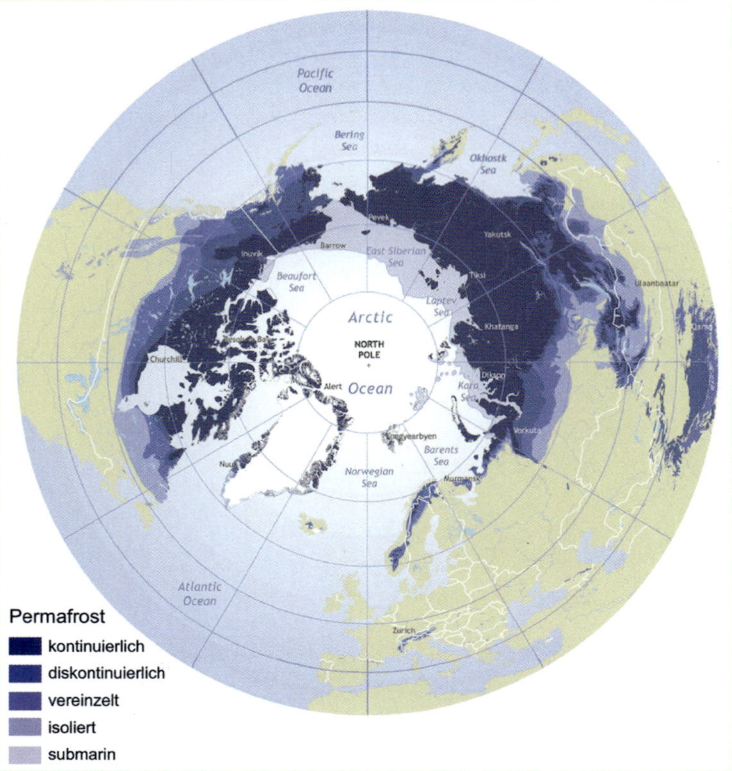

Abb. 2: Zonen von Permafrost auf der Nordhalbkugel (Brown et al. 1997).

- Elmendorf SC, Henry GH, Hollister RD, Björk RG, Boulanger-Lapointe N, Cooper EJ, Cornelissen JH, Day TA, Dorrepaal E, Elumeeva TG (2012) Plot-scale evidence of tundra vegetation change and links to recent summer warming. Nat. Clim. Change 2: 453.
- Gallemann T, Haas U, Teipel U, Von Poschinger A, Wagner B, Mahr M, Bäse F (2017) Permafrost-Messstation am Zugspitzgipfel: Ergebnisse und Modellberechnungen. Geol. Bavarica 115: 1–77.
- Gruber S, Haeberli W (2007) Permafrost in steep bedrock slopes and its temperature-related destabilization following climate change. Journal of Geophysical Research: Earth Surface 112: F02S18.
- Gruber S, Hoelzle M, Haeberli W (2004) Permafrost thaw and destabilization of Alpine rock walls in the hot summer of 2003. Geophys. Res. Lett. 31: L13504.
- IPCC (2013) Climate Change 2013: The physical science basis. Working Group I contribution to the IPCC fifth assessment report. Cambridge University Press, Cambridge, UK.
- Kellerer-Pirklbauer A (2017) Potential weathering by freeze-thaw action in alpine rocks in the European Alps during a nine year monitoring period. Geomorphology 296: 113–131.
- Schiermeier Q (2003) Alpine thaw breaks ice over permafrost's role. Nature 424: 712–712.
- Schuur EAG, Abbott B (2011) Climate change: High risk of permafrost thaw. Nature 480: 32.
- Schuur EAG, McGuire AD, Schädel C, Grosse G, Harden JW, Hayes DJ, Hugelius G, Koven CD, Kuhry P, Lawrence DM (2015) Climate change and the permafrost carbon feedback. Nature 520: 171–179.
- Sweet SK, Griffin KL, Steltzer H, Gough L, Boelman NT (2015) Greater deciduous shrub abundance extends tundra peak season and increases modeled net CO_2 uptake. Glob. Change Biol. 21: 2394–2409.
- Usarc (2003) Climate change, permafrost, and impacts on civil infrastructure. Special report. U.S. Arctic Research Commission Permafrost Task Force, Arlington, Virginia, USA. 62 p.

Atlantik und Pazifik. In der Vegetation dominieren große, zusammenhängende boreale Nadelwälder (Taiga), die im Westen von Kiefern, Fichten und Tannen und im Osten von Lärchen dominiert und mit Mooren und Gebirgstundra durchsetzt sind. In einigen nördlichen Gebieten wachsen die Nadelwälder sogar auf Permafrostböden, die trotz der geringen Niederschlagsmengen eine ausreichende Wasserversorgung der Vegetation ermöglichen. Auf sandigen, wasserdurchlässigen Böden beginnt der Permafrost oft erst in mehreren Metern Tiefe, sodass dort Lärchenwälder mit flechtenreicher Bodenvegetation wachsen. In den eher humiden Bereichen der borealen Zone dominieren die Baum-Gattungen *Pinus, Picea, Abies, Tsuga* und *Pseudotsuga* sowie viele *Ericaceen*-Zwergsträucher in der Bodenvegetation. Weite Teile der borealen Zone waren eiszeitlich vergletschert, weshalb die Böden ein junges Alter aufweisen. Es dominieren saure, nährstoffarme Böden, die wegen der unvollständigen Zersetzung der säurehaltigen Nadel- und *Vaccinium*-Streu zur Podsolierung neigen.

Typische Störungsregime und klimatische Extremereignisse

Zu den typischen Störungsregimen der borealen Zone gehören Feuer, Insekten, Eis- und Schneebruch, Holzeinschlag, Permafrostdynamik durch Bodenerwärmung und in den borealen Gebirgen auch Lawinen.

Feuer spielen eine dominante Rolle in allen borealen Wäldern (vgl. Kap. 4.1), auch auf Permafrostböden. Leicht entzündbare Nadelstreu oder von Flechten dominierte, sommertrockene Bodenvegetation in Kombination mit starker Gewitterneigung an heißen Sommertagen führen zu vielen Waldbränden. Mit zunehmender Kontinentalität steigt die Feuerfrequenz mit Brandereignissen alle 50 bis 200 Jahre an. Die dominanten Nadelbaumarten (*Larix* ssp., *Pinus* ssp.) passen sich durch eine dicke Borke, einen typischen «Klumpfuß», den wiederkehrenden Bodenfeuern an (vgl. Kap. 3.3). Die dickere Borke verkohlt äußerlich und schützt die innere, empfindlichere Schicht. Bei einem lange brennenden Kronenfeuer verbrennt allerdings oft der gesamte Baum, der Bestand bricht dann auf großer Fläche zusammen. Wegen des kalten Klimas regenerieren sich solche Bestände in Abhängigkeit von der Wasserversorgung der Böden nur sehr langsam.

Insektenfraß an Nadeln und unter der Borke trägt aufgrund der Dominanz der Nadelbäume zu großflächigen Dynamiken innerhalb dieser Vegetationszone bei. Massenausbreitungen von einzelnen Insektenarten, z. B. verschiedenen Borkenkäfern (vgl. Kap. 5.2 und 5.3), sind nicht selten und aus der gesamten borealen Zone bekannt (Heavilin et al. 2007). Oft werden die Käfer von chemischen Duftsignalen verletzter Bäume angelockt, die durch andere Störungen wie Wind- und Schneebruch, Dürre, Feuer und Holzeinschlag verursacht wurden. Das betroffene Waldgebiet kann vollständig befallen und zerstört werden. Die Waldregeneration findet sowohl mit Pionierwaldarten wie Birken, Pappeln, Weiden als auch mit den ursprünglichen Arten statt. Durch den Klimawandel wird der boreale Lebensraum zunehmend für «Schädlinge» zugänglich (Price et al. 2013).

Schnee- und Eisbruch tritt besonders in kalt-ozeanischen Bereichen der borealen Zone auf, wo hohe Luftfeuchtigkeit, milde Temperaturen im Winter und das rasche Umschlagen der Wettersituation dazu führen, dass Niederschläge auf den Ästen gefrieren und zu dicken Schnee- und Eispanzern anwachsen. Unter der dadurch entstehenden großen Last brechen Äste, Wipfel und ganze Stämme. Je nach Art können sich geschädigte Bäume unterschiedlich rasch von solchen Störungen erholen, doch bleibt die Konkurrenzkraft über längere Zeit reduziert.

Holzeinschlag als anthropogenes Störungsregime (vgl. Kap. 6.1) prägt die boreale Zone dort, wo der Mensch sich entsprechenden Zugang geschaffen hat. Speziell auf den nördlichen Permafrostböden können durch einen großflächigen Holzeinschlag Offenflächen entstehen, die durch die erhöhte Sonneneinstrahlung oberflächlich auftauen und langfristig unbewaldet bleiben (Abb. 4).

Permafrostdynamik durch Bodenerwärmung entsteht dort, wo die Wälder durch Störungen lückig werden. Die Permafrosttafel sinkt durch die Erwärmung, und ein Einsacken des Bodens durch Wasserverlust ist möglich. Es entstehen Thermokarst-Seen, die sich wegen der kurzen Vegetationsperiode und des kühlen Klimas schnell in Torfmoore umwandeln, mit sehr geringen Zuwachsraten (<1 mm pro Jahr). In einer späteren Phase schirmt die dichte Moorvegetation die Sonnenenergie ab, sodass die Permafrosttafel ansteigt, in den Wasserkörper eindringt und die gesamte Landschaft aufwölbt (Pingo).

Torfnutzung wird auch in borealen Mooren betrieben. Boreale Moore enthalten aufgrund ihrer enormen Flächengröße und geringen Mineralisationsraten einen bedeutenden Anteil des terrestrisch gebundenen Kohlenstoffs. Man geht davon aus, dass 500 ± 100 Gt Kohlenstoff in nordischen Mooren gespeichert sind; die Atmosphäre speichert ca. 750 Gt C (Yu 2012, Lees et al. 2018). Die Torfnutzung der Moore liefert fossilen Brennstoff. Das Trockenlegen von Mooren durch den Menschen, aber auch das Austrocknen von Mooren durch erhöhte Temperaturen führen zu einer zunehmenden Abgabe von Kohlenstoff in die Atmosphäre (IPCC 2013). Ackerbau und Beweidung zur Selbstversorgung der Bevölkerung spielen dagegen eine untergeordnete Rolle.

Der Klimawandel wird in der borealen Zone speziell die Gewitterhäufigkeiten und damit die Feuerzyklen verändern (vgl. Kap. 7.1), was den Kohlenstoffausstoß erhöhen wird. Ein Anstieg der großen Waldbrandflächen in der borealen Zone wurde schon in den letzten drei Jahrzehnten beobachtet (Fauria & Johnson 2008). In den kalt-ozeanischen Zonen ist mit häufigeren kühl-feuchten Wintern zu rechnen,

Abb. 4. Natürliche Auendynamik im Vordergrund und Wald-Rodungsflächen im Hintergrund nach Neuschneefall in British-Columbia, Kanada. (Foto: A. Jentsch)

Marine ökologische Störungen

Im Meer gibt es, wie an Land, menschenverursachte sowie natürliche Störungen (Kaiser et al. 2011, Lozán et al. 2011, Hempel et al. 2017). In europäischen Gewässern überwiegen erstere; die natürlichen sind in den Tropen und Polargebieten besonders auffällig. Oft ist eine eindeutige Unterscheidung zwischen diskreten Störungen, sich kontinuierlich entwickelndem Stress und besonderen Umweltbedingungen in eigenständigen Ökosystemen nicht möglich.

Natürliche Störungen

Natürliche Störungen prägen die Meere und Küsten in Europa nur regional. Die heimischen Organismen sind umwelttolerant, und Lebensgemeinschaften haben eine hohe Reparaturfähigkeit (Resilienz). Die natürlichen auslösenden Faktoren lassen sich allerdings nicht immer eindeutig von den menschenverursachten trennen.

Eiswinter im Wattenmeer der Nordsee sind durch sehr niedrige Temperaturen gekennzeichnet. Sie lassen Sedimentbewohner erfrieren, und Eisschollen «rasieren» Muschelbänke ab. Häufiger sind solche Störungen im Nordpolarmeer, z. B. an den Felsküsten Spitzbergens.

Unterseeische Erdrutsche, z. B. am norwegischen Kontinentalhang, sind selten, sie können aber mehrere Zehntausend Quadratkilometer groß werden und Tsunamis auslösen. So tragen sie eher zur Habitatfragmentierung als zur kurzfristigen Dynamik der Lebensgemeinschaften am Meeresboden bei.

In **kalten Quellen** tritt Wasser mit darin gelöstem oder gasförmigem Methan und Schwefelwasserstoff aus dem Meeresboden aus. Chemotrophe Mikroben bilden die Grundlage für einzigartige Lebensgemeinschaften, die jenen von heißen Quellen ähneln. Häufig auftretende Vielzeller sind dort Röhrenwürmer und Muscheln, die ihrerseits Fische anlocken. Auf den sich bildenden Karbonatkrusten siedeln Seeanemonen. In den Gewässern Großbritanniens sind über 173000 solcher Quellen (engl. *seeps*) bekannt. *Seeps* entstehen kurzfristig und erlöschen langfristig auch wieder.

Bei marinen **Vulkanausbrüchen** wird, wie an Land, zunächst alles Leben zerstört. Anschließend dient die Lava als besonderes Substrat für eine Neubesiedlung.

Schädliche Algenblüten entstehen, wenn einzellige Algen lokal explosionsartig wachsen und Gifte produzieren, die für die vom Menschen konsumierten Meeresfrüchte und den Menschen selber gefährlich werden.

Ein Beispiel für **Seuchen** bei marinen Warmblütern ist der Befall der Seehunde in der Nordsee in den 1980er-Jahren mit einem Staupevirus, wodurch 60 % der Individuen des Bestandes verendeten.

Anthropogene Störungen

Die **Fischerei** verändert natürliche Nahrungsgefüge erheblich, weil ökologische Schlüsselarten (Futterfische, Räuber) selektiv dem Ökosystem entnommen werden. Dies gilt für Arten im offenen Meer, z. B. Hering und Thun, sowie Bodenfische, z. B. Kabeljau und Plattfische. Zusätzlich zerstören Grundschleppnetze Habitate am Meeresboden, z. B. kalte Korallenriffe (Abb. 1). Als Beifang verenden weltweit u. a. Delfine und Albatrosse in kilometerlangen Treibnetzen.

Nicht-einheimische Arten werden insbesondere durch Ballastwasser von Schiffen und über den Suezkanal in europäische Gewässer eingeschleppt. Von den ca. 1000 solcher Arten verursachen nur wenige ökologische Schäden. Z.B. dominiert mittlerweile die in den 1960er-Jahren in die Barentssee eingesetzte pazifische Kamtschatkakrabbe (*Paralithodes camtschaticus* Tilesius, 1815) die Bodenfauna bis zu den Lofoten. Drastische Auswirkungen hat die Einschleppung der indopazifischen Killeralge, *Caulerpa taxifolia* (M.Vahl) C. Agardh, 1817, im Mittelmeer, weil sie wegen ihrer Giftstoffe nicht abgeweidet wird und artenreiche Seegraswiesen verdrängt.

Überlagert werden Störungen von **zusätzlichen Stressoren:** menschenverursachtem Kli-

Abb. 1: Vor der irischen Küste in ca. 700 m Wassertiefe ist ein kaltes Korallenriff von einem Fischereinetz zerstört worden. Der Ausschnitt zeigt eine intakte Kolonie der Art *Desmophyllum pertusum* L., 1758. (Fotos: IFREMER)

mawandel mit Ozeanversauerung; Verschmutzung einschließlich Überdüngung und Lärm; Müll, auch in Form von Mikroplastik; Vernichtung von Lebensräumen durch Ausbaggern von Sedimenten; Entstehung neuer Habitate z. B. durch den Bau von Fundamenten für Windmühlen.

Störungen in außereuropäischen Meeren haben deutlichere ökologische Auswirkungen: das Klimaphänomen El Niño im Südostpazifik; Eisbergstrandungen in der Antarktis; Wirbelstürme, die Korallenriffe verwüsten; vielfältige Faktoren, die Korallen ausbleichen lassen; Stürme, die Großalgen-Wälder zerstören; explosionsartiges Populationswachstum von Räubern, wie dem Dornenkronenseestern (*Acanthaster planci* L., 1758), der Korallenriffe großflächig durch Wegfraß schädigt.

Julian Gutt, Alfred-Wegener-Institut, Helmholtz-Zentrum für Polar- und Meeresforschung, Bremerhaven, Deutschland

Literatur

- Hempel G, Bischhof K, Hagen W (2017) Faszination Meeresforschung: ein ökologisches Lesebuch (2. Aufl.). Springer, Berlin. 573 S.
- Kaiser MJ, Attrill MJ, Jennings S, Thomas DN, Barnes DKA, Brierly AS, Hiddink JG, Kaartokallio H, C. PNV, Raffaeli DG (2011) Marine ecology: Processes, systems, and impacts (2nd ed.). Oxford University Press, Oxford. 501 S.
- Lozán JL, Grassl H, Karbe L, K. R (2011) Warnsignale Klima: Die Meere – Änderungen und Risiken. Wissenschaftliche Auswertungen, Hamburg. 384 S.

die vermehrt Eis- und Schneebruch zur Folge haben. Durch eine Verschiebung der Niederschlagsregime können sich aufgrund der monospezifischen Nadelwälder schnell große Insektenkalamitäten ausbreiten (vgl. Kap. 5.3).

2.2.4 Die temperate Zone

Charakterisierung und ökologische Rahmenbedingungen

Die temperate Zone gliedert sich in die feuchten und trockenen Mittelbreiten. Die feuchten Mittelbreiten liegen zwischen 35° und 60°, wobei die größten Vorkommen der Nordhemisphäre jeweils an den Ost- und Westseiten der nordamerikanischen und eurasischen Landmassen liegen. Nur kleine, aber ebenfalls küstennahe Teilgebiete finden sich auf der Südhalbkugel in Südamerika (westliches Südchile), Australien (SE-Australien und Tasmanien), Neuseeland (Südinsel) und auf den subantarktischen Inseln. Alle Teilgebiete sind durch ein maritim beeinflusstes, temperates Klima charakterisiert. Die temperate Zone umfasst 9,7 % (14,5 Mio. km^2) der Landfläche der Erde (Schultz 2016). Polwärts grenzt sie an die boreale Zone, äquatorwärts folgen an den Westseiten der Kontinente die winterfeuchten, an den Ostseiten die immerfeuchten Subtropen.

Die feuchten Mittelbreiten zeigen einen saisonal differenzierten Jahresgang der Temperatur und den damit verbundenen, auffälligen Aspektwechsel der Vegetation mit sommergrünen Laub- und Mischwäldern, winterlichem Blattfall und Frühjahrsgeophyten. Es dominiert ein gemäßigtes Klima, d.h. die winterliche Abkühlung und die Spanne der jahreszeitlich wechselnden Tageslängen sind geringer als in der borealen Zone, aber größer als in den äquatorwärts folgenden Zonen. Ein relativ rascher Abbaukreislauf von ca. 4 Jahren, kurze Mineralstoffkreisläufe mit hohen Umsätzen und eine Nettoprimärproduktion von etwa 8–13 t pro Hektar und Jahr führten zur Entstehung der typischen europäischen Kulturlandschaft mit vielfältigen anthropogenen Nutzungs- und Störungsregimen (vgl. Kap. 6.2).

Die trockenen Mittelbreiten im kontinentalen Eurasien und im Mittleren Westen von Amerika erstrecken sich polwärts bis 55° und grenzen in einigen Bereichen direkt an die tropisch/subtropischen Trockengebiete an. Sie bedecken 11,1 % (16,5 Mio. km^2) der Landfläche der Erde (Schultz 2016). Aufgrund heißer Sommer und kalter Winter ist die Vegetationsperiode im Norden thermisch begrenzt, insbesondere durch Temperaturen unter dem Gefrierpunkt, und im Süden hygrisch, also durch das Niederschlagsregime und die Luftfeuchtigkeit.

Typische Störungsregime und klimatische Extremereignisse

Zu den typischen Störungsregimen der temperaten Zone gehören Winterstürme, winterliche Wärmepulse (oft einhergehend mit Spätfrost im Frühling und Frühfrost im Spätsommer), Starkregenereignisse mit Überschwemmungen, sommerliche Hitzewellen mit Dürren sowie Mahd, Beweidung, Ackerbau und Waldmanagement.

Winterstürme treten in der temperaten Zone als extratropische Wirbelstürme im Rahmen von Tiefdrucksystemen auf, die sich in Form von Blizzards in Nordamerika oder Orkanwinden in Europa über Hunderte von Kilometern bewegen (vgl. Kap. 4.2) und große Schäden anrichten können, z.B. in Wirtschaftswäldern und an Infrastrukturen. Die maximalen Windgeschwindigkeiten variieren zwischen

150 und 250 km/h und nehmen gegen den Rand der Sturmsysteme ab. Das Risiko von Windbruch erhöht sich tendenziell mit dem Alter der Bäume/Bestände und reicht von Astbruch, Stammbruch und Baumlücken bis zum kompletten Windwurf auf großen Flächen. Monokulturen und homogene Altbestände weisen ein höheres Risiko für Windschäden auf als natürlich gewachsene Wälder (Odenthal-Kahabka 2004, Johnson & Miyanishi 2007). Global betrachtet sind Winterstürme der Mittleren Breiten nach tropischen Zyklonen die kostenintensivste Naturgefahr für die weltweite Versicherungswirtschaft (Münchner Rück 1999, Münchner Rück 2017).

Winterliche Wärmepulse in der kältesten Jahreszeit der temperaten Zone entstehen durch Großwetterlagen der Nordatlantischen Oszillation (NOA) mit Temperaturen deutlich über 0 °C. Solche Wärmepulse reduzieren die Winter- und Frosthärte der Pflanzen und können zu einer verfrühten Blattentfaltung und Knospenbildung führen. Folgt auf die Wärmephase eine erneute Kälteperiode oder erfolgt Spätfrost auf phänologisch weit entfalteten Blattaustrieb, können die Pflanzen stark geschädigt werden.

Fröste, insbesondere Spätfröste, welche nach dem Einsetzen des Blattaustriebs bis Mitte Mai auftreten können, reduzieren die ökologische Fitness und verursachen oft große ökonomische Schäden in der Landwirtschaft. Sträucher und Bäume, insbesondere Weinreben sowie Obst- und Nussbäume, sind am stärksten betroffen (Werner-Gnann et al. 2017, Chmielewski et al. 2018). Frostschäden an diesen Kulturarten führen zum teilweisen oder vollständigen Verlust der Jahresernte, nicht aber zum Absterben der Pflanzen. Mehrere Baumarten sind gegenüber Spätfrost besonders empfindlich, so die Eiche, der Bergahorn und die Buche (Abb. 5) (Kreyling et al. 2012). Dagegen vertragen die winterkahlen Laubbaumarten sehr kalte Bedingungen im Winter problemlos (vgl. Kap. 3.3). Frost führt neben dem Verlust von reproduktivem Gewebe (Blütenanlage) auch zum Absterben von Meristemgewebe, wodurch bei betroffenen Holzarten das jährliche Längenwachstum ausbleiben kann und damit die Konkurrenzkraft gegenüber anderen, nicht geschädigten Baumarten insbesondere während der Verjüngung (Buche vs. Eiche) vermindert wird.

Überschwemmungen entstehen durch Starkregenereignisse, welche in relativ kurzer Zeit zur Übersättigung des Bodens mit Wasser führen. Da die Pflanzen das Wasser nicht derart schnell aufnehmen können, fließt das Wasser nun oberirdisch ab, was einen schnellen Zulauf zu den Vorflutern und ein Übertreten der kleineren Bach- und Flussläufe zur Folge hat. Die einzelnen Abflusswellen lokaler Hochwasser vereinigen sich dann in den größeren Flüssen und können zu extremem Hochwasser führen, das zu massiven Erosionsschäden und Überschwemmungen von Gebäuden und Infrastrukturen führt. Starkregen kann in verschiedenen Gegenden zu unterschiedlichen Jahreszeiten auftreten. Im Winter ist aufgrund von gefrorenem Boden oft sowohl die Bodeninfiltration als auch die pflanzliche Interzeption reduziert. Auch im Sommer können Böden nach längerer Dürre zu trocken sein, um größere Niederschlagsmengen aufzunehmen. Auenlebensräume sind durch regelmäßige Überschwemmungen geprägt und werden durch diese erhalten.

Sommerliche Hitzewellen dauern oft nur wenige Tage, gehen aber meist mit längeren Dürreperioden einher. Ein

Abb. 5. Spätfrost im Mai nach Blattaustrieb in einem Buchenwald. (Foto: A. Jentsch)

Großteil der Vegetation der temperaten Zone zeigt nur eine geringe Reaktion auf Hitze und Dürre, doch Ackerkulturen und Wiesen der Tieflagen und Wälder der Mittelgebirge können Schaden nehmen. Dürren führen hier zu einer verminderten Fotosyntheseleistung und zu Ernte- und Wachstumseinbußen oder zum Absterben der oberirdischen Biomasse. Außerdem können Dürren und Hitzewellen zu Insektenkalamitäten führen.

Mahd, Beweidung und Ackerbau sind die prägenden anthropogenen Störungsregime der temperaten Kulturlandschaften (vgl. Kap. 6.2). Beim Ackerbau erfolgen regelmäßig mechanische Bodenstörungen, die in Trockenperioden oder während Überschwemmungen aufgrund vorübergehend fehlender Pflanzenbedeckung zu Bodenerosion führen können. Bodenverdichtung, Pestizideinsatz und Überdüngung führen zu artenarmen Agrar-Ökosystemen. Beweidung selektiert bestimmte Pflanzenarten auf den Weiden. Von Wiesen wird in hohen (intensiven) oder niedrigen (extensiven) Mahdrhythmen der Großteil der oberirdischen Biomasse entnommen. Nährstoffe werden sowohl auf Äckern als auch teilweise im Dauergrünland durch Düngung wieder zugefügt. In den Steppengebieten der trockenen Mittelbreiten werden Äcker und Grünland oft regelmäßig oder periodisch bewässert.

Klimawandel in der temperaten Zone geht vor allem mit zunehmenden Wasserdefiziten in den trockenen Mittelbreiten einher (Kovats et al. 2014). Als Folge können sich die Grenzen von Waldsteppen, Langgrassteppen, Kurzgrassteppen, Wüstensteppen, Halbwüsten und Wüsten verschieben (Sala & Maestre 2014). Die Gebiete unterliegen fast vollständig einer agrarischen Nutzung: Langgrassteppen durch großbetriebliche Ackerwirtschaft, Kurzgras- und Wüstensteppen durch Ranching (Schultz 2016). In den feuchten Mittelbreiten nimmt die Wahrscheinlichkeit von Winterstürmen ebenso wie von winterlichen Wärmeeinbrüchen zu (Trenberth et al. 2007). Generell führt die Klimaerwärmung zu einer höheren klimatischen Variabilität, zu einer Verlängerung der Vegetationsperiode und zu einem früheren Einsetzen des Blattaustriebs. Winterniederschläge fallen zunehmend nicht als Schnee, sondern als Regen. Die größere Variabilität der Niederschläge im Sommer bringt Dürren, gefolgt von Starkregenereignissen (IPCC 2013).

2.2.5 Die mediterrane Zone

Charakterisierung und ökologische Rahmenbedingungen

Die subtropische Zone besitzt eine breite hygrische Differenzierung von vollariden über sommerfeuchte bis zu sommertrockenen und immerfeuchten Verhältnissen. Die sommertrockenen Subtropen werden als mediterrane Subtropen oder als mediterrane Zone bezeichnet (Richter 2001). Diese findet sich im Mittelmeerraum, in Kalifornien, in Südwest-Australien, in der Kap-Region Südafrikas und in einem kleinen Gebiet Chiles. Das mediterrane Klima wird dominiert von einem saisonalen Wechsel von winterlich niederschlagsreichen Zyklonendurchzügen und sommerlich trockenen Hochdruckgebieten. Tiefe Temperaturen und starke Fröste sind selten.

Es dominieren immergrüne Baumarten mit zumeist skleromorphen Blättern wie Eichen (*Quercus* ssp.), Olive (*Olea europaea*), Lorbeer (*Laurus* ssp.), Eukalyptus (*Eucalyptus* ssp.) und Nadelbäume wie Kiefern (*Pinus* ssp.) und Sequoien (*Sequoiadendron* ssp.). In der anthropogen überprägten Kulturlandschaft ist dichtes Buschwerk charakteristisch, auf den semiariden Standorten gedeihen sukkulente Arten, u.a. eingeschleppte Opuntien (*Opuntia* ssp.) und Agaven (*Agave* ssp.). In der mediterranen Zone gibt es ein breites Spektrum an unterschiedlichen Lebensräumen und daher eine sehr große Biodiversität mit einem hohen Anteil an Endemiten (Walker 1999). Sobald die sommerliche Trockenheit mehr als 7 Monate beträgt und die jährliche Niederschlagsmenge geringer als 300 mm ist, geht die mediterrane Zone nach Süden in die subtropischen Trockengebiete über.

Typische Störungsregime und klimatische Extremereignisse

Zu den typischen Störungsregimen der sommertrockenen, mediterranen Zone gehören Feuer, Erosion, Beweidung, Verkarstung (Badlands) und jahrtausendealte landwirtschaftliche Nutzung.

Feuer gehören in allen mediterranen Räumen zur natürlichen und prägenden Dynamik der Ökosysteme. Sie werden in der mediterranen Zone häufig durch Sommergewitter hervorgerufen und zeigen aufgrund der hohen Winterproduktivität Wiederkehrintervalle von nur wenigen Jahrzehnten (Buhk et al. 2007). Die sommertrockene Hartlaub- oder Nadelstreu ist wegen des hohen Gehaltes an ätherischen Ölen und Harzen leicht entzündlich und fördert regelmäßig bodennahe Buschfeuer (vgl. Kap. 4.1). Kronenfeuer kommen vor, wenn die Phase der Akkumulation von toter Biomasse zu lange anhält und Bodenfeuer ausbleiben. Daher wird heute in vielen Gebieten, besonders in Australien und Kalifornien, ein aktives Feuermanagement durchgeführt. In der mediterranen Vegetation gibt es verschiedene Anpassungen an Feuer, Hitze und Rauch (vgl. Kap. 2.2). Nach einem Buschfeuer können sich mehrjährige, feuerangepasste Arten schnell regenerieren und haben Licht und mineralisierte Nährstoffe zur Verfügung. Samen von Pyrophyten mit serotinen Zapfen heben erst nach einem Feuer ihre Keimruhe auf (z.B. *Pinus halepensis*). Bei Kronenfeuern bricht der Baumbestand zusam-

Abb. 6: Feuchter Lorbeerwald (hier auf der Insel La Palma, Kanarische Inseln) ist die ursprüngliche Waldvegetation im Mittelmeergebiet. (Foto: A. Jentsch)

men, die sommertrockenen Böden degradieren dann schnell, wodurch es zu Erosionsvorgängen kommt.

Erosion kann durch heftige Sommergewitter oder lang anhaltende Winterstarkregen verursacht werden und ist am stärksten auf Brand- oder Rodungsflächen. Der Oberboden wird bei einem Verlust der schützenden Vegetationsdecke in großem Ausmaß erodiert. Durch die anthropogene Überprägung des gesamten Mittelmeerraumes ist schon seit der Antike ein Großteil der tertiär gebildeten, humusreichen Böden verschwunden. Seit der Zeitenwende gibt es keine intakten, zonal-typischen Wälder wie die Lorbeer- und Steineichenwälder mehr (Rundel 1999). Reliktstandorte sind z. B. auf den Kanarischen Inseln noch erhalten (Abb. 6).

Beweidung mit Ziegen und Schafen dominiert in weiten Gebieten des europäischen Mittelmeerraumes, jedoch nur in geringem Ausmaß in den anderen vier mediterranen Gebieten der Erde. Bei sommerlicher Trockenheit kann eine Überbeweidung starke Schäden und eine Degradation der Vegetation herbeiführen. Diese kann zu dauerhaftem Verschwinden von Bäumen (Verbuschung) oder auch zum Verschwinden von Büschen (Versteppung) mit anschließender Bodenerosion führen. In einigen Gebieten des Mittelmeerraumes wird eine Transhumanz mit Weidetieren betrieben: in den Sommermonaten im Bergland, in den feuchten Wintermonaten in den Tälern. Diese verteilt den Weidedruck lokal.

Verkarstung kann ebenfalls anthropogen bedingt sein und entsteht im Mittelmeerraum in Gebieten mit starker Überweidung auf karbonatischem Gestein. Sie fand teilweise schon in der Antike statt. Auf solchen Flächen entstehen *«Badlands»*, die für fast alle Pflanzenarten und eine weitere menschliche Nutzung ungeeignet sind.

Landnutzungswandel: Im Mittelmeerraum führt der demografische Wandel und eine damit einhergehende Intensivierung der Landwirtschaft zur Verdrängung der Transhumanz in die Bergregionen oder zur vollständigen Aufgabe der Weidewirtschaft (Oteros-Rozas et al. 2013, Sklavou et al. 2017). Im Zuge des Klimawandels werden erhöhte Sommertemperaturen und verlängerte Trockenperioden prognostiziert, die einen zusätzlichen Stressor gerade auch für landwirtschaftlich übernutzte Regionen darstellen kann (IPCC 2013).

2.2.6 Die subtropischen und tropischen Trockenzonen

Charakterisierung ökologischer Rahmenbedingungen

Die tropischen und subtropischen Trockengebiete machen etwa 21 % der gesamten Festlandfläche aus (Schultz 2016). Sie umfassen die Wüsten und Halbwüsten, sommerfeuchte Dornsavannen und Dornsteppen. Die Gebiete bilden Übergangsräume zu den sommerfeuchten Tropen bzw. den immerfeuchten Subtropen. Die winterfeuchten Gras- und Strauchsteppen bilden Übergangsräume zu den winterfeuchten Subtropen.

Charakteristisch für die subtropische und tropische Trockenzone ist vor allem ihre Aridität und die extrem hohe Sonneneinstrahlung, die mit 700–800 x 10^8 kJ pro Hektar und Jahr höher liegt als in jeder anderen Ökozone der Welt. Dabei sind höchstens 3 Monate im Jahr humid. Wüsten erhalten weniger als 250 mm Wasser pro Jahr.

Typische Störungsregime und klimatische Extremereignisse

Zu den typischen Störungsregimen der subtropischen und tropischen Trockenzone gehören Savannenfeuer, Insektenplagen, Weidedegradation mit Erosion, Dürren und Nagerkalamitäten mit Bioturbation.

Savannenfeuer sind regelmäßig wiederkehrende Störungen in den subtropischen und tropischen Trockengebieten, insbesondere in den Savannen und Steppen. Durch die hohe Aridität sind die vorhandenen Gräser, Bäume und Sträucher sehr trocken. Feuer ist dabei eine natürliche Störung, die hauptsächlich eine Verjüngung der Vegetation und eine Remineralisierung der Nährstoffe bewirkt. Dabei entfernt das Feuer abgestorbenes Material und schafft Raum und Ressourcen für die nachwachsende Vegetation. Ursprünglich entstanden die Savannenfeuer durch Blitzeinschläge, doch mittlerweile werden sie alljährlich aktiv durch den Menschen gelegt. Gründe hierfür sind die Schädlingsbekämpfung, die Einbringung neuer Nährstoffe sowie der Erhalt der Grasland- und Savannenökosysteme (van der Werf et al. 2008).

Insektenplagen gehören zu den verheerendsten natürlichen Störungen für den Menschen, da sie periodisch in Agrarökosystemen stattfinden. Heuschrecken können z. B. in nur wenigen Tagen ganze Landstriche kahl fressen. Weltweit gibt es mehr als 350 Heuschreckenarten, welche periodisch Störungen verursachen. Dabei wird eine einheimische Heuschreckenpopulation vor allem dann zur Plage, wenn in ihrer natürlichen Umgebung Veränderungen in der Landnutzung zu einer erhöhten Ressourcenverfügbarkeit führen und damit eine enorme Zunahme der Population erlauben. Bei invasiven Arten spielt die Abwesenheit von potenziellen Fressfeinden ebenfalls eine Rolle (Cerritos 2008). Aufgrund ihres hohen Proteingehalts werden Heuschrecken als mögliche Nahrungsquelle gesehen, welche den wachsenden Nahrungsbedarf der Menschheit decken und die verheerenden landwirtschaftlichen Auswirkungen dämpfen könnte.

Weidedegradation mit Erosion ist eine wesentliche Gefahr in den trockenen Subtropen und Tropen, wo immer Weidewirtschaft mit Kühen oder Ziegen betrieben wird (Abb. 7). Wenn eine Nutztierherde über einen längeren Zeitraum in einem bestimmten Gebiet

Abb. 7. Durch trockenheitsbedingte Überweidung degradierte Hartlaubwälder in Marokko. (Foto: A. Jentsch)

verweilt, sind Überweidung, Trittschäden, Erosion und lokaler Verlust des Oberbodens die Folge. Die Vegetation ist oftmals nicht in der Lage, sich von dem Schaden zu erholen. Als Folge entstehen eine ungewollte Selektion und ein Wandel von perennierenden zu annuellen Gräsern, gefolgt von einer deutlichen Abnahme der Biodiversität in der Gras- und Krautschicht. Weitere Schäden sind verringerte Fruchtbarkeit und reduziertes Versickerungsvermögen, ebenso wie eine geringere Wasserspeicherungsfähigkeit und geringere Nährstoffverfügbarkeit. Dies führt ebenfalls zum Verlust von Biodiversität und von Arten, und kann auch zu einer Veränderung der Feuerregime führen (Deng et al. 2014).

Als **Dürren** bezeichnet man generell Perioden ungewöhnlich trockenen Wetters, welche lange genug anhalten, um ein schwerwiegendes hydrologisches Ungleichgewicht zu verursachen (Field et al. 2012). Natürliche Ursachen für Dürren sind verminderter Niederschlag, geringerer Wasserdampf in der Luft, weniger aufsteigende Luftmassen, Veränderungen im atmosphärischen und ozeanischen Wetterkreislauf sowie Veränderungen im globalen Wetterkreislauf durch die El Niño Southern Oszillation (ENSO). Zu den menschlichen Ursachen für Dürreschäden gehören Landnutzungsänderungen, landwirtschaftliche Übernutzung, Entwaldung und Bewässerung mit Erosion. Gerade die Sahelzone, welche sich in der subtropischen Trockenzone befindet, ist der Schauplatz der schwerwiegendsten Dürren der vergangenen Jahrzehnte (Scheffer et al. 2001). Neben den großen Dürren in den 1970er- und 1980er-Jahren kam es in den Jahren 2005, 2008, 2010 und 2012 wiederum zu starken Dürreereignissen im Sahelgebiet, von denen mehr als 10 Mio. Menschen betroffen waren (WFP 2012). Am Ende von Dürreperioden entsteht in den subtropischen und tropischen Trockenzonen oft ein massiver Massenzuwachs von bodenwühlenden Nagetieren und dadurch verursachte erhebliche Bioturbation (Richter & Ise 2005).

Die Auswirkungen von **Klima- und Landnutzungswandel** in den subtropischen und tropischen Trockenzonen sind derzeit schlecht prognostizierbar. Generell wird eine Ausbreitung der Feuerregime erwartet sowie eine kürzere Feuerfrequenz. Jedoch gibt es Modelle, die für gewisse Regionen vermehrte Feuer erwarten, in anderen Regionen allerdings einen Rückgang der Feuerfrequenz prognostizieren. Aufgrund des Klimawandels wird eine Zunahme von Dauer und Intensität von Dürren in vielen Regionen der Welt erwartet, was zu vermehrter Weidedegradation und Migration führt (Field et al. 2012).

2.2.7 Die feuchten Subtropen

Charakterisierung und ökologische Rahmenbedingungen

Die subtropische Zone besitzt eine breite hygrische Differenzierung von vollariden über sommerfeuchte bis winterfeuchte und immerfeuchte Verhältnisse. Im Folgenden werden die immerfeuchten Subtropen sowie die sommerfeuchten Subtropen behandelt.

Die immerfeuchten Subtropen nehmen etwa 4 % der weltweiten Landoberfläche ein und befinden sich auf der Ostseite der Kontinente (Schultz 2016). Die Temperaturen sind warm-gemäßigt mit kühlen Wintern und mit Höchsttemperaturen im Sommer. Bedingt durch den meeresfeuchten Passat, fällt ganzjährig Niederschlag mit dem Niederschlagsmaximum im Sommer. Die großen Sommerniederschläge entstehen im Rahmen von besonders warmen und feuchten, vom Meer kommenden Winden, welche in Ostasien als Monsun bezeichnet werden. Im Winter wehen hauptsächlich kühle und trockene, kontinentale Winde. Durch dieses Ostseitenklima bedingt, sind hier Lorbeerwälder und subtropische Regenwälder heimisch.

Die sommerfeuchten Subtropen umfassen etwa 16,4 % der Festlandfläche (Schultz 2016). Trockenzeiten und Regenzeiten sind hier durch das Pendeln der innertropischen Konvergenzzone bedingt. Die Zone zeichnet sich besonders durch ihre starke Niederschlagsvariabilität aus. Die sommerfeuchten Tropen lassen sich in Feuchtsavanne, Trockensavanne, Dornstrauchsavanne, tropischen Trockenwald und Monsunwald unterteilen. Die Trockenzeit dauert hier zwischen 2,5 und 7,5 Monaten, während die Regenzeit zwischen 4,5 und 9,5 Monaten anhalten kann. Je weiter eine Region vom Äquator entfernt ist, desto geringer sind die Zenitalregen und desto länger dauert die Trockenzeit.

Typische Störungsregime und klimatische Extremereignisse

Zu den typischen Störungsregimen der sommerfeuchten und immerfeuchten Subtropen gehören die Monsune und die von ihnen verursachten Erdrutsche, Überflutungen und Schlammlawinen (Abb. 8) sowie das Auftreten von Hurrikanen, Zyklonen und Tornados.

Als **Monsun** bezeichnet man eine großräumige Luftzirkulation im Gebiet der Tropen und Subtropen im Einflussbereich der Passatwinde. Kennzeichnend für den Monsun ist die zweimalige Umkehr der Windrichtung im Verlauf des Jahres durch die Überquerung des Äquators. Beim Sommermonsun treffen wasserbeladene Luftschichten auf das Festland. Diese entladen sich durch starke Regenereignisse über dem Festland.

Überflutungen sind häufig in den sommerfeuchten Subtropen und werden durch starke Monsunregen verursacht. Während des Sommermonsuns fallen etwa 80 % des jährlichen Niederschlags. Durch die Niederschlagsmassen sowie das Ausweiten der Flussbette werden innerhalb kürzester Zeit ganze Landstriche unter Wasser gesetzt. Dadurch werden Reisfelder und sonstige Anbaustätten überflutet, Häuser und andere Infrastruktur zerstört oder beschädigt sowie Trinkwasser kontaminiert, wodurch sich verschiedene Krankheiten und Diarrhö ausbreiten können (Rasmussen et al. 2015). Andererseits stellt das Übertreten des Flussbetts einen wichtigen Nährstoffeintrag für die Landwirtschaft dar.

Schlammlawinen und Erdrutsche können ebenfalls von Monsunregen verursacht werden. Durch die enormen Wassermassen verliert der Boden

Abb. 8. Nach Starkregen und leichten Erdbeben abgegangene Schlammlawinen können verheerende Schäden anrichten, Chiapas, Südmexiko. (Foto: A. Jentsch)

schnell an Stabilität und wird von den Fluten mitgeschwemmt oder löst sich als Erdrutsch oder Schlammlawine vom Hang. Das dadurch transportierte Material lagert sich meist in Talsohlen, Rinnen sowie an den Flanken der Hänge ab. Wird der Boden in diesen Gebieten durch Starkregen wassergesättigt, besteht die Gefahr, dass sich das abgelagerte Material als Murgang remobilisiert und somit auch in späteren Monsunzeiträumen eine potenzielle Gefahr darstellt (Collins & Jibson 2015).

Hurrikane, Zyklone und Tornados sind tropische Wirbelstürme, welche mindestens Orkanstärke, also Windstärke 12 auf der Beaufortskala, erzielen (vgl. Kap. 4.2). Dies ist bei Geschwindigkeiten von 118 km/h erreicht. Als Hurrikan werden dabei tropische Stürme bezeichnet, welche in den Meeren westlich und östlich der amerikanischen Kontinente vorkommen. Wirbelstürme der gleichen Stärke im südlichen Pazifischen Ozean und im Indischen Ozean werden Zyklone genannt. Sie entstehen aus Passatwinden bei einer Wassertemperatur von über 26,5 °C (Häckel 2012) Steigt Wasserdampf in großen Mengen auf, bilden sich große Wolkenmassen. Dabei wird eine enorme Menge an latenter Energie frei, welche die Luft innerhalb der Wolken aufheizt. Dadurch dehnt sich die Luft zusammen mit der noch nicht abgeregneten Restfeuchtigkeit aus und steigt weiter auf. Über der warmen Meeresoberfläche entsteht ein Unterdruck, zu dem feuchtigkeitsgesättigte Luft aus der Umgebung nachströmt. Die Corioliskraft versetzt die Luftmassen in Rotation, wodurch ein großflächiger Wirbel entsteht. Erreicht ein Hurrikan Land, ist er von seinem Nachschub an feuchter Luft abgeschnitten und verliert langsam an Kraft. Er bringt jedoch enorme Massen an Wasser und Wind mit, die verheerenden Schaden anrichten. Folgen von Hurrikanen sind Sturmfluten, Windbrüche, Küstenerosion, Erdrutsche, Sturzfluten und Überschwemmungen (Kuttler 2013). Im Gegenzug zu Hurrikanen sind Tornados kleinräumigere Wirbelstürme, die normalerweise über Flachland entstehen und weniger als einen Tag bestehen bleiben. Sie entstehen, wenn große Luftmassen unterschiedlicher Temperatur und Luftfeuchtigkeit über einer großräumigen flachen Ebene aufeinanderstoßen. Der hohe Staudruck des Windes sowie Windgeschwindigkeiten von mehr als 300 km/h in den oberen Bereichen des Tornados sind die Hauptursachen der hohen Zerstörungskraft. Besonders gefährlich ist dabei die geringe Vorwarnzeit von 8 bis 13 Minuten vor der Entstehung eines Tornados.

Klimawandel in den Subtropen wird in erster Linie mit Veränderungen der Intensität des Monsuns und der räumlichen Monsunregionen verbunden. Schwankungen der Meeresoberflächentemperatur werden eine Auswirkung auf die Menge an Feuchtigkeit, die der Monsun aufnehmen kann, haben und somit die Niederschlagsmenge beeinflussen. Monsunregen werden einerseits neue Gebiete erreichen, andererseits in bisher typischen Monsunregionen seltener auftreten, was enorme Auswirkungen auf die Vegetation und die Bevölkerung haben kann (Schiermeier 2006). Im Zuge des Klimawandels verändern sich auch die tropischen Wirbelstürme. Es wird erwartet, dass diese zukünftig vermehrt und mit stärkerer Intensität auftreten. Tatsächlich hat sich das Vorkommen von Hurrikanen der Kategorien 4 und 5 seit 1970 verdoppelt (Lin et al. 2012). Ebenso wird angenommen, dass es zukünftig zu einer höheren Frequenz von Tornados und einem größeren Einzugsgebiet kommen wird. Infolgedessen werden sogenannte Tornadocluster häufiger. Dabei treten Tornados stärker gehäuft auf, teilweise mehrere an einem Tag (Tippett & Cohen 2016).

2.2.8 Die Zone der sommerfeuchten Tropen

Charakterisierung und ökologische Rahmenbedingungen

Die Zone der sommerfeuchten Tropen umfasst weite Gebiete südlich und nördlich des Äquators mit ausgeprägten saisonalen Unterschieden zwischen Regen- und Trockenzeiten. Die Regensaisonalität (850–2000 mm pro Jahr) ist durch das jahreszeitliche Pendeln der innertropischen Konvergenzzone zwischen dem nördlichen und südlichen Wendekreis bedingt. In dieser Zone liegen sowohl immergrüne tropische Monsunwälder als auch tropische Trockenwälder, Dornbusch-, Feucht- und Trockensavannen. Die Zone ist auf etwa 16 % der Landoberfläche verbreitet, wobei zurzeit nur noch ein Fünftel davon als naturnah bezeichnet werden kann (Schultz 2016). Viele Pflanzenarten schränken in den 2,5 und 7,5 Monate dauernden Trockenzeiten ihr Wachstum stark ein, trocknen aus oder haben spezielle Überlebensstrategien entwickelt, dazu gehören CAM*-Pflanzen, Flaschenbäume oder poikilohydre Pflanzen. Je weiter die Gebiete vom Äquator entfernt liegen, desto länger dauert die Trockenzeit. Fröste sind nur in den äquatorfernen Regionen und in den Gebirgen möglich. Die Savannengebiete bestehen aus tropischen Grasländern, in denen der Baumwuchs unter ganzjährig warmen Bedingungen möglich ist, anders als in den Steppen der Mittelbreiten. Sehr weite Gebiete dieser auch wechselfeucht genannten Zone sind seit Jahrtausenden vom Menschen überprägt.

* Crassulaceen-Säurestoffwechsel (kurz CAM, von engl. *Crassulacean Acid Metabolism*): CAM-Pflanzen nehmen Kohlenwasserstoff in der Nacht auf, speichern ihn als Apfelsäure und assimilieren ihn am nächsten Tag mit dem wieder freigesetzten CO_2 bei geschlossenen Spaltöffnungen.

Typische Störungsregime und klimatische Extremereignisse

Zu den typischen Störungsregimen der sommerfeuchten Tropen gehören extreme Regenereignisse mit Bodenerosion, Dürren mit Feuer, Insektenkalamitäten und die Mega-Herbivorie.

Extreme Regenereignisse, bedingt durch El Niño Southern Oscillation, Zyklone und tropische Wirbelstürme sind Teil der starken Saisonalität der Niederschläge, die mal stärker, mal schwächer oder vollständig ausfallen können. Diese führen besonders in den Savannen, regengrünen Trockenwäldern und den Bergländern zu starker Bodenerosion.

Feuer ist speziell in den Trockenzeiten ein natürlicher Faktor in den wechselfeuchten Tropen (auch schon lange vor der Beeinflussung durch den Menschen). Viele Pflanzenarten sind an Feuer angepasst, indem sie direkt nach einem Brand kräftiger austreiben (wie Gräser) oder neu keimen können (wie Eukalyptus). Andere Arten haben dicke Borken entwickelt (Akazien) oder leben fast vollständig im Untergrund (einige Knollenpflanzen). Die Menschen haben seit der Nutzung des Feuers zu Jagdzwecken das Feuerregime in diesen Biomen maßgeblich mit beeinflusst (Walter & Breckle 1999). Ein Bodenfeuer wirkt sich meist nur kurzfristig auf sich schnell regenerierende Grasflächen aus. In den Trockenwäldern können nach mehreren Jahren der Akkumulation von trockener Streu ebenfalls Bodenfeuer durchgehen (z. B. in Eukalyptuswäldern). Bleiben diese Boden- und Buschfeuer aus und ist die Menge an trockenem Brennmaterial über die Jahre zu hoch geworden, so steigt die Gefahr eines Kronenfeuers. Aber auch dieses ist der Anfang eines erneuten Zyklus der Regeneration und der Etablierung von neuen Arten.

Insekten kommen in den wechselfeuchten Tropen mit einer enormen Artenvielfalt vor. Viele von ihnen sind Blattherbivoren (Heuschrecken, Tag- und Nachtfalter) oder Saftsauger (Zikaden, Wanzen). Flugfähige Insektenarten bevorzugen während der Zeit als adultes Tier meist trockene Wetterbedingungen. In den Trockenzeiten können die Vermehrungs- und Ausbreitungsgeschwindigkeiten von herbivoren Insekten auch für den Menschen katastrophale Ausmaße annehmen (Wanderheuschrecken). Besonders viele Akazienarten sind an die Herbivorie gut angepasst, z. B. durch Alkaloide in den Blättern oder eine Mutualismusform zwischen Ameisen und der Pflanze selbst (Palmer et al. 2008).

El-Niño-Oszillationen wirken als interannuelle Starkregenereignisse vor allem in den Wüsten und Trockenwäldern der südamerikanischen Westküste (Abb. 9). Aufgrund ihrer variablen Wiederkehrintervalle haben sich einige Arten z. B. durch lange Dormanz der Samen im Wüstenboden angepasst. In einem El-Niño-Jahr wechseln ozeanische und atmosphärische Strömungen für einige Monate stark in teils entgegengesetzte Richtungen und schaffen so aus Wüsten intensiv begrünte Savannen. Ein derartig starker Wechsel von trocken zu feucht ist in keinem saisonalen Klima zu finden. Dadurch wirken die El-Niño-Ereignisse als zeitlich limitierte Entwicklungs- und Invasionsfenster in einer Landschaft mit üblicherweise nur geringen Veränderungen (Holmgren & Scheffer 2001).

Die Arten der Trockengebiete des indischen Subkontinentes sind durch die jährlich eintreffenden Monsunregen mit beispielsweise laubabwerfenden Arten und Arten mit spezialisierten Regenerationsknospen angepasst. In weiten Bereichen der wechselfeuchten

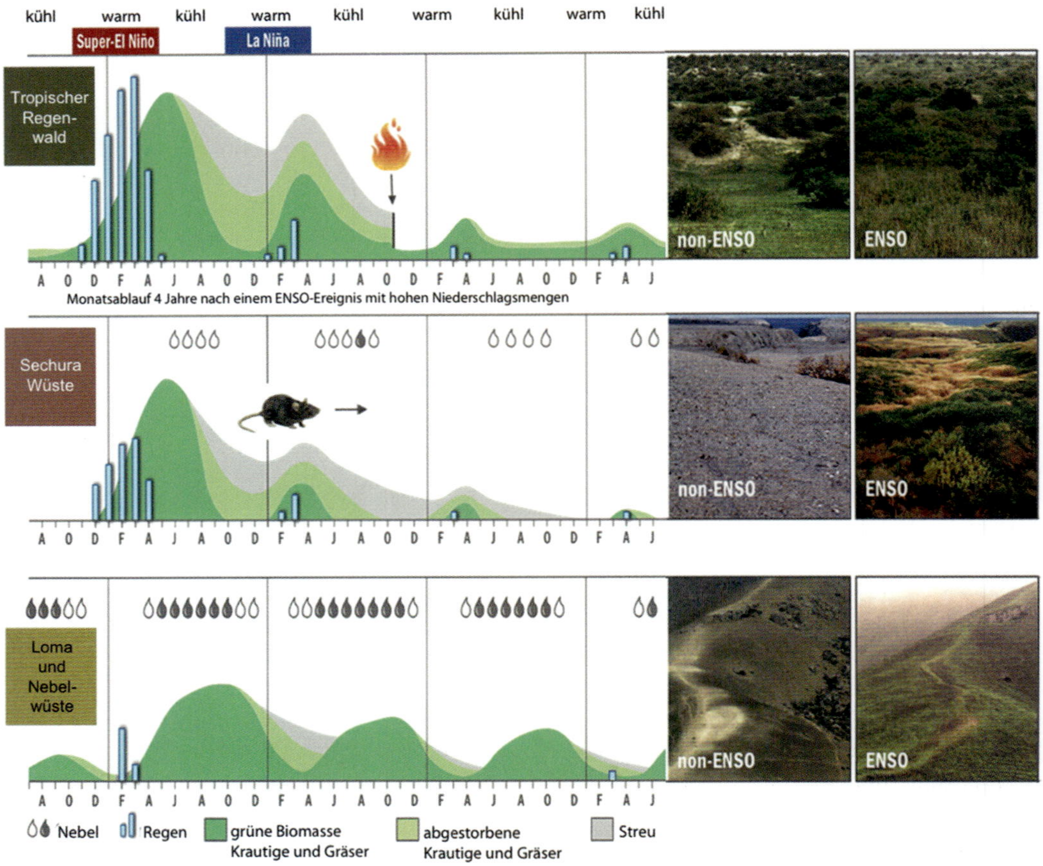

Abb. 9. Durch ENSO (engl. *El Niño Southern Oscillation*) bedingte Starkregenereignisse haben an der Westküste von Peru und Argentinien zum Ergrünen der ausgedehnten Trockenwälder und der Sechura-Wüste geführt. (Fotos: M. Richter)

Tropen gibt es eine starke Tendenz zu sukkulentem Wuchs (stammsukkulente Kakteen in Südamerika, Affenbrotbäume und Flaschenbäume in Afrika und Australien, blattsukkulente Agaven und Opuntien in Mittelamerika), um die ausgeprägte Trockenzeit zu überstehen (Pfadenhauer & Klötzli 2015).

Mega-Herbivorie ist ein wichtiger Faktor beim Schutz der Savannen vor Verbuschung und für den Erhalt ihrer Regenerationsfähigkeit. Die großen Savannengebiete der wechselfeuchten Tropen (östliches Südamerika, Ostafrika, Südaustralien, die Südinsel Neuseelands) sind die Wandergebiete großer Tierherden, die dem Grasaufwuchs zu Beginn der Regenzeit folgen. Der Mensch wirkt in dieses Regime mit seinen Weidenutztieren ein.

Landnutzungswandel wird sich in den wechselfeuchten Tropen vor allem durch Überweidung mit Nutztieren, durch Verlust der Savannenlebensräume aufgrund zunehmenden Ackerbaus mit Soja-Plantagen sowie durch den Verlust von Baumvegetation aufgrund zu starker Grundwasserentnahme manifestieren. Durch den Klimawandel wird eine stärkere Ausprägung der Regen-Trockenheits-Saisonalität mit erhöhter Feuerfrequenz und eine Verstärkung von Monsun- und El-Niño-Ereignissen prognostiziert (IPCC 2013, Cai et al. 2014).

2.2.9 Die Zone der immerfeuchten Tropen

Charakterisierung und ökologische Rahmenbedingungen

Die immerfeuchten Tropen nehmen etwa 8 % der Festlandfläche um die Innertropische Konvergenzzone (ITC) ein (Schultz 2016) und sind die Gebiete mit der höchsten Sonneneinstrahlung, sehr hohen Niederschlagsmengen (bis zu 8000 mm pro Jahr) und < 3 Monate Trockenzeit. Ausnahmen bilden lediglich Gebiete in Südostasien, wo in El-Niño-Jahren bis zu sechs Monate Trockenheit herrscht. Aufgrund des steilen Einstrahlwinkels der Sonne unterliegen die immerfeuchten Tropen einem Tageszeitenklima. Die Tagesmitteltemperatur beträgt ganzjährig 25–27° C und schwankt im Jahresverlauf nur gering. Der Unterschied im Wechsel von Tag und Nacht von 6–11 °C übertrifft diese jährliche Amplitude (Kuttler 2013). Die Tages- und Nachtlänge ist keiner jahreszeitlichen Schwankung unterworfen. Die hohe Verfügbarkeit von Sonnenlicht und Wasser begünstigt eine hohe Nettoprimärproduktion von 20–30 t pro Hektar und Jahr.

Die immerfeuchten Tropen sind fast überall mit einem immergrünen tropischen Regenwald bewachsen, nur in wenigen Gebieten finden sich auch Moore. Die Wälder wachsen auf relativ nährstoffarmen, zumeist stark sauren Oberböden mit einer nur dünnen Humusschicht. Bäume erreichen Höhen von bis zu 60 m und oft einen Stammdurchmesser von 2 m. Rund 75–90 % der Biomasse wachsen oberirdisch; der Nährstoffkreislauf ist sehr kurz geschlossen. Eine Ausnahme bilden die auf Torf wachsenden immergrünen Regenwälder (Richter 2001). Durch die dichte Vegetation erreichen nur etwa 1–3 % des Sonnenlichts den Boden. Auch ein Großteil des Niederschlags wird als Interzeption von der Vegetation abgefangen. Diese beiden Faktoren führen zu großen mikroklimatischen Unterschieden in den verschiedenen Höhenschichten innerhalb eines Baumbestandes und begünstigen eine große Zahl an Epiphyten. Fast 95 % aller Epiphytenarten der Erde wachsen in den Tropen.

Typische Störungsregime und klimatische Extremereignisse

Zu den typischen Störungsregimen der immerfeuchten Tropen gehören (Insekten-)Herbivorie, Starkregen und Sturmereignisse mit Nährstoffauswaschungen, punktuell auch Vulkanismus.

Herbivore Insekten finden nahezu unbegrenzte Ressourcen in den immerfeuchten Tropen mit ihrer enormen Nettoprimärproduktion. Insekten-Herbivorie kann sich auf die Blattmasse, die Samen, aber auch auf das Holz oder die Wurzeln auswirken. Bekannt sind die Blattschneiderameisen, die große Blattmengen von Bäumen abernten. Die meisten tropischen Pflanzen reagieren auf Blattfraß mit einer Einlagerung von sekundären Stoffen in die betroffenen Blätter, sodass diese unattraktiv oder giftig für den weiteren Fraß werden. Andere Arten betreiben eine Blattschüttung, indem sie schnell mit frischem Laub wieder austreiben. Fast alle Herbivoren sind innerhalb der Stratigrafie des tropischen Regenwaldes eng eingenischt, viele ernähren sich ausschließlich im Kronenbereich der Bäume. Neben den Insekten sind auch herbivore Säugetiere zu nennen, wie z. B. Affen.

Starkregen und Sturmereignisse führen aufgrund der immens hohen Niederschlagsmengen in den inneren Feuchttropen zur Auswaschung der ohnehin schon humusarmen Böden (Abb. 10). Die großen Flüsse aus den immer-

Abb. 10: Schlammlawinen und Hochwasser nach Starkniederschlägen in Amazonien, Peru. (Foto: A. Jentsch)

grünen Regenwäldern transportieren große Mengen an Feinsedimenten. Diese kontinuierliche Auswaschung führt zu offenen Nährstoffkreisläufen von beispielsweise Phosphor, Stickstoff und Kohlenstoff. Um die Verluste zu kompensieren, wird alle ungenutzte, tote Biomasse schnell wieder in den Kreislauf der lebenden Biomasse eingebracht (van Schaik & Mirmanto 1985).

Tropische Stürme wie Hurrikane und Taifune, die vom Meer kommend zwar über Land viel ihrer Energie verlieren, können zu starken mechanischen Störungen wie Kronenbruch und Entwurzelung führen. In naturnahen tropischen Wäldern können viele Baumarten sehr plastisch darauf reagieren und entstandene Lücken schnell wieder schließen. Solche Stürme bieten die Möglichkeit für einige junge, in der Warteposition des Unterwuchses stehende Individuen, zum Kronendach hochzuwachsen. Solche Regenwalddynamiken und ökologische Instabilitäten werden als wichtige evolutionäre Chancen in der ansonsten arten- und nischengesättigten Zone angesehen (Johns 1990).

Aktiver Vulkanismus (Zentralafrika, Indonesien, Philippinen) und starke tektonische Aktivitäten (südl. Mittelamerika bis Kolumbien, Java, Sumatra) sind in einigen Gebieten der immerfeuchten Tropen häufig. Diese Störungsregime treten nur selten und global gesehen punktuell auf, sind aber für die jeweilige Region oft enorm zerstörerisch. Tropischer Vulkanismus (Krakatau, Pinatubo, Tambora) fällt größer und heftiger aus als irgendwo sonst auf der Erde (Schmincke 2013). Die massiven, landschaftsprägenden Störungen sind Lavaströme, pyroklastische Ströme und Asche-Fallouts, Erdbeben mit entsprechenden Massentransportprozessen und Tsunamis. Besonders in der tropischen Zone Südostasiens, Zentral- und Südamerikas bedingen tektonische Subduktionszonen vulkanisch aktive Zonen (engl. *Ring of Fire*). Je nach chemischer Zusammensetzung haben vulkanische Laven und Aschen eine große Bedeutung für den Nährstoffeintrag.

Der Landnutzungswandel stellt die größte aktuelle und zukünftige Störung der immerfeuchten Tropen dar. Momentan können nur noch etwa 50 % der Gebiete in dieser Zone als naturnah bezeichnet werden. Beispielsweise wurde illegaler Holzeinschlag in Brasilien auf einer Fläche von Belgien binnen 10 Jahren beobachtet. Illegaler Holzeinschlag führt nicht nur zum Rückgang der Waldflächen, zum Verlust seltener Arten (Solar et al. 2015) und zu CO_2-Emissionen (van der Werf et al.), sondern ermöglicht erstmals die Anbindung an das Straßennetzwerk (Fischgrätenmuster; Fearnside 2005). Diese Infrastrukturanbindung setzt die Grundlage für beispielsweise Massentierhaltung und Soja- oder Palmölproduktion auf gerodeten Flächen (Pfaff et al. 2013, Nepstad et al. 2014). Von den gerodeten Waldflächen aus expandieren von westlichen, aber auch asiatischen Investoren finanzierte Großbetriebe weiter in den unberührten Regenwald (Fearnside & Figueiredo 2015). Die Produktion genveränderter Sojabohnen ist nur unter starkem Herbizideinsatz (v.a. Glyphosat) möglich. Dies birgt wiederum eine langfristige Gefährdung der umliegenden Waldgebiete und der lokalen Bevölkerung (Cerdeira et al. 2007, Almeida et al. 2017).

Literatur

- Almeida VES, Friedrich K, Tygel AF, Melgarejo L, Carneiro FF (2017) Use of genetically modified crops and pesticides in Brazil: growing hazards. Ciencia Saude Coletiva 22: 3333–3339.
- Bernes C, Bråthen KA, Forbes BC, Speed JDM, Moen J (2015) What are the impacts of reindeer/caribou (*Rangifer tarandus* L.) on arctic and alpine vegetation? A systematic review. Env. Evid. 4: 4.
- Bliss LC (1971) Arctic and alpine plant life cycles. Ann. Rev. Ecol. Syst. 2: 405–438.
- Buhk C, Meyn A, Jentsch A (2007) The challenge of plant regeneration after fire in the Mediterranean Basin: scientific gaps in our knowledge on plant strategies and evolution of traits. Plant Ecol. 192: 1–19.
- Cai W, Borlace S, Lengaigne M, Van Rensch P, Collins M, Vecchi G, Timmermann A, Santoso A, McPhaden MJ, Wu L, England MH, Wang G, Guilyardy E, Fei-Fei J (2014) Increasing frequency of extreme El Niño events due to greenhouse warming. Nat. Clim. Change 4: 111–116.
- Cerdeira AL, Gazziero DLP, Duke SO, Matallo MB, Spadotto CA (2007) Review of potential environmental impacts of transgenic glyphosate-resistant soybean in Brazil. J. Environ. Sci. Heal. B. 42: 539–549.
- Cerritos R (2008) Grasshoppers in agrosystems: pest or food. In: Hemming D (ed.) Animal science reviews 2011. CABI UK, Wallingford. pp. 41–50.
- Chmielewski F-M, Götz K-P, Weber KC, Moryson S (2018) Climate change and spring frost damages for sweet cherries in Germany. Int. J. Biometeorol. 62: 217–228.
- Collins BD, Jibson RW (2015) Assessment of existing and potential landslide hazards resulting from the April 25, 2015 Gorkha, Nepal earthquake sequence. U.S. Geological Survey: Open-File Report 2015–1142. 50 p.
- Deng L, Sweeney S, Shangguan ZP (2014) Grassland responses to grazing disturbance: plant diversity changes with grazing intensity in a desert steppe. Grass Forage Sci. 69: 524–533.
- Ernakovich JG, Hopping KA, Berdanier AB, Simpson RT, Kachergis EJ, Steltzer H, Wallenstein MD (2014) Predicted responses of arctic and alpine ecosystems to altered seasonality under climate change. Glob. Change Biol. 20: 3256–3269.
- Fauria MM, Johnson EA (2008) Climate and wildfires in the North American boreal forest. Philosophical Transaction of

the Royal Society B-Biological Sciences 363: 2315–2327.
- Fearnside PM (2005) Deforestation in Brazilian Amazonia: history, rates, and consequences. Cons. Biol. 19: 680–688.
- Fearnside PM, Figueiredo AM (2015) China's influence on deforestation in Brazilian Amazonia: A growing force in the state of Mato Grosso. Global Economic Governance Initiative, Univ. Boston: Discussion paper 2015-3. 51 p.
- Field CB, Barros V, Stocker TF, Dahe Q, Dokken DJ, Ebi KL, Mastrandrea MD, Mach KJ, Plattner G-K, Allen SK, Tignor M, Midgley PM (2012) Managing the risks of extreme events and disasters to advance climate change adaptation: Special report of the Intergovernmental Panel on Climate Change. Cambridge University Press, Cambridge, UK, and New York, NY, USA. 582 p.
- Goulet F (1995) Frost heaving of forest tree seedlings: a review. New Forest 9: 67–94.
- Häckel H (2012) Meteorologie (7. Aufl.). UTB; Ulmer, Stuttgart. 447 S.
- Heavilin J, Powell J, Logan JA (2007) Dynamics of mountain pine beetle outbreaks. In: Johnson EA, Miyanishi K (eds) Plant disturbance ecology – the process and the response. Academic Press, London, New York. pp. 527–553.
- Holdridge LR (1967) Life zone ecology. Tropical Science Centre, San José, Costa Rica. 206 p.
- Holmgren M, Scheffer M (2001) El Niño as a window of opportunity for the restoration of degraded arid ecosystems. Ecosystems 4: 151–159.
- Hugelius G, Strauss J, Zubrzycki S, Harden JW, Schuur EAG, Ping C-L, Schirrmeister L, Grosse G, Michaelson GJ, Koven CD (2014) Estimated stocks of circumpolar permafrost carbon with quantified uncertainty ranges and identified data gaps. Biogeosciences 11: 6573–6593.
- IPCC (2013) 5th Assessment Report (AR5). IPCC-Website: www.ipcc.ch/report/ar5/index.shtml.
- Jentsch A, Beierkuhnlein C (2011) Explaining biogeographical distributions and gradients: Floral and faunal responses to natural disturbances. In: Millington A, Blumler M, Schickhoff U (eds) The Sage handbook of biogeography. Sage Publisher, London. pp. 191–211.
- Johns R (1990) The illusionary concept of the climax. In: Baas P, Kalkman K, Geesink R (eds) The plant diversity of Malesia. Kluwer Academic Publishers, Dordrecht. pp. 133–146.
- Johnson EA, Miyanishi K (2007) Plant disturbance ecology: the process and the response. Elsevier, Amsterdam. 698 p.
- Körner C (2003) Alpine plant life: functional plant ecology of high mountain ecosystems (2. Aufl.). Springer, Berlin. 344 p.
- Kovats RS, Valentini R, Bouwer LM, Georgopoulou E, Jacob D, Martin E, Rounsevell M, Soussana J-F (2014) Europe. In: Climate Change 2014: Impacts, adaptation, and vulnerability. Part B: Regional aspects. Contribution of Working Group II to the Fifth Assessment Report of the Intergovernmental Panel on Climate Change. Cambridge University Press, Cambridge, United Kingdom and New York, NY, USA. pp. 1267–1326.
- Krab EJ, Roennefarth J, Becher M, Blume-Werry G, Keuper F, Klaminder J, Kreyling J, Makoto K, Milbau A, Dorrepaal E (2018) Winter warming effects on tundra shrub performance are species-specific and dependent on spring conditions. J. Ecol. 106: 599–612.
- Kreyling J, Stahlmann R, Beierkuhnlein C (2012) Spatial variation in leaf damage of forest trees and the regeneration after the extreme spring frost event in May 2011. Allg. Forst. Jagdztg. 183: 15–22.
- Kuttler W (2013) Klimatologie (2. Aufl.). UTB; Ferdinand Schöningh, Paderborn. 306 S.
- Lees KJ, Quaife T, Artz R, Khomik M, Clark JM (2018) Potential for using remote sensing to estimate carbon fluxes across northern peatlands: A review. Sci. Total Environ. 615: 857–874.
- Lin N, Emanuel K, Oppenheimer M, Vanmarcke E (2012) Physically based assessment of hurricane surge threat under climate change. Nat. Clim. Change 2: 462.

- Münchner Rück (1999) Naturkatastrophen in Deutschland: Schadenerfahrungen und Schadenpotentiale. Münchener Rückversicherungs-Gesellschaft. 98 S.
- Münchner Rück (2017) Zwischen Hoch und Tief – Wetterrisiken in Mitteleuropa. Münchener Rückversicherungs-Gesellschaft. 56 S.
- Nepstad D, McGrath D, Stickler C, Alencar A, Azevedo A, Swette B, Bezerra T, Digiano M, Shimada J, Da Motta RS (2014) Slowing Amazon deforestation through public policy and interventions in beef and soy supply chains. Science 344: 1118–1123.
- Odenthal-Kahabka J (2004) Orkan «Lothar» – Bewältigung der Sturmschäden in den Wäldern Baden-Württembergs: Kap. 2: Ausmaß und Ursache der Schäden. Schr.reihe Landesforstverwalt. Baden-Württ. 83: 37–90.
- Oteros-Rozas E, Ontillera-Sánchez R, Sanosa P, Gómez-Baggethun E, Reyes-García V, González JA (2013) Traditional ecological knowledge among transhuman pastoralists in Mediterranean Spain. Ecol. Soc. 18:
- Palmer TM, Stanton ML, Young TP, Goheen JR, Pringle RM, Karban R (2008) Breakdown of an ant-plant mutualism follows the loss of large herbivores from an African savanna. Science 319: 192–195.
- Pfadenhauer JS, Klötzli FA (2015) Vegetation der Erde: Grundlagen, Ökologie, Verbreitung. Springer Spektrum, Berlin. 643 S.
- Pfaff A, Amacher GS, Sills EO, Coren MJ, Streck C, Lawlor K (2013) Deforestation and forest degradation: Concerns, causes, policies, and their impacts. In: Shogren JF (ed.) Encyclopedia of energy, natural resource, and environmental economics. Elsevier, Amsterdam. pp. 144–149.
- Ping CL, Jastrow JD, Jorgenson MT, Michaelson GJ, Shur YL (2014) Permafrost soils and carbon cycling. SOIL 1: 147–171.
- Price DT, Alfaro R, Brown K, Flannigan M, Fleming R, Hogg E, Girardin M, Lakusta T, Johnston M, McKenney D (2013) Anticipating the consequences of climate change for Canada's boreal forest ecosystems. Environ. Rev. 21: 322–365.
- Rasmussen K, Hill A, Toma V, Zuluaga M, Webster P, Houze R (2015) Multiscale analysis of three consecutive years of anomalous flooding in Pakistan. Q. J. Roy. Meteor. Soc. 141: 1259–1276.
- Richter M (2001) Vegetationszonen der Erde. Klett-Perthes, Gotha. 441 S.
- Richter M, Ise M (2005) Monitoring plant development after el Niño 1997/98 in Northwestern Perú (Dauerbeobachtung der Pflanzenentwicklung nach El Niño 1997/98 in Nordwest-Peru). Erdkunde 59: 136–155.
- Rundel PW (1999) Disturbance in Mediterranean-climate shrublands and woodlands. In: Walker LR (ed.) Ecosystems of disturbed ground. Elsevier, Amsterdam. pp. 271–285.
- Saccone P, Hoikka K, Virtanen R (2017) What if plant functional types conceal species-specific responses to environment? Study on arctic shrub communities. Ecology 98: 1600–1612.
- Sala OE, Maestre FT (2014) Grass-woodland transitions: determinants and consequences for ecosystem functioning and provisioning of services. J. Ecol. 102: 1357–1362.
- Scheffer M, Carpenter S, Foley JA, Folke C, Walker B (2001) Catastrophic shifts in ecosystems. Nature 413: 591–596.
- Schiermeier Q (2006) Extreme monsoons on the rise in India. Nature News, published online 30 November 2006.
- Schmincke H-U (2013) Vulkanismus (4. Aufl.). WBG, Darmstadt. 264 S.
- Schultz J (2016) Die Ökozonen der Erde (5. Aufl.). UTB; Ulmer, Stuttgart. 332 S.
- Schuur EAG, Abbott B (2011) Climate change: High risk of permafrost thaw. Nature 480: 32.
- Schuur EAG, McGuire AD, Schädel C, Grosse G, Harden JW, Hayes DJ, Hugelius G, Koven CD, Kuhry P, Lawrence DM (2015) Climate change and the permafrost carbon feedback. Nature 520: 171–179.
- Sklavou P, Karatassiou M, Parissi Z, Galidaki G, Ragkos A, Sidiropoulou A (2017) The role of transhumance on land use/cover changes in Mountain Vermio,

northern Greece: A GIS based approach. Not. Bot. Horti Agrobot. Cluj-Napoca 45: 589–596.
- Solar RRC, Barlow J, Ferreira J, Berenguer E, Lees AC, Thomson JR, Louzada J, Maués M, Moura NG, Oliveira VHF (2015) How pervasive is biotic homogenization in human – modified tropical forest landscapes? Ecol. Lett. 18: 1108–1118.
- Tarnocai C, Canadell JG, Schuur EAG, Kuhry P, Mazhitova G, Zimov S (2009) Soil organic carbon pools in the northern circumpolar permafrost region. Global Biogeochem. Cy. 23:
- Tippett MK, Cohen JE (2016) Tornado outbreak variability follows Taylor's power law of fluctuation scaling and increases dramatically with severity. Nature Comm. 7: article 10668.
- Trenberth KE, Jones PD, Ambenje P, Bojariu R, Easterling D, Klein Tank A, Parker D, F. R, Renwick JA, Rusticucci M, Soden B, Zhai P (2007) Observations: Surface and atmospheric climate change. In: The physical science basis. Contribution of working group I to the fourth assessment report of the Intergovernmental Panel on Climate Change. Cambridge University Press, Cambridge, UK and New York, NY, USA. pp. 236–336.
- Troll C (1944) Strukturböden, Solifluktion und Frostklimate der Erde. Geol. Rundsch. 34: 545–694.
- Van As D, Fausto RS, Steffen K, Ahlstrøm AP, Andersen SB, Andersen ML, Box JE, Charalampidis C, Citterio M, Colgan WT, Edelvang K, Larsen SH, Nielsen S, Veicherts M, Weidick A (2014) Katabatic winds and piteraq storms: observations from the Greenland ice sheet. Geol. Surv. Den. Greenl.: 83–86.
- Van der Werf GR, Morton DC, Defries RS, Olivier JGJ, Kasibhatla PS, Jackson RB, Collatz GJ, Randerson JT (2009) CO2 emissions from forest loss. Nature Geosci. 2: article 737.
- Van der Werf GR, Randerson JT, Giglio L, Gobron N, Dolman A (2008) Climate controls on the variability of fires in the tropics and subtropics. Global Biogeochem. Cy. 22:
- Van Schaik CP, Mirmanto E (1985) Spatial variation in the structure and litterfall of a Sumatran rain forest. Biotropica: 196–205.
- Walker DA, Epstein HE, Romanovsky VE, Ping CL, Michaelson GJ, Daanen RP, Shur Y, Peterson RA, Krantz WB, Raynolds MK, Gould WA, G. G, Nicolsky DJ, Vonlanthen CM, Kade AN, Kuss P, Kelley AM, Munger CA, Tranocai CT, Matveyeva NV, Daniëls FJA (2008) Arctic patterned-ground ecosystems: A synthesis of field studies and models along a North American Arctic Transect. J. Geophys. Res. 113: G03S01.
- Walker LR (1999) Ecosystems of disturbed ground. Elsevier, Amsterdam, New York. 868 p.
- Walter H, Breckle SW (1999) Vegetation und Klimazonen: Grundriss der globalen Ökozonen (7. Aufl.). UTB; Ulmer, Stuttgart.
- Werner-Gnann B, Minardi S, Ganninger-Hauck D (2017) Obstbauern in Schockstarre. BWagrar: online 20.4.2017.
- WFP (2012) Krise in der Sahelzone. UN World Food Programme: Themen-Webseite http://de.wfp.org/sahelkrise
- White PS, Jentsch A (2001) The search for generality in studies of disturbance and ecosystem dynamics. Prog. Bot. 62: 399–449.
- Yu C, Zhang J, Pang XP, Wang Q, Zhou YP, Guo ZG (2017) Soil disturbance and disturbance intensity: Response of soil nutrient concentrations of alpine meadow to plateau pika bioturbation in the Qinghai-Tibetan Plateau, China. Geoderma 307: 98–106.
- Yu Z (2012) Northern peatland carbon stocks and dynamics: A review. Biogeosciences 9: 4071–4085.
- Zhang T, Barry R, Knowles K, Ling F, Armstrong R (2003) Distribution of seasonally and perennially frozen ground in the Northern Hemisphere. In: Permafrost: Proceedings of the 8th International Conference on Permafrost, 21–25 July, Zurich, Switzerland. AA Balkema Publishers, Lisse. pp. 1289–1294.

3 Konzepte

3.1 Störungen und Biodiversität

Rupert Seidl[1], Jörg Müller[2] und Thomas Wohlgemuth[3]

[1] Institut für Waldbau, Department für Wald- und Bodenwissenschaften, Universität für Bodenkultur Wien, Österreich
[2] Lehrstuhl für Tierökologie und Tropenbiologie (ZooIII), Biozentrum, Julius-Maximilians-Universität Würzburg, Deutschland
[3] Forschungseinheit Walddynamik, Eidgenössische Forschungsanstalt WSL, Birmensdorf, Schweiz

Kurzfassung
Biodiversität beschreibt die Vielfalt der Lebewesen und Lebensräume in Ökosystemen. Sie ist die Grundlage für das Funktionieren von Ökosystemen, wird jedoch zurzeit stark durch menschliche Aktivitäten beeinflusst. Störungen fördern Biodiversität, indem sie landschaftliche Heterogenität erzeugen, Ressourcen freisetzen, die Dominanz konkurrenzstarker Arten reduzieren und die Vielfalt an Nischen erhöhen. Nach der Hypothese der mittleren Störungen ist der positive Effekt auf Biodiversität bei mittlerer Stärke, Größe und Frequenz von Störungen am größten. Im Detail hängt der Effekt von Störungen auf Biodiversität jedoch von einer Vielzahl von Faktoren ab, die je nach Art der Störung, Produktivität des Ökosystems und räumlicher und trophischer Betrachtungsebene stark variieren.

3.1.1 Einleitung

Der Begriff Biodiversität, der als Abkürzung für «biologische Diversität» verwendet wird, bezeichnet die Vielfalt aller Lebewesen und Lebensräume. Biodiversität umfasst die genetische Diversität innerhalb von Arten, die zwischenartliche Vielfalt sowie die Diversität der Ökosysteme (UN 1992). Aus anthropogener Sicht besitzt Biodiversität einen intrinsischen Wert, da sie die Gesamtheit des biologischen Erbes auf unserem Planeten beschreibt. Sie hat aber auch funktionalen Wert für den Menschen: Eine Vielzahl von Funktionen und Leistungen von Ökosystemen, welche essenziell zum menschlichen Wohlergehen beitragen (vgl. Kap. 8.2), werden durch Biodiversität gefördert (Hassan et al. 2005). Landnutzung, die Ausbeutung von natürlichen Ressourcen sowie der menschlich verursachte Klimawandel setzen die biologische Vielfalt zunehmend unter Druck (Butchart et al. 2010). Der aktuelle Artenverlust übersteigt die natürliche Aussterberate um einen Faktor 100 bis 1000. Die Erhaltung der biologischen Vielfalt ist daher eine zentrale Herausforderung in der menschlichen Nutzung natürlicher Systeme (Rockström et al. 2009). In diesem Kapitel werden die Auswirkungen von Störungen auf die biologische Vielfalt aufgezeigt, wobei ein reziproker Zusammenhang zwischen Störungen und Biodiversität besteht: Nicht nur beeinflussen Störungen die Diversität, sondern die Diversität wirkt auch auf Störungen (Hughes et al. 2007). Auf letzteren Aspekt wird – aufgrund der starken Abhängigkeit von der jeweiligen Art der Störung – in den Kapiteln 4–6 speziell eingegangen.

3.1.2 Störungen fördern die Biodiversität – aber nicht immer und überall

Obwohl Störungen den Verlust von lebender Pflanzenbiomasse verursachen und im Extremfall den lokalen und vorübergehenden Verlust einer oder mehrerer Arten nach sich ziehen können, haben sie global gesehen einen überwiegend positiven Einfluss auf die Artenvielfalt. Dieser vordergründig betrachtet paradox anmutende Zusammenhang liegt in der Natur von Störungen: Durch den abrupten Verlust von lebender Biomasse wird die lokale Dominanz von vorherrschenden Arten wie z. B. der Rotbuche in Mitteleuropas Wäldern gebrochen (Wohlgemuth et al. 2002a). Dadurch werden vorübergehend Ressourcen verfügbar, welche in weiterer Folge auch von anderen Arten genutzt werden können. Hinzu kommt, dass natürliche Störungen selten zu einem Totalverlust der lebenden Biomasse in einem Ökosystems führen, was deren strukturelle Heterogenität erhöht und die Diversität der Nischen steigert. In einer globalen Synthese von Publikationen über die Auswirkungen von Störungen durch Wind, Feuer und Borkenkäfer auf die Diversität in gemäßigten und borealen Waldökosystemen konnten Thom & Seidl (2016) einen überwiegend positiven Effekt auf die Biodiversität dokumentieren. Der Artenreichtum reagierte in 44,7 % der 262 untersuchten Studien positiv auf Störungen. Berücksichtigt man darüber hinaus auch jene Studien, welche keine störungsbedingte Änderung der Biodiversität feststellen konnten, so zeigt sich, dass Störungen in mehr als zwei Dritteln der untersuchten Fälle neutrale oder positive Effekte auf den Artenreichtum haben (Abb. 1). Diese Ergebnisse sind weitgehend unabhängig von der Störungsart – also ob die Störung durch Wind, Feuer oder Borkenkäfer erfolgte – und vom Biom. Gemäß dieser Untersuchung steigt die Artenzahl nach einer starken Störung im Mittel um +35,6 % relativ zu einem ungestörten System an (Thom und Seidl, 2016).

Eine bedeutende Anzahl von Studien dokumentiert jedoch auch negative Auswirkungen von Störungen auf die Artenzahl. Für das Verständnis der Bandbreite der Auswirkungen von Störungen auf die Biodiversität braucht es einen tiefer gehenden Blick auf die betroffenen Arten und deren Lebensweisen und Habitatanforderungen: Nach dem Ausbruch des Buchdruckers (*Ips typographus* L.; vgl. Kap. 5.3) im Nationalpark Bayerischer Wald zeigten Beudert et al. (2015), dass vor allem jene Arten von der Störung profitierten, welche durch ihre Lebensweise die dabei frei werdenden Ressourcen (wie z. B. mehr Licht am Waldboden) ausnützen konnten. So profitierten z. B. Flechtenarten von den Bedingungen nach Borkenkäferbefall, während am Holz fruktifizierende Pilze infolge der Störung zurückgingen (Abb. 2). Obwohl das Totholzangebot bedingt durch den Borkenkäfer stark anstieg, trocknete dieses nach Abfall der Borke und bedingt durch das Fehlen eines geschlossenen Kronendaches schnell aus, was die Habitatqualität für am Holz lebende Pilze reduzierte. Störungseffekte sind jedoch immer auch im Kontext der

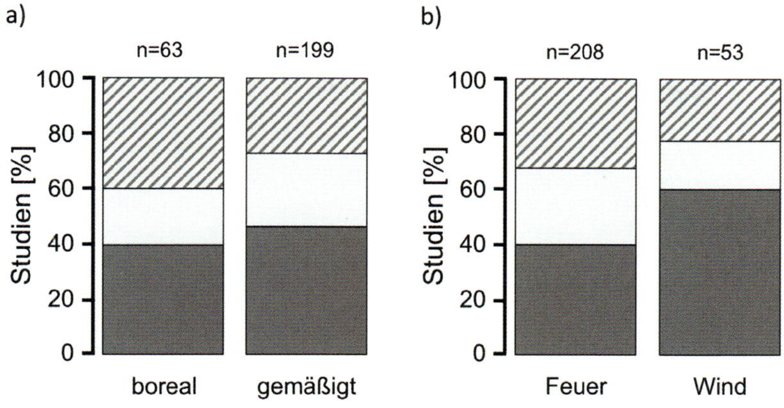

Abb. 1. Effekt von Störungen auf die Artenzahl in Waldökosystemen (a) nach Biom und (b) nach Art der Störung, gemäß der Metaanalyse von Thom & Seidl (2016). Unterschieden werden positive (dunkelgrau), negative (schraffiert) und neutrale Auswirkungen (hellgrau) auf die Artenzahl. Mit n ist die Anzahl der jeweils berücksichtigten Studien angegeben.

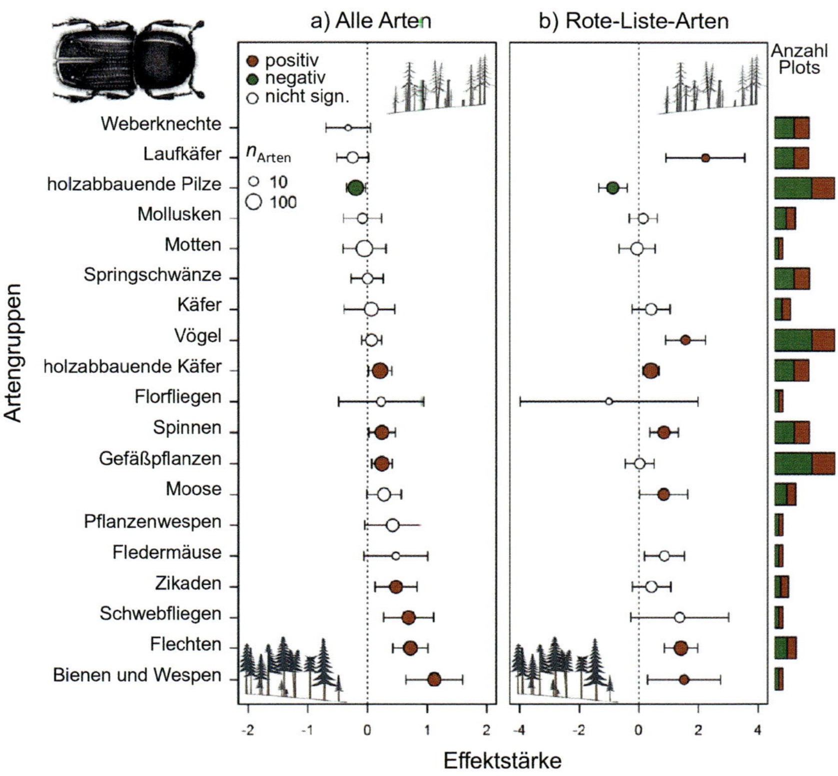

Abb. 2. Effekt eines Borkenkäferausbruchs auf verschiedene Artengruppen (übersetzt aus Beudert et al. 2015).

gesamten Landschaft zu beurteilen: Arten, die temporär durch die Effekte von Störungen benachteiligt sind, bleiben in ungestörten Landschaftsteilen erhalten oder können dorthin ausweichen. Im Folgenden soll die komplexe Beziehung zwischen Störungen und Biodiversität weiter durchleuchtet werden, indem im Speziellen auf die Rolle von Störungsgrad, zeitlicher Dynamik und räumlichen Skalen eingegangen wird.

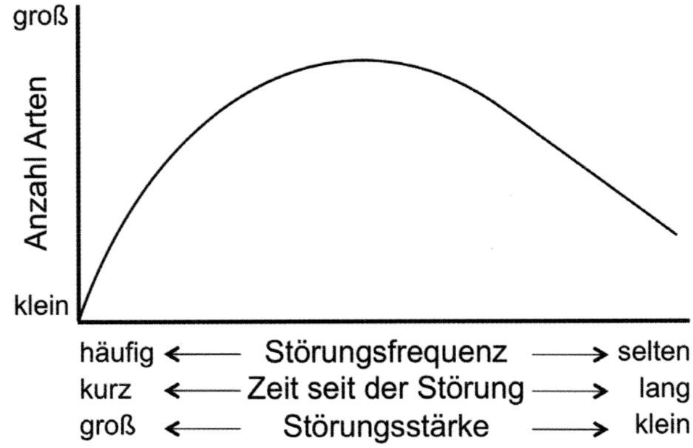

Abb. 3. Die Hypothese der mittleren Störungen besagt, dass die Diversität eines Systems unter mittleren Störungen am höchsten ist (nach Connell 1978, übersetzt).

3.1.3 Wie die Stärke der Störung die Biodiversität beeinflusst

Über den Zusammenhang zwischen der Stärke einer Störung und ihren Effekten auf die Biodiversität formulierte Connell (1978) die Hypothese der mittleren Störungen (engl. *Intermediate Disturbance Hypothesis*, IDH). Diese besagt, dass die Artenvielfalt unter mittleren Störungen (Größe und Frequenz) am höchsten ist, während sowohl Systeme mit häufigen und/oder starken Störungen als auch solche mit seltenen und/oder schwachen Störungen geringere Diversität aufweisen (Abb. 3). Begründet wird diese Hypothese mit der Erwartung, dass in stark gestörten Systemen primär an Störungen angepasste Arten («Pionierarten») dominieren, während sich in wenig gestörten Systemen vor allem Klimax-Arten, d.h. meist langlebige und konkurrenzkräftige Arten, durchsetzen und nur mittlere Störungsniveaus eine Koexistenz von Arten aus beiden Gruppen in einer Landschaft ermöglichen.

Seit ihrer Formulierung vor mittlerweile vier Jahrzehnten wurde die IDH in der ökologischen Literatur intensiv diskutiert und eingehend getestet. Untersuchungen in verschiedenen Ökosystemen fanden dabei sowohl Ergebnisse, welche die IDH stützen, als auch solche, welche der IDH widersprechen (Mackey & Currie 2001, Molino & Sabatier 2001, Roxburgh et al. 2004, Shea et al. 2004, Zhang et al. 2014). Diese fehlende Generalität der IDH beziehungsweise die zutage tretende Uneindeutigkeit in ihrer Evaluierung konnten in weiterführenden Untersuchungen auf eine Reihe von Faktoren zurückgeführt werden: Hall et al. (2012) konnten z.B. auf Basis von Experimenten mit Mikroben zeigen, dass die Form der Beziehung zwischen Störungen und Diversität nicht nur von der generellen Stärke der Perturbation abhängt, sondern auch von der Interaktion zwischen zentralen Parametern des Störungsregimes, wie z.B. zwischen Störungsfrequenz und -stärke (vgl. Kap. 2.1). Neben Charakteristika des Störungsregimes ist die Ökosystem-Produktivität ein weiterer Faktor, welcher die Beziehung zwischen Störungen und Diversität beeinflusst. Produktivität und Störungen haben entgegengesetzte Wirkungen auf die Konkurrenz zwischen Arten und somit auch auf die Artenzusammensetzung und den Artenreichtum eines Ökosystems: Hohe Produktivität fördert im Allgemeinen hoch kompetitive Arten, während ein hoher Störungsgrad und hohe Störungshäufigkeit weniger kompetitive, aber meist reaktive und raschwüchsige Arten bzw. Pionierarten fördert. Niedrige Diversität wird also vor allem für die Kombination aus hoher Produktivität und geringen Störungen bzw. geringer Produktivität und hohen Störungen erwartet (Huston 1994). Außerdem beeinflusst die Produktivität eines Systems die Lage des von der IDH vorhergesagten Diversitätsoptimums: Bei höherer Produktivität liegt dieses bei einem relativ höheren Störungsniveau (also weiter rechts in Abb. 3), als dies in weniger produktiven Systemen der Fall ist (Kondoh 2001).

Neben diesen die IDH modifizierenden Prozessen wurde auch der Einfluss der Betrachtungsebene auf die Beziehung zwischen Diversität und Störungen genauer untersucht. So wurde die IDH von Connell (1978) auf Basis von Überlegungen für tropische Regenwälder und Korallenriffe formuliert, wobei sich der vorgeschlagene Erklärungsansatz für einen unimodalen Zusammenhang zwischen Störungen und Diversität auf Artenbeziehungen innerhalb einer trophischen Ebene (d.h. innerhalb von Arten, welche in der Nahrungskette auf derselben Ebene stehen, also z.B. Primärproduzenten, Konsumenten oder Destruenten) bezog. Wootton (1998) konnte zeigen, dass ein Teil der divergierenden Beobachtungen hinsichtlich der IDH durch Unterschiede in den berücksichtigten trophischen Ebenen der Diversität begründet ist. Während die IDH innerhalb einer trophischen Ebene und vor allem in den basalen Ebenen der Nahrungskette (Primärproduzenten) generell zutrifft, verliert sie über mehrere trophische Ebenen hinweg weitgehend ihre Erklärungskraft. Als ein weiterer Grund für die fehlende Konsistenz in Beobachtungen zur Beziehung zwischen Störungen und Biodiversität wurde auch die Vielzahl der unterschiedlich verwendeten Indikatoren für Biodiversität identifiziert (Svensson et al. 2012).

Neben diesen methodischen Schwierigkeiten in der Evaluierung der IDH und der Ermittlung eines generellen Zusammenhangs zwischen Störungen und Biodiversität wurde die von Connell (1978) formulierte Hypothese in jüngerer Vergangenheit auch gänzlich infrage gestellt. Gründe dafür sind nicht nur die oben diskutierte fehlende Generalität der von der IDH gemachten Vorhersagen, sondern auch die angezweifelte logische Konsistenz der theoretischen Konzepte, die der IDH zugrunde liegen (Fox 2012). Dennoch hat sich die IDH als eine für die Störungsökologie sehr fruchtbare Hypothese erwiesen, da im Zuge ihrer Untersuchung bedeutende Fortschritte im Verständnis von Störungseffekten auf Ökosysteme gemacht werden konnten. Nach einem anfänglichen Fokus auf eine beschreibende Analyse der von der IDH vorhergesagten Zusammenhänge befassen sich jüngere Arbeiten verstärkt mit den der IDH zugrunde liegenden Prozessen (Shea et al. 2004, Miller et al. 2011) und tragen somit zu einem verbesserten mechanistischen Verständnis von Ökosystemen bei.

3.1.4 Störungen und Biodiversität im Kontext von zeitlicher Ökosystemdynamik

In der Betrachtung von Störungseffekten auf die Biodiversität spielt die zeitliche Dynamik eine wichtige Rolle. So unterliegen Ökosysteme natürlichen zeitlichen Schwankungen und können verschiedenen Entwicklungspfaden folgen. In Waldökosystemen spricht man in diesem Zusammenhang z.B. von einer Abfolge von Arten und Artengruppen über die Zeit (Sukzession), wobei jede Entwicklungsphase von Natur aus unterschiedlich divers ist. Störungen führen generell zu einem Zurücksetzen (engl. *reset*) dieses zeitlichen Entwicklungsprozesses. Die Effekte von Störungen auf Diversität hängen daher auch von der systemimmanenten Entwicklungsgeschwindigkeit entlang derartiger Trajektorien ab (Aichinger 1951, Johst & Huth 2005). In der jüngeren Vergangenheit ist zunehmend der Wert von Systemen kurz nach einer Störung

Störung und die Bildung von Artengemeinschaften

Störungen beeinflussen die Entstehung von Lebensgemeinschaften und das Zusammenleben von Lebewesen in vielfältiger Weise. Für das Verständnis, wie Lebensgemeinschaften entstehen, wurden Regeln (engl. *assembly rules*) beschrieben, die sich insbesondere um den Wettbewerb der Arten um abiotische Ressourcen drehen. Hier gibt es neben dem Konzept der «Sukzession nach Störungen» aus der Vegetationsökologie (Watt 1947, Pickett & Thompson 1978, Remmert 1991, Van der Maarel 1993) ebenso das Konzept der Bildung von Artengemeinschaften (engl. *community assembly*) aus der Inselbiogeografie und Tierökologie (MacArthur & Wilson 1967, Diamond 1975).

Sukzessionsvorgänge in terrestrischen Ökosystemen beschreiben sowohl die Veränderungen der Artenzusammensetzung als auch die Veränderungen der physikalischen Umgebung und des Ressourcenangebots, wie z. B. die Zunahme organischer Substanz und pflanzenverfügbaren Stickstoffs mit fortschreitender Sukzession auf Binnendünen. Sukzessionen sind angetrieben durch die Entwicklung der Lebensgemeinschaft, besonders durch die nach Störungen anwachsende Biomasse, welche ihrerseits z. B. Temperatur, Feuchtigkeit, Lichtverfügbarkeit, Produktion von organischem Detritus und die Aufteilung von Bodenressourcen zwischen lebenden Organismen, unbelebtem organischem Material und physikalischen Substraten verändert (Jentsch 2004). Folglich verändert sich die Umwelt in diesem Sinne mit der Sukzession. Wichtige Aspekte der Bildung von Artengemeinschaften sind die Artdynamik, z. B. die Rolle von Pionierarten für den weiteren Sukzessionsverlauf. Die Störungsart bestimmt dabei wesentlich mit, wie die anfänglichen Ressourcen nach einem Störungsereignis verteilt sind, welche Arten sich zu einer Lebensgemeinschaft zusammenfinden und wie die Arten miteinander interagieren.

Störungen als Filter

Viele Störungen wirken selektiv gegenüber bestimmten Arten, Altersklassen, Lebensalter, Wuchshöhen und anderen funktionellen Eigenschaften. Diese Selektivität bestimmt als Filter (Díaz et al. 1999) ganz wesentlich die Artenzusammensetzung und nachfolgenden Sukzessionsverläufe der Lebensgemeinschaften. Die herrschenden Umweltfaktoren am Standort werden in dieser Terminologie als abiotische Filter für die Arten beschrieben. Analog dazu werden die Ausbreitungsfähigkeiten von Arten als biotische Filter bezeichnet. Biotische und abiotische Filter bestimmen, welche Arten zum Standort hingelangen, welche Arten die Klimaextreme ertragen und welche Arten sich dort im Wettbewerb um Ressourcen durchsetzen können. Störungsfilter bestimmen wiederum, welche Arten die dominierenden Störungsregime überleben, sich durchsetzen und reproduzieren können (Abb. 1).

Darüber hinaus nehmen Störungen verschiedene Rollen ein (White & Jentsch 2004): Erstens modifizieren sie abiotische Filter, z. B. durch Veränderungen der Ressourcenverfügbarkeit wie Stickstofffreisetzung nach Feuer oder Bodenwasserreduktion bei Dürre. Zweitens modifizieren sie biotische Filter, z. B. durch Schaffung von konkurrenzfreiem Substrat durch Bioturbation, d. h. durch das Durchwühlen und Durchmischen von Böden durch Lebewesen. Drittens sind Störungen zugleich selbst Filter, die die funktionellen Eigenschaften von Arten in einer Gemeinschaft beeinflussen. Die Störungsintensität wirkt selektiv auf das Überleben von Arten, die Störungsfrequenz bestimmt die Reproduktionsmöglichkeiten von Arten, der Störungszeitpunkt ist entscheidend für die Kolonisation von Arten. Wenn Störungen abrupt und plötzlich geschehen, fördern sie Arten, die vegetationsfreie Orte dank ihrer Überdauerungsorgane (z. B. Samen und Rhizome) schnell besiedeln können. Wenn Störungen plötzlich Ressourcen freisetzen, fördern sie Arten mit schneller Kolonisierung

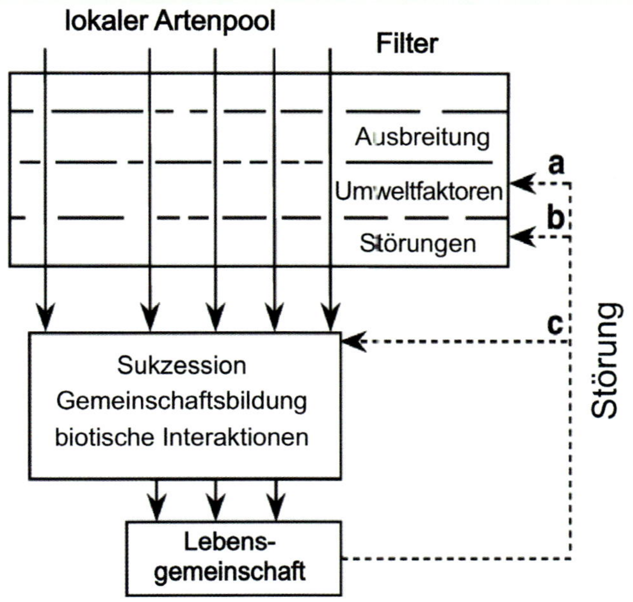

Abb. 1: Die dreifache Rolle von Störungen bei der Bildung von Lebensgemeinschaften: a) Störungen beeinflussen abiotische Filter, z. B. Stickstofffreisetzung nach Brand, b) Störungen wirken direkt als selektierende Filter gemäß ihren Eigenschaften, z. B. durch Mahdhöhe, Feuertemperatur oder Windenergie, und c) Störungen beeinflussen biotische Interaktionen innerhalb einer Gemeinschaft, z. B. durch selektiven Fraß und Verschiebung von Konkurrenzgleichgewichten (verändert nach White & Jentsch 2004, übersetzt).

und hoher Wuchsrate. Jahreszeitliche Muster der Saisonalität von Störungen fördern Arten, die sich zu einem bestimmten Zeitpunkt ausbreiten, wachsen und reproduzieren können. Je höher die Variabilität von Störungsregimen in einer Landschaft ist, desto größer ist die Biodiversität.

Direkte, funktionelle Anpassungen an Störungen werden später ausführlich diskutiert (vgl. Kap. 3.3). Funktionelle Eigenschaften von Pflanzenarten wurden schon vor mehreren Jahrzehnten in störungsrelevante Kategorien eingeteilt. Das «r-K-Kontinuum» unterscheidet bei den Arten zwei grobe Arteigenschaften, nämlich «r» für hohe Reproduktionsraten und «K» für hohe Überlebensraten bei nur wenigen Nachkommen (MacArthur und Wilson 1967), die «CSR-Strategien» unterteilen die Pflanzenarten in drei Typen, mit dem C-Typ für konkurrenzstarke Arten (engl. *competition*), dem S-Typ für stresstolerante Arten und dem R-Typ für ruderale Arten mit Pioniercharakter (Grime 1979). Noble und Slatyer (1980) unterscheiden bei den Arten drei vitale Eigenschaften (engl. *vital attributes*): die Art der Persistenz während und nach der Besiedlung nach einer Störung, die Wuchseigenschaften in einer Lebensgemeinschaft sowie die Zeitdauer bis zum Erreichen wichtiger Lebenszyklen. Mit dem Blick auf Störungen durch den Menschen können die Wirkungen auf Arten als übereinstimmend (engl. *concordant*) und als nicht übereinstimmend (engl. *disconcordant*) unterschieden werden (Pavlovic 1994), und schließlich umfasst der englische Begriff *plant functional traits* funktionelle Gruppen bei Pflanzen, die bezüglich Wuchsformen, Phänologie und anderen Eigenschaften definiert werden (Díaz et al. 1999, Díaz et al. 2016). Generell wird angenommen, dass Mutualismus und gegenseitige Förderung (engl. *facilitation*) in einer ressourcenlimitierten oder häufig gestörten Umgebung von großer Bedeutung sind, während Hemmung und Konkurrenz (engl. *competition*) in einer günstigen oder selten gestörten Umgebung mit abundanten Ressourcen und günstigen physischen Bedingungen vorherrschen.

Aufgrund der abiotischen, biotischen und störungsbedingten Filter sind die tatsächlichen Artenzahlen in Lebensgemeinschaften kleiner als die Artenzahlen des lokalen oder regionalen Artenpools einer Landschaft. So können in störungsgeprägten Landschaften mehr stabile Lebensgemeinschaften koexistieren als in monotonen Landschaften mit nur geringer Störungsvariation (White & Jentsch 2004).

Störungen können Sukzessionsvorgänge beschleunigen, verlangsamen, sie auf einen früheren Stand zurücksetzen oder keinen Effekt haben (engl. *vegetation switch;* Wilson & Agnew 1992). Bei Störungen, die Sukzessionsvorgänge beschleunigen oder verlangsamen, ist der gemeinsame Mechanismus meist die Beseitigung von Trägheit (engl. *inertia*) in der Artengemeinschaft. So wirken Störungen als Katalysatoren des Wandels.

Anke Jentsch, Bayreuther Zentrum für Ökologie und Umweltwissenschaften (BayCEER), Universität Bayreuth, Deutschland

Literatur

- Diamond JM (1975) The island dilemma: lessons of modern biogeographic studies for the design of nature reserves. Biol. Cons.: 129–146.
- Díaz S, Cabido M, Zak M, Martínez Carretero E, Araníbar J (1999) Plant functional traits, ecosystem structure and land – use history along a climatic gradient in central – western Argentina. J. Veg. Sci. 10: 651–660.
- Díaz S, Kattge J, Cornelissen JHC, Wright IJ, Lavorel S, Dray S, Reu B, Kleyer M, Wirth C, Prentice IC, Garnier E, Bönisch G, Westoby M, Poorter H, Reich PB, Moles AT, Dickie J, Gillison AN, Zanne AE, Chave J, Joseph Wright S, Sheremet ESN, Jactel H, Baraloto C, Cerabolini B, Pierce S, Shipley B, Kirkup D, Casanoves F, Joswig JS, Günther A, Falczuk V, Rüger N, Mahecha MD, Gorné LD (2016) The global spectrum of plant form and function. Nature 529: 167–171.
- Grime JP (1979) Plant strategies and vegetation processes. Wiley, Chichester. 222 p.
- Jentsch A (2004) Disturbance driven vegetation dynamics: Concepts from biogeography to community ecology and experimental evidence from dry acidic grasslands in central Europe. Diss. Bot. 384: 1–218.
- MacArthur RH, Wilson EO (1967) The theory of island biogeography. Princeton University Press, Princeton. 203 p.
- Noble IR, Slatyer R (1980) The use of vital attributes to predict successional changes in plant communities subject to recurrent disturbances. Vegetatio 43: 5–21.
- Pavlovic NB (1994) Disturbance-dependent persistence of rare plants: anthropogenic impacts and restoration implications. In: Boels ML, Whelan C (eds) Restoration of endangered species: conceptual issues, planning, and implementation. Cambridge University Press, Cambridge. pp. 159–193.
- Pickett ST, Thompson JN (1978) Patch dynamics and the design of nature reserves. Biol. Cons. 13: 27–37.
- Remmert H (1991) The mosaic-cycle of ecosystems – an overview. In: Remmert H (ed.) The mosaic-cycle concept of ecoystems, vol 85. Springer, Berlin, Heidelberg. pp. 1–21.
- Van der Maarel E (1993) Some remarks on disturbance and its relations to diversity and stability. J. Veg. Sci. 4: 733–736.
- Watt AS (1947) Pattern and process in the plant community. J. Ecol. 35: 1–22.
- White PS, Jentsch A (2004) Disturbance, succession, and community assembly in terrestrial plant communities. In: Temperton VM, Hobbs RJ, Nuttle TaS, Halle S (eds) Assembly rules and restoration ecology: Bridging the gap between theory and practice. pp. 342–366.
- Wilson JB, Agnew ADQ (1992) Positive-feedback switches in plant communities. Adv. Ecol. Res. 23: 263–336.

(engl. *early-seral stage*) für die Erhaltung der Biodiversität erkannt worden (Swanson et al. 2011). Während in früheren Arbeiten generell von einer lokalen Homogenisierung durch Störungen ausgegangen wurde, zeigen neuere Untersuchungen, dass Ökosysteme nach Störungen in Bezug auf ihren Grad an Komplexität oft durchaus mit spätsukzessionalen Systemen vergleichbar sind (Donato et al. 2012). In der Regel wird jedoch aus der Sicht der Erhaltung der biologischen Vielfalt den späten Entwicklungsstadien von Ökosystemen ein hoher Stellenwert beigemessen, z. B. alten Wäldern (engl. *old-growth forests*), da diese Systeme – und entsprechend auch die auf sie spezialisierten Arten – in ausgeprägten Kulturlandschaften wie beispielsweise jenen Mitteleuropas weitgehend fehlen. Dieses Fehlen ist besonders bei langsam wachsenden bzw. langlebigen Ökosystemen wie Wäldern problematisch, deren Komplexität an Strukturen und Arten mehrere Jahrhunderte braucht, um sich zu entwickeln. Neben menschlicher Aktivität stellen auch natürliche Störungen einen Risikofaktor für die wenigen verbleibenden spätsukzessionalen Ökosysteme und die darin enthaltenen Arten dar. So kann ein klimabedingter Anstieg von Störungen (Seidl et al. 2014b; vgl. Kap. 7.1) zu einer weiteren Reduktion derartiger Habitate führen, was negative Auswirkungen auf entsprechend spezialisierte Arten haben könnte. Um diesem potenziell negativen Effekt von Störungen zu begegnen, weist Frelich (2002) auf die Bedeutung von großen, zusammenhängenden Schutzgebieten hin: Während kleine Schutzgebiete zwar auch ein kleineres Risiko aufweisen, überhaupt von einer Störung betroffen zu werden, geht in ihnen der spätsukzessionale Charakter bei Auftreten einer Störung oft komplett verloren. Größere Schutzgebiete wiederum sind zwar statistisch gesehen öfter von Störungen betroffen, ein totaler Verlust von späten Entwicklungsphasen ist jedoch unwahrscheinlich (Frelich 2002), was ein Überdauern von auf späte Entwicklungsphasen angewiesene Arten fördert. Die Diskussion über die ideale Größe von Schutzgebieten wurde in der Vergangenheit als SLOSS-Debatte (engl. *Single Large or Several Small*) geführt, wobei sowohl Argumente für wenige große als auch für viele kleine Schutzgebiete vorgebracht wurden (Diamond 1975, Honnay et al. 1999). Während aufgrund der Arten-Areal-Beziehung eine größere Anzahl an Arten in vielen kleinen Schutzgebieten erhalten ist, spricht für eine gewisse Mindestgröße einerseits die Vernetzung einer Vielzahl von Habitaten (engl. *connectivity*) und anderseits der Prozessschutz im Kontext von Störungen, da diese ja oft ausgedehnte Flächen betreffen können.

Störungen sind wichtige Katalysatoren in der Entwicklung von Ökosystemen und tragen zu deren kontinuierlichen Erneuerung bei (vgl. Kap. 3.2). Diese Rolle gewinnt zunehmend an Bedeutung, da Ökosysteme bedingt durch den globalen Wandel zunehmend im Ungleichgewicht mit ihrer Umwelt sind. Störungen können z. B. dazu beitragen, dass sich die in einem Waldökosystem vorkommenden Baumarten schneller an den Klimawandel anpassen (Thom et al. 2017; vgl. Kap. 7.1). Sie können jedoch auch zur Veränderung der autochthonen Biodiversität beitragen, da sich sowohl Arten anderer Ökosysteme als auch gebietsfremde, eingeschleppte Arten in gestörten Beständen oft gut ausbreiten können (Zonneveld 1995). Im insubrischen Gebiet der Alpensüdseite dringen in Waldbrandflächen z. B. verschiedene nicht heimische Pflanzenarten wie Götterbaum (*Ailanthus altissima* (Mill.)

Swingle), Robinie (*Robinia pseudoacacia* L.) und Kermesbeere (*Phytolacca americana* L.) vor (Maringer et al. 2012). Die Einschleppung von gebietsfremden Arten durch den Menschen kann eine Bedrohung für die natürlich vorkommende Artenvielfalt darstellen, da nicht heimische Insektenarten oder Baumkrankheiten (vgl. Kap. 5.1) aufgrund von fehlenden Gegenspielern sich oft stark vermehren und natürlich vorkommende Arten schädigen oder verdrängen können (Liebhold et al. 2017).

Häufig wird die zeitliche Entwicklung der Biodiversität nach natürlichen Störungen auch durch die menschliche Reaktion auf diese Störungen überprägt. Ein in Mitteleuropa weit verbreitetes Beispiel stellt hier die Räumung von natürlich gestörten Waldflächen dar, d. h. die Entnahme der von der Störung betroffenen Bäume (Lindenmayer et al. 2008). In bewirtschafteten Gebieten wird diese Maßnahme vor allem durchgeführt, um die durch Störungen verursachten ökonomischen Schäden für den Grundeigentümer zu vermindern. Jedoch werden auch in Schutzgebieten in Mitteleuropa oft natürlich entstandene Störflächen geräumt, um z. B. eine Ausbreitung von Borkenkäfern (vgl. Kap. 5.3) in angrenzende Waldgebiete zu unterbinden. Eine derartige menschliche Überprägung von natürlichen Störungen hat auch deutliche Auswirkungen auf die Biodiversität. So wird durch die Entfernung von Totholz die Artenzahl von saproxylischen Arten, d. h. von und im Totholz lebenden Arten (Flechten- und Käferarten) signifikant reduziert (Thorn et al. 2018). Andere, nicht auf Totholz angewiesene Arten mehrerer Insektengruppen und Pionierpflanzen können jedoch von einer derartigen menschlichen Überprägung von natürlichen Störungen profitieren (Wermelinger et al. 2002, Wohlgemuth et al. 2002b). Die zeitliche Entwicklung von Biodiversität nach Störungen ist daher in Mitteleuropa meist auch stark durch den Menschen beeinflusst.

3.1.5 Störungen und Biodiversität im räumlichen Kontext

Ein Aspekt, der es vielen Arten erlaubt, trotz Störung weiter im Ökosystem zu bestehen, ist das ökologische Gedächtnis oder biologische Erbe (engl. *biological legacy*), das aus organischen Resten wie überlebende Pflanzen, austreibende Pflanzenteile, unterirdische Überdauerungsorgane oder Samen im Boden besteht und den Zustand eines Ökosystems vor Eintreten der Störung repräsentiert. Störungen in natürlichen Systemen sind selten so intensiv, dass alle lebenden Organismen durch die Störung vernichtet werden. Sogar in starken Waldbränden bleiben oft einzelne Bäume oder Baumgruppen an topografisch geschützten Orten vom Feuer unversehrt (Romme et al. 2011). Andere Formen des biologischen Vermächtnisses in Wäldern sind die von Windwurf oder Borkenkäferbefall nicht beeinflusste Waldverjüngung, liegendes und stehendes Totholz (Abb. 4), welches als Substrat für die Waldverjüngung dient (Macek et al. 2017), sowie die Samenbanken im Boden. Ein Beispiel für Letztere ist der Echte Erdbeerspinat (*Blitum virgatum* L.), eine seltene Lägerpflanze in Mitteleuropa, die jedoch nach einem großflächigen Waldbrand im Schweizer Wallis fast flächendeckend auftrat und deren Samen wohl Jahrhunderte im Boden überdauert hatten (Moser et al. 2006).

Generell werden unter dem Begriff des biologischen Vermächtnisses all jene Organismen, Strukturen und Muster eines Ökosystems zusammengefasst, welche nach einer Störung bestehen

Abb. 4. Elemente des biologischen Vermächtnisses nach Störung durch Windwurf und Borkenkäfer im Nationalpark Hohe Tatra (Slowakei): Überlebende Lärchen am Bildrand links, stehendes und liegendes Totholz sowie eine schon vor der Störung etablierte Verjüngung. (Bild: R. Seidl)

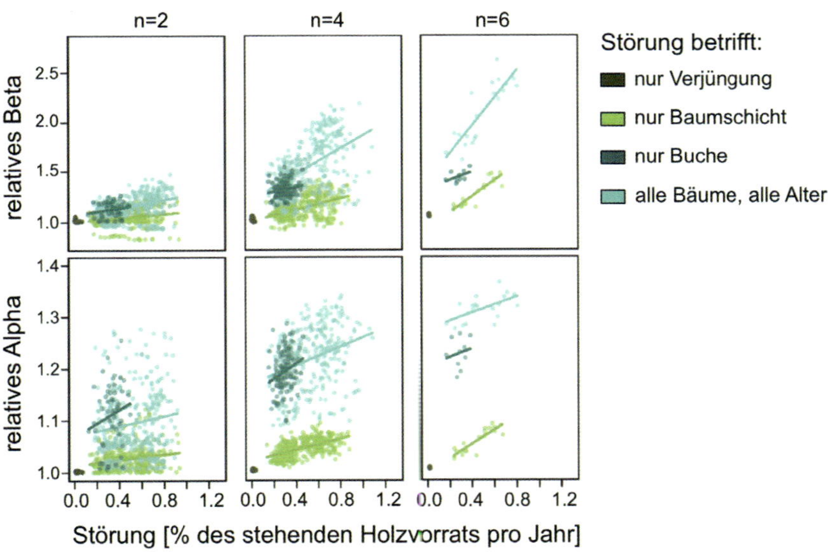

Abb. 5. Effekt von Störungsart (Farben) und Störungsstärke (x-Achse: durchschnittliches Störungsprozent pro Jahr, bezogen auf das stehende Holzvolumen) auf die lokale Baumartendiversität (d. h. innerhalb von 100 x 100 m Flächen, Alpha-Diversität) sowie die Baumartendiversität zwischen den Flächen (Beta-Diversität) von Waldlandschaften mit einem Baumartenpool von n = 2–6 Baumarten. Diversitätsänderungen (y-Achse) sind relativ zu ungestörten Waldlandschaften (Wert 1) angegeben und basieren auf 500-jährigen Simulationen unter typischen Bedingungen für Laubwaldgesellschaften in Mitteleuropa. (Daten aus Silva Pedro et al. 2016)

bleiben (Franklin et al. 2000). Dieses Vermächtnis wirkt wie ein Rettungsring (engl. *lifeboat function*) für eine Vielzahl von Arten, indem Ressourcen, Nahrung, Schutz und Habitat auch nach einer Störung zur Verfügung stehen (Lindenmayer & Franklin 2002). Ein derartiges biologisches Vermächtnis leistet auch einen wichtigen Beitrag zur Regeneration von Ökosystemen nach Störungen (Seidl et al. 2014a). Hierbei spielt nicht nur das Vermächtnis auf der unmittelbar von einer Störung betroffenen Fläche eine wichtige Rolle, sondern es sind v. a. auch die angrenzenden ungestörten Landschaftsteile, also der räumliche Kontext einer Störung, die maßgeblich zur Erholung nach Störun-

Eine Vereinheitlichung vieler Diversitätshypothesen

Welche Faktoren bedingen die Variation der Biodiversität in Ökosystemen und Lebensgemeinschaften oder einfacher, die Koexistenz von Arten? Diesem Thema widmeten sich in den letzten Jahrzehnten Tausende von Publikationen, und über hundert Hypothesen wurden dazu aufgestellt. Michael W. Palmer zählte in einem Review 120 davon auf und nannte auch verschiedene Ansätze zur Kategorisierung dieser Hypothesen (Palmer 1994). Diese betreffen den Einfluss der Genetik auf die Koexistenz von Arten (Aarssen 1992), die Frage des Betrachtungsmaßstabs (Auerbach & Shmida 1987), den Fokus auf den Unterschied zwischen ökologischem Gleichgewicht und Ungleichgewicht (*Intermediate Disturbance*-Hypothese IDH; Connell 1978) oder den Zusammenhang zwischen der Verfügbarkeit von Ressourcen und der Größe von Nischen (MacArthur 1965). Hierbei zeigte sich, dass es kaum möglich ist, bedeutende Hypothesen wie die IDH in wenige Kategorien einzuordnen, um eine bessere Übersicht zu erhalten. Auf der Suche nach einer Synthese der Vielfaltshypothesen wählte Palmer deshalb einen fundamental anderen Ansatz: er verknüpfte eines der zentralsten Organisationskonzepte in der Ökologie, das Konkurrenzausschlussprinzip (engl. *Competitive Exclusion Principle*; Grinnell 1904, Gause 1937, Begon et al. 1996) mit dem zentralen Prinzip der Populationsökologie, dem Hardy-Weinberg-Gleichgewicht (Hardy 1908), nach welchem Genetiker erklären, weshalb Populationen sich entwickeln bzw. sich genetisch der Umwelt anpassen. Das Hardy-Weinberg-Gleichgewicht geht also davon aus, dass sich Populationen nicht ändern, falls mehrere Bedingungen gleichzeitig erfüllt sind. Sobald aber eine dieser Bedingungen nicht zutrifft, findet Evolution statt. Diese Formulierung wurde nun auf Bedingungen für das Konkurrenzausschlussprinzip umformuliert.

Tab. 1: Ein umformuliertes Konkurrenzausschlussprinzip nach Palmer (1994).

Das Prinzip: In einer gegebenen Artenkombination (oder Artengemeinschaft) führt die Konkurrenz zwischen den Arten zum Ausschluss aller außer einer Art.
Bedingungen, unter welchen das Prinzip erfüllt ist: 1. die Zeit für den Ausschluss von Arten ist ausreichend, 2. die Umweltbedingungen bleiben zeitlich unverändert, 3. die Umwelt ist uniform bzw. hat keine räumliche Variation, 4. Wachstum ist nur von einer Ressource limitiert, 5. seltene Arten sind nicht unproportional begünstigt bezüglich Überleben, Reproduktion oder Wachstum 6. Arten haben Gelegenheit, in gegenseitiger Konkurrenz zu wachsen, 7. neue Arten können nicht einwandern.
Folgerung: Je größer der Grad, zu welchem die Bedingungen nicht erfüllt sind, desto größer ist die Anzahl Arten, die zusammen koexistieren können.

Das Verblüffende am umformulierten Konkurrenzausschlussprinzip ist, dass alle Bedingungen stark durch Störungen beeinflusst sind: 1) Früher oder später wird eine Lebensgemeinschaft durch Prozesse der Störung «zurückgesetzt», weshalb ein lokales Verschwinden einer Art bzw. ein Aussterben regional verhindert wird, was bedeutet, dass 2) die Umweltbedingungen nicht konstant bleiben. Daraus folgt auch, dass 3) die Umweltbedingungen variabel bleiben. Daraus folgt 4), dass das Wachstum variabel durch mehrere Ressourcen limitiert ist, z. B. in einem Wald durch die Faktoren Licht und Wärme, die sich nach Störungen rasch ändern. Die Verfügbarkeit von Ressourcen, die nach Störungen rasch ändern, betrifft 5) die (seltenen) Arten nicht proportional zur Veränderung, sondern kleinräumlich in unterschiedlichem Maße, was die Koexistenz von Arten fördert. Durch die große Heterogenität nach Störungen entstehen 6) kleinräumlich oder großflächig und vorübergehend konkurrenzfreie Orte, wo sich insbesondere Pionierarten ausbreiten können Auf diese Weise vergrößert sich die Anzahl Arten in der Umgebung von gestörten Lebensgemeinschaften. Schließlich werden Offenflächen, die als Folge von Störungen entstehen, nicht nur durch bereits vorhandene, sondern 7) auch durch neue Arten besiedelt, sei es durch windverfrachtete Samen bei Pflanzen oder generell durch eine völlig veränderte Ressourcensituation, die neue Tierarten anzieht.

Thomas Wohlgemuth, Forschungseinheit Walddynamik, Eidgenössische Forschungsanstalt WSL, Birmensdorf, Schweiz

Literatur

- Aarssen LW (1992) Causes and consequences of variation in competitive ability in plant-communities. J. Veg. Sci. 3: 165–174.
- Auerbach M, Shmida A (1987) Spatial scale and the determinants of plant-species richness. Trends Ecol. Evol. 2: 238–242.
- Begon M, Harper GA, Townsend CR (1996) Ecology: individuals, populations and communities, 3rd ed. Blackwell Science, Oxford. 1068 p.
- Connell JH (1978) Diversity in tropical rain forests and coral reefs: High diversity of trees and corals is maintained only in a non-equilibrium state. Science 199: 1302–1310.
- Gause GF (1937) Experimental populations of microscopic organisms. Ecology 18: 173–179.
- Grinnell GF (1904) The origin and distribution of the chest-nut-backed chickadee. Auk 21: 364–382.
- Hardy GH (1908) Mendelian proportians in a mixed population. Science 28: 49–50.
- MacArthur RH (1965) Pattern of species diversity. Biol. Rev. 40: 510–533.
- Palmer MW (1994) Variation in species richness – towards a unification of hypotheses. Folia Geobot. Phytotaxon. 29: 511–530.

gen beitragen (Johnstone et al. 2016). Ein Beispiel hierfür ist die Ausbreitung und der Einwuchs von Bäumen in eine gestörte Fläche, ein Phänomen, das sowohl nach Waldbrand (Romme et al. 2011) als auch nach Windwurf (Kramer et al. 2014) zutage tritt.

Der Effekt einer erhöhten Heterogenität durch Störungen – mit positivem Einfluss auf die Artenvielfalt – ist nicht nur ein kleinräumiges, lokales Phänomen in einzelnen Beständen, sondern findet sich auch auf der Landschaftsebene wieder. Das unregelmäßige zeitliche und räumliche Auftreten von Störungen sowie die Kombination verschiedener Störungsarten tragen bedeutend zur Heterogenität der Lebensräume bei und fördern somit die biologische Vielfalt (Warren et al. 2007, Fescenko & Wohlgemuth 2017). Störungen fördern damit nicht nur die Vielfalt innerhalb einer Fläche oder eines Bestandes (Alpha-Diversität), sondern insbesondere auch die Variation zwischen Flächen und Beständen in einer Landschaft (Beta-Diversität; Silva Pedro et al. 2016) und damit letztlich auch die gesamte Vielfalt in dieser Landschaft (Gamma-Diversität; Abb. 5). Dieser Effekt besteht nicht nur für natürliche Störungen, sondern ist auch für Störungen durch menschliche Landnutzung, wie z. B. die Waldbewirtschaftung, nachweisbar (vgl. Kap. 6). Schall et al. (2018) zeigten z. B. für Buchenwälder in Mitteleuropa, dass Ernteeingriffe mit unterschiedlicher Stärke und Größe sich deutlich positiver auf die Biodiversität auf unterschiedlichen räumlichen Ebenen auswirken als das ausschließliche Emulieren von spätsukzessionalen Entwicklungsstadien. Eine derartige Kombination von verschiedenen Störungsgrößen und -stärken ist dem natürlichen Störungsregime in Mitteleuropa ähnlich und daher am besten geeignet, die Biodiversität auch in bewirtschafteten Waldgebieten zu fördern (Nagel et al. 2014).

Literatur

- Aichinger E (1951) Soziationen, Assoziationen und Waldentwicklungstypen. Angew. Pflanzensoz. 1: 21–68.
- Beudert B, Bässler C, Thorn S, Noss R, Schröder B, Dieffenbach-Fries H, Foullois N, Müller J (2015) Bark beetles increase biodiversity while maintaining drinking water quality. Cons. Lett. 8: 272–281.
- Butchart SHM, Walpole M, Collen B, Van Strien A, Scharlemann JPW, Almond REA, Baillie JEM, Bomhard B, Brown C, Bruno J, Carpenter KE, Carr GM, Chanson J, Chenery AM, Csirke J, Davidson NC, Dentener F, Foster M, Galli A, Galloway JN, Genovesi P, Gregory RD, Hockings M, Kapos V, Lamarque J-F, Leverington F, Loh J, McGeoch MA, McRae L, Minasyan A, Hernández Morcillo M, Oldfield TEE, Pauly D, Quader S, Revenga C, Sauer JR, Skolnik B, Spear D, Stanwell-Smith D, Stuart SN, Symes A, Tierney M, Tyrrell TD, Vié J-C, Watson R (2010) Global biodiversity: indicators of recent declines. Science 328: 1164–1168.
- Connell JH (1978) Diversity in tropical rain forests and coral reefs: High diversity of trees and corals is maintained only in a non-equilibrium state. Science 199: 1302–1310.
- Diamond JM (1975) The island dilemma: lessons of modern biogeographic studies for the design of nature reserves. Biol. Cons.: 129–146.
- Donato DC, Campbell JL, Franklin JF (2012) Multiple successional pathways and precocity in forest development: Can some forests be born complex? J. Veg. Sci. 23: 576–584.
- Fescenko A, Wohlgemuth T (2017) Spatio-temporal analyses of local biodiversity hotspots reveal the importance of historical land-use dynamics. Biodiv. Cons. 26: 2401–2419.
- Fox JW (2012) The intermediate disturbance hypothesis should be abandoned. Trends Ecol. Evol.: 1–7.
- Franklin JF, Lindenmayer D, Macmahon JA, McKee A, Magnuson J, Perry DA, Waide R, Foster D (2000) Threads of continuity. Cons. Pract. 1: 8–17.
- Frelich LE (2002) Forest dynamics and disturbance regimes. Studies from temperate evergreen – deciduous forests. Cambridge University Press, Cambridge, UK. 266 p.
- Hall AR, Miller AD, Leggett HC, Roxburgh SH, Buckling A, Shea K (2012) Diversity-disturbance relationships: frequency and intensity interact. Biol. Lett. 8: 768–771.
- Hassan R, Scholes R, Ash N (2005) Millennium Ecosystem Assessment, Vol. 1: Ecosystems and human well-being: current state and trends. Island Press, Washington. 917 p.
- Honnay O, Hermy M, Coppin P (1999) Effects of area, age and diversity of forest patches in Belgium on plant species richness, and implications for conservation and reforestation. Biol. Cons. 87: 73–84.
- Hughes AR, Byrnes JE, Kimbro DL, Stachowicz JJ (2007) Reciprocal relationships and potential feedbacks between biodiversity and disturbance. Ecol. Lett. 10: 849–864.
- Huston MA (1994) Biological diversity: the coexistence of species on changing landscapes. Cambridge University Press, Cambridge, UK. 685 p.
- Johnstone JF, Allen CD, Franklin JF, Frelich LE, Harvey BJ, Higuera PE, Mack MC, Meentemeyer RK, Metz MR, Perry GLW, Schoennagel T, Turner MG (2016) Changing disturbance regimes, ecological memory, and forest resilience. Front. Ecol. Environ. 14: 369–378.
- Johst K, Huth A (2005) Testing the intermediate disturbance hypothesis: when will there be two peaks of diversity? Div. Distr. 11: 111–120.

- Kondoh M (2001) Unifying the relationships of species richness to productivity and disturbance. P. Roy. Soc. B.-Biol. Sci 268: 269–271.
- Kramer K, Brang P, Bachofen H, Bugmann H, Wohlgemuth T (2014) Site factors are more important than salvage logging for tree regeneration after wind disturbance in Central European forests. Forest Ecol. Manag. 331: 116–128.
- Liebhold AM, Brockerhoff EG, Kalisz S, Nuñez MA, Wardle DA, Wingfield MJ (2017) Biological invasions in forest ecosystems. Biol. Invas. 19: 3437–3458.
- Lindenmayer DB, Franklin JF (2002) Conserving forest biodiversity: A comprehensive multiscaled approach. Island Press, Washington DC, USA. 351 p.
- Lindenmayer DB, Burton PJ, Franklin JF (2008) Salvage logging and its ecological consequences. Island Press, Washington. 246 p.
- Macek M, Wild J, Kopecký M, Červenka J, Svoboda M, Zenáhlíková J, Brůna J, Mosandl R, Fischer A (2017) Life and death of Picea abies after bark-beetle outbreak: Ecological processes driving seedling recruitment: Ecological. Ecol. Appl. 27: 156–167.
- Mackey RL, Currie DJ (2001) The diversity-disturbance relationship: Is it generally strong and peaked? Ecology 82: 3479.
- Maringer J, Wohlgemuth T, Neff C, Pezzatti GB, Conedera M (2012) Post-fire spread of alien plant species in a mixed broad-leaved forest of the Insubric region. Flora 207: 19–29.
- Miller AD, Roxburgh SH, Shea K (2011) How frequency and intensity shape diversity-disturbance relationships. Proc. Nat. Acad. Sci. USA 108: 5643–5648.
- Molino J-F, Sabatier D (2001) Tree diversity in tropical rain forests : A validation of the intermediate disturbance hypothesis. Science 294: 1702–1704.
- Moser B, Gimmi U, Wohlgemuth T (2006) Ausbreitung des Erdbeerspinats *Blitum virgatum* nach dem Waldbrand von Leuk, Wallis. Bot. Helv. 116: 179–183.
- Nagel TA, Svoboda M, Kobal M (2014) Disturbance, life history traits, and dynamics in an old-growth forest landscape of southeastern Europe. Ecol. Appl. 24: 663–679.
- Rockström J, Steffen W, Noone K, Persson A, Chapin FS, Lambin EF, Lenton TM, Scheffer M, Folke C, Schellnhuber HJ, Nykvist B, De Wit CA, Hughes T, Van der Leeuw S, Rodhe H, Sörlin S, Snyder PK, Costanza R, Svedin U, Falkenmark M, Karlberg L, Corell RW, Fabry VJ, Hansen J, Walker B, Liverman D, Richardson K, Crutzen P, Foley JA (2009) A safe operating space for humanity. Nature 461: 472–475.
- Romme WH, Boyce MS, Gresswell R, Merrill EH, Minshall GW, Whitlock C, Turner MG (2011) Twenty years after the 1988 Yellowstone fires: Lessons about disturbance and ecosystems. Ecosystems 14: 1196–1215.
- Roxburgh SH, Shea K, Wilson JB (2004) The intermediate disturbance hypothesis: Patch dynamics and mechanisms of species coexistence. Ecology 85: 359–371.
- Schall P, Gossner MM, Heinrichs S, Fischer M, Boch S, Prati D, Jung K, Baumgartner V, Blaser S, Böhm S, Buscot F, Daniel R, Goldmann K, Kaiser K, Kahl T, Lange M, Müller J, Overmann J, Renner SC, Schulze E-D, Sikorski J, Tschapka M, Türke M, Weisser WW, Wemheuer B, Wubet T, Ammer C (2018) The impact of even-aged and uneven-aged forest management on regional biodiversity of multiple taxa in European beech forests. J. Appl. Ecol. 55: 267–278.
- Seidl R, Rammer W, Spies TA (2014a) Disturbance legacies increase the resilience of forest ecosystem structure, composition, and functioning. Ecol. Appl. 24: 2063–2077.
- Seidl R, Schelhaas MJ, Rammer W, Verkerk PJ (2014b) Increasing forest disturbances in Europe and their impact on carbon storage. Nat. Clim. Change 4: 806–810.
- Shea K, Roxburgh SH, Rauschert ESJ (2004) Moving from pattern to process: Coexistence mechanisms under intermediate disturbance regimes. Ecol. Lett. 7: 491–508.
- Silva Pedro M, Rammer W, Seidl R (2016) A disturbance-induced increase in tree species diversity facilitates forest productivity. Landsc. Ecol. 31: 989–1004.

- Svensson JR, Lindegarth M, Jonsson PR, Pavia H (2012) Disturbance-diversity models: what do they really predict and how are they tested? P. Roy. Soc. B.-Biol. Sci. 279: 2163–2170.
- Swanson ME, Franklin JF, Beschta RL, Crisafulli CM, Dellasala DA, Hutto RL, Lindenmayer DB, Swanson FJ (2011) The forgotten stage of forest succession: Early-successional ecosystems on forest sites. Front. Ecol. Environ. 9: 117–125.
- Thom D, Seidl R (2016) Natural disturbance impacts on ecosystem services and biodiversity in temperate and boreal forests. Biol. Rev. 91: 760–781.
- Thom D, Rammer W, Seidl R (2017) Disturbances catalyze the adaptation of forest ecosystems to changing climate conditions. Glob. Change Biol. 23: 269–282.
- Thorn S, Bässler C, Brandl R, Burton PJ, Cahall R, Campbell JL, Castro J, Choi CY, Cobb T, Donato DC, Durska E, Fontaine JB, Gautier S, Hebert C, Hothorn T, Hutto RL, Lee EJ, Leverkus A, Lindenmayer D, Obrist MK, Rost J, Seibold S, Seidl R, Thom D, Waldron K, Wermelinger B, Winter B, Zmihorski M, Müller J (2018) Impacts of salvage logging on biodiversity: A meta-analysis. J. Appl. Ecol. 55: 279–289.
- UN (1992) Convention on biological diversity, Rio de Janeiro. 30 p.
- Warren SD, Holbrook SW, Dale DA, Whelan NL, Elyn M, Grimm W, Jentsch A (2007) Biodiversity and the heterogeneous disturbance regime on military training lands. Restor. Ecol. 15: 606–612.
- Wermelinger B, Duelli P, Obrist MK (2002) Dynamics of sproxylic beetles (Coleoptera) in windthrow areas in alpine spruce forests. Forest Snow Landsc. Res. 77: 133–148.
- Wohlgemuth T, Bürgi M, Scheidegger C, Schütz M (2002a) Dominance reduction of species through disturbance – a proposed management principle for central European forests. Forest Ecol. Manag. 166: 1–15.
- Wohlgemuth T, Kull P, Wütrich H (2002b) Disturbance of microsites and early tree regeneration after windthrow in Swiss mountain forests due to the winter storm Vivian 1990. Forest Snow Landsc. Res. 77: 17–47.
- Wootton JT (1998) Effects of disturbance on species diversity: a multitrophic perspective. Am. Nat. 152: 803–825.
- Zhang Y, Chen HYH, Taylor A (2014) Multiple drivers of plant diversity in forest ecosystems. Glob. Ecol. Biogeogr. 23: 885–893.
- Zonneveld IS (1995) Vicinism and mass effect. J. Veg. Sci. 6: 441–444.

3.2 Resilienz gegenüber Störungen

Rupert Seidl[1], Anke Jentsch[2] und Thomas Wohlgemuth[3]

[1] Institut für Waldbau, Department für Wald- und Bodenwissenschaften, Universität für Bodenkultur Wien, Österreich
[2] Bayreuther Zentrum für Ökologie und Umweltwissenschaften (BayCEER), Universität Bayreuth, Deutschland
[3] Forschungseinheit Walddynamik, Eidgenössische Forschungsanstalt WSL, Birmensdorf, Schweiz

Kurzfassung
Resilienz ist die Eigenschaft von Ökosystemen, sich wieder von Störungen zu erholen bzw. Störungen zu absorbieren, ohne dabei die systemimmanenten Strukturen und Prozesse zu verändern. Während sich die technische Resilienz allein auf eine Erholung nach Störungen fokussiert, berücksichtigt ökologische Resilienz die Möglichkeit eines Regimewechsels nach einer Störung. Ein Schlüsselelement der Resilienz ist der adaptive Kreislauf in Ökosystemen, also der Wechsel von Phasen des Wachstums, der Erhaltung, der Freisetzung und der Erneuerung. Wichtige Mechanismen der Resilienz gegenüber Störungen sind Interaktionen über räumliche und zeitliche Skalen, organische Reste nach Störungen, das ökologische Stressgedächtnis sowie die Reaktionsdiversität von Pflanzengemeinschaften.

3.2.1 Einleitung und Definition

Störungen sind – per Definition – diskrete Ereignisse, welche durch eine plötzliche Modifikation der ökologischen Rahmenbedingungen große Veränderungen in Ökosystemen bewirken, z. B. in Form von Pflanzenmortalität (vgl. Kap. 2.1). Organismen, Lebensgemeinschaften und Ökosysteme sind jedoch an solche abrupten Veränderungen angepasst und haben eine stark ausgeprägte Fähigkeit, sich wieder von Störungen zu erholen. Diese Eigenschaft wird als Resilienz (engl. *resilience*) bezeichnet.

Nicht zuletzt aufgrund der sich rasant ändernden Umweltbedingungen und neuartiger Störungen hat Resilienz in den letzten Jahren eine steigende Aufmerksamkeit in der Wissenschaft erhalten. Das Konzept der Resilienz ist zu einem der wichtigsten Forschungsthemen der Nachhaltigkeitsdebatte geworden (Folke et al. 2004, Rockström et al. 2009). Die Grundlagenforschung zu Mechanismen und Grenzen von Resilienz ist ein aktives Feld, das sich rapide entwickelt. Funktionelle Resilienz ist zurzeit z. B. eine wichtige Zielgröße der geografischen Risikoforschung und der experimentellen Biodiversitätsforschung (Isbell et al. 2015, Kreyling et al. 2017). Darüber hinaus etabliert sich das Konzept der Resilienz zunehmend auch als Richtlinie und Zielgröße für die Bewirtschaftung von Ökosystemen (Biggs et al. 2012, Seidl 2014; siehe auch Kap. 8.1 Risikomanagement). Die vielfältige Verwendung des Resilienz-Konzepts hat zu einer weiten Bandbreite an Definitionen geführt (Brand & Jax 2007), weswegen es besonders wichtig ist, die Bedeutung von Resilienz für den jeweiligen Kontext oder eine spezielle Anwendung konkret zu präzisieren (Resilienz wovon, Resilienz wogegen; Carpenter et al. 2001). Generell unterscheidet die Literatur drei Arten von Resilienz: technische Resilienz, ökologische Resilienz und sozioökologische Resilienz.

3.2.1.1 Technische Resilienz

Technische Resilienz (engl. *engineering resilience*) fokussiert auf die Erholung nach Störungen: je schneller ein System nach einer Störung zum Ausgangszustand zurückkehrt, desto resilienter ist es (Holling 1996). Technische Resilienz setzt die Vorhersehbarkeit des Erholungspfades sowie weitgehende Konstanz des ungestörten Zustandes (ökologisches Gleichgewicht; Equilibrium-Annahme) voraus; Systeme erholen sich also immer entlang desselben Pfades und unterscheiden sich nur in der Geschwindigkeit ihrer Erholung. Wie schon der Name impliziert, wird dieses Konzept der Resilienz oft in den technischen und Ingenieurwissenschaften verwendet, z. B. zur Beschreibung der Entwicklung von Materialeigenschaften nach einer Belastung. Doch auch in der Ökologie ist technische Resilienz eine wichtige Größe: Sie kann z. B. verwendet werden, um die Erholung von Baumwachstum nach einer Dürreperiode zu beschreiben (Lloret et al. 2011, Zang et al. 2014). Baumwachstum nach Dürre ist ein eng definierter Indikator, dessen Entwicklung nur einen Freiheitsgrad aufweist, nämlich Wachstumszunahme nach dürrebedingter Wachstumsreduktion. Auch der Zustand vor einer Störung kann eindeutig definiert werden – die Erfordernisse für die Definition von technischer Resilienz sind hier also erfüllt.

3.2.1.2 Ökologische Resilienz

Lebensgemeinschaften und Ökosysteme verhalten sich jedoch deutlich komplexer als technische Materialien. Viele Ökosysteme sind maßgeblich von Störungsregimen geprägt, ihre charakteristischen Funktionen bleiben jedoch trotz Störungsereignissen erhalten bzw. werden relativ schnell wiederhergestellt – sie sind resilient. Beispielsweise wächst ein Waldbestand nach einem Feuer wieder zu einem Waldbestand, eine blütenreiche Bergwiese nach Mahd wieder zu einer blütenreichen Bergwiese. Es gibt aber auch Störungen, welche zu einem Regimewechsel führen, besonders bei vorangegangener Degradation oder relativ schnellen Veränderungen von Umweltbedingungen und Ressourcen. Ist die ökologische Resilienz eines Systems überschritten, so kann sich z. B. Wald nach einem Feuer nicht mehr ausreichend verjüngen und wird zu Offenland. Das Konzept der ökologischen Resilienz (engl. *ecological resilience*; Holling 1973, Holling 1996, Gunderson 2000) berücksichtigt diese Dynamik von verschiedenen möglichen Systemzuständen, welche durch unterschiedliche Strukturen und Prozesse charakterisiert sind. Ökologische Resilienz ist dabei die Kapazität eines Systems, Störungen zu absorbieren, ohne die systemimmanenten Strukturen und Prozesse zu verändern. Hierbei muss beachtet werden, dass die Erhaltung von Strukturen und Prozessen nicht notwendigerweise eine deterministische Rückkehr des Systems zum Zustand vor einer Störung bedeuten muss. In europäischen Urwäldern existiert z. B. eine Vielzahl von Entwicklungspfaden nach einer Störung (Meigs et al. 2017). Charakteristische Strukturen (z. B. ein komplexer Kronenraum) und Prozesse (z. B. Kohlenstoffaufnahme) sind jedoch in all diesen Pfaden der natürlichen Ökosystementwicklung nach Störungen (in unterschiedlichem Maße) gegeben – das System ist somit

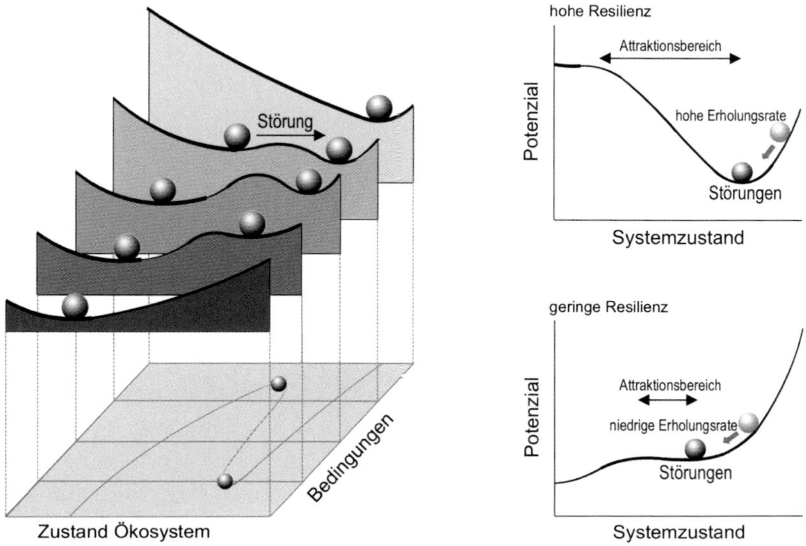

Abb. 1. Schematische Darstellung ökologischer Resilienz mit verschiedenen möglichen Ökosystemzuständen (Täler und Kuppen) und der Kugel als Indikator des aktuellen Systemzustandes (übersetzt und nachgezeichnet, basierend auf Scheffer & Carpenter 2003 und Scheffer et al. 2009).

ökologisch resilient (Seidl et al. 2014). Ökologische Resilienz kann als Mechanismus einer dynamischen Stabilität gesehen werden (Turner et al. 1993): Störungen und transiente Änderungen sind ein systemimmanenter Teil vieler (resilienter) Ökosysteme, ohne diese fundamental zu verändern (siehe Kapitel 2.2).

Übersteigt eine Störung die ökologische Resilienz eines Systems, so ändern sich das Systemregime und damit seine Strukturen und Prozesse grundlegend. Diese Systemänderung geht in den meisten Fällen nicht graduell vor sich, sondern ist abrupt, wobei ein Schwellenwert oder Kipppunkt (engl. *tipping point*) überschritten wird. So sind z.B. niederschlagsbedingte Grenzen zwischen Wald und Savanne oder temperaturbedingte Grenzen zwischen Wald und Tundra nicht fließend, sondern als relativ diskrete Kipppunkte der Biosphäre ausgeprägt (Hirota et al. 2011, Scheffer et al. 2012). Eine oft verwendete Metapher zur Beschreibung des Konzepts der ökologischen Resilienz ist das engl. *ball and cup*-Modell (Kugel und Becher), in welchem die Kugel den aktuellen Systemzustand und eine Landschaft aus Tälern (d.h. stabile Systemzustände, Attraktoren des Systems) und Kuppen (d.h. instabile Systemzustände) die verschiedenen möglichen Systemzustände beschreiben (Abb. 1). Eine Störung verursacht einen Impuls auf das System und verschiebt es aus seinem Ruhepunkt im aktuellen Attraktor. Je tiefer und schmäler das Tal, umso schneller kehrt das System nach der Störung in das Zentrum des Attraktors zurück (und umso größer ist seine Resilienz). Ist der Impuls durch die Störung so stark, dass die Kugel von einem Attraktor in den nächsten befördert wird, übersteigt die Störung die Resilienz des Systems und verursacht eine Regimeänderung. Wichtig ist dabei zu beachten, dass die «Attraktorenlandschaft» eines Systems (also seine Täler und Kuppen) in den meisten Fällen über die Zeit nicht statisch ist. Faktoren wie das Aussterben und Einwandern von Arten in ein System oder klimatischer Wandel können zu einer Änderung der Täler (sowohl was deren

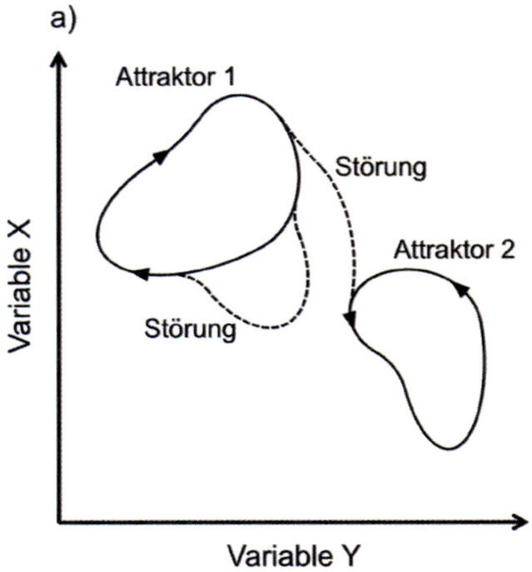

Abb. 2. a) Schematische Darstellung verschiedener Attraktoren für resiliente Ökosystemzustände. Störungen wirken als Auslöser und Katalysatoren von Regimeänderungen (nachgezeichnet und übersetzt aus Scheffer & Carpenter 2003). b) Ein Beispiel für den gezielten Einsatz von Störungen im Naturschutz ist das Abschieben des nährstoffreichen Oberbodens zur Wiederherstellung ressourcenlimitierter Sandökosysteme auf Binnendünen in Süddeutschland, um seltene und gefährdete konkurrenzschwache Pionierarten zu fördern.

Tiefe als auch was deren Lage betrifft) über die Zeit führen (Gunderson 2000, Seidl et al. 2016b).

Solche unterschiedlichen Zustände von Ökosystemen sind entweder alternierend und damit umkehrbar (wie z. B. die Systemzustände eines Sees) oder sie sind weitgehend irreversibel, wie die Nährstoffanreicherung in Ökosystemen aus atmosphärischer Deposition. Ökologische Resilienz, d. h. die Fähigkeit eines Systems, trotz Störung in einem stabilen Systemzustand bzw. in seinem Attraktor zu verbleiben, ist dabei eine neutrale Eigenschaft, die per se weder gut noch schlecht ist. In Bezug auf Umweltänderungen wie den Klimawandel wird oft die Erhaltung eines gewissen Systemzustandes angestrebt – hier ist Resilienz eine erwünschte Eigenschaft des Systems, die durch Managementmaßnahmen wie z. B. Durchforstungen in Wäldern weiter gefördert werden kann. Im Gegensatz dazu ist es in der Renaturierungsökologie (engl. *restoration ecology*) oft das Ziel, einen früheren Systemzustand wiederherzustellen, wozu Störungen eingesetzt werden können, um die Resilienz des aktuellen Systems zu überwinden. Beispiele hierfür sind die Kalkung versauerter Seen oder Oberbodenabtrag in durch Nährstoffe belasteten einstigen Magerwiesen (Abb. 2).

3.2.1.3 Sozioökologische Resilienz

Sozioökologische Resilienz (engl. *social-ecological resilience*) greift das Konzept der ökologischen Resilienz auf und erweitert es von ökologischen Systemen auf sozioökologische Systeme (Folke 2006). Resilienz in diesem Sinne bedeutet die Fähigkeit von derartigen Systemen, ihre Strukturen und Prozesse trotz Störungen zu erhalten und z. B. Ökosystemleistungen trotz Störungen nachhaltig für die Gesellschaft bereitzustellen (Folke et al. 2002, Brand & Jax 2007, Biggs et al. 2012). Ein wichtiger Aspekt dabei ist die soziale Anpassungsfähigkeit, also die Fähigkeit, auf externe Stressoren und Störungen mit sozialem oder politischem Wandel zu reagieren (Adger 2000). Auf diese Art der Resilienz wird im vorliegenden Kapitel nicht weiter eingegangen. Sie ist jedoch im Kontext von Störungsmanagement von Bedeutung (Seidl et al. 2016b) und wird daher in Kapitel 8.1. nochmals aufgegriffen.

3.2.1.4 Panarchie

Eng mit dem Konzept der ökologischen Resilienz verbunden ist das Konzept der Panarchie (engl. *panarchy*), welches von Holling und Gunderson (2002) vorgestellt wurde. Dabei handelt es sich um ein Modell, welches die dynamische Organisation von komplexen Systemen in Raum und Zeit beschreibt und für die Charakterisierung und Quantifizierung von Resilienz in Ökosystemen herangezogen werden kann. Das Panarchie-Modell unterscheidet verschiedene Skalenniveaus eines Systems, z.B. Blatt, Einzelbaum, Bestand und Landschaft im Kontext von Waldökosystemen. Auf jeder dieser Ebenen kann die Entwicklung und Dynamik des Systems durch einen adaptiven Kreislauf (engl. *adaptive cycle*) durch die Phasen Wachstum/Aufbau (engl. *growth*), Erhaltung (*conservation*), Freisetzung/Abbau (*release*) und Erneuerung (*reorganization*) beschrieben werden (Abb. 3.).

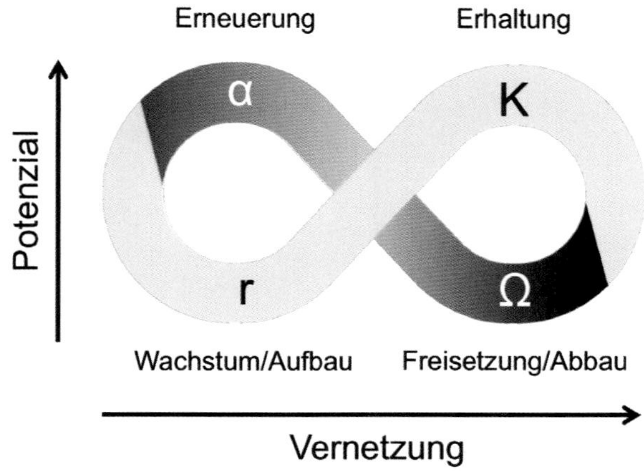

Abb. 3. Der adaptive Kreislauf bildet die Basis der Panarchie in dynamischen Systemen (Holling & Gunderson 2002, aus dem Englischen übesetzt).

Von der Wachstums- zur Erhaltungsphase steigt das Potenzial des Ökosystems an; es akkumuliert Biomasse, Energie und andere Systemkomponenten, wie z.B. Arten, Wuchsformen oder funktionelle Gruppen. Gleichzeitig steigt auch die Vernetzung zwischen den einzelnen Systemkomponenten an, d.h., das Systemverhalten ist zunehmend durch Interaktionen wie Konkurrenz oder mutualistische Förderung determiniert. So bestimmt in einem Urwald der gemäßigten Breiten die Lichtkonkurrenz von Bäumen untereinander die Verjüngungsdynamik und Artenzusammensetzung stärker als externe Faktoren. Diese starken systeminternen Interaktionen bei gleichzeitig steigendem Systempotenzial (z.B. akkumulierte Biomasse) führen jedoch auch dazu, dass das System zunehmend unflexibel und somit anfällig für Störungen wird. Tritt eine Störung ein, z.B. eine Reduktion lebender Biomasse durch Feuer, reduziert sich in der Freisetzungsphase das gespeicherte Potenzial des Ökosystems wieder. In der darauffolgenden Phase der Erneuerung kommt es zu einer Rekombination der Systemkomponenten. Dies kann entweder wieder zu einer Wachstumsphase entlang der bisherigen Systemtrajektorie führen, oder aber auch zu einer Regimeänderung und dem Beginn eines qualitativ unterschiedlichen adaptiven Kreislaufs (siehe Abb. 3; Scheffer & Carpenter 2003, Allen et al. 2014). Wichtig ist dabei, dass die Phasen des adaptiven Kreislaufes nicht gleich schnell durchlaufen werden bzw. das System sich unterschiedlich lange in den einzelnen Phasen befindet. Während in einem Waldökosystem die Wachstumsphase je nach Standort typischerweise einige Dekaden dauert, kann die Erhaltungsphase durchaus mehrere Jahrhunderte andauern. Die Freisetzungsphase hingegen dauert oft nur wenige Stunden (Windwurf), Tage (Waldbrand) oder Jahre (Borkenkäferausbruch), und auch die Reorganisation des Systems geschieht meist in einigen Jahren bis wenigen Jahrzehnten.

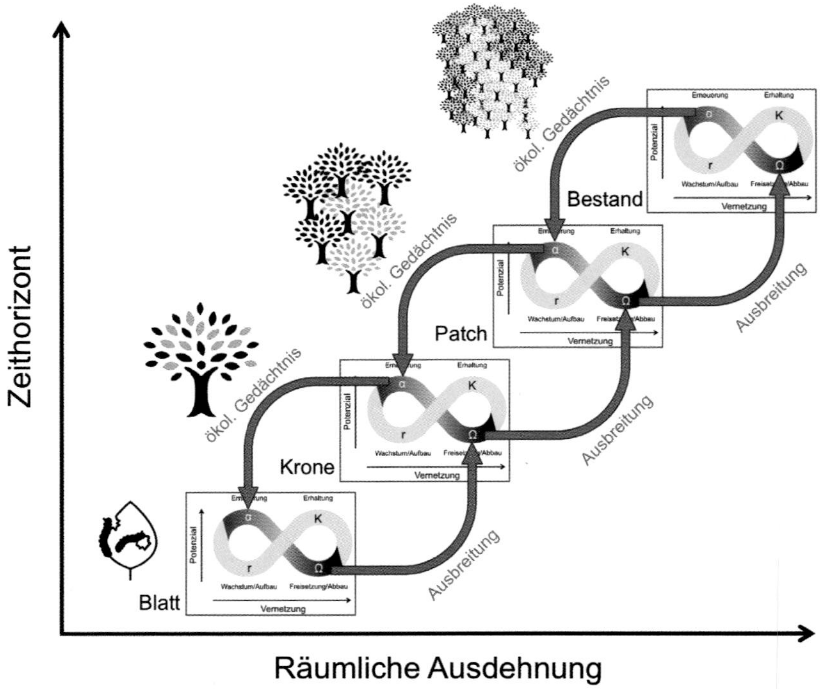

Abb. 4. Panarchie – eine hierarchische Anordnung von verbundenen adaptiven Kreisläufen auf unterschiedlichen räumlichen und zeitlichen Skalenniveaus. Quelle: Allen et al. (2014), modifiziert.

Unter Panarchie versteht man eine hierarchisch genestete Anordnung von adaptiven Kreisläufen (Abb. 4). Eine Schlüsselkomponente des Panarchie-Modells sind die skalenübergreifenden Verbindungen zwischen den einzelnen adaptiven Kreisläufen. So tragen Strukturen und Prozesse auf übergeordneten Skalen (z. B. einzelne Bäume auf der Landschaftsebene, die einen Waldbrand überleben) in der Reorganisationsphase zur Resilienz des Systems bei, indem sie als systemisches Gedächtnis fungieren und die Reorganisation der vorhergegangenen Strukturen und Prozesse fördern (z. B. durch Samenverbreitung). Gleichzeitig können sich Störungsprozesse, wenn kritische Schwellenwerte überschritten werden, in der Freisetzungsphase auf übergeordnete Skalenebenen ausbreiten und dadurch zu einer Regimeänderung führen. So entstehen beispielsweise großflächige Borkenkäferstörungen in Wäldern aus Befallsnestern, also aus kleinen Gruppen an befallenen Bäumen (Peters et al. 2004; vgl. Kap. 5.3). Diese Feedbacks und Interaktionen über Skalenniveaus hinweg sind ein wichtiger Mechanismus der Resilienz von Systemen und werden daher im folgenden Kapitel noch eingehender behandelt.

3.2.2 Mechanismen der Resilienz

3.2.2.1 Feedbacks und Interaktionen über Skalenniveaus

Ökologische Resilienz entsteht aus dem Zusammenspiel verschiedener Organisationsebenen. Dazu gehört die direkte Stressantwort von einzelnen Organismen innerhalb von kurzen Zeiträumen ebenso wie Akklimatisationsvorgänge und Adaptationen auf Populationsebene über evolutive Zeiträume. Feedbacks und Interaktionen über zeitliche und räumliche Skalenniveaus hinweg können dabei sowohl zur Resilienz beitragen als auch zu einer Regimeänderung führen (Jentsch et al. 2002). Aufgrund der wichtigen Rolle verschiedener Ebenen im Kontext von Resilienz reicht es daher nicht, ein System auf einer einzigen Skalenebene zu betrachten, um seine Resilienz zu beschreiben. Es sollte immer auch zumindest eine Ebene über sowie eine Ebene unter der für die Analyse zentralen Ebene miteinbezogen werden (Walker et al. 2004). Prozesse auf übergeordneten Skalenniveaus wirken oft bewahrend in Ökosystemen (Meyn et al. 2007), d.h., sie leisten einen wichtigen Beitrag zu deren Resilienz. In Wäldern können intensive Störungen auf Bestandsebene (1–10 ha) zu einem massiven Verlust der lebenden Pflanzenbiomasse führen. Auf der übergeordneten Landschaftsebene (1000–100000 ha) überleben jedoch auch bei extremen Ereignissen meist einzelne Individuen oder Bestände (Romme et al. 2011). Diese tragen in der Folge durch die Ausbreitung von Samen zu einer Wiederbesiedlung bzw. -bewaldung des Systems nach einer Störung bei. Da die unmittelbare Nachbarschaft einer gestörten Fläche oft in ihrer Zusammensetzung der Fläche vor dem Störungsereignis ähnlich ist (siehe z.B. Palmer 2005), stellt dieses Feedback eine Art von systemischer Erinnerung dar (Franklin et al. 2000) und verleiht dem System ökologische Resilienz.

Viele Störungen entwickeln sich zuerst lokal, bevor sie sich auf Bestände und ganze Landschaften ausbreiten. Beispiele dafür sind Feuer, welche sich oft aus einzelnen Blitzschlägen entwickeln, oder Pflanzenkrankheiten. Werden einzelne Schwellen überschritten, ändert sich auch die Ausbreitungsrate der Störung nicht linear; es kommt zu einer Verstärkung über Skalenniveaus (Peters et al. 2004). Feuer über einer bestimmten Größe sind selbstverstärkend, indem sie ihr Umgebungsklima beeinflussen (z.B. verstärkte Windentwicklung, Pyrocumulus-Wolken) und das brennbare Material am Boden durch die Hitzeentwicklung vor der Feuerfront austrocknen. Die Baummortalität durch Borkenkäferbefall steigt nach Erreichen einer lokalen Schwellenpopulation überproportional an, wenn die Verteidigungsmechanismen der Bäume sowie die Populationen der Antagonisten durch die exponentiell steigende Käferpopulation überrannt werden (Raffa et al. 2008; vgl. Kap. 5.3). Räumliche Konnektivität in der Landschaft (z.B. zwischen Habitat für Borkenkäfer oder brennbarem Material für Feuer) spielt hier bei der Erreichung von kritischen Schwellen (Meyn et al. 2007) eine bedeutende Rolle und kann zu einer positiven Verstärkung über die Skalenniveaus hinweg beitragen (Seidl et al. 2016a).

3.2.2.2 Systemvermächtnis und organische Reste nach Störungen

In den meisten Fällen sind Störungen nicht komplett destruktiv, sondern es verbleiben organische Reste wie z.B. Pflanzenteile als ökologisches Gedächtnis (engl. *biological legacy*) sowie ungestörte Inseln intakter Vegetation in einer Matrix aus gestörten Flächen (Franklin et al. 2000, White & Jentsch 2001). Zu organischen Resten nach einer Störung gehören z.B. überlebende Organismen, dauerhafte Samen im Boden (Samenbanken), Mikroorganismen, Pilze und Insekten, totes organisches Material wie z.B. Humus und Wurzelreste sowie strukturelle Überreste wie Baumstümpfe oder frisch exponierter Mineralboden. Die Menge und Verteilung von organischen Resten, die Anwesenheit und die funktionellen Eigenschaften lebender Organismen und die Bodeneigenschaften beeinflussen maßgeblich die Art und Geschwindigkeit der Erholung nach einer Störung und somit die Resilienz des Ökosystems. Derartige Vermächtnisse sind z. B. überlebende Altbäume nach einem Waldbrand oder unbeeinflusste Wiesenstücke nach Mahd. Schon ein kleiner Prozentsatz überlebender Individuen oder Biozönosen kann auf der Landschaftsebene einen bedeutenden Beitrag zur Resilienz von Prozessen, Strukturen und Arten in einer Landschaft leisten. So erhöht z. B. in Wäldern der gemässigten Zone ein Überleben von Bäumen auf nur 12 % der Landschaftsfläche die C-Speicherung in den ersten 100 Jahren nach einer Störung um 33,8 % (im Vergleich zu Wäldern mit Totalverlusten). Gleichzeitig verdreifacht sich durch diese organischen Reste des Systems vor der Störung die Wiederbesiedlung mit spätsukzessionalen Arten in den ersten 100 Jahren nach der Störung (Seidl et al. 2014). Diese Art des Vermächtnisses durch organische Reste trägt somit bedeutend zur ökologischen Resilienz bei.

Weitere Formen des Systemvermächtnisses sind Samenbanken und die Fähigkeit bestimmter Baumarten zum Wiederaustreiben. Ausschlagfähige Pflanzen, also solche, die nach Absterben von oberirdischen Pflanzenteilen aus schlafenden Knospen wieder austreiben können, erholen sich oft schnell nach Störungen, da Wasser und Nährstoffe vom etablierten Wurzelnetz nachgeliefert werden. Oft profitieren derartige Pflanzen sogar von Störungen, da ihre Konkurrenten durch die Störung ausgeschaltet wurden und somit mehr Ressourcen zur Verfügung stehen (Buhk et al. 2007). Nach Feuer profitieren in den Zentralalpen Pappeln (*Populus tremula* L.) und Eichen (*Quercus pubescens* Willd.), welche beide auszutreiben vermögen, im Gegensatz zu Kiefern (*Pinus sylvestris* L.), die sich ausschließlich über Samen ausbreiten (Wohlgemuth et al. 2018). Samen können Störungen sowohl im Boden (Bodensamenbank) als auch in der Krone (Kronensamenbank) überdauern. Letzteres wird als Serotinie bezeichnet: Samen überdauern in geschlossenen, verharzten Zapfen in der Krone, welche erst durch große Wärme geöffnet werden. Diese Eigenschaft stellt eine evolutionäre Anpassung an Störungen dar (vgl. Kap. 3.3). Im Mittelmeergebiet haben mehrere Kiefernarten diese Eigenschaft (*Pinus halepensis* Mill., *P. pinaster* Ait.), in Alaska z. B. die Schwarz-Fichte (*Picea mariana* (Mill.) Britt.).

Oft sind nicht alle Entwicklungsstadien von Pflanzen gleich von Störungen betroffen, wodurch sie als Systemvermächtnis eine Störung überdauern können und die Systemerholung beschleunigen. Schattenertragende Baumarten können sich z. B. schon bei geringem Lichtangebot in geschlossenen Waldbeständen verjüngen und mehrere Jahrzehnte in «Lauerstellung» auf zusätzliche Lichtressourcen infolge von Kronenöffnungen warten. Da diese nachfolgende Baumgeneration von Störungen wie Borkenkäfern oder Wind nicht betroffen ist – die Kambialschicht der Jungbäume ist noch zu dünn, um dem Borkenkäfer als Brutgelegenheit zu dienen, und die Windanfälligkeit ist aufgrund der hohen Elastizität von Jungpflanzen und einer geringen Hebelwirkung klein –, übernimmt sie in der Regel die wichtige Rolle der Bestandserneuerung nach Störungen. Im Böhmischen Wald z. B., wo die Mortalität durch Borkenkäferausbrüche in den letzten 25 Jahren bis zu 99 % der Kronenschicht betrug, führte diese «Vorausverjüngung» zu einer schnellen Wiederbesiedlung (76 % Bedeckung zehn Jahre nach Störung) durch die schon vor der Störung dominierenden Art *Picea abies* (L.) Karst. (Zeppenfeld et al. 2015). Das System erwies sich also als sehr resilient gegenüber dieser Störung, was zu guten Teilen durch die bereits vorhandene Verjüngung bedingt war (Abb. 5).

3.2.2.3 Ökologisches Stressgedächtnis und Akklimatisation

Wiederholte Störungen können Ökosysteme so stark über eine Schwelle hinaus treiben, dass ein vormals gegebener, dynamischer Gleichgewichtszustand nicht mehr erreicht werden kann. Die Folgen können massive Veränderungen der Artenzusammensetzung und der Ökosystemleistungen sein (vgl. Kap. 8.2). Einige Pflanzenarten verfügen jedoch über ein individuelles «ökologisches Stressgedächtnis» und schaffen es so, relativ schnell und effizient auf Störungen zu reagieren (Walter et al. 2011). Ein derartiges Erinnerungsvermögen könnte der Mechanismus sein, warum selbst unter extremen klimatischen Verhältnissen ökologische Gemeinschaften stabile Zustände erhalten können. Definiert ist dieses ökologische Stressgedächtnis als eine Pflanzenreaktion, welche nach Stressbeeinflussung die Pflanze gegenüber zukünftigen Stresseinflüssen abhärtet. Dieser Mechanismus der individuellen Resilienz wird beispielsweise als Folge von Dürre, Frost oder Hitzestress beobachtet (vgl. Kap. 3.3).

Ein ökologisches Stressgedächtnis tritt entweder in Form von Akklimatisationsprozessen oder als Schaden infolge von Stressbelastung auf. Akklimatisation tritt z. B. auf, wenn Bäume, welche wiederholt Trockenperioden ausgesetzt sind, einen größeren Anteil ihrer Assimilate in Wurzelwachstum investieren und dadurch mittelfristig besser an Wasserlimitierung angepasst sind (Kozlowski & Pallardy 2002). Wird die Häufigkeit von Störungen jedoch erhöht, kann es passieren, dass Pflanzen sich zwischen zwei Störungs-

Abb. 5. Systemvermächtnis nach Borkenkäferbefall im Böhmischen Wald. Organische Reste (hier: stehendes und liegendes Totholz) sowie Baumverjüngung, welche sich z. T. schon vor der Störung unter dem Kronendach etabliert hatte. (Bild: R. Seidl)

ereignissen nicht mehr hinreichend erholen können. Durch die reduzierte Assimilationsleistung in Dürreperioden müssen Bäume ihre Blattfläche reduzieren, was in den darauf folgenden Jahren zu einer geringeren Strahlungsabsorption und damit verringerten Fotosyntheseleistung führt (z. B. Allen et al. 2015, Johnstone et al. 2016). Ob es zu Akklimatisation an oder zu Akkumulation von Stresseffekten kommt, hat wiederum Auswirkungen auf die Reaktion von Pflanzen auf neue Störungsereignisse: Entweder können Störungen durch Akkumulation von Stresseffekten die Resilienz reduzieren und in einer verstärkten Sensitivität gegenüber einem neuen Störungsereignis münden (Scheffer et al. 2001). Oder es kann eine Akklimatisation auch nach der Belastung bestehen bleiben, was zu reduzierter Empfänglichkeit oder schnellerer Erholung gegenüber neuen Ereignissen führt (Walter et al. 2011). Im Gegensatz dazu können verzögert oder verspätet auftretende Stresseffekte, welche erst nach geraumer Zeit sichtbar werden, starke Nachteile für die Resilienz von Pflanzen angesichts weiterer Störungen bedeuten. Eine verspätete Reaktion auf vergangene Extremereignisse wie Sommerdürren mit Trockenstress ist z. B. bei Bäumen zu beobachten, bei denen erhöhte Sterblichkeit z. T. erst mehrere Jahre nach der Dürre auftreten kann (Bigler et al. 2007). Späte Bodenfröste können bei Zwergsträuchern eine verstärkte Sterblichkeit in den darauffolgenden Vegetationsperioden auslösen (Kreyling et al. 2010). Solche verzögerten Reaktionen auf Störungen zeigen deutliche Verschleppungseffekte in der Pflanzenfitness an, welche direkt nach einer Störung kaum festzustellen sind, jedoch einen Teil der reduzierten Resilienz bei wiederholten Störungen erklären (Buma 2015).

3.2.2.4 Reaktionsdiversität und Abtauschbeziehungen innerhalb von Pflanzengemeinschaften

Viele Pflanzengemeinschaften bestehen aus Arten mit komplementären Eigenschaften (engl. *traits*) bezüglich Konkurrenzkraft und Störungstoleranz (White and Jentsch, 2001). Oft liegt das Phänomen der Resilienz von Gemeinschaften in der Redundanz ihrer Arten bezüglich wichtiger Ökosystemfunktionen (z. B. Biomasseproduktion) bei gleichzeitiger Komplementarität hinsichtlich der Störungstoleranz (z. B. Dürretoleranz oder unterschiedliche Anfälligkeit für Pflanzenkrankheiten und Herbivorie). Außerdem hat sich zwischen Störungstoleranz und Konkurrenzkraft im Laufe der Evolution oft eine Abtauschbeziehung (engl. *trade-off*) entwickelt: Konkurrenzstarke Arten zeigen häufig wenig Widerstandskraft gegenüber Störungen, während konkurrenzschwache Arten von Störungen profitieren können, weil überlegene Konkurrenten ausgeschaltet (Dominanzreduktion; Wohlgemuth et al. 2002) und Ressourcen freigesetzt werden (Davis et al. 2000, White & Jentsch 2001). Die Resilienz von Wäldern wird beispielsweise – wie schon oben diskutiert – durch Eigenschaften wie Samenausbreitung, Serotinie, Ausschlagsfähigkeit oder Schattentoleranz bestimmt, welche artspezifisch variieren. In vielen Fällen sind diese Eigenschaften negativ miteinander korreliert: Samenausbreitung über große Distanzen ist z. B. eine typische Eigenschaft von frühsukzessionalen Arten in Wäldern, welche jedoch nur sehr wenig schattentolerant sind. Schattentolerante Klimax-Arten weisen wiederum oft schwere und damit oft nur sehr lokal verbreitete Samen auf. Ein Schlüssel zur Resilienz von Ökosystemen liegt daher in ihrer Diversität, d. h. dem Nebeneinander von Arten mit unterschiedlichen Eigenschaften, Nischen und Lebensstrategien. Störungen beeinflussen also nicht nur Diversität (vgl. Kap. 3.1), sondern Diversität bestimmt auch maßgeblich die Resilienz der Ökoysteme gegenüber Störungen.

Ein für die Resilienz maßgebliches Element der Biodiversität ist die Reaktionsdiversität (engl. *response diversity*), d. h. die Variabilität in der Reaktion von Arten auf Fluktuation und Störungen (Mori et al. 2013). Eine Landschaft bestehend aus Arten mit ähnlichen Nischen und Eigenschaften, hat eine geringere Reaktionsdiversität als eine Landschaft, in welcher Arten mit stark unterschiedlichen Nischen und Strategien vorkommen (z. B. eine Mischung aus Pionierarten und spätsukzessionalen Arten). Silva Pedro et al. (2015) konnten z. B. zeigen, dass Kohlenstoffaufnahme und -speicherung in artenreicheren Waldlandschaften (Buchen- und Hainbuchen-Mischwälder im Hainich Nationalpark, Deutschland) deutlich resilienter gegenüber Störungen sind als in artenarmen Systemen. Weitere Untersuchungen desselben Waldökosystems zeigten, dass Mischungen aus Arten mit unterschiedlichen Eigenschaften und Strategien (also frühsukzessionale, intermediäre und spätsukzessionale Arten) auch höhere Produktivität aufweisen und sich somit schneller von Störungen erholen (Silva Pedro et al. 2016).

Im Grünland wird die positive Wirkung von hoher Biodiversität auf Produktivität und Stabilität verschiedenen Mechanismen zugeschrieben (vgl. Kap. 6.2), darunter a) dem Grad an asynchronem Verhalten der Arten einer Pflanzengemeinschaft bei Störungen, b) Versicherungseffekten durch komplementäre Pflanzenstrategien von raschwüchsigen bis zu stresstoleranten Arten, c) Überkompensation einzelner Arten bei Störungen durch Reduktion von Konkurrenzdruck und d) der Wahrscheinlichkeit, dass bei hoher Artenzahl eine besonders produktive Art und insgesamt ein größeres Maß an Komplementarität der Arten auftritt (Yachi & Loreau 1999, Lehman & Tilman 2000, Loreau & de Mazancourt 2008, Hautier et al. 2014).

Zum Abschluss dieses Abschnittes sei angemerkt, dass die Mechanismen der Resilienz in Ökosystemen noch bei Weitem nicht vollständig verstanden sind und einen aktuellen Gegenstand der Forschung darstellen. Die hier aufgeführten Prozesse sind daher eher als Beispiele denn als vollständige Liste zu verstehen.

3.2.3 Messen und Beschreiben von Resilienz

Trotz des wachsenden theoretischen Verständnisses von Resilienz und der stetig größer werdenden wissenschaftlichen Literatur zu Resilienz in verschiedenen Systemen sind praktische Anwendungen des Konzeptes, z. B. im Management von Ökosystemen, bisher rar. Mit ein Grund für die langsame transdisziplinäre Ausbreitung des Konzeptes sind Schwierigkeiten im Messen und Beschreiben von Resilienz sowie die oben beschriebene vielskalige Natur des Konzeptes (Seidl 2014). Deshalb beschäftigen sich derzeit viele Arbeiten, insbesondere in der experimentellen Grundlagenforschung, mit der Quantifizierung von Resilienz (Isbell et al. 2015, Kreyling et al. 2017, Ingrisch & Bahn 2018). In diesem Kapitel werden einige wichtige Beispiele dazu aufgeführt.

3.2.3.1 Erholung nach Störungen

Die Erholung nach einer Störung ist ein wichtiger Indikator für die Resilienz eines Systems. Je schneller sich die Kugel in der Talsohle befindet, je schneller das System sich dem Zentrum des Attraktors annähert, desto höher ist seine Resilienz (Abb. 1). Diese Eigenschaft ist der wahrscheinlich am direktesten messbare Indikator für Resilienz. Häufig durchgeführte Produktivitätsmessungen können in diesem Kontext herangezogen werden, um Einblicke in die Resilienz eines Systems zu gewinnen (Isbell et al. 2015). So nimmt die Erholungsfähigkeit von bewirtschafteten Fichtenwäldern (bezogen auf deren Bestandsvolumen) an den Rändern des natürlichen Fichtenvorkommens in Mitteleuropa ab, wobei auch Bestandsalter und Bestandsstruktur die Resilienz beeinflussen (Seidl et al. 2017). Es ist jedoch zu beachten, dass die Erholungsgeschwindigkeit in den meisten Fällen ein reiner Indikator der technischen Resilienz ist und somit keine Aussagen über mögliche Regimeänderungen zulässt.

3.2.3.2 Lage des Attraktors

Ein weiterer Resilienzindikator neben der Geschwindigkeit der Erholung ist der Erholungspfad des Systems in Richtung des dominanten Attraktors (Seidl et al. 2016b). Dies setzt eine genaue Kenntnis der Lage von möglichen Attraktoren voraus. Die Einschätzung der Lage von Attraktoren (Abb. 1) wird jedoch durch die oben schon erwähnte Vielzahl von möglichen Entwicklungspfaden eines Systems nach einer Störung (Abb. 3) erschwert. Woher wissen wir, ob ein beobachteter Entwicklungspfad zurück zum früheren Attraktor des Systems führt – und das System damit resilient ist – oder aber zu einem alternativen Regime überleitet? Um diese Frage zu beantworten, ist es notwendig, die Lage der Attraktoren eines Systems quantitativ zu beschreiben. Die historische Bandbreite der Variabilität (engl. *Historical Range of Variability*, HRV) bietet sich für die quantitative Beschreibung der System-Attraktoren an (White & Jentsch 2001). Die HRV quantifiziert auf Basis von historischen Analysen die möglichen Systemzustände und gibt Wahrscheinlichkeiten (zeitlich) oder Häufigkeiten (Anteil der Landschaft) von Systemzuständen für relevante Variablen an (Keane et al. 2009). Sie beschreibt also die vergangenen Attraktoren des Systems quantitativ. Ein Vergleich des aktuellen Zustands bzw. der aktuellen Erholungstrajektorie mit der HRV gibt Aufschluss über die ökologische Resilienz eines Systems. Menschliche Störungen haben z. B. dazu geführt, dass mediterrane Ökosysteme in Europa zurzeit großflächig durch strauchförmige Macchie-Systeme geprägt sind (Abb. 6; Tinner et al. 2009). Ohne menschliche Störungen würden sich diese Systeme jedoch wieder ihrem natürlichen Attraktor, dem herrschenden mediterranen Küstenklima, annähern und Steineichenwälder (*Quercus ilex* L.) sich einstellen (Henne et al. 2015).

Die HRV eines Systems kann nur für lange Zeiträume beschrieben werden, da hierbei die volle systemimmanente Variation miteinbezogen werden muss. Da diese Zeiträume oft mit empirischen Daten nicht ausreichend abgedeckt werden können, sind in vielen Fällen Simulationsmodelle notwendig, um die HRV quantitativ zu beschreiben (Cyr et al. 2009, Seidl et al. 2013). Allerdings wird eine Orientierung an der HRV angesichts des globalen Wandels zunehmend kritisiert, da historische Referenzzustände nicht mehr als Leitbilder für zukünftige Zustände unter veränderten Umweltbedingungen herangezogen werden können (Seidl et al. 2016b, Jentsch & White in review).

Es ist also zu beachten, dass die Attraktorenlandschaft nicht statisch ist und sich über die Zeit verändern kann. Für Abschätzungen unter zukünftigen klimatischen Bedingungen ist es daher notwendig, nicht nur die historische, sondern auch die zukünftige Bandbreite der Variabilität des Systems zur Abschätzung der Resilienz heranzuziehen (Duncan et al. 2010, Seidl et al. 2016b, Jentsch & White in review). Dennoch stellen Analysen der Vergangenheit eine wichtige Basis für die Kontextualisierung von aktuellen Störungsereignissen dar (Janda et al. 2017). Zunehmend verfügbare Paläo-Daten können über vergangene klimabedingte Änderungen in der Attraktorenlandschaft laufend besser Aufschluss geben (Tinner et al. 2009, Henne et al. 2015).

Abb. 6. Zwei alternative Attraktoren mediterraner Ökosysteme in Südeuropa. a) Offene, strauchförmig bestockte Macchie-Systeme, welche durch menschliche Störungen entstanden sind und erhalten bleiben (Foto: Self, Wikimedia Commons). b) Wälder aus mediterranen Eichen (hier z. B. *Quercus ilex* L.; Foto: F. Geller-Grimm, Wikimedia Commons), wie sie sich ohne menschliche Störungen einstellen würden (Henne et al., 2015).

3.2.3.3 Frühwarnindikatoren

Für die Anwendung des Resilienz-Konzeptes stellt sich oft die Frage, ob ein Regimewechsel kurz bevorsteht oder nicht. Viele Ökosysteme erholen sich nach Störungen relativ rasch (hohe Resilienz), andere dagegen nur über lange Zeiträume (geringe Resilienz). Bei Letzteren stellt sich verstärkt die Frage nach einem allfälligen Regimewechsel. Wenn ein solcher auftritt, kann er oft große und lang anhaltende Auswirkungen auf Ökosysteme haben, was Frühwarnindikatoren für Regimewechsel besonders relevant macht.

Die zeitliche Autokorrelation eines Systems bietet hier mögliche Einsichten. Ein System mit hoher Resilienz (also einem tiefen Tal in Abb. 1) kehrt nach einer Störung schnell wieder in das Zentrum des Attraktors zurück. Die zeitliche Autokorrelation des Systems nach einer Störung (also die zeitliche Erinnerung eines Systems an ein Störungsereignis) ist gering. Bei geringer Resilienz oder nahe einem Kipppunkt gibt es nur mehr schwache Gradienten in der Attraktorenlandschaft – das System kehrt nach einer Störung nur langsam an seinen Ausgangspunkt zurück, was sich in erhöhter zeitlicher Autokorrelation niederschlägt. Man spricht in diesem Fall von einer kritischen Verlangsamung des Systems (engl. *critical slowing down*), welche ein möglicher Frühwarnindikator für Regimeänderungen ist (Scheffer et al. 2009).

Auch die räumliche Struktur von Ökosystemen kann Aufschluss über deren Resilienz geben. Je weiter z.B. eine Störung in ein System ausstrahlt bzw. je größer ihr räumlicher Effekt auf umliegende Flächen ist, desto geringer ist die Resilienz des Systems (Dai et al. 2013). Dieses Phänomen drückt sich auch in steigender räumlicher Autokorrelation in Systemen nahe an Kipppunkten aus (Dakos et al. 2010). Des Weiteren kann sich ein ökosystembezogener Regimewechsel oft zuerst durch die Veränderung einzelner Kleinflächen oder Bestände ankündigen, die sich nur mehr langsam oder gar nicht mehr von Störungen erholen. Steigende räumliche Variabilität kann daher in einigen Systemen auch einen Regimewechsel ankündigen (Kéfi et al. 2014).

Literatur

- Adger WN (2000) Social and ecological resilience: are they related? Prog. Hum. Geog. 24: 347–364.
- Allen CR, Angeler DG, Garmestani AS, Gunderson LH, Holling CS (2014) Panarchy: Theory and application. Ecosystems 17: 578–589.
- Allen CD, Breshears DD, McDowell NG (2015) On underestimation of global vulnerability to tree mortality and forest die-off from hotter drought in the Anthropocene. Ecosphere 6, Article 129: 1–55.
- Biggs R, Schlüter M, Biggs D, Bohensky EL, Burnsilver S, Cundill G, Dakos V, Daw TM, Evans LS, Kotschy K, Leitch AM, Meek C, Quinlan A, Raudsepp-Hearne C, Robards MD, Schoon ML, Schultz L, West PC (2012) Toward principles for enhancing the resilience of ecosystem services. Ann. Rev. Env. Resour. 37: 421–448.
- Bigler C, Gavin DG, Gunning C, Veblen TT (2007) Drought induces lagged tree mortality in a subalpine forest in the Rocky Mountains. Oikos 116: 1983–1994.
- Brand FS, Jax K (2007) Focusing the meaning(s) of resilience: Resilience as a descriptive concept and a boundary object. Ecol. Soc. 12: 23–23.
- Buhk C, Meyn A, Jentsch A (2007) The challenge of plant regeneration after fire in the Mediterranean Basin: scientific gaps in our knowledge on plant strategies and evolution of traits. Plant Ecol. 192: 1–19.
- Buma B (2015) Disturbance interactions: characterization, prediction, and the potential for cascading effects. Ecosphere 6: article 70.
- Carpenter S, Walker B, Anderies JM, Abel N (2001) From metaphor to measurement: Resilience of what to what? Ecosystems 4: 765–781.
- Cyr D, Gauthier S, Bergeron Y, Carcaillet C (2009) Forest management is driving the eastern North American boreal forest outside its natural range of variability. Front. Ecol. Environ. 7: 519–524.
- Dai L, Korolev KS, Gore J (2013) Slower recovery in space before collapse of connected populations. Nature 496: 355–358.
- Dakos V, Nes EH, Donangelo R, Fort H, Scheffer M (2010) Spatial correlation as leading indicator of catastrophic shifts. Theor. Ecol. 3: 163–174.
- Davis MA, Grime JP, Thompson K (2000) Fluctuating resources in plant communities: a general theory of invasibility. J. Ecol. 88: 528–534.
- Duncan SL, McComb BC, Johnson KN (2010) Integrating ecological and social ranges of variability in conservation of biodiversity: Past, present, and future. Ecol. Soc. 15: article 5.
- Folke C (2006) Resilience: The emergence of a perspective for social-ecological systems analyses. Global Environ. Chang. 16: 253–267.
- Folke C, Carpenter S, Elmqvist T, Gunderson L, Holling CS, Walker B (2002) Resilience and sustainable development: building adaptive capacity in a world of transformations. Ambio 31: 437–440.
- Folke C, Carpenter S, Walker B, Scheffer M, Elmqvist T, Gunderson L, Holling CS (2004) Regime shifts, resilience, and biodiversity in ecosystem management. Annu. Rev. Ecol. Evol. S. 35: 557–581.
- Franklin JF, Lindenmayer D, Macmahon JA, McKee A, Magnuson J, Perry DA,

Waide R, Foster D (2000) Threads of continuity. Cons. Pract. 1: 8–17.

- Gunderson LH (2000) Ecological resilience – in theory and application. Ann. Rev. Ecol. Syst. 69: 473–439.
- Hautier Y, Seabloom EW, Borer ET, Adler PB, Harpole WS, Hillebrand H, Lind EM, Macdougall AS, Stevens CJ, Bakker JD, Buckley YM, Chu C-J, Collins SL, Daleo P, Damschen EI, Davies KF, Fay PA, Firn J, Gruner DS, Jin VL, Klein JA, Knops JMH, La Pierre KJ, Li W, McCulley RL, Melbourne BA, Moore JL, O'Halloran LR, Prober SM, Risch AC, Sankaran M, Schuetz M, Hector A (2014) Eutrophication weakens stabilizing effects of diversity in natural grasslands. Nature 508: 521–525.
- Henne PD, Elkin C, Franke J, Colombaroli D, Calò C, La Mantia T, Pasta S, Conedera M, Dermody O, Tinner W (2015) Reviving extinct Mediterranean forests increases ecosystem potential in a warmer future. Front. Ecol. Environ. 13: 356–362.
- Hirota M, Holmgren M, Van Nes EH, Scheffer M (2011) Global resilience of tropical forest and savanna to critical transitions. Science 334: 232–235.
- Holling CS (1973) Resilience and stability of ecological systems. Ann. Rev. Ecol. Syst. 4: 1–23.
- Holling CS (1996) Engineering resilience versus ecological resilience. In: Schulze PC (ed.) Engineering within ecological constraints. National Academy Press, Washington, D.C. pp. 31–44.
- Holling CS, Gunderson LH (2002) Resilience and adaptive cycles. In: Gunderson LH, Holling CS (eds). Island Press, Washington. pp. 25–62.
- Ingrisch J, Bahn M (2018) Towards a comparable quantification of resilience. Trends Ecol. Evol. 33: 251–259.
- Isbell F, Craven D, Connolly J, Loreau M, Schmid B, Beierkuhnlein C, Bezemer TM, Bonin C, Bruelheide H, De Luca E, Ebeling A, Griffin JN, Guo Q, Hautier Y, Hector A, Jentsch A, Kreyling J, Lanta V, Manning P, Meyer ST, Mori AS, Naeem S, Niklaus PA, Polley HW, Reich PB, Roscher C, Seabloom EW, Smith MD, Thakur MP, Tilman D, Tracy BF, Van Der Putten WH, Van Ruijven J, Weigelt A, Weisser WW, Wilsey B, Eisenhauer N (2015) Biodiversity increases the resistance of ecosystem productivity to climate extremes. Nature 526: 574–577.
- Janda P, Trotsiuk V, Mikoláš M, Bače R, Nagel TA, Seidl R, Seedre M, Morrissey RC, Kucbel S, Jaloviar P, Jasík M, Vysoký J, Šamonil P, Čada V, Mrhalová H, Lábusová J, Nováková MH, Rydval M, Matějů L, Svoboda M (2017) The historical disturbance regime of mountain Norway spruce forests in the Western Carpathians and its influence on current forest structure and composition. Forest Ecol. Manag. 388: 67–78.
- Jentsch A, White PS (in review) A theory of pulse dynamics and disturbance in ecology.
- Jentsch A, Beierkuhnlein C, White PS (2002) Scale, the dynamic stability of forest eco-systems , and the persistence of biodiversity. Silva Fenn. 36: 393–400.
- Johnstone JF, Allen CD, Franklin JF, Frelich LE, Harvey BJ, Higuera PE, Mack MC, Meentemeyer RK, Metz MR, Perry GLW, Schoennagel T, Turner MG (2016) Changing disturbance regimes, ecological memory, and forest resilience. Front. Ecol. Environ. 14: 369–378.
- Keane RE, Hessburg PF, Landres PB, Swanson FJ (2009) The use of historical range and variability (HRV) in landscape management. Forest Ecol. Manag. 258: 1025–1037.
- Kéfi S, Guttal V, Brock WA, Carpenter SR, Ellison AM, Livina VN, Seekell DA, Scheffer M, Van Nes EH, Dakos V (2014) Early warning signals of ecological transitions: Methods for spatial patterns. Plos One 9: 10–13.
- Kozlowski TT, Pallardy SG (2002) Acclimation and adaptive responses of woody plants to environmental stresses. Bot. Rev. 68: 270–334.
- Kreyling J, Beierkuhnlein C, Jentsch A (2010) Effects of soil freeze-thaw cycles differ between experimental plant communities. Basic Appl. Ecol. 11: 65–75.
- Kreyling J, Dengler J, Walter J, Velev N, Ugurlu E, Sopotlieva D, Ransijn J, Picon-Cochard C, Nijs I, Hernandez P, Güler B, Von Gillhaussen P, De Boeck HJ, Bloor JMG, Berwaers S, Beierkuhnlein C, Arfin Khan MAS, Apostolova I, Altan Y, Zeiter M, Wellstein C, Sternberg

M, Stampfli A, Campetella G, Bartha S, Bahn M, Jentsch A (2017) Species richness effects on grassland recovery from drought depend on community productivity in a multisite experiment. Ecol. Lett. 20: 1405–1413.
- Lehman CL, Tilman D (2000) Biodiversity, stability, and productivity in competitive communities. Am. Nat. 156: 534–552.
- Lloret F, Keeling EG, Sala A (2011) Components of tree resilience: effects of successive low-growth episodes in old ponderosa pine forests. Oikos 120: 1909–1920.
- Loreau M, De Mazancourt C (2008) Species synchrony and its drivers: Neutral and nonneutral community dynamics in fluctuating environments. Am. Nat. 172: E48–E66.
- Meigs GW, Morrissey RC, Bače R, Chaskovskyy O, Čada V, Després T, Donato DC, Janda P, Lábusová J, Seedre M, Mikoláš M, Nagel TA, Schurman JS, Synek M, Teodosiu M, Trotsiuk V, Vítková L, Svoboda M (2017) More ways than one: Mixed-severity disturbance regimes foster structural complexity via multiple developmental pathways. Forest Ecol. Manag. 406: 410–426.
- Meyn A, White PS, Buhk C, Jentsch A (2007) Environmental drivers of large, infrequent wildfires: the emerging conceptual model. Progress in Physical Geography 31: 287–312.
- Mori AS, Furukawa T, Sasaki T (2013) Response diversity determines the resilience of ecosystems to environmental change. Biol. Rev. 88: 349–364.
- Palmer MW (2005) Distance decay in an old-growth neotropical forest. J. Veg. Sci. 16: 161–166.
- Peters DPC, Pielke RA, Bestelmeyer BT, Allen CD, Munson-McGee S, Havstad KM (2004) Cross-scale interactions, nonlinearities, and forecasting catastrophic events. Proc. Nat. Acad. Sci. USA 101: 15120–15125.
- Raffa KF, Aukema BH, Bentz BJ, Carroll AL, Hicke JA, Turner MG, Romme WH (2008) Cross-scale drivers of natural disturbances prone to anthropogenic amplification: the dynamics of bark beetle eruptions. BioScience 58: 501–517.
- Rockström J, Steffen W, Noone K, Persson A, Chapin FS, Lambin EF, Lenton TM, Scheffer M, Folke C, Schellnhuber HJ, Nykvist B, De Wit CA, Hughes T, Van der Leeuw S, Rodhe H, Sörlin S, Snyder PK, Costanza R, Svedin U, Falkenmark M, Karlberg L, Corell RW, Fabry VJ, Hansen J, Walker B, Liverman D, Richardson K, Crutzen P, Foley JA (2009) A safe operating space for humanity. Nature 461: 472–475.
- Romme WH, Boyce MS, Gresswell R, Merrill EH, Minshall GW, Whitlock C, Turner MG (2011) Twenty years after the 1988 Yellowstone fires: Lessons about disturbance and ecosystems. Ecosystems 14: 1196–1215.
- Scheffer M, Carpenter SR (2003) Catastrophic regime shifts in ecosystems: linking theory to observation. Trends Ecol. Evol. 18: 648–656.
- Scheffer M, Carpenter S, Foley JA, Folke C, Walker B (2001) Catastrophic shifts in ecosystems. Nature 413: 591–596.
- Scheffer M, Bascompte J, Brock WA, Brovkin V, Carpenter SR, Dakos V, Held H, Van Nes EH, Rietkerk M, Sugihara G (2009) Early-warning signals for critical transitions. Nature 461: 53–59.
- Scheffer M, Hirota M, Holmgren M, Van Nes EH, Chapin FS (2012) Thresholds for boreal biome transitions. Proc. Nat. Acad. Sci. USA 109: 21384–21389.
- Seidl R (2014) The shape of ecosystem management to come: Anticipating risks and fostering resilience. BioScience 64: 1159–1169.
- Seidl R, Eastaugh CS, Kramer K, Maroschek M, Reyer C, Socha J, Vacchiano G, Zlatanov T, Hasenauer H (2013) Scaling issues in forest ecosystem management and how to address them with models. Eur. J. Forest Res. 132: 653–666.
- Seidl R, Rammer W, Spies TA (2014) Disturbance legacies increase the resilience of forest ecosystem structure, composition, and functioning. Ecol. Appl. 24: 2063–2077.
- Seidl R, Müller J, Hothorn T, Bässler C, Heurich M, Kautz M (2016a) Small beetle, large-scale drivers: How regional and landscape factors affect outbreaks of the European spruce bark beetle. J. Appl. Ecol. 53: 530–540.

- Seidl R, Spies TA, Peterson DL, Stephens SL, Hicke JA (2016b) Searching for resilience: addressing the impacts of changing disturbance regimes on forest ecosystem services. J. Appl. Ecol. 53: 120–129.
- Seidl R, Vigl F, Rössler G, Neumann M, Rammer W (2017) Assessing the resilience of Norway spruce forests through a model-based reanalysis of thinning trials. Forest Ecol. Manag. 388: 3–12.
- Silva Pedro M, Rammer W, Seidl R (2015) Tree species diversity mitigates disturbance impacts on the forest carbon cycle. Oecologia 177: 619–630.
- Silva Pedro M, Rammer W, Seidl R (2016) A disturbance-induced increase in tree species diversity facilitates forest productivity. Landsc. Ecol. 31: 989–1004.
- Tinner W, Van Leeuwen JFN, Colombaroli D, Vescovi E, Van der Knaap WO, Henne PD, Pasta S, D'Angelo S, La Mantia T (2009) Holocene environmental and climatic changes at Gorgo Basso, a coastal lake in southern Sicily, Italy. Quarternary Sci. Rev. 28: 1498–1510.
- Turner MG, Romme WH, Gardner RH, Neill RVO, Kratz TK, O'Neill RV (1993) A revised concept of landscape equilibrium: Disturbance and stability on scaled landscapes. Landsc. Ecol. 8: 213–227.
- Walker B, Holling CS, Carpenter SR, Kinzig A (2004) Resilience, adaptability and transformability in social-ecological systems. Ecol. Soc. 9: article 5.
- Walter J, Nagy L, Hein R, Rascher U, Beierkuhnlein C, Willner E, Jentsch A (2011) Do plants remember drought? Hints towards a drought-memory in grasses. Environ. Exp. Bot. 71: 34–40.
- White PS, Jentsch A (2001) The search for generality in studies of disturbance and ecosystem dynamics. Prog. Bot. 62: 399–449.
- Wohlgemuth T, Bürgi M, Scheidegger C, Schütz M (2002) Dominance reduction of species through disturbance – a proposed management principle for central European forests. Forest Ecol. Manag. 166: 1–15.
- Wohlgemuth T, Doublet V, Nussbaumer C, Feichtinger L, Rigling A (2018) Baumartenwechsel in den Walliser Waldföhrenwälder verstärkt nach grossen Störungen. Schweiz. Z. Forstwes. 169: 279–289.
- Yachi S, Loreau M (1999) Biodiversity and ecosystem productivity in a fluctuating environment: The insurance hypothesis. Proc. Nat. Acad. Sci. USA 96: 1463–1468.
- Zang C, Hartl-Meier C, Dittmar C, Rothe A, Menzel A (2014) Patterns of drought tolerance in major European temperate forest trees: climatic drivers and levels of variability. Glob. Change Biol. 20: 3767–3779.
- Zeppenfeld T, Svoboda M, Derose RJ, Heurich M, Müller J, Čížková P, Starý M, Bače R, Donato DC (2015) Response of mountain Picea abies forests to stand-replacing bark beetle outbreaks: neighbourhood effects lead to self-replacement. J. Appl. Ecol. 52: 1402–1411.

3.3 Adaptation an Störungen

Georg Gratzer[1] und Anke Jentsch[2]

[1] Institut für Waldökologie, Department für Wald- und Bodenwissenschaften, Universität für Bodenkultur Wien, Österreich
[2] Bayreuther Zentrum für Ökologie und Umweltwissenschaften (BayCEER), Universität Bayreuth, Deutschland

Kurzfassung
Pflanzen begannen vor mehr als 400 Millionen Jahren, Land zu besiedeln. Seit dieser Zeit sind sie Feuer, Wind, Dürre, Frost, Überschwemmungen, Pflanzenfressern und anderen Störungen – teilweise auch gleichzeitig – ausgesetzt und haben Strategien entwickelt, sich trotz dieser Störungen zu vermehren. Die Dauer des evolutionären Zeitraumes, der für solche Anpassungen zur Verfügung stand, war lang. Dementsprechend komplex und vielfältig sind die Adaptationen, die sich entwickelt haben. Andererseits zeigen jüngere Studien, dass sich Pflanzen auch sehr schnell an neue Störungsregime anpassen können. Die in Ökosystemen zur Verfügung stehenden Anpassungspotenziale von Organismen und Lebensgemeinschaften stellen eine wichtige Grundlage für deren zukünftige Entwicklung in Zeiten des globalen Wandels dar.

3.3.1 Komplexe Interaktionen von Selektionsfaktoren formen Pflanzengemeinschaften

Pflanzen erfüllen – wie jeder andere Organismus – eine Reihe von Aufgaben gleichzeitig. Aus Wachstums- und Vermehrungsanforderungen ergeben sich Kombinationen von Pflanzeneigenschaften, die von der einzelnen Zelle bis zum Aufbau der gesamten Pflanze bestimmte Leistungen (Fotosynthese, Wachstum, Vermehrung) erbringen. Natürliche Selektion wirkt jeweils über diese Leistungsaspekte auf die Einzelpflanze – die Leistung kann sich aber jeweils aus verschiedenen Kombinationen von Pflanzeneigenschaften ergeben und wirkt sich nicht direkt über die einzelnen Pflanzeneigenschaften, sondern über deren «Nettoergebnis» auf die Fitness einer Pflanze aus (Lachenbruch & McCulloh 2014). Störungen haben das Potenzial, Organismen zum Absterben zu bringen, bevor sie sich fortpflanzen können, und bestimmen somit wesentlich die Fitness der Pflanzen. Das ist besonders bei langlebigen Individuen wie Bäumen wesentlich: Bei diesen Organismen findet sich eine evolutionär stabile Strategie (also eine Strategie, in die nicht eingedrungen werden kann, die also nicht durch eine andere, bessere Strategie verdrängt werden kann), die als «*Bang-Bang*-Strategie» bezeichnet wird (Falster & Westoby 2003). Dieser aus der Regelungstechnik entlehnte Begriff beschreibt, dass Bäume zunächst ihre Ressourcen ausschließlich in Wachstum investieren (und damit in Konkurrenzstärke), und erst wenn sie die Höhe der dominanten Bäume annähernd erreicht haben, in die sexuelle Reproduktion. Daraus ergibt sich allerdings eine hohe Anforderung an das Überleben bis zu diesem Zeitpunkt, der oft erst nach Dekaden eintritt, und somit ein hoher Anpassungsdruck an Störungen.

Die lange evolutionäre Geschichte von Landpflanzen und die in diesem Zeitraum immens variierenden Umweltbedingungen bewirkten, dass die aktuelle Ausformung von Pflanzeneigenschaften in ihrer jeweiligen Umwelt eine Kombination vergangener Selektionsdrücke, aber auch aktueller Anpassungen darstellt (Reich et al. 2003).

3.3.1.1 Anpassungen an Feuer

Serotinie, also das jahrelange Speichern von Samen in einer Kronensamenbank und das Ausbreiten dieser Samen direkt nach einem Feuer, ausgelöst durch die Hitze desselben, ist bei Pinaceen vor etwa 90 Millionen Jahren entstanden (He et al. 2012). Zu dieser Zeit, die der älteren Oberkreide zugerechnet wird, waren die Sauerstoffgehalte in der Atmosphäre und die Temperatur hoch und somit auch die Feuerhäufigkeit; die Kreide wird als eine der Perioden mit der höchsten Feuerhäufigkeit in der Erdgeschichte angesehen (He et al. 2012). Serotinie bewirkt eine deutlich höhere Überlebensrate der Keimlinge dieser Arten, da die Samen direkt nach dem Feuer zu Boden fallen, keimen und konkurrenzfrei anwachsen, weil die Konkurrenzarten verbrannt sind und vorübergehend fehlen (Causley et al. 2016).

3.3.1.2 Anpassungen an Trockenheit und Dürre

Pflanzen können sich auch an wiederholte Dürreereignisse und Trockenstress anpassen, indem sie in ihre Trockenheitstoleranz investieren (Walter et al. 2013). Dafür benutzen sie Mechanismen wie die Anreicherung von Dehydrinen (DHN), einer Proteingruppe, welche bei osmotischen Prozessen vor Austrocknung schützt (Lambers et al. 2008). Weitere Anpassungen sind die Anreicherung von Zuckern (Walter et al. 2011) sowie eine Reduktion des fotosynthetischen Apparates oder eine gezielte Einlagerung von wasserlöslichen organischen Verbindungen, sogenannten kompatiblen Soluten wie Prolin und Betain. Trockenheitsanpassungen werden generell auch von Änderungen in der Genexpression des Pflanzenhormons Abszisinsäure (ABA) begleitet (Lambers et al. 2008). Zusätzlich zu physiologischen Veränderungen können auch phänotypische und morphologische Anpassungen an Trockenheitsstress erfolgen, z. B. erhöhtes Wurzel/Spross-Verhältnis oder erhöhte Durchwurzelung tieferer Bodenhorizonte.

3.3.1.3 Anpassungen an Frost

In Regionen, in denen Minustemperaturen erreicht werden, zeigen ausdauernde Pflanzen das Potenzial, sich an Frost und Kälteeinbrüche anzupassen. Ein typisches Beispiel bilden Eichen, die nach schädigenden Spätfrösten in der Lage sind, ein zweites Mal auszutreiben (der sogenannte Johannistrieb). Frost schädigt Zellen im Allgemeinen durch Bildung intrazellulärer Eiskristalle und der daraus entstehenden Dehydration durch die mechanische Schädigung der Zellmembranen. Solche apoplastischen Eisformationen führen (wie auch der Trockenheitsstress) zu einem Wassermangel in den Zellen. Pflanzen benutzen darum sowohl bei Frost- als auch bei Trockenstress oft die gleichen Mechanismen, etwa die Akkumulation von löslichen Zuckern oder die Transkription von Dehydrin und LEA-Genen (engl. Abkürzung für *late embryogenesis abundant proteins*; Lambers et al. 2008, Janská et al. 2010). Um die Fluidität der Zellmembran (Membranflüssigkeit) unter erhöhtem Dehydrationsdruck zu erhalten, lagern Pflanzen als Anpassung an Kälte verstärkt

Störungen als Selektionsfaktor – eine alte Geschichte

Die Lebensbedingungen im Ordovizium, einem Zeitraum, der 485–445 Millionen Jahre zurückliegt, waren extrem und trugen doch zu einem der signifikantesten evolutionären Ereignisse unseres Planeten bei: Hohe Temperaturen durch einen 18 Mal höheren CO_2-Gehalt als heute waren günstig für die Entwicklung von Mikroorganismen, die fotosynthetisch aktiv waren.

An Land beschleunigte saurer Regen die Gesteinsverwitterung. Zuvor hatten tektonische Ereignisse und Sedimentation ausgedehnte Flachwasserbereiche geschaffen und damit die Bühne für die Landnahme von Pflanzen bereitet. Die fotosynthetische Aktivität von Phytoplankton und Mikroorganismen an Land verringerte schließlich den starken Treibhauseffekt, und frühe Bodenbildungen stellten ausreichend Nährstoffe für den großen evolutionären Schritt der Landnahme der Pflanzen bereit. Es bedurfte allerdings einer Reihe von evolutionären Anpassungen, bis Pflanzen vollständig an Land wachsen konnten. Vor etwas mehr als 400 Millionen Jahren begannen Pflanzen zunächst, sich an Land das erste Mal stark auszubreiten (Graham et al. 2000, Willis & McElwain 2014; Abb. 1). Doch war das Land vor dieser Zeit nicht unbesiedelt – Mikroorganismen hatten Biofilme gebildet, wodurch die frühen Landpflanzen von Beginn ihrer Entwicklung an biotischen und abiotischen Störungsursachen ausgesetzt waren: mikrobielle Attacken und dadurch ausgelöste Mortalität dürften unter den wenigen biotischen Störungen gewesen sein, die frühen Landpflanzen zugesetzt hatten. Frühe Herbivoren an Land waren kleine Gliederfüßer, die ebenfalls schon vor über 400 Millionen Jahren an Stämmen gesaugt und Sporen und Sporangien verzehrt hatten (Labandeira 2013a, Labandeira 2013b). Es dauerte «nur» wenige Millionen Jahre, bis sich diese frühen Formen von Herbivorie entwickelt hatten. Seit dieser Zeit hat Herbivorie die Koevolution zwischen Pflanzen und Herbivoren angetrieben – Pflanzen haben ein Arsenal von Abwehrstrategien entwickelt und die Herbivoren Strategien, um diese zu überwinden.

Abb. 1. Im mittleren Devon vor rund 380 Millionen Jahren entwickelten sich erste frühe Formen von Bäumen. Bis ins späte Karbon koexistierten sporenproduzierende Bäume, wie die hier abgebildeten Arten der ausgestorbenen Gattung *Lepidodendron* (vorne rechts), mit frühen Samenpflanzen, wie die links und in der Bildmitte abgebildeten Bäume der Gattung *Cordaites* (Willis & McElwain 2014).

Im Prozess der Landnahme von Pflanzen weg von den permanent überspülten Schelfbereichen war ebenso **Trockenheit** ein starker Treiber für Anpassungsprozesse, von der Ausbildung von austrocknungsresistenten Sporen bis hin zum Schutz der Sporophyten und Gametophyten selbst.

Auch Spuren von **Feuer** tauchen im fossilen Archiv bereits vor über 400 Millionen Jahren auf (Glasspool et al. 2004, Bowman et al. 2009, He & Lamont 2017) und verdeutlichen, dass Pflanzen dieser Störungsursache bereits sehr bald nach der Landnahme ausgesetzt waren. Steinkohle aus dem Perm weist häufig hohe Anteile an Holzkohle auf und verweist auf hohe Feuerhäufigkeit in einer Atmosphäre mit über 30 % O_2-Gehalt (Berner et al. 2003).

Der durch **Wind** erzeugte Staudruck auf Pflanzenkronen nimmt mit der Pflanzenhöhe exponentiell zu. Damit waren Landpflanzen und besonders Bäume in ihrem evolutionären Wettrüsten um Höhe respektive Nähe zum Sonnenlicht (sensu Falster & Westoby 2003) von den frühen hydrostatischen Zylindern in Zentimetergröße (Willis & McElwain 2014) bis hin zu den heutigen Küstenmammutbäumen mit über 110 m Höhe mit zunehmenden Stabilitätsanforderungen und mit Wind als Störungsursache konfrontiert.

Störungen haben also seit dem Beginn der Landnahme von Pflanzen auf diese gewirkt und wohl auch ihre Fitness (mit)bestimmt (He & Lamont 2017). Schutzmechanismen gegen Herbivorie, Trockenheit, Feuer und Windwurf gehören bis heute zu den Abwehrstrategien der Pflanzen.

Georg Gratzer, Institut für Waldökologie, Department für Wald- und Bodenwissenschaften, Universität für Bodenkultur Wien, Österreich

Literatur

- Berner RA, Beerling DJ, Dudley R, Robinson JM, Wildman Jr. RA (2003) Phanerozoic atmospheric oxygen. Ann. Rev. Earth Pl. Sc. 31: 105–134.
- Bowman DMJS, Balch JK, Artaxo P, Bond WJ, Carlson JM, Cochrane MA, D'antonio CM, Defries RS, Doyle JC, Harrison SP (2009) Fire in the Earth system. Science 324: 481–484.
- Falster DS, Westoby M (2003) Plant height and evolutionary games. Trends Ecol. Evol. 18: 337–343.
- Glasspool IJ, Edwards D, Axe L (2004) Charcoal in the Silurian as evidence for the earliest wildfire. Geology 32: 381–383.
- Graham LE, Cook ME, Busse JS (2000) The origin of plants: body plan changes contributing to a major evolutionary radiation. Proc. Nat. Acad. Sci. USA 97: 4535–4540.
- He T, Lamont BB (2017) Baptism by fire: the pivotal role of ancient conflagrations in evolution of the Earth's flora. Natl. Sci. Rev.: doi: 10.1093/nsr/nwx1041.
- Labandeira CC (2013a) Deep-time patterns of tissue consumption by terrestrial arthropod herbivores. Naturwissenschaften 100: 355–364.
- Labandeira CC (2013b) A paleobiologic perspective on plant–insect interactions. Curr. Opin. Plant Biol. 16: 414–421.
- Willis K, McElwain J (2014) The evolution of plants (2nd ed.). Oxford University Press, Oxford. 406 S.

Abb. 1. Spätfrostschaden an jungen Buchen im Mai 2011, deren bereits ausgetriebene Blätter nicht mehr an späte Kälteeinbrüche angepasst waren. In einer wolkenlosen Nacht wurden innerhalb weniger früher Morgenstunden Temperaturen um -11 °C erreicht, die den kompletten Frühjahrsaustrieb der Bäume in tote Biomasse verwandelten. (Foto: J. Kreyling)

ungesättigte Fettsäuren in ihren Phospholipiden ein. Speziell als Austrocknungsschutz bei Frost können Pflanzen auch sogenannte Antifrost-Proteine synthetisieren. Diese Eiweiße sorgen dann dafür, dass Membranschäden vorgebeugt wird. Eingeleitet wird eine Frostanpassung durch niedrige Temperaturen und eine Veränderung der Fotoperiode (Janská et al. 2010). Während Pflanzen zur Abhärtung gegen Kälteeinbrüche meist einige Wochen brauchen, kann eine Enthärtung innerhalb von Stunden ablaufen. So kann beispielsweise Frosthärte schon nach wenigen Stunden verschwinden, wenn die Temperaturen hoch genug steigen. Dass eine Anpassung an Frost lange dauert und der Verlust der Frosthärte relativ dazu sehr schnell geschieht, stellt viele Pflanzen vor ein Problem (Abb. 1). Bei kurzzeitigen Frostereignissen während der Wachstumsperiode oder auch nach Warmperioden im Winter sind sie besonders anfällig für Frostschäden.

3.3.1.4 Anpassungen an Hitzewellen

Die Reaktionen von Pflanzen auf Hitzewellen sind auf Zellebene recht gut verstanden: Nachdem Pflanzen extrem hohen Temperaturen ausgesetzt sind, werden die Expression normaler Haushaltsgene gestoppt und vermehrt Hitzeschockproteine (HSP) synthetisiert. Diese schützen andere Eiweiße vor Schäden und reparieren bereits denaturierte Proteine (Chaperone; siehe Kotak et al. 2007). Außerdem können Proteine auch durch gelöste Substanzen wie Prolin oder Betaine stabilisiert werden (Schulze et al. 2002).

3.3.1.5 Die Fitnesswirksamkeit von Störungskombinationen

Meist sind Pflanzen verschiedenen Störungsarten gleichzeitig ausgesetzt, die jeweils unterschiedliche Selektionsdrücke auf Pflanzen ausüben. So stellen prädispersale Samenprädation und Kronenfeuer konkurrierende Selektionsdrücke für Küstenkiefern (*Pinus contorta* Douglas) dar: Samenprädation durch Eichhörnchen selektioniert gegen das mehrjährige Speichern von Samen in einer Kronensamenbank; daher findet sich in Wäldern mit hoher Eichhörnchendichte nur ein geringer Anteil von Serotinie (Talluto & Benkman 2013).

Auf Zellebene aktivieren multiple Störungen, die auf eine Pflanze wirken, spezifische physiologische Reaktionen, die sich von den Reaktionen auf einzelne Störungen unterscheiden. Die Erhöhung der Toleranz gegenüber einem Stressor kann die Anfälligkeit gegenüber einem anderen Stressor vermindern oder aber in einzelnen Fällen auch erhöhen. Da sowohl Hitze und Trockenheit als auch Frost zur Dehydrierung von Zellen führen, sind die Anpassungsstrategien hier sehr ähnlich. Demnach ist es möglich, dass Anpassung an einen ganz bestimmten Störungstyp auch vor Schäden durch andere Störungen schützt. So entsteht ein multiples Gedächtnis, das zu vielfältigerer Toleranz führt. Beispielsweise steht die Frosttoleranz mancher Populationen in Verbindung mit

Trockenstresstoleranz (Blodner et al. 2005). Im Detail steigen bei manchen Pflanzen die Spätfrosttoleranz und sogar die maximale Frosthärte, wenn sie im Vorjahr extremer Trockenheit ausgesetzt waren (Kreyling et al. 2011, Kreyling et al. 2012a).

Eine andere Form von Anpassung an Störungskombinationen zeigt sich darin, dass nach Trockenheit die Herbivorieresistenz zunimmt. Grund dafür ist eine erhöhte Produktion von C-basierten Sekundärmetaboliten und eine durch abiotischen Stress induzierte Wachstumshemmung. Es ist jedoch nicht ganz klar, wie lange eine solche Veränderung von sekundären Verbindungen und Stoffwechselvorgängen Bestand hat. Agrawal (2002) zeigte, dass die Nachkommen von Pflanzen, die von Herbivoren attackiert wurden, auch über eine höhere induzierte Resistenz gegen Herbivoren verfügen. Dies impliziert, dass die Stressgedächtnisse mit induzierter Verteidigung gegen Herbivoren vererbbar sind. Ob diese jedoch auch vor Schäden durch Trockenheit, Hitze oder Frost schützen können, ist noch unbekannt.

Eine weitere Möglichkeit der Resistenz gegen Störungen sind phänologische und morphologische Anpassungen der Pflanzenteile, die über längere Zeit erhalten bleiben. Veränderungen im Verhältnis des Wurzel/Spross-Wachstums als Reaktion auf Trockenheit oder Erwärmung sind offensichtliche morphologische Reaktionen; sie machen die Pflanzen auch gegen zukünftige Störungsereignisse resistenter. Auch kann die spezifische Blattfläche (Verhältnis von Blattfläche zur Blatt-Trockenmasse) reduziert werden, um so Wasserverluste in Trockenperioden zu minimieren. Damit schafft sich die Pflanze bereits auch gegenüber zukünftigen Dürreereignissen eine höhere Resistenz.

Die Reaktionen von Pflanzen gegenüber abiotischem Stress (Dürre, Kältestress, Salzstress) werden weitgehend vom Pflanzenhormon Abszisinsäure (ABA) kontrolliert, das z. B. bei Trockenheit das Schließen der Spaltöffnungen bewirkt. Die Abwehr gegen Pathogene, die einen lebenden Wirt brauchen, wird hingegen meist von Salizylsäure (SA) ausgelöst, während bei einem Angriff von Herbivoren und Pathogenen, die den Wirt töten, Jasmonsäure (JA) und Ethylen (ET) als primäre Signale für die Pflanzenabwehr dominieren (Atkinson & Urwin 2012, Bruce 2014). ABA wirkt antagonistisch, aber auch synergistisch auf die Signalpfade, die von biotischem Stress ausgelöst werden. Interaktionen von verschiedenen Stressoren zeigen hier eine sehr spezifische Signatur in den pflanzlichen Reaktionsmustern. Eine Zunahme von ABA, z. B. ausgelöst durch abiotischen Stress, verringerte in neun von 16 Studien die Pathogenabwehr, während sie in den anderen sieben Studien anstieg (Asselbergh et al. 2008). Eine Abnahme von ABA hatte in 60 % der Fälle einen positiven Effekt auf die Pathogenabwehr, verringerte sie aber in den restlichen 40 % der Studien.

Aber auch die Signalpfade gegen biotische Störungen interagieren, und zwar fast ausschließlich antagonistisch. Pflanzen, die von Pathogenen infiziert werden und einen SA-Signalpfad auslösen, unterdrücken JA-abhängige Reaktionen und umgekehrt (Ballaré 2011). Diese gegenseitige Unterdrückung der Produktion und auch der Rezeption von Pflanzenhormonen, die jeweils die entsprechende Abwehr einleiten, kann aber auch überlistet werden: Eulenfalter können durch einen noch unbekannten Mechanismus bei Pflanzen einen SA-Signalpfad beim Fraß auslösen, der die Herbivorieabwehr verringert

Abb. 2. Die Baumarchitektur von *Abies densa* in Bhutan ist durch ihre breiten, ausladenden Kronen nicht an Schneeauflasten angepasst. Dadurch kommt es bei Schneefall zu Kronen- und Astabbrüchen, durch die Fäuleerreger in den Baum gelangen. Weil aber in diesen Ökosystemen Stürme, die solche angefaulten Bäume brechen würden, selten sind, können diese Bäume lange im Ökosystem verweilen und weiter Samen produzieren. Die Schneeauflasten werden dadurch nicht fitnesswirksam und werden – bei gleichbleibenden Verhältnissen – nicht zu Anpassungen wie schmale Baumkronen führen. (Foto: ©Mark Overgaard, Scots Valley, CA, USA)

(Ballaré 2011). Genauso lösen Substanzen in Insekteneiern von Eulenfaltern SA-Abwehrreaktionen aus und führen zu besserem Larvenwachstum (Bruessow et al. 2010). Kartoffelkäfer «infizieren» Pflanzen an den Fraßstellen mit symbiotischen Bakterien, die eine SA-induzierte Abwehr einleiten, die wiederum antagonistisch auf die JA-Signalpfade wirkt und die Abwehr gegen den Kartoffelkäfer verringert (Chung et al. 2013). Hier ist es den Insekten also gelungen, die spezifischen Abwehrreaktionen von Pflanzen zu überlisten und die «falsche» Abwehr zu induzieren. Pflanzen, die multiplen Störungen ausgesetzt sind, zeigen jedenfalls komplexe Interaktionsmuster, die sich von den Reaktionen auf einzelne Störungen unterscheiden.

Diese Tatsache wurde bei landwirtschaftlichen Züchtungen offensichtlich, als z. B. Maniok (*Manihot esculenta* Crantz), der auf Resistenz gegen den Maniok-Mosaikvirus gezüchtet wurde, anfälliger für eine Mottenschildlaus (*Bemisia tabaci* (Gennadius)) wurde (Atkinson & Urwin 2012). Bei Mais (*Zea mays* L.) zeigten andererseits Züchtungen, die erhöhte Dürretoleranz aufwiesen, eine erhöhte Resistenz gegen einen Vertreter der hemiparasitischen Sommerwurzgewächse (Atkinson & Urwin 2012). Züchtungen auf Resistenz gegen nur einen Störungsfaktor, wie sie im Bereich der Landwirtschaft verbreitet durchgeführt werden, können hier jedenfalls zu unerwünschten Ergebnissen in Bezug auf andere Störungen führen.

Manche Störungsarten werden erst in Kombination mit anderen Störungen zu einem Faktor, der die Fitness mitbestimmt. Ein Beispiel hierfür sind Tannenwälder (*Abies densa* Griff.) im Osthimalaja, die geschlossene, monospezifische Bestände an der Waldgrenze bilden (Abb. 2). Diese Baumart weist eine breitkronige Baumarchitektur auf, die nicht an starke

Schneefälle angepasst ist. Dies führt dazu, dass in den meisten Wintern starke Kronenbrüche und Astabbrüche Eintrittspforten für verschiedene holzzersetzende Pilze bereitstellen, was schließlich zu Fäulnis bei einem Großteil der Bäume mit Stämmen über 50 cm Durchmesser führt (Gratzer et al. 2002). Die Kombination aus Störungen durch Schneeauflast und Pathogene wird aber nicht fitnesswirksam, weil in diesen Ökosystemen starke Winde und Stürme nicht häufig sind. Von Fäule betroffene Bäume überleben jahrhundertelang und weisen auch in einem Alter von über 400 Jahren noch eine starke Samenproduktion auf, was ihre Reproduktionsfähigkeit unterstreicht. Würde es in diesen Regionen eine Kombination aus Schneebruch, Pathogenen und Stürmen geben, würde die herabgesetzte Stabilität gegenüber Stammbruch einen starken Selektionsfaktor in Richtung Schmalkronigkeit und damit verminderter Schneeauflast darstellen.

Pflanzen haben eine Reihe verschiedener Anpassungen an dieselbe Störung entwickelt, z. B. dicke Borken und gute Stammreinigung (darunter versteht man das Abwerfen von dürren Ästen) sowie große Baumhöhen gegen den Einfluss von Bodenfeuern, aber auch gleiche Anpassungen für verschiedene Störungsursachen. Ein Beispiel ist hier der Wiederaustrieb aus Wurzeln (Wurzelbrut) oder aus Adventivknospen, nachdem oberirdische Pflanzenteile durch Einwirkung von Wind, Feuer, Dürre, herbivore Insekten oder Pathogene abgestorben sind. Einzigartig unter den Föhrenarten ist die Kanarenkiefer (*Pinus canariensis* C. Sm.), die nach Feuern, Insektenbefall und Holznutzung sowohl an Ästen als auch am Stamm neue Nadeln austreibt (Abb. 3).

Es ist somit nicht immer möglich, Adaptationen bei Pflanzen jeweils einer bestimmten Störungsursache zuzuschreiben, noch dazu einer Störungsursache, die aktuell auf die Pflanze wirkt.

Abb. 3. Massiver Nadelaustrieb von *Pinus canariensis* C. Sm. aus Stamm und Ästen im Jahr nach ausgedehnten Bränden auf La Palma, Kanarische Inseln. (Fotos: A. Jentsch)

3.3.1.6 Adaptationen gruppieren sich geografisch

Gerade bei den erwähnten Störungen durch Feuer zeigt sich, dass es hier einerseits zwar eine Vielzahl von verschiedenen Adaptationen gibt, diese andererseits aber geografisch überraschend kohärent kombiniert sind: Pflanzen in Ökosystemen mit häufigen Feuern von geringer Intensität zeigen oft dicke isolierende Borken und die Fähigkeit, aus unterirdischen Organen oder epikormischen Knospen auszutreiben (Schwilk & Ackerly 2001, Cavender-Bares et al. 2004), sowie hohe Flammbarkeit von Blättern (Engber & Varner III 2012) und eine gute Astreinigung (Keeley et al. 2011). In Ökosystemen mit bestandszerstörenden Feuern hingegen zeigen Pflanzen oft dünne Borken, geringe Investitionen in Reserven für den Wiederaustrieb (Tng et al. 2012) und Serotinie (Schwilk & Ackerly 2001). Das Störungsregime, also die Summe aller auf einen Standort wirkenden Störungen, ist somit eng an bestimmte Pflanzeneigenschaften gekoppelt, was eine evolutionäre Anpassung von Pflanzen an ein Störungsregime nahelegt (Pausas & Schwilk 2012).

Um zu zeigen, dass eine bestimmte Pflanzeneigenschaft durch Störungen verursacht worden ist, reicht der Fitness-Nachweis allerdings nicht. Die Eigenschaft muss auch vererbbar sein und somit eine genetische Basis aufweisen. In diesem Zusammenhang wurde vor Kurzem die Heritabilität (Vererbbarkeit) von Serotinie und dicker Borke bei der Aleppo-Kiefer (*Pinus halepensis* Miller) untersucht. Sie betrug für diese beiden Eigenschaften jeweils 0,2 und 0,15–0,24, also vergleichsweise mittlere bis relative hohe Werte (Pausas 2015). Das erklärt auch die Divergenz dieser Pflanzeneigenschaften für Populationen, die in Regionen mit verschiedenen Störungsregimen vorkommen: Serotinie ist in Populationen mit Kronenfeuern deutlich häufiger anzutreffen (Hernández-Serrano et al. 2013).

Auch biotische Störungen erzeugen räumlich verortete und abgegrenzte genetische Muster in Pflanzenpopulationen. Mit der «Lieblingspflanze» der Pflanzengenetik, der Ackerschmalwand (*Arabidopsis thaliana* (L.) Heynh.), die in Europa eine weite Verbreitung aufweist, konnte gezeigt werden, dass die genetische Ausprägung der Pflanzenabwehr (chemische Abwehr durch Glukosinolate) geografisch variiert und mit der jeweiligen Verbreitung von zwei Blattlausarten korreliert (Züst et al. 2012). Die differenzielle Selektion durch die beiden Blattlausarten konnte auch in einem Experiment nachgewiesen werden. Eine künstlich zusammengemixte Ackerschmalwand-Population aus verschiedenen Herkunftsregionen mit möglichst hoher genetischer Variation in den Abwehreigenschaften wurde dann getrennt den beiden Blattlausarten ausgesetzt. Bereits nach fünf Generationen zeigten sich dieselben spezifischen genetischen Unterschiede in der Pflanzenabwehr, wie sie in den verschiedenen Herkunftsregionen der Pflanzen gefunden wurden. Pflanzen, die keinem Blattlausbefall ausgesetzt waren, produzierten nur geringe Mengen des Sekundärmetabolits (Züst et al. 2012). Dadurch konnte bewiesen werden, dass die verschiedenen biotischen Störungsursachen, auch wenn sie funktionell sehr ähnlich sind, geografische genetische Variation in Pflanzenpopulationen erzeugen. Solche geografisch-genetischen Unterschiede können in Land- und Forstwirtschaft besonders angesichts zunehmender extremer Wetterereignisse in der nahen Zukunft genutzt werden durch den Anbau von störungsresistenten Sorten (Ackerfrüchte) und Herkünften (Waldbäume) (Abb. 4). So korreliert die Spätfrosttoleranz von wichtigen Futtergräsern und Baumarten aus verschiedenen europäischen Ländern mit den Mai-Minimum-Temperaturen ihrer Herkunftsgebiete (Kreyling et al. 2012a, Kreyling et al. 2012b, Kreyling et al. 2012c).

3.3.1.7 Viel Feind, viel (Abw)ehr: Biotische Störungen als Treiber für Anpassungen und Vielfalt

Die wohl vielfältigsten Adaptationen an Störungen im Pflanzenreich sind die Abwehrstrategien gegen Herbivoren. Pflanzenfresser üben seit über 400 Millionen Jahren einen starken Selektionsdruck auf Pflanzen aus. Von der gesamten Biomasse, die terrestrische Pflanzen produzieren, werden rund 15 % von Herbivoren konsumiert. Herbivoren sind eine der wichtigsten Verbindungen zwischen den autotrophen Pflanzen und dem Rest des Nahrungsnetzes. Pflanzen haben verschiedene Strategien gegen diese biotische Störungsursache entwickelt: Sie erhöhen ihre Resistenz durch physische Barrieren (Dornen, Stacheln, Trichome, verdickte Zellwände, Harz, Latex) und chemische Abwehrstoffe und können durch kompensatorisches Wachstum und Wiederaustrieb verlorene Biomasse wieder wettmachen, d.h. die Effekte der biotischen Störung also tolerieren. Bis vor Kurzem wurde angenommen, dass Pflanzen entweder die eine oder die andere Strategie aufweisen – also Resistenz oder Toleranz – weil diese Strategien funktionell redundant wären und beide letztendlich eine Erhöhung der Fitness bei Herbivorie bewirken. Empirische Studien zeigen jedoch, dass Pflanzen sehr häufig Ressourcen in beide Strategien gleichzeitig investieren (Pilson 2000). Fraß-Experimente mit zwei verschiedenen Blattkäferarten, einem Generalisten und einem Spezialisten, an einer Stechapfelart zeigten, dass die beiden Käfer jeweils auf verschiedene Strategien, nämlich Resistenz (der Generalist) und Toleranz (der Spezialist) selektierten und dass aus einer gemischte Strategie (sowohl Resistenz als auch Toleranz) der größte Fitnessgewinn für die Pflanze resultierte (Carmona & Fornoni 2013). Bei der Vielzahl von Herbivoren kann davon ausgegangen werden, dass Exklusivität in der Interaktion von Pflanze und Pflanzenfresser (also jeweils nur eine Herbivorenart an einer Pflanzenart) sehr selten (wenn überhaupt) auftritt und gemischte Strategien von Resistenz und Toleranz daher ein generelles Anpassungsmuster darstellen (Carmona & Fornoni 2013).

3.3.1.8 Die Rolle von Sekundärmetaboliten in der Herbivoren-Abwehr

Das chemische Arsenal von Pflanzen ist mit bereits über 100000 identifizierten Sekundärmetaboliten (Kessler 2015) extrem vielfältig. Diese Pflanzenstoffe erfüllen eine Reihe von Aufgaben wie Pigmentierung, UV-Schutz und Struktur für die Pflanze, sind aber jedenfalls zentral für die Pflanzenabwehr gegen Herbivoren. Sie wirken direkt toxisch wie z.B. Protease-Inhibitoren in wilden Straucherbsen, die gegen die Baumwoll-Kapseleule (*Helicoverpa armigera* (Hübner)) wirken – einen Schädling, der global Verluste bei Leguminosenerträgen im Ausmaß von über 320 Mio. $ pro Jahr verursacht (Parde et al. 2012), oder indirekt durch die Attraktion von natürlichen Feinden der Herbivoren (Bruce 2014). Manche dieser Substanzen sind konstitutiv, andere werden durch Herbivorie induziert, d.h., sie werden erst gebildet, wenn eine Attacke durch einen Pflanzenfresser stattfindet.

Abb. 4. Europäische Herkünfte des weit verbreiteten Wiesengrases (*Poa pratensis* L.) aus Deutschland England, Kroatien, Norwegen, Polen, der Schweiz und Ungarn. Die Pflanzen wurden aus Samen in einer norddeutschen Forschungseinrichtung angezogen und dort angepflanzt. Je nach Herkunft haben die Gräser unterschiedliche Eigenschaften, welche auch zu unterschiedlicher Sensitivität gegenüber Spätfrost führen. (Fotos: A. Jentsch)

Wann welche Art der Abwehr bei Pflanzen auftritt und welche Faktoren für die Evolution von Strategien wichtig sind, wird erst durch die Anwendung molekularer Methoden langsam etwas besser verstanden. Kessler (2015) fasst die funktionellen Hypothesen, die die Evolution von herbivorie-induzierten Sekundärmetaboliten erklären, wie folgt zusammen: (1) die Optimale Abwehr-Hypothese (engl. *optimal defense*), (2) die Bewegliches-Ziel-Hypothese (engl. *moving target*) und (3) die Informationstransfer-Hypothese (engl. *information transfer*). Die erste Hypothese besagt, dass Sekundärmetabolite erst gebildet werden, wenn sie gebraucht werden, also erst, wenn an der Pflanze gefressen wird oder Eier abgelegt werden. Sie beruht auf der Annahme, dass konstitutive Abwehr für die Pflanze höhere Kosten verursacht als induzierte Abwehr. In der Tat sind die Kosten für konstitutive Abwehr hoch, und die Pflanze kann Assimilate entweder in Abwehr oder in Wachstum und Vermehrung investieren. Dementsprechend vermindert sich bei Abwesenheit von Herbivoren die Fitness derjenigen Pflanzen, die ein hohes Ausmaß an konstitutiver Abwehr in der Form von Sekundärmetaboliten aufweisen (Agrawal 2007, Ballaré 2011, Kessler 2015) – ein Allokationskompromiss, der als das «Dilemma von Pflanzen» (engl. *the dilemma of plants: to grow or defend*) bezeichnet wird (Herms & Mattson 1992).

Ist aber induzierte Abwehr «billiger»? Um diese Frage zu beantworten, ist es nötig, die Kosten der Signalpfade zu beleuchten, die zur Bildung von Pflanzenstoffen führen. Ergebnisse aktueller molekulargenetischer Studien legen nahe, dass die Aufrechterhaltung der endogenen Signalpfade den Pflanzen vergleichbare Kosten verursacht wie konstitutive Abwehr (Kessler 2015) – eine Grundannahme der ersten Hypothese scheint hier also nicht zuzutreffen. Die Annahme gleicher Kosten dieser beiden Abwehrstrategien gilt jedoch für die Hypothese des beweglichen Zieles, der zweiten Hypothese. Sie besagt, dass die Änderung des Phänotyps von Pflanzen, die mit der induzierten Bildung von Pflanzenstoffen einhergeht, die Fitness von Pflanzen bei Herbivorie erhöht, weil sie Anpassungen von Herbivoren erschwert. Dies träfe zu, wenn die Kosten der Abwehr nicht zu hoch sind, die Herbivorieraten variieren und der Erfolg der Abwehr von Pflanzenphänotypen je nach Herbivoren unterschiedlich ist (Adler & Karban 1994, Kessler 2015). Die Informationstransfer-Hypothese schließlich besagt, dass Pflanzen durch induzierte Abwehr mit der Umwelt Informationen austauschen. Die Pflanzen «orchestrieren» damit Interaktionen mit den Empfängern dieser Informationen. Das können Nachbarpflanzen, andere Herbivoren und natürliche Feinde der Herbivoren wie z. B. parasitische Wespen sein, die durch diese Informationen angelockt werden und den Herbivorenbefall stark reduzieren können.

3.3.1.9 Herbivoreninduzierte Kommunikation zwischen Pflanzen

Wie aber kommunizieren Pflanzen mit ihrer Umgebung? Sie geben sowohl bei Attacke durch Herbivoren oder Pathogene als auch bei abiotischem Stress flüchtige organische Verbindungen ab, die bei Pflanzenorganen derselben Pflanze, aber auch bei Nachbarpflanzen Abwehrreaktionen initialisieren, ohne dass zuvor ein direkter Kontakt mit den Pflanzenfressern oder Pathogenen stattgefunden hat. Diese flüchtigen organischen Verbindungen, von denen die meisten zu den Terpenen zählen, sind Semiochemikalien, also Botenstoffe, die von Insekten verwendet werden, um Nahrung oder Artgenossen zu finden. Eine weitere Gruppe von Substanzen sind pflanzliche Duftstoffe, sogenannte (engl. *green leaf volatiles,*

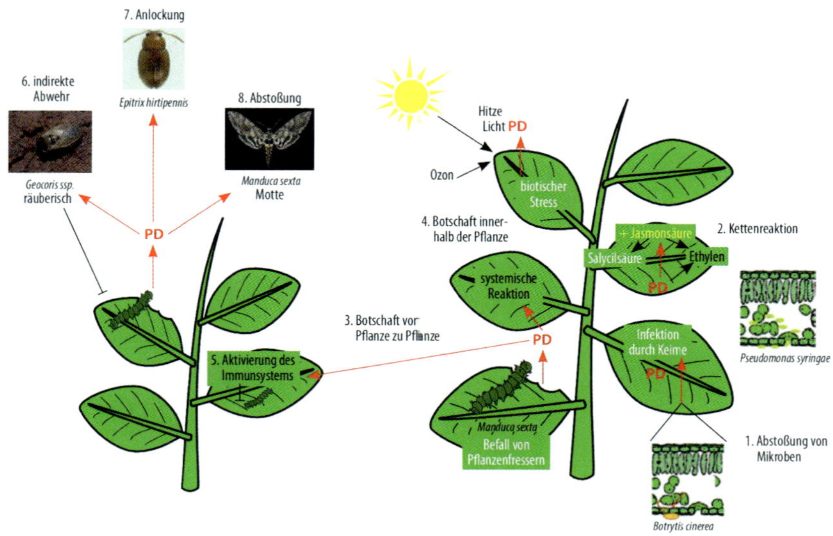

Abb. 5. Pflanzliche Duftstoffe (engl. *green leaf volatiles,* GLVs) werden bei Herbivorie, Pathogeninfektion und abiotischem Stress von Pflanzen emittiert. Sie wirken (1) antimikrobiell, (2) beeinflussen phytohormonelle Netzwerke und sind (3) in die Pflanze-zu-Pflanze Kommunikation involviert. Sie lösen (4) Abwehrreaktionen in nicht attackierten Blättern derselben Pflanze aus und induzieren (5) die Abwehrvorbereitung von Nachbarpflanzen. Manche Karnivore, z. B. *Geocoris* ssp., zeigen eine Präferenz für Pflanzen, die GLVs produzieren – ein Beispiel indirekter Abwehr (6). Blattduftstoffe können auch herbivore Insekten, wie z. B. der Tabakflohkäfer (*Epitrix hirtipennis* Melsheimer), anlocken (7) oder herbivore Insekten abwehren, z. B. die Raupen des Schwärmers *Manduca quinquemaculata* (Haworth) (8) (nachgezeichnet und übersetzt aus Scala et al. 2013).

GLVs): C6-Verbindungen, vorwiegend Aldehyde, Alkohole und Ester (Abb. 5). Sie gehören wohl zu den schnellsten Waffen, die Pflanzen nach Attacken und abiotischem Stress zur Verfügung stehen; es reichen wenige Sekunden zu ihrer Bildung (Scala et al. 2013). Sie sind antimikrobiell, beeinflussen die Produktion von Pflanzenhormonen und induzieren so die Abwehr bzw. die Vorbereitung zur Abwehr an der eigenen Pflanze und an Nachbarpflanzen. Sie können Herbivoren einerseits direkt abwehren, anderseits aber von diesen auch als Lockstoff, der sie zur Futterpflanze führt, genutzt werden. Prädatoren von Insekten nutzen sie ebenso, um ihre Beute zu finden (Scala et al. 2013). Solche Fressfeinde von herbivoren Insekten sind andere Insekten, zum Beispiel Schlupfwespen. Neuere Arbeiten zeigen, dass auch Vögel wie z.B. die Kohlmeise, denen man bisher ausschließlich Reaktionen auf visuelle Reize zuschrieb, rein olfaktorische Reize zum Auffinden von Insektenraupen nutzen können (Amo et al. 2013).

Erst vor Kurzem konnte der Nachweis erbracht werden, dass die indirekte Abwehr durch Abgabe von Pflanzenduftstoffen auch wirklich die Fitness von Pflanzen erhöht. Wilde Tabakpflanzen, die solche flüchtigen Verbindungen abgaben, hatten zweimal so viele Knospen und Blüten (als Maß der Fitness) als genetisch modifizierte Pflanzen, bei denen die Fähigkeit zur Abgabe dieser flüchtigen Verbindungen ausgeschaltet worden war. Allerdings trat diese Wirkung nur auf, wenn der Tabakschwärmer, dessen Larven an den Blättern des wilden Tabaks fressen, von räuberischen Wanzen der Gattung *Geocoris*, die von GLVs angezogen werden, auf die Hälfte reduziert wurden (Schuman et al. 2012). Die fitnesserhöhende Wirkung wird also in der Tat durch indirekte Abwehr, also die Attraktion der räuberischen Wanze, bewirkt.

Pflanzen nutzen aber auch andere Kommunikationspfade, um Informationen über eventuell bevorstehende Attacken zu erhalten. So werden Pflanzenhormone, die die Pflanzenabwehr vorbereiten, durch Mykorrhizanetzwerke von Pflanze zu Pflanze transferiert (Babikova et al. 2013).

Über all diese Kommunikationswege werden also Informationen über Individuen- und Artgrenzen hinweg ausgetauscht, die bei Pflanzen bestimmte Abwehrmuster aktivieren. Die evolutionäre Bedeutung dieser Sender-Empfänger-Beziehungen besteht wohl darin, dass die Kommunikationsempfänger ihre Nachbarpflanzen «belauschen» und die eigene Abwehr vorbereiten, wenn Störungen wahrscheinlich werden. Die Senderindividuen profitieren, indem entferntere Pflanzenteile die Abwehr schneller vorbereiten können als das durch die Kommunikation über die Gefäße möglich wäre (Heil 2014).

3.3.1.10 Herbivore Insekten reagieren auf Pflanzenabwehr

Wie reagieren Insekten auf das Arsenal von Abwehrmaßnahmen, die von Pflanzen evolutionär entwickelt wurden? Insekten haben ein Nervensystem und die Kapazität zu lernen (Bruce 2014). Sie können sich durch differenzielle Verarbeitung von olfaktorischen Reizen an neue Nahrungspflanzen anpassen und deren Duft erlernen (Riffell et al. 2013).

Eine andere Anpassung an die Abwehr von Pflanzen ist z. B. die Fähigkeit von Herbivoren, toxische Substanzen zu verdauen. Die Selektion bei Pflanzen geht wiederum in Richtung der Bildung neuer Abwehrmechanismen oder der Intensivierung der vorhandenen Abwehrmechanismen, also einem Mehr an giftigen Substanzen. Man spricht hier von einer Eskalation der Abwehrpotenz (Agrawal 2007). Die Evolution von neuen Abwehrmechanismen bei Pflanzen treibt wiederum die evolutionäre Diversifikation und die Bildung neuer Arten an. Das konnte am Beispiel der Abwehrmechanismen von Herbivoren an (Baum-)pflanzen durch Latex gezeigt werden, bei denen Latex-produzierende Kladen artenreicher sind als Geschwisterkladen ohne Latex (Agrawal 2007). Evolution ist dabei ein durchaus schneller Prozess: Neue Studien konnten Evolution in «Echtzeit» beobachten, z. B. bei Pflanzen der Gemeinen Nachtkerze (*Oenothera biennis* L.), die vor Herbivorie geschützt waren, was bereits nach mehreren Pflanzengenerationen zur Abnahme der Herbivorieresistenz und zur Zunahme der Konkurrenzfähigkeit führte. Die genetische Struktur der Pflanzenpopulation veränderte sich bereits nach fünf Jahren (Agrawal et al. 2012). Bei der Ackerschmalwand (*Arabidopsis thaliana* (L.) Heynh.) konnte gezeigt werden, dass die Immunantwort auf Pathogenbefall nicht nur zu einer erhöhten Resistenz gegen die Pathogene führte, sondern auch in der nächsten Pflanzengeneration, die keinen Pathogenen ausgesetzt war, genetisch nachweisbar war (Luna et al. 2012). Die Pflanzen «erinnern» sich also an Stress und biotische Störungen in vorangegangenen Generationen.

Wesentlich für solche Anpassungen ist, dass in Pflanzenpopulationen genügend innerartliche genetische Variation vorhanden ist. Hier zeigt sich ein direkter Zusammenhang zum Reproduktionssystem von Pflanzen. In Populationen von selbstbestäubten Arten, die hohem Herbivoriedruck ausgesetzt sind, kann daher die adaptive Evolution von Abwehr eingeschränkt sein, da sie oft eine geringere genetische Variation aufweisen als auskreuzende Arten (Campbell 2015). Das Beispiel verdeutlicht, dass Reproduktion und Abwehr, die ja der Erhaltung der Reproduktionsfähigkeit dienen, miteinander gekoppelt sind und sich evolutiv in wechselseitiger Abhängigkeit entwickeln (Campbell 2015).

3.3.1.11 Anpassungen auf Gemeinschaftsebene: Herbivoren, Biomasseproduktion und Artenvielfalt

Es existieren zwei Hypothesen, die Wechselwirkungen zwischen Herbivoren und Primärproduzenten beschreiben (Turkington 2009). Die *bottom-up*-Hypothese (Hunter & Price 1992) nimmt an, dass Ressourcen durch Primärproduzenten zugänglich gemacht werden und schrittweise für höhere trophische Ebenen zur Verfügung stehen. Die pflanzliche Biomasse limitiert also die Herbivoren, deren Biomasse wiederum die Prädatoren limitiert. Im Gegensatz zum Modell der Regulation durch Primärproduktion steht die *top-down*-Hypothese, welche die Regulation durch trophische Interaktionen postuliert (Hairston et al. 1960, Menge & Sutherland 1976). Diese geht davon aus, dass Konsumenten höherer trophischer Ebenen (z. B. Herbivoren), die von ihnen konsumierten Organismen niederer trophischer Ebenen (z. B. Pflanzen) deterministisch beeinflussen. Es wird angenommen, dass sowohl *bottom-up*- als auch *top-down*-Prozesse gleichzeitig auftreten und auch zusammenwirken. Durch eine Reduktion von Herbivorie wird ein kurzzeitiger Anstieg an Bestandsbiomasse erreicht. Der entscheidendere Einfluss auf die Zusammensetzung von Artengemeinschaften geschieht allerdings durch die Veränderung der Konkurrenzverhältnisse zwischen den betroffenen Individuen und Arten. Wenn Herbivoren selektiv fressen, beeinträchtigen sie ihre Futterpflanzen und reduzieren so die Konkurrenzkraft einer Pflanzenart zum Vorteil einer anderen. Die Abundanz der Pflanzenarten ändert sich. Verschwinden bevorzugte Pflanzenarten als Folge selektiver Herbivorie, ändert sich damit auch die Zusammensetzung der Vegetation (vgl. Kap. 5.4).

Eine Folge der Reduktion von Herbivoren, beispielsweise auf Inseln, ist die Abnahme von produzierten sekundären Pflanzenstoffen. Pflanzen werden durch fehlenden Fraßdruck im Allgemeinen größer und beanspruchen dadurch mehr Nährstoffe aus dem Boden. Eine steigende Herbivorenzahl bewirkt eine Gesamtreduktion der Biomasse. Unter anderem kann dann eine Abnahme des Bestandes an krautigen Pflanzen die Folge sein, was auf Inseln besonders endemische Arten treffen kann (Cubas et al. 2017). Letztendlich ist es ein Zusammenwirken von Herbivorendruck und Bodenressourcen, welche gemeinsam die Vegetation kontrollieren. Während Pflanzenfresser mit breiter Nahrungsvalenz eher die gesamte Pflanzengemeinschaft beeinflussen, treten als Folge von spezialisierten Herbivoren oft singuläre Artveränderungen auf, die die Diversität verändern. Spezialisierte Herbivoren und Pathogene regulieren oft dominante Pflanzenarten und führen so in manchen Fällen zu höherer Diversität. Diese Beobachtung aus tropischen Wäldern wurde als Janzen-Connell-Effekt zusammengefasst (Connell 1970, Janzen 1970).

3.3.2 Adaptationen an Störungen – wer profitiert?

In Bezug auf ihre Funktion lassen sich die evolutionären Anpassungen von Pflanzen an Störungen in zwei große Gruppen teilen:

1. Überlebenswahrscheinlichkeit: jene Adaptationen, die das Überleben der Pflanze unter Störungseinfluss erhöhen, und
2. Vermehrungsstrategie: jene Adaptationen, welche die Etablierung von Nachkommen der Pflanze unter Störungseinfluss fördern (Tab. 1).

Ein Beispiel für die erste Gruppe von Anpassungen ist die Bildung von mechanischer und chemischer Abwehr gegen Herbivoren. Die schon beschriebene Serotinie gehört zur zweiten Gruppe von Anpassungen.

Tab. 1. Formen von Anpassungen an abiotische Störungen bei Pflanzen

Erhöhung der Überlebenswahrscheinlichkeit		
Adaptation	*Störungsursache*	*ausgewählte Literatur*
Betroffene Pflanze		
Borkenstärke	Bodenfeuer, Steinschlag, Dürre	Schwilk & Ackerly (2001), Cavender-Bares et al. (2004), Lawes et al. (2011)
Austriebsfähigkeit	Boden- und Kronenfeuer, Wind, Herbivorie, Lawinen	Bellingham & Sparrow (2000), Bond & Midgley (2001), Ellenberg et al. (2010), Vesk & Westoby (2004)
große Pflanzenhöhe	Bodenfeuer	Cavender-Bares et al. (2004), He et al. (2012), Pausas & Schwilk (2012), Dantas & Pausas (2013)
Stammreinigung	Bodenfeuer	Pausas et al. (2004), Pausas (2015)
Pflanzenarchitektur	Wind	Telewski (1995), Telewski (2012), Gardiner et al. (2013), Hamant (2013), Gardiner et al. (2016)
geringe Pflanzenhöhe	Wind	Gardiner et al. (2016)
Kompartimentierung (mechanische Sicherungen)	Wind	Gardiner et al. (2016)
Reduktion der Angriffsfläche durch Deflektion von Blättern, Ästen und Stämmen	Wind	Telewski (2012)
Drehwuchs von Bäumen	Wind	Telewski (1995)
kleine Blätter mit flexiblen Petiolen	Wind	Gardiner et al. (2016)
hohe Flexibilität von Stämmen und Ästen ermöglicht aerodynamische Abschwächung von Oszillationen	Wind	Hamant (2013), Lopez et al. (2014), Gardiner et al. (2016)

Erhöhung der Überlebenswahrscheinlichkeit		
Adaptation	*Störungsursache*	*ausgewählte Literatur*
Biegefestigkeit	Lawinen und Massenbewegungen, Wind	Gardiner et al. (2016)
Reduktion der Angriffsfläche durch Bruch von Ästen und Blättern/Nadeln	Wind	Telewski (2012)
Wurzelanpassungen (Allokationsmuster) und Wurzelmorphologie, Verankerung	Wind	Nicoll & Ray (1996)
Allokationsmuster bei Stämmen und Ästen	Wind	Gardiner et al. (2016)
Reaktionsholz	Wind	Coutand et al. (2014)
Anpassungen an O_2-Mangel (Lentizellen, Aerenchyme, Adventivwurzeln)	Überschwemmungen	Glenz et al. (2006)
elliptische Blattformen mit geringem Strömungswiderstand	Überschwemmungen	Ellenberg (1996)
Betroffene Pflanze und Nachkommen		
Elastizität von Holz und Sollbruchstellen	Überschwemmungen	Ellenberg et al. (2010)
Nachkommen		
minimales Reproduktionsalter, schneller Lebenszyklus	Kronenfeuer, Lawinen, Überschwemmungen	Blom (1999), Ellenberg et al. (2010), Keeley et al. (2011), Pausas & Schwilk (2012), Reich (2014)
hohes Verjüngungspotenzial (generativ und vegetativ)	Überschwemmungen	Blom (1999), Ellenberg et al. (2010), Catford & Jansson (2014)
Keimung durch Störung ausgelöst	Kronenfeuer; generell Samen in Boden-Diasporenbanken	Thompson et al. (1997), Chiwocha et al. (2009), Nelson et al. (2012), Long et al. (2015)
erhöhte Flammbarkeit von Pflanzen und Streu	Kronenfeuer	Schwilk & Ackerly (2001), Schwilk (2003), Bond & Keeley (2005), Crisp et al. (2011)
Schwimmfähigkeit von Samen, hohe Samenanzahlen	Überschwemmungen	Johansson et al. (1996), Gurnell et al. (2008), Ellenberg et al. (2010), Nilsson et al. (2010), Catford & Jansson (2014)
Serotinie	Kronenfeuer	Schwilk & Ackerly (2001), Causley et al. (2016)

3.3.3 Störungen als Selektionsfaktor für Pflanzeneigenschaften in Gemeinschaften

Nischen-Partitionierung in störungsgeprägten Habitaten

Funktionelle Ansätze, die Anpassungen verschiedener Arten an Störungen charakterisieren, legen nahe, dass die funktionellen Eigenschaften und die Abundanz von Arten erheblich an Intensität, Ausmaß, Dauer und Frequenz von Störungen angepasst sind (Grime 1979, Collins & Glenn 1988, Díaz et al. 2016). Auch die Widerstandsfähigkeit von Pflanzengemeinschaften gegenüber Störungen ist durch funktionelle Einnischung geprägt (vgl. dazu die *resilience*-Hypothese (Walker et al. 1999) und die *insurance*-Hypothese (Main 1982, Walker 1995, Naeem & Li 1997)). Bei Störungen können beispielsweise weniger dominante Arten zur Widerstandsfähigkeit des Systems beitragen. Diese können die dominanten Arten ganz oder teilweise ersetzen, um die Funktionen des Ökosystems aufrechtzuerhalten, wenn die dominanten Arten störungsbedingt zurückgehen. Hier wirken Störungen als evolutionäre Kraft, um Redundanz in bestimmten Eigenschaften zu fördern (wie z. B. bei der Produktion oberirdischer Biomasse) unter gleichzeitiger Förderung der Komplementarität in anderen Eigenschaften von Arten derselben Lebensgemeinschaft (wie z. B. der Toleranz gegenüber Mahd und Beweidung).

Störungen, die ein Ökosystem seit längerer Zeit prägen, rufen andere Reaktionen hervor als Störungen, die neuartig sind. Wenn vorhergehende Störungen innerhalb einer ökologischen Zeitskala auftreten, können Arten, die sich an diese Störung angepasst haben, überdauern und folglich an der Reaktion auf eine Folgestörung teilnehmen. Auf einer evolutionären Zeitskala gesehen, ist die Störungsgeschichte eines Lebensraums entscheidend für die Bandbreite der vorhandenen Strategietypen und der Nischenaufteilung zwischen mehr oder weniger angepassten Arten (White & Jentsch 2001). Physiologische Toleranzen, Anpassungsmechanismen und genetische Variationen bestimmen, ob sich Arten und Gemeinschaften innerhalb eines evolutionären Zeitraums an Störungen anpassen. So ist es sinnvoll, Frequenz, räumliche Ausdehnung und Intensität von Störungsereignissen relativ zur Lebensdauer, Regenerationszeit und Ressourcenverfügbarkeit des betroffenen Ökosystems zu bemessen. Eine Lücke im tropischen Regenwald wird aufgrund höherer Wuchsraten deutlich schneller durch nachwachsende Individuen geschlossen als eine gleich große Lücke im borealen Wald. Auch in der Anzahl der Arten und funktionellen Gruppen, die zur Regeneration zur Verfügung stehen, unterscheiden sich megadiverse tropische und relativ artenarme boreale Waldökosysteme stark.

Literatur

- Adler FR, Karban R (1994) Defended fortresses or moving targets? Another model of inducible defenses inspired by military metaphors. Am. Nat. 144: 813–832.
- Agrawal AA (2002) Herbivory and maternal effects: Mechanisms and consequences of transgenerational induced plant resistance. Ecology 83: 3408–3415.
- Agrawal AA (2007) Macroevolution of plant defense strategies. Trends Ecol. Evol. 22: 103–109.
- Agrawal AA, Hastings AP, Johnson MTJ, Maron JL, Salminen J-P (2012) Insect herbivores drive real-time ecological and evolutionary change in plant populations. Science 338: 113–116.
- Amo L, Jansen JJ, Dam NM, Dicke M, Visser ME (2013) Birds exploit herbi-

vore-induced plant volatiles to locate herbivorous prey. Ecol. Lett. 16: 1348–1355.

- Asselbergh B, De Vleesschauwer D, Höfte M (2008) Global switches and fine-tuning – ABA modulates plant pathogen defense. Molecular Plant-Microbe Interactions 21: 709–719.
- Atkinson NJ, Urwin PE (2012) The interaction of plant biotic and abiotic stresses: from genes to the field. J. Exp. Bot. 63: 3523–3543.
- Babikova Z, Gilbert L, Bruce TJ, Birkett M, Caulfield JC, Woodcock C, Pickett JA, Johnson D (2013) Underground signals carried through common mycelial networks warn neighbouring plants of aphid attack. Ecol. Lett. 16: 835–843.
- Ballaré CL (2011) Jasmonate-induced defenses: a tale of intelligence, collaborators and rascals. Trends Plant Sci. 16: 249–257.
- Bellingham PJ, Sparrow AD (2000) Resprouting as a life history strategy in woody plants communities. Oikos 89: 409–416.
- Blodner C, Skroppa T, Johnsen O, Polle A (2005) Freezing tolerance in two Norway spruce (*Picea abies* L. Karst.) progenies is physiologically correlated with drought tolerance. J. Plant Physiol. 162: 549–558.
- Blom CWPM (1999) Adaptations to flooding stress: from plant community to molecule. Plant Biol. 1: 261–273.
- Bond WJ, Keeley JE (2005) Fire as a global «herbivore»: the ecology and evolution of flammable ecosystems. Trends Ecol. Evol. 20: 387–394.
- Bond WJ, Mitgley JJ (2001) Ecology of sprouting in woody plants : the persistence niche. Trends Ecol. Evol. 16: 45–51.
- Bruce TJ (2014) Interplay between insects and plants: dynamic and complex interactions that have coevolved over millions of years but act in milliseconds. J. Exp. Bot. 66: 455–465.
- Bruessow F, Gouhier-Darimont C, Buchala A, Metraux JP, Reymond P (2010) Insect eggs suppress plant defence against chewing herbivores. Plant J. 62: 876–885
- Campbell SA (2015) Ecological mechanisms for the coevolution of mating systems and defence. New Phytol. 205: 1047–1053.
- Carmona D, Fornoni J (2013) Herbivores can select for mixed defensive strategies in plants. New Phytol. 197: 576–585.
- Catford JA, Jansson R (2014) Drowned, buried and carried away: effects of plant traits on the distribution of native and alien species in riparian ecosystems. New Phytol. 204: 19–36.
- Causley CL, Fowler WM, Lamont BB, He T (2016) Fitness benefits of serotiny in fire- and drought-prone environments. Plant Ecol. 217: 773–779.
- Cavender-Bares J, Kitajima K, Bazzaz F (2004) Multiple trait associations in relation to habitat differentiation among 17 Floridian oak species. Ecol. Monogr. 74: 635–662.
- Chiwocha SD, Dixon KW, Flematti GR, Ghisalberti EL, Merritt DJ, Nelson DC, Riseborough J-AM, Smith SM, Stevens JC (2009) Karrikins: a new family of plant growth regulators in smoke. Plant Sci. 177: 252–256.
- Chung SH, Rosa C, Scully ED, Peiffer M, Tooker JF, Hoover K, Luthe DS, Felton GW (2013) Herbivore exploits orally secreted bacteria to suppress plant defenses. Proc. Nat. Acad. Sci. USA 110: 15728–15733.
- Collins SL, Glenn SM (1988) Disturbance and community structure in North American prairies. In: During HJ, Werger MJA, Willems JH (eds) Diversity and pattern in plant communities. SPB Academic Publishing, The Hague. pp. 131–143.
- Connell JH (1970) On the role of natural enemies in preventing competitive exclusion in some marine animals and in rain forest trees. In: Den Boer PJ, Gradwell GR (eds) Dynamics of numbers in populations. Proceedings of the Advanced Study Institute, Centre for Agricultural Publication and Documentation, Wageningen, Netherlands. pp. 298–312.
- Coutand C, Pot G, Badel E (2014) Mechanosensing is involved in the regulation of autostress levels in tension wood. Trees 28: 687–697.
- Crisp MD, Burrows GE, Cook LG, Thornhill AH, Bowman DM (2011) Flammable biomes dominated by eucalypts originated at the Cretaceous–Palae-

ogene boundary. Nature Comm. 2: article 193.
- Cubas J, Martín-Esquivel JL, Nogales M, Irl SD, Hernández-Hernández R, López-Darias M, Marrero-Gómez M, Del Arco MJ, González-Mancebo JM (2017) Contrasting effects of invasive rabbits on endemic plants driving vegetation change in a subtropical alpine insular environment. Biol. Invas. 20: 793–807.
- Dantas VDL, Pausas JG (2013) The lanky and the corky: fire-escape strategies in savanna woody species. J. Ecol. 101: 1265–1272.
- Díaz S, Kattge J, Cornelissen JHC, Wright IJ, Lavorel S, Dray S, Reu B, Kleyer M, Wirth C, Colin Prentice I, Garnier E, Bönisch G, Westoby M, Poorter H, Reich PB, Moles AT, Dickie J, Gillison AN, Zanne AE, Chave J, Joseph Wright S, Sheremet Ev SN, Jactel H, Baraloto C, Cerabolini B, Pierce S, Shipley B, Kirkup D, Casanoves F, Joswig JS, Günther A, Falczuk V, Rüger N, Mahecha MD, Gorné LD (2016) The global spectrum of plant form and function. Nature 529: 167–171.
- Ellenberg H (1996) Vegetation Mitteleuropas mit den Alpen in ökologischer, dynamischer und historischer Sicht (5. Aufl.). Ulmer, Stuttgart. 1095 S.
- Ellenberg H, Leuschner C, Dierschke H (2010) Vegetation Mitteleuropas mit den Alpen in ökologischer, dynamischer und historischer Sicht (6., vollst. neu bearb. und stark erw. Aufl.). Ulmer, Stuttgart. 1334 S.
- Engber EA, Varner Iii JM (2012) Patterns of flammability of the California oaks: the role of leaf traits. Can. J. For. Res. 42: 1965–1975.
- Falster DS, Westoby M (2003) Plant height and evolutionary games. Trends Ecol. Evol. 18: 337–343.
- Gardiner B, Berry P, Moulia B (2016) Wind impacts on plant growth, mechanics and damage. Plant Sci. 245: 94–118.
- Gardiner B, Schuck ART, Schelhaas M-J, Orazio C, Blennow K, Nicoll B (2013) Living with storm damage to forests. European Forest Institute Joensuu. 129 p.
- Glenz C, Schlaepfer R, Iorgulescu I, Kienast F (2006) Flooding tolerance of Central European tree and shrub species. Forest Ecol. Manag. 235: 1–13.
- Gratzer G, Rai P, Schieler K (2002) Structure and regeneration dynamics of *Abies densa* forests in central Bhutan. Cent.bl. gesamte Forstwes. 119: 279–287.
- Grime JP (1979) Plant strategies and vegetation processes. Wiley, Chichester. 222 p.
- Gurnell A, Thompson K, Goodson J, Moggridge H (2008) Propagule deposition along river margins: linking hydrology and ecology. J. Ecol. 96: 553–565.
- Hairston NG, Smith FE, Slobodkin LB (1960) Community structure, population control, and competition. Am. Nat. 94: 421–425.
- Hamant O (2013) Widespread mechanosensing controls the structure behind the architecture in plants. Curr. Opin. Plant Biol. 16: 654–660.
- He T, Pausas JG, Belcher CM, Schwilk DW, Lamont BB (2012) Fire – adapted traits of Pinus arose in the fiery Cretaceous. New Phytol. 194: 751–759.
- Heil M (2014) Herbivore-induced plant volatiles: targets, perception and unanswered questions. New Phytol. 204: 297–306.
- Herms DA, Mattson WJ (1992) The dilemma of plants: to grow or defend. Q. Rev. Biol. 67: 283–335.
- Hernández-Serrano A, Verdú M, González-Martínez SC, Pausas JG (2013) Fire structures pine serotiny at different scales. Am. J. Bot. 100: 2349–2356.
- Hunter MD, Price PW (1992) Playing chutes and ladders: heterogeneity and the relative roles of bottom-up and top-down forces in natural communities. Ecology 73: 724–732.
- Janská A, Maršík P, Zelenková S, Ovesná J (2010) Cold stress and acclimation – what is important for metabolic adjustment? Plant Biol. 12: 395–405.
- Janzen DH (1970) Herbivores and the number of tree species in tropical forests. Am. Nat. 104: 501–528.
- Johansson ME, Nilsson C, Nilsson E (1996) Do rivers function as corridors for plant dispersal? J. Veg. Sci. 7: 593–598.
- Keeley JE, Pausas JG, Rundel PW, Bond WJ, Bradstock RA (2011) Fire as an evo-

lutionary pressure shaping plant traits. Trends Plant Sci. 16: 406–411.
- Kessler A (2015) The information landscape of plant constitutive and induced secondary metabolite production. Curr. Opin. Insect Sci. 8: 47–53.
- Kotak S, Larkindale J, Lee U, Von Koskull-Doring P, Vierling E, Scharf KD (2007) Complexity of the heat stress response in plants. Curr. Opin. Plant Biol. 10: 310–316.
- Kreyling J, Jentsch A, Beierkuhnlein C (2011) Stochastic trajectories of succession initiated by extreme climatic events. Ecol. Lett. 14: 758–764.
- Kreyling J, Thiel D, Nagy L, Jentsch A, Huber G, Konnert M, Beierkuhnlein C (2012a) Late frost sensitivity of juvenile *Fagus sylvatica* L. differs between southern Germany and Bulgaria and depends on preceding air temperature. Eur. J. Forest Res. 131: 717–725.
- Kreyling J, Thiel D, Simmnacher K, Willner E, Jentsch A, Beierkuhnlein C (2012b) Geographic origin and past climatic experience influence the response to late spring frost in four common grass species in central Europe. Ecography 35: 268–275.
- Kreyling J, Wiesenberg GLB, Thiel D, Wohlfart C, Huber G, Walter J, Jentsch A, Konnert M, Beierkuhnlein C (2012c) Cold hardiness of *Pinus nigra* Arnold as influenced by geographic origin, warming, and extreme summer drought. Environ. Exp. Bot. 78: 99–108.
- Lachenbruch B, McCulloh KA (2014) Traits, properties, and performance: how woody plants combine hydraulic and mechanical functions in a cell, tissue, or whole plant. New Phytol. 204: 747–764.
- Lambers H, Chapin Iii FS, Pons TL (2008) Plant physiological ecology, 2nd Ed. Springer, New York. 604 p.
- Lawes MJ, Adie H, Russell-Smith J Murphy B, Midgley JJ (2011) How do small savanna trees avoid stem mortality by fire? The roles of stem diameter, height and bark thickness. Ecosphere 2: 1–13.
- Long RL, Gorecki MJ, Renton M, Scott JK, Colville L, Goggin DE, Commander LE, Westcott DA, Cherry H, Finch-Savage WE (2015) The ecophysiology of seed persistence: a mechanistic view of the journey to germination or demise. Biol. Rev. 90: 31–59.
- Lopez D, Eloy C, Michelin S, De Langre E (2014) Drag reduction, from bending to pruning. Eur. J. Entomol. 108: 48002.
- Luna E, Bruce TJ, Roberts MR, Flors V, Ton J (2012) Next-generation systemic acquired resistance. Plant Physiol. 158: 844–853.
- Main AR (1982) Rare species: precious or dross? In: Groves RH, Ride WDL (eds) Species at risk: research in Australia. Australian Academy of Science, Canberra. pp. 163–174.
- Menge BA, Sutherland JP (1976) Species-diversity gradients – Synthesis of roles of predation, competition, and temporal heterogeneity. Am. Nat. 110: 351–369.
- Naeem S, Li SB (1997) Biodiversity enhances ecosystem reliability. Nature 390: 507–509.
- Nelson DC, Flematti GR, Ghisalberti EL, Dixon KW, Smith SM (2012) Regulation of seed germination and seedling growth by chemical signals from burning vegetation. Annu. Rev. Plant Biol. 63: 107–130.
- Nicoll BC, Ray D (1996) Adaptive growth of tree root systems in response to wind action and site conditions. Tree Physiol. 16: 891–898.
- Nilsson C, Brown RL, Jansson R, Merritt DM (2010) The role of hydrochory in structuring riparian and wetland vegetation. Biol. Rev. 85: 837–858.
- Parde VD, Sharma HC, Kachole MS (2012) Protease inhibitors in wild relatives of pigeonpea against the cotton bollworm/legume pod borer, *Helicoverpa armigera*. Am. J. Plant Sci. 3: 627–635.
- Pausas JG (2015) Evolutionary fire ecology: lessons learned from pines. Trends Plant Sci. 20: 318–324.
- Pausas JG, Bradstock RA, Keith DA, Keeley JE, Network GF (2004) Plant functional traits in relation to fire in crown-fire ecosystems. Ecology 85: 1085–1100.
- Pausas JG, Schwilk D (2012) Fire and plant evolution. New Phytol. 193: 301–303.
- Pilson D (2000) The evolution of plant response to herbivory: simultaneously

considering resistance and tolerance in Brassica rapa. Evol. Ecol. 14: 457.
- Reich P, Wright I, Cavender-Bares J, Craine J, Oleksyn J, Westoby M, Walters M (2003) The evolution of plant functional variation: traits, spectra, and strategies. Int. J. Plant Sci. 164: S143–S164.
- Reich PB (2014) The world-wide «fast–slow» plant economics spectrum: a traits manifesto. J. Ecol. 102: 275–301.
- Riffell JA, Lei H, Abrell L, Hildebrand JG (2013) Neural basis of a pollinator's buffet: olfactory specialization and learning in Manduca sexta. Science 339: 200–204.
- Scala A, Allmann S, Mirabella R, Haring MA, Schuurink RC (2013) Green leaf volatiles: a plant's multifunctional weapon against herbivores and pathogens. Int. J. Mol. Sci. 14: 17781–17811.
- Schulze ED, Beck E, Müller-Hohenstein K (2002) Pflanzenökologie. Spektrum Akademischer Verlag, Heidelberg. 846 S.
- Schuman MC, Barthel K, Baldwin IT (2012) Herbivory-induced volatiles function as defenses increasing fitness of the native plant Nicotiana attenuata in nature. eLIFE 1: e00007.
- Schwilk DW (2003) Flammability is a niche construction trait: canopy architecture affects fire intensity. Am. Nat. 162: 725–733.
- Schwilk DW, Ackerly DD (2001) Flammability and serotiny as strategies: correlated evolution in pines. Oikos 94: 326–336.
- Talluto MV, Benkman CW (2013) Landscape-scale eco-evolutionary dynamics: Selection by seed predators and fire determine a major reproductive strategy. Ecology 94: 1307–1316.
- Telewski FW (1995) Wind-induced physiological and developmental responses in trees. In: Coutts MP, Grace J (eds) Wind and Tree. Cambridge University Press, Cambridge. pp. 237–263.
- Telewski FW (2012) Is windswept tree growth negative thigmotropism? Plant Sci. 184: 20–28.
- Thompson K, Bakker JP, Bekker RM (1997) The soil seed banks of North West Europe: methodology, density and longevity. Cambridge University Press, Cambridge. 276 p.
- Tng D, Williamson G, Jordan G, Bowman D (2012) Giant eucalypts – globally unique fire-adapted rain-forest trees? New Phytol. 196: 1001–1014.
- Turkington R (2009) Top-down and bottom-up forces in mammalian herbivore – vegetation systems: an essay review. Botany-Botanique 87: 723–739.
- Vesk PA, Westoby M (2004) Sprouting ability across diverse disturbances and vegetation types worldwide. J. Ecol. 92: 310–320.
- Walker B (1995) Conserving biological diversity through ecosystem resilience. Cons. Biol. 9: 747–752.
- Walker B, Kinzig A, Langridge J (1999) Plant attribute diversity, resilience, and ecosystem function: The nature and significance of dominant and minor species. Ecosystems 2: 95–113.
- Walter J, Nagy L, Hein R, Rascher U, Beierkuhnlein C, Willner E, Jentsch A (2011) Do plants remember drought? Hints towards a drought-memory in grasses. Environ. Exp. Bot. 71: 34–40.
- Walter J, Jentsch A, Beierkuhnlein C, Kreyling J (2013) Ecological stress memory and cross stress tolerance in plants in the face of climate extremes. Environ. Exp. Bot. 94: 3–8.
- White PS, Jentsch A (2001) The search for generality in studies of disturbance and ecosystem dynamics. Prog. Bot. 62: 399–449.
- Züst T, Heichinger C, Grossniklaus U, Harrington R, Kliebenstein DJ, Turnbull LA (2012) Natural enemies drive geographic variation in plant defenses. Science 338: 116–119.

4 Abiotische Störungen

4.1 Störungen durch Feuer in Waldökosystemen: Prozesse und Managementstrategien

Daniel Kraus[1], Thomas Wohlgemuth[2] und Marco Conedera[3]

[1] Professur für Waldbau, Albert-Ludwigs-Universität, Freiburg i.Br., Deutschland
[2] Forschungseinheit Walddynamik, Eidgenössische Forschungsanstalt WSL, Birmensdorf, Schweiz
[3] Forschungseinheit Ökologie der Lebensgemeinschaften, Eidgenössische Forschungsanstalt WSL, Cadenazzo, Schweiz

Kurzfassung
Feuer gibt es seit 420 Millionen Jahren, insbesondere seit der Sauerstoffgehalt in der Atmosphäre 13 % überstieg, Landpflanzen als Brennmaterial vorhanden waren und Blitzschlag als Zündenergie auftrat. Vegetationsbrände stellen seither global den häufigsten Störungsfaktor in terrestrischen Ökosystemen dar. Die langfristige Wirkung von Feuer wurde damit zu einem Evolutionsfaktor von Arten. Wo es häufig brennt, wachsen eher Arten mit Merkmalen der Feueranpassung. Der Mensch hat die Feuergeografie durch Abbrennen von Vegetation zwecks Rodung oder Düngung, durch Waldbrandbekämpfung, aber ebenso durch Landnutzung und -fragmentierung stark verändert. Ein Brandereignis ist nicht nur von klimatisch-biologischen Faktoren abhängig, sondern auch von der Kulturgeschichte. Voraussetzung für den angemessenen Umgang mit Vegetationsbränden und deren mittel- bis langfristigen Wirkungen auf die Biosphäre ist ein gründliches Systemwissen über das Feuer.

4.1.1 Geschichte und Geografie der Vegetationsbrände

Mit dem Beginn der Fotosynthese vor 2,3 Milliarden Jahren gelangte erstmals Sauerstoff in die Atmosphäre. Sein Gehalt in der Atmosphäre stieg mit der Entstehung von Landpflanzen, insbesondere von Gefäßpflanzen, vor etwa 440 Millionen Jahren stark an. Seit vor 420 Millionen Jahren die Schwelle von 13 % Sauerstoff in der Erdatmosphäre überschritten war, entzündeten Blitzschläge das Brennmaterial aus stehender oder akkumulierter Biomasse. Man nimmt an, dass seit dieser Zeit in den meisten Ökoregionen der Erde Vegetationsbrände vorkommen, obwohl es große Unterschiede hinsichtlich der Häufigkeit und der Feuereigenschaften gibt (Krawchuk et al. 2009). Aus physikalischer Sicht hängt die Brandaktivität grundsätzlich von zwei sich gegenseitig beeinflussenden Faktoren ab: der Verfügbarkeit von Brennmaterial und dessen Feuchtigkeit. Sowohl die Produktivität des Standorts als auch

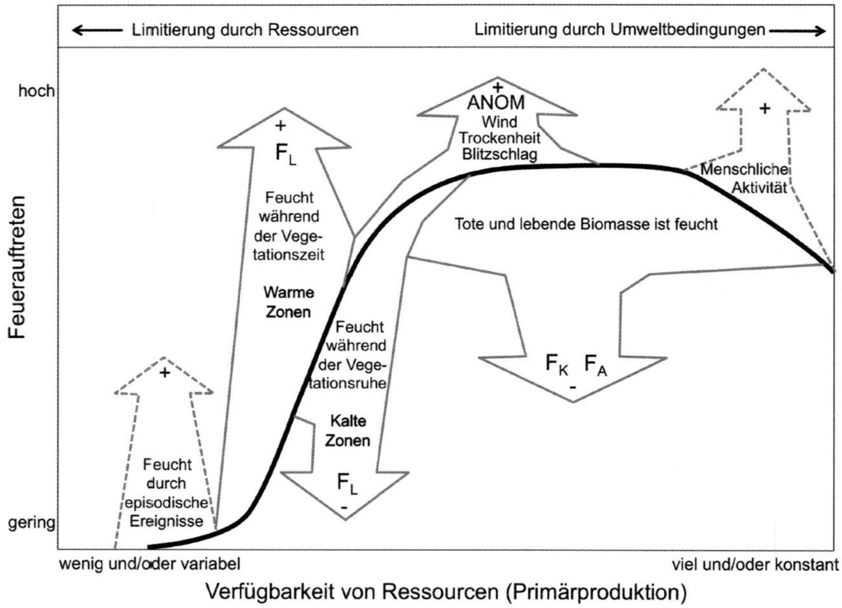

Abb. 1: Geschätzte langfristige Wahrscheinlichkeit des Auftretens von Vegetationsbränden bzw. Feuer (engl. *fire activity*) als Funktion von global verfügbaren Ressourcen, hier Primärproduktion (engl. *net primary production* NPP (dicke Linie)). Feuer entsteht durch das Zusammentreffen von Brennmaterial, Trockenheit und Zündenergie. Die drei Komponenten variieren in Raum und Zeit. Als Indikator für die Menge von Brennmaterial und dessen Feuchtigkeitsgrad wurde die Bodenfeuchtigkeit (F) und die Wetteranomalie (ANOM) definiert, mit positiven oder negativen Beziehungen (Pfeile) zur Feueraktivität (Y-Achse) entlang eines globalen Gradienten der verfügbaren Ressourcen (X-Achse). Dabei wird bei der Bodenfeuchtigkeit zwischen den Zeitpunkten aktuell (F_A), kurz vor (F_K, 1–2 Monate vorher) oder lange vor (F_L, 4–8 Monate vorher) dem Monat mit der höchsten Feueraktivität unterschieden. Die Position der Pfeile ist angenähert; gestrichelte Pfeile weisen auf zusätzliche Treiber der Feueraktivität hin. Verändert nach Krawchuk und Moritz (2011).

die Austrocknung des Brennmaterials sind von klimatischen Bedingungen geprägt (Krawchuk & Moritz 2011). Daher entsteht Feuer kaum in ariden und warmen Biomen (z. B. Wüsten), wo zwar feuergünstige bzw. trockene Witterungsbedingungen herrschen, aber zu wenig brennbare Biomasse vorhanden ist. Auf der anderen Seite entstehen in tropischen Regenwäldern kaum Brände, weil das reichlich vorhandene Brennmaterial dort, klimatisch bedingt, nahezu konstant feucht und kaum entzündbar ist. Den höchsten Grad der Brennbarkeit und der entsprechenden Feueranfälligkeit weisen demnach jene Biome und Ökosysteme auf, die zwischen den Extremen stehen und bei wechselfeuchtem Klima (z. B. Monsunklima) genügend Biomasse produzieren (Archibald et al. 2009, Pausas & Ribeiro 2017). Die Hypothese der intermediären feuerrelevanten Produktivität (engl. *intermediate fire-productivity hypothesis*) gilt entsprechend als globales Modell der Feuerverbreitung (Krawchuk & Moritz 2011; Abb. 1).

In prähistorischer Zeit war Feuer ein Schlüsselfaktor für die Dynamik vieler europäischer Ökosysteme. Insbesondere wird bei der Betrachtung der weltweiten Entwicklung des Feuergeschehens seit der letzten Eiszeit die herausragende Rolle der nacheis-

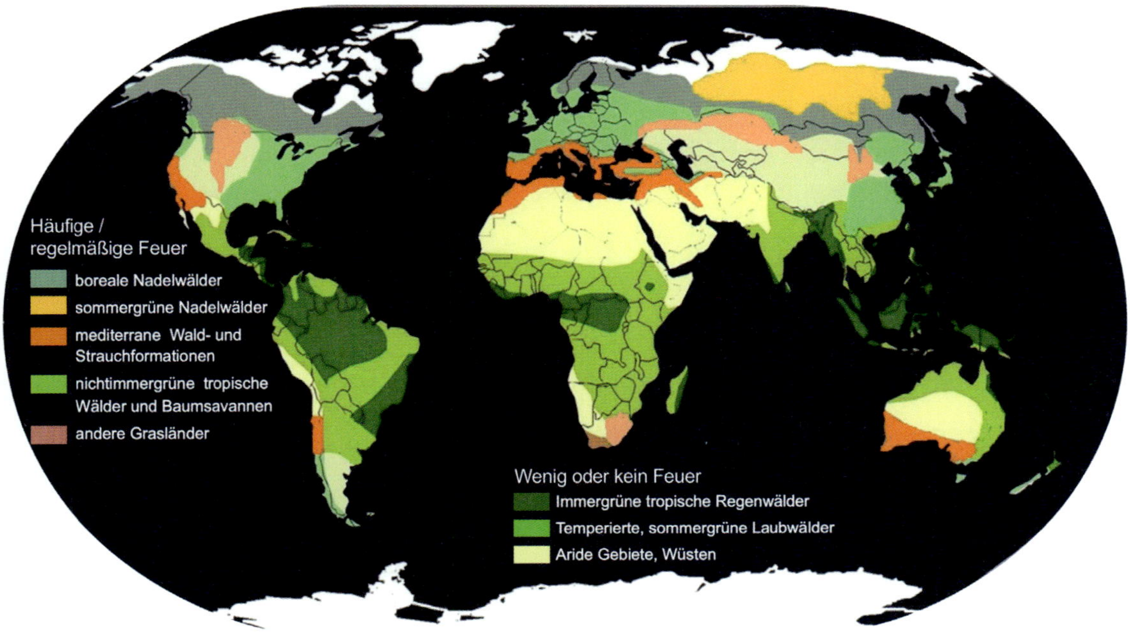

Abb. 2: Weltweiter Überblick über Gebiete mit unterschiedlichen Feuerregimen.

zeitlichen Klimaerwärmung deutlich (Marlon et al. 2013). Gleichlaufend mit den Klimaschwankungen während des Holozäns änderten sich auch die Rahmenbedingungen für Vegetationsbrände. Mit paläoökologischen Untersuchungen konnte gezeigt werden, dass während trocken-warmer Klimaphasen (z. B. Alleröd und Präboreal) häufiger Blitzschlagereignisse und Vegetationsbrände stattfanden (Granström 1993, Vázquez & Moreno 1998, Tinner et al. 1999). Untersuchungen aus mediterranen Klimagebieten in anderen Teilen der Welt legen nahe, dass Feuer die Artenzusammensetzung der Vegetation auch im Mittelmeerbecken stark geprägt hat (Dodson 2001, Keeley & Fotheringham 2001, Atahan et al. 2004). Weltweit ist mehr als die Hälfte der bewachsenen Fläche brennbar (Abb. 2).

Menschen begannen vor mindestens 500 000 Jahren zu lernen, das Feuer zu kontrollieren und die Vegetation zu nutzen. Seither sind sie zu einer weiteren wichtigen Steuerungsgröße des Feuergeschehens geworden. Je nach kultureller und sozioökonomischer Entwicklung haben menschliche Gesellschaften das Feuer genutzt oder bekämpft. Sie haben durch Rodungen, Beweidung und andere landwirtschaftliche oder industrielle Aktivitäten Struktur, Zusammensetzung, Menge und Kontinuität der brennbaren Vegetation verändert. Natürliche Feuerregime wurden so unterbunden, abgeschwächt oder verstärkt und neue Regime eingeführt (Tab. 1; Bowman et al. 2011).

Tab. 1: Direkter und indirekter Einfluss des Menschen auf die Feueraktivität (angepasst aus Bowman et al. 2011).

Feuerregime-Parameter			
	Feuer-Parameter		
		Einfluss des Menschen	Zeitskala
Feuerfrequenz			
	Feuerentfachung		
		Gesetzgebung	kurz-mittelfristig
		Land- und forstwirtschaftliche Aktivitäten; sozioökonomische Struktur	mittelfristig
		Straßennetz, vor allem Landwirtschafts- und Forststraßen	mittelfristig
		Bevölkerungsdichte und -ausbildung	mittelfristig
Feuerintensität			
	Brandgutmenge und -zusammensetzung		
		Vorbeugendes, kontrolliertes Feuer	kurzfristig
		Beweidung	mittel-langfristig
		Waldbau	mittel-langfristig
		Landnutzung und Landschaftsplanung	langfristig
Feuerausbreitung			
	Kontinuität des Brennmaterials		
		Bekämpfung durch Gegenfeuer	kurzfristig
		Feuerbarrieren, z. B. Straßen, Schneisen	kurzfristig
		Landschaftsgestaltung/Landnutzung	langfristig
	Geschwindigkeit der Feuerfront		
		Feuerwehrorganisation und Einsatzbereitschaft	kurz-mittelfristig
		technische Vorlösch-Anlagen, z. B. Wasserpunkte	mittelfristig
		Ausrüstung zur Feuerbekämpfung aus der Luft	mittelfristig
		Wetterextreme aufgrund der Klimaveränderung	langfristig

Obwohl sich die genauen Ursachen der prähistorischen Brände nicht mit der erforderlichen Genauigkeit rekonstruieren lassen, zeigen Aufschlüsse mit Holzkohlepartikeln und Pflanzenpollen, dass während der nacheiszeitlichen frühen Wärmezeit um 8000 v. Chr. (Boreal) eine mäßige, aber regelmäßige Holzkohleakkumulation stattfand, die auf periodisch wiederkehrende Brände sowohl in Mitteleuropa als auch im Mittelmeergebiet schließen lässt (Clark et al. 1989, Vázquez & Moreno 1998). Nach einem kurzzeitigen Rückgang stieg die Feueraktivität im Mittelmeergebiet ab etwa 4000 v. Chr. wieder an (Carrión 2002, Franco-Múgica et al. 2005). Für Mitteleuropa wird ein Anstieg um etwa 3700 v. Chr. mit neolithischer Brandrodungstätigkeit in

Zusammenhang gebracht (Clark et al. 1989), ein weiterer, um 700 v. Chr., mit eisenzeitlicher Siedlungsaktivität (Abb. 3; Tinner et al. 2005, Colombaroli et al. 2007, Tinner et al. 2009, Conedera et al. 2017). Im kühleren und feuchteren Klima des Subatlantikums (seit 450 v. Chr. bis heute) waren natürliche Brände in Mitteleuropa eher selten, dagegen im Mittelmeergebiet deutlich von anthropogener Feuernutzung überlagert. Dennoch gibt es deutliche Hinweise auf natürliche Feuerregime in großen Teilen von Europa (Zackrisson 1977, Pausas & Fernándes-Muñoz 2012). Interessant ist in diesem Zusammenhang, dass frühe Siedlungsplätze auf der Iberischen Halbinsel sehr häufig in Gebieten liegen, deren wind-getriebene Feuerregime auch heute noch in Zusammenhang mit natürlichen Blitzschlagfeuern stehen. Gerade dort, wo durch Feuer offene Landschaften mit lichten Wäldern geschaffen wurden, haben sich Menschen bevorzugt niedergelassen (Castellnou 1996, Carrión 2002). Die borealen Wälder in Skandinavien entwickelten sich bis zum Beginn der modernen Forstwirtschaft ebenfalls unter dem Einfluss eines Regimes von regelmäßig wiederkehrendem Feuer (Zackrisson 1977, Niklasson & Granström 2000, Carcaillet et al. 2007). Jahrringanalysen von Nadelbäumen mit mehreren Brandnarben im Białowieza-Urwald in Polen weisen darauf hin, dass Feuerereignisse selbst in manchen mitteleuropäischen Wäldern zumindest in den kontinentaleren Lagen wohl häufiger waren, als dies nur aufgrund schriftlicher Quellen zu vermuten wäre (Niklasson et al. 2010, Zin 2016).

Spätestens seit dem Neolithikum wurde Feuer in unterschiedlichen Anwendungsformen bei der Gestaltung des Lebensraumes verwendet und ge-

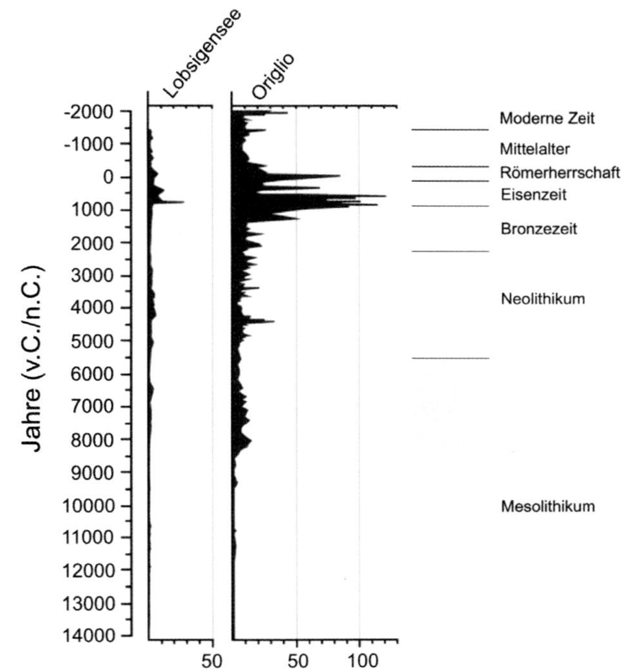

Abb. 3. Holzkohlesedimentierungsrate in Sedimenten des Lobsigensees auf der Alpennordseite und des Lago d'Origlio auf der Alpensüdseite (angepasst aus Tinner et al. 2005).

zielt für Rodungszwecke eingesetzt (Clark et al. 1989). Wo aus klimatischen und edaphischen Gründen kein permanenter Ackerbau möglich war, wurden Wanderfeldbausysteme geschaffen (Heikinheimo 1915, Kapp 1984). Mit Feuer wurden dabei über einen langen Zeitraum hinweg Pflanzenabfälle oder abgestorbenes Pflanzenmaterial beseitigt, Weideflächen verbessert und Offenland erhalten (Lázaro 2010). Der Einfluss von Feueranwendung auf die Entstehung und die Fortdauer der großen Heidelandschaften Nordwesteuropas wurde vor allem für Großbritannien, die Niederlande, Dänemark und Norwegen beschrieben (Holst-Jørgensen 1993, Diemont 1996, Webb 1998).

Die weit verbreitete traditionelle Feueranwendung, die als europäische Feuerkultur bezeichnet werden kann, ist zumindest im westlichen Europa mit der intensiven Landflucht und der wachsenden Urbanisierung seit Mitte des letzten Jahrhunderts weitgehend verloren gegangen. Feuer wird daher im Allgemeinen nicht mehr als Werkzeug wahrgenommen (Lázaro & Montiel 2010). Darüber hinaus trägt der Klimawandel dazu bei, dass längere und häufigere Trocken- und Hitzeperioden die Feuerregime in einigen Gebieten verändern. Dies könnte zunehmend zu einer Verschiebung der natürlichen Feuerregime in Europa führen, was z. B. durch die häufiger auftretenden Blitzschlagbrände in verschiedenen europäischen Bergregionen angedeutet wird (Conedera et al. 2006).

4.1.2 Die ökologische Rolle von Feuer in Ökosystemen

4.1.2.1 Feuerregime und Feuerökologie

Feuer hat eine wichtige regulatorische und selektive Funktion in Ökosystemen. Der Selektionsdruck des Feuers auf die Überlebensfähigkeit von Arten variiert als Folge der Intensität, der Frequenz und des saisonalen Feuerauftretens stark und hängt somit vom Feuerregime und dessen einzelnen Eigenschaften und Prozessen ab (Tab. 2).

Die meisten Lebewesen, die wiederholt Feuer ausgesetzt sind, haben Anpassungs- und Überlebensstrategien entwickelt. Insbesondere die Pflanzenarten beeinflussen ihrerseits wiederum die Ausprägung von Feuerregimen (Bond & van Wilgen 1996, Pausas & Paula 2012). Die wichtigsten Eigenschaften des Feuerregimes sind die Feuerintensität als messbare Größe des Feuerverhaltens, die Feuerfrequenz (Abb. 4) und der Feuertyp (Abb. 5).

Die Erforschung der feuerspezifischen Wechselwirkungen und -beziehungen ist heute ein eigener Wissenschaftszweig der Ökologie: die Feuerökologie. Eine kompakte Darstellung der Entwicklung des Begriffs Feuerökologie im deutschsprachigen Raum findet sich bei Goldammer (2007).

4.1.2.2 Feuer in Wechselwirkung mit anderen Störungen

Obwohl Feuer häufig als eine abiotische Störung betrachtet wird, unterscheidet es sich stark von Windwürfen, Lawinen oder Spätfrösten. Tatsächlich ist Feuer als Biomassekonsument eher mit Herbivorie vergleichbar und ähnelt so-

Tab. 2: Beschreibung ausgewählter Eigenschaften und Prozesse von Feuerregimen.

Feuerregime	Beschreibung
Eigenschaften	
Feuertyp	Boden-, Kronen- und Untergrundfeuer (Torfbrände)
Frequenz	mittleres Rückkehrintervall von Bränden für einen gegebenen Ort
Feuerverhalten	Intensität und Ausbreitungsgeschwindigkeit
Schweregrad (engl. *severity*)	Auswirkung von Bränden auf Vegetation, Fauna und Boden
Saisonalität	Jahreszeit oder klimatische Bedingungen während des Ereignisses
Größe	Ausdehnung des Brandes
Prozesse	
Verbrennungstyp	vollständige/unvollständige Verbrennung, mit oder ohne Flammen
Hitzeübertragung	Konvektion (Wärmetransport durch die Luft), Strahlung und Konduktion (Wärmeleitung)

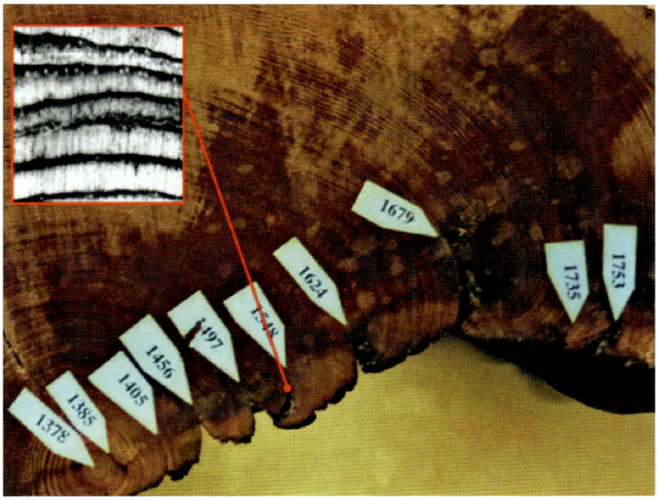

Abb. 4: Querschnitt durch einen ca. 400-jährigen Kiefernstamm (bei Haverö in Västernorrland, Schweden). Der Baum hatte seit 1378 elf verschiedene Feuerereignisse überlebt, die als Holzkohleeinschlüsse durch Überwallungen deutliche Markierungen in seiner Brandnarbe hinterlassen haben. Das mittlere Rückkehrintervall der Brandereignisse lag bei 47 Jahren. (Datierung: T. Rydkvist, D. Kraus; Foto: D. Kraus)

Abb. 5: Beispiele für verschiedene Ausprägungen des Feuertyps: (i) Bodenfeuer (engl. *surface fire*) von niedriger bis mittlerer Intensität, (ii) passives Kronenfeuer (engl. *passive crown fire*), in dem nur einzelne Individuen komplett bis in die Kronen verbrennen (engl. *torching*), (iii) aktives Kronenfeuer (engl. *active crown fire*), bei dem der gesamte Bestand bis in die Kronen brennt (abgeändert, aus Simard et al. 2011).

mit in seinen Auswirkungen stark den biotischen Störungen (Bond & Keeley 2005). Im Gegensatz zu den Herbivoren hat Feuer jedoch eine nicht selektive und breitere «Nahrungsgrundlage» und kann sowohl tote wie lebendige, proteinreiche wie unverdauliche Pflanzenteile mineralisieren. Weiterhin wirkt der Feuermetabolismus neutralisierend auf im Boden angehäufte Toxine und sonstige Giftstoffe, die in Ökosystemen eine negative Rückkopplung auf die Artenzusammensetzung haben können (Mazzoleni 1993, Mazzoleni et al. 2015).

Ein besonderes Interesse gilt aber seit längerer Zeit den Wechselwirkungen zwischen Feuer und anderen Störungen, da sowohl Waldbrände als auch Windstürme und Insektenkalamitäten zu den großen landschaftsverändernden Treibern gehören. Insbesondere stellt sich die Frage, ob diese Störungen sich gegenseitig in ihren Auswirkungen beeinflussen (vgl. Kap. 8.1). Es wird oft angenommen, dass nach großflächigen Borkenkäferkalamitäten das Feuerrisiko durch das entstandene Totholz zunimmt. Im Gebiet der verheerenden

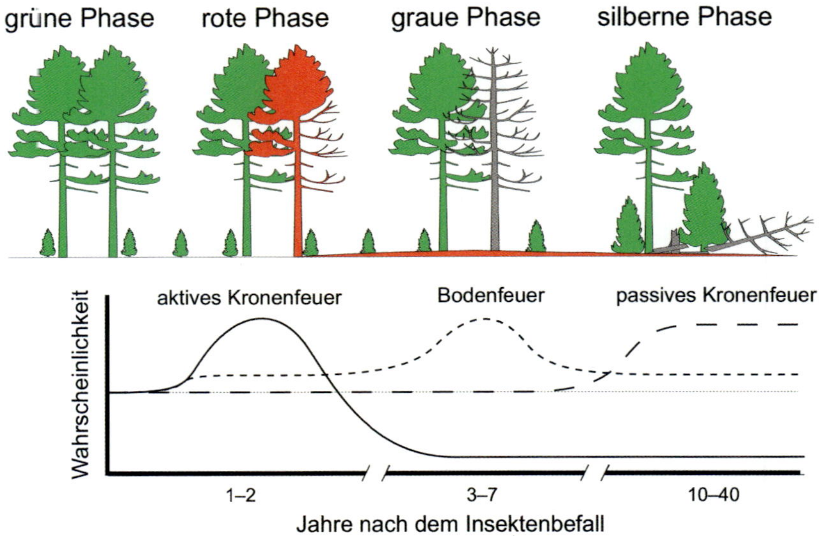

Abb. 6: Abhängigkeit der Feuerintensität/des Feuertyps von Zerfallsstadien nach Borkenkäferbefall im Yellowstone-Nationalpark, USA (nach Simard et al. 2011).

Waldbrände von 1988 im Yellowstone-Nationalpark in den USA wurde das Wechselspiel zwischen dem Befall durch den nordamerikanischen Bergkiefernkäfer (engl. *mountain pine beetle*, *Dendroctonus ponderosae* (Hopkins); vgl. Textbox «Mountain Pine Beetle») und Waldbränden detailliert untersucht. Borkenkäferbefall tritt zunächst kleinräumlicher auf als Waldbrände (Turner 2010, Simard et al. 2011). Dadurch entsteht ein sehr heterogenes Befallsbild (Abb. 6) mit einem Mosaik aus größeren und kleineren Inseln zeitlich unterschiedlicher Zerfallsstadien: Verrötete Kronen nach frischem Befall stellen für 1–2 Jahre durch ein erhöhtes Angebot an abgestorbenem Feinmaterial eine erhöhte Gefahr für intensive Kronenfeuer dar («rote Phase»), während nach dem Abfallen der Nadeln nur wenig Brennmaterial in der Krone verbleibt («graue Phase») und sich somit eher niedrig-intensive Bodenfeuer ausbreiten können. Nachdem sich Kräuter, Sträucher und erste Baumverjüngung etabliert haben («silberne Phase»), können sich wieder intensivere Brände in der Form von passiven Kronenfeuern aufbauen. Borkenkäferbefall kann deshalb durchaus einen gewissen Einfluss auf die Intensität von Waldbränden auf großer Fläche haben. Dabei sind das Brandgut, hier besonders in der roten Phase, und das Feuerwetter die wichtigsten feuertreibenden Faktoren (Harvey et al. 2013).

Für die Autoren der Studien steht fest, dass die Waldbrände im Yellowstone-Nationalpark keine ökologische Katastrophe darstellen, weil vorausgegangene Borkenkäferereignisse ein derart heterogenes Mosaik aus Waldbeständen erzeugten, dass eine Wiederbesiedlung der Brandflächen durch die Hauptbaumarten in hohen Dichten schon in kurzer Zeit möglich war. Für den Europäischen Buchdrucker (*Ips typographus* Linnaeus 1758) wurden solche Wechselwirkungen bislang nicht ausreichend bestätigt, doch scheinen die Prozesse durchaus übertragbar zu sein. Beim Pinienprozessionsspinner (*Thaumetopoea pityocampa* Denis & Schiffermüller 1775) im nördlichen Katalonien können dagegen ähnliche Effekte wie im Yellowstone-Nationalpark beobachtet werden: Nach intensivem Befall kann es kurzfristig zu erhöhter Brandgefahr in den Baumkronen kommen, besonders in dichten Beständen von Schwarz- oder Aleppokiefern (*Pinus nigra* J.F.Arnold, *P. halepensis* Mill.). Durch die Entnadelung nach dem Raupenfraß im Frühjahr kommt es jedoch zu einem deutlich reduzierten Waldbrandrisiko in den Sommermonaten.

4.1.2.3 Anpassungsmechanismen an Feuer

Es gibt viele Hinweise dafür, dass Pflanzen in feueranfälligen Umgebungen durch selektiven Druck Anpassungen zum Überleben von Feuer entwickelt haben. Einige davon sind einfach allgemeine Störungsanpassungen, so z.B. das Ausschlagen aus Stamm und Wurzel, andere sind so spezifisch, dass die Arten ohne Feuer nicht mehr überleben bzw. sich nicht fortpflanzen können. Generell wird in der Feueranpassung zwischen passiven Strategien, die das Überleben von Individuen betreffen (Resistenz), und aktiven Strategien, welche für Entstehung einer neuen Generation notwendig sind (Resilienz), unterschieden. Als grundsätzlich mobile Lebewesen können Tiere meist der Feuerfront entfliehen, während die passiven Resistenzstrategien der Pflanzen eher im Schutz des lebenden Gewebes bestehen.

Passive Überlebensstrategien

Ein typischer passiver Feuerabwehrmechanismus auf der Individuenebene ist die Ausbildung einer dicken Borke zum Schutz des Kambiums vor hohen Temperaturen und Flammen, wie es z.B. bei vielen Eichen-, Kiefern- und Lärchenarten der Fall ist. Ebenso könnte das rasche Abfallen von toten Ästen in den Kronen als passive Vermeidungsstrategie interpretiert werden, da durch diesen Prozess keine vertikalen Feuerbrücken entstehen. Aber auch die

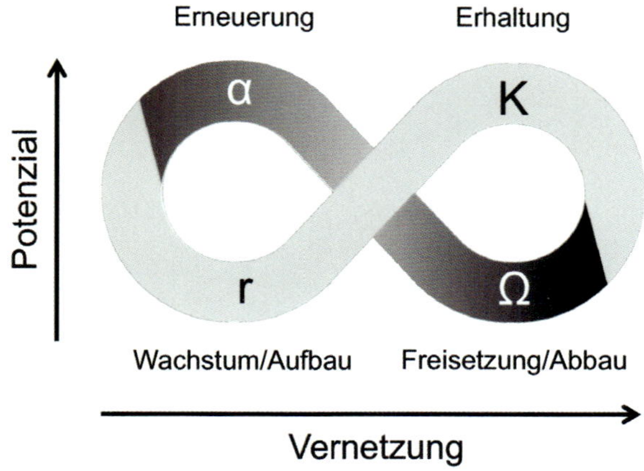

Abb. 7: Anpassungszyklus und Resilienz im Sinne der vier Ökosystemfunktionen Wachstum (r), Erhaltung (K), Freisetzung (Ω) und Erneuerung (α), nach Holling & Gunderson (2002; nachgezeichnet und übersetzt).

Ausprägung der Bestandsstruktur kann in diesem Zusammenhang zur Überlebensstrategie gezählt werden, wenn sie durch die entsprechenden Eigenschaften des Feuerregimes selbst bedingt ist. Durch regelmäßig wiederkehrende Brände geringer Intensität wird der Unterwuchs reduziert, wodurch die Kontinuität des Brennmateriales bis in die Kronenschicht unterbunden bleibt und keine letale Hitzeübertragung auf die Erneuerungsorgane und Meristeme stattfindet. Auf Bestandsebene können dabei regelrecht feuerresiliente Strukturen entstehen, die im Sinne Hollings (Holling & Gunderson 2002) trotz massiver Veränderungen (Störung) des Systems die Integrität des Ausgangsbestandes erhalten (Abb. 7). Holling beschreibt die Fähigkeit zur Resilienz in seinem Anpassungszyklus (engl. *adaptive cycle*) durch Phasen der Freisetzung bzw. des Zerfalls/Abbaus (engl. *release*), der Erneuerung (engl. *reorganisation*), des Wachstums (engl. *growth/exploitation*), und der Erhaltung (engl. *conservation*).

Resilienz von Waldbeständen gegenüber Waldbränden wird oft anhand

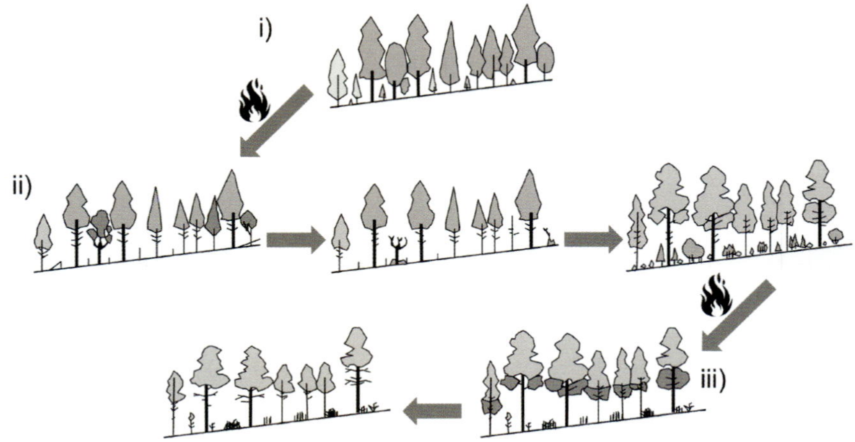

Abb. 8: Verjüngungsdynamik in Schwarzkieferbeständen unter Feuereinfluss: In einem strukturreichen, geschlossenen Schwarzkiefernbestand mit spärlichem Unterwuchs aus Naturverjüngung, Steineichen (*Quercus ilex* L.) und mediterranen Sträuchern (*Cistus albidus* L., *Rosmarinus officinalis* L.) (i) führt ein Blitzschlag zu einem Brandereignis niedriger Intensität (ii), bei dem einzelne Bäume der Unter- und Zwischenschicht absterben und der gesamte Unterwuchs beseitigt wird. Unter den neuen Lichtbedingungen und durch die freigesetzten Nährstoffe verjüngt sich die Schwarzkiefer optimal, während sich lichtbedürftigere Kiefernarten nicht etablieren können. Die Steineiche verjüngt sich durch Stockausschläge, wodurch es zu einer Reorganisation der Verjüngungsschicht kommt, gefolgt von einer ungestörten Wachstumsphase des Altbestandes. Nach einem weiteren Brandereignis schieben sich die Kronenansätze durch thermische (feuerbedingte) Astung nach oben (iii). Dabei wird der Großteil der Verjüngung und des Unterwuchses bis auf einzelne vorwüchsige Schwarzkiefern wieder zurückgesetzt. Jene Kiefern, die der Feuerfalle (engl. *fire trap*) entrinnen konnten, haben gute Chancen, in den Hauptbestand einzuwachsen. (Foto: D. Kraus)

von bestandserneuernden, intensiven Feuerereignissen in Wäldern fortgeschrittener Entwicklungsphasen diskutiert. Ein Brand leitet die Verjüngung und Reorganisation der Wälder ein. Es folgt eine lange Wachstumsphase, die sämtliche verfügbaren Ressourcen und Nährstoffe des Ökosystems für eine lange Zeit binden kann, bis ein nächstes Feuerereignis erneut Ressourcen freisetzt. Beispiele dafür sind die pazifischen Küstenregenwälder Nordamerikas (Agee 1993) oder Araukarien-Nothofagus-Wälder Südchiles (González et al. 2009). Die einzelnen Phasen laufen jedoch oft auch kleinflächig und simultan in Waldbeständen ab, wie das Beispiel eines Verjüngungsganges in Abhängigkeit von niedrig-intensivem Feuer mit mittlerem Rückkehrintervall (ca. 30–40 Jahre) in Schwarzkieferbeständen der Ports de Beseit, Katalonien, deutlich macht (Abb. 8).

Abb. 9: Serotine Zapfen der Aleppo-Kiefer im Mittelmeergebiet bleiben bis zum Eintreten eines Feuerereignisses geschlossen. Durch Hitze stimuliert, öffnen sie sich, wodurch die Samen auf den verbrannten Boden und damit auf ein optimales Keimbett fallen. (Foto. D. Kraus)

Aktive Überlebensstrategien

Als aktive Abwehrstrategien werden die Regenerationsprozesse nach einem Feuerereignis bezeichnet. Einerseits betrifft dies die Etablierung einer neuen Generation durch vegetative Vermehrung (Knospenbank), andererseits die generative Fortpflanzung über die Bildung von Diasporen nach dem Feuerereignis oder über die Keimung aus überdauernden Samen (Samenbank; Tab. 3 und Abb. 9).

Einige Feueranpassungen von Pflanzenarten werden für Zweckentfremdungen (Exaptionen) anstatt für echte adaptive Merkmale gehalten (Bradshaw et al. 2011). Dies trifft z.B. für die vegetative Vermehrung von Pflanzenarten in nicht feuergeprägten Lebensräumen zu. Dagegen bezeichnen Keeley et al. (2011) Anpassungsmechanismen wie Serotinie oder feuerstimulierte Blüte und Keimung als sehr feuerspezifisch, da ohne diese Eigenschaften der Verjüngungsprozess nicht eintreten könne. Eine extreme Feueranpassung in diesem Sinne stellt die Entflammbarkeit dar. Einige Pflanzen haben Eigenschaften entwickelt, die sie anfälliger für Feuer machen: Sie häufen viel abgestorbenes Material an – entweder als Streu um die Pflanze herum oder als Blätter, die gar nicht erst abgeworfen werden – und lagern leicht entflammbare Ölbestandteile in ihren Blättern ein. Während eines Feuerereignisses führen diese Eigenschaften zu erhöhter Mortalität ihrer Nachbarn, wodurch Raum für die Verjüngung bzw. für die eigene Nachkommenschaft geschaffen wird (engl. *kill your neighbour hypothesis*).

Tab. 3: Strategien zur aktiven Vermehrung nach Feuer.

Strategie/Prozessbeschreibung	Beispielarten
Wiederaustrieb	
Wurzelbrut	
Wiederaustreiben aus Wurzeln oder unterirdischen Zwiebeln	*Populus tremula* L., *Cornus* spp. L.
Stockausschlag	
Wiederaustreiben aus schlafenden oder adventiven Knospen, die am Wurzelhals und geschützt unter einer dicken Borke überlebt haben	*Castanea sativa* MILL. *Quercus* spp. L. *Pinus canariensis* C.SM. *Pinus banksiana* LAMB. *Sequoia sempervirens* ENDL. *Eucalyptus* spp. L'HER.
Blüte	
Feuerstimulierte Blüte	
durch Feuer stimulierte Massenblüte. Feuer schafft so die beste Gelegenheit für die Samenproduktion und Keimung von Pflanzen	*Watsonia pyramidata* ANDREWS STAPF *Cyrtanthus contractus* N.E.BR
Keimung	
Rauchstimulierte Keimung	
Samen werden durch die im Rauch enthaltenen Wirkstoffe zur Keimung stimuliert	Proteaceae
Hitzestimulierte Keimung	
Samenkeimung wird durch Hitze stimuliert	*Calluna vulgaris* (L.) HULL *Cistus* spp. L. *Acacia* spp. MILL.
Serotinie	
Hitzestimulierte Samenfreisetzung	
Samenproduktion in feuerfesten Blüten oder Zapfen. Während die Pflanzen bei einem Feuer absterben, überleben die Samen in Zapfen, welche sich durch Hitzewirkung öffnen; die Samen keimen nach dem Brand beim nächsten Regen	*Pinus* spp. L. *Sequoia sempervirens* ENDL. *Banksia* spp. L. F. *Eucalyptus* spp. L'HER.
Entflammbarkeit	
Begünstigung der Folgegeneration	
Pflanzeneigenschaften erhöhen die Feueranfälligkeit, wodurch koexistierende Pflanzen vernichtet werden und damit Raum für eigene Nachkommenschaft entsteht	*Pinus canariensis* C.SM. *Pinus contorta* DOUGL. EX LOUD. *Andropogoneae* DUMORT. *Eucalyptus* spp. L'HER.

4.1.2.4 Pyrophilie, feuerabhängige Arten und Brandprofiteure

Waldbrände schaffen neue Habitatbedingungen und Substrate, die spezialisierte Arten als Nische nutzen. Dazu gehören Insekten- und Pilzarten, die frisch verbrannte Flächen, verbranntes Pflanzengewebe oder Holzkohle bevorzugen. Wenn die Flammentemperaturen hoch genug sind (>300 °C), verändern sich durch Pyrolyse die chemischen Eigenschaften von Holz (Ligninanteile, Evaporation von Harzen). Dadurch werden auch Abbauprozesse verändert, die manchen Arten einen Vorteil bei der Besiedlung von Totholz verschaffen. Feuer verändert auch die Konkurrenzsituation auf schon vor dem Brand existierenden Substraten, indem die dort siedelnden Artengemeinschaften zerstört werden und neue Arten schnell Fuß fassen können. Andere wiederum profitieren eher von den veränderten Umweltbedingungen nach einem Brand, wenn z. B. Totholz direkt der Sonne und trockeneren Verhältnissen ausgesetzt ist (Wohlgemuth et al. 2010, Stokland & Siitonen 2012).

Von Bränden abhängige oder pyrophile Arten werden häufig zu den prozesslimitierten Arten gezählt (Jonsson & Siitonen 2013). Prozesslimitierte Arten treten vorwiegend oder ausschließlich in bestimmten Sukzessionsstadien auf, die durch Störungen wie Waldbrände geschaffen und erhalten werden. So besiedeln beispielsweise einige Schlauchpilze (Askomyzeten) unmittelbar nach einem Waldbrand Asche oder verkohlte Holzreste (Abb. 10). Vor allem Kugelpilze (*Daldinia*-Arten) sind speziell an Waldbrände angepasst. Sie können jahrzehntelang unsichtbar sein, treten aber vor allem nach Bränden sehr prominent auf. Es wird vermutet, dass sie durch spezialisierte Insekten verbreitet werden. *Daldinia loculata* (Lév.)

Abb. 10: In den Gemäßigten Zonen von Europa und Nordamerika erscheint der Gemeine Kohlenbecherling (*Geopyxis carbonaria* (Alb. & Schwein.) Sacc.), ein Schlauchpilz, unmittelbar nach Bränden. Zusammen mit dem Kohlenbecherling können im Sommer nach einem Brand auch Morcheln (*Morchella* spp. Dill. ex Pers.) in großen Mengen auftreten (Greene et al. 2010). (Foto: M. Moretti)

Sacc. ist dabei ein bekannter Spezialist, der in Nordeuropa wächst und auch in Mitteleuropa vereinzelt anzutreffen ist. Er besiedelt von Feuer abgetötete Birken und Buchen (Conedera et al. 2007). In einer Studie aus Mittelschweden wurde eine starke Korrelation zwischen feuerabhängigen Insekten und Birken festgestellt, die von *D. loculata* besiedelt sind (Wikars 2002). Die Einzelheiten des Zusammenspiels sind noch nicht hinlänglich bekannt, doch wurde festgestellt, dass viele pyrophile Insekten in den Fruchtkörpern der Pilze leben, was auf eine enge Verbindung hinweist. Weitere bekannte Pilzarten, die ausschließlich durch Feuer geschaffenes Totholzsubstrat besiedeln, sind *Gloeophyllum carbonarium* (Berk. & M.A. Curtis) Ryvarden und *Phanerochaete raduloides* J. Erikss. & Ryvarden, sowie die Flechtenart *Hypocenomyce anthracophila* (Nyl.) Bendiksby & Timdal.

Ein weiteres Beispiel sind Insekten, die ihre Eier direkt im Anschluss an

Abb. 11: Sogenannte Kelobäume sind trockene und rindenlose tote Kiefern, die durch häufig wiederkehrende Brände zur Verkienung angeregt wurden und durch diese Harzimprägnierung sich zu besonders langlebigen Totholzstrukturen in Wäldern entwickeln. Sie sind ein herausragendes Beispiel für ein feuerspezifisches Substrat und ein Merkmal stark feuergeprägter Kiefernwälder, in denen sie ein besonderes und mittlerweile seltenes Totholzsubstrat für spezialisierte Arten darstellen. (Fotos: D. Kraus)

einen Brand in von Feuer abgetötete Bäume ablegen. Einige von ihnen sind in einem so hohen Maß auf Brandflächen angewiesen, dass sie Infrarotsensoren entwickelt haben, um Waldbrände zu lokalisieren. Ein klassisches Beispiel hierfür ist der Schwarze Kiefernprachtkäfer *(Melanophila acuminata* De Geer 1774*)*. Andere Arten, wie zum Beispiel Rindenwanzen der Gattung *Aradus*, besiedeln Brandorte, sobald das Feuer erloschen ist. Diese feuerabhängigen Arten weisen häufig bemerkenswerte Ausbreitungsfähigkeiten für die Besiedlung von Waldbrandflächen auf. So genügt schon eine geringe Verdünnung von Guajacol und ähnlichen phenolischen Derivaten des Rauches in der Luft, um viele Individuen der seltenen Kiefernprachtkäfer über Distanzen von mehreren Kilometern anzuziehen (Schütz et al 1999).

Doch auch ressourcenlimitierte Arten können von Feuerereignissen profitieren, da Waldbrände geeignete Substrate z. B. in Form von Totholz bereitstellen. In Wäldern mit häufig wiederkehrenden Bränden kann es an den Bäumen infolge von Infektionsabwehr zu verstärkten Harzeinlagerungen (Imprägnierungen), sogenannten Verkienungen, kommen, die zum Absterben von Holzteilen führen können. Diese sogenannten «Kelobäume» waren historisch in den Tieflandkiefernwäldern Nord- und Mitteleuropas wohl weit verbreitet, gehören aber mittlerweile zu den seltensten Totholztypen (Abb. 11). Heute sind sie in größerem Umfang nur noch in abgelegenen borealen Gebieten (z. B. Karelien) und an einigen wenigen Tieflandstandorten wie dem Białowieza-Urwald anzutreffen (Niemelä et al. 2002).

Ausgeprägte Brandnarben an Kiefern, Lärchen und vereinzelt auch an Eichenarten stellen ein weiteres wichtiges Mikrohabitat für pyrophile Arten dar (Kraus et al. 2016; Abb. 12). Nur wenige Spezialisten wie die Käfer *Stephanopachys linearis* Kugelann 1792 oder *Nothorina punctata* Fabricius 1798 können die lebensfeindlichen Bedingungen einer frischen Brandnarbe, unter denen sie den Abwehrmechanismen des Baumes ausgesetzt sind, ertragen (Wikars 2002, Rydkvist & Kraus 2010).

Andere Arten wiederum nutzen die vorübergehend vegetationsfreien Verhältnisse nach Feuerereignissen für räuberische Aktivitäten, so z.B. die Laufkäfer *Sericoda quadripunctatum* De Geer 1774 (Moretti & Conedera 2003) und *Pterostichus quadrifoveolatus* Letzner 1852 (Pradella et al. 2010).

Ein Feuerereignis hinterlässt vorübergehend konkurrenzfreie Habitate mit einem beträchtlichen Nährstoffangebot. Ankommende Samen oder Sporen aus angrenzenden, ungestörten Habitaten keimen bei genügend Feuchtigkeit in großer Zahl, weshalb die Artenvielfalt unter solchen Verhältnissen rasch zunimmt (z.B. Wohlgemuth et al. 2002, Pausas & Ribeiro 2017). Das Brandmoos *(Funaria hygrometrica* Hedw.*)* ist dabei als besonderer Profiteur zu nennen. Nach einem Brand im Wallis (Schweiz) war es zwei Jahre nach dem Ereignis überall anzutreffen und in einem Drittel der 300 ha großen Brandfläche dominierte es sogar (Wohlgemuth et al. 2010).

4.1.2.5 Feueranpassungen von Ökosystemen

Je nach Häufigkeit und Intensität der Brände kommen in Ökosystemen feuerangepasste Arten vor (Moretti et al. 2010, Pausas & Paula 2012). Man kann Ökosysteme diesbezüglich in folgende Kategorien einteilen (Hardesty et al. 2005, Kraus & Goldammer 2007):

a) Feuerunabhängige Ökosysteme

In feuerunabhängigen Ökosystemen spielt Feuer normalerweise nur eine kleine oder überhaupt keine Rolle. Sie sind zu kalt, zu feucht oder zu trocken, um zu brennen. Beispiele sind die Hochgebirge, Tundren, feuchte Tropenwälder, Moore sowie Wüsten und Halbwüsten.

Abb. 12: Brandnarbe an einer alten Kiefer in Hede Urskog, Härjedalen, Schweden. (Foto: D. Kraus)

b) Feuerempfindliche Ökosysteme

Ökosysteme, die empfindlich auf Feuer reagieren, haben sich nicht mit Feuer als einem bedeutenden und wiederkehrenden Prozess entwickelt. Arten in diesen Ökosystemen zeigen nur geringe Anpassungen, um auf Feuer zu reagieren. Bereits bei niedriger Feuerintensität kann die Mortalität der betroffenen Arten hoch sein. Sowohl die Vegetationsstruktur als auch die Arteigenschaften (engl. *traits*) und -zusammensetzung neigen dazu, Entzündung und Feuerausbreitung zu hemmen. Mit anderen Worten: Solche Ökosysteme sind nicht sehr feueranfällig. Unter natürlichen, unbeeinträchtigten Bedingungen kann Feuer ein so seltenes Ereignis sein, dass diese Ökosysteme nahezu als feuerunabhängige Ökosysteme betrachtet werden können. Nutzungen dieser Ökosysteme führen zur Fragmentierung, zur Veränderung der Brennmaterialien oder zur Zunahme von Zündquellen. Zusammen mit der Häufung klimatischer Extrem- und Sondersituationen kann Feuer ein Problem werden. Wenn Feuerereignisse zunehmen, verschiebt sich das Ökosystem hin zu einer feueranfälligeren Vegetation. Nicht nur in den tropischen Regen- und Nebelwäldern verändert sich unter diesen Einflüssen die Artenzusammensetzung, auch die meisten Laubwälder der kühl-gemäßigten Zonen reagieren bei zunehmendem Feuereinfluss in derselben Weise.

c) Feuerabhängige Ökosysteme

Wo Feuer in regelmäßigen Abständen auftritt, passen sich Arten in einer Weise an, dass Feuer ein notwendiger Prozess für deren Vorkommen darstellt. Aufgrund dieser Anpassungen kann Feuer für die Fortpflanzung und für die Samenausbreitung notwendig sein. Entsprechend sind Ökosysteme mit solchen Arten entflammbar und für Feuer anfällig. Sie werden deshalb auch häufig feuerangepasste oder feueraufrechterhaltende Ökosysteme genannt. Wenn Feuer ausgeschlossen wird oder wenn das Feuerregime über seine natürliche Variabilität hinaus verändert wird, verändert sich auch das Ökosystem, wodurch Habitate und Arten verloren gehen. Beispiele für natürliche feuerabhängige Systeme sind die borealen Nadelwälder der westlichen Taiga und viele mediterrane Kiefernwaldgesellschaften. Atlantische Heidelandschaften in Europa und mediterrane Strauchformationen (z. B. Macchia, Garrigue) sind ebenfalls feuerabhängig, doch entwickelten sich diese Systeme unter dem Einfluss des Menschen (Mazzoleni 1993, Miles 1993).

4.1.3 Umgang mit Vegetationsbränden

4.1.3.1 Einsatz von Feuer im Waldbau und zur Renaturierung von Wäldern

Die Nachahmung von natürlichen Störungen (engl. *natural disturbance emulation*, NDE) wird oft als Grundprinzip für eine ökologisch nachhaltige Waldbewirtschaftung betrachtet (Bergeron et al. 2002, Korpilahti & Kuuluvainen 2002). Bereits im 19. Jahrhundert wurde in Europa die Idee entwickelt, natürliche Waldstrukturen und -entwicklungsmuster als Vorbild für eine nachhaltige Waldbewirtschaftung anzusehen. In seinem Aufsatz «Das Bodenfeuer als Freund des Forstmanns» beschrieb Conrad (1925) Erfahrungen und Hypothesen zur Rolle des Feuers zur Herbeiführung von Naturverjüngung von Kiefer und Fichte. Auf einer Reise zu den Urwäldern der Rhodopen prägte Müller (1929) den Begriff «Branddurchforstung», nachdem er die positive Wirkung von niedrig-intensiven Bodenfeuern auf die Struktur von einförmigen Kiefernbeständen beobachtet hatte.

Aktuelle Ansätze in der Waldbewirtschaftung betonen die Erhaltung von Ökosystemintegrität, -resilienz und Artenvielfalt durch die Einhaltung von ökologischen Prinzipien (Drever et al. 2006). Die NDE zielt strategisch auf die Umsetzung waldbaulicher Praktiken, die Bestandsstrukturen und -prozesse von Wäldern mit natürlichen Störungsregimen reproduzieren und erhalten. Im Wesentlichen sollen waldbauliche Verfahren entwickelt und angewendet werden, die sich an die grundlegenden ökologischen Auswirkungen von Störungen anlehnen. Dem liegt die Hypothese zugrunde, dass durch das Nachahmen von störungsbedingten Waldstrukturen der Großteil der Waldprozesse langfristig stabiler abläuft als in konventionell be-

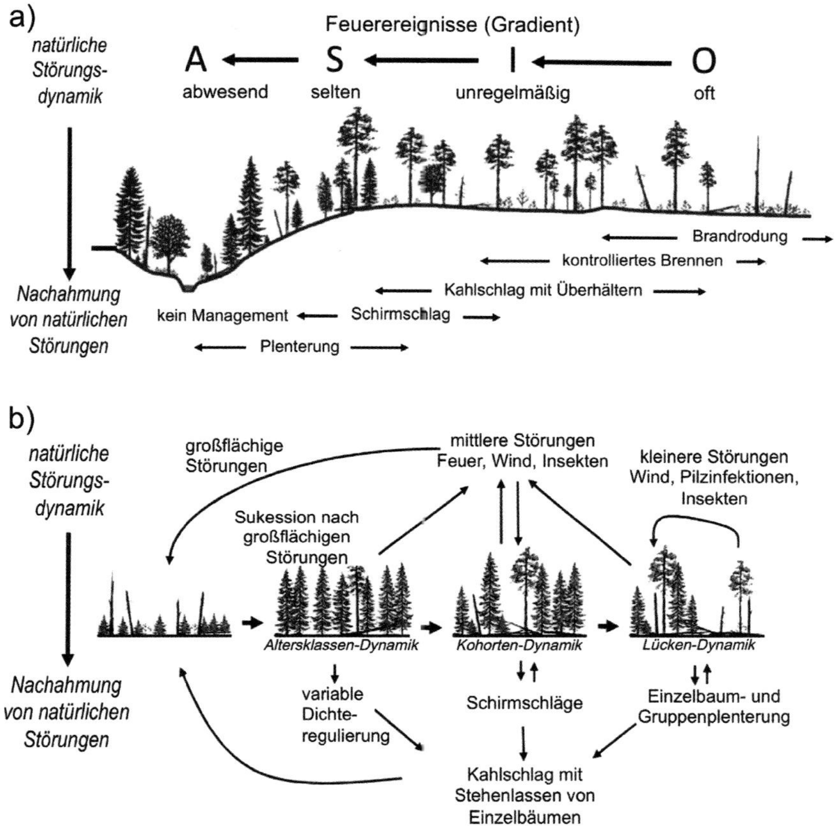

Abb. 13: a) ASIO-Modell nach Angelstam (1998) und b) Multi-Kohorten-Modell nach Bergeron et al. (1999).

wirtschafteten Wäldern. Bisher sind nur wenige explizite Richtlinien entworfen worden, um die Störungsdynamik in die Waldbewirtschaftung einzubeziehen. Beispiele für die Berücksichtigung von Feuerstörungen im Waldbau sind das «ASIO-Modell» (Angelstam 1998) und das «Multi-Kohorten-Modell» (Bergeron et al. 2002; Abb. 13).

Oft dienten NDE-Modelle als Grundlage für großflächige Kahlschlagbewirtschaftung in borealen Wäldern, da die Heterogenität der borealen Feuerregime stark unterschätzt wurde. Neuere Studien haben jedoch mittlerweile gezeigt, dass auch kleine bis mittlere Feuerereignisse typisch für boreale Feuerregime sind, weshalb auch Waldbaumodelle infrage kommen, die eine Lückendynamik durch niedrig-intensive Brände nachahmen (Kuuluvainen 2002).

Weltweit wird die Renaturierung von Waldökosystemen als ein wichtiges Instrument gesehen, um Ökosystemleistungen zu erhalten und den Verlust von Artenvielfalt zu mindern. Hierbei steht das Bemühen im Vordergrund, einen ursprünglichen Lebensraum so weit wie möglich wiederherzustellen, wodurch natürliche Waldprozesse ablaufen und frühere Waldfunktionen wieder erfüllt werden. Das Leitbild hierzu ist ein Wald, der nach naturschutzfachlichen Kriterien qualitativ hochwertig ist. Eine Erfolg versprechende Möglichkeit, solche Zielvorgaben zur Überführung von strukturarmen, einförmigen Be-

Abb. 14: Ablaufschema eines kontrollierten Brandes in einem lockeren Kiefern-Fichten-Bestand. a) Entlang einer natürlichen Barriere (Flusslauf, anstehender Fels, feuchte Stellen im Gelände) wird ein Gegenwindfeuer gelegt, das an den Flanken durch Kontrolllinien (freigelegten Mineralboden, Forststraßen) in seiner Ausbreitung begrenzt wird. In Ausbreitungsrichtung (gegen den Wind) werden zur Unterstützung und Lenkung der Feuerintensität Punktfeuer gelegt, deren Dichte dem Gelände und der Ausbreitungsgeschwindigkeit angepasst wird. b) Die kleinflächig variable Feuerintensität führt zu einem abwechslungsreichen Brandmosaik, in dem zwar einzelne unterständige Bäume absterben, Totholz und stellenweise Unterwuchs aber erhalten bleiben. (Foto: D. Kraus)

ständen in vielfältige Waldlebensräume zu erreichen, ist das Zulassen bzw. die Wiedereinführung von Störungen, die natürlicherweise die Ausformung von Lebensräumen auslösen (Arno & Fiedler 2005).

Feuer ist in vielen Wäldern, so z. B. in borealen Gebieten Nordeuropas, einer der wichtigsten strukturgebenden Faktoren. In historischer Zeit führte dort die Waldnutzung zur Erhöhung der Brandhäufigkeit. Mit der Einführung der modernen Forstwirtschaft haben die Feuerstörungen stark abgenommen. Insbesondere werden heute auch die natürlich auftretenden Brände unterdrückt, sodass nur ein geringer Anteil der borealen Wälder in Finnland und Schweden noch von Feuer beeinflusst ist. Die Anwendung von kontrolliertem Feuer ist eines der effektivsten Mittel zur Wiederherstellung und Erhöhung der Vielfalt von borealen Waldgesellschaften (Rydkvist & Kraus 2010). Waldbestände, die sich für die Anwendung von kontrolliertem Abbrennen eignen, werden zwischen Mai und Ende August gebrannt, wobei nur an wenigen Tagen im Jahr geeignete Brennbedingungen herrschen (Similä & Junninen 2012). Natürliche Waldbrände sind in diesen Waldökosystemen nur selten so intensiv, dass ganze Bestände durch Kronenfeuer abbrennen (Pitkänen & Huttunen 1999) und dabei offene Lebensräume mit großen Mengen Totholz entstehen. Üblicherweise finden wenig intensive Bodenfeuer statt, denen nur wenige Bäume zum Opfer fallen. Trotzdem verändern sie die Bestandsstruktur nachhaltig, da sich das Baumwachstum nach einem Brandereignis deutlich differenziert. Mit kontrollierten Bränden (Abb. 14) sollen diese Eigenschaften nachgeahmt und die positiven Effekte gezielt genutzt werden. Dabei sollen je nach Zielsetzung zwischen 25–75 % des Baumbestandes lebend erhalten werden. Es wird ein Mosaik von gebrannten und ungebrannten Flächen innerhalb der Brandfläche angestrebt, um eine hohe Nischendichte zu schaffen.

4.1.3.2 Globale Veränderungen und Waldbrandgeschehen in Europa

Bedingt durch Landnutzungsänderungen in der zweiten Hälfte des 20. Jahrhunderts, lässt sich vor allem im südeuropäischen Raum ein Anstieg der Häufigkeit und Intensität von Waldbränden feststellen (Valese et al. 2014). Waldbrände in dieser Region werden heute ungeachtet ihrer tatsächlichen Größe und Auswirkungen überwiegend als destruktiv und schädlich eingestuft. In den Statistiken des Joint Research Centers (JRC) der EU hat die Zahl der Waldbrände im Zeitraum von 1980 bis 2006 stark zugenommen. Jedes Jahr fallen im Durchschnitt etwa 600 000 Hektar Wald den Flammen zum Opfer (San-Miguel-Ayanz & Camia 2009, Rego et al. 2010). Im Durchschnitt werden jährlich mehr als 50000 Waldbrände gezählt, wobei die meisten Feuer in Südeuropa, im östlichen Teil Mitteleuropas und in Skandinavien stattfinden (Abb. 15; San-Miguel-Ayanz & Camia 2009).

Der Großteil der Brände wird vom Menschen verursacht und betrifft in der Regel kleine Flächen. Waldbrände mit einer Mindestgröße von 50 ha sind viel weniger häufig (2,6 %), machen aber 75 % der gesamten Fläche an verbranntem Wald aus (JRC 2007) – ein deutlicher Hinweis auf die zunehmende Gefährdung der Wälder durch Großbrände.

Als Reaktion auf immer neue Generationen von Waldbränden (siehe Tab. 4.1.4) wurden in Europa vorrangig die Ressourcen in der Waldbrandbekämpfung erhöht, mit dem Ergebnis,

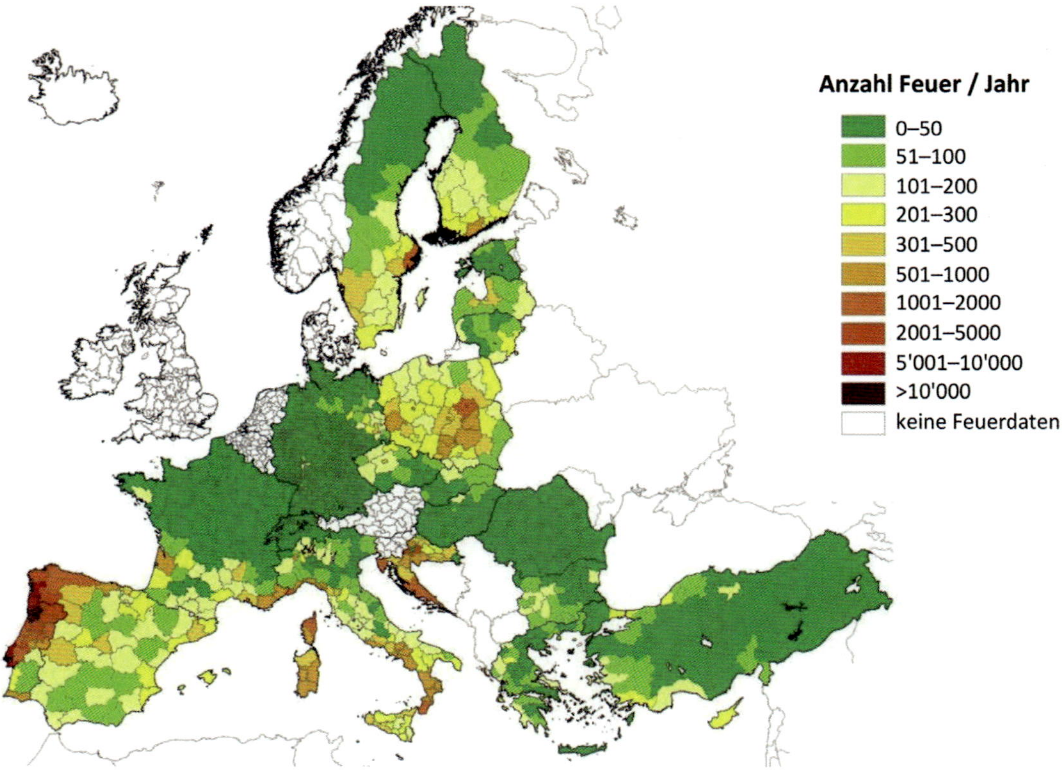

Abb. 15: Mittlere jährliche Anzahl Feuer in Verwaltungseinheiten europäischer Länder im Zeitraum 1998–2007 (Quellen: San-Miguel-Ayanz & Camia 2009, Schuck et al. 2010).

dass kleine und mittlere Brände mit großem Erfolg unterdrückt wurden. Trotz der hohen Investitionen in Bekämpfungsmaßnahmen nehmen aber Größe, Ausbreitungsgeschwindigkeit und Intensität von Waldbränden zu, mit oft unkontrollierbaren Konsequenzen. Dieses Phänomen ist auch als das Waldbrand-Paradoxon (engl. *fire paradox*) bekannt. Demnach führte gerade die Reduzierung von Waldbränden geringer bis mittlerer Größe zu den Großbränden des letzten Jahrzehnts, weshalb die Brandbekämpfung in ihrer Auswirkung somit einer negativen Auslese der Waldbrandereignisse gleichkommt (Costa et al. 2010). Je nach Intensität der Waldbrände unterscheiden sich die Brandfolgen erheblich, mit langfristigen Konsequenzen. Während geringe bis mittlere Feuerintensitäten eine weitgehend feuerresistente Waldstruktur schaffen können, werden durch hochintensive Waldbrände alle Strukturen zerstört. Durch die Etablierung von Strauchformationen werden solche vollständig verbrannten Gebiete anfälliger für weitere Brände mit kürzeren Rückkehrintervallen (Costa et al. 2010).

Die Zunahme von katastrophalen Großbränden im Laufe der letzten zehn Jahre – sogenannten Megafeuer-Ereignissen, wie etwa jene, die in Portugal 2003 und 2017, in Spanien 2006, in Griechenland 2009 und in Italien 2017 stattfanden – gibt Anlass zur Sorge. Diese verheerenden und fast unkontrollierbaren Waldbrände stellen eine neue Generation von Waldbränden dar, die in der europäischen Wald-

Tab. 4: Waldbrandgenerationen in euromediterranen Landschaften seit den 1950er-Jahren (nach Costa et al. 2010).

Beschreibung	Waldbrandtyp	Bekämpfung und Reaktion
1950- und 60er-Jahre		
Die Kontinuität der Vegetationsbedeckung führt zu großem Umfangswachstum der Feuerfront, die kaum durch Ackerland unterbrochen ist.	Waldbrände zwischen 1000 und 5000 ha. Bodenfeuer, windgetrieben.	Traditionelle Waldbrandbekämpfung, basierend auf lokalen Ressourcen. Ausbau von Löschwasserentnahmestellen und Infrastruktur wie z. B. Zufahrtswegen.
1970er- und 80er-Jahre		
Ausbreitungsgeschwindigkeit. Die Anhäufung von brennbarer Biomasse führt zu schnellen Lauffeuern mit Flugfeuerentwicklung. Die Brände überspringen die Haltelinien.	Waldbrände zwischen 5000 und 10000 ha. Windgetrieben und vom Gelände dominiert.	Dichtes Überwachungsnetzwerk mit Feuertürmen und Patrouillen, Betonung eines starken Erstangriffs mit Löschfahrzeugen, Luftfahrzeuge werden vermehrt eingesetzt.
1990er-Jahre		
Feuerintensität. Die Anhäufung von brennbarer Biomasse erreicht den Kronenschluss: Kronenbrände und hohes konvektives Potenzial der Waldbrände sind die Folge. Kontrollmöglichkeiten sind gering.	Kronenbrände mit weiter Flugfeuerentwicklung. Waldbrände zwischen 10000 und 20000 ha. Extreme Hitzewellen verstärken die hochintensiven Brände.	Risikomodellierung und analytische Werkzeuge gewinnen an Bedeutung, Feuer als Bekämpfungswerkzeug wird wieder eingeführt, Feuerbekämpfung aus der Luft wird verstärkt.
Ab 2000 (a)		
Siedlungs- und Industriegebiete dringen in Wald- und Brachland vor **(Wildland-Urban Interface)** und werden zunehmend von Waldbränden bedroht.	Waldbrände im Übergangsbereich von Siedlungen zu Brachland/Waldvegetation, größer als 1000 ha.	Die Landschaftsentwicklung führt zu neuen Situationen im Übergangsbereich von Siedlungen und Brachland: Vom Angriff zur Verteidigung. Simulatoren, GIS und GPS-Anwendungen werden eingeführt.
Ab 2000 (b)		
Megafeuer. Risikogebiete werden mit mehreren extrem intensiven und schnellen Großbränden konfrontiert.	Simultane Großbrände mit Vollfeuerentwicklung und Gefährdung von Siedlungsbereichen.	In der aktuellen Situation werden neue Herangehensweisen und Kompetenzen nötig. Internationale Kooperation und Informationsaustausch, sowie Teilen von Ressourcen sind unabdingbar.

brandgeschichte bis vor Kurzem noch unbekannt war (Tab. 4.1.4).

Erfahrungen aus anderen Teilen der Welt zeigen, dass der Ursprung des Megafeuer-Phänomens im Mittelmeerraum nur teilweise als Folge des globalen Klimawandels, insbesondere von veränderten Niederschlagsregime, erklärt werden kann. Großbrände sind hauptsächlich einer gravierenden Landschaftsveränderung geschuldet, die durch Nutzungsaufgabe und Landflucht eine kontinuierliche und stetig anwachsende Brandlast hinterlässt. Eine Zunahme der Durchschnittstemperaturen und Trockenperioden verstärkt nur die Symptome eines Phänomens mit einer viel längeren Inkubationszeit, das seinen Ursprung in weitreichenden Landschaftsveränderungen seit dem frühen 20. Jahrhundert hat (Castellnou & Miralles 2009).

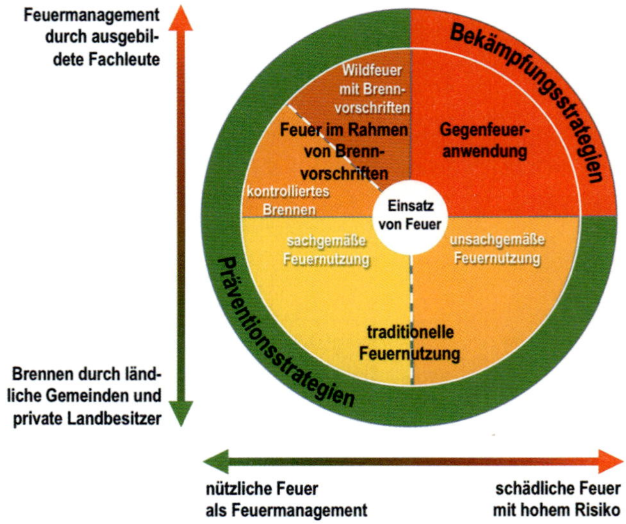

Abb. 16: Integratives Feuermanagement als Kombination von Präventions- und Bekämpfungsstrategien mit der Feueranwendung als zentralem Element (Quellen: Schuck et al. 2010, Silva et al. 2010).

4.1.3.3 Lösungsansätze – Integratives Feuermanagement

Im mediterranen Raum kam die traditionelle Feuernutzung zu einem Ende, nachdem viele Landnutzungsformen aufgegeben wurden und ein regelrechter Exodus vom Land in die Stadt stattfand. Eine zunehmend urbane Gesellschaft war bald nicht mehr in der Lage, die Rolle des Feuers in der Landschaft zu erkennen. In der Folge erlangte die schnelle und effektive Bekämpfung sämtlicher Waldbrandereignisse hohe Priorität in den betroffenen Ländern. Ebenfalls wurde der Aufbau schlagkräftiger Feuerwehrstrukturen sowie die Vorhaltung großer Löschflotten forciert. Diese Entwicklung fördert entsprechend dem Waldbrand-Paradoxon die Brandgefahr. Um dieser Entwicklung zu begegnen, sind neue und innovative Konzepte gefragt. Um die Waldbrandgefahr zu reduzieren, müssen die Konzepte die Landschaftsplanung und gezielte waldbauliche Maßnahmen berücksichtigen. Der hier angedeutete präventive Ansatz wird auch mit dem Begriff Integratives Feuermanagement umschrieben (Abb. 16). Dabei sollen vor allem Möglichkeiten der zielorientierten Landschaftsplanung und waldbaulicher Maßnahmen angewandt werden, welche die Brandlast, d. h. die brennbare akkumulierte Biomasse, deutlich verringern sollen (Piñol et al. 2007, Costa et al. 2010).

Die Grundprinzipien des Integrativen Feuermanagements werden im Folgenden kurz erläutert (Silva et al. 2010):

- Integratives Feuermanagement (engl. *integrated fire management*): Ein Konzept für die Planung und Umsetzung von Feuer mit dem Ziel einer Schadensminimierung durch intensive Nutzung von Feuer unter Einbezug sozialer, ökonomischer, kultureller und ökologischer Aspekte. Das Integrative Feuermanagement kombiniert Präventions- und Bekämpfungsstrategien bzw. -techniken und regelt deren Anwendung durch Fachpersonal sowie traditionelle Feuernutzung.
- Traditionelle Feuernutzung (engl. *traditional fire use*): Feuernutzung im ländlichen Raum zum Land- und Ressourcenmanagement, basierend auf traditionellem Wissen. Sachgemäße Anwendungen folgen gesetzlichen Vorschriften und unterliegen der guten fachlichen Praxis (engl. *good practice*).
- Kontrolliertes Abbrennen (engl. *prescribed burning*): Anwendung von Feuer unter Umweltbedingungen, die es erlauben, das Feuer innerhalb eines begrenzten, ausgewählten Gebietes einzusetzen, um geplante Managementziele zu erreichen. Damit wird die Brandlast in Beständen außerhalb der Waldbrandsaison vermindert oder die Ausdifferenzierung von Bestandsstrukturen gesteuert.

– Gegenfeueranwendung (engl. *suppression fire*; Abb. 16): Der Einsatz von Feuer als Werkzeug zur Bekämpfung von Waldbränden. Im Allgemeinen wird zwischen der Beseitigung von Brennmaterial vor der Feuerfront durch Abbrennen (Vorfeuer) und dem echten Gegenfeuer unterschieden, bei dem der herannahenden Feuerfront von einer sicheren Linie aus ein Feuer entgegengelegt wird. Dabei muss der Zeitpunkt so abgepasst werden, dass das Gegenfeuer von der Feuerfront durch die entstehende Konvektion angezogen wird (Sogwirkung) und somit eine weitere Ausbreitung verunmöglicht wird.

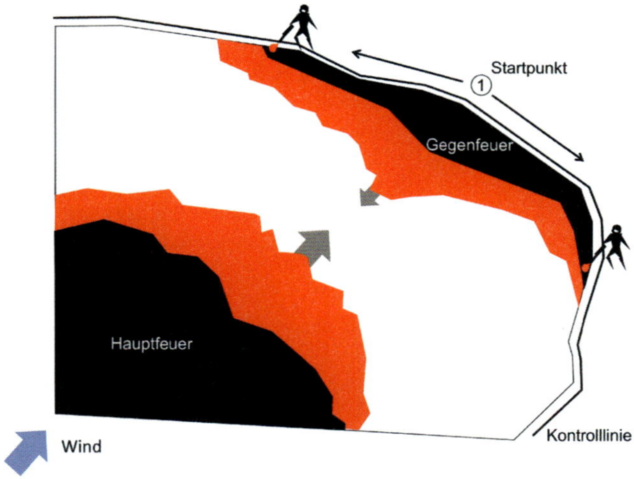

Abb. 17: Schematische Darstellung eines Gegenfeuers: Entgegen der Windrichtung und der herannahenden Feuerfront wird von einer sicheren Linie ein Gegenfeuer gelegt, das die weitere Ausbreitung eines Waldbrandes verhindern soll.

Ziel dieses Integrativen Feuermanagements ist die Einbindung von traditioneller und moderner Feueranwendung und die gewinnbringende Ausnutzung von Waldbrandregimen mittlerer bis geringer Störungsintensität zur Wiederherstellung einer gegen Großbrände weitgehend resistenten Landschaft (Abb. 17).

Eine flächendeckende Umsetzung mit den entsprechenden Maßnahmen ist nur schwer zu realisieren, doch werden entscheidende Neuerungen in dieser Richtung in verschiedenen europäischen Ländern bereits erprobt. Hierzu zählt einerseits die Anwendung analytischer Verfahren zur Identifizierung strategisch wichtiger Punkte im Gelände (Castellnou & Miralles 2009, Costa et al. 2010, Molina et al. 2010), wo mit gezielten Maßnahmen wie kontrollierter Feueranwendung und landschaftsplanerischen Maßnahmen der Ausbreitung von Waldbränden vorgebeugt wird. Anderseits werden Methoden und Techniken der Gegenfeueranwendung entwickelt, um katastrophale Brände mit extremem Feuerverhalten zu entschleunigen und einzudämmen (Castellnou et al. 2010, Miralles et al. 2010). In beiden Bereichen steht die nutzbringende Anwendung von Feuer im Vordergrund, um das Waldbrand-Paradoxon zu lösen.

Literatur

- Agee JK (1993) Fire ecology of Pacific Northwest forests. Island Press, Washington, DC. 493 p.
- Angelstam PK (1998) Maintaining and restoring biodiversity in European boreal forests by developing natural disturbance regimes. J. Veg. Sci. 9: 593–602.
- Archibald S, Roy DP, Van Wilgen BW, Scholes RJ (2009) What limits fire? An examination of drivers of burnt area in Southern Africa. Glob. Change Biol. 15: 613–630.
- Arno S, Fiedler C (2005) Mimicking nature's fire: Restoring fire-prone forests in the west. Island Press, Washington, DC. 247 p.
- Atahan P, Dodson JR, Itzstein-Davey F (2004) A fine-resolution Pliocene pollen and charcoal record from Yallalie, southwestern Australia. J. Biogeogr. 31: 199–205.

- Bergeron Y, Harvey B, Leduc A, Gauthier S (1999) Forest management guidelines based on natural disturbance dynamics: Stand- and forest-level considerations. Forest. Chron. 75: 49–54.
- Bergeron Y, Leduc A, Harvey BD, Gauthier S (2002) Natural fire regime: A guide for sustainable management of the Canadian boreal forest. Silva Fenn. 36: 81–95.
- Bond WJ, Van Wilgen BW (1996) Fire and plants. Chapman & Hall, London. 263 p.
- Bond WJ, Keeley JE (2005) Fire as a global «herbivore»: the ecology and evolution of flammable ecosystems. Trends Ecol. Evol. 20: 387–394.
- Bowman D, Balch J, Artaxo P, Bond WJ, Cochrane MA, D'Antonio CM, Defries R, Johnston FH, Keeley JE, Krawchuk MA, Kull CA, Mack M, Moritz MA, Pyne S, Roos CI, Scott AC, Sodhi NS, Swetnam TW (2011) The human dimension of fire regimes on Earth. J. Biogeogr. 38: 2223–2236.
- Bradshaw SD, Dixon KW, Hopper SD, Lambers H, Turner SR (2011) Little evidence for fire-adapted plant traits in Mediterranean climate regions. Trends Plant Sci. 16: 69–76.
- Carcaillet C, Bergman I, Delorme S, Hornberg G, Zackrisson O (2007) Long-term fire frequency not linked to prehistoric occupations in northern Swedish boreal forest. Ecology 88: 465–477.
- Carrión JS (2002) Patterns and processes of Late Quaternary environmental change in a montane region of south-western Europe. Quarternary Sci. Rev. 21: 2047–2066.
- Castellnou M (1996) Reconstrucción de la progresión de los incendios históricos y su efecto moldeador en la vegetación: Ribera d´Ebre. In: González JM (ed.) Seminario sobre Incendios Forestales. 16–18 decembre 1996. Centre Tecnològic Forestal de Catalunya, Solsona. pp. 207–223.
- Castellnou M, Miralles M (2009) The great fire changes in the Mediterranean – the example of Catalonia, Spain. Crisis Response 5/4: 56–57.
- Castellnou M, Kraus D, Miralles M, Delogu G (2010) Suppression fire use in learning organizations. In: Silva JS, Rego F, Fernandes P, Rigolot E (eds) Towards integrated fire management – Outcomes of the European project Fire Paradox. EFI Research Report 23. pp. 189–201.
- Clark JS, Merkt J, Müller H (1989) Post-glacial fire, vegetation, and human history on the northern Alpine forelands, south-western Germany. J. Ecol. 77: 897–925.
- Colombaroli D, Marchetto A, Tinner W (2007) Long-term interactions between Mediterranean climate, vegetation and fire regime at Lago di Massaciuccoli (Tuscany, Italy). J. Ecol. 95: 755–770.
- Conedera M, Cesti G, Pezzatti GB, Zumbrunnen T, Spinedi F (2006) Lightning-induced fires in the Alpine region: An increasing problem. Forest Ecol. Manag. 234S: S68.
- Conedera M, Lucini L, Holdenrieder O (2007) Pilze als Pioniere nach Feuer. Wald Holz 11/07: 45–48.
- Conedera M, Colombaroli D, Tinner W, Krebs P, Whitlock C (2017) Insights about past forest dynamics as a tool for present and future forest management in Switzerland. Forest Ecol. Manag. 388: 100–112.
- Conrad A (1925) Das Bodenfeuer als Freund des Forstmannes. Forstl. Wochenschr. Silva 13: 139–141.
- Costa P, Larrañaga A, Castellnou M, Miralles M, Kraus D (2010) Prevention of large wildfires using the Fire Types Concept. EU Fire Paradox Publication, Barcelona. 87 p.
- Diemont WH (1996) Survival of Dutch heathlands. PhD Thesis. Wageningen Agricultural University, Wageningen, the Netherlands. 80 p.
- Dodson JR (2001) Holocene vegetation change in the mediterranean-type climate regions of Australia. Holocene 11: 673–680.
- Drever CR, Peterson G, Messier C, Bergeron Y, Flannigan M (2006) Can forest management based on natural disturbances maintain ecological resilience? Can. J. For. Res. 36: 2285–2299.

- Franco-Múgica N, García-Antón M, Maldonado-Ruiz J, Morla-Juaristi C, Sainz-Ollero H (2005) Ancient pine forest on inland dunes in the Spanish northern meseta. Quaternary Res. 63: 1–14.
- Goldammer JG (2007) Feuerökologie – Einführung und Durchsetzung eines Begriffs. In: Busch B (Hrsg.) Jetzt ist die Landschaft ein Katalog voller Wörter. Beiträge zur Sprache der Ökologie. Valerio Bd. 5. Deutsche Akademie für Sprache und Dichtung, Wallstein Verlag, Göttingen. S. 119–127.
- González JM, Veblen T, Sibold JS (2009) Influence of fire severity on stand development of *Araucaria araucana–Nothofagus pumilio* stands in the Andean cordillera of south-central Chile. Austral Ecol. 35: 597–615.
- Granström A (1993) Spatial and temporal variation in lightning ignitions in Sweden. J. Veg. Sci. 4: 737–744.
- Greene DF, Hesketh M, Pounden E (2010) Emergence of morel (Morchella) and pixie cup *(Geopyxis carbonaria)* ascocarps in response to the intensity of forest floor combustion during a wildfire. Mycologia 102: 766–773.
- Hardesty J, Myers RL, Fulks W (2005) Fire, ecosystems, and people: a preliminary assessment of fire as a global conservation issue. George Wright Forum 22: 78–87.
- Harvey BD, Donato DC, Romme WH, Turner MG (2013) Influence of recent bark beetle outbreak on fire severity and postfire tree regeneration in montane Douglas-fir forests. Ecology 94: 2475–2486.
- Heikinheimo O (1915) Kaskiviljelytesen vaikutus Suomen metsin. Referat: Die Einflüsse der Brandwirtschaft auf die Wälder Finnlands. Acta Forest. Fenn. 4/2: 1–263.
- Holling CS, Gunderson LH (2002) Resilience and adaptive cycles. In: Gunderson LH, Holling CS (eds). Island Press, Washington. pp. 25–62.
- Holst-Jørgensen B (1993) Erfahrungen beim Erhalt von Heideflächen im staatlichen Walddistrikt Ulfborg, Jütland. NNA-Berichte 6 (3): 67–79.
- Jonsson BG, Siitonen J (2013) Managing for target species. In: Kraus D, Krumm F (eds) Integrative approaches as an opportunity for the conservation of forest biodiversity. European Forest Institute. pp. 134–143.
- JRC (2007) Forest fires in Europe 2006. EC Joint Research Centre, Institute for Environment and Sustainability, Ispra, Italy. 77 p.
- Kapp G (1984) Agroforstwirtschaft in Deutschland. Der Waldfeldbau im 18. und 19. Jahrhundert. AFZ-Der Wald 155: 266–270.
- Keeley JE, Fotheringham CJ (2001) Historic fire regime in Southern California shrublands. Cons. Biol. 15: 1536–1548.
- Keeley JE, Pausas JG, Rundel PW, Bond WJ, Bradstock RA (2011) Fire as an evolutionary pressure shaping plant traits. Trends Plant Sci. 16: 406–411.
- Korpilahti E, Kuuluvainen T (2002) Disturbance dynamics in boreal forests: Defining the ecological basis of restoration and management of biodiversity. Silva Fenn. 36: 1–447.
- Kraus D, Goldammer JG (2007) Fire regimes and ecosystems: An Overview of fire ecology in tropical ecosystems. In: Schmerbeck J, Hiremath A, Ravichandran C (eds) Forest fires in India: Workshop proceedings, Madurai, India, February 19–23, 2007. ATREE, Bangalore, India & Inst. Silviculture, Freiburg i.Br. pp. 9–13.
- Kraus D, Bütler R, Krumm F, Lachat T, Larrieu L, Mergner U, Paillet Y, Rydkvist T, Schuck A, Winter S (2016) Catalogue of tree microhabitats – Reference field list. Integrate Technical Paper. 16 p.
- Krawchuk MA, Moritz MA (2011) Constraints on global fire activity vary across a resource gradient. Ecology 92: 121–132.
- Krawchuk MA, Moritz MA, Parisien MA, Van Dorn J, Hayhoe K (2009) Global Pyrogeography: the Current and Future Distribution of Wildfire. Plos One 4:
- Kuuluvainen T (2002) Disturbance dynamics in boreal forests: Defining the ecological basis of restoration and management of biodiversity. Silva Fenn. 36: 5–11.

- Lázaro A (2010) Development of prescribed burning and suppression fire in Europe. In: Montiel C, Kraus D (eds) Best practices of fire use – prescribed burning and suppression fire programmes in selected case-study regions in Europe. EFI Research Report 24. pp. 17–31.
- Lázaro A, Montiel C (2010) Overview of prescribed burning policies and practices in Europe and other countries. In: Silva JS, Rego F, Fernandes P, Rigolot E (eds) Towards integrated fire management – Outcomes of the European project Fire Paradox. EFI Research Report 23. pp. 138–150.
- Marlon JR, Bartlein PJ, Daniau AL, Harrison SP, Maezumi SY, Power MJ, Tinner W, Vanniere B (2013) Global biomass burning: a synthesis and review of Holocene paleofire records and their controls. Quarternary Sci. Rev. 65: 5–25.
- Mazzoleni S (1993) Incendi e vegetazione mediterranea. In: Mazzoleni S, Aronne G (eds) Introduzione all'ecologia degli incendi. Liguori, Napoli. pp. 43–72.
- Mazzoleni S, Carteni F, Bonanomi G, Senatore M, Termolino P, Giannino F, Incerti G, Rietkerk M, Lanzozi V, Chiusano ML (2015) Inhibitory effects of extracellular self-DNA: a general biological process? New Phytol. 206: 127–132.
- Miles J (1993) Gli effetti degli incendi boschivi. In: Mazzoleni S, Aronne G (eds) Introduzione all'ecologia degli incendi. Liguori, Napoli. pp. 13–27.
- Miralles M, Kraus D, Molina D, Loureiro C, Delogu G, Ribet N, Vilalta O (2010) Improving suppression fire capacity. In: Silva JS, Rego F, Fernandes P, Rigolot E (eds) Towards integrated fire management – Outcomes of the European project Fire Paradox. EFI Research Report 23. pp. 203–215.
- Molina D, Castellnou M, García-Marco D, Salgueiro A (2010) Improving fire management success through fire behaviour specialists. In: Silva JS, Rego F, Fernandes P, Rigolot E (eds) Towards integrated fire management – Outcomes of the European project Fire Paradox. EFI Research Report 23. pp. 105–119.
- Moretti M, Conedera M (2003) Waldbrände im Kreuzfeuer. Gaia 12: 275–279.
- Moretti M, De Caceres M, Pradella C, Obrist MK, Wermelinger B, Legendre P, Duelli P (2010) Fire-induced taxonomic and functional changes in saproxylic beetle communities in fire sensitive regions. Ecography 33: 760–771.
- Müller KM (1929) Aufbau, Wuchs und Verjüngung der südosteuropäischen Urwälder: eine waldbauliche Studie über den Urwald unserer Zone überhaupt. Schaper, Hannover. 322 S.
- Niemelä T, Wallenius T, Kotiranta H (2002) The Kelo tree, a vanishing substrate of specified wood-inhabiting fungi. Polish Bot. J. 47: 91–101.
- Niklasson M, Granström A (2000) Numbers and sizes of fires: Long-term spatially explicit fire history in a Swedish boreal landscape. Ecology 81: 1484–1499.
- Niklasson M, Zin E, Zielonka T, Feijen M, Korczyk AF, Churski M, Samojlik T, Jędrzejewska B, Gutowski JM, Brzeziecki B (2010) A 350-year tree-ring fire record from Białowieża Primeval Forest, Poland: implications for Central European lowland fire history. J. Ecol. 98: 1319–1329.
- Pausas JC, Fernándes-Muñoz S (2012) Fire regime changes in the Western Mediterranean Basin: from fuel-limited to drought-driven fire regime. Clim. Change 110: 215–226.
- Pausas JG, Paula S (2012) Fuel shapes the fire-climate relationship: evidence from Mediterranean ecosystems. Glob. Ecol. Biogeogr. 21: 1074–1082.
- Pausas JG, Ribeiro E (2017) The global fireproductivity relationship. Glob. Ecol. Biogeogr. 22: 728–736.
- Piñol J, Castellnou M, Beven KJ (2007) Conditioning uncertainty in ecological models: Assessing the impact of fire management strategies. Ecol. Model. 207: 34–44.
- Pitkänen A, Huttunen P (1999) A 1300-year forest-fire history at a site in eastern Finland based on charcoal and pollen records in laminated lake sediment. Holocene 9: 311–320.
- Pradella C, Wermelinger B, Obrist MK, Duelli P, Moretti M (2010) On the occurrence of five pyrophilous beetle species in the Swiss Central Alps (Leuk, Canton

Valais). Mitt. Schweiz Entomol. Ges. 83: 187–197.
- Rego F, Rigolot E, Fernandes P, Montiel C, Silva JS (2010) Towards integrated fire management. EFI Policy Brief 4: 16.
- Rydkvist T, Kraus D (2010) Prescribed burning for nature conservation in Västernorrland, Sweden. In: Montiel C, Kraus D (eds) Best practices of fire use – prescribed burning and suppression fire programmes in selected case-study regions in Europe. EFI Research Report 24. pp. 47–60.
- San-Miguel-Ayanz J, Camia A (2009) Forest Fires at a glance: facts, figures and trends in the EU. In: Birot Y (ed.) Living with Wildfires: what Science can tell us. EFI Discussion Paper 15. European Forest Institute. pp. 11–18.
- Schuck A, Kraus D, Rego F, Montiel C, Castellnou M (2010) Reduzierung von Waldbrandgefahren durch Integratives Feuermanagement. AFZ/DerWald 9/2010: 36–37.
- Schütz S, Weißbecker B, Hummel HE, Apel KH, Schmitz H, Bleckmann H (1999) Insect antenna as a smoke detector. Nature 398: 298–299.
- Silva JS, Rego F, Fernandes P, Rigolot E (2010) Towards integrated fire management: Outcomes of the European project Fire Paradox. European Forest Institute Research Report 23, Joensuu. 228 p.
- Simard M, Romme WH, Griffin JM, Turner MG (2011) Do mountain pine beetle outbreaks change the probability of active crown fire in lodgepole pine forests? Ecol. Monogr. 81: 3–24.
- Similä M, Junninen K (2012) Ecological restoration and management in boreal forests – best practices from Finland. Metsähallitus, Natural Heritage Services, Vantaa. 50 p.
- Stokland J, Siitonen J (2012) Mortality factors and decay succession. In: Stokland J, Siitonen J, Jonsson BG (eds) Biodiversity in dead wood. Cambridge University Press, Cambridge. pp. 521.
- Tinner W, Hubschmid P, Wehrli M, Ammann B, Conedera M (1999) Long-term forest fire ecology and dynamics in southern Switzerland. J. Ecol. 87: 273–289.
- Tinner W, Conedera M, Ammann B, Lotter AF (2005) Fire ecology north and south of the Alps since the last ice age. Holocene 15: 1214–1226.
- Tinner W, Van Leeuwen JFN, Colombaroli D, Vescovi E, Van Der Knaap WO, Henne PD, Pasta S, D'Angelo S, La Mantia T (2009) Holocene environmental and climatic changes at Gorgo Basso, a coastal lake in southern Sicily, Italy. Quarternary Sci. Rev. 28: 1498–1510.
- Turner MG (2010) Disturbance and landscape dynamics in a changing world. Ecology 91: 2833–2849.
- Valese E, Conedera M, Held AC, Ascoli D (2014) Fire, humans and landscape in the European Alpine region during the Holocene. Anthropocene 6: 63–74.
- Vázquez A, Moreno JM (1998) Patterns of lightning-, and people-caused fires in peninsular Spain. Int. J. Wildland Fire 8: 103–115.
- Webb NR (1998) The traditional management of European heathlands. J. Appl. Ecol. 35: 987–990.
- Wikars LO (2002) Dependence on fire in wood-living insects: An experiment with burned and unburned spruce and birch logs. J. Insect Cons. 6: 1–12.
- Wohlgemuth T, Bürgi M, Scheidegger C, Schütz M (2002) Dominance reduction of species through disturbance – a proposed management principle for central European forests. Forest Ecol. Manag. 166: 1–15.
- Wohlgemuth T, Brigger A, Gerold P, Laranjeiro L, Moretti M, Moser B, Rebetez M, Schmatz D, Schneiter G, Sciacca S, Sierro A, Weibel P, Zumbrunnen T, Conedera M (2010) Leben mit Waldbrand. Merkbl. Prax. 46: 1–16.
- Zackrisson O (1977) Influence of forest fires on the north Swedish boreal forest. Oikos 29: 22–32.
- Zin E (2016) Fire history and tree population dynamics in Białowieża forest, Poland and Belarus. Act. Univ. Agri. Sueciae 2016/105: 1–57.

4.2 Windstörungen

Thomas Wohlgemuth[1], Marc Hanewinkel[2] und Rupert Seidl[3]

[1] Forschungseinheit Walddynamik, Eidgenössische Forschungsanstalt WSL, Birmensdorf, Schweiz
[2] Professur für Forstökonomie und Forstplanung, Albert-Ludwigs-Universität, Freiburg i.Br., Deutschland
[3] Institut für Waldbau, Department für Wald- und Bodenwissenschaften, Universität für Bodenkultur Wien, Österreich

Kurzfassung
Stürme erzeugen je nach Windstärke und Windfeld kleine bis großflächige Störungen, wovon Wälder wegen ihrer Höhe und Ausdehnung am stärksten betroffen sind. In West-, Mittel- und Nordeuropa ereignen sich in Bezug auf das betroffene Holzvolumen die größten Sturmschäden, zudem stellt Wind den bedeutendsten Störfaktor für Wälder dar. Fichten sind in Mitteleuropa anfälliger gegenüber Winterstürmen als winterkahle Bäume. Stammbruch und Entwurzelung hängen auch von artspezifischen, standörtlichen und bestandsstrukturellen Faktoren ab. Bäume passen sich durch Bildung von Druckholz an wiederkehrende Windbeanspruchung an. Windwurfflächen bewalden sich in Tieflagen rascher als in Hochlagen. In naturbelassenen und geräumten Störungsflächen verjüngt sich der Wald ähnlich rasch. Mit dem Klimawandel dürften Waldschäden durch Winterstürme zunehmen.

4.2.1 Ursache und Entstehung von Winden

Winde verursachen weltweit sowohl die meisten Schadensereignisse als auch die größten finanziellen Schäden. Die finanziellen Verluste an Wäldern und anderer Vegetation infolge Windeinwirkung nehmen weltweit den dritten Platz hinter Waldbrand und Schädlingen ein. Am meisten Schäden hinterlassen Orkane, d.h. Winde mit einer Stärke von Beaufort 12 oder mehr, was einer Mindestwindgeschwindigkeit von 117 km/h (32,5 m/s) entspricht. Ganze Waldbestände werden erst gebrochen oder entwurzelt, wenn Windspitzen über 35 m/s erreicht werden. Derartig starke Winde können unterschiedliche Ursachen haben. Weltweit werden fünf Typen von starken Winden unterschieden: tropische Stürme (Hurrikane), extratropische Stürme, Gewitter, Tornados und orografisch erzeugte Winde wie Föhnstürme (Quine & Gardiner 2007). In Europa sind vor allem folgende Windereignisse als Störungsursachen von Bedeutung:

a) Wirbelstürme

Orkanartige Winde treten als Folge von Großwetterlagen und im Rahmen von Tiefdrucksystemen auf, die sich in Form von Wirbelstürmen bzw. Zyklonen über Hunderte oder Tausende von Kilometern bewegen. In den Tropen und Subtropen werden die oft mehrere hundert Kilometer breiten (Abb. 1) und im Sommer auftretenden Wirbelstürme Hurrikan, Taifun, Zyklon oder Tropensturm genannt. In den mittleren Breiten sind es extratropischen Wirbelstürme, welche in den Wintermonaten in Nordamerika als Blizzards oder

Nor'easters und in Europa als Winterstürme bezeichnet werden. Die maximalen Windgeschwindigkeiten variieren zwischen 150 und 250 km/h und nehmen gegen den Rand des Sturmsystems ab. Am stärksten von diesen Orkanen sind Menschen sowie Vegetation entlang der Meeresküsten betroffen.

b) (Sommer)Gewitter

Gewitter entwickeln sich im Rahmen von großer vertikaler Temperaturabnahme in der Atmosphäre und labiler Luftschichtung. Über Mitteleuropa zählen hierzu die praktisch nur im Sommerhalbjahr stattfindenden lokalen Gewitter, die unter der Wirkung von starker Sonneneinstrahlung und großer Verdunstung (Evapotranspiration) bzw. großen Temperaturunterschieden in der Atmosphäre bei einem Frontdurchgang entstehen. Sie können lokal große Windspitzen (Böen) erzeugen und zu kleinflächigen Schäden an Wäldern und Siedlungen führen. Praktisch überall können sich lokal Windhosen, sogenannte Tornados, bilden. Deren Wirkungsradius ist noch kleiner als bei Sommergewittern, dafür umso zerstörerischer, da Windspitzen von bis zu 500 km pro Stunde auftreten können. Im Mittleren Westen der USA finden Tornados gehäuft in der ersten Jahreshälfte statt.

c) Warme Fallwinde (Föhnstürme)

In größeren Gebirgen kühlt sich die anströmende Luft trocken-adiabatisch, also nur durch Druckveränderungen, mit steigender Seehöhe ab. Durch die geringere Wärmekapazität kühlerer Luft bilden sich Wolken und Steigungsregen auf der windzugewandten Gebirgsseite, und die weitere Abkühlung der Luft erfolgt mit der geringeren feucht-adiabatischen Rate. Die abgeregneten, trockenen Luftmassen erwärmen sich beim Abstieg auf der windabgewandten Gebirgsseite wiederum trocken-adiabatisch, wodurch in gleicher Seehöhe höhere Temperaturen als auf der windzugewandten Gebirgsseite entstehen. Die durch diese Unterschiede entstehenden starken Winde werden international als Föhn bezeichnet, können enorme Stärken entwickeln und große Schäden verursachen. So summierten sich Schäden, die durch den Föhnsturm Uschi im Bundesland Salzburg (Österreich) am 14.–17. November 2002 entstanden, auf mindestens 100 Mio. Euro (Salzburger Nachrichten, 4.10.2012). Entsprechend den unterschiedlichen Windstaulagen wehen auf der Alpennordseite der Südföhn und auf der Alpensüdseite der Nordföhn. Föhnphänomene gibt es aber auch in den spanischen Pyrenäen («Fogony»), in den Skanden in Norwegen («Norwegenföhn» oder «fønvind»), auf der Ostseite der Rocky Mountains («Chinook») sowie entlang der Anden («Andenföhn», in Chile «Puelche», in Argentinien «Zonda»).

d) Kalte Fallwinde (Bora, Mistral)

Kalte Luftmassen bilden sich über großen Kaltgebieten wie z.B. Gletschern, Gebirgen oder Hochplateaus. Die dichtere Kaltluft fließt via Druckausgleichsströmung als kalter Wind talwärts (katabatisch: herunterfließend). In der Antarktis und in Grönland («Piteraq») herrschen die stärksten katabatischen Winde, welche Geschwindigkeiten von über 300 km/h erreichen können. In Europa heißen sie Bora an der Adriaküste und Mistral in der französischen Mittelmeerregion; sie können bedeutende Schäden an der Vegetation verursachen. Der Bora-Wind vom 19. November 2004 zerstörte beispielsweise 12600 Hektar Nadelwald (2,6 Mio m^3) auf der Südseite der Hohen Tatra (Jonášová et al. 2010).

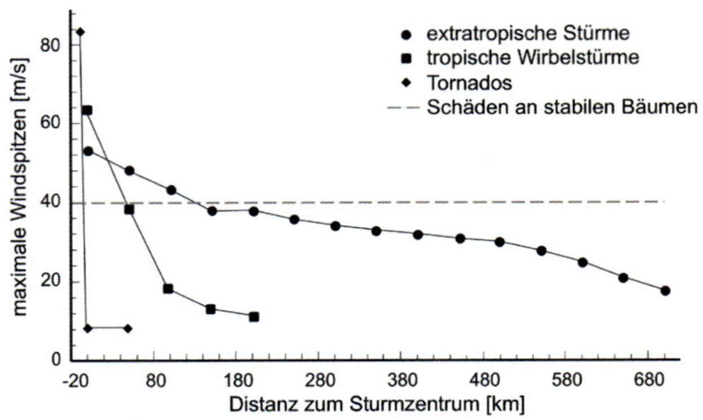

Abb. 1: Sturmausdehnung und maximale Windspitzen in verschiedenen Sturmsystemen (nachgezeichnet und übersetzt aus Quine & Gardiner 2007).

e) Windstärke, Windfelder

Man möchte meinen, dass die Windmessung etwas Einfaches sei, gehören Angaben zu Windgeschwindigkeiten doch zur täglichen Wettervorhersage. Stürme treten jedoch nicht in streng geordneten Bahnen auf, sondern sind räumlich stark heterogen, mit Wirbeln durchzogen und interagieren mit Topografie sowie mit dem Bewuchs der Landschaft. Winde werden nur an wenigen Orten permanent gemessen. Zur Berechnung von Böenspitzen für größere Regionen werden Modelle auf der Grundlage von Windmessungen an wenigen Meteostationen herangezogen. Die Autoren solcher Modelle weisen aber darauf hin, dass Vorsicht geboten sei, die Modellwerte mit Sturmeffekten an Wäldern zu vergleichen (z. B. Etienne et al. 2013). Des Weiteren sind Windereignisse nicht nur räumlich sehr heterogen, sondern auch die zeitliche Variation spielt eine wichtige Rolle. Mittlere Windgeschwindigkeiten über längere Zeiträume (Stunden bis Tage) sind daher für Auswirkungen auf die Vegetation weniger relevant als kurzfristig erreichte Windspitzen, die wenige Sekunden bis wenige Minuten dauern können. Aufgrund der Übereinstimmung von Windeffekten und lokalen Messreihen wird davon ausgegangen, dass für Entwurzelungen oder Stammbrüche, den beiden wichtigen Effekten an Bäumen, Windgeschwindigkeiten von mindestens 25 m/s über mehrere Sekunden herrschen müssen, was der Windstärke 10 auf der Beaufortskala entspricht. Verschiedene Amateuraufnahmen von Orkanstürmen zeigen, dass gesunde Bäume sich bis zu 45° neigen und erst nach langer und starker Windexposition brechen oder entwurzelt werden. Orkanartige Stürme mit Windspitzen von mehr als 29 resp. 35 m/s können sowohl alte als auch junge Bestände verwüsten und über größere Gebiete zu Schäden führen (de.wikipedia.org/wiki/Beaufortskala; Usbeck et al. 2010b).

4.2.2 Unmittelbare Auswirkungen auf die Vegetation

Starke Winde und Orkane treffen in aller Regel Bäume und Wälder aufgrund der großen Angriffsfläche und Wuchshöhe am stärksten. Dabei können einzelne Baumindividuen, ganze Baumbestände, aber auch größere Waldgebiete in kürzester Zeit zerstört werden. Kleinflächig können Tornados auch Wiesen und Weiden verwüsten, während Böen im Zuge von Sommergewittern in der Lage sind, Getreidefelder niederzudrücken. Derartige Effekte betreffen jedoch einjährige Kulturen oder Arten, wovon sich viele nach dem Windeinfluss schnell wieder erholen. Im Gegensatz dazu hinterlassen Orkanwinde in Waldbeständen markante Spuren in Form von Löchern oder Schneisen, welche in der Struktur und in der Artenzusammensetzung für mehrere Jahrzehnte sichtbar und zuweilen sogar über Jahrhunderte nachweisbar bleiben (z. B. Čada et al. 2016,

Kulakowski et al. 2017). Welche Faktoren führen nun dazu, dass selbst gesunde Bäume oder ganze Waldflächen bei starkem Wind brechen oder entwurzelt werden? Im Folgenden werden verschiedene Faktoren oder Faktorenkomplexe beschrieben, kurz diskutiert und in Abb. 2 zusammenfassend dargestellt. Zum Thema existiert eine breite Palette an wissenschaftlichen Arbeiten, die in mehreren Reviewberichten erörtert werden (z.B. Everham & Brokaw 1996, Johnson & Miyanishi 2007, Gardiner et al. 2010, Fischer et al. 2013).

Stammbruch und Entwurzelung

Ob ein Baum bei zu hoher Windlast am Stamm bricht (Stammbruch) oder mit dem gesamten Wurzelteller aus der Verankerung gerissen wird (Entwurzelung) hängt von verschiedenen Faktoren ab. Als wichtigster Faktor gilt hier die Verankerung eines Baumes im Boden. Artspezifische Unterschiede, also intrinsische Faktoren, betreffen das Wurzelwachstum unter den gegebenen Bodenbedingungen. Insbesondere die Bodenfeuchtigkeit, der Grundwasserspiegel und die Nährstoffverhältnisse limitieren das Wurzel- und das Stammwachstum. Flach wurzelnde Baumarten wie viele Fichtenarten und die Douglasie sind im Boden weniger gut verankert und neigen oft zur Entwurzelung, wobei dabei das Verhältnis der Größe des Wurzeltellers zum Stamm samt Krone (Hebelwirkung), aber auch das Gewicht des Baumes (Gegenkraft) wirken. Mit Umziehversuchen (engl. *tree pulling*) wurde gezeigt, dass Flachwurzler weniger zugresistent sind als Tiefwurzler (Peltola & Kellomäki 1993, Peltola et al. 2000). Bei tiefgefrorenem Boden sind auch Flachwurzler besser verankert und neigen dann eher zu Stammbruch (Peltola et al. 2000). Europäische Winterstürme sind Großwetterlagen, in welchen die Temperaturen bereits mehrere Tage vor dem Sturmereignis ansteigen. Gefrorene Böden tauen dadurch auf, was die Entwurzelung von Bäumen unter großer Windlast während des Sturms wahrscheinlicher macht (Usbeck et al. 2010a). Im Winter sind die Laubbäume infolge des fehlenden Laubs und der entsprechend geringeren Angriffsfläche in der Regel weniger schadensgefährdet als die Fichte (Dobbertin et al. 2002). Während lokaler Sommergewitter mit starken Böen werden tief wurzelnde Laubbäume häufiger gebrochen als entwurzelt.

Gute Nährstoff- und Lichtverhältnisse fördern ein rasches Wachstum, was sich in breiteren Jahrringen manifestiert und Stämme tendenziell bruchanfälliger macht (Meyer et al. 2008). Andere Studien weisen auf den Zusammenhang zwischen Stammentwurzelung und geringer Basensättigung im Boden hin (Braun et al. 2003, Mayer et al. 2005). Hohe Stickstoffeinträge fördern nicht nur die Versauerung, sie führen auch zur Reduktion der Feinwurzelbiomasse, zur Förderung von Wurzelfäule (Gattung *Phytophtora*) und des Wurzelschwamms *(Heterobasidion annosum)* sowie zur verminderten Einlagerung von Kohlenhydraten in den Wurzeln. All diese Faktoren führen zu einer Schwächung der Wurzeln auf eutrophierten und versauerten Böden. So fanden Braun et al. (2003) größere Anteile an entwurzelten Fichten und Buchen auf sauren Böden, ein Resultat, das im Rahmen einer großen Stichprobe von Windwurfschäden in Deutschland, Frankreich und der Schweiz bestätigt wurde (Mayer et al. 2005).

Nicht letale Schäden und Anpassungen an Wind

Solange die Windstärken nicht zu einem Stammbruch oder zur Entwurzelung führen, können sich Baumindividuen durch adaptives Wachstum an die Windkräfte anpassen. Exponierte Baumkronen richten sich bei wiederkehrender Windbelastung so aus, dass kleinere Windangriffsflächen entstehen (Vollsinger et al. 2005). Auf häufige Druckbelastung durch Schneelast oder Wind bilden Nadelbäume sogenanntes Druckholz mit höherem Ligningehalt und stärkeren Zellwänden. Laubbäume wiederum bilden Zugholz als Reaktion auf Zugbelastung. Druck- und Zugholz stabilisieren gegen äußere Beanspruchungen (Fournier et al. 1994). Wurzeln erfahren die Winddrücke als Druck- und Zugbewegungen. Auf diese Kräfte reagieren auch Wurzeln mit Druckholzbildung, was zu «Brettwurzeln» mit I- oder 8-förmigem Querschnitt (mit Profilen vergleichbar mit einem I-Träger) führen kann (Matthek & Breloer 1995). Generell wird die Wuchsreaktion von Pflanzen auf äußere Reize bzw. mechanische Stimulation Thigmotropismus oder Thigmomorphismus, genannt (gr. thigmo = berühren). Eine bekannte Eigenschaft von windexponierten Bäumen ist, dass sie weniger hoch wachsen als Individuen, die windgeschützt stehen (Thigmomorphogenesis; z. B. Jaffe 1973, Telewski 2006).

Während Stürmen verliert ein Baum zuerst seine schwächsten Teile, d. h. Nadeln/Blätter und Zweige, wodurch die Angriffsfläche für den Wind kleiner und das Stammbruchrisiko vermindert wird (Spatz & Bruechert 2000). Ebenso werden durch die sturmbedingten Schwingungen des Baumes Wurzeln beschädigt. Bäume, welche ein Sturm-

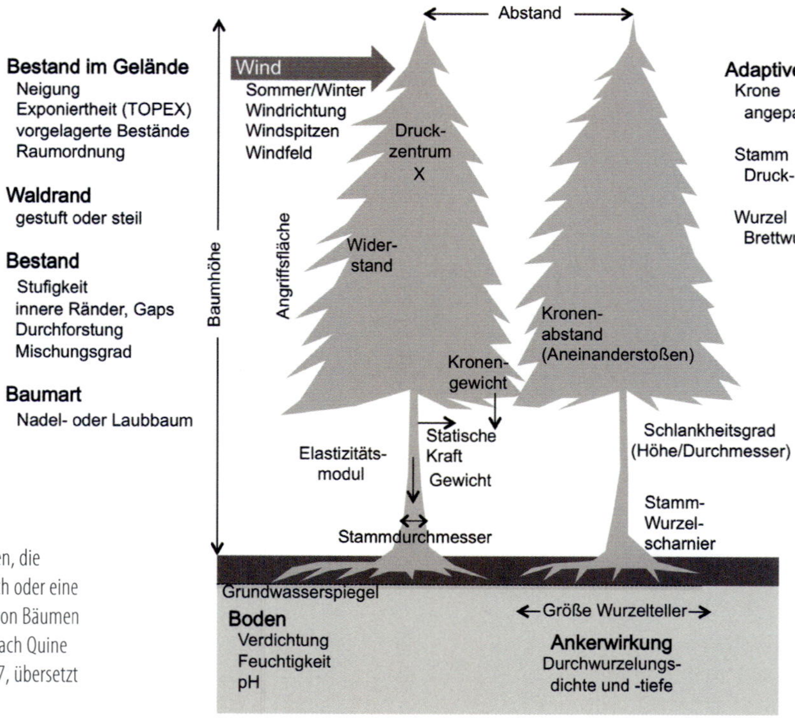

Abb. 2: Faktoren, die einen Windbruch oder eine Entwurzelung von Bäumen beeinflussen (nach Quine & Gardiner 2007, übersetzt und erweitert).

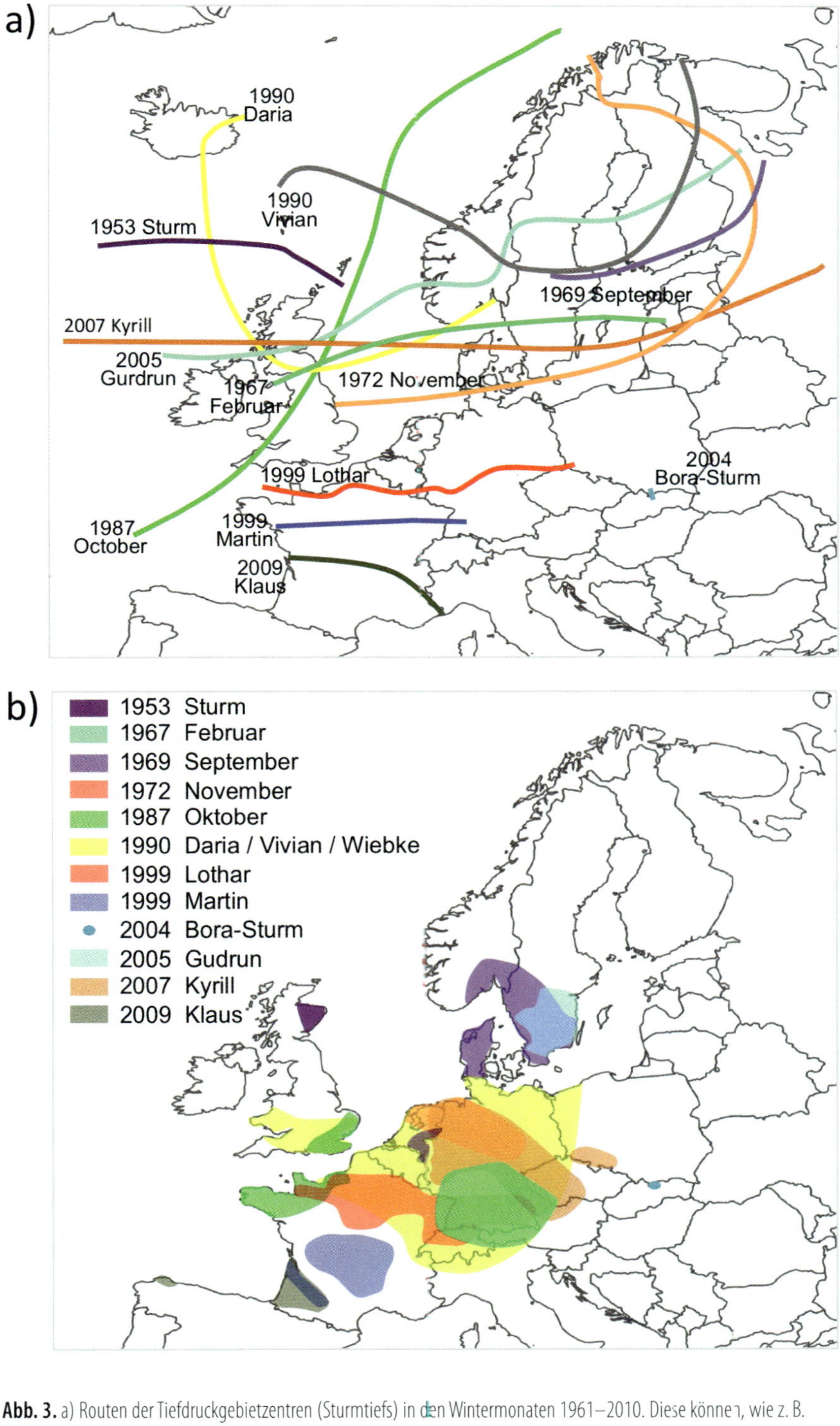

Abb. 3. a) Routen der Tiefdruckgebietzentren (Sturmtiefs) in den Wintermonaten 1961–2010. Diese können, wie z. B. bei Vivian/Wiebke (1990) und Kyrill (2007) deutlich nördlich der Gebiete mit den größten Schäden liegen. b) Schadensgebiete der Winterstürme in den Wintermonaten 1961–2010 (aus Gardiner et al. 2010, verändert).

ereignis überleben, müssen daher in den ersten Jahren nach dem Ereignis Wachstumseinbußen hinnehmen und einen Teil des assimilierten Kohlenstoffs zur Wiederherstellung der geschädigten Pflanzenteile verwenden. Diese Zuwachsrückgänge sind für die ersten drei bis fünf Jahre nach einem Sturmereignis dokumentiert und können sowohl auf Einzelbaum- als auch auf Landschaftsebene nachgewiesen werden (Busby et al. 2008, Seidl & Blennow 2012).

4.2.3 Ökonomische Schäden an Wäldern

Während durch Hurrikane besonders in den Tropen und Subtropen regelmäßig großflächige Schäden in Wäldern anfallen (Everham & Brokaw 1996), werden über 50 % aller Waldschäden in Europa den Orkanwinden in Form von Winterstürmen zugeschrieben (Schelhaas et al. 2003). Diese treffen in Europa zuerst die an den Atlantik angrenzenden Länder und ziehen sodann mehrere Hundert bis tausend Kilometer landeinwärts (Abb. 3). Entsprechend der Größe der Wintersturmzone nehmen die Schäden in den Wäldern enorme Dimensionen an (Abb. 3; Tab. 1). Die immensen Schäden an Wäldern, aber auch an Infrastrukturen oder Bauten, verursachen jeweils eine breite Betroffenheit in der Bevölkerung, worauf oft eine staatliche Unterstützung in besonders schlimm betroffenen Gebieten folgt (Baur et al. 2003).

In aller Regel führt die gleichzeitige Räumung von vielen Windschadenflächen vorübergehend zum Einbruch der Holzpreise (Abb. 4). Passiert ist das z. B. in der Schweiz, nachdem der Sturm Lothar am Stephanstag 1999 rund 15 Mio. Kubikmeter Schadholz produzierte. Bis 2001 sanken die Preise für Fichte und Tanne auf ca. 60 % des Preises vor dem Windwurfereignis. Danach erholten sich die Preise langsam, wurden aber durch den Anfall von neuem Schadholz infolge des Käferbefalls ab dem Hitzesommer 2003 gedrückt. Erst 2007 erreichten die Holzpreise wieder das Vor-Sturm-Niveau von 1999.

Tab. 1: Die «teuersten» Stürme in Europa 1980–2017. (Quelle: Munich RE, http://natcatservice.munichre.com)

Datum	Sturm	betroffene Länder, abgekürzt	Gesamtschäden in Mrd. €*
26.12.1999	Lothar	AT, BE, CH, DE, FR	9.6
18. –20.1.2007	Kyrill	AT, BE, DE, DK, FR, NL, UK	7.5
25.–26.1.1990	Daria	BE, DE, DK, FR, IE, LU, NL, PL, UK	6.0
26.–28.2.2010	Xynthia (Sturmflut)	BE, CH, DE, ES, FR, LU, NL, PT	5.2
7. –9.1.2005	Erwin (Gudrun)	DE, DK, EE, FI, LV, NO, SE, UK	4.6
15.–16.10.1987	ohne Namen	ES, FR, NO, UK	4.6
24.–27.1.2009	Klaus	ES, FR, IT	4.4
27.12.99	Martin	ES, CH, FR	3.5
25.–27.2.1990	Vivian, Wiebke	AT, BE, CH, DE, FR, IT, NL, UK	2.9
3.–4.12.1999	Anatol	DE, DK, LT, LV, RU, PL, SE, UK	2.7
27.–30.10. 2013	Christian	BE, DE, DK, FR, NL, SE	2.2

* Umrechnung von $ zum Kurs von 0.86 (Juli 2018)

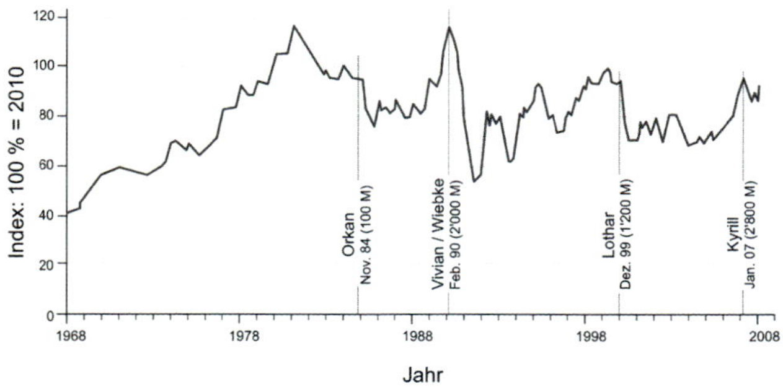

Abb. 4:. Entwicklung des Holzpreises für Fichten-Langholz (B-Qualität) in Deutschland (indiziert: 100 % = 2010). Quellen: Holz: Statistisches Bundesamt: Schadensumme durch Winterstürme, in Millionen DM/Euro: Münchner Rück 1999; https://de.wikipedia.org/wiki/Liste_von_Wetterereignissen_in_Europa; 31.1.2017).

4.2.4 Einfluss auf die Ökosystemdynamik

Wurzelteller und Wurzelmulden

Ein häufig beschriebenes und untersuchtes Phänomen in windgeworfenen Waldbeständen ist die augenfällige Struktur von entwurzelten Bäumen, den oft mehrere Meter in die Luft ragenden Wurzeltellern sowie den Wurzelmulden, die je nach Bodenbeschaffenheit und Hanglage unterschiedlich feucht sein können. Diese Wurzelteller-Wurzelmulde-Umgebung bietet kurz nach dem Windwurf beste Keimbedingungen mit offener Mineralerde an, wovon Rohbodenkeimer wie z.B. Lärche, aber auch Tanne und Fichte profitieren können. Im Vergleich dazu ist eine Ansamung auf dem unversehrten, aber mit Vegetation bedeckten Waldboden bereits schwieriger (Wohlgemuth et al. 2002). Wurzelteller und Wurzelmulden verwittern im Laufe der Zeit, wodurch entweder freigestellte Wurzeln rasch austrockenen und ihre Funktion verlieren, oder aber kleine Pflanzen mit Erde zugeschüttet werden. Der Aufwuchs von Bäumen an diesen Mikrostandorten ist deshalb oft unterschiedlich erfolgreich (Ulanova 2000). Für Moose bietet die neu entstandene Mikrotopologie viele neue Standorte, was sich auf die Artenvielfalt positiv auswirkt (Jonsson & Esseen 1990).

Sukzession nach Windwurf

Da sich Windwürfe nicht regelmäßig, sondern episodisch ereignen, sind Untersuchungen über den Sukzessionsverlauf ebenfalls oft einmalige Aktionen, die räumlich oder bezüglich ihres Stichprobenumfangs limitiert sind. Erschwerend ist zudem der lange Beobachtungszeitraum. In Zentraleuropa führte die Häufung von katastrophalen Stürmen gegen Ende des letzten Jahrhunderts zu breit diskutierten Fragen nach der Behandlung von windgestörten Flächen, wobei drei Themen im Vordergrund standen: die Auswirkungen auf die Borkenkäferentwicklung (Bouget & Duelli 2004, Müller et al. 2008), die Quantität und Qualität der natürlichen Wiederbewaldung sowie die Entwicklung der Biodiversität (vgl. Kap. 3.1; Übersichten in Thom & Seidl 2016, Thorn et al. 2018). In den Alpen begann mit dem Sturm Vivian (1990) eine Debatte über die Aufrechterhaltung des Lawinen- und Steinschlagschutzes in windgeworfenen Gebirgswäldern (Schönenberger et al. 2002), die auf die Kurzformel «Räumen» oder «Belassen» reduziert wurde. Während in Nordamerika die Effekte von Windwurf oder Waldbrand auf die natürliche Verjüngung bereits in den 1980er-Jahren untersucht und in verschiedenen Lehrbüchern oder Review-Artikeln abgehandelt worden war (vgl. Kap. 2.1; White 1979, Pickett & White 1985, Attiwill 1994, White & Jentsch 2001), folgten solche Übersichten für boreale Wälder in Nordeuropa (Kuuluvainen 1994, Kuuluvainen & Aakala 2011) und für temperate Wälder in Mittel- und Osteuropa (Ulanova 2000, Fischer et al. 2013) erst wesentlich später.

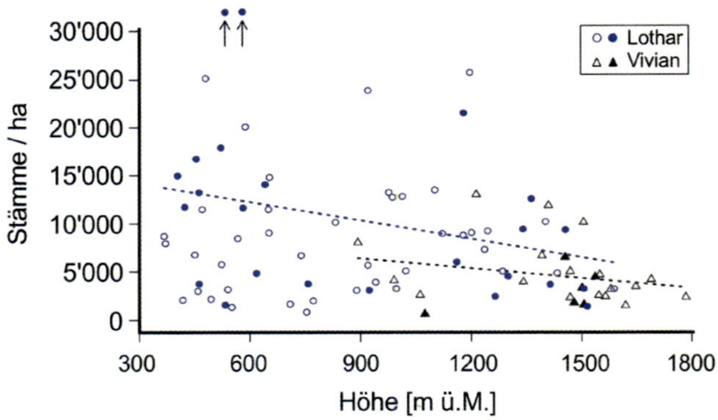

Abb. 5: Natürliche Verjüngung auf Windwurfflächen in der Schweiz, 10 Jahre nach Sturm Lothar (Kreise) und 20 Jahre nach Sturm Vivian (Dreiecke), mit ausgefüllten Symbolen für ungeräumte Flächen. Die Regressionslinien für Vivian- und Lotharflächen zeigen die Unterschiede zwischen tiefer und höher gelegenen Windwurfflächen an. Die Zusammenhänge zwischen Höhenlage und Verjüngungsdichte sind jedoch nicht signifikant. (Daten aus Kramer et al. 2014)

Natürliche Verjüngung in Zentraleuropa

Mittels einer Stichprobe von 90 Windwurfflächen in der Schweiz eruierten Kramer et al. (2014) die Verjüngungsdichten und Baumhöhen 10 Jahre nach Lothar (1999) und 20 Jahre nach Vivian (1990). Die Stichprobe erstreckte sich vom Tiefland (370 m ü.M.) nördlich der Alpen bis in die Nord- und Zentralalpen, wo Windwurfflächen bis in eine Höhenlage von 1800 m ü.M. berücksichtigt wurden. Grundsätzlich sind die Muster der Wiederbewaldung sehr heterogen, was sich in den großen Unterschieden zwischen minimalen (1000 Stämme ≥ 20 cm Höhe pro ha) bis maximalen Stammzahlen (knapp 80000 in Buchenverjüngung) ausdrückt (Abb. 5).

In den höher gelegenen Vivian-Windwurfflächen wurden Dichten von mittleren 2600 bis 4600 Stämmen pro ha in belassenen und geräumten Flächen gefunden. Höhere Dichten wurden in den später gestörten Lotharflächen festgestellt, mit 7600 und 10800 Stämmen pro ha in belassenen und geräumten 10-jährigen Flächen. Wie ein Monitoring auf wenigen Vivian- und Lotharflächen zeigte, kann die höhere Stammdichte auf die langsamere Besiedlungsdynamik in höheren Lagen infolge kürzerer Vegetationszeit zurückgeführt werden (Brang et al. 2015). In tieferen Lagen erreichen die größeren Bäume einer Windwurffolgefläche nach 10 Jahren rund 6 Meter Höhe, wohingegen in höheren Lagen für dieselbe Größe eine doppelt so lange Wachstumszeit benötigt wird. Der Anteil der Verjüngung, die vor dem Windwurfereignis schon vorhanden war, ist in höher gelegenen Flächen geringer (ca. 10 %), da hier weniger schattentolerante Baumarten in geschlossenen Beständen zu überleben vermögen. Dagegen waren 10 Jahre nach einem Sturmereignis in tieferen Lagen im Mittel 30 % der Verjüngung vor dem Windwurf gekeimt. Dabei handelt es sich besonders um schattenertragende Buchen sowie Eschen (Wohlgemuth & Kramer 2015).

Limitierende Faktoren der Verjüngung

Als wichtigste Faktoren, welche die Verjüngung auf Windwurffolgeflächen limitieren, nennen Kramer et al. (2014) Höhenlage, verdämmende Vegetation und Säuregrad des Substrats. In höheren Lagen bleibt infolge der verkürzten Vegetationszeit nicht nur weniger Zeit für das Wachstum, es stehen auch weniger Baumarten zur Verfügung. Hochstauden, Reitgras oder Himbeeren (*Rubus idaeus* L.) können die aufkeimende Verjüngung über lange Zeit unterbinden. Bestandsbildende, in den ersten 10 Jahren aber langsam wachsende Nadelbäume (z. B. Tanne und Fichte) können, sofern nach dem Sturm gekeimt, erst im Schatten von Pionieren aufwachsen oder erst später auf vermoderndem Totholz den Hochstauden entkommen.

Gerade in höheren Lagen verkürzt eine bereits vorhandene Verjüngung die Zeit der Wiederbewaldung. Auch in Tieflagen können rasch aufkommende Kräuter, Stauden oder Gräser die Baumverjüngung stoppen. So erreichte die Verjüngung auf rund einem Drittel der untersuchten 10-jährigen Lotharflächen unterhalb von 800 m ü.M. keine 4000 Stämme pro ha. Hier herrscht die Brombeere (*Rubus fructicosus* aggr. L.) als wichtigste Konkurrentin von jungen Bäumen vor. Auf saurer Unterlage kann der Adlerfarn (*Pteridium aquilinum* (L.) Kuhn) eine ähnliche Wirkung erzielen (Brang et al. 2015). Je höher der pH des Mineralbodens ist, desto größere Verjüngungsdichten sind auf den Windwurffolgeflächen zu finden. Überdies ist die Anzahl der Baumarten auf karbonatreichem Substrat größer (Kramer et al. 2014). Einen ebensolchen Zusammenhang stellten auch Van Couwenberghe et al. (2010) in Windwurfflächen in Lothringen (Frankreich) fest. Vorübergehend verbessert sich mit der plötzlichen Öffnung des Waldes die Ressourcensituation. So wurde auf kargen Standorten in den Kalkalpen nach Störungen durch Wind eine beschleunigte Abbaudynamik der organischen Substanz im Boden durch höhere Bodentemperaturen und geringeren Streueintrag festgestellt (Mayer et al. 2014), welche einen langfristigen Einfluss auf die Waldentwicklung nach Windwurf ausüben kann.

Die Verjüngungsdichten von geräumten und belassenen Windwurfflächen unterschieden sich bei den 10 bis 20 Jahre alten Windwurfflächen in der Schweiz nicht signifikant. Obwohl bei der Räumung bereits vorhandene Verjüngung zerstört wird, was sich in kleineren mittleren Baumhöhen auswirkt, herrschen auf den aufgerauten Böden geräumter Flächen beste Voraussetzungen für die Keimung und den Anwuchs von vielen Baumarten, weshalb dort die Stammdichten beträchtlich sein können. Im Gegensatz dazu keimen Samen in ungeräumten Flächen insbesondere auf Wurzeltellern und Wurzelmulden, wo die Vegetation vorübergehend fehlt. Diese breit abgestützten Resultate kontrastieren mit verschiedenen Fallstudien, welche in unbehandelten Windwurfflächen die Bedeutung von natürlichen Mikrohabitaten für die Entwicklung von natürlichen Strukturen und der Waldbiodiversität hervorheben (Fischer & Fischer 2012, Michalová et al. 2017).

Verschiedene Studien haben die Verjüngung in Abhängigkeit zur Distanz zum unversehrten Wald und somit zu potenziellen Samenquellen untersucht. In der großen Stichprobe in Lothringen (Frankreich) nahm die Häufigkeit von kleinen Buchen, Hainbuchen und Eichen 5 Jahre nach dem Sturmereignis bereits in den ersten 20 Metern vom Waldrand entfernt ab, wohingegen größere Exemplare derselben Arten mit zunehmender Distanz zum Rand zahlreicher wurden (Van Couwenberghe et al. 2010). Der massenhaften Ausbreitung von schwereren Samen sind zwar deutliche Grenzen gesetzt, anderseits wachsen frei gestellte junge Baumpflanzen, die bereits vor der Störung keimten, generell besser in stark belichteten Flächen als im Halbschatten nahe am Rand zum unversehrten Bestand (White & Jentsch 2001). In den Tieflagen der Schweiz stellten Kramer et al. (2014) 10 Jahre nach dem Sturm Lothar einen negativen Zusammenhang der Verjüngungsdichte mit der Waldranddistanz auf den ersten 80 Metern fest, was insbesondere mit den schweren Bucheckern und dem hohen Anteil an Buchenverjüngung in diesen Wäldern begründet wird. In Wäldern höherer Lagen spielte die Waldranddistanz von 20–80 Metern keine Rolle mehr. Dies könnte mit der Samenflugdistanz von Fichten, der häufigsten Baumart in europäischen Bergwäldern, zusammenhängen. In einer Windwurffläche auf 1200 m ü.M. in Schwanden im Kanton Glarus (Schweiz) wurden in 60–80 Metern Distanz zum Waldrand noch 30–10 % der im Bestand ermittelten Samenmenge gezählt (Lässig et al. 1995).

Verjüngung auf Totholz

Verdämmende Vegetation ist ein Hauptgrund dafür, dass die Waldverjüngung auf Windwurfflächen oft nur schleppend vorankommt, insbesondere in Hochlagenwäldern, wo die Vegetationszeit verringert ist (Brang et al. 2015, Wohlgemuth & Kramer 2015). Entsprechend gilt Totholz als wichtiges Substrat für die nachhaltige Baumverjüngung in den Bergwäldern Mitteleuropas (Imbeck & Ott 1987, Svoboda & Pouska 2008) und Skandinaviens (Hofgaard 1993). Die Bedeutung von langsam vermoderndem Totholz für die Verjüngung konnte auch in Stichproben der Windwurfflächen in der Schweiz festgestellt werden (Wohlgemuth & Kramer 2015): 20 Jahre nach dem Windwurf war die Verjüngungsdichte auf Totholz gleich groß wie auf dem Waldboden. Das Totholzsubstrat kann in höheren Lagen, wo die Verjüngung von Nadelhölzern auf Rohboden durch rasch aufkommende Hochstauden und Reitgräser (*Calamagrostis* sp.) eingeschränkt ist, eine nachhaltige Rolle spielen. Oft verjüngen sich die Fichten Dutzende Jahre nach dem Windwurf ohne größere Konkurrenz auf dem nährstoffarmen vermodernden Holz – eine Chance für die Fichte oberhalb von 1200 m ü.M. (Kramer et al. 2014). In diesen Lagen, wo die Verjüngung deutlich weniger dicht aufkommt als in Tieflagen (Wohlgemuth et al. 2017) und die Verdämmung durch Hochstauden das Aufkommen über lange Zeit verhindert, ist Totholzverjüngung die einzige Chance (Imbeck & Ott 1987, Priewasser et al. 2013). In Tieflagen spielt Totholz als Keimsubstrat keine Rolle, auch wenn dort dieses Substrat infolge des raschen Zerfalls von Laubbaumarten schon früh anfällt (Kahl et al. 2017).

4.2.5 Waldbaustrategien zur Minimierung von Sturmschäden

Auf welche Weise kann das Schadenausmaß durch Windwurf verringert werden? Diese Frage hat die Forstwirtschaft bereits vor über hundert Jahren beschäftigt (z. B. Wagner 1923); viele Antworten sind deshalb längst bekannt. Jährliche Schadensdaten im Kanton Zürich (1739 km^2) über einen Zeitraum von knapp 120 Jahren lassen sich mit nur zwei Variablen erstaunlich gut erklären (Usbeck et al. 2010b): Je größer die Windböenspitzen, gemessen in Zürich, und je größer der Holzvorrat, desto mehr Holz wird in Winterstürmen geworfen (Abb. 6).

Ein Sturm ist ein physikalischer Einflussfaktor, der auf den Einzelbaum bzw. Waldbestand wirkt. Wenn man sich dem Phänomen Windbruch oder Entwurzelung also prozessorientiert nähert, sind die entscheidenden physikalischen Größen die Stärke des Sturms sowie Parameter der Baum- bzw. Bestandsstabilität, auf die im Folgenden näher eingegangen wird. Windböen, die über längere Zeit (Windstärke) mit Werten von 35 m pro Sekunde und mehr wirken, können sowohl für junge als auch alte, für gesunde als auch kranke, sowie für waldbaulich unterschiedlich behandelte Bestände zerstörerisch sein. Doch ein Windfeld im Rahmen eines

Sturms ist heterogen und greift deshalb nicht an allen Orten mit gleicher Kraft an. Deshalb sind auf Bestandsebene eine Reihe von weiteren Faktoren von großer Bedeutung. Im Rahmen von mehreren Review-Arbeiten hat ein Forscherteam um Marc Hanewinkel viele dieser Einflussgrößen zur Verminderung von Windwurfschäden vergleichend betrachtet (Hanewinkel et al. 2015). Eine kurze Zusammenfassung lehnt sich stark an diese Arbeiten an.

Baumarten

Die unterschiedlichen Windwurfanfälligkeiten hängen mit dem Luftwiderstand von immergrünen Nadelbäumen im Winter zusammen, wobei es Unterschiede in der Anfälligkeit verschiedener Nadelbäume gibt (s. Abb. 7). Sommergrüne Bäume sind hier grundsätzlich deutlich weniger gefährdet als v. a. die flach wurzelnde Fichte, was mehrere Untersuchungen in der Schweiz (Dobbertin et al. 2002), in Deutschland (Hanewinkel et al. 2008), in Österreich (Thom et al. 2013) und in Zentraleuropa (Mayer et al. 2005) bestätigen. In Baden-Württemberg waren durch den Sturm Lothar Fichten am stärksten betroffen, gefolgt von Douglasie, Kiefer und Buche (Abb. 7). Basierend auf neuen Auswertungen wird der Douglasie in Mitteleuropa zusammen mit der Fichte das größte Sturmwurfrisiko zugewiesen (Albrecht et al. 2013, Albrecht et al. 2015).

Baumhöhe und Schlankheitsgrad

Generell nimmt für Bäume in Europa die Sturmanfälligkeit mit der Baumhöhe zu (Dobbertin et al. 2002), wobei der Anstieg artspezifisch von sigmoid (Fichte) bis gleichmäßig (Buche) verlaufen kann (Abb. 7). Eng mit der Baumhöhe verbunden sind auch Parameter wie Stammdurchmesser, mittlere Bestandshöhe oder Bestandsalter. Mit steigendem Schlankheitsgrad (h/d-Wert; Verhältnis von Höhe zu Durchmesser) nimmt die Sturmschadenanfälligkeit gemäß vielen Studien zu, was angesichts der geringeren Baumstabilität schlanker Stämme einleuchtet. Jedoch weisen Bäume mit niedrigerem h/d-Wert oft größere Kronen auf, was wiederum eine größere Angriffsfläche für Wind zur Folge hat. Gleichzeitig haben solche Bäume aber auch ein größeres Wurzelvolumen, was wiederum auf eine bessere Verankerung schließen lässt. Schlankheitsgrade sind deshalb nur beschränkt als Indikatoren für die Anfälligkeit auf Sturmschäden zu werten. Sie sind in der Regel nur im Zusammenhang mit der Höhe des analysierten Waldbestandes oder Baums zu interpretieren (Albrecht et al. 2012).

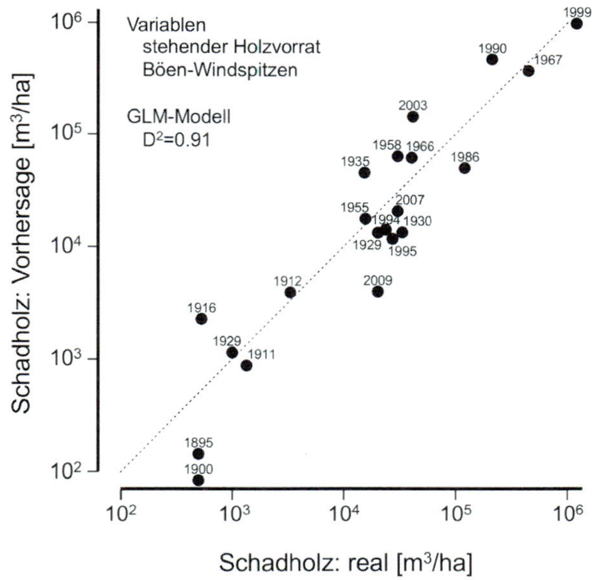

Abb. 6: Jährliche Windwurfschäden von 1891–2014 im Kanton Zürich auf der Grundlage von verschiedenen Quellen, gegen modellierte Vorratswerte aufgetragen, wobei der stehende Vorrat und in Zürich gemessene Böen-Windspitzen als erklärende Variablen dienten. (Daten aus Usbeck et al. 2010b)

Waldbauliche Eingriffe und Bestandsgeschichte

Kurz nach erfolgten Durchforstungen sind besonders ältere Bestände vorübergehend instabil und daher stärker windwurfgefährdet, da das Kronendach durchbrochen ist. Waldbauliche Eingriffe waren die drittwichtigste Variable zur Erklärung von Lotharschäden in Baden-Württemberg, nach Baumart und Baum-/Bestandshöhe (Albrecht et al. 2012). Insbesondere waren die Schäden größer, je mehr herrschende Bäume aus den Beständen entfernt worden waren.

In Gebieten mit Kahlschlagbewirtschaftung sind die neu windexponierten Bestandsränder besonders windwurfgefährdet, weil die nun randlich stehenden Bäume, die vorher noch im Bestandsinnern standen, dem Wind plötzlich ausgesetzt und entsprechend unangepasst sind. Solche Effekte können etwas reduziert werden, wenn die neuen Bestandsränder nicht frontal zur Hauptwindrichtung angelegt werden (Blennow & Olofsson 2008). Das Sturmschadenrisiko an solchen ungestuften Waldrändern, sogenannten Steilrändern, kann auch durch Stehenlassen von einzelnen Bäumen oder Baumgruppen auf den Kahlschlagflächen vermindert werden. Die betreffenden Bäume sind beim nächsten Sturm jedoch besonders gefährdet.

Durch großflächige Fichtenaufforstungen, die den Reparationshieben nach dem Zweiten Weltkrieg folgten, sind in Deutschland in großem Umfang gleichförmige, einschichtige, häufig von der Fichte dominierte Reinbestände entstanden. Gegen Ende des 20. Jahrhunderts sind diese in eine sturminstabile Situation hineingewachsen und daher zurzeit und in den nächsten Jahrzehnten besonders sturmanfällig. Ein Teil der großflächigen Sturmschäden ab den 1980er-Jahren (Tab. 4.2.1) in Deutschland lässt sich hierauf zurückführen. Dieses Beispiel zeigt, dass Änderungen im Waldaufbau und in der Waldzusammensetzung die Anfälligkeit gegen Windstörungen langfristig beeinflussen.

Bodenfeuchtigkeit, Bodenversauerung

In verschiedenen Untersuchungen wurde gezeigt, dass stark vernässte Böden oder Böden mit nassen Humusformen besonders anfällig für Windwurf sind (Hanewinkel et al. 2008, Schmidt et al. 2010, Albrecht et al. 2012). Auch der europaweite Anstieg von Sturmschäden in den letzten Jahrzehnten wird mit dem Fichtenanbau auf solchen Böden in Verbindung gebracht (Schelhaas et al. 2003). Im Schweizer Mittelland entstanden jeweils große Windwurfschäden, wenn die Böden nicht gefroren und zudem nass waren (Usbeck et al. 2010a), was zu einer rascheren Entwurzelung der Bäume führte. Dies kann damit zusammenhängen, dass Winterstürme mehrtägige Wetterereignisse sind, in deren Verlauf zuerst die Temperaturen ansteigen und erst anschließend die größten Windspitzen erreicht werden. Höhere Temperaturen im Zuge des Klimawandels dürften diese Situation noch verschärfen. Für die Lotharschäden in der Schweiz, Frankreich und Deutschland konnte ein statistisch signifikanter Zusammenhang mit dem Bodensäuregehalt belegt werden: Auf saurer Unterlage waren die Schäden größer (Mayer et al. 2005). Ebenso wurden im Schwarzwald auf stark sauren Humusformen größere Lotharschäden festgestellt (Hanewinkel et al. 2008).

Exposition des Geländes

Der aus Westen oder Nordwesten herkommende Orkan Lothar traf die Wälder am stärksten in exponierter und west-ausgerichteter Lage oder in westlich-östlich ausgerichteten Tälern (Mayer et al. 2005, Schmoeckel & Kottmeier 2008, Stadelmann et al. 2014). Dies, obwohl Bäume durch adaptives Wachstum an häufig windgeprägten Standorten besonders windstabile Wuchsformen entwickeln und so auch starken Stürmen trotzen können (Hanewinkel et al. 2015). Ein solches Verhalten wurde vor allem für Bäume auf Gebirgsstandorten mit regelmäßigerer Windbelastung nachgewiesen (Bräker & Baumann 2006). Allerdings können auch solche Anpassungen bei sehr starken Windspitzen und starken Windfeldern Schäden an Waldbeständen nicht vermeiden.

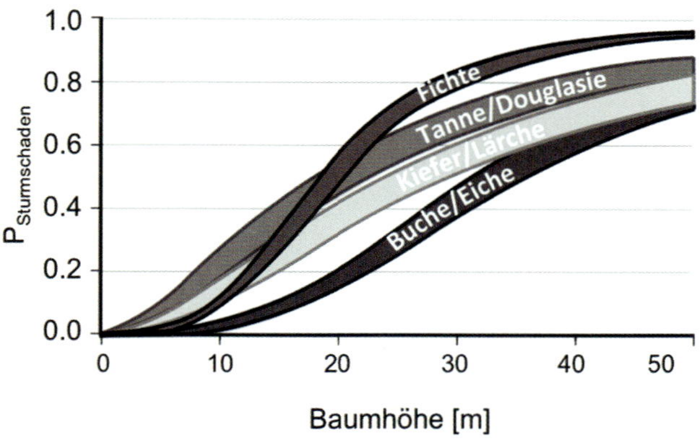

Abb. 7: Die Wahrscheinlichkeit von Windbruch oder Entwurzelung als Folge des Sturms Lothar in Baden-Württemberg, in Abhängigkeit zur Baumart und zur Baumhöhe. Die Flächen geben das Vertrauensintervall (95 %) an. Aufgrund des zu geringen Datenumfangs mussten einzelne Baumarten (z. B. Douglasie/Tanne) zu Gruppen zusammengefasst werden. (nach Schmidt et al. 2010)

Bestandsstruktur und umliegende Waldbestände

Luftströme werden in stärker strukturierten Beständen abgeschwächt, indem die Energie in kleinere Wirbel abgeleitet wird (Hanewinkel et al. 2015). In wenig strukturierten Beständen greift die Energie von Böen ungebremster an. Damit verbunden ist auch die These, wonach ungleichaltrige Plenterwälder besonders widerstandsfähig gegen Windwurf sind. Nach Hanewinkel et al. (2015) ist diese These allerdings nicht zweifelsfrei belegt, weil in Plenterwäldern unterschiedliche Einflussgrößen miteinander vermischt sein können. Hanewinkel et al. (2014) konnten lediglich einen schwachen, wenn auch signifikant negativen Effekt einer zunehmenden Stufigkeit auf die Sturmschadenanfälligkeit zeigen. Stufige Bestände können allerdings von unterschiedlichen Mischungsgraden herrühren oder Baumhöheneffekte sein: So stehen in Plenterwäldern viele kleinere Bäume, die generell weniger anfällig gegenüber Wind sind. Da diese Effekte in der Praxis nur schwer voneinander trennbar sind, können prozessorientierte Simulationsmodelle zur weiteren Analyse von Einflussgrößen herangezogen werden. So konnten zum Beispiel Seidl et al. (2014a) zeigen, dass eine Vernachlässigung von struktureller und räumlicher Heterogenität sogar in relativ gleichmäßigen Altersklassenwäldern zu einer Unterschätzung von Windwurfschäden führt. Unbestritten dagegen ist, dass die natürliche Verjüngung nach einem Windwurf in strukturierten Wäldern schnell voranschreitet, weil bereits junge Bäume unter dem Schirm der Altbäume vorhanden sind. Diese weisen auch 10–20 Jahre nach einer Windstörung noch die größten Maximalhöhen der Verjüngung auf (Kramer et al. 2014). Daher kann die Resilienz von ungleichaltrigen Waldbeständen in Bezug auf Stürme tatsächlich höher sein als die von gleichaltrigen.

In Gebieten mit Kahlschlagbewirtschaftung können die Größe und die Distanz zum nächsten Bestandsrand in der vorherrschenden Windrichtung für die Anfälligkeit auf Windwurf bedeutend sein. Ähnlich geartete Probleme bestehen auch in durch Windwurf versehrten Wäldern in Hochlagen, wo Steilränder besonders verletzlich für nächste Sturmereignisse sind. In Zentraleuropa wurde bereits vor mehr als hundert Jahren versucht, Sturmschäden durch eine Optimierung der räumlichen Anordnung von Waldbeständen bezüglich Alter und Bestandshöhe zu minimieren (Hanewinkel et al. 2010). Die Erfolge dieser Maßnahmen müssen angesichts der tatsächlichen Schadensgrößen allerdings als äußerst bescheiden eingestuft werden.

4.2.6 Mehr Stürme durch Klimawandel?

Die Häufung von Winterstürmen in Europa gegen Ende des 20. Jahrhunderts (Gardiner et al. 2010, Donat et al. 2011) führte zu großen Waldschäden, die zu einem beträchtlichen Teil auf die Waldentwicklung nach dem Zweiten Weltkrieg und die dadurch bedingten hohen Vorräte zurückzuführen sind (Schelhaas et al. 2003, Usbeck et al. 2010a). In den meisten europäischen Ländern haben die Holzvorräte in den letzten 100 Jahren infolge der abnehmenden Nutzung von Energieholz zugenommen. Eine Untersuchung der Trends in den Störungsschäden in Europas Wäldern zeigte, dass für den beobachteten Anstieg von Windschäden (um +2,6 % pro Jahr im Mittel zwischen 1958 und 2001) in zu etwa gleichen Anteilen Veränderungen im Wald (Vorrat, Alter und Baumartenzusammensetzung) sowie im Klima (Windgeschwindigkeiten, Bodenfrost und andere Faktoren) verantwortlich sind (Seidl et al. 2011). Unter der Annahme von weiterhin hohen oder gar zunehmenden Sturmfrequenzen werden die Waldschäden durch Stürme besonders in zentraleuropäischen Ländern gegenüber dem aktuellen Niveau noch deutlich zunehmen (Seidl et al. 2014b). Für eine leichte Abnahme der Windspitzen während Winterstürmen im 21. Jahrhundert spricht dagegen eine umfassende Modellstudie, welche die großen Temperaturunterschiede in der Stratosphäre als Hauptfaktoren von starken Winden sieht, ein Phänomen, das im Winter häufiger ist als im Sommer (Bengtsson et al. 2009). Die Arbeit diskutiert auch die allmähliche Verschiebung von extratropischen Stürmen gegen Norden. Sturmhäufigkeiten sind aber nach wie vor extrem schwierig vorherzusagen. Dieser Sachverhalt schlägt sich denn auch im Technischen Bericht des IPCC zum Klimawandel 2013 nieder, wo zwar auf eine tendenzielle Verschiebung von Wirbelsturmrouten gegen die Pole hingewiesen wird, daraus aber keine künftige Abnahme von Winterstürmen in Europa abgeleitet wird (Stocker et al. 2013). Zusammenfassend kann festgehalten werden, dass in Mitteleuropa weiterhin vor allem im Winter mit intensiven Stürmen zu rechnen sein wird und dass Waldgebiete insbesondere in fichtendominierten Beständen mit großen Oberhöhen als besonders gefährdet gelten müssen (Jakoby et al. 2016).

Literatur

- Albrecht A, Hanewinkel M, Bauhus J, Kohnle U (2012) How does silviculture affect storm damage in forests of south-western Germany? Results from empirical modeling based on long-term observations. Eur. J. Forest Res. 131: 229–247.
- Albrecht A, Kohnle U, Hanewinkel M, Bauhus J (2013) Storm damage of Douglas-fir unexpectedly high compared to Norway spruce. Ann. For. Sci. 70: 195–207.

- Albrecht A, Hanewinkel M, Bauhus J, Kohnle U (2015) Wie sturmstabil ist die Douglasie? AFZ-Der Wald 9/2015: 30–34.
- Attiwill PM (1994) The disturbance of forest ecosystems – the ecological basis for conservative management. Forest Ecol. Manag. 63: 247–300.
- Baur P, Bernath K, Holthausen N, Roschewitz A (2003) Lothar. Ökonomische Auswirkungen des Sturms Lothar im Schweizer Wald, Teil II. Verteilung der Auswirkungen auf bäuerliche und öffentliche WaldeigentümerInnen: Ergebnisse einer Befragung. Bundesamt für Umwelt, Wald und Landschaft, Bern, Umwelt-Materialien 158: 1–204.
- Bengtsson L, Hodges KI, Keenlyside N (2009) Will extratropical storms intensify in a warmer climate? J. Climate 22: 2276–2301.
- Blennow K, Olofsson J (2008) The probability of wind damage in forestry under a changed wind climate. Clim. Change 87: 347–360.
- Bouget C, Duelli P (2004) The effects of windthrow on forest insect communities: a literature review. Biol. Cons. 118: 281–299.
- Bräker O-U, Baumann E (2006) Growth reactions of sub-alpine Norway spruce (*Picea abies* (L.) Karst.) following one-sided light exposure (Case study at Davos «Lusiwald»). Tree-Ring Res. 62: 76–73.
- Brang P, Hilfiker S, Wasem U, Schwyzer A, Wohlgemuth T (2015) Langzeitforschung auf Sturmflächen zeigt Potenzial und Grenzen der Naturverjüngung. Schweiz. Z. Forstwes. 166: 147–158.
- Braun S, Schindler C, Volz R, Flückiger W (2003) Forest damages by the storm «Lothar» in permanent observation plots in Switzerland: The significance of soil acidification and nitrogen deposition. Water Air Soil Poll. 142: 327–340.
- Busby PE, Motzkin G, Boose ER (2008) Landscape-level variation in forest response to hurricane disturbance across a storm track. Can. J. For. Res. 38: 2942–2950.
- Čada V, Morrissey RC, Michalová Z, Bače R, Svoboda M (2016) Frequent severe natural disturbances and non-equilibrium landscape dynamics shaped the mountain spruce forest in central Europe. Forest Ecol. Manag. 363: 169–178.
- Dobbertin M, Seifert M, Schwyzer A (2002) Ausmass der Sturmschäden. Wald Holz 83: 39–42.
- Donat MG, Renggli D, Wild S, Alexander LV, Leckebusch GC, Ulbrich U (2011) Reanalysis suggests long-term upward trends in European storminess since 1871. Geophys. Res. Lett. 38: L14703.
- Etienne C, Goyette S, Kuszli CA (2013) Numerical investigations of extreme winds over Switzerland during 1990–2010 winter storms with the Canadian Regional Climate Model. Theor. Appl. Climatol. 113: 529–547.
- Everham EM, Brokaw NVL (1996) Forest damage and recovery from catastrophic wind. Bot. Rev. 62: 113–185.
- Fischer A, Fischer HS (2012) Individual-based analysis of tree establishment and forest stand development within 25 years after wind throw. Eur. J. Forest Res. 131: 493–501.
- Fischer A, Marshall P, Camp A (2013) Disturbances in deciduous temperate forest ecosystems of the northern hemisphere: their effects on both recent and future forest development. Biodiv. Cons. 22: 1863–1893.
- Fournier M, Bailleres H, Chanson B (1994) Tree biomechanics: growth, cumulative prestresses and reorientations. Biometrics 2: 229–252.
- Gardiner BA, Blennow K, Jean-Michel Carnus J-M, Fleischer P, Ingemarson F, Landmann G, Lindner M, Marzano M, Nicoll B, Orazio C, Peyron J-L, Reviron M-P, Schelhaas M-J, Schuck A, Spielmann M, Usbeck T (2010) Destructive storms in European forests: past and forthcoming impacts. Final report to DG Environment. European Forest Institute, Atlantic European Regional Office – EFIATLANTIC. 132 p.
- Hanewinkel M, Breidenbach J, Neeff T, Kublin E (2008) 77 years of natural disturbances in a mountain forest area – the

influence of storm, snow and insect damage analysed with a long-term time-series. Can. J. For. Res. 38: 2249–2261.

- Hanewinkel M, Hummel S, Albrecht A (2010) Assessing natural hazards in forestry for risk management: a review. Eur. J. Forest Res. 130: 329–351.
- Hanewinkel M, Kuhn T, Bugmann H, Lanz A, Brang P (2014) Vulnerability of uneven-aged forests to storm damage. Forestry 87: 525–534.
- Hanewinkel M, Albrecht A, Schmidt M (2015) Können Windwurfschäden vermindert werden? Eine Analyse von Einflussgrössen. Schweiz. Z. Forstwes. 166: 118–128.
- Hofgaard A (1993) Structure and regeneration patterns in a virgin *Picea abies* forest in northern Sweden. J. Veg. Sci. 4: 601–608.
- Imbeck H, Ott E (1987) Verjüngungsökologische Untersuchungen in einem hochstaudenreichen subalpinen Fichtenwald, mit spezieller Berücksichtigung der Schneeablagerung und der Lawinenbildung. Eidg. Inst. Schnee- u. Lawinenforsch. Weissfluhjoch/Davos 42: 1–202.
- Jaffe MJ (1973) Thigmomorphogenesis: the response of plant growth and development to mechanical stimulation. Planta 114: 143–157.
- Jakoby O, Stadelmann G, Lischke H, Wermelinger B (2016) Borkenkäfer und Befallsdisposition der Fichte im Klimawandel. In: Pluess AR, Augustin S, Brang P (Hrsg.) Wald und Klimawandel. Grundlagen für Adaptationsstrategien. Haupt, Bern. S. 247–264.
- Johnson EA, Miyanishi K (2007) Plant disturbance ecology: the process and the response. Elsevier, Amsterdam. 698 p.
- Jonášová M, Vávrová E, Cudlín P (2010) Western Carpathian mountain spruce forest after a windthrow: Natural regeneration in cleared and uncleared areas. Forest Ecol. Manag. 259: 1127–1134.
- Jonsson BG, Esseen PA (1990) Treefall disturbance maintains high bryophyte diversity in boreal spruce forests. J. Ecol. 78: 924–936.
- Kahl T, Arnstadt T, Baber K, Bassler C, Bauhus J, Borken W, Buscot F, Floren A, Heibl C, Hessenmoller D, Hofrichter M, Hoppe B, Kellner H, Kruger D, Linsenmair KE, Matzner E, Otto P, Purahong W, Seilwinder C, Schulze ED, Wende B, Weisser WW, Gossner MM (2017) Wood decay rates of 13 temperate tree species in relation to wood properties, enzyme activities and organismic diversities. Forest Ecol. Manag. 391: 86–95.
- Kramer K, Brang P, Bachofen H, Bugmann H, Wohlgemuth T (2014) Site factors are more important than salvage logging for tree regeneration after wind disturbance in Central European forests. Forest Ecol. Manag. 331: 116–128.
- Kulakowski D, Seidel R, Holeksa J, Kuuluvainen T, Nagel TA, Panayotov M, Svoboda M, Thorn S, Vacchiano G, Whitlock C, Wohlgemuth T, Bebi P (2017) A walk on the wild side : Disturbance dynamics and the conservation and management of European mountain forest ecosystems. Forest Ecol. Manag. 388: 120–131.
- Kuuluvainen T (1994) Gap disturbance, ground microtopography, and the regeneration dynamics of boreal coniferous forests in Finland: a review. Ann. Zool. Fenn. 31: 35–51.
- Kuuluvainen T, Aakala T (2011) Natural forest dynamics in boreal Fennoscandia: a review and classification. Silva Fenn. 45: 823–841.
- Lässig R, Egli S, Odermatt O, Schönenberger W, Stöckli B, Wohlgemuth T (1995) Beginn der Wiederbewaldung auf Windwurfflächen. Schweiz. Z. Forstwes. 146: 893–911.
- Matthek C, Breloer H (1995) The body language of trees: A handbook of failure analysis. H. M. Stationery Office, London. 240 p.
- Mayer P, Brang P, Dobbertin M, Hallenbarter D, Renaud JP, Walthert L, Zimmermann S (2005) Forest storm damage is more frequent on acidic soils. Ann. For. Sci. 62: 303–311.
- Mayer M, Matthews B, Schindlbacher A, Katzensteiner K (2014) Soil CO_2 efflux from mountainous windthrow areas: dynamics over 12 years post-disturbance. Biogeosciences 11: 6081–6093.
- Meyer FD, Paulsen J, Körner C (2008) Windthrow damage in Picea abies is associated with physical and chemical stem wood properties. Trees-Struct. Funct. 22: 463–473.

- Michalová Z, Morrissey RC, Wohlgemuth T, Bače R, Fleischer P, Svoboda M (2017) Salvage-logging after windstorm leads to structural and functional homogenization of understory layer and delayed spruce tree recovery in Tatra Mts., Slovakia. Forests 8, article 88.
- Müller J, Bussler H, Gossner M, Rettelbach T, Duelli P (2008) The European spruce bark beetle *Ips typographus* in a national park: from pest to keystone species. Biodiv. Cons. 17: 2979–3001.
- Münchner Rück (1999) Naturkatastrophen in Deutschland: Schadenerfahrungen und Schadenpotentiale. Münchener Rückversicherungs-Gesellschaft. 98 S.
- Peltola H, Kellomäki S (1993) A mechanistic model for calculating windthrow and stem breakage at the stand edge. Silva Fenn. 27: 99–111.
- Peltola H, Kellomäki S, Hassinen A, Granander M (2000) Mechanical stability of Scots pine, Norway spruce, and birch: an analysis of tree-pulling experiments in Finland. Forest Snow Landsc. Res. 135: 143–153.
- Pickett STA, White PS (1985) The ecology of natural disturbance and patch dynamics. Academic Press, Orlando. 472 p.
- Priewasser K, Brang P, Bachofen H, Bugmann H, Wohlgemuth T (2013) Impacts of salvage-logging on the status of deadwood after windthrow in Swiss forests. Eur. J. Forest Res. 132: 231–240.
- Quine CP, Gardiner BA (2007) Understanding how the interaction of wind and trees results in windthrow stem breakage, and canopy gap formation. In: Johnson EA, Miyanishi K (eds) Plant disturbance ecology. The process and the response. Elsevier, Amsterdam. pp. 103–152.
- Schelhaas MJ, Nabuurs GJ, Schuck A (2003) Natural disturbances in the European forests in the 19th and 20th centuries. Glob. Change Biol. 9: 1620–1633.
- Schmidt M, Hanewinkel M, Kandler G, Kublin E, Kohnle U (2010) An inventory-based approach for modeling single-tree storm damage – experiences with the winter storm of 1999 in southwestern Germany. Can. J. For. Res. 40: 1636–1652.
- Schmoeckel J, Kottmeier C (2008) Storm damage in the Black Forest caused by the winter storm «Lothar» – Part 1: Airborne damage assessment. Nat. Hazard Earth Sys. 8: 795–803.
- Schönenberger W, Fischer A, Innes JL (2002) Vivian's legacy in Switzerland – impact of windthrow on forest dynamics. Forest Snow Landsc. Res. 77: 1–224.
- Seidl R, Blennow K (2012) Pervasive growth reduction in Norway spruce forests following wind disturbance. Plos One 7: e33301.
- Seidl R, Schelhaas M-J, Lexer MJ (2011) Unraveling the drivers of intensifying forest disturbance regimes in Europe. Glob. Change Biol. 17: 2842–2852.
- Seidl R, Rammer W, Blennow K (2014a) Simulating wind disturbance impacts on forest landscapes: Tree-level heterogeneity matters. Environ. Modell Softw. 51: 1–11.
- Seidl R, Schelhaas MJ, Rammer W, Verkerk PJ (2014b) Increasing forest disturbances in Europe and their impact on carbon storage. Nat. Clim. Change 4: 806–810.
- Spatz H-C, Bruechert F (2000) Basic biomechanics of self-supporting plants: wind loads and gravitational loads on a Norway spruce tree. Forest Ecol. Manag. 135: 33–44.
- Stadelmann G, Bugmann H, Wermelinger B, Bigler C (2014) Spatial interactions between storm damage and subsequent infestations by the European spruce bark beetle. Forest Ecol. Manag. 318: 167–174.
- Stocker TF, Qin D, Plattner G-K, Alexander LV, Allen SK, Bindoff NL, Bréon F-M, Church JA, Cubasch U, Emori S, Forster P, Friedlingstein P, Gillett N, Gregory JM, Hartmann DL, Jansen E, Kirtman B, Knutti R, Krishna Kumar K, Lemke P, Marotzke J, Masson-Delmotte V, Meehl GA, Mokhov II, Piao S, Ramaswamy V, Randall D, Rhein M, Rojas M, Sabine C, Shindell D, Talley LD, Vaughan DG, Xie S-P (2013) Technical Sum-

mary. In: Stocker TF et al. (eds) Climate Change 2013: The physical science basis. Contribution of Working Group I to the fifth assessment report of the Intergovernmental Panel on Climate Change. Cambridge University Press, Cambridge, UK and New York, NY, USA. pp. 84.

- Svoboda M, Pouska V (2008) Structure of a Central-European mountain spruce old-growth forest with respect to historical development. Forest Ecol. Manag. 255: 2177–2188.
- Telewski FW (2006) A unified hypothesis of mechanoperception in plants. Am. J. Bot. 93: 1466–1476.
- Thom D, Seidl R (2016) Natural disturbance impacts on ecosystem services and biodiversity in temperate and boreal forests. Biol. Rev. 91: 760–781.
- Thom D, Seidl R, Steyrer G, Krehan H, Formayer H (2013) Slow and fast drivers of the natural disturbance regime in Central European forest ecosystems. Forest Ecol. Manag. 307: 293–302.
- Thorn S, Bässler C, Brandl R, Burton PJ, Cahall R, Campbell JL, Castro J, Choi CY, Cobb T, Donato DC, Durska E, Fontaine JB, Gautier S, Hebert C, Hothorn T, Hutto RL, Lee EJ, Leverkus A, Lindenmayer D, Obrist MK, Rost J, Seibold S, Seidl R, Thom D, Waldron K, Wermelinger B, Winter B, Zmihorski M, Müller J (2018) Impacts of salvage logging on biodiversity: A meta-analysis. J. Appl. Ecol. 55: 279–289.
- Ulanova NG (2000) The effects of windthrow on forests at different spatial scales: a review. Forest Ecol. Manag. 135: 155–167.
- Usbeck T, Wohlgemuth T, Pfister C, Bürgi A, Dobbertin M (2010a) Increasing storm damage to forests in Switzerland from 1858 to 2007 Agr. Forest Meteorol. 150: 47–55.
- Usbeck T, Wohlgemuth T, Pfister C, Volz R, Beniston M, Dobbertin M (2010b) Wind speed measurements and forest damage in Canton Zurich (Central Europe) from 1891 to winter 2007. Int. J. Climatol. 30: 347–358.
- Van Couwenberghe R, Collet C, Lacombe E, Pierrat JC, Gegout JC (2010) Gap partitioning among temperate tree species across a regional soil gradient in windstorm-disturbed forests. Forest Ecol. Manag. 260: 146–154.
- Vollsinger S, Mitchell SJ, Byrne KE, Novak MD, Rudnicki M (2005) Wind tunnel measurements of crown streamlining and drag relationships for several hardwood species. Can. J. For. Res. 35: 1238–1249.
- Wagner C (1923) Die Grundlagen der räumlichen Ordnung im Walde (4. Aufl.). Verlag der H. Laupp'schen Buchhandlung, Tübingen. 387 S.
- White PS (1979) Pattern, process, and natural disturbance in vegetation. Bot. Rev. 45: 229–299.
- White PS, Jentsch A (2001) The search for generality in studies of disturbance and ecosystem dynamics. Prog. Bot. 62: 399–449.
- Wohlgemuth T, Kramer K (2015) Waldverjüngung und Totholz in Sturmflächen 10 und 20 Jahre nach Lothar (1999) und Vivian (1990). Schweiz. Z. Forstwes. 166: 135–146.
- Wohlgemuth T, Kull P, Wüthrich H (2002) Disturbance of microsites and early tree regeneration after windthrow in Swiss mountain forests due to the winter storm Vivian 1990. Forest Snow Landsc. Res. 77: 17–47.
- Wohlgemuth T, Bebi P, Schwitter R, Sutter F, Brang P (2017) Post-windthrow management in protection forests of the European Alps. Eur. J. Forest Res. 136: 1029–1040.

4.3 Lawinen und andere Schneebewegungen

Peter Bebi[1], Perry Bartelt[2] und Christian Rixen[1]

[1] Forschungseinheit Ökologie der Lebensgemeinschaften, WSL-Institut für Schnee und Lawinenforschung SLF, Davos, Schweiz
[2] Forschungseinheit Lawinen und Prävention, WSL-Institut für Schnee und Lawinenforschung SLF, Davos, Schweiz

Kurzfassung
Schneelawinen gehören zusammen mit Steinschlag, Rutschungen und Murgängen zu den wichtigsten gravitativen Naturgefahren in Gebirgsregionen. Wälder üben einerseits wichtige Schutzfunktionen gegenüber diesen Naturgefahren aus, andererseits werden Ökosysteme auch stark durch diese Störungen geprägt. In diesem Kapitel geben wir am Beispiel von Lawinen und anderen Schneebewegungen einen Überblick über wichtige Zusammenhänge zwischen gravitativen Naturereignissen und Gebirgsökosystemen und gehen auch darauf ein, welche Interaktionen zu anderen natürlichen Störungen und der menschlichen Nutzung bestehen.

4.3.1 Ursache und unmittelbare Wirkung von Schneebewegungen

Überall, wo es Schnee hat, treten auch Schneebewegungen auf. Schnee verändert sich fortlaufend, meist im Zusammenhang mit Temperatur- und Feuchtigkeitsverhältnissen in der Schneedecke. Je nach Art des Schnees, den topografischen Bedingungen und dem Wetter, gibt es unterschiedliche Typen von Schneebewegungen.

4.3.1.1 Schneesetzen

Bereits im flachen Gelände gibt es Umwandlungen in der Schneedecke, welche zur Setzung der Schneedecke führen. Nach einem Schneefall werden Neuschneekristalle abgerundet; es entstehen mehr Verbindungen zwischen den Kristallen. Somit verringert sich das Volumen, wodurch die Schneedecke zusammensackt bzw. sich setzt. Dadurch wird die Neuschneeschicht gebunden. In den tiefer liegenden Schneeschichten wird durch das Gewicht des Neuschnees eine größere Setzung hervorgerufen. Kleinere Bäume und Sträucher können durch Schneesetzen niedergepresst und gebrochen oder gespalten werden, in der Regel richten sie sich aber wieder auf (Frey 1977).

4.3.1.2 Schneekriechen

Schneekriechen erfolgt während der Setzung des Schnees am geneigten Hang bei rauer Bodenoberfläche. Die Schneebewegungen sind dann in den obersten Schichten der Schneedecke am größten, während sich der Schnee in der untersten Schicht mit Kontakt zum Boden nicht bewegt. Somit wirken die Schneekräfte wie ein Hebel auf junge Bäume und führen zu charakteristischen Änderungen in der Baumform (Abb. 1). Dazu gehört nebst der säbelförmigen Verformung des Stammfußes auch das vermehrte Auftreten von Mehrstämmigkeit und von niederliegenden Wuchsformen (Schönenberger 1978).

4.3.1.3 Schneegleiten

Schneegleiten ist die auf einer geneigten Unterlage in der Falllinie gerichtete Bewegung der Gesamtschneedecke (In der Gand 1968, Höller et al. 2009). Die Kriechbewegung wird dabei durch ein langsames Abgleiten der Schneedecke auf glatter und feuchter Bodenoberfläche ergänzt. Somit gleitet die ganze Schneedecke meist langsam, mit Gleitraten von < ca. 5 mm pro Tag (gemäß Höller et al. 2009) ab. Oft geschieht dies auf langhalmigem Gras oder auf niederliegenden Zwergsträuchern (Newesly et al. 2000). Größere Zwergsträucher und Bäume wirken als Hindernisse, wodurch die Schneedecke bereits so stark stabilisiert wird, dass die Gleitraten stark sinken (Newesly et al. 2000). Auch Schneegleiten kann zum Brechen und Entwurzeln von jungen Bäumen führen, wobei Kräfte von ca. 1 kN ausreichen, um kleinere oder wenig biegsame Bäume zu entwurzeln (Höller et al. 2009). Bei wiederholtem Schneegleiten kommt es ebenfalls zum typischen Säbelwuchs und zur ausgeprägten Bildung von Druckholz (Abb. 1).

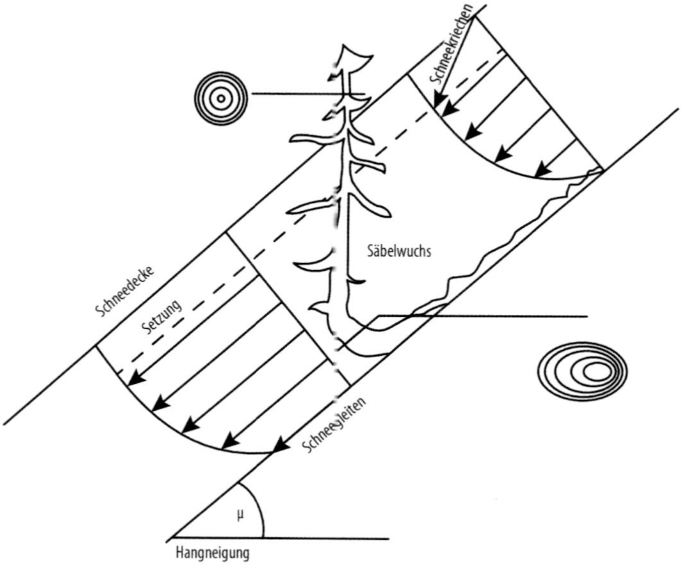

Abb. 1: Schematische Darstellung von Schneegleiten und Schneekriechen. Schneebewegungen bewirken bei Bäumen die Bildung von Druckholz (verstärkte Jahrringe an der Stammunterseite) und Anpassungen in der Wuchsform (Säbelwuchs).

4.3.1.4 Lawinen

Lawinen sind Schneemassen, welche sich relativ rasch den Hang hinunter bewegen. Nebst Schnee können Lawinen auch Steine, Boden, Vegetation und Eis enthalten (Schweizer et al. 2003). Aufgrund der Entstehungsbedingungen werden Lawinen meist als Schneebrettlawinen, Lockerschneelawinen oder Gleitschneelawinen bezeichnet (Harvey et al. 2012):

- Schneebrettlawinen entstehen, wenn an einem steilen Hang mit geschichteter Schneedecke ein Bruch in einer Schwachschicht erfolgt. Die miteinander verbundenen Schichten oberhalb der Schwachschicht gleiten dann in kompakter Form als Schneebrett ab.
- Lockerschneelawinen brechen punktförmig an. Der sich bewegende Schnee reißt dann mehr und mehr Schnee mit sich, wodurch eine sich kegelförmig ausbreitende Lawine entsteht. Lockerschneelawinen entstehen entweder bei trockenem und kohäsionsarmem Schnee im steilen Gelände oder bei großer Sonneneinstrahlung und nassem Schnee.
- Gleitschneelawinen ereignen sich als Folge von Schneegleiten, wenn sich Gleitschneeanrisse immer mehr öffnen und darunter die gesamte Schneedecke bis zum Boden rasch abgleitet. Die ganze Schneeschicht rutscht dann auf glattem und feuchtem Untergrund ab.

Das Fließverhalten einer Lawine und damit auch deren Wirkung auf die Vegetation wird wesentlich von Schneetemperaturen und Schneefeuchtigkeit beeinflusst. Die Bewegung von trockenem, kaltem Schnee führt zur Bildung von Staublawinen oder von gemischten Fließ- und Staublawinen. Diese Lawinen können sehr hohe Geschwindigkeiten (> 80 km/h) erreichen und bestehen aus einem Kern von Schneepartikeln, der von einer Pulverwolke aus Eis und Staub umgeben ist. Der Kern der Lawine folgt dabei dem Gelände, während die Pulverwolke unabhängig davon weit über den Kern der Lawine hinausreichen kann. Durch den Luftdruck von Staublawinen können Bäume mit großer Krone bzw. Angriffsfläche relativ einfach gebrochen werden (Feistl et al. 2015). Im Gegensatz dazu bilden sich bei nassen und wärmeren Bedingungen häufig Boden- oder Grundlawinen. Diese bestehen aus einem dichten und granulären Kern und bewegen sich deutlich langsamer als Staublawinen. Trotz den deutlich langsameren Geschwindigkeiten können nasse Grundlawinen aber lange Auslaufstrecken aufweisen und Drücke verursachen, welche zum Brechen und Entwurzeln von ausgewachsenen Bäumen führen (vgl. Abb. 2).

Aufgrund der spezifischen Voraussetzungen bezüglich Topografie und Schneedecke kann das potenzielle Auftreten von Lawinen im Vergleich mit anderen natürlichen Störungen räumlich und zeitlich relativ gut eingegrenzt werden. Große Lawinenereignisse erfolgen deshalb vielfach wiederkehrend aus den gleichen Anrissgebieten und treten unter extremen Schnee- und Witterungsbedingungen zumindest regional vielfach synchron auf (Schneebeli et al. 1997).

4.3.2 Einfluss von Lawinen auf Ökosysteme

Lawinen, die oberhalb der Waldgrenze anreißen, gehören zu den wichtigsten und prägendsten Prozessen von Gebirgsökosystemen. Bei hoher Intensität oder Frequenz definieren Lawinen Zusammensetzung und Wuchsform der darunterliegenden Pflanzenarten und

Abb. 2: Im Wald angerissene Nassschneelawine. (Foto: T. Feistl, WSL/SLF)

damit auch das Ökosystem. Lawinen, welche weit oberhalb der Waldgrenze anreißen, erzeugen in der Regel so hohe Drücke, dass sie größere Bäume brechen (Abb. 2; Bartelt & Stöckli 2001, Feistl et al. 2015) und charakteristische Schneisen im Wald bilden (Abb. 3). Im Einflussbereich von größeren Lawinen bleiben Bäume normalerweise klein und haben einen niederliegenden und biegsamen Wuchs. Typische Vertreter solcher Wuchsformen sind die Legföhren (*Pinus mugo* subsp. *mugo*), die Grünerle (*Alnus viridis* (Chaix) DC (Rudolf-Miklau & Sauermoser 2011, Boscutti et al. 2014) oder die Moorbirke (*Betula pubescens* Ehrh.) in Skandinavien (Arbellay et al. 2013). Aber auch von Buchen sind an exponierten Lagen niederliegende, an Schneebewegungen angepasste Formen bekannt (Fanta 1981). Mit abnehmender Intensität und Frequenz von Lawinenereignissen wird das Überleben von zunehmend größeren und aufrechten Bäumen möglich. Mit dem Wechsel der Wuchsformen nimmt sowohl die Bedeutung der Konkurrenz zwischen Bäumen als auch der

Abb. 3: Typische Schneisen, welche durch oberhalb der Waldgrenze angerissene Lawinen entstanden sind (Dischmatal, Davos). Wo die Störung durch Lawinen topografisch bedingt am stärksten ist und wo nicht intensiv beweidet wird, bildet sich ein Mosaik verschiedener Vegetationstypen mit Grünerlengebüschen, subalpinen Rasen und Jungwaldflächen. Der Lawinenzug rechts wurde 20 Jahre vor der Bildaufnahme technisch verbaut und wächst seither zu. (Foto: M. Schmidlin WSL/SLF)

Einfluss von klimatischen Faktoren für das Wachstum der Bäume zu (Kulakowski et al. 2006).

Verschiedene Lawinenregime führen zu charakteristischen Waldstrukturen und Artenzusammensetzungen. In Wäldern, die häufig durch Lawinen gestört werden, haben die Bäume typischerweise kleinere Durchmesser und kürzere Stämme als in ungestörten Wäldern; auch ist in solchen Wäldern der Anteil an Pionierbaumarten höher und der Anteil an schattentoleranten Arten geringer (Bebi et al. 2009, Rudolf-Miklau & Sauermoser 2011). Die Stammzahl in Lawinenzügen ist häufig gering; allerdings kann die Dichte von kleinen Bäumen (< 1.4 m) auch deutlich höher sein als in ungestörten Flächen, da Lawinen die Größe und das Wachstum der Bäume regelmäßig limitieren. Diese kleineren Bäume sind dann auch weniger gefährdet durch nachfolgende Lawinenereignisse (Bebi et al. 2009, Rudolf-Miklau & Sauermoser 2011). Die Waldentwicklung nach Störungen durch Lawinen erfolgt nicht in erster Linie im Sinn einer Etablierung neuer Verjüngung, sondern vor allem in Form einer Reorganisation von überlebender Vegetation. Bäume, die eine Lawine überleben, entwickeln neue Leittriebe (Schönenberger 1978). Wenn Lawinen direkt auf dem Boden gleiten und damit Mineralboden freigelegen, kann sich nachfolgend Baumverjüngung durch Samenkeimung einstellen (Kajimoto et al. 2004).

Eine der wichtigsten ökologischen Effekte von Lawinen ist die Erhöhung der Strukturdiversität (Kapayev 1978, Ellenberg 1988, Veblen et al. 1994). Außerhalb von Lawinenzügen dominieren in schneereichen Gebirgslagen häufig große Flächen an relativ struktur- und artenarmen Nadelwäldern. Natürliche Pflanzengesellschaften, welche von kleinwüchsigen und lichtbedürftigen Pflanzen geprägt sind, wären ohne Lawinen weit weniger häufig oder könnten nur als vorübergehende Vegetation nach anderen Störungsereignissen existieren. Wo Lawinen offene Habitate in sonst dichtem Wald schaffen, tragen sie somit wesentlich zur Heterogenität und Diversität des Vegetationsmosaiks bei (Patten & Knight 1994, Rixen et al. 2007). Beispielsweise werden Lawinenzüge als Habitat von Braunbär, Karibu und Vielfraß in Nordamerika (Mace et al. 1996, Krajick 1998) und von der Gämse in Europa bevorzugt (Garcia-Gonzalez & Cuartas 1996). Auch verschiedene Vogelarten wie zum Beispiel das Haselhuhn (*Bonasa Bonasia* L.) und das Birkhuhn *(Tetrao tetrix)* halten sich in offenen oder halboffenen Lawinenzügen für die Nahrungsaufnahme und für das Brüten auf (Klaus et al. 1990, Schäublin & Bollmann 2011).

Struktur und Diversität der Vegetation in Lawinenzügen hängen stark von der Lawinenfrequenz ab (Abb. 4). «Aktive» Lawinenzüge in den Schweizerischen Alpen, welche regelmäßig durch Lawinenniedergänge beeinflusst werden, weisen eine höhere Strukturdiversität auf als Lawinenzüge, welche durch Lawinenverbauungen unterdrückt sind (Kulakowski et al. 2006). Die Strukturerhaltung durch regelmäßig niedergehende Lawinen wirkt sich auch positiv auf die Diversität von Pflanzenarten und Vegetationstypen aus (Rixen et al. 2007). Die Anzahl der Blütenpflanzenarten ist größer im Zentrum von Lawinenzügen, wo Störungsfrequenz und -intensität größer sind, und kleiner in den Randbereichen (Brugger 2002).

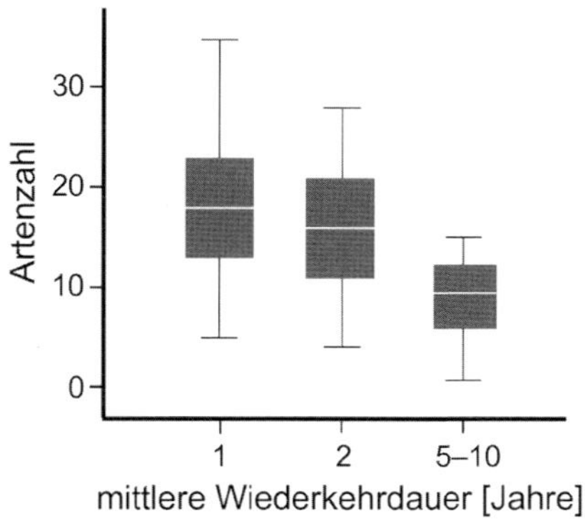

Abb. 4: Anzahl Pflanzenarten in Lawinenzügen mit unterschiedlicher Wiederkehrdauer von Lawinen. (Daten aus Rixen und Brugger 2004)

4.3.3 Lawinenschutzfunktion von Wald

Die Schutzfunktion des Waldes besteht darin, dass in genügend dichtem Wald kaum Lawinen anbrechen und dass kleinere Lawinen im Wald abgebremst werden können (Bebi et al. 2009, Feistl et al. 2015). Die Wirkung des Lawinenschutzes ist dabei nicht nur von der Waldstruktur, sondern auch stark von topografischen Faktoren sowie vom Aufbau und von der Mächtigkeit der Schneedecke beeinflusst (Abb. 5). Kritische Schwellenwerte für den spontanen Niedergang von Lawinen können dabei im Wald anders sein als im offenen Gelände. So gehen Lawinen im Waldgebiet normalerweise nur an Hängen mit mehr als 30° Hangneigung nieder (Schneebeli & Bebi 2004), im Freiland dagegen auch in weniger steilem Gelände (McClung & Schaerer 2006). Die Oberflächenrauigkeit des Geländes ist ebenfalls ein sehr wichtiger Faktor, zumindest solange die Schneedeckenmächtigkeit im Wald die Wirkhöhe der dominanten Objekte nicht übersteigt (de Quervain 1978, Leitinger et al. 2008).

4.3.3.1 Verhinderung von Lawinenanrissen im Wald

Es gibt im Wesentlichen vier physikalische Prozesse, welche zur Stabilisierung der Schneedecke im Wald beitragen (Schneebeli & Bebi 2004):

1. Interzeption von fallendem Schnee: Der Anteil an der gesamten Schneemenge, welcher durch Interzeption an Ästen aufgehalten und zurück in die Atmosphäre sublimiert wird, hängt von der Waldstruktur, der Baumart und den meteorologischen Bedingungen während der Schneefallereignisse ab und beträgt meistens zwischen 5–60 % (Moeser et al. 2015). Interzeptierter Schnee, welcher nicht sublimiert wird, gelangt in Form von Schneeklumpen oder Schmelzwasser in die Schneedecke (Bründl et al. 1999). Die Schneedecke im Waldbestand wird damit strukturierter und weniger mächtig als im offenen Gelände, wodurch sich weniger zusammenhängende Schwachschichten bilden. Lärchen und andere winterkahle Bäume halten weniger Schnee in ihren Kronen zurück als wintergrüne Bäume, wobei der Unterschied vor allem bei relativ kleinen Schneeflocken bzw. kalten Temperaturen während des Schneefalls groß ist (Miller 1964, Pfister & Schneebeli 1999).

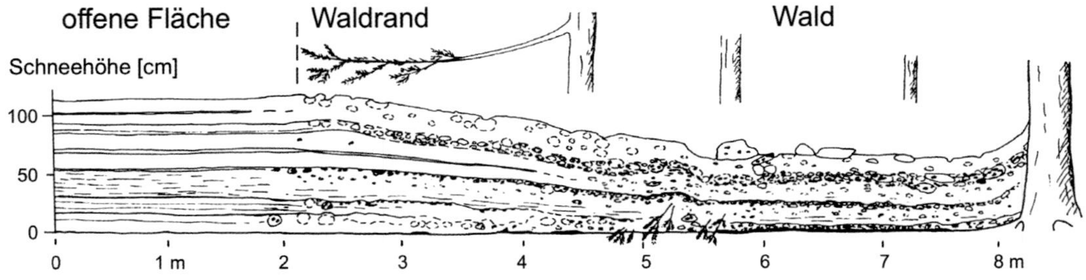

Abb. 5: Schneedeckenaufbau im Übergangsbereich vom Freiland zum Nadelwald (abgeändert nach Imbeck 1987). Im Freiland weist die Schneedecke regelmäßige Schichten auf. Im Wald ist die Schneehöhe infolge der Interzeption reduziert, und die Schichtung ist wegen herabfallender Harschschneeklumpen stärker strukturiert als im Freiland.

2. Ausgeglichenes Strahlungsregime: Die Dauer der Sonneneinstrahlung wie auch die langwellige Ausstrahlung während der Nacht sind im Wald gegenüber dem Freiland reduziert (Leonard & Eschner 1968, Tribeck et al. 2006). Die Bildung von Oberflächenreif, welcher neben dem Wald wesentlich dazu beitragen kann, dass schwache Schneeschichten entstehen, ist deshalb innerhalb des Waldes kaum möglich (Höller 1998, McClung & Schaerer 2006). Zusätzlich sind Temperaturunterschiede innerhalb der Schneedecke im Wald geringer, was der Bildung von unstabilem Schwimmschnee in bodennahen Schichten entgegenwirkt.
3. Reduzierte Windgeschwindigkeiten: Innerhalb des Waldes sind oberflächennahe Windgeschwindigkeiten geringer als im Freiland (Miller 1964). Großflächige Triebschneeansammlungen, die häufig die Voraussetzungen für die Lawinenbildung schaffen, treten deshalb mit zunehmender Bestandsdichte im Wald weniger häufig auf.
4. Direkte mechanische Abstützung: Baumstämme, Wurzelstöcke, aber auch liegende Bäume helfen mit ihrer abstützenden Wirkung, die Schneedecke zu stabilisieren und erhöhen die Rauigkeit des Bodens. Die Stützwirkung von stehenden Bäumen allein genügt aber normalerweise nicht, um einen Lawinenanriss zu verhindern. Wenn die Lawinenschutzfunktion nur aus der mechanischen Wirkung von stehenden Baumstämmen bestehen würde, müssten gemäß Salm (1978) mindestens 1000 Bäume pro Hektare stehen, um einen 40° steilen Hang zu stabilisieren.

Aufgrund dieser Prozesse gelten Kronendeckungsgrad, Lückengrößen, Baumart und Bodenrauigkeit als wichtigste Bestandseigenschaften zur Verhinderung von Lawinenanrissen im Wald (Schneebeli & Bebi 2004, Bebi et al. 2009). Kritische Schwellenwerte, welche darüber entscheiden, ob ein Lawinenanriss im Wald erfolgen kann oder nicht, können aufgrund von vergangenen Ereignissen abgeleitet werden, müssen aber auch im Zusammenhang mit topografischen Faktoren und Schneeeigenschaften beurteilt werden (Bebi et al. 2009). Die minimale Lückenbreite, welche zur Bildung von Lawinen ausreicht, ist in winterkahlen Wäldern mit ca. 5–10 m deutlich kleiner als in immergrünen

Wäldern (ca. 15–20 m), wobei je nach Steilheit, Bodenrauigkeit und Schneebedingungen eine erhebliche Variation besteht (vgl. Abb. 6). Kritische Längen von Waldlücken in der Falllinie werden in Abhängigkeit von der Hangneigung meist im Bereich von 25–60 m angegeben (vgl. Frehner et al. 2005) und sind auch dafür entscheidend, ob aus einer kleinen Waldlawine tatsächlich eine größere Lawine entstehen kann.

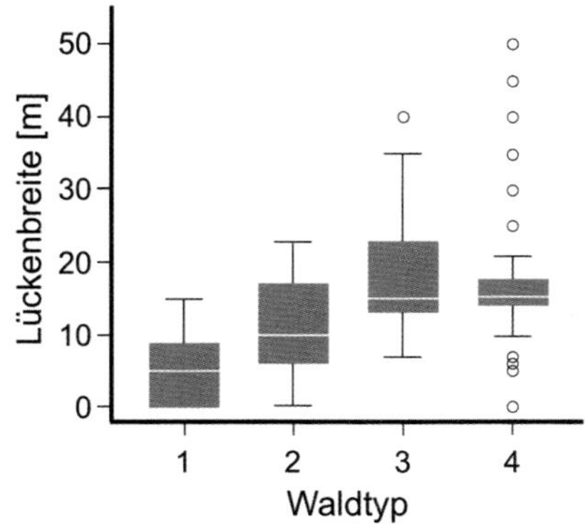

Abb. 6: Kritische Lückenbreiten in Abhängigkeit zum Waldtyp: 1 = Laubwälder, 2 = Laub-Nadel-Mischwälder, 3 = immergrüne Nadelwälder, 4 = Lärchen- oder Lärchen-Fichtenwälder. (Daten aus Meyer-Grass & Schneebeli 1992)

4.3.3.2 Bremswirkung des Waldes

Kleinere Lawinen, welche im Wald oder nur knapp oberhalb der Waldgrenze anreißen, können je nach Waldstruktur, Topografie und Schneeeigenschaften im Wald wieder zum Stillstand kommen. Die Bremswirkung des Waldes ist dabei eine Folge von verschiedenen Interaktionen zwischen Gelände-, Wald-, Schnee- und Lawineneigenschaften. Ein neuerer Quantifizierungsansatz der Bremswirkung beruht darauf, dass Lawinenschnee hinter Bäumen und Baumgruppen abgelagert wird, womit der Lawine Masse und damit auch Impuls entzogen wird (Feistl et al. 2014). Indem dieser Massenentzug (Detrainment) in Abhängigkeit von Waldtyp und Waldstruktur abgeschätzt wird, kann die Bremswirkung des Waldes annäherungsweise quantifiziert werden (Teich et al. 2014), womit Auslaufstrecken für gegebene Lawinenanrissgrößen, Schneebedingungen und Waldstrukturparameter vorhergesagt und mit gut dokumentierten Lawinenereignissen überprüft werden können (Abb. 7).

4.3.4 Interaktion zwischen Lawinen und anderen natürlichen Störungen

Zwischen Lawinen und anderen natürlichen Störungen im Gebirgswald gibt es eine Reihe von Wechselwirkungen. Einerseits können Öffnungen durch natürliche Störungen im Wald potenziell neue Lawinenanrisszonen schaffen und die Schutzfunktion des Waldes plötzlich infrage stellen (Bebi et al. 2015, Wohlgemuth et al. 2017). Andererseits können Lawinen eine Waldlandschaft so stark verändern, dass die Eintretenswahrscheinlichkeit und die potenzielle Flächenausdehnung von anderen natürlichen Störungen verringert wird.

Natürliche Störungen wie Windwurf, Schneebruch, Feuer oder Insektenkalamitäten können den Wald unter Umständen so stark öffnen, dass neue Lawinenanrisszonen entstehen oder dass die abbremsende Wirkung des Waldes gegenüber kleineren Lawinen verringert wird. Besonders gravierend ist das, wenn ein intensives Feuer nicht nur die Baumkronen, sondern auch die obere Bodenschicht zerstört. Damit wird nicht nur die direkte Interzeptionswirkung des Kronendachs, sondern auch Bodenrauigkeit und Keimfähigkeit stark reduziert, sodass die Schutzfunktion für lange Zeit verringert ist. Bei anderen natürlichen Störungen bleibt normalerweise eine gewisse Restbestockung aus lebender und toter Biomasse zurück. Welche Wirkung diese Restbestockung gegenüber Lawinen noch hat, hängt dann nicht nur von der Intensität der Stö-

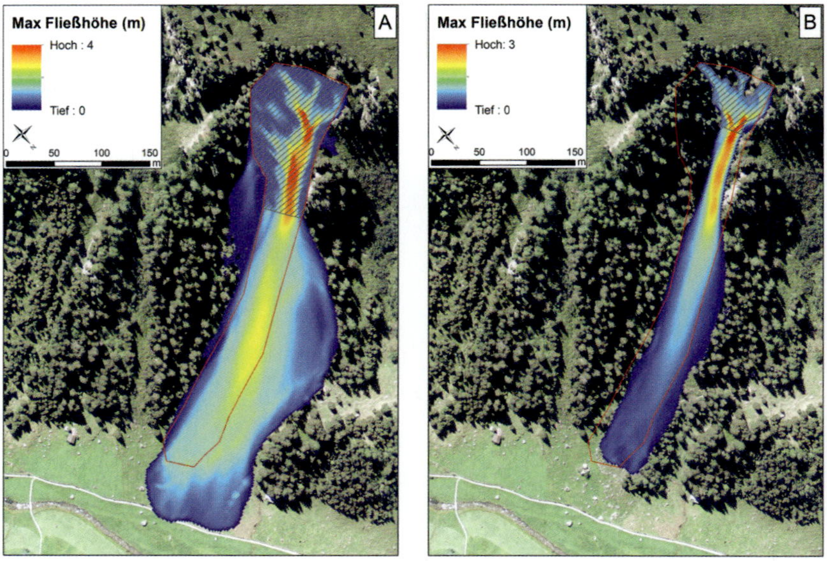

Abb. 7: Simulation von maximalen Fließhöhen einer Lawine im Waldgebiet im Vergleich mit dem beobachtetem Lawinenumriss (rote Linie) bei zwei unterschiedlichen Lawinenanrissgrößen (schraffiertes Gebiet). Die Auslaufdistanz, welche mit Berücksichtigung des Waldes im Anrissgebiet (B) berechnet wurde, stimmt gut mit der beobachteten Auslaufzone überein (Simulation: N. Brozova, WSL/SLF).

rung, sondern auch von der Resilienz des Ausgangsbestandes ab. Resilienz wird in diesem Zusammenhang als Regenerations- und Anpassungsfähigkeit des Schutzwaldes verstanden, nach einer Störung wieder eine ähnliche Wirkung gegenüber Lawinen oder anderen gravitativen Naturgefahren auszuüben (Bebi et al. 2016). Sie ist umso größer, je rascher sich ein Bestand dank bereits bestehender Vorverjüngung oder Ansamung regenerieren kann und je länger die Wirkung des Restbestandes (inklusive liegendem Totholz, Wurzeltellern und Stöcken) anhält. Untersuchungen auf früheren Windwurfflächen haben gezeigt, dass infolge kontinuierlicher Abnahme der Restbestockung bei ungünstiger Verjüngungssituation (fehlender Vorverjüngung) ein Zeitfenster mit ungenügendem Schutz entstehen kann (Wohlgemuth et al. 2017). Trotzdem sind Beobachtungen von Lawinenereignissen auf nicht geräumten Windwurfflächen sehr selten (Bebi et al. 2015). Dies deutet darauf hin, dass der Wirkung der erhöhten Oberflächenrauigkeit auf gestörten Waldflächen wahrscheinlich eine größere Bedeutung für den Lawinenschutz zukommt, als bisher angenommen wurde.

Durch Lawinen verursachte Waldschneisen können die Ausdehnung von anderen Störungen am Rand der Lawinenzüge stoppen. Prominent ist die potenziell bremsende Wirkung von Lawinenzügen gegenüber Waldbränden in den Rocky Mountains, auch *«fire-breaks»* genannt (Malanson & Butler 1984, Veblen et al. 1994). Ein weiteres Beispiel sind Borkenkäferkalamitäten in Gebieten mit häufigen Lawinenniedergängen, wo komplexe Wechselwirkungen entstehen können (vgl. Abb. 8). Einerseits vermindern Lawinenzüge die Konnektivität zwischen anfälligen reinen Fichten-Hochwaldbeständen. Andererseits kann sich direkt nach Lawinenniedergängen viel Holz ansammeln, was wiederum neues Brutmaterial für Borkenkäfer schaffen kann (Forster & Meier 2010). Insgesamt sind Interaktionen zwischen Lawinen und anderen natürlichen Störungen und deren Auswirkungen auf den natürlichen Naturgefahrenschutz schwierig vorherzusehen; sie sollten aber zumindest als Szenarien bei der Naturgefahrenbeurteilung in Zukunft noch stärker berücksichtigt werden.

4.3.5 Lawinen- und Waldmanagement

Wechselwirkungen zwischen Wald und Lawinen werden schon seit Jahrtausenden stark vom Menschen beeinflusst. Durch Brandrodung und Abholzung von ganzen Wäldern wurden neue Lawinenzonen geschaffen, teilweise mit irreversiblen Konsequenzen für den Wald (Küttel 1990). Die Bedeutung des Waldes als Lawinenschutz wurde ebenfalls schon früh erkannt. So wurden verschiedene Schutzwälder im Alpenraum bereits im 14. Jahrhundert durch strenge Schutzbestimmungen, sogenannte «Bannbriefe», geschützt (Schuler 1988) Doch führten materielle Not und Energiemangel bis in die erste Hälfte des 19. Jahrhunderts zu einer weiteren Übernutzung von Schutzwäldern, was zu einer Verschlechterung des natürlichen Lawinenschutzes führte (Landolt 1860). In der zweiten Hälfte des 19. Jahrhunderts setzte der Wiederaufbau der Schutzfunktion ein, welcher durch eine strengere Forstgesetzgebung initiiert, durch aktive Aufforstungen vorangetrieben und durch passives Wiedereinwachsen von früher landwirtschaftlich genutzten Flächen begünstigt wurde (Bebi et al. 2016).

Gleichzeitig mit dem Heranwachsen von Lawinenschutzwäldern in den Alpen wurden zum Schutz von wachsenden Siedlungen und Verkehrswegen auch bauliche Lawinenschutzmaßnahmen errichtet. Oberhalb der Waldgrenze werden dazu seit den 1950er-Jahren permanente Stahlverbauungen eingesetzt. Im Waldgebiet kommen dagegen auch temporäre Stützverbauungen und Gleitschneewerke aus Holz in Kombination mit Aufforstungen zum Einsatz (Margreth 2007). Im Vergleich zum natürlichen Schutzwald ist die Errichtung und Instandhaltung solcher technischen Verbauungen teuer (> 1 Mio. Euro pro ha für permanenten Verbau). Zudem können solche Bauten die Ökosysteme im und unterhalb des Verbauungsgebietes auch beeinträchtigen. Insbesondere bleiben durch die Verhinderung von Lawinen die positiven Auswirkungen auf die reichhaltige Habitatstruktur und hohe Biodiversität aus (Rixen et al. 2007).

In den letzten Jahrzehnten haben sich die Rahmenbedingungen für das Schutzwaldmanagement stark verändert. Durch Extensivierung in Wald- und Landwirtschaft nahm nicht nur die Fläche der Lawinenschutzwälder im Alpenraum stark zu, die Wälder wurden vielfach auch dichter beziehungsweise lichtärmer, was die nachhaltige Waldverjüngung wiederum erschwerte. Da sich zudem die Holznutzung steiler Bergwälder seit den 1960er-Jahren immer weniger lohnte, entwickelten sich die Ziele der Schutzwaldbewirtschaftung in den letzten Jahrzehnten immer stärker weg vom Wiederaufbau

Abb. 8: Interaktionen zwischen Lawinen und Borkenkäferkalamitäten in den polnischen Karpaten. Lawinenschneisen können die Ausbreitung von Borkenkäfern bremsen. Borkenkäferkalamitäten und andere großflächige Störungen können aber unter Umständen auch zur Bildung von neuen Lawinenanrissgebieten führen. (Foto: A. Casteller WSL/SLF)

Abb. 9: Lawinenschutzwaldbewirtschaftung: a) Holzschlag mittels Seilkrantechnik zur Verjüngungseinleitung (Foto: P. Bebi), b) Erhalt der Lawinenschutzfunktion durch Liegenlassen von Totholz und stützpunktartige Gruppenaufforstung in einer Windwurffläche in Pfäfers/Schweiz. (Foto: R. Schwitter)

und hin zur Resilienzsteigerung (Bebi et al. 2016). Dabei wird durch aktive Verjüngungsschläge wieder genügend Licht in dichte Gebirgswälder gebracht, sodass die Nachhaltigkeit der Schutzwirkung auch im Fall von Störungsereignissen eher gewährleistet bleibt (Abb. 9a). Da Verjüngungsschläge wegen der Gefahr von neuen Lawinenanrissen vor allem in der Falllinie nicht zu groß sein dürfen (Frehner et al. 2005), ist die Bewirtschaftung von steilen Lawinenschutzwäldern eine anspruchsvolle Optimierungsaufgabe. Künstliche Aufforstungen von Lawinenanrissgebieten werden heute deutlich weniger großflächig ausgeführt als früher und konzentrieren sich immer mehr auf stützpunktartige Gruppenpflanzungen (Abb. 9b; Schönenberger 2001).

4.3.6 Lawinen und Lawinenschutz bei wärmerem Klima?

Interaktionen zwischen Schneebewegungen und Ökosystemen werden nicht nur durch Landnutzung und andere natürliche Störungen beeinflusst, sondern auch durch das Klima. Der Klimawandel wirkt sich einerseits direkt auf die Schneesituation aus, wobei in Zukunft die Zeitdauer mit kritischer Schneemächtigkeit für Lawinenanrisse kürzer und der Anteil an Nassschneesituationen höher werden dürfte (Castebrunet et al. 2014). Andererseits wirken sich klimabedingte Änderungen langfristig auf die Artenzusammensetzung und Struktur von Gebirgsökosystemen aus.

Im Wald treten Lawinenanrisse vor allem bei Schneemächtigkeiten von mindestens 50 cm auf (Teich et al. 2012). Gemäß Schneedecken-Modellrechnungen in verschiedenen Gebieten der Alpen wird sich die mittlere Verweildauer von solchen Schneemächtigkeiten in Höhenlagen von ca. 1000–

1600 m. ü. M. bis zum Ende des 21. Jahrhunderts massiv bis auf wenige Tage pro Jahr reduzieren (Schmucki et al. 2017). Der Einfluss von höheren Temperaturen auf die Schneedecke kann dabei nicht durch eine Zunahme der Winterniederschläge kompensiert werden. Aufgrund solcher Modelle können wir annehmen, dass zwar Lawinen, die oberhalb der heutigen Waldgrenze anreißen, noch bis ins 22. Jahrhundert hinein relevant sein werden, dass deren Bedeutung im Vergleich mit anderen Störungsregimen und gravitativen Naturgefahren aber längerfristig abnehmen wird (Bebi et al. 2016).

Zu den wichtigsten klimabedingten Waldveränderungen, die sich voraussichtlich auf Schneebewegungen auswirken, gehören nebst einer erwarteten Zunahme von natürlichen Störungen auch Waldausdehnungen an kältelimitierten Waldgrenzen sowie Veränderungen der Artenzusammensetzung (Bebi et al. 2016). Der Klimawandel wird zusammen mit landnutzungsbedingten Änderungen vielerorts zu einem Anstieg der Waldgrenze beitragen. Allerdings werden solche Verschiebungen durch eine Reihe von anderen Faktoren verzögert, wozu auch Schneebewegungen und oberhalb der Baumgrenze angerissene Lawinen gehören (Kulakowski et al. 2016). Veränderungen der Baumartenzusammensetzung hätten vor allem bei einem Wechsel von immergrünen zu winterkahlen Baumarten einen großen Einfluss auf Schneebewegungen. Insofern solche Ökosystemänderungen nicht großflächig durch andere natürliche Störungen eingeleitet werden, werden eher die direkten klimatischen Einflüsse das zukünftige Lawinenregime verändern.

Literatur

- Arbellay E, Stoffel M, Decaulne A (2013) Dating of snow avalanches by means of wound-induced vessel anomalies in sub-arctic *Betula pubescens*. Boreas 42: 568–574.
- Bartelt P, Stöckli V (2001) The influence of tree and branch fracture, overturning and debris entrainment on snow avalanche flow. Ann. Glaciol. 32: 209–216.
- Bebi P, Kulakowski D, Rixen C (2009) Snow avalanche disturbances in forest ecosystems: State of research and implications for management. Forest Ecol. Manag. 257: 1883–1892.
- Bebi P, Putallaz J-M, Fankhauser M, Schmid U, Schwitter R, Gerber W (2015) Die Schutzfunktion in Windwurfflächen. Schweiz. Z. Forstwes. 166: 168–176.
- Bebi P, Bugmann H, Lüscher P, Lange B, Brang P (2016) Auswirkungen des Klimawandels auf Schutzwald und Naturgefahren. In: Pluess AR, Augustin S, Brang P (Hrsg.) Wald im Klimawandel. Grundlagen für Adaptionsstrategien. Bundesamt für Umwelt BAFU, Bern; Eidg. Forschungsanstalt WSL, Birmensdorf. S. 269–287.
- Boscutti F, Poldini L, Buccheri M (2014) Green alder communities in the Alps: Phytosociological variability and ecological features. Plant Biosyst. 148: 917–934.
- Brugger S (2002) Auswirkungen von Lawinen auf die Vegetation: Eine Studie im Dischmatal. Diplomarbeit Geogr. Inst. Univ. Zürich, Zürich. 65 S.
- Bründl M, Schneebeli M, Flühler H (1999) Routing of canopy drip in the snowpack below a spruce crown. Hydrol. Process. 13: 49–58.
- Castebrunet H, Eckert N, Giraud G, Durant Y, Morin S (2014) Projected changes of snow conditions and avalanche activity in a warming climate: the French Alps over the 2020–2050 and 2070–2100 periods. Cryosphere 8: 1673–1697.
- De Quervain M (1978) Wald und Lawinen. In: Proceedings IUFRO Seminar «Mountain forests and avalanches», Davos, Switzerland, pp 219–231.
- Ellenberg H (1988) Vegetation ecology of Central Europe. Cambridge University Press, Cambridge, UK. 731 p.

- Fanta J (1981) *Fagus silvatica* L. und das Aceri-Fagetum an der alpinen Waldgrenze in Mitteleuropäischen Gebirgen. Vegetatio 44: 13–24.
- Feistl T, Bebi P, Bühler Y, Christen M, Bartelt P (2014) Observations and modeling of the breaking effects of forests on small and medium avalanches. J. Glaciol. 60: 124–138.
- Feistl T, Bebi P, Christen M, Margreth S, Diefenbach L, Bartelt P (2015) Forest damage and snow avalanche flow regime. Nat. Hazard Earth Sys. 15: 1275–1288.
- Forster B, Meier F (2010) Sturm, Witterung und Borkenkäfer – Risikomanagement im Forstschutz. Merkbl. Prax. 44: 1–8.
- Frehner M, Wasser B, Schwitter R (2005) Nachhaltigkeit und Erfolgskontrolle im Schutzwald. Wegleitung für Pflegemassnahmen in Wäldern mit Schutzfunktion. Bundesamt für Umwelt, Wald und Landschaft, Bern. 564 S.
- Frey W (1977) Wechselseitige Beziehung zwischen Schnee und Pflanze – eine Zusammenstellung anhand von Literatur. Mitt. Eidg. Inst. Schnee und Lawinenforsch. 34: 1–233.
- Garcia-Gonzalez R, Cuartas P (1996) Trophic utilization of a montane/subalpine forest by chamois *(Rupicapra pyrenaica)* in the Central Pyrenees. Forest Ecol. Manag. 88: 15–23.
- Harvey S, Rhyner H, Schweizer J (2012) Lawinenkunde. Bruckmann Verlag GmbH, München. 192 S.
- Höller P (1998) Tentative investigations on surface hoar in mountain forests. Ann. Glaciol. 26: 31–34.
- Höller P, Fromm R, Leitinger G (2009) Snow forces on forest plants due to creep and glide. Forest Ecol. Manag. 257: 546–552.
- Imbeck H (1987) Schneeprofile im Wald. Winterber. Eidg. Inst. Schnee und Lawinenforsch. 1985/86, no. 50: 177–183.
- In der Gand H (1968) Aufforstungsversuche an einem Gleitschneehang. Ergebnisse der Winteruntersuchungen 1955/56 bis 1961/62. Mitt. Eidg. Forschungsanst. 44: 233–326.
- Kajimoto T, Daimaru H, Okamoto T, Otani T (2004) Effects of snow avalanche disturbance on regeneration of subalpine *Abies mariesii* forest, Northern Japan. Arct. Antarct. Alp. Res. 36: 436–445.
- Kapayev SA (1978) Dynamics of avalanche natural complexes: an example from the high-mountain Teberda State Reserve, Caucasus Mountains. Arctic Alpine Res. 3: 215–224.
- Klaus S, Bergmann H-H, Marti C, Müller F, Vitovic OA, Wiesner J (1990) Die Birkhühner. *Tertrao tetrix* und *T. mlokosiewiczi*. Ziemsen Verlag, Wittenberg Lutherstadt. 288 S.
- Krajick K (1998) Animals thrive in an avalanche's wake. Science 279: 1853–1853.
- Kulakowski D, Rixen C, Bebi P (2006) Changes in forest structure and in the relative importance of climatic stress as a result of suppression of avalanche disturbances. Forest Ecol. Manag. 223: 66–74.
- Kulakowski D, Barbeito I, Casteller A, Kaczka RJ, Bebi P (2016) Not only climate: Interacting drivers of treeline change in Europe. Geogr. Pol. 89: 7–15.
- Küttel M (1990) The subalpine protection forest in the Urseren valley – an inelastic ecosystem. Bot. Helv. 100: 183–197.
- Landolt E (1860) Bericht an den hohen Schweizerischen Bundesrath über die Untersuchung der Hochgebirgswaldungen in den Kantonen Tessin, Graubünden, St.Gallen und Appenzell. Orell Füssli und Compagnie Druck, Zürich. 183 S.
- Leitinger G, Höller P, Tasser E, Walde J, Tappeiner U (2008) Development and validation of a spatial snow-glide model. Ecol. Model. 211: 363–374.
- Leonard R, Eschner AR (1968) Albedo of intercepted snow. Water Resour. Res. 4: 931–935.
- Mace RD, Waller JS, Manley TL, Lyon LJ, Zuuring H (1996) Relationships among grizzly bears, roads and habitat in the Swan Mountains, Montana. J. Appl. Ecol. 33: 1395–1404.
- Malanson GP, Butler DR (1984) Avalanche paths as fuel breaks: Implications for fire management. J. Environ. Manage. 19: 229–238.
- Margreth S (2007) Lawinenverbau im Anbruchgebiet. Technische Richtlinie als Vollzugshilfe. Umwelt-Vollzug 0704. Bundesamt für Umwelt, Bern, WSL-Institut für Schnee- und Lawinenforschung SLF, Davos, Davos. 136 S.

- McClung DM, Schaerer P (2006) The avalanche handbook, 3rd ed. The Mountaineers, Seattle. 342 p.
- Meyer-Grass M, Schneebeli M (1992) Die Abhängigkeit der Waldlawinen von Standorts-, Bestandes- und Schneeverhältnissen. In: Schutz des Lebensraumes vor Hochwasser, Muren und Lawinen, vol 2. Interpraevent 92: 443–455.
- Miller DH (1964) Interception processes during snowstorms. U.S. Forest Service Research Paper PSW-18. Pacific Southwest Forest and Range Experiment Station Berkeley, USA: 24.
- Moeser D, Stähli M, Jonas T (2015) Improved snow interception modeling using canopy parameters derived from airborne LiDAR data. Water Resour. Res. 51: 5041–5059.
- Newesly C, Tasser E, Spadinger P, Cernusca A (2000) Effects of land-use changes on snow gliding processes in alpine ecosystems. Basic Appl. Ecol. 1: 61–67.
- Patten RS, Knight DH (1994) Snow avalanches and vegetation pattern in Cascade Canyon, Grand Teton National Park, Wyoming, USA. Arctic Alpine Res. 26: 35–41.
- Pfister R, Schneebeli M (1999) Snow accumulation on boards of different sizes and shapes. Hydrol. Process. 13: 2345–2355.
- Rixen C, Brugger S (2004) Naturgefahren – ein Motor der Biodiversität. Forum Wissen 2004: 67–71.
- Rixen C, Haag S, Kulakowski D, Bebi P (2007) Natural avalanche disturbance shapes plant diversity and species composition in the subalpine forest belt. J. Veg. Sci. 18: 735–742.
- Rudolf-Miklau F, Sauermoser S (2011) Handbuch Technischer Lawinenschutz. Ernst & Sohn. 464 S.
- Salm B (1978) Snow forces on forest plants. In: de Quervain M (ed.) Proceedings of the IUFRO Seminar «Mountain forests and avalanches», September 1978. Eidgenössisches Schnee- und Lawinenforschungsinstitut Davos. pp. 157–181.
- Schäublin S, Bollmann K (2011) Winter habitat selection and conservation of Hazel Grouse *(Bonasia bonasia)* in mountain forests. J. Ornithol. 152: 179–192.
- Schmucki E, Marty C, Fierz C, Weingartner R, Lehning M (2017) Impact of climate change in Switzerland on socioeconomic snow indices. Theor. Appl. Climatol. 127: 875–889.
- Schneebeli M, Laternser M, Amman W (1997) Destructive snow avalanches and climate change in the Swiss Alps. Eclogae Geol. Helv. 90: 457–461.
- Schneebeli M, Bebi P (2004) Snow and avalanche control. In: Burley J, Evans J, Youngquist JA (eds) Encyclopedia of forest sciences. Elsevier, Amsterdam. pp. 397–402.
- Schönenberger W (1978) Ökologie der natürlichen Verjüngung von Fichte und Bergföhre in Lawinenzügen der nördlichen Voralpen. Mitt. Eidg. Anst. forst. Versuchswes. 54: 215–361.
- Schönenberger W (2001) Cluster afforestation for creating diverse mountain forest structures – a review. Forest Ecol. Manag. 145: 121–128.
- Schuler A (1988) Forest area and forest utilisation in the Swiss pre-alpine region. In: Salbitano F (ed.) Human influences on forest ecosystems development in Europe. Pitagora Editrice, Bologna. pp. 121–127.
- Schweizer J, Jamison B, Schneebeli M (2003) Snow avalanche formation. Rev. Geophys. 41: 1016–1041.
- Teich M, Bartelt P, Grêt-Regamey A, Bebi P (2012) Snow avalanches in forested terrain: Influence of forest parameters, topography, and avalanche characteristics on runout distance. Arctic Alpine Res. 44: 509–519.
- Teich M, Fischer J-T, Feistl T, Bebi P, Christen M, Grêt-Regamey A (2014) Computational snow avalanche simulation in forested terrain. Nat. Hazard Earth Sys. 14: 2233–2248.
- Tribeck MJ, Gurney RJ, Morris EM (2006) The radiative effect of a fir canopy on a snowpack. J. Hydrometeorol. 7: 808–895.
- Veblen T, Hadley KE, Nel EM, Kitzberger T, Reid M, Villalba R (1994) Disturbance regime and disturbance interaction in a Rocky Mountain subalpine forest. J. Ecol. 82: 125–135.
- Wohlgemuth T, Schwitter R, Bebi P, Sutter F, Brang P (2017) Post-windthrow management in protection forests of the Swiss Alps. Eur. J. Forest Res. 136: 1029–1040.

5 Biotische Störungen

5.1 Baumkrankheiten als ökologische Störungen*

Marco Pautasso[1]

[1] Tier- und Pflanzengesundheitseinheit, Europäische Behörde für Lebensmittelsicherheit (EFSA), Parma, Italien

Kurzfassung

Baumkrankheiten sind wichtige Störfaktoren in Waldökosystemen. Sie erzeugen Öffnungen im Kronendach von Wäldern, tragen zu ihrer Diversifizierung bei und schaffen Habitate für andere Lebewesen. Baumpathogene sind Teil der biologischen Vielfalt, werden jedoch kaum unter dem Gesichtspunkt des Artenschutzes berücksichtigt. Artenreiche Wälder sind generell weniger anfällig für Epidemien als artenarme. Baumkrankheiten können die Resilienz von Wäldern gegenüber anderen Stressfaktoren verändern. Exotische Baumkrankheiten treten infolge zunehmenden Handels mit Pflanzenmaterial sowie weiterer Faktoren des globalen Wandels verstärkt auf und können einzelne Baumarten regional weitgehend eliminieren. Interaktionen zwischen Baumkrankheiten und anderen ökologischen Störungen müssen deshalb zunehmend berücksichtigt werden, um der Einschleppung von Krankheitserregern vorzubeugen.

5.1.1 Charakterisierung des Systems

Störungen durch Baumkrankheiten sind in ihrem Ausmaß sehr variabel und gleichen hiermit den Störungen durch Waldbrand (vgl. Kap. 4.1), Windwurf (vgl. Kap. 4.2) und menschliche Aktivität (Kap. 6). Infektionskrankheiten an Bäumen können durch Bakterien, Pilze, parasitische Pflanzen wie z.B. Misteln, Fadenwürmer, Oomyzeten, Phytoplasmen, Viren oder Viroide und durch eine Kombination von solchen Organismen ausgelöst werden (Tainter & Baker 1996). Schon in Fossilien sind Spuren von Baumkrankheiten erhalten, was die lange Koevolution zwischen Wirtsbäumen und deren Pathogenen dokumentiert (Labandeira & Prevec 2014). Manche Organismen wie z.B. Endophyten sind dabei unter normalen Umständen der Entwicklung von Bäumen förderlich oder neutral und entwickeln sich erst unter Stress zu Krankheitserregern (Sieber 2007). Symptome von

* Übersetzung aus dem Englischen: Rupert Seidl. Herzlichen Dank an O. Holdenrieder, L. Paul, A. Jentsch, R. Seidl, T. Wohlgemuth und zwei anonyme GutachterInnen für deren hilfreiche Kommentare zu einer früheren Version dieses Kapitels. Ein «Dankeschön» geht auch an R. Seidl für die Übersetzung des Kapitels ins Deutsche. Die in diesem Artikel präsentierten Positionen und Meinungen stammen ausschließlich vom Autor und sollen nicht die Ansichten oder wissenschaftlichen Arbeiten der EFSA widerspiegeln.

Baumkrankheiten können auf Blättern und Nadeln, Blüten, Früchten, Ästen, Stamm und Wurzeln auftreten (Jarosz & Davelos 1995). Da Mikroorganismen unter dem Mikroskop oft nur schwer voneinander unterscheidbar sind und die Krankheitssymptome jenen von abiotischen Stressfaktoren (wie z.B. Dürre) gleichen können, sind häufig molekulare Methoden notwendig, um Pathogene zuverlässig zu identifizieren (Cooke et al. 2007). Bäume jeglichen Alters sind oft bereits infiziert (und können andere Bäume infizieren), bevor Symptome sichtbar werden. Unter natürlichen Bedingungen haben die meisten Pflanzenkrankheiten jedoch keine substanziellen Auswirkungen auf die Fitness und das Überleben ihrer Wirte (Roy et al. 2000). Gemäß der Definition von Störungen als diskreten Ereignissen sind die meisten Baumkrankheiten also keine Störungsauslöser. Wenn Pathogene jedoch die Abwehrmechanismen ihrer Wirtsbäume überwinden und schließlich zu ihrem Absterben führen, kommt die Wirkung einer ökologischen Störung nahe.

Durch Baumkrankheiten ausgelöste Störungen treten lokal bis regional auf (Holdenrieder et al. 2004). Natürlich vorkommende Baumpathogene führen typischerweise nur zu kleinen Öffnungen im Kronendach von Wäldern, was deren strukturelle Diversität erhöht und die Habitatqualität für eine Vielfalt von Organismen sichert (Ostry & Laflamme 2008). Dem gegenüber stehen exotische Baumpathogene, welche zu großflächigen Störungen führen und teilweise sogar zum Verschwinden ihrer unangepassten Wirtsbaumarten aus der Landschaft führen können (Cobb et al. 2012, Brunet et al. 2014, Budde et al. 2016). Derartige Fälle eines Verlustes einer verbreiteten und häufigen Baumart führen zu Veränderungen von ökologischen Prozessen wie z.B. Abbauraten, Kohlenstoffaufnahme und Energieflüssen (Ellison et al. 2005, Loo 2009). Die unterschiedlichen Effekte auf Ökosysteme zwischen natürlich auftretenden und eingeschleppten Baumpathogenen sind vor allem dadurch begründet, dass potenzielle Wirtsbaumarten nicht durch Koevolution an exotische Krankheitserreger angepasst sind und somit keine Abwehrmechanismen gegenüber diesen entwickelt haben (Hansen 2008, Desprez-Loustau et al. 2016, Müller et al. 2016).

Diese Unterschiede im Schadensausmaß zwischen einheimischen und exotischen Pathogenen können aber durch Umweltänderungen verschwinden: Wenn sich die klimatischen Bedingungen außerhalb des Bereiches bewegen, an den die Wirtsbäume angepasst sind, dann kann der daraus für den Baum resultierende Stress zu erhöhten Schäden durch einheimische Pathogene führen. Manchmal können exotische, invasive Baumpathogene zur Erhöhung der Sterblichkeitsrate ihres Wirtes führen, ohne notwendigerweise die Häufigkeit ihrer Wirtsbaumart und die Zusammensetzung der Vegetation maßgeblich zu verändern (z.B. das *beech bark disease* bei der Amerikanische Buche, *Fagus grandifolia* Ehrh.; Garnas et al. 2011). Änderungen im Klima können zu einer Erweiterung des Verbreitungsgebietes von Baumpathogenen führen. Wenn Baumarten außerhalb ihres natürlichen Verbreitungsgebietes gepflanzt werden, können diese mit einheimischen und exotischen Erregern neue Interaktionssysteme (engl. *pathosystem*) bilden (Schmid et al. 2014). Bei einer langfristigen Betrachtung von Baumkrankheiten verschwimmt die Dichotomie zwischen natürlichen und exotischen Baumpathogenen, da sich beide in Häufigkeit und Virulenz, bedingt durch die Variabilität in Umwelt und natürlichen Feinden, verändern können. Derartige Prozesse sind auch z. B. für blattfressende Insekten dokumentiert (Ferrenberg 2016; siehe auch Kap. 5.2).

Natürlich auftretende Baumpathogene erzeugen üblicherweise sich langsam ausdehnende Öffnungen im Kronendach von Wäldern. Durch diese – oftmals von der Baumvitalität unabhängige – Mortalität sind Pathogene eine wichtige Störungsursache während der Bestandsentwicklung, d. h. in der Zeit zwischen großflächig auftretenden Störungen wie Waldbränden und Kahlschlägen. Im Schweizerischen Nationalpark sind z. B. Pilzinfektionen durch Hallimasch *Armillaria ostoyae* (Romagn.) Herink und z. T. Gemeinen Wurzelschwamm *Heterobasidion annosum* (Fr.) Bref. die Hauptursache für Öffnungen im Kronendach in Bergföhrenwäldern (Bendel et al. 2006a). Die langsame Expansion einzelner Pilzindividuen kann dabei letztendlich mehrere hundert Hektar Wald betreffen (Ferguson et al. 2003). Die Verbreitung des Gemeinen Wurzelschwamms reicht von Europa bis Russland; die natürlich auftretende Baumkrankheit führt zu kleinflächigen Öffnungen im Kronendach von Nadelholzbeständen der Lärche, Kiefer, Fichte, Pinie, Sitka-Fichte und Douglasie (Asiegbu et al. 2005, Garbelotto & Gonthier 2013). Sein Auftreten wird durch Durchforstungen gefördert (Rizzo et al. 2000). Außerdem sind Hallimasch (*Armillaria* ssp.) sowie Stammpilze (z. B. *Fomes fomentarius* (L.) Fr. auf Buche, *Phellinus hartigii* (Allesch. & Schnabl) Pat. auf Weißtanne und *Climacocystis borealis* (Fr.) Kotl. & Pouzar auf Fichte) wichtig für die Dynamik von unbewirtschafteten Wäldern in Mitteleuropa. Weitere natürlich vorkommende Pathogene mit Einfluss auf die Walddynamik in Mitteleuropa sind Schneeschimmelpilze (*Phacidium infestans* P. Karst. und *Herpotrichia juniperi* (Sacc.) Petr.) sowie *Gremmeniella abietina* (Lagerb.) M. Morelet, der Verursacher der Scleroderris-Krankheit. Diese Pilze stellen in Wäldern und Aufforstungen der Hochlagen der Alpen Verjüngungshemmnisse für Fichte und Arve dar (Senn 1999, Barbeito et al. 2013).

Eine exotische Baumkrankheit, die zurzeit zu einer sich verbreitenden Baummortalität in Europa führt, ist das Eschentriebsterben. Ausgelöst wird diese neuartige Krankheit durch den eingeschleppten Schlauchpilz *Hymenoscyphus fraxineus* (T. Kowalski) Baral, Queloz & Hosoya. Das Pathogen verursacht braune Blattflecken und Läsionen an Blattnerven, Blattstängeln, Ästen, Stamm und Wurzelansatz sowie die Welke von einzelnen Sprossteilen bis hin zur gesamten Krone. Der Pilz stammt aus Ostasien und wurde in Europa zu Beginn der 1990er-Jahre in Polen eingeschleppt. Von dort aus hat sich die Krankheit durch windverbreitete Sporen sowie den Handel mit infizierten Eschen-Jungpflanzen in alle Richtungen ausgebreitet (Gross et al. 2014). Inzwischen ist die Krankheit im Großteil des Verbreitungsgebietes der Gemeinen Esche *Fraxinus excelsior* L. vertreten (Pautasso et al. 2013). Die Krankheit befällt und tötet Eschen aller Altersstufen, wobei in manchen Fällen Altbäume länger standhalten als Jungbäume (McKinney et al. 2014; Abb. 1). Das Eschentriebsterben gefährdet nicht nur die Baumart Esche, sondern auch mit der Esche assoziierte Organismen und ist somit eine Bedrohung für die Biodiversität (Needham et al. 2016). Weil Krankheitserreger und Wirtsbaumart keine gemeinsame Koevolution durchlaufen haben, stellt die man-

Abb. 1: Triebsterben an der Esche *(Fraxinus excelsior)* in Kopenhagen (Dänemark), ausgelöst durch den Pilz *Hymenoscyphus fraxineus*. Baumartenvielfalt kann auch in Stadtwäldern als Versicherung gegen neuartige Baumkrankheiten wirken. (Foto: M. Pautasso)

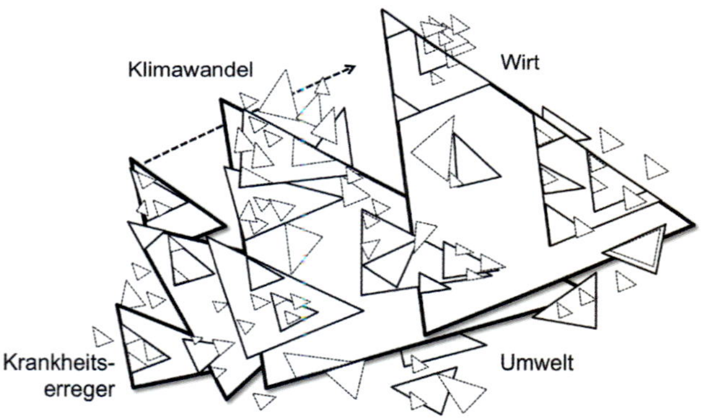

Abb. 2: Die Skalenabhängigkeit von Klimaeffekten auf das Krankheitsdreieck verschiedener Baumkrankheiten. Das Krankheitsdreieck beschreibt das Zusammenspiel von Wirt, Pathogen und Umwelt. Seine Fläche ist proportional zur Schwere einer Krankheit (nachgezeichnet aus Jeger & Pautasso 2008).

cherorts beobachtete Toleranz einzelner Eschen gegenüber der Krankheit ein Beispiel für Exaption, d.h. die Nutzbarmachung einer Eigenschaft in einem Kontext, für den sie nicht ursprünglich evolutionär entstanden ist, dar (Landolt et al. 2016).

Eine Vielzahl von Faktoren beeinflusst die Entstehung von Epidemien von natürlichen sowie exotischen Baumkrankheiten (Meentemeyer et al. 2012). Diese Faktoren wirken auf unterschiedlichen Ebenen: auf der Einzelbaum- bzw. auf der Art-Ebene (z.B. Krankheitsresistenz, Arteigenschaften und Baumgröße), in Pflanzengesellschaften (z.B. Wirtsbaumdichte, Artenreichtum und Mikroklima) in Regionen (z.B. die Habitatvernetzung in der Landschaft und die Saisonalität) sowie über große Distanzen (z.B. die Klimagradienten entlang der geografischen Länge und Breite und die Ausbreitung von Pathogenen über große Distanzen mithilfe des Menschen) (Dillon et al. 2014, Jules et al. 2014, Haas et al. 2016). Die genannten Faktoren beeinflussen jeweils die Dreiecksbeziehung zwischen Wirt, Pathogen und Umwelt, welche das sogenannte Krankheitsdreieck bilden (Abb. 2). So ist z.B. für wasserverbreitete Baumkrankheiten wie *Phytophthora alni* Brasier & S.A. Kirk die Vernetzung von Fließgewässern ein entscheidender Umweltfaktor (Romportl et al. 2016). Die Verschleppung von infiziertem Pflanzenmaterial über weite Distanzen durch den Menschen kann jedoch auch zu einer effizienten Verbreitung von Pathogenen führen, die normalerweise auf Wasserläufe angewiesen sind (Jung & Blaschke 2004). Zudem bestimmt auch die genetische Diversität der Baumpopulation, ob eine Krankheit zu einer ökologischen Störung führt oder nicht, da sie lokale Unterschiede der Krankheitsanfälligkeit einzelner Bestände bzw. Baumindividuen bedingt (Nguyen et al. 2016).

5.1.2 Baumartenvielfalt als Anpassung von Wäldern an Baumkrankheiten?

Baumkrankheiten beeinflussen die Baumartenvielfalt in Wäldern, indem sie die Frequenz von potenziell dominierenden Baumarten reduzieren und damit Nischen für andere Baumarten fördern (Hansen 1999, Gilbert 2002, Mordecai 2011, Bever et al. 2015). Dieser diversitätsfördernde Effekt von Baumkrankheiten kann dann beobachtet werden, wenn das Krankheitsrisiko durch höhere Dichte von konspezifischen Nachbarbäumen erhöht wird (Janzen-Connell-Hypothese; Das et al. 2008). Umgekehrt werden die Auswirkungen von Infektionen durch die Baumdiversität gesteuert (Pautasso et al. 2005). Eine Reihe von Mechanismen führt zur Reduktion der Häufigkeit und/oder Intensität von Baumkrankheiten in diverseren Wäldern (Felton et al. 2016). Zum einen ist die Dichte von Wirtsbäumen in baumartenreichen Wäldern geringer als in Reinbeständen, was das Vermehrungspotenzial von Krankheiten einschränkt (Hantsch et al. 2013). Außerdem sind einzelne potenzielle Wirtsbäume in artenreichen Wäldern oft von anderen, nicht für die Krankheit anfälligen Bäumen getrennt, was die Ausbreitung der Erreger vermindert (Gerlach et al. 1997, Hantsch et al. 2014). Wälder sind oft durch eine hohe genetische Vielfalt innerhalb und zwischen einzelnen Populationen geprägt, was sich in unterschiedlicher Anfälligkeit einzelner Baumherkünfte gegenüber Krankheiten widerspiegelt. Darüber hinaus erhöht die genetische Vielfalt die Fähigkeit, sich an neue Umweltbedingungen und zum Teil auch an neue Krankheitserreger anzupassen (Elvira-Recuenco et al. 2014). Eingeschränkte Diversität führt zu einer erhöhten Habitatvernetzung für Pathogene, die in Kombination mit Stress die Wahrscheinlichkeit für krankheitsbedingte Baummortalität steigert (Laćan & McBride 2008). Eine erhöhte Wirtsdiversität auf der Landschaftsebene vergrößert hingegen jene Schwelle, ab welcher sich Epidemien entwickeln können (Papaïx et al. 2014, Rodewald

Abb. 3: Mortalität der Baumart *Notholithocarpus densiflorus* (Hook. & Arn.) Manos, Cannon & S.H.Oh in Sonoma County (Kalifornien), verursacht durch den Oomyzeten *Phytophthora ramorum*. (Foto: J.A. Mai, USDA Forest Service; Wikimedia Commons)

& Arcese 2016). Verdünnungseffekte durch Diversität wirken nicht nur bei artspezifischen Krankheiten, sondern auch gegenüber Generalisten wie z. B. *Phytophthora ramorum* Werres, De Cock & Man in't Veld, da nicht alle Wirte gleiche Voraussetzungen für die Entwicklung und Weiterverbreitung der Krankheit bieten (Haas et al. 2011; Abb. 3). Die Baumartenvielfalt kann daher als eine Anpassung von Wäldern gegenüber Baumkrankheiten gesehen werden.

In Diskussionen um die Baumartenvielfalt im Kontext der Versicherungs-Hypothese bei Baumkrankheiten werden Infektionskrankheiten meist noch als Einfluss betrachtet, vor welchem Wälder geschützt werden müssen. Pathogene sind jedoch ein zentraler Teil der Biodiversität (Pusz & Urbaniak 2017). Sie spielen eine wichtige ökologische Rolle auch in Waldökosystemen und verdienen es, beim Artenschutz ebenfalls berücksichtigt zu werden (Ingram 1999, 2002). Vielfältigere Wälder bieten auch Habitate für eine größere Anzahl von Pathogenen (siehe auch Rottstock et al. 2014 für Grünlandgesellschaften). Wenn jede Baumart auf der Welt zehn artspezifische Pathogene beherbergen würde, wäre die Diversität der Baumpathogene eine Größenordnung höher als jene der Bäume. Allerdings sind viele bedeutende Baumpathogene nicht wirtsspezifisch, wie z. B. *Erwinia amylovora* (Burrill) Winslow, das Feuerbrand verursachende Bakterium (Schroth et al. 1974); *Phytophthora cinnamomi* Rands, ein Oomyzet, der für das Jarrah-Waldsterben in Südwest-Australien verantwortlich ist (Podger 1971); *Puccinia psidii* G. Winter, ein Rostpilz auf einer Vielzahl von Arten der Familie Myrtaceae (Morin et al. 2012); sowie *Armillaria* ssp., die Hallimasch-Wurzelkrankheit auf einer Reihe von Koniferen und Laubbaumarten (Prospero et al. 2003, Edmonds 2013). Es gibt jedoch auch eine große Anzahl von wirtsspezifischen Baumkrankheiten, wie z. B. Blattkrankheiten auf Laubbäumen (Kowalski 2013). Beinahe 60 % der an Bäumen pathogenen Pilze in den Wäldern Frankreichs infizieren nur ein bis zwei Wirtstaxa (Vacher et al. 2008). In vielen Fällen, in welchen zuerst von einem Generalisten als Krankheitserreger ausgegangen wurde, haben jüngere Forschungsergebnisse mittels molekularer Methoden gezeigt, dass es sich um einen Komplex verschiedener Arten handelt, welche jeweils auf eine einzelne Wirtsart oder eine kleine Gruppe von Wirtsarten spezialisiert sind, z. B. *Heterobasidion annosum* sensu lato auf Nadelbäume (Garbelotto & Gonthier 2013). Dies zeigt, dass sich unser Verständnis von Baumkrankheiten laufend weiterentwickelt und viele kryptische Pathogene noch nicht identifiziert sind. Auch die Beantwortung der Frage, ob eine Pflanze als Wirt dient oder nicht, ist entscheidend für die Entwicklung von Pflanzenschutzstrategien. So wurde z. B. für *Cronartium ribicola* A. Dietr., den Erreger des Weymouthkiefern-Blasenrosts, lange ein Wirtswechsel zwischen fünfnadeligen Kiefern und *Ribes*-Arten angenommen und erst kürzlich dokumentiert, dass auch eine Reihe von anderen Arten als alternative Wirte dienen können (Hamelin 2013).

Die biogeografische Forschung über die Artenvielfalt von Baumpathogenen in Abhängigkeit von Umweltgradienten steckt ebenfalls noch in den Kinderschuhen. Tatsächlich fokussiert ein Großteil der Naturschutzforschung auf prominente, jedoch relativ artenarme Gruppen wie z. B. Wirbeltiere, Pflanzen oder einzelne Insektengruppen; Pilze werden dabei weitgehend vernachlässigt (Lonsdale et al. 2008, Heilmann-Clausen et al. 2015). Die mit Pilzen befasste Naturschutzbiologie beschäftigt sich fast ausschließlich mit saproxylischen (d. h. auf totem Holz lebenden) Pilzen, während parasitischen Pilzen nur geringe Aufmerksamkeit zuteil wird. Diese Arten sind jedoch wichtige Produzenten von Totholz und schaffen somit den Lebensraum für zahlreiche Organismen, die auf dieses Substrat angewiesen sind (Kapp 1984, Jönsson et al. 2017). Ein Wald ohne Pathogene wird daher nicht als ein völlig gesunder Wald betrachtet (Ostry & Laflamme 2008, Holdenrieder & Pautasso 2014).

5.1.3 Baumkrankheiten und Biodiversität

Wie Infektionen bei Menschen und Tieren, führen auch Baumkrankheiten nicht notwendigerweise zum Absterben des Wirtes. Nur ein kleiner Teil aller Baumkrankheiten verursacht eine starke Beeinträchtigung der Baumgesundheit (Boyd et al. 2013). Bäume haben im Verlauf der Evolution eine Vielzahl an Möglichkeiten im Umgang mit Krankheiten entwickelt: das Abschotten von befallenen Teilen des Stammes, die Bildung neuer Triebe nach Absterben von Kronenteilen, das Ersetzen von befallenen Blättern und Wurzeln und die Entwicklung von Resistenz über mehrere Generationen.

Haben Bäume nur eine geringe Resistenz gegenüber natürlichen oder exotischen Pathogenen, so können Krankheiten durch großflächige Baummortalität die Biodiversität und Ökosystemleistungen von Wäldern reduzieren (z. B. Kiefern-Blasenrost, Tomback et al. 2016; Ulmensterben, Freer-Smith & Webber 2017; Abb. 4). In manchen Fällen verursacht jedoch die menschliche Reaktion auf Baumkrankheiten größeren Schaden als die Krankheit selbst (Pezzi et al. 2011). Pestizide werden heute aus ökologischen und ökonomischen Gründen in den Wäldern Mitteleuropas normalerweise nicht mehr eingesetzt. Wegen der Resistenzentwicklung der Pathogene und der Nebenwirkungen auf andere Organismen wäre ein solcher Einsatz nicht zu verantworten.

Traditionell hatten WaldbewirtschafterInnen bisher überwiegend ein negatives Bild von Baumkrankheiten, da diese die Verfügbarkeit der vom Menschen beanspruchten natürlichen Ressourcen reduzieren (Anderson 2003, Manion 2003). Dementsprechend findet man Aussagen wie «Wurzelfäule tötet Bäume, zersetzt Holz, verlangsamt das Baumwachstum, erhöht die Gefährdung gegenüber anderen Mortalitätsursachen und kann zu einem Verlust der mechanischen Stabilität und dem Umfallen eines Baumes führen. Auf diese Weise reduzieren Baumkrankheiten den stehenden Holzvorrat, verändern die Waldzusammensetzung und die Waldstruktur, beeinträchtigen die Waldfunktionen und verringern die Kohlenstoffaufnahme» (Lockman & Kearns 2016). Dies ist ein einseitiger Blick auf die Rolle von Baumkrankheiten in Waldökosystemen (Laflamme 2010). In Analogie zu Großprädatoren können Pathogene effektiv zu einer Diversifizierung von Ökosystemen beitragen (Castello et al. 1995). Durch krankheitsbedingte Baummortalität mag kurzfristig der Holzvorrat von Plantagen reduziert werden, doch erhöht die sich daraus ergebende größere strukturelle und genetische Vielfalt langfristig die Resilienz gegen andere Stressoren, wie z. B. Umweltveränderungen. Und gerade Resilienz und Biodiversität zählen heute – neben der Holzproduktion – ebenfalls häufig zu den Zielen der Waldbewirtschaftung (Kuparinen et al. 2010, Martin et al. 2015). Es wird also zunehmend erkannt, dass Baumkrankheiten als ökologische Prozesse ein natürlicher Teil von gesunden und diversen Waldökosystemen sind (Franklin et al. 1987, Haack & Byler 1993, Harmon 2001). Dazu haben artenreiche Wälder eine höhere Produktivität (Paquette & Messier 2011, Dymond et al. 2014), was sich ebenfalls positiv auf die Bereitstellung von Waldleistungen auswirkt.

Abb. 4: Ulmensterben in Assisi (Italien), verursacht durch den Pilz *Ophiostoma novo-ulmi* Brasier. Durch das Ulmensterben ist die Ulme weitgehend aus europäischen Landschaften verschwunden, was Auswirkungen auf Biodiversität und Ökosystemleistungen hat. (Foto: M. Pautasso)

Baumkrankheiten sind Ökosystem-Ingenieure, d. h., sie modifizieren ihre

Umwelt und schaffen Habitate für eine Vielzahl anderer Organismen (Steeger & Hitchcock 1998). Im Zusammenspiel mit Sturm und Insekten erhöhen Baumkrankheiten den Anteil an Totholz in bewirtschafteten Wäldern (Lundquist 2007). Diese Funktion von Baumkrankheiten wurde z.B. für Spirkenbestände (*Pinus mugo* Turra) des Schweizerischen Nationalparks nachgewiesen (Bendel et al. 2006b). Wirtsspezifische Baumkrankheiten unterscheiden sich diesbezüglich von abiotischen Störungen, indem sie selektiv nur einzelne Teile eines Bestandes betreffen, z.B. die Gemeine Esche *(Fraxinus excelsior)* im Fall des Eschentriebsterbens (Mitchell et al. 2016), die Edelkastanie (*Castanea sativa* Mill.) im Fall des Kastanienrindenkrebses (Rigling & Prospero 2018), oder die Platane (*Platanus* ssp.) im Fall der Platanenwelke (Tsopelas et al. 2017). Auch Waldbrand oder Sturm können sich unterschiedlich auf Baumarten auswirken (vgl. Kap. 4.1 und Kap. 4.2), doch sind deren Effekte auf das Ökosystem meist nicht so klar zwischen Baumarten differenziert wie jene von wirtsspezifischen Baumkrankheiten. In Bezug auf die Bereitstellung von Totholz haben wirtsspezifische Baumkrankheiten daher den Nachteil, dass sie nur Totholz einer bestimmten Art produzieren. Für saproxylische Lebewesen ist eine zeitliche und räumliche Kontinuität der Totholz-Verfügbarkeit einer Diversität von Baumarten von Bedeutung (Lassauce et al. 2011). Um die Totholzvorräte in Wäldern zu erhöhen, sind daher natürlich vorkommende Generalisten, wie Wurzelpathogene der Gattung *Armillaria,* besser geeignet, da diese ein breites Wirtsspektrum abdecken. Pathogene können jedoch nur dann einen signifikanten Beitrag zur Erhöhung der Totholzvorräte in Wäldern leisten, wenn der störungsauslösende Prozess in eine umfassendere Strategie des Totholzmanagements nach anderen Störungen sowie in die Waldbewirtschaftung eingebettet wird (Hekkala et al. 2016).

5.1.4 Mechanismen der Einschleppung von exotischen Pathogenen

Bedingt durch verstärkten internationalen Handel mit Pflanzenmaterial, Veränderungen im Klima und anderen Faktoren des globalen Wandels, steigt das Risiko der Einschleppungen von exotischen Pathogenen (Ayres & Lombardero 2000, Pautasso et al. 2010, Santini et al. 2013). Wichtige Ausbreitungswege für die Einschleppung von exotischen Pathogenen sind Verpackungsmaterialien aus Holz, Schnittholz und andere Holzprodukte, Erde und andere Pflanzsubstrate sowie lebendes Pflanzenmaterial (Brasier 2008, Tobin 2015; Abb. 5). Würden Pflanzenmaterial und Holz ausschließlich lokal gehandelt, wie es die Montesclaros-Deklaration vorschlägt (Klapwijk et al. 2016, Ayres & Lombardero 2018), würde sich das Risiko einer ungewollten Einschleppung von Baumkrankheiten deutlich reduzieren (Liebhold et al. 2012, Hantula et al. 2014). Der Trend der vergangenen Jahrzehnte geht jedoch in Richtung eines zunehmenden, großräumigen Handels. Als Argument werden oft niedrigere Preise in der Produktion angeführt, was sich jedoch relativiert, wenn man die durch eingeschleppte Organismen verursachte Reduktion von Ökosystemleistungen sowie die Kosten für die Bekämpfung solcher Organismen miteinbezieht (Dehnen-Schmutz et al. 2010, Stenlid et al. 2011, Luvisi et al. 2017, Zadoks 2017).

Die zunehmende Verbreitung von Baumkrankheiten ist dabei nicht nur auf wachsenden Handel zurückzuführen,

Abb. 5: Pflanzmaterial ist ein wichtiger Pfad der Einschleppung für exotische Baumkrankheiten (Kopenhagen, Dänemark). (Foto: M. Pautasso)

sondern ist auch durch eine veränderte Struktur der Handelsnetzwerke bedingt (Moslonka-Lefebvre et al. 2011). So wurde durch Modellierungen gezeigt, dass Krankheitsepidemien in der Nähe von stark vernetzten Handelszentren mit höherer Wahrscheinlichkeit auftreten (Sutrave et al. 2012). Da der Pflanzenhandel grundsätzlich in einer Richtung verläuft, d.h. von Pflanzgärten zu Großhändlern, Gartencentern und Verbrauchern, wird das Risiko einer Epidemie einer eingeschleppten Krankheit durch Handelszentren mit vielen ein- und ausgehenden Verbindungen erhöht (Shaw & Pautasso 2014). Daten über Pflanzenhandelsnetzwerke sind aufgrund des Geschäftsgeheimnisses jedoch nur unzureichend verfügbar (Eschen et al. 2015a, b). Eine Verbesserung der diesbezüglichen Datenlage könnte in Zukunft dazu beitragen, dass trotz steigendem Handelsvolumen die Einschleppung von Krankheitserregern reduziert wird (Pautasso & Jeger 2014). Derartige Vermeidungsstrategien sind jedoch schwierig umzusetzen, wenn der Grad der Infektion bereits hoch ist. So haben z.B. Untersuchungen in über 700 europäischen Pflanzgärten ergeben, dass in ca. 90 % der Pflanzgärten bereits zumindest eine *Phytophthora*-Art zu finden ist (Jung et al. 2016).

Bezüglich der Etablierung von exotischen Pathogenen wird häufig angenommen, dass diese auf ähnliche klimatische Bedingungen wie in ihren Herkunftsgebieten beschränkt sind (Venette & Cohen 2006, Ireland et al. 2013). Diese Annahme kann jedoch zu einer Unterschätzung des potenziellen Verbreitungsgebietes von exotischen Pathogenen führen, da sie das evolutionäre Anpassungspotenzial von Mikroorganismen außer Acht lässt (La Porta et al. 2008, Santini & Ghelardini 2015). So konnte bereits nachgewiesen werden, dass eingeschleppte exotische Arten auch unter anderen Klimabedingungen als jenen ihres Herkunftsgebietes überlebensfähig sind (Camenen et al. 2016, Boiffin et al. 2017). Dies erhöht die Un-

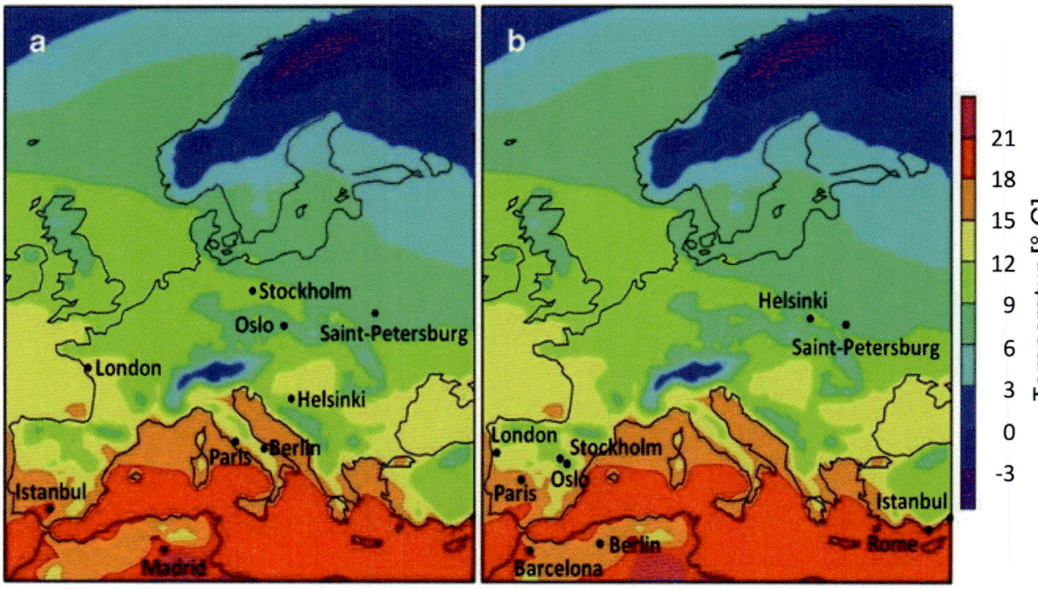

Abb. 6: Mittlere Jahrestemperatur in Europa 1961–1990 (Farbcodierung) und die klimatische Lage von wichtigen Städten am Ende des 21. Jahrhunderts gemäß zwei unterschiedlichen Klimamodellen (a, b) unter Annahme eines A2-Klimaszenarios (Quelle: West et al. 2012).

sicherheit bezüglich möglicher Risiken von eingeschleppten Organismen und stellt die Abschätzung von möglichen Entwicklungen bei sich schnell verändernden klimatischen Bedingungen vor große Herausforderungen (Shaw & Osborne 2011, Sturrock 2012, Bebber 2015).

5.1.5 Klimawandel und Baumkrankheiten

Das Klima hat einen großen Einfluss auf räumliche Verteilung, Häufigkeit und Intensität von Baumkrankheiten. Jedes Pathogen braucht bestimmte Bedingungen in Bezug auf Temperatur und Feuchtigkeit, um einen Baum infizieren zu können. Gleichzeitig sind auch die Wirtsbäume an bestimmte Klimabedingungen angepasst. Verursachen veränderte klimatische Bedingungen Stress, so kann dies zu einer erhöhten Anfälligkeit gegenüber Baumkrankheiten führen (Ghelardini et al. 2016). Generell können sich Pathogene schneller an veränderte klimatische Bedingungen anpassen als Bäume. Daher wird beim Klimawandel von einem verstärkten Auftreten von Baumkrankheiten ausgegangen (Sturrock et al. 2011). Zurzeit sind viele Pathogene in temperaten und borealen Wäldern durch niedrige Wintertemperaturen limitiert (Desprez-Loustau et al. 2007). Eine Erwärmung könnte hier zu einer Ausdehnung der Verbreitungsgebiete in Richtung der Pole führen (Haughian et al. 2012; Abb. 6).

Aufgrund des komplexen Zusammenspiels zwischen Umweltfaktoren, Wirt und Pathogen kann jedoch ein einzelner Ausbruch einer Krankheit meist nur schwer auf Änderungen im Klima zurückgeführt werden. Um diese Zusammenhänge wissenschaftlich abzusichern, braucht es standardisierte, großräumige Langzeitbeobachtungen von Baumkrankheiten (Jeger & Pautasso 2008, Barrett & Pattison 2017). Effekte des Klimawandels auf Baumkrankheiten konnten z. B. bereits für das Diplodia-Triebsterben an Kiefern in Frankreich nachgewiesen werden, welches von steigenden Wintertemperaturen und höheren Sommerniederschlägen profitiert hat (Fabre et al. 2011). Auch die beobachtete Zunahme der Dothistroma-Nadelbräune und ihre Ausbreitung in neue Gebiete wurden auf wärmere und feuchtere Bedingungen im Zusammenhang mit *El-Niño-Southern-Oscillation*-Ereignissen (ENSO) zurückgeführt (Woods et al. 2016).

Vorhersagen zur zukünftigen Entwicklung von Baumkrankheiten im Klimawandel sind aufgrund der z. B. noch unklaren Niederschlagsentwicklung mit hohen Unsicherheiten behaftet (Thompson et al. 2014). Für viele Pathogene, die feuchte Bedingungen für ihre Entwicklung brauchen, erhöhen sich bei steigender Luftfeuchtigkeit Reproduktionsraten, Ausbreitung sowie Infektionsraten im Vergleich zu trockenen Bedingungen (Kolb et al. 2016). Ein sekundärer Befall durch Pathogene kann jedoch auch durch Dürre gefördert werden, wenn diese die Anfälligkeit von Bäumen gegenüber Insekten und Krankheitserregern erhöht (Desprez-Loustau et al. 2006). Auch Wetterextreme wie Starkniederschläge und Überflutungen können das Auftreten und die Schwere von Baumkrankheiten beeinflussen (Jung 2009, Hubbart et al. 2016).

Unabhängig von zukünftigen Veränderungen des Klimas und der Häufigkeit von Extremereignissen treten die meisten Baumkrankheiten aufgrund der Fragmentierung der Landmasse in den Kontinenten nicht in allen Zonen auf, in denen die aktuellen klimatischen Bedingungen für sie geeignet sind (Burgess et al. 2017). Angesichts der beobachteten und erwarteten Trends im globalen Pflanzenhandel sowie dem Zusammenspiel mit dem Klimawandel kann jedoch davon ausgegangen werden, dass viele Baumpathogene in den kommenden Jahrzehnten in neuen Gebieten auftreten werden (Ramsfeld et al. 2016).

5.1.6 Interaktionen von Baumkrankheiten mit anderen Störungen

Das gemeinsame Auftreten von Klimawandel und großräumigem Handel mit lebendem Pflanzenmaterial (inkl. Bonsai), Holz und Verpackungsmaterial, führt im Vergleich zum einzelnen Auftreten der beiden Faktoren zu einem bedeutend höheren Risiko für das Auftreten von Baumkrankheiten (Stenlid & Oliva 2016). Dazu kommt, dass eine Interaktion von Baumkrankheiten mit anderen Störungen mögliche Vorhersagen weiter erschwert (Keča et al. 2016, Cobb & Metz 2017). Die Interaktion von Baumkrankheiten mit abiotischen Störungen hat noch bis vor wenigen Jahrzehnten nur geringe Aufmerksamkeit erhalten (siehe aber Castello et al. 1995). Trotzdem ist seit Langem bekannt, dass Baumkrankheiten nicht isoliert von anderen Faktoren wirken und dass die Baumgesundheit das Ergebnis einer Vielzahl von Faktoren ist, die Baumkrankheiten begünstigen oder verhindern (Manion 1981, Pronos et al. 1999, Jönsson 2006; Abb. 7). Rückkopplungen zwischen einzelnen Faktoren sind daher in der Forschung über Baumkrankheiten als Ökosystemstörungen von großer Bedeutung: So können z. B. Krankheiten Bäume anfälliger gegenüber Dürre machen und Dürre kann wiederum die Anfälligkeit gegenüber Baumkrankheiten erhöhen (Oliva et al. 2014).

Baumkrankheiten können andere Störungen fördern, z. B. wenn sie zu

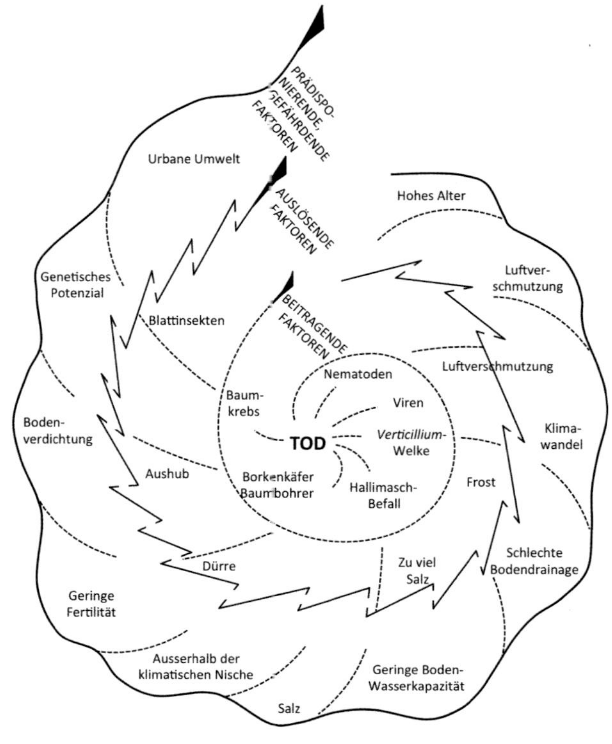

Abb. 7: Gefährdende, auslösende und beitragende Faktoren zur Baummortalität. Pathogene wirken selten alleine, sondern stehen häufig in komplexen Interaktionen mit anderen Störfaktoren (Manion, Paul, D., Tree disease concepts, 1. Aufl., ©1981, übersetzt; mit Erlaubnis von Pearson Education, Inc. New York).

einer Erhöhung des toten, brennbaren Materials führen und damit die Waldbrandgefahr erhöhen (Metz et al. 2011, Forrestel et al. 2015, Cobb et al. 2016). Waldbrände können wiederum Eintrittspforten für Fäuleerreger schaffen (Parker et al. 2006), können aber ebenso Pathogene wie Zwergmisteln oder den Erreger der Lecanosticta-Nadelbräune zerstören. Weitere Interaktionen entstehen durch waldbauliche Entscheidungen (vgl. Kap. 6.1): So hat z. B. der Verzicht auf die Nutzung von langsamwüchsigen Individuen in Weißtannen-Wäldern der Pyrenäen dazu geführt, dass diese anfälliger gegenüber Dürre und Pilzerkrankungen wurden (Sangüesa-Barreda et al. 2015).

Bisher haben nur wenige Studien den Beitrag von Baumkrankheiten zur Baummortalität relativ zu anderen Mortalitätsursachen in Wäldern untersucht (Jules et al. 2016, Kirschbaum et al. 2016, Kautz et al. 2017). Jedoch stellen z. B. in Bergurwäldern der Sierra Nevada in Kalifornien Insekten und Pathogene die häufigste Mortalitätsursache insbesondere für große Bäume dar (Das et al. 2016). Aufgrund der starken Interaktionen zwischen verschiedenen Störungen bleibt eine genaue Bestimmung und Zuordnung der Mortalitätsursache häufig schwierig (Mulvey & Bisbing 2016). Im Kanton Wallis (Schweiz) z. B. tragen Bläuepilze zu einem Absterben der Kiefern bei, wobei jedoch die Hauptursache der Mortalität in ausgeprägteren Trockenperioden in Kombination mit Konkurrenz zwischen den Bäumen sowie dem Befall durch Misteln, Nematoden und Insekten zu suchen ist (Heiniger et al. 2011). Die Rolle einzelner Faktoren, die mit Baumkrankheiten interagieren, ist räumlich variabel. Das Eichensterben wird z. B. oft auf eine Komplexkrankheit zurückgeführt, wobei regionale Unterschiede in der Wirkung einzelner Faktoren des Komplexes bestehen (Thomas et al. 2002, Lynch et al. 2014).

Wenn Baumkrankheiten über Regionen und über lange Zeiträume hinweg auftreten, führen sie zu negativen Auswirkungen auf Ökosystemleistungen (Ayres et al. 2014). Aber sind sich die Menschen dieses Risikos bewusst? Und begreifen sie, dass sie dazu beitragen, indem sie Pflanzen kaufen, die aus der Ferne stammen?

5.1.7 Gesellschaftliche Aspekte

Baumkrankheiten sind oft unauffällige, jedoch durchaus bedeutende Störungsursachen in Wäldern weltweit. Hat sich eine exotische Baumkrankheit erst einmal etabliert, gibt es oft nur wenig, was gegen sie unternommen werden kann, obwohl in einigen Fällen Resistenzzüchtung und biologische Kontrolle effektive Gegenmaßnahmen darstellen können (Pautasso 2013, McKinney et al. 2014, Ganley & Bulman 2016, Oliva et al. 2016). Bäume brauchen viele Jahrzehnte, um zu wachsen, können jedoch innerhalb kurzer Zeit Krankheiten zum Opfer fallen. Für Baumkrankheiten gilt, wie auch für Krankheiten bei Mensch und Tier, dass Vorbeugung besser ist als Heilung. Es ist jedoch schwierig, dem Ausbruch exotischer Baumkrankheiten vorzubeugen, da das Bewusstsein gegenüber diesem Problem und den Zusammenhängen mit dem globalen Pflanzenhandel in der Bevölkerung noch weitgehend fehlt (Fuller et al. 2016; Abb. 8). Sogar Menschen, die beruflich mit Bäumen zu tun haben, sind sich in Europa der Problematik von Baumkrankheiten nur in geringem Maße bewusst (Marzano et al. 2016).

Informationskampagnen, beispielsweise unter Einbezug von Gartencentern, könnten zur Sensibilisierung beitragen und die Konsumenten über die durch, paradoxerweise billiges, Pflanzenmaterial aus anderen Regionen und Kontinenten verursachten Probleme aufklären. Information ist denn auch der Schlüssel zur gesellschaftlichen Akzeptanz von Totholz in Wäldern (Gundersen et al. 2016). Derartige Aktivitäten könnten einen größeren Effekt haben als die Verstärkung von phytosanitären Maßnahmen, da Letztere vor allem auf bereits erkannte Gefahren abzielen, während die Hauptgefahr unbekannte Erreger sind, die erst nach ihrer Einführung beschrieben werden (Roy et al. 2014). Phytosanitäre Maßnahmen gegen exotische Pathogene sind aber ebenfalls wichtig (Lovett et al. 2016).

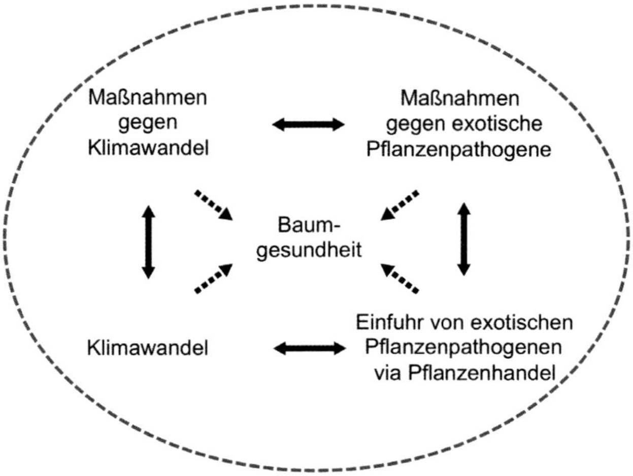

Abb. 8: In einer Welt im Wandel ist die Baumgesundheit maßgeblich durch Klimawandel und neue Baumkrankheiten, aber auch durch die Reaktion von Menschen auf diese beeinflusst. Sozioökonomische Überlegungen müssen daher in der Modellierung und Risikoabschätzung von Baumkrankheiten berücksichtigt werden. (Übersetzt und nachgezeichnet nach Pautasso & Jeger 2014)

So haben z.B. Modelle ergeben, dass die aktuellen EU-Regulierungen zur Eichenwelke im Vergleich zu unreguliertem Handel das Risiko für Europas Eichen um das 30000-Fache reduziert haben (Robinet et al. 2016). Der Verursacher der Eichenwelke, *Bretziella fagacearum* (Bretz) Z.W. de Beer, Marinc., T.A. Duong & M.J. Wingf., ist ein Pathogen, das potenziell über den Holzhandel aus Amerika in die EU eingeführt werden könnte. Daher sollten in Zukunft Pfadmodelle zur Identifikation und Bekämpfung von wichtigen Einschleppungsrouten angewendet werden (Douma et al. 2016), kombiniert mit Informationskampagnen zu Baumkrankheiten (Marzano et al. 2015).

Ein Aspekt, der sowohl bei phytosanitären Kontrollen als auch in der öffentlichen Diskussion berücksichtigt werden sollte, ist die Notwendigkeit, dass die Quarantänebestimmungen auch für bereits etablierte exotische Krankheiten, wie z.B. für den Kastanierenrindenkrebs (*Cryphonectria parasitica* (Murrill) M.E. Barr), weiter aufrechterhalten werden sollten (EFSA PLH Panel et al. 2016). Die dadurch verhinderte Neueinschleppung eines Krankheitserregers beugt seiner genetischen Diversifizierung vor, welche eine exotische Krankheit noch gefährlicher machen könnte (Landolt et al. 2016). Ein häufiges Problem bei der Realisierung von phytosanitären Maßnahmen sind dabei administrative Grenzen, welche in vielen Fällen nicht mit epidemiologischen Grenzen zusammenfallen (Thompson et al. 2016). Es bedarf einer Zusammenarbeit über die Landesgrenzen hinweg, denn unverzüglich durchgeführte Bekämpfungsmaßnahmen zeigen eine höhere Wirksamkeit als verzögerte (Cunniffe et al. 2016).

5.1.3 Schlussfolgerungen

Baumkrankheiten sind wichtige, jedoch bisher wenig beachtete Störungsverursacher in Waldökosystemen (Dinoor & Eshed 1984, Dobson & Crawley 1994, Alexander & Holt 1998). Natürlich vorkommende Baumkrankheiten tragen zur biologischen Vielfalt von Wäldern bei, indem sie ständig und kostengünstig (i) Totholz erzeugen und somit (ii) die Variabilität in Waldstrukturen und (iii) die Entstehung von Habitaten fördern. Neuartige Baumkrankheiten können jedoch aufgrund fehlender Koevolution von Wirt und Parasit zum Problem für ganze Ökosysteme werden (Heiniger 2003). Die Diversität in Ökosystemen, von der genetischen Ebene bis zur Ebene der Lebensgemeinschaften, kann dabei oft als Versicherung auch gegen exotische Baumpathogene wirken. Generell verschwimmen jedoch die Unterschiede in den Auswirkungen zwischen einheimischen und exotischen Baumpathogenen durch den fortschreitenden Klimawandel zunehmend. In beiden Fällen gilt, dass die komplexen Interaktionen zwischen Pathogenen, anderen Störungen und Faktoren des globalen Wandels die Vorhersage und das Management von Baumkrankheiten bedeutend erschweren.

Experimente zur Baumartenvielfalt haben in den letzten Jahren wichtige Erkenntnisse zu den Zusammenhängen zwischen Diversität und Baumkrankheiten erbracht (Setiawan et al. 2014, Verheyen et al. 2016, von Gadow et al. 2016). Ähnliche Bedeutung könnten in Zukunft botanische Gärten erlangen, v. a. was die Früherkennung von neuartigen Baumkrankheiten anbelangt (Sieber 2014, Vettraino et al. 2017). Das zunehmend verfügbare Wissen zu exotischen Baumkrankheiten sollte dabei periodisch durch systematisch durchgeführte Übersichtsarbeiten synthetisiert und für Forschung und Praxis nutzbar gemacht werden. Modelle zur Abschätzung der zukünftigen Waldentwicklung sind in den letzten Jahrzehnten realistischer geworden, berücksichtigen jedoch selten die Interaktionen zwischen globalem Wandel, öffentlichem Bewusstsein und Baumkrankheiten (Whyte et al. 2016). Neben dem Einbezug von Evolutionsvorgängen in die Untersuchung und Steuerung von Baumkrankheiten (Jarosz & Davelos 1995, Alexander 2010, Burdon et al. 2013, Desprez-Loustau et al. 2016, Landolt et al. 2016) stellen die Modellierung von und die Aufklärung über Baumkrankheiten als ökologische Störungen ein wichtiges Forschungsfeld der Zukunft dar.

Literatur

- Alexander HM (2010) Disease in natural plant populations, communities, and ecosystems: Insights into ecological and evolutionary processes. Plant Dis. 94: 492–503.
- Alexander HM, Holt RD (1998) The interaction between plant competition and disease. Perspect. Plant Ecol. 1: 206–220.
- Anderson RL (2003) Changing forests and forest management policy in relation to dealing with forest diseases. Phytopathology 93: 1041–1043.
- Asiegbu FO, Adomas A, Stenlid J (2005) Conifer root and butt rot caused by *Heterobasidion annosum* (Fr.) Bref. s.l. Mol. Plant. Pathol. 6: 395–409.
- Ayres MP, Lombardero MJ (2000) Assessing the consequences of global change for forest disturbance from herbivores and pathogens. Sci. Total Environ. 262: 263–286.
- Ayres MP, Lombardero MJ (2018) Forest pests and their management in the Anthropocene. Can. J. For. Res. 48: 292-301.
- Ayres MP, Hicke JA, Kerns BK, McKenzie D, Littell JS, Band LE, Luce CH, Weed AS, Raymond CL (2014) Disturbance regimes and stressors. In: Peterson DL, Vose JM, Patel-Weynand T (eds) Climate change and United States forests. Springer, Berlin. pp. 55–92.
- Barbeito I, Brücker RL, Rixen C, Bebi P (2013) Snow fungi-induced mortality of Pinus cembra at the alpine treeline: Evidence from plantations. Arct. Antarct. Alp. Res. 45: 455–470.
- Barrett TM, Pattison RR (2017) No evidence of recent (1995–2013) decrease of yellow-cedar in Alaska. Can. J. For. Res. 47: 97–105.
- Bebber DP (2015) Range-expanding pests and pathogens in a warming world. Annu. Rev. Phytopathol. 53: 335–356.
- Bendel M, Kienast F, Bugmann H, Rigling D (2006a) Incidence and distribution of *Heterobasidion* and *Armillaria* and their influence on canopy gap formation in unmanaged mountain pine forests in the Swiss Alps. Eur. J. Plant Pathol. 116: 85–93.
- Bendel M, Kienast F, Rigling D, Bugmann H (2006b) Impact of root-rot pathogens on forest succession in unmanaged *Pinus mugo* stands in the Central Alps. Can. J. For. Res. 36: 2666–2674.
- Bever JD, Mangan SA, Alexander HM (2015) Maintenance of plant species diversity by pathogens. Ann. Rev. Ecol. Syst. 46: 305–325.
- Boiffin J, Badeau V, Breda N (2017) Species distribution models may misdirect assisted migration: insights from the introduction of Douglas-fir to Europe. Ecol. Appl. 27: 446–457.
- Boyd IL, Freer-Smith PH, Gilligan CA, Godfray HCJ (2013) The consequence of tree pests and diseases for ecosystem services. Science 342: 823–831.
- Brasier CM (2008) The biosecurity threat to the UK and global environment from international trade in plants. Plant Pathol. 57: 792–808.
- Brunet J, Bukina Y, Hedwall PO, Holmstrom E, Von Oheimb G (2014) Pathogen induced disturbance and succession in temperate forests: Evidence from a 100-year data set in southern Sweden. Basic Appl. Ecol. 15: 114–121.
- Budde KB, Nielsen LR, Ravn HP, Kjr ED (2016) The natural evolutionary potential of tree populations to cope with newly introduced pests and pathogens: lessons learned from forest health catastrophes in recent decades. Curr. Forest. Rep. 2: 18–29.
- Burdon JJ, Thrall PH, Ericson L (2013) Genes, communities & invasive species: understanding the ecological and evolutionary dynamics of host-pathogen interactions. Curr. Opin. Plant Biol. 16: 400–405.
- Burgess TI, Scott JK, McDougall KL, Stukely MJC, Crane C, Dunstan WA, Brigg F, Andjic V, White D, Rudman T, Arentz F, Ota N, Hardy GES (2017) Current and projected global distribution of *Phytophthora cinnamomi*, one of the world's worst plant pathogens. Glob. Change Biol. 23: 1661–1674.
- Camenen E, Porté AJ, Benito Garzón M (2016) American trees shift their niches when invading Western Europe: evaluating invasion risks in a changing climate. Ecol. Evol. 6: 7263–7275.
- Castello JD, Leopold DJ, Smallidge PJ (1995) Pathogens, patterns, and process-

es in forest ecosystems. BioScience 45: 16–24.
- Cobb RC, Filipe JaN, Meentemeyer RK, Gilligan CA, Rizzo DM (2012) Ecosystem transformation by emerging infectious disease: loss of large tanoak from California forests. J. Ecol. 100: 712–722.
- Cobb RC, Meentemeyer RK, Rizzo DM (2016) Wildfire and forest disease interaction lead to greater loss of soil nutrients and carbon. Oecologia 182: 265–276.
- Cobb RC, Metz MR (2017) Tree diseases as a cause and consequence of interacting forest disturbances. Forests 8: 147.
- Cooke DEL, Schena L, Cacciola SO (2007) Tools to detect, identify and monitor *Phytophthora* species in natural ecosystems. J. Plant Pathol. 89: 13–28.
- Cunniffe NJ, Cobb RC, Meentemeyer RK, Rizzo DM, Gilligan CA (2016) Modeling when, where, and how to manage a forest epidemic, motivated by sudden oak death in California. Proc. Nat. Acad. Sci. USA 113: 5640–5645.
- Das A, Battles J, Van Mantgem PJ, Stephenson NL (2008) Spatial elements of mortality risk in old-growth forests. Ecology 89: 1744–1756.
- Das AJ, Stephenson NL, Davis KP (2016) Why do trees die? Characterizing the drivers of background tree mortality. Ecology 97: 2616–2627.
- Dehnen-Schmutz K, Holdenrieder O, Jeger MJ, Pautasso M (2010) Structural change in the international horticultural industry: Some implications for plant health. Sci. Horticult. 125: 1–15.
- Desprez-Loustau ML, Marçais B, Nageleisen LM, Piou D, Vannini A (2006) Interactive effects of drought and pathogens in forest trees. Ann. For. Sci. 63: 597–612.
- Desprez-Loustau ML, Robin C, Reynaud G, Déqué M, Badeau V, Piou D, Husson C, Marçais B (2007) Simulating the effects of a climate-change scenario on the geographical range and activity of forest-pathogenic fungi. Can. J. Plant Pathol. 29: 101–120.
- Desprez-Loustau ML, Aguayo J, Dutech C, Hayden KJ, Husson C, Jakushkin B, Marçais B, Piou D, Robin C, Vacher C (2016) An evolutionary ecology perspective to address forest pathology challenges of today and tomorrow. Ann. For. Sci. 73: 45–67.
- Dillon WW, Haas SE, Rizzo DM, Meentemeyer RK (2014) Perspectives of spatial scale in a wildland forest epidemic. Eur. J. Plant Pathol. 138: 449–465.
- Dinoor A, Eshed N (1984) The role and importance of pathogens in natural plant-communities. Annu. Rev. Phytopathol. 22: 443–466.
- Dobson A, Crawley W (1994) Pathogens and the structure of plant-communities. Trends Ecol. Evol. 9: 393–398.
- Douma JC, Pautasso M, Venette RC, Robinet C, Hemerik L, Mourits MCM, Schans J, Van der Werf W (2016) Pathway models for analysing and managing the introduction of alien plant pests: an overview and categorization. Ecol. Model. 339: 58–67.
- Dymond CC, Tedder S, Spittlehouse DL, Raymer B, Hopkins K, McCallion K, Sandland J (2014) Diversifying managed forests to increase resilience. Can. J. For. Res. 44: 1196–1205.
- Edmonds RL (2013) General strategies of forest disease management. In: Gonthier P, Nicolotti G (eds) Infectious forest diseases. CABI, Wallingford, UK. pp. 29–49.
- EFSA PLH Panel, Jeger M, Bragard C, Chatzivassiliou E, Dehnen-Schmutz K, Gilioli G, Jacques Miret MA, MacLeod A, Navajas Navarro M, Niere B, Parnell S, Potting R, Rafoss T, Urek G, Van Bruggen A, Van der Werf W, West J, Winter S, Maresi G, Prospero S, Vettraino AM, Vloutoglou I, Pautasso M, Rossi V (2016) Scientific opinion on the risk assessment and reduction options for *Cryphonectria parasitica* in the EU. EFSA J. 14: 4641.
- Ellison AM, Bank MS, Clinton BD, Colburn EA, Elliott K, Ford CR, Foster DR, Kloeppel BD, Knoepp JD, Lovett GM, Mohan J, Orwig DA, Rodenhouse NL, Sobczak WV, Stinson KA, Stone JK, Swan CM, Thompson J, Von Holle B, Webster JR (2005) Loss of foundation species: consequences for the structure and dynamics of forested ecosystems. Front. Ecol. Environ. 3: 479–486.
- Elvira-Recuenco M, Iturritxa E, Majada J, Alia R, Raposo R (2014) Adaptive potential of maritime pine *(Pinus pinaster)*

populations to the emerging pitch canker pathogen, *Fusarium circinatum*. Plos One 9: e114971.

- Eschen R, Britton K, Brockerhoff E, Burgess T, Dalley V, Epanchin-Niell RS, Gupta K, Hardy G, Huang Y, Kenis M, Kimani E, Li HM, Olsen S, Ormrod R, Otieno W, Sadof C, Tadeu E, Theyse M (2015a) International variation in phytosanitary legislation and regulations governing importation of plants for planting. Environ. Sci. Policy 51: 228–237.
- Eschen R, Grégoire JC, Hengeveld GM, De Hoop BM, Rigaux L, Potting RPJ (2015b) Trade patterns of the tree nursery industry in Europe and changes following findings of citrus longhorn beetle, *Anoplophora chinensis* Forster. Neobiota 26: 1–20.
- Fabre B, Piou D, Desprez-Loustau ML, Marçais B (2011) Can the emergence of pine Diplodia shoot blight in France be explained by changes in pathogen pressure linked to climate change? Glob. Change Biol. 17: 3218–3227.
- Felton A, Nilsson U, Sonesson J, Felton AM, Roberge JM, Ranius T, Ahlström M Bergh J, Björkman C, Boberg J, Drössler L, Fahlvik N, Gong P, Holmstrom E, Keskitalo ECH, Klapwijk MJ, Laudon H, Lundmark T, Niklasson M, Nordin A, Pettersson M, Stenlid J, Stens A, Wallertz K (2016) Replacing monocultures with mixed-species stands: Ecosystem service implications of two production forest alternatives in Sweden. Ambio 45: S124–S139.
- Ferguson BA, Dreisbach TA, Parks CG, Filip GM, Schmitt CL (2003) Coarse-scale population structure of pathogenic *Armillaria* species in a mixed-conifer forest in the Blue Mountains of northeast Oregon. Can. J. For. Res. 33: 612–623.
- Ferrenberg S (2016) Landscape features and processes influencing forest pest dynamics. Curr. Landsc. Ecol. Rep. 1: 19–29.
- Forrestel AB, Ramage BS, Moody T, Moritz MA, Stephens SL (2015) Disease, fuels and potential fire behavior: Impacts of Sudden Oak Death in two coastal California forest types. Forest Ecol. Manag. 348: 23–30.
- Franklin JF, Shugart HH, Harmon ME (1987) Tree death as an ecolgocial process. BioScience 37: 550–556.
- Freer-Smith PH, Webber JF (2017) Tree pests and diseases: the threat to biodiversity and the delivery of ecosystem services. Biodiv. Cons. 26: 3167–3181.
- Fuller L, Marzano M, Peace A, Quine CP, Dandy N (2016) Public acceptance of tree health management: Results of a national survey in the UK. Environ. Sci. Policy 59: 18–25.
- Ganley RJ, Bulman LS (2016) Dutch elm disease in New Zealand: impacts from eradication and management programmes. Plant Pathol. 65: 1047–1055.
- Garbelotto M, Gonthier P (2013) Biology, epidemiology, and control of *Heterobasidion* species worldwide. Annu. Rev. Phytopathol. 51: 39–59.
- Garnas JR, Ayres MP, Liebhold AM, Evans C (2011) Subcontinental impacts of an invasive tree disease on forest structure and dynamics. J. Ecol. 99: 532–541.
- Gerlach JP, Reich PB, Puettmann K, Baker T (1997) Species, diversity, and density affect tree seedling mortality from *Armillaria* root rot. Can. J. For. Res. 27: 1509–1512.
- Ghelardini L, Pepori AL, Luchi N, Capretti P, Santini A (2016) Drivers of emerging fungal diseases of forest trees. Forest Ecol. Manag. 381: 235–246.
- Gilbert GS (2002) Evolutionary ecology of plant diseases in natural ecosystems. Annu. Rev. Phytopathol. 40: 13–43.
- Gross A, Holdenrieder O, Pautasso M, Queloz V, Sieber TN (2014) *Hymenoscyphus pseudoalbidus*, the causal agent of European ash dieback. Mol. Plant. Pathol. 15: 5–21.
- Gundersen V, Stange EE, Kaltenborn BP (2016) Public visual preferences for dead wood in natural boreal forests: the effects of added information. Landscape Urban Plan. 158: 12–24.
- Haack RA, Byler JW (1993) Insects and pathogens. Regulators of forest ecosystems. J. Forestry 91: 32–37.
- Haas SE, Hooten MB, Rizzo DM, Meentemeyer RK (2011) Forest species diversity reduces disease risk in a generalist plant pathogen invasion. Ecol. Lett. 14: 1108–1116.

- Haas SE, Cushman JH, Dillon WW, Rank NE, Rizzo DM, Meentemeyer RK (2016) Effects of individual, community, and landscape drivers on the dynamics of a wildland forest epidemic. Ecology 97: 649–660.
- Hamelin RC (2013) Tree rusts. In: Gonthier P, Nicolotti G (eds) Infectious forest diseases. CABI, Wallingford, UK. pp. 547–566.
- Hansen EM (1999) Disease and diversity in forest ecosystems. Australas. Plant Path. 28: 313–319.
- Hansen EM (2008) Alien forest pathogens: *Phytophthora* species are changing world forests. Boreal Environ. Res. 13: 33–41.
- Hantsch L, Braun U, Scherer-Lorenzen M, Bruelheide H (2013) Species richness and species identity effects on occurrence of foliar fungal pathogens in a tree diversity experiment. Ecosphere 4: 81.
- Hantsch L, Bien S, Radatz S, Braun U, Auge H, Bruelheide H (2014) Tree diversity and the role of non-host neighbour tree species in reducing fungal pathogen infestation. J. Ecol. 102: 1673–1687.
- Hantula J, Müller MM, Uusivuori J (2014) International plant trade associated risks: Laissez-faire or novel solutions. Environ. Sci. Policy 37: 158–160.
- Harmon ME (2001) Moving towards a new paradigm for woody detritus management. Ecol. Bull. 49: 269–278.
- Haughian SR, Burton PJ, Taylor SW, Curry C (2012) Expected effects of climate change on forest disturbance regimes in British Columbia. J. Ecosyst. Manage. 13: 1–24.
- Heilmann-Clausen J, Barron ES, Boddy L, Dahlberg A, Griffith GW, Norden J, Ovaskainen O, Perini C, Senn-Irlet B, Halme P (2015) A fungal perspective on conservation biology. Cons. Biol. 29: 61–68.
- Heiniger U (2003) Das Risiko eingeschleppter Krankheiten für die Waldbäume. Schweiz. Z. Forstwes. 154: 410–414.
- Heiniger U, Theile F, Rigling A, Rigling D (2011) Blue-stain infections in roots, stems and branches of declining *Pinus sylvestris* trees in a dry inner alpine valley in Switzerland. Forest Pathol. 41: 501–509.
- Hekkala A-M, Ahtikoski A, Päätalo M-L, Tarvainen O, Siipilehto J, Tolvanen A (2016) Restoring volume, diversity and continuity of deadwood in boreal forests. Biodiv. Cons. 25: 1107–1132.
- Holdenrieder O, Pautasso M (2014) Wie viel Krankheit braucht der Wald? Bündner Wald 2014: 5–10.
- Holdenrieder O, Pautasso M, Weisberg PJ, Lonsdale D (2004) Tree diseases and landscape processes: the challenge of landscape pathology. Trends Ecol. Evol. 19: 446–452.
- Hubbart JA, Guyette R, Muzika R-M (2016) More than drought: precipitation variance, excessive wetness, pathogens and the future of the western edge of the eastern deciduous forest. Sci. Total Environ. 566: 463–467.
- Ingram D (1999) Biodiversity, plant pathogens and conservation. Plant Pathol. 48: 433–442.
- Ingram D (2002) The diversity of plant pathogens and conservation: Bacteria and fungi sensu lato. In: Sivasithamparama K, Dixon KW, Barrett RL (eds) Microorganisms in plant conservation and biodiversity. Springer, Berlin. pp. 241–267.
- Ireland KB, Hardy GESJ, Kriticos DJ (2013) Combining inferential and deductive approaches to estimate the potential geographical range of the invasive plant pathogen, *Phytophthora ramorum*. Plos One 8: e63508.
- Jarosz AM, Davelos AL (1995) Effects of disease in wild plant populations and the evolution of pathogen aggressiveness. New Phytol. 129: 371–387.
- Jeger MJ, Pautasso M (2008) Plant disease and global change – the importance of long-term data sets. New Phytol. 177: 8–11.
- Jönsson U (2006) A conceptual model for the development of Phytophthora disease in *Quercus robur*. New Phytol. 171: 55–68.
- Jönsson MT, Ruete A, Kellner O, Gunnarsson U, Snäll T (2017) Will forest conservation areas protect functionally important diversity of fungi and lichens over time? Biodiv. Cons. 26: 2547–2567.
- Jules ES, Carroll AL, Garcia AM, Steenbock CM, Kauffman MJ (2014) Host heterogeneity influences the impact of a non-native disease invasion on popula-

tions of a foundation tree species. Ecosphere 5: 1–17.

- Jules ES, Jackson JI, Van Mantgem PJ, Beck JS, Murray MP, Sahara EA (2016) The relative contributions of disease and insects in the decline of a long-lived tree: a stochastic demographic model of whitebark pine *(Pinus albicaulis)*. Forest Ecol. Manag. 381: 144–156.
- Jung T (2009) Beech decline in Central Europe driven by the interaction between *Phytophthora* infections and climatic extremes. Forest Pathol. 39: 73–94.
- Jung T, Blaschke M (2004) Phytophthora root and collar rot of alders in Bavaria: distribution, modes of spread and possible management strategies. Plant Pathol. 53: 197–208.
- Jung T, Orlikowski L, Henricot B, Abad-Campos P, Aday A, Aguín Casal O, Bakonyi J, Cacciola S, Cech T, Chavarriaga D et al. (2016) Widespread Phytophthora infestations in European nurseries put forest, semi-natural and horticultural ecosystems at high risk of *Phytophthora* diseases. Forest Pathol. 46: 134–163.
- Kapp G (1984) Agroforstwirtschaft in Deutschland. Der Waldfeldbau im 18. und 19. Jahrhundert. AFZ-Der Wald 155: 266–270.
- Kautz M, Meddens AJ, Hall RJ, Arneth A (2017) Biotic disturbances in Northern Hemisphere forests – a synthesis of recent data, uncertainties and implications for forest monitoring and modelling. Glob. Ecol. Biogeogr. 26: 533–552.
- Keča N, Koufakis I, Dietershagen J, Nowakowska JA, Oszako T (2016) European oak decline phenomenon in relation to climatic changes. Folia Forest. Polon. 58: 170–177.
- Kirschbaum AA, Pfaff E, Gafvert UB (2016) Are US national parks in the Upper Midwest acting as refugia? Inside vs. outside park disturbance regimes. Ecosphere 7: e01467.
- Klapwijk MJ, Hopkins AJ, Eriksson L, Pettersson M, Schroeder M, Lindelöw Å, Rönnberg J, Keskitalo ECH, Kenis M (2016) Reducing the risk of invasive forest pests and pathogens: Combining legislation, targeted management and public awareness. Ambio 45: 223–234.
- Kolb TE, Fettig CJ, Ayres MP, Bentz BJ, Hicke JA, Mathiasen R, Stewart JE, Weed AS (2016) Observed and anticipated impacts of drought on forest insects and diseases in the United States. Forest Ecol. Manag. 380: 321–334.
- Kowalski T (2013) Foliar diseases of broadleaved trees. In: Gonthier P, Nicolotti G (eds) Infectious forest diseases. CABI, Wallingford, UK. pp. 488–518.
- Kuparinen A, Savolainen O, Schurr FM (2010) Increased mortality can promote evolutionary adaptation of forest trees to climate change. Forest Ecol. Manag. 259: 1003–1008.
- La Porta N, Capretti P, Thomsen IM, Kasanen R, Hietala AM, Von Weissenberg K (2008) Forest pathogens with higher damage potential due to climate change in Europe. Can. J. Plant Pathol. 30: 177–195.
- Labandeira CC, Prevec R (2014) Plant paleopathology and the roles of pathogens and insects. Int. J. Paleopathol. 4: 1–16.
- Laćan I, McBride JR (2008) Pest vulnerability matrix (PVM): a graphic model for assessing the interaction between tree species diversity and urban forest susceptibility to insects and diseases. Urban For. Urban Gree. 7: 291–300.
- Laflamme G (2010) Root diseases in forest ecosystems. Can. J. Plant Pathol. 32: 68–76.
- Landolt J, Gross A, Holdenrieder O, Pautasso M (2016) Ash dieback due to *Hymenoscyphus fraxineus:* what can be learnt from evolutionary ecology? Plant Pathol. 65: 1056–1070.
- Lassauce A, Paillet Y, Jactel H, Bouget C (2011) Deadwood as a surrogate for forest biodiversity: meta-analysis of correlations between deadwood volume and species richness of saproxylic organisms. Ecol. Ind. 11: 1027–1039.
- Liebhold AM, Brockerhoff EG, Garrett LJ, Parke JL, Britton KO (2012) Live plant imports: the major pathway for forest insect and pathogen invasions of the US. Front. Ecol. Environ. 10: 135–143.
- Lockman IB, Kearns HS (2016) Forest root diseases across the United States. RMRS-GTR-342. USDA, Forest Ser-

vice, Rocky Mountain Research Station, Ogden, UT. 55 p.

- Lonsdale D, Pautasso M, Holdenrieder O (2008) Wood-decaying fungi in the forest: conservation needs and management options. Eur. J. Forest Res. 127: 1–22.
- Loo JA (2009) Ecological impacts of non-indigenous invasive fungi as forest pathogens. Biol. Invas. 11: 81–96.
- Lovett GM, Weiss M, Liebhold AM, Holmes TP, Leung B, Lambert KF, Orwig DA, Campbell FT, Rosenthal J, McCullough DG (2016) Nonnative forest insects and pathogens in the United States: impacts and policy options. Ecol. Appl. 26: 1437–1455.
- Lundquist J (2007) The relative influence of diseases and other small-scale disturbances on fuel loading in the Black Hills. Plant Dis. 91: 147–152.
- Luvisi A, Nicolì F, De Bellis L (2017) Sustainable management of plant quarantine pests: The case of olive quick decline syndrome. Sustainability 9: 659.
- Lynch S, Zambino P, Scott T, Eskalen A (2014) Occurrence, incidence and associations among fungal pathogens and *Agrilus auroguttatus*, and their roles in *Quercus agrifolia* decline in California. Forest Pathol. 44: 62–74.
- Manion PD (1981) Tree disease concepts. Prentice-Hall, Cornell University. 399 p.
- Manion PD (2003) Evolution of concepts in forest pathology. Phytopathology 93: 1052–1055.
- Martin PA, Newton AC, Cantarello E, Evans P (2015) Stand dieback and collapse in a temperate forest and its impact on forest structure and biodiversity. Forest Ecol. Manag. 358: 130–138.
- Marzano M, Dandy N, Bayliss HR, Porth E, Potter C (2015) Part of the solution? Stakeholder awareness, information and engagement in tree health issues. Biol. Invas. 17: 1961–1977.
- Marzano M, Dandy N, Papazova-Anakieva I, Avtzis D, Connolly T, Eschen R, Glavendekić M, Hurley B, Lindelöw Å, Matošević D (2016) Assessing awareness of tree pests and pathogens amongst tree professionals: A pan-European perspective. Forest Policy Econ. 70: 164–171.
- McKinney LV, Nielsen LR, Collinge DB, Thomsen IM, Hansen JK, Kjær ED (2014) The ash dieback crisis: genetic variation in resistance can prove a long-term solution. Plant Pathol. 63: 485–499.
- Meentemeyer RK, Haas SE, Václavík T (2012) Landscape epidemiology of emerging infectious diseases in natural and human-altered ecosystems. Annu. Rev. Phytopathol. 50: 379–402.
- Metz MR, Frangioso KM, Meentemeyer RK, Rizzo DM (2011) Interacting disturbances: wildfire severity affected by stage of forest disease invasion. Ecol. Appl. 21: 313–320.
- Mitchell RI, Hewison RL, Hester AJ, Broome A, Kirkby KI (2016) Potential impact of the loss of *Fraxinus excelsior* (Oleaceae) due to ash dieback on woodland vegetation in Great Britain. New J. Bot. 6: 2–15.
- Mordecai EA (2011) Pathogen impacts on plant communities: unifying theory, concepts, and empirical work. Ecol. Monogr. 81: 429–441.
- Morin L, Aveyard R, Lidbetter JR, Wilson PG (2012) Investigating the host-range of the rust fungus *Puccinia psidii* sensu lato across tribes of the family Myrtaceae present in Australia. Plos One 7: e35434.
- Moslonka-Lefebvre M, Finley A, Dorigatti I, Dehnen-Schmutz K, Harwood T, Jeger MJ, Xu X, Holdenrieder O, Pautasso M (2011) Networks in plant epidemiology: from genes to landscapes, countries, and continents. Phytopathology 101: 392–403.
- Müller MM, Hamberg L, Hantula J (2016) The susceptibility of European tree species to invasive Asian pathogens: a literature based analysis. Biol. Invas. 18: 2841–2851.
- Mulvey RL, Bisbing SM (2016) Complex interactions among agents affect shore pine health in Southeast Alaska. Northwest Sci. 90: 176–194.
- Needham J, Merow C, Butt N, Malhi Y, Marthews TR, Morecroft M, McMahon SM (2016) Forest community response to invasive pathogens: the case of ash dieback in a British woodland. J. Ecol. 104: 315–330.
- Nguyen D, Castagneyrol B, Bruelheide H, Bussotti F, Guyot V, Jactel H, Jaroszewicz B, Valladares F, Stenlid J, Boberg J (2016)

Fungal disease incidence along tree diversity gradients depends on latitude in European forests. Ecol. Evol. 6: 2426–2438.
- Oliva J, Stenlid J, Martínez-Vilalta J (2014) The effect of fungal pathogens on the water and carbon economy of trees: implications for drought-induced mortality. New Phytol. 203: 1028–1035.
- Oliva J, Castaño C, Baulenas E, Domínguez G, González-Olabarria J, Oliach D (2016) The impact of the socioeconomic environment on the implementation of control measures against an invasive forest pathogen. Forest Ecol. Manag. 380: 118–127.
- Ostry M, Laflamme G (2008) Fungi and diseases-natural components of healthy forests. Botany 87: 22–25.
- Papaïx J, Touzeau S, Monod H, Lannou C (2014) Can epidemic control be achieved by altering landscape connectivity in agricultural systems? Ecol. Model. 284: 35–47.
- Paquette A, Messier C (2011) The effect of biodiversity on tree productivity: from temperate to boreal forests. Glob. Ecol. Biogeogr. 20: 170–180.
- Parker TJ, Clancy KM, Mathiasen RL (2006) Interactions among fire, insects and pathogens in coniferous forests of the interior western United States and Canada. Agr. Forest Entomol. 8: 167–189.
- Pautasso M (2013) Responding to diseases caused by exotic tree pathogens. In: Gonthier P, Nicolotti G (eds) Infectious forest diseases. CABI, Wallingford, UK. pp. 592–612.
- Pautasso M, Jeger MJ (2014) Impacts of climate change on plant diseases: new scenarios for the future. In: Choffnes ER, Mack A (eds) The influence of global environmental change on infectious disease dynamics: Workshop summary. Institute of Medicine, US National Academy of Science. pp. 359–374.
- Pautasso M, Holdenrieder O, Stenlid J (2005) Susceptibility to fungal pathogens of forests differing in tree diversity. In: Scherer-Lorenzen M, Körner C, Schulze E-D (eds) Forest diversity and function. Springer. pp. 263–289.
- Pautasso M, Dehnen-Schmutz K, Holdenrieder O, Pietravalle S, Salama N, Jeger MJ, Lange E, Hehl-Lange S (2010) Plant health and global change – some implications for landscape management. Biol. Rev. 85: 729–755.
- Pautasso M, Aas G, Queloz V, Holdenrieder O (2013) European ash (Fraxinus excelsior) dieback – a conservation biology challenge. Biol. Cons. 158: 37–49.
- Pezzi G, Maresi G, Conedera M, Ferrari C (2011) Woody species composition of chestnut stands in the Northern Apennines: the result of 200 years of changes in land use. Landsc. Ecol. 26: 1463–1476.
- Podger FD (1971) *Phytophthora cinnamomi*, a cause of lethal disease in indigenous plant communities in Western Australia. Phytopathology 62: 972–981.
- Pronos J, Merrill L, Dahlsten D (1999) Insects and pathogens in a pollution-stressed forest. In: Miller PR, McBride JR (eds) Oxidant air pollution impacts in the montane forests of Southern California. Springer, New York. pp. 317–337.
- Prospero S, Rigling D, Holdenrieder O (2003) Population structure of *Armillaria* species in managed Norway spruce stands in the Alps. New Phytol. 158: 365–373.
- Pusz W, Urbaniak J (2017) Foliar diseases of willows (*Salix* spp.) in selected locations of the Karkonosze Mts.(the Giant Mts). Eur. J. Plant Pathol. 148: 45–51.
- Ramsfield TD, Bentz BJ, Faccoli M, Jactel H, Brockerhoff EG (2016) Forest health in a changing world : effects of globalization and climate change on forest insects and pathogen impacts. Forestry 89: 245–252.
- Rigling D, Prospero S (2018) *Cryphonectria parasitica*, the causal agent of chestnut blight: Invasion history, population biology and disease control. Mol. Plant. Pathol. 19: 7–20.
- Rizzo D, Slaughter G, Parmeter J, Jr (2000) Enlargement of canopy gaps associated with a fungal pathogen in Yosemite Valley, California. Can. J. For. Res. 30: 1501–1510.
- Robinet C, Douma JC, Piou D, Van der Werf W (2016) Application of a wood pathway model to assess the effectiveness of options for reducing risk of entry of oak wilt into Europe. Forestry 89: 456–472.
- Rodewald AD, Arcese P (2016) Direct and indirect interactions between land-

scape structure and invasive or overabundant species. Curr. Landsc. Ecol. Rep. 1: 30–39.
- Romportl D, Chumanová E, Havrdová L, Pešková V, Černý K (2016) Potential risk of occurrence of *Phytophthora alni* in forests of the Czech Republic. J. Maps 12: 280–284.
- Rottstock T, Joshi J, Kummer V, Fischer M (2014) Higher plant diversity promotes higher diversity of fungal pathogens, while it decreases pathogen infection per plant. Ecology 95: 1907–1917.
- Roy B, Kirchner J, Christian CE, Rose L (2000) High disease incidence and apparent disease tolerance in a North American Great Basin plant community. Evol. Ecol. 14: 421.
- Roy BA, Alexander HM, Davidson J, Campbell FT, Burdon JJ, Sniezko R, Brasier C (2014) Increasing forest loss worldwide from invasive pests requires new trade regulations. Front. Ecol. Environ. 12: 457–465.
- Sangüesa-Barreda G, Camarero JJ, Oliva J, Montes F, Gazol A (2015) Past logging, drought and pathogens interact and contribute to forest dieback. Agr. Forest Meteorol. 208: 85–94.
- Santini A, Ghelardini L (2015) Plant pathogen evolution and climate change. CAB Rev. 10: 1–8.
- Santini A, Ghelardini L, Pace CD, Desprez-Loustau M-L, Capretti P, Chandelier A, Cech T, Chira D, Diamandis S, Gaitniekis T et al. (2013) Biogeographical patterns and determinants of invasion by forest pathogens in Europe. New Phytol. 197: 238–250.
- Schmid M, Pautasso M, Holdenrieder O (2014) Ecological consequences of Douglas fir *(Pseudotsuga menziesii)* cultivation in Europe. Eur. J. Forest Res. 133: 13–29.
- Schroth M, Thomson S, Hildebrand D, Moller W (1974) Epidemiology and control of fire blight. Annu. Rev. Phytopathol. 12: 389–412.
- Senn J (1999) Tree mortality caused by *Gremmeniella abietina* in a subalpine afforestation in the central Alps and its relationship with duration of snow cover. Forest Pathol. 29: 65–74.
- Setiawan NN, Vanhellemont M, Baeten L, Dillen M, Verheyen K (2014) The effects of local neighbourhood diversity on pest and disease damage of trees in a young experimental forest. Forest Ecol. Manag. 334: 1–9.
- Shaw MW, Osborne TM (2011) Geographic distribution of plant pathogens in response to climate change. Plant Pathol. 60: 31–43.
- Shaw M, Pautasso M (2014) Networks and plant disease management: Concepts and applications. Annu. Rev. Phytopathol. 52: 477–493.
- Sieber TN (2007) Endophytic fungi in forest trees: are they mutualists? Fungal Biol. Rev. 21: 75–89.
- Sieber TN (2014) Neomyzeten – eine anhaltende Bedrohung für den Schweizer Wald. Schweiz. Z. Forstwes. 165: 173–182.
- Steeger C, Hitchcock CL (1998) Influence of forest structure and diseases on nest-site selection by red-breasted nuthatches. J. Wildlife Manage. 62: 1349–1358.
- Stenlid J, Oliva J (2016) Phenotypic interactions between tree hosts and invasive forest pathogens in the light of globalization and climate change. Phil. Trans. R. Soc. B 371: 20150455.
- Stenlid J, Oliva J, Boberg JB, Hopkins AJ (2011) Emerging diseases in European forest ecosystems and responses in society. Forests 2: 486–504.
- Sturrock R (2012) Climate change and forest diseases: using today's knowledge to address future challenges. Forest Syst. 21: 329–336.
- Sturrock R, Frankel S, Brown A, Hennon P, Kliejunas J, Lewis K, Worrall J, Woods A (2011) Climate change and forest diseases. Plant Pathol. 60: 133–149.
- Sutrave S, Scoglio C, Isard SA, Hutchinson JS, Garrett KA (2012) Identifying highly connected counties compensates for resource limitations when evaluating national spread of an invasive pathogen. Plos One 7: e37793.
- Tainter FH, Baker FA (1996) Principles of forest pathology. Wiley, New York. 832 p.
- Thomas FM, Blank R, Hartmann G (2002) Abiotic and biotic factors and

their interactions as causes of oak decline in Central Europe. Forest Pathol. 32: 277–307.
- Thompson SE, Levin S, Rodriguez-Iturbe I (2014) Rainfall and temperatures changes have confounding impacts on *Phytophthora cinnamomi* occurrence risk in the southwestern USA under climate change scenarios. Glob. Change Biol. 20: 1299–1312.
- Thompson RN, Cobb RC, Gilligan CA, Cunniffe NJ (2016) Management of invading pathogens should be informed by epidemiology rather than administrative boundaries. Ecol. Model. 324: 28–32.
- Tobin PC (2015) Ecological consequences of pathogen and insect invasions. Curr. Forest. Rep. 1: 25–32.
- Tomback DF, Resler LM, Keane RE, Pansing ER, Andrade AJ, Wagner AC (2016) Community structure, biodiversity, and ecosystem services in treeline whitebark pine communities: potential impacts from a non-native pathogen. Forests 7: 21.
- Tsopelas P, Santini A, Wingfield MJ, Wilhelm De Beer Z (2017) Canker stain: a lethal disease destroying iconic plane trees. Plant Dis. 101: 645–658.
- Vacher C, Piou D, Desprez-Loustau M-L (2008) Architecture of an antagonistic tree/fungus network: the asymmetric influence of past evolutionary history. Plos One 3: e1740.
- Venette RC, Cohen SD (2006) Potential climatic suitability for establishment of *Phytophthora ramorum* within the contiguous United States. Forest Ecol. Manag. 231: 18–26.
- Verheyen K, Vanhellemont M, Auge H, Baeten L, Baraloto C, Barsoum N, Bilodeau-Gauthier S, Bruelheide H, Castagneyrol B, Godbold D et al. (2016) Contributions of a global network of tree diversity experiments to sustainable forest plantations. Ambio 45: 29–41.
- Vettraino AM, Li H-M, Eschen R, Morales-Rodriguez C, Vannini A (2017) The sentinel tree nursery as an early warning system for pathway risk assessment: Fungal pathogens associated with Chinese woody plants commonly shipped to Europe. Plos One 12: e0188800.
- Von Gadow K, Zhao XH, Tewari V, Zhang CY, Kumar A, Rivas JJC, Kumar R (2016) Forest observational studies: an alternative to designed experiments. Eur. J. Forest Res. 135: 417–431.
- West JS, Townsend JA, Stevens M, Fitt BD (2012) Comparative biology of different plant pathogens to estimate effects of climate change on crop diseases in Europe. Eur. J. Plant Pathol. 133: 315–331.
- Whyte G, Howard K, Hardy GSJ, Burgess T (2016) The Tree Decline Recovery Seesaw; a conceptual model of the decline and recovery of drought stressed plantation trees. Forest Ecol. Manag. 370: 102–113.
- Woods A, Martín-García J, Bulman L, Vasconcelos MW, Boberg J, La Porta N, Peredo H, Vergara G, Ahumada R, Brown A (2016) Dothistroma needle blight, weather and possible climatic triggers for the disease's recent emergence. Forest Pathol. 46: 443–452.
- Zadoks JC (2017) On social and political effects of plant pest and disease epidemics. Phytopathology 107: 1144–1148.

5.2 Blatt- und nadelfressende Insekten

Christa Schafellner[1] und Katrin Möller[2]

[1] Institut für Forstentomologie, Forstpathologie und Forstschutz (IFFF), Universität für Bodenkultur Wien, Österreich
[2] Landeskompetenzzentrum Forst Eberswalde (LFE), Fachbereich Waldschutz und Wildökologie, Deutschland

Kurzfassung
Nach Einschätzungen des US-Landwirtschaftsministeriums sind Massenvermehrungen von Insekten die teuerste Form natürlicher Störungen. In Europa sind es vor allem Larven von Borkenkäfern und Schmetterlingsraupen, deren Fraß ökologische und ökonomische Folgen für den Wald haben kann. Massive Fraßereignisse leiten in Abhängigkeit von Witterung und Folgeschäden unter Umständen ein flächiges Absterben von Bäumen ein. Da viele der in Europa zum Massenwechsel neigenden Arten wärmeliebend sind, gilt eine Zunahme solcher Phänomene mit den prognostizierten Klimaänderungen als sehr wahrscheinlich. Um die Multifunktionalität von Wäldern auch künftig zu erhalten, werden geeignete Monitoring- und Prognoseverfahren sowie Maßnahmen zur Eindämmung von Störungen durch Insekten als dringend notwendig erachtet.

5.2.1 Phyllophage Insekten als Ursache von Störungen in Wäldern

Als Störung werden in der Ökologie räumlich und zeitlich diskrete Ereignisse angesehen, die zu Verlust von lebender Biomasse führen und die Verfügbarkeit von Ressourcen in Lebensgemeinschaften verändern (vgl. Kap. 2.1). In dieses Bild passen durch blatt- und nadelfressende (phyllophage) Insekten verursachte Veränderungen in Waldbeständen.

Global betrachtet, werden jährlich 3–10 % der Pflanzenmasse in Waldökosystemen von Insekten konsumiert. In Jahren mit großen Individuendichten einzelner phyllophager Insekten fallen die Verluste an Biomasse regional wesentlich höher aus. Ein ein- oder mehrmaliger Kahlfraß an Bäumen kann in der Folge zum großflächigen Absterben von Waldbeständen führen. Die Funktionen des Waldes sind davon in unterschiedlichstem Ausmaß betroffen; neben ökologischen Konsequenzen wie Störungen im Wasserhaushalt, verstärkter Erosion oder Einbußen der CO_2-Speicherkapazität sind dies auch ökonomische Verluste in der Holzproduktion oder im Tourismus (Niesar et al. 2015).

Insekten werden dann als Pflanzenschädlinge bezeichnet, wenn sie durch Fraß Ernteerträge des Menschen schmälern oder vernichten. Im deutschen Sprachraum wurde dieser Begriff erstmals für die Mitte des 19. Jahrhunderts aus Nordamerika nach Europa eingeschleppte Reblaus verwendet (Jansen 2003). Im Wald können insbesondere Vertreter der Ordnungen Käfer, Schmetterlinge und Hautflügler Bäume zum Absterben bringen oder geschlagenes Holz entwerten. Zu Schädlingen werden diese Insekten aber erst, wenn sie eine Massenvermehrung (Gradation) durchlaufen. Phasen, in denen die Populationsdichte niedrig ist, werden als «Latenz» bezeichnet. In Abhängigkeit von auslösenden Faktoren nimmt die Individuenzahl von Generation zu Generation (Progradation) bis zum Höhepunkt der Gradation (Kulmination) zu, um danach wieder abzufallen (Retrogradation; Abb. 1) (Schwerdtfeger 1981).

Massenvermehrungen ergeben sich aus dem Wechselspiel zwischen den jeweiligen Wirtspflanzen, den sie fressenden Insekten und deren natürlichen Gegenspielern. Voraussetzungen für das Entstehen von Massenvermehrungen sind einerseits von der Populationsdichte unabhängige Faktoren wie Standortsverhältnisse, klimatische Bedingungen und die Nahrungsqualität, andererseits dichteabhängige Parameter wie die Quantität und Qualität der verfügbaren Nahrung und das Vorhandensein von natürlichen Gegenspielern (Antagonisten: Räuber, Parasiten, Pathogene; Tab. 1). Mit diesen Einflussgrößen beschäftigt sich die Populationsdynamik als Teilgebiet der Zoologie (Dettner & Peters 2003).

Tab. 1: Wichtige Einflussfaktoren auf die Populationsdynamik von Insekten.

abiotisch	biotisch
Temperatur	Nachkommenzahl
Niederschlag	Vitalität
Tageslichtlänge	Konkurrenz
Feuer	Pathogene
Sturm	Parasiten
Schnee	Räuber
Überschwemmung	Nahrungsangebot
Dürre	Nahrungsqualität

Günstige Witterungsbedingungen zum Zeitpunkt der Entwicklung kritischer Stadien wie der Junglarven und ein

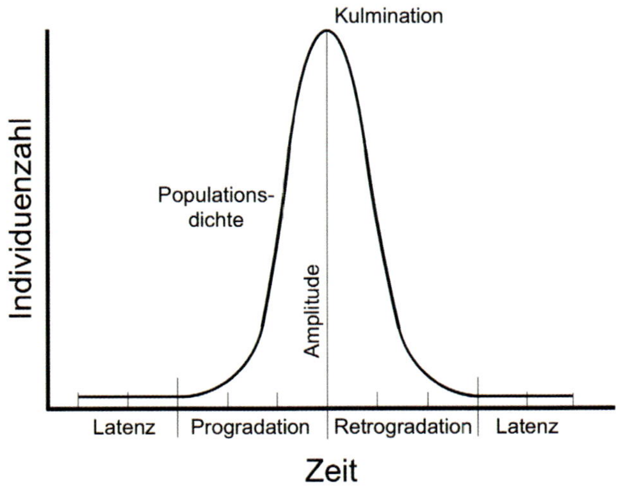

Abb. 1: Verlauf einer Massenvermehrung von Insekten.

übermäßiges, qualitativ hochwertiges Nahrungsangebot bilden die Grundlage für eine hohe Fruchtbarkeit (Fekundität) und eine vergleichsweise geringe Sterberate (Mortalität). Übersteigt die Vermehrungsrate die Mortalitätsrate, kommt es zum Anwachsen der Population. Bleiben die Bedingungen über längere Zeit vorteilhaft, kann dies in eine Massenvermehrung münden. Am Zusammenbruch einer Gradation sind Räuber (Elkinton et al. 2004), Parasiten (Hilker & McNeil 2008, Möller & Bemmann 2009), Krankheitserreger (Murray & Elkinton 1989, Moreau & Lucarotti 2007, Mirchev et al. 2013) und klimatische Verhältnisse beteiligt, aber auch Effekte innerartlicher Konkurrenz, wie Nahrungsmangel und Reaktionen der Nahrungspflanzen, etwa die Ausbildung kleinerer Blätter oder ein zeitlich verzögerter Austrieb (Benz 1974, Quiring & McKinnon 1999), eine gesteigerte Produktion von Abwehrstoffen (Mumm & Hilker 2006) oder ein geringer Nährstoffgehalt (Schultz & Baldwin 1982, Schopf 1986, Clancy et al. 1988). Eine ausführliche Darstellung der Populationsdynamiken wichtiger Wald(schad)insekten findet sich in Berryman (1988).

Ideale Voraussetzungen für Massenvermehrungen finden Insekten, wenn die Wirtspflanzenart auf großer Fläche und in einem dichten, gleichmäßigen Bestand vorherrscht. Dies trifft vor allem auf die Wälder der borealen Zone und auf vom Menschen geprägte, oftmals struktur- und artenarme Wirtschaftswälder zu. Die Entfernung unserer Wälder vom potenziell natürlichen Zustand (Hemerobiegrad; z. B. Kowarik 1990, Grabherr et al. 1995) wird als ein Hauptgrund der Schädlingsproblematik gesehen. Ökosysteme können periodisch auftretende Massenvermehrungen von Insekten entweder verkraften oder passen sich an neu auftretende Befallsregime an. Die moderne Forstwirtschaft versucht, durch Waldumbau die Baumartenzusammensetzung und die Altersklassenverteilung so zu verändern, dass Waldbestände mit stabilen natürlichen Strukturen und Lebensabläufen entstehen, die weniger anfällig gegenüber Insektenbefall sind und dennoch wirtschaftlich erfolgreich genutzt werden können.

5.2.2 Einfluss phyllophager Schmetterlingsraupen auf Wälder

Innerhalb ihres Verbreitungsgebietes treten bei vielen Arten sowohl räumliche als auch zeitliche Schwankungen der Individuendichte (Fluktuationen) auf (Schwenke 1978). Waldinsekten wie der Lärchenwickler (*Zeiraphera diniana* Guenée; Esper et al. 2007), der Schwammspinner (*Lymantria dispar* L.; Pernek et al. 2008, Bjørnstad et al. 2010) oder der Birkenspanner (*Epirrita autumnata* Borkhausen; Ruohomäki et al. 2000) durchlaufen zyklische (regelmäßige) Populationsschwankungen. Die zeitlichen Abstände zwischen Latenz und Kulmination sind – abhängig von der Art, der geografischen Lage bzw. dem Klima – etwa gleich. Eine Lärchenwickler-Population kann beispielsweise innerhalb von 4–5 Generationen um mehr als das 10 000-Fache anwachsen; genauso lange dauert die Phase der Dichteabnahme, wodurch sich Zyklen von 8–9 Jahren ergeben.

Forstlich bedeutsame Insektenarten wie Kiefernspinner (*Dendrolimus pini* L.), Kieferneule (*Panolis flammea* Den. & Schiff.) oder Kiefernschwärmer (*Hyloicus pinastri* L.) zeigen im Gegensatz dazu nicht zyklische, zeitlich begrenzte Massenvermehrungen. Die Population verbleibt jahre- oder jahrzehntelang in der Latenz (Varley 1949). In unregelmäßigen und unvorhersehbaren Intervallen können innerhalb weniger Generationen Massenvermehrungen entstehen, die Hunderte Quadratkilometer Wald betreffen, mehrere Jahre andauern und nach wiederholtem Kahlfraß zum Absterben einzelner Bäume, unter Umständen aber auch zu großflächigen Waldverlusten führen, vor allem in ausgedehnten Monokulturen. Auch ohne Eingriff des Menschen würden die entstandenen Lücken und Freiflächen wieder von diversen Pflanzen- und Tierarten besiedelt werden, sich neue Lebensgemeinschaften bilden und auf dafür geeigneten Standorten würde über diverse Sukzessionsstadien letztendlich wieder Wald entstehen.

Nachfolgend werden exemplarisch einige phyllophage Insektenarten beschrieben, deren Massenwechsel in temperaten Waldökosystemen Europas sowohl ökologisch als auch ökonomisch eine bedeutende Rolle spielen und wesentlich von den herrschenden Klimabedingungen beeinflusst sind.

5.2.2.1 Einfluss von Schwammspinner und Eichenprozessionsspinner auf Eichenwälder

Als auffällige blattfressende Insekten der Eichenwälder in Europa gelten Schwammspinner (Delb & Block 1999) und Eichenprozessionsspinner (*Thaumetopoea processionea* L.; Roques 2015). Die Raupen des Schwammspinners sind polyphag und bevorzugen neben Eichen- auch Hainbuchen- und Buchenblätter. Der monophage Eichenprozessionsspinner dagegen ernährt sich ausschließlich von Eichenlaub. Diese wärmeliebenden Schmetterlingsarten haben innerhalb Europas ihren Verbreitungsschwerpunkt im Süden, wo Massenvermehrungen häufig und regelmäßig auftreten. In den gemäßigten Regionen sind höhere Populationsdichten vorwiegend an warm-trockenen Standorten zu finden.

Beide Arten stehen als wichtige Vertreter für die zahlreichen blattfressenden Insektenarten, die in Europa wesentlich die Dynamik der Eichenwälder vorantreiben (Patočka et al. 1999); sie werden daher in Tab. 2 kurz steckbriefartig vorgestellt.

In Zentraleuropa hat das Risiko eines Befalls durch Schwammspinner und Eichenprozessionsspinner mit den Klimaveränderungen der letzten Jahrzehnte zugenommen. Trocken-warme Witterung, besonders im Frühjahr bis in den Frühsommer, begünstigt Massenvermehrungen (u.a. Schröder et al. 2016) und erhöht sowohl die Wahrscheinlichkeit als auch das Ausmaß von Blattmasseverlusten bis hin zur kompletten Entlaubung der Kronen. In Gradationsjahren verursachen die Raupen starken Blattfraß, der bereits Ende Mai bis Mitte Juni zum Totalverlust der Laubmasse führen kann. Einmaliger Kahlfraß an Stiel-Eiche (*Quercus robur* L.), Trauben-Eiche (*Q. petraea* Liebl.) oder Zerr-Eiche (*Q. cerris* L.) wird vom Baum in der Regel mit der Bildung sogenannter Johannistriebe im selben Jahr

Tab. 2: Steckbriefe von Schwammspinner und Eichenprozessionsspinner.
Fotos: K. Möller (links, rechts), B. Wermelinger (Mitte).

Schadbild Eiche	**Schwammspinner**	**Eichenprozessionsspinner**
	Lymantria dispar L.	*Thaumetopoea processionea* L.

systematische Einordnung	Ordnung Schmetterlinge (Lepidoptera), Unterfamilie Trägspinner (Lymantriinae)	Ordnung Schmetterlinge (Lepidoptera), Unterfamilie Prozessionsspinner (Thaumetopoeinae)
Vorkommen	in Europa von der Atlantikküste bis zum Balkan, von der Mittelmeerküste bis Südskandinavien, mit Verbreitungsschwerpunkt in Süd- und Südosteuropa; weitere Vorkommen in Nordafrika, Sibirien, Zentral- und Ostasien; vor 150 Jahren in die USA eingeschleppt	in Europa weit verbreitet, in wärmebegünstigten Gebieten zunehmend häufig; Verbreitungsschwerpunkt in Zentral- und Südeuropa

	Schwammspinner	**Eichenprozessionsspinner**
	Lymantria dispar L.	*Thaumetopoea processionea* L.
bevorzugter Lebensraum	warme und gleichzeitig relativ trockene Regionen mit lichten Eichen- und Eichen-Mischwäldern, Parkanlagen, Obstplantagen	lichte, sonnige Eichenwälder, besonnte Waldränder, Alleen, einzelne Eichen im Siedlungsbereich
Nahrung	polyphag; in Mitteleuropa bevorzugt an Traubeneiche (*Quercus petraea* Liebl.) und Stieleiche (*Quercus robur* L.), Hainbuche (*Carpinus betulus* L.), Buche (*Fagus sylvatica* L.), auch Apfel (*Malus domestica* Borkh.) und Pflaume (*Prunus domestica* L.); in Südeuropa an Korkeiche (*Quercus suber* L.), in den Balkanländern an Flaumeiche (*Quercus pubescens* Willd.); bei Massenvermehrungen erweitert sich das Wirtspflanzenspektrum infolge Futterknappheit z. B. auf Pappel (*Populus* sp.), Weide (*Salix* sp.) und Lärche (*Larix decidua* Mill.)	monophag (Blätter von Eichen); in Mitteleuropa vorwiegend an Traubeneiche (*Quercus petraea* Liebl.) und Stieleiche (*Quercus robur* L.), in Südosteuropa an Korkeiche (*Quercus suber* L.) und Flaumeiche (*Quercus pubescens* Willd.)
Generationen pro Jahr	1	1
Flugzeit der Falter	Juli–September	Juli–August
Fraßzeit der Raupen	April/Mai–Juni	März/April–Juni
Überwinterung	als Ei in Eischwämmen am Baumstamm und an Ästen	als Ei in Eigelegen an jungen Trieben in der Baumkrone
natürliche Gegenspieler	Parasitoide der Eier (Erzwespen), Raupen (Brack- und Schlupfwespen, Raupenfliegen), Puppen (Erzwespen, Schlupfwespen); räuberische Käfer, Vögel, Fledermäuse, Mäuse, Spitzmäuse, Krankheitserreger (Viren, Bakterien, Mikrosporidien, entomopathogene Pilze)	Parasitoide der Eier (Erzwespen), Raupen und Puppen (Brack- und Schlupfwespen, Raupenfliegen), Waldameisen, räuberische Käfer, Fledermäuse, wenige Vogelarten, Krankheitserreger (Viren, Bakterien, Mikrosporidien, entomopathogene Pilze)
Auftreten, Art und Dauer von Massenvermehrungen	zyklisch (8–12 Jahre oder länger), Abstände zwischen Gradationen in Westeuropa länger, in Osteuropa eher kürzer; vorwiegend in Eichen- und Eichen-Mischwäldern in Ungarn, der Slowakei, Kroatien, Serbien, Rumänien, Bulgarien, Frankreich, Deutschland, der Schweiz und Österreich; in Asien; in den USA nach Einschleppung; Zusammenbruch nach 1–3 Jahren	nicht zyklisch, vorwiegend in Eichenwäldern Südosteuropas, seit Anfang der 1990er-Jahre zunehmend auch in Deutschland, den Niederlanden, Belgien und Großbritannien
Auslöser von Massenvermehrungen	warm-trockene Frühjahre, Koinzidenz zwischen Raupenschlupf und Blattaustrieb, hohe Nahrungsqualität der bevorzugten Wirtspflanze (Eiche), Fehlen von Prädatoren und Parasitoiden (u. a. trockene Böden, verarmte Vegetation und Fauna)	warm-trockene Frühjahre, hohe Disposition der Eichen, Fehlen effektiver Prädatoren und Parasitoide z. B. weil Habitate für deren Nebenwirte ungeeignet sind
Zusammenbruch von Massenvermehrungen	Nahrungsmangel, schlechte Nahrungsqualität (Fehlen der bevorzugten Wirtspflanzen), Anfälligkeit der Raupen für Krankheiten (Virosen, Mykosen, Bakteriosen), Rückgang der Fruchtbarkeit (geringe Eizahlen), Spätfrost nach Schlüpfen der Junglarven, Zunahme der Parasitoidendichte	natürliche Gegenspieler (Prädatoren und Parasitoide)

kompensiert. Gehen auch diese Regenerationstriebe durch Raupenfraß (z. B. des Schwammspinners), Mehltaubefall oder Trockenheit verloren, können die Bäume absterben (Abb. 2). Gruppenweises und flächiges Absterben der Eiche als Folge von Kahlfraß durch Schwammspinner und Eichenprozessionsspinner ist vielfach dokumentiert (u. a. Block et al. 1995, Delb & Block 1999, Lobinger 2006, Strasser et al. 2013, Niesar et al. 2015). Die Auswirkungen einzelner Fraßereignisse beschränken sich damit nicht allein auf den kurzfristigen Blattmasseverlust, sondern auf die mitunter langfristigen Folgen, wenn durch Baummortalität anderen Lebewesen Nahrungsgrundlage und Lebensraum verloren gehen. Von allen europäischen Baumarten leben in und auf Eichen die meisten Insektenarten, darunter über 500 holzbesiedelnde Käfer und fast 180 Großschmetterlingsarten, viele davon monophag (d. h. nur an Eichen fressend; Bussler 2014).

Ursache solcher dramatischen Auswirkungen ist die Anatomie und Physiologie der Eiche. Eichen zählen zu den ringporigen Gehölzen (Matyssek et al. 2010); Wasser wird in weitlumigen Frühholzgefäßen transportiert, die zumeist nur ein Jahr funktionstüchtig sind. Erfolgt ein Kahlfraß schon wenige Wochen nach dem Austrieb der Blätter, bleibt dem Baum nur eine kurze Zeitspanne, um durch Fotosynthese Reservestoffe zu bilden. Wird auch der zweite Austrieb (Regenerationstrieb) gefressen oder von Mehltaupilzen befallen, entfällt die Möglichkeit der Assimilation. Licht- oder Kahlfraß über einige Jahre hinweg resultieren in einem Mangel an Reservestoffen (Zucker, Stärke) und folgend in einer reduzierten Gefäßbildung (Blank 1997). Dadurch wird immer weniger Wasser transportiert, es werden weniger Feinwurzeln ausgebildet, worunter wiederum die Wasser- und Mineralstoffaufnahme des Baumes leidet. Mit Untersuchungen der Jahrringe konnten solche Veränderungen der Wasserleitgefäße im Frühholz nachgewiesen werden (Bréda & Granier 1996, Hansen 1999).

Abb. 2: Die wenigen Bäume des Eichenbestandes im Raum Genthin (Sachsen-Anhalt, Deutschland), die wiederholte intensive Blattmasseverluste durch den Fraß des Eichenprozessionsspinners überlebten, sind stark geschädigt. (Foto: K. Möller)

Kahlfraß in Kombination mit Witterungsextremen (Spätfrost, Trockenheit) gilt auch als Auslöser für die in Mitteleuropa seit Anfang der 1990er-Jahre verstärkt auftretende Komplexkrankheit *Eichensterben* (Führer 1998, Gaertig et al. 2005, Lobinger 2006). Eichen mit geringerer Vitalität werden von Sekundärschädlingen wie Eichenprachtkäfer oder holzzersetzenden Pilzen befallen, was den Sterbeprozess der Bäume wesentlich beschleunigt (Delb 2012, Kätzel et al. 2013). Kommt es mit größer werdenden Bestandslücken zur Auflösung von geschlossenen Waldbereichen, ändern sich der Lebensraum und damit die Habitateigenschaften für die gesamte Biozönose, mit entsprechenden Folgen für etablierte seltene oder gefährdete Pflanzen- und Tierarten. Offenlandarten profitieren von diesen Veränderungen, typische Waldarten sind benachteiligt.

5.2.2.2 Einfluss von Kiefernspinner und Lärchenwickler auf Nadelwälder

Ausgedehnte, gering strukturierte Nadelwälder weisen eine hohe Disposition für das Massenauftreten bestimmter nadelfressender Insektenarten wie Nonne (*Lymantria monacha* L.), Forleule (*Panolis flammea* Den. & Schiff.), Kiefernspanner (*Bupalus piniaria* L.), Kiefernspinner (*Dendrolimus pini* L.) oder diversen Blattwespen auf (Altenkirch et al. 2002). Einschichtige Reinbestände bieten einerseits ein üppiges Nahrungsangebot für monophage Insekten, andererseits ungünstige Bedingungen für deren natürliche Gegenspieler (Jäkel & Roth 2004). Das Potenzial an Nebenwirten, d. h. von Arten, in denen sich Parasitoide wie Schlupfwespen oder Erzwespen während der Latenz der Hauptwirte entwickeln, ist gering. Das betrifft insbesondere Wälder in Tieflandlagen, sekundäre Nadelwälder und Nadelholzforste (künstliche Bestandsbegründung), wo Schädlingspopulationen häufig auch durch die Standortsverhältnisse (Klima, Boden) begünstigt sind.

Doch auch Nadelwälder in Hochlagen sind von Kahlfraß durch Insekten betroffen, wie etwa die Lärchen- oder Lärchen-Zirben/Arven-Wälder der subalpinen Stufe im gesamten Alpenraum von Gradationen des Lärchenwicklers (Nola et al. 2006). Lärchen-Zirben/Arven-Wälder stellen die höchst gelegene Waldgesellschaft der Alpen dar; ihnen kommt u. a. große Bedeutung für Siedlungsgebiete zu, da sie einen natürlichen Lawinen- und Erosionsschutz bis an die Waldgrenze bieten. In den letzten Jahrzehnten tritt die Bedeutung der Schutzfunktionalität dieser Wälder noch stärker in den Vordergrund, weil etwa Regionen, die früher im Winter gemieden wurden, heute ganzjährig besiedelt sind oder im Tourismus eine wichtige Rolle spielen (Wehrli et al. 2007).

Als typische Vertreter nadelfressender Insekten mit ausgeprägten Gradationen in europäischen Nadelwäldern werden Kiefernspinner und Lärchenwickler in Tab. 3 steckbriefartig vorgestellt.

Der Kiefernspinner ist einer der bedeutendsten Kiefernschädlinge in Europa. Kahlfraß durch die Raupen kann zu Zuwachsverlusten bis hin zum großflächigen Absterben von Bäumen führen. Die jungen Raupen beginnen im Herbst mit erst unauffälligem Fraß; nach der Überwinterung bis hin zur Verpuppung im Sommer haben die bis zu 8 cm großen Tiere einen enormen Nahrungsbedarf. Auf dem Höhepunkt einer Massenvermehrung werden weder Altnadeln, Knospen noch Maitriebe verschont. Ältere Larven fressen die Nadeln bis zum Nadelgrund, einschließlich der zwischen den Nadeln liegenden Nadelscheidenknospe, wodurch kein Nachwachsen der Nadeln aus der Nadelscheide heraus mehr möglich ist. Die Kiefer kann nur durch eine Mobilisierung von Reservestoffen Rosetten- oder Nadelscheidentriebe ausbilden (Weckwerth 1952), die aber häufig keine ausreichende Basis für das Überleben des Baumes bieten.

In Abhängigkeit von der Witterung liegt die Mortalitätsrate von Kiefern nach Kahlfraß durch den Kiefernspinner bei 60–100 % (Wenk & Möller 2013). Infolge der auf Nahrungssuche intensiv wandernden Raupen bleibt auch die Überlebenswahrscheinlichkeit der Naturverjüngung gering (Menge & Pastowski 2016). In den letzten Jahren wurde ein flächiges Absterben von Kiefern nach Kahlfraß durch Kiefernspinnerraupen z. B. im Nordosten Deutschlands (Möller 2015, Habermann 2017) sowie in Polen (Sierpinska 1988) be-

Tab. 3: Steckbriefe von Kiefernspinner und Lärchenwickler. Fotos: K. Möller (Mitte), B. Wermelinger (links, rechts).

Schadbild Lärche	**Kiefernspinner**	**Lärchenwickler**
	Dendrolimus pini L.	*Zeiraphera diniana* Guenée

systematische Einordnung	Ordnung Schmetterlinge (Lepidoptera), Familie Glucken (Lasiocampidae)	Ordnung Schmetterlinge (Lepidoptera), Familie Wickler (Tortricidae)
Vorkommen	Eurasien, Forstschädling insbesondere in Europa; von Spanien bis Russland und Skandinavien bis Rumänien	paläarktisch; Forstschädling v. a. in Nordsibirien und im Alpenraum; in den Alpen zwei morphologisch und genetisch unterscheidbare Ökotypen (Rassen) auf Lärche und Zirbe/Arve
bevorzugter Lebensraum	Kiefernreinbestände auf warm-trockenen, grundwasserfernen Sandstandorten	in Europa: subalpine Nadelwälder (1700–2000 m ü.M.), Massenwechsel begünstigt an wärmeren Hängen in südlichen Expositionen
Nahrung	monophag an Kiefern, Hauptfraßpflanze ist die Wald-Kiefer (*Pinus sylvestris* L.), bei Massenvermehrung auch an Douglasie (*Pseudotsuga menziesii* (Mirb.) Franco) und Fichte (*Picea abies* (L.) H. Karst.) beobachtet	streng an Koniferen gebunden, Wirtspflanzen je nach Region, in den Alpen v. a. die Europäische Lärche (*Larix decidua* Mill.), Zirbe/Arve (*Pinus cembra* L.), im Erzgebirge, Riesengebirge und der Tatra die Fichte (*Picea abies* (L.) H. Karst.), seltener Latsche/Bergföhre (*Pinus mugo* Turra)
Generationen pro Jahr	1, teilweise zweijährige Entwicklung	1
Flugzeit der Falter	Juli–(August), dämmerungsaktiv	je nach Höhenlage Mitte Juni–Anfang Oktober, dämmerungsaktiv
Fraßzeit der Raupen	(Februar) März–Juni; August–November (Dezember)	je nach Höhenlage (Ende März)April–August
Überwinterung	als Raupe in der Bodenstreu	im Eistadium, unter Flechten auf Zweigen
natürliche Gegenspieler	Parasitoide (Ei: Zwergwespen; Raupe und Puppe: Brack- und Schlupfwespen, Raupenfliegen), Räuber (Vögel, Fledermäuse; während der Überwinterung Wildschweine, Mäuse), Krankheiten (Viren, Bakterien, entomopathogene Pilze)	Parasitoide (Erzwespen, Schlupf- und Brackwespen, Raupenfliegen), Räuber (Milben, Wanzen, Waldameisen, Vögel), Krankheiten (Viren)
Auftreten, Art und Dauer von Massenvermehrungen	durch das Vorhandensein großer Kiefernwälder in trocken-warmen Gebieten bestimmt, Massenwechsel vor allem in Gebieten mit geringen Jahresniederschlägen (<650 mm); nach 2–3 Jahren Progradation folgen meist 2 Fraßjahre	in Lärchenrein- und Mischbeständen, in den Zentralalpen zyklisch (8–10 Jahre), begünstigt durch warmen, trockenen Frühling (Koinzidenz Raupenschlupf/Austreiben der Lärche); unregelmäßig in Lärchenplantagen (Pyrenäen, England, Japan); ausgedehnte Massenvermehrungen in Zentral-Sibirien; Zusammenbruch nach 2–3 Jahren

	Kiefernspinner	Lärchenwickler
	Dendrolimus pini L.	*Zeiraphera diniana* Guenée
Auslöser von Massenvermehrungen	warme, trockene Spätsommer, Änderungen der Standorteigenschaften, die zu einer Verbesserung der Nahrungsqualität führen	hohe Nahrungsqualität der Nadeln, konstante lokale Klimabedingungen, Koinzidenz zwischen Raupenschlupf und Nadelaustrieb
Zusammenbruch von Massenvermehrungen	Nahrungsmangel, natürliche Gegenspieler wie insbesondere Kernpolyederviren, Raupenfliegen als Larven- und Puppenparasitoide, Eiparasitoide	Nahrungskonkurrenz und -mangel, schlechte Nahrungsqualität, verminderte Vitalität der Raupen, Anfälligkeit für Virosen, verminderte Fruchtbarkeit der Weibchen, Zunahme von Parasitoiden und Räubern

obachtet, teilweise in Verbindung mit vorangegangenem massivem Nadelfraß durch die Nonne (Wenk 2016), eine dem Schwammspinner nah verwandte Schmetterlingsart. Auch Dürreperioden nach einem Kahlfraß erhöhen die Mortalität der Bäume (Möller 2014; Abb. 3). Bei günstiger Witterung gelingt es einzelnen Kiefern, auch mit nur wenigen Restnadeln zu überleben.

Mitentscheidend für das Ausmaß der Baummortalität nach umfangreichen Nadelmasseverlusten ist der witterungsabhängige Folgebefall durch holz- und rindenbrütende Käfer. Bei Kahlfraßereignissen in Brandenburg wurde z.B. noch im Fraßjahr ein massiver Befall durch den Zwölfzähnigen Kiefernborkenkäfer (*Ips sexdentatus* Boerner) beobachtet (Abb. 4). Durch die Interaktion zwischen diesen beiden Insekten verstärkte sich das Ausmaß der Störung erheblich.

Mit dem Absterben der Kiefern geht häufig ein langfristiger Lebensraumverlust für Arten einher, die auf ein geschlossenes Kronendach angewiesen sind. Waldarten verschwinden zugunsten von Offenlandarten, die Aktivität trockenliebender (xerophiler) Arten nimmt zu (Möller 2002). Wie stark Fauna und Flora sich in absterbenden Kiefernwäldern ändern, ist unter anderem vom Fortschreiten der Vergrasung abhängig. Eine Bewertung der Störereignisse ist daher immer davon abhängig, welche Zeiträume man für eine Anpassung bzw. Erholung des Ökosystems in Betracht zieht und welche ökonomischen Einbußen oder ökologischen Konsequenzen eine Gesellschaft bereit ist zu akzeptieren.

In den subalpinen Nadelwäldern in Höhenlagen zwischen 1600–2200 m ü.M. findet der Lärchenwickler optimale Lebensbedingungen. Hier kommt es in erstaunlich regelmäßigen Abständen von 8–10 Jahren zu Massenvermehrungen des Insekts, die zu sichtbaren Nadelverlusten bis zum Kahlfraß ganzer Lärchenbestände führen (Baltensweiler et al. 2008). Das Befallsbild ist an den zunächst rötlichen und später braunen Kronen bereits ab Juli deutlich zu erkennen. Die Gradationswellen wandern den Alpenbogen entlang und breiten sich mit einer Geschwindigkeit von etwa 200 km pro Jahr von West nach Ost aus (Bjørnstad et al. 2002, Johnson et al. 2004, Price et al. 2006). Die Amplitude der Populationsentwicklung zwischen dem Tiefst- und Höchststand der Individuenzahlen kann um 4–5 Größenordnungen schwanken. Am Höhepunkt einer Gradation fressen bis zu 30000 Raupen an einem einzigen Baum (Baltensweiler & Rubli 1999).

Die Regelmäßigkeit in der Fluktuation der Populationsdichte wird unter anderem mit einer zeitlich verzögert auftretenden Verschlechterung der Nahrungsqualität nach Kahlfraß erklärt (Fischlin & Baltensweiler 1979). Der Baum bildet noch im gleichen Sommer eine neue Nadelgeneration aus, kann jedoch den Verlust an Kohlenstoffassimilation in der verbleibenden Vegetationszeit nicht mehr ausgleichen, sodass nur ein schmaler Jahrring mit wenigen dickwandigen Spätholzzellen ausgebildet wird (Abb. 5). Im darauffolgenden Frühjahr treiben die Lärchen verzögert aus, ihre Nadeln sind kurz, enthalten weniger Nährstoffe, aber mehr unverdauliche oder toxische Substanzen (Faserstoffe, Harz). Durch Überbevölkerung der Raupen entsteht zusätzlich Konkurrenz um eine geringere und qualitativ schlechtere Nahrung, weshalb die Zahl der Nachkommen sinkt. Antagonisten wirken dem Populationswachstum zunehmend entgegen, sodass die Lärchenwickler-Population innerhalb von wenigen Generationen auf ein Niveau dezimiert wird, bei dem auffällig sichtbare Fraßspuren an den Lärchen verschwinden. Umgekehrt bewirkt der Nadelfraß während der Gradation, dass sich der Wald vorübergehend auflichtet, sich der Boden stärker erwärmt und durch den Raupenkot vermehrt Nährstoffe in den Boden gelangen. Nach einigen Jahren bilden die Bäume wieder normal lange Nadeln mit für den Lärchenwickler günstiger Nahrungsqualität aus, und der Zyklus beginnt von vorne (Benz 1974, Baltensweiler et al. 1977). Die Vermehrungszyklen des Lärchenwicklers auf der Zirbe/Arve erreichen keine so hohen Dichteschwankungen wie auf der Lärche (Baltensweiler & Fischlin 1988).

Abb. 3: Nach Kahlfraß durch Kiefernspinnerraupen 2005 und dem darauffolgenden Dürresommer 2006 starben im Bundesland Brandenburg lokal Kiefernbestände vollständig ab. Im Hintergrund ist eine mit dem Insektizid Karate Forst behandelte Fläche zu sehen. (Foto: K. Möller)

Abb. 4: Absterbender Kiefernbestand in Südbrandenburg (Deutschland). Die Kiefern wurden 2013 von Raupen der Nonne stark befressen, 2014 von Raupen des Kiefernspinners vollständig entnadelt und darauf folgend vom Zwölfzähnigen Kiefernborkenkäfer befallen. Der Kahlfraß wurde rechtzeitig prognostiziert, aus Gründen des Naturschutzes erfolgten keine Pflanzenschutzmaßnahmen. (Foto: F. Pastowski)

Vitale Lärchen überstehen selbst einen vollständigen Nadelverlust. Nach Kahlfraß stirbt der Baum nur in Ausnahmefällen, etwa wenn in der Phase des Neuaustriebs im Juli und August der Regen ausbleibt (Baltensweiler et al. 1977, Esper et al. 2007). Die Baummortalität während einer Gradation liegt bei

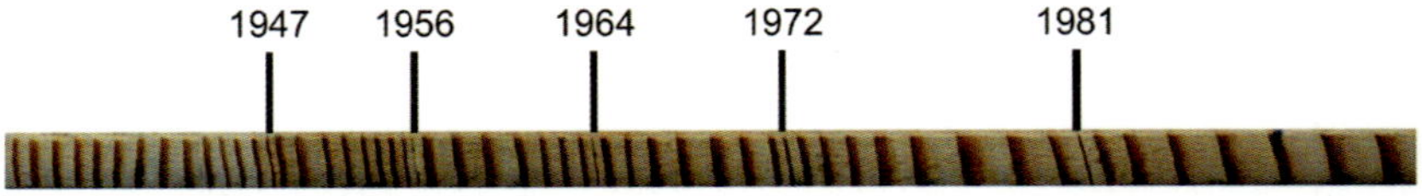

Abb. 5: Kahlfraßereignisse des Lärchenwicklers (Jahreszahlen oberhalb der Jahrringe) lassen sich an markanten Einbrüchen in der Jahrringbreite von Lärchen ablesen (Foto: Walter Oberhuber; aus Oberhuber 2009). Anhand von Bohrkernen aus fossilen Stämmen und verbautem Holz konnten historische Massenvermehrungen des Lärchenwicklers bis ins Jahr 800 n. Chr. rekonstruiert werden. (Esper et al. 2007)

etwa 1 % (Baltensweiler & Rubli 1984). Deutlich messbar sind jedoch Zuwachsverluste von 50–80 % sowie schmälere Jahrringbreiten bis zu drei Jahre nach einem Kahlfraßereignis (Omlin & Herren 1976; Abb. 5). Danach erholen sich die Bäume und erlangen meist ihre volle Vitalität wieder. Eine erhöhte Anfälligkeit (Prädisposition) von physiologisch geschwächten Lärchen gegenüber Sekundärschädlingen (Bock- und Borkenkäferarten) ist möglich. Fichte und Zirbe/Arve reagieren wesentlich empfindlicher auf Kahlfraß; einen Nadelverlust von etwa 70 % überleben sie nicht (Baltensweiler & Fischlin 1988).

Die Existenz der subalpinen Lärchen-Zirben/Arven-Wälder ist durch die Gradationen des Lärchenwicklers jedoch nicht gefährdet. Ganz im Gegenteil, die Regelmäßigkeit, mit der Lächenwickler-Massenvermehrungen auftreten und sich – wie dendrochronologische Untersuchungen und Rekonstruktionen der Gradationszyklen ergaben – bis in das Jahr 800 n. Chr. nachweisen lassen (Esper et al. 2007, Büntgen et al. 2009), zeigen die erfolgreiche Koexistenz von Lärche und Lärchenwickler (Holtmeier 2002). Das heutige Verbreitungsbild reiner Lärchenbestände ist wesentlich durch die jahrhundertelange Nutzung der Gebirgswälder durch den Menschen geprägt, der gezielt Fichten und Zirben/Arven entnommen hat, um Weideflächen zu erzeugen. In der natürlichen Waldsukzession würde die schattentolerante Zirbe/Arve einen wesentlich höheren Anteil an der Zusammensetzung der Waldklimaxgesellschaft einnehmen als die lichtbedürftige Lärche. Die Massenvermehrungen des Lärchenwicklers verhindern jedoch die Dominanz der Zirbe/Arve. Sind die Lärchen kahlgefressen, wechseln die Raupen auf die Zirbe/Arve über und fressen deren Nadeln. Während Lärchen in der Regel durch einen Lärchenwicklerbefall nicht absterben, leiden Zirben/Arven an Folgebefall durch Rüssel- und Borkenkäfer sowie Wollläuse, sterben ab oder entwickeln Kümmerwuchs (Baltensweiler 1975). Die Lärchen wiederum profitieren sogar mittelfristig vom verschwenderischen Fraß der Raupen während der Gradation, denn mit dem Raupenkot gelangen große Nährstoffmengen aus den Nadeln in den Boden und beschleunigen den Nährstoffumsatz. So hat sich durch den Einfluss des Lärchenwicklers mit seinen regelmäßigen Störungszyklen ein erstaunlich stabiles Ökosystem im subalpinen Lärchen-Zirben/Arven-Wald entwickelt, aus dem Lärche und Lärchenwickler wechselseitig ihren Vorteil ziehen (Baltensweiler 1975).

5.2.3 Auswirkungen von Insektenmassenvermehrungen auf die Gesellschaft

Schon die frühen Hochkulturen in Ägypten und China berichteten über Insektenplagen, die Menschen peinigten, ganze Ernten vernichteten und oft

Tab. 4: Beispiele für Massenvermehrungen blatt- und nadelfressender Insekten in Europa.

Insekt	betroffene Region	Zeitraum	Befallsfläche in Hektar
Forleule	nordostdeutsches Tiefland	1922–1924	200 000
Schwammspinner	Bulgarien	1953–1960	1 023 000
Nonne	Polen	1978–1984	3 000 000
Nonne	Deutschland	1978–1984	500 000
Schwammspinner	Rumänien	1987–1989	700 000
Schwammspinner	Bulgarien	1989–2000	985 000
Schwammspinner	Nordost-Frankreich	1992–1994	103 500
Schwammspinner	Südwest-Deutschland	1992–1994	129 000
Kiefernspinner	Polen	1992–1994	58 000
Schwammspinner	Serbien	1997	500 000
Kiefernspinner	nordostdeutsches Tiefland	2013–2014	25 000

zum Auslöser katastrophaler Hungersnöte wurden (Altes Testament, Exodus). Wanderheuschrecken blieben bis ins 18. Jahrhundert eine ernsthafte Bedrohung für die europäische Landwirtschaft. Erst als durch die Flussregulierungen die großen Brutgebiete verschwanden, wurden Massenvermehrungen selten (Herrmann 2014). Mit der intensiven Nutzung, dem künstlichen und nicht standortgerechten Anlegen von Monokulturen, aber auch durch das beabsichtigte oder unbeabsichtigte Einbringen von gebietsfremden Arten nahmen Massenvermehrungen von Insekten vor allem im 19. und 20. Jahrhundert rapide zu. So vernichtete die Mitte des 19. Jahrhunderts nach Frankreich eingeschleppte Reblaus innerhalb weniger Jahrzehnte beinahe den gesamten europäischen Weinbau (Goode 2005). Umgekehrt wurden von dem vor knapp 150 Jahren in die USA eingebrachten Schwammspinner insgesamt mehr als 34 Mio. Hektar Wald entlaubt, die bisher größten Kahlfraßflächen mit über 11 Mio. Hektar wurden zwischen 1980 und 1983 registriert (Tobin & Blackburn 2007).

Ausgedehnte Insektengradationen waren in den letzten Jahrzehnten in den europäischen Wäldern besonders auffällig (Tab. 4). Die ökonomischen und ökologischen Folgen solcher Störungen treffen unmittelbar die Waldeigentümer, die holzverarbeitende Industrie und den Tourismus, beeinflussen aber auch die biologische Vielfalt der Wälder und haben Auswirkungen auf die CO_2-Speicherkapazität und damit auf den Klimaschutz (Radermacher 2011). Anders als im vorigen Jahrhundert, als blatt- und nadelfressende Insekten mit Giften wie Arsen und DDT-Stäuben bekämpft wurden, ist heute der flächige Einsatz von Insektiziden in den EU-Ländern ausschließlich bei akuter Gefährdung von Waldbeständen nach Abwägung aller ökologischen Folgen möglich. Ein effektives Wald-Monitoring mit dem Ziel einer Prognose der Fraßschäden kann nur mit großem Aufwand geleistet werden, und dabei müssen Gesellschaft und Waldeigentümer die Kosten für Waldschutzmaßnahmen tragen.

Auch unterschiedliche Vorstellungen von Naturschutzzielen können zu

Abb. 6: Nahezu vollständiger Laubverlust einer Alteiche durch den Fraß von Raupen des Eichenprozessionsspinners. (Foto: A. Reichling)

Konflikten zwischen diversen Interessensgruppen führen, sowohl auf lokaler wie auch auf überregionaler Ebene. So ist etwa ein aktives Eingreifen des Menschen in bestimmten nutzungsfreien Schutzgebieten (z. B. Kernzonen von Nationalparks) gesetzlich untersagt. Ein «zufallsgesteuertes» Naturgeschehen außerhalb jeder Planung bringt jedoch auch mit sich, dass Strukturen und Prozesse entstehen, die nicht unseren Erwartungen von Wald und Natur entsprechen. Beispielsweise können infolge von großräumigen Kalamitäten Bäume flächig absterben oder große Freiflächen entstehen. Diese Dynamik wird bewusst in Kauf genommen und ist zentraler Bestandteil einer auf Prozessschutz ausgelegten Naturschutzstrategie, durch die ein Höchstmaß an Naturnähe erreicht werden soll. Diametral entgegengesetzt dazu erscheint das Bestreben, über Managementmaßnahmen spezifische Zustände und Sukzessionsstadien von Ökosystemen mit ihrer jeweiligen Biodiversität (Biotopen, Pflanzen- und Tierarten) zu erhalten (konservierender Naturschutz). Welche Sichtweise jeweils präferiert wird, hängt ganz wesentlich vom persönlichen Naturverständnis ab (Scherzinger 1996).

5.2.3.1 Einflussnahme des Menschen auf Störungen durch phyllophage Insekten

Massenvermehrungen von Insekten werden wegen ihrer großskaligen Auswirkungen in ökonomischer, ökologischer und gesellschaftspolitischer Hinsicht seit Langem untersucht, um sie in ihren Zusammenhängen tief greifend zu verstehen und mit Modellberechnungen ihr Schadenspotenzial abschätzen zu können. Grundsätzlich entscheidend für die Festlegung von Schadschwellen ist, welches Ziel mit Monitoring und Prognose verfolgt werden soll. Im Hinblick auf einen flächigen Insektizideinsatz liegt in Europa die Schadschwelle für Wälder (Bestandsverlust) im Vergleich zu anderen Landnutzungsarten wie z. B. Landwirtschaft, Obst- und Weinbau in der Regel sehr hoch.

Blattfressende Insekten gelten als wesentlicher Faktor des Phänomens

Eichensterben, das seit Mitte des 18. Jahrhunderts als wiederkehrendes großflächiges Absterben älterer Eichenbestände in ganz Europa auftritt (Wulf & Kehr 1996). Innerhalb dieser Komplexkrankheit sind phyllophage Insekten der einzige Faktor, der kurzfristig mit Gegenmaßnahmen beeinflussbar ist. Als ökonomische Schadschwelle für die Ausbringung von Insektiziden gilt für Eichenbestände häufig die Prognose eines wiederholten Kahlfraßes durch Schwammspinner, Eichenprozessionsspinner (Abb. 6) oder deren gemeinsames Auftreten mit anderen Arten der sogenannten Frühjahrsfraßgemeinschaft an Eiche, bestehend aus Eichenwickler (*Tortrix viridana* L.) sowie Kleinem und Großem Frostspanner (*Operophtera brumata* L., *Erannis defoliaria* Clerck). Steht beim Auftreten des Eichenprozessionsspinners aufgrund der allergischen Wirkung der Gifthaare (Setae) der Raupen (Lamy 1990, Maier 2013) die Gesundheit der Bevölkerung im Vordergrund, wird die Schadschwelle deutlich niedriger angesetzt.

Für die Prognose von Schwammspinner-Gradationen hat sich neben einer Überwachung der Falterzahlen mit Lockstofffallen (Pheromonfallen) die Zählung der gut sichtbaren Eigelege am Stamm bzw. an den Ästen im Winter bewährt (Delb 2016). Eine Voraussetzung für die Abgrenzung von Befallsgebieten des Eichenprozessionsspinners ist die Kartierung der Blattmasseverluste an den Eichen; ergänzend wird die Eigelegedichte ermittelt (Gößwein & Lobinger 2014).

In den USA wurde nach Jahrzehnten vergeblicher Versuche einer Ausrottung des Schwammspinners eine neue Strategie (engl. *Slow the Spread Program*) eingeschlagen (Liebhold et al. 2007). Mit integrierten Maßnahmen, insbesondere einer intensiven Überwachung entlang der Ausbreitungsfront des Insekts, konnte die Ausbreitungsgeschwindigkeit von ursprünglich 20 Kilometern pro Jahr auf die Hälfte reduziert werden.

Ab Mitte der 1990er-Jahre kam es zu einem unerwarteten Rückgang der Schwammspinner-Kahlfraßflächen an der Ost- und Südostküste der USA. Verantwortlich für den raschen Zusammenbruch der jeweils beginnenden Gradationen war ein aus Japan stammender, insektenpathogener Pilz (*Entomophaga maimaiga* Humber, Shimazu und Soper), der bereits um 1910 künstlich ausgebracht worden war, aber jahrzehntelang ohne sichtbare Wirkung blieb. Die Pilzsporen können im Boden lange überleben. Vor knapp 20 Jahren erfolgten Freilassungen eines Pilzisolats aus den USA in Europa (Bulgarien und Serbien; Mirchev et al. 2013). Mittlerweile gilt der Pilz in neun europäischen Ländern sowie in der Türkei und Georgien als etabliert und wird sich in den kommenden Jahren – begünstigt durch Handel und Massentourismus – voraussichtlich bis Zentral- und Westeuropa ausbreiten (Zúbrik et al. 2016). Anders als Viren oder Bakterien, wirkt der Pilz nicht dichteabhängig, sondern wird von der Witterung beeinflusst. Warm-feuchte Bedingungen im Frühjahr sind die besten Voraussetzungen, dass sich die Schwammspinner-Raupen mit den Pilzsporen infizieren und absterben; unter trocken-kühlen Verhältnissen bleibt die Wirkung des Pilzes dagegen weitgehend aus.

Um beginnende Massenvermehrungen des Kiefernspinners zu erkennen und Einschätzungen der Populationsdichte vorzunehmen, eignet sich die Suche nach den in der Bodenstreu überwinternden Raupen (Winterbodensuche). Mit Leimringkontrollen wird nach dem Erkennen einer wach-

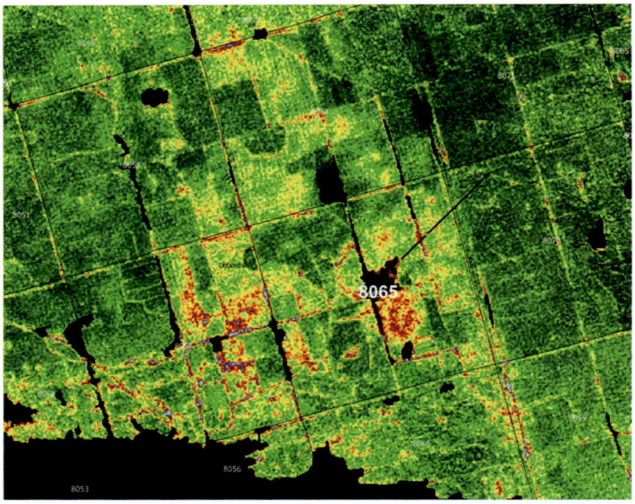

Abb. 7: Satellitengestützte Aufnahme der Biomasse in Waldgebieten zur Dokumentation von Fraßschäden und Abgrenzung von Befallsgebieten (Black Bridge®, Landesbetrieb Forst Brandenburg). Nadelverluste sind in Gelb (merklich), Rot (stark) und Blau (Kahlfraß) dargestellt, volle Benadelung in Grün und Offenland in Schwarz. Die ein Jahr nach Kahlfraß durch den Kiefernspinner als Offenland erkannte schwarze Fläche 8065 in der Bildmitte (Forstabteilung 8065) weist den abgestorbenen Kiefernbestand der Abb. 4 aus.

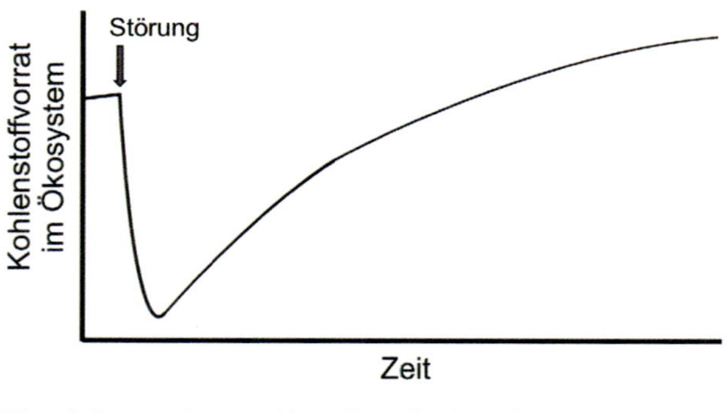

Abb. 8: Einfluss einer Störung auf den Kohlenstoffpool im Wald (nach Körner 2003).

senden Waldgefährdung im Frühjahr die Zahl der am Stamm in die Krone kriechenden (aufbaumenden) Raupen ermittelt. Das ermöglicht eine sehr gute Vorhersage der zu erwartenden Fraßschäden (Möller et al. 2007). Die Kartierung der Nadelmasseverluste per Satellitenrasterdaten (Abb. 7) hat sich als praktikabel erwiesen, sowohl für die Planung weiterer Überwachungsmaßnahmen als auch für eventuelle Insektizid-Applikationen (Marx et al. 2015, Möller & Heinitz 2016).

Der Lärchenwickler wurde vor allem in den alpinen Fremdenverkehrsregionen der Schweiz ab dem Zweiten Weltkrieg bis in die 1970er-Jahre zunächst mit DDT-Stäuben, später mit anderen Insektiziden bekämpft, weil man aufgrund der Verbräunung der Lärchenkronen in starken Fraßjahren Einbußen im Tourismus befürchtete (Meyer 1946). Heute steht ein Insektizideinsatz gegen den Lärchenwickler nicht mehr zur Diskussion; im gesamten Alpenraum werden keine solchen Maßnahmen mehr durchgeführt.

5.2.3.2 Massenwechsel von phyllophagen Insekten und Klimaschutz

Kahlfraßereignisse können einen Wald in rasantem Tempo von einer CO_2-Senke in eine CO_2-Quelle verwandeln. Bei Massenbefall durch den Kiefernspinner gelangen mit dem Kot der Raupen innerhalb weniger Monate mehr als 400 kg Kohlenstoff pro Hektar in den Waldboden (Le Mellec et al. 2010). Durch Bodenlebewesen werden große Anteile davon bei der Mineralisierung des organisch gebundenen Kohlenstoffs in der Humusauflage und im Mineralboden wieder als CO_2 an die Atmosphäre abgegeben. Gleichzeitig fällt die oberirdische Fixierung von CO_2 durch die nicht oder kaum stattfindende Fotosynthese aus. Bei flächiger Baummortalität ist aufgrund des langen Entwicklungszeitraumes erst nach Jahrzehnten wieder mit einem geschlossenen Waldbestand und einer damit erneuten nennenswerten Kohlenstofffixierung durch die Bäume zu rechnen (Abb. 8). Dies unterstreicht die Bedeutung von blatt- und nadelfressenden Insekten für die Walddynamik auch im Kontext des Klimaschutzes.

5.2.4 Anpassung der Lebensgemeinschaften an Störungen

Urwälder und naturnahe Wälder sind gekennzeichnet durch ein Mosaik unterschiedlicher Sukzessionsstadien. Das Nebeneinander verschiedener Entwicklungsphasen erhöht die Artenvielfalt: Bereiche mit Pionierbaumarten finden sich genauso wie stabile, dichte Waldbereiche mit Schattenbaumarten und Totholz. Störungen wie Wind, Feuer und Insektenfraß sind hier Ausgangspunkt für eine Verjüngung des Waldes, häufig verbunden mit einer Erhöhung der Strukturvielfalt.

Naturnahe Wälder mit standortgemäßen Baumarten gelten als wichtige Voraussetzung für ein über längere Zeiträume stabiles Ökosystem. Mischbestände bieten günstige Bedingungen für Antagonisten von blatt- und nadelfressenden Insekten; mit der Pflanzenvielfalt in der Baum-, Strauch- und Krautschicht nimmt auch die Zahl der Nebenwirte für natürliche Gegenspieler phyllophager Insekten zu (Hawkins 1994, Kratochwil & Schwabe 2001). Generell steigern Artenreichtum und Diversität die Komplexität des Systems und damit die Zahl der ökologischen Nischen.

In den meisten Ländern Mitteleuropas brechen Massenvermehrungen von Schwammspinner, Kiefernspinner oder Lärchenwickler innerhalb von wenigen Jahren durch das Zusammenspiel verschiedenster Faktoren (Witterung, Gegenspieler, Nahrungsmangel) auf natürliche Weise zusammen. Für den Schwammspinner spielen insbesondere Raupenfliegen und Kernpolyederviren sowie für den Kiefernspinner der winzige Eiparasitoid *Telenomus laeviusculus* (Ratzeburg) eine große Rolle bei der Einleitung der Retrogradation (Schwenke 1978, Möller & Bemmann 2009). Beim Lärchenwickler führt die geringe Nahrungsqualität der Lärchennadeln zu einem dramatischen Rückgang der Fruchtbarkeit der Weibchen (Benz 1974).

5.2.5 Interaktionen mit anderen Störungen

Abiotische Störungen können Massenvermehrungen von Insekten fördern. So begünstigen warm-trockene Witterungsperioden die Entwicklung wärmeliebender Schmetterlinge. Windwurf, Schnee- und Eisbruch sowie Lawinen erhöhen das Brutraumangebot für Borkenkäfer. Umgekehrt beeinflussen diese Störgrößen aber auch das Ausmaß der Folgen des Insektenfraßes. Dürre nach Fraßereignissen vermindert die Regenerationsfähigkeit von Bäumen (vgl. Kap. 5.2.2.2, Abb. 3). Eine sich verstärkende Störungsinteraktion zwischen zwei Insektenarten belegt beispielsweise der Befall des Zwölfzähnigen Kiefernborkenkäfers (*Ips sexdentatus* Boerner) von durch Raupen des Kiefernspinners kahl gefressenen Bäumen, der zu deutlich erhöhten Mortalitätsraten führt (Abb. 4). Mit dem Ausfall von Bäumen verringert sich die dämpfende Wirkung des nunmehr aufgelichteten Baumbestandes, sowohl bei Frost als auch bei Hitze und Sturm (Kallweit & Mayer 2008). In der Regel haben durch Fraß aufgelichtete Bestände bei hohen Windgeschwindigkeiten und mit der Bildung von Turbulenzen in Lücken ein wesentlich höheres Risiko für das Auftreten von Windwurf (Abb. 9; vgl. auch Kap. 4.2 und Kap. 6.1).

5.2.6 Blatt- und nadelfressende Insekten im globalen Wandel

Die durch den Weltklimarat (Intergovernmental Panel on Climate Change, IPCC) prognostizierte Zunahme von

Abb. 9: Folgen des Orkans Kyrill im Januar 2007 in der Schorfheide (Brandenburg/Deutschland). Die Schäden, die in dem nach Fraß durch die Nonne (2005) stark aufgelichteten Kiefernforst auftraten, waren deutlich größer als auf nicht befallenen Flächen. (Foto: E. Hafemann)

Witterungsextremen in Europa wird vielfältige Folgen für den Wald haben (Kovats et al. 2014). Das betrifft nicht nur die Gefährdung durch Waldbrand und Sturm. Unter Umständen lässt eine witterungsbedingte rasante Populationszunahme von Insekten den Wirtspflanzen keine Chance für Abwehrreaktionen und/oder die Regeneration der Fraßschäden. Vor diesem Hintergrund müssen künftig die Folgerisiken für bereits vorgeschädigte Bestände in höherem Maße berücksichtigt werden (Möller 2015). Dürre, Starkregen, Früh- und Spätfrost oder Hagel beeinflussen auch Verlauf und Auswirkungen von Komplexkrankheiten der Waldbäume. So wird etwa das *Eichensterben* in Europa mit wiederholt auftretenden Dürreperioden in Zusammenhang gebracht (Thomas et al. 2002).

Aufgrund ihrer meist kurzen Generationenfolge und hohen Mobilität reagieren Insekten wesentlich rascher auf sich verändernde Umweltbedingungen als ihre Wirtsbäume. Schwammspinner, Nonne und andere pflanzenfressende Insekten gleichen Verschlechterungen in der Qualität ihrer Futterpflanzen durch gesteigerte Konsumation oder durch Wechseln auf geeignete Alternativpflanzen aus (Hättenschwiler & Schafellner 1999, 2004). Insekten mit ursprünglich mehrjähriger Entwicklungsdauer wie manche Gespinstblattwespen wechseln bei überdurchschnittlichen Temperaturen auf einen einjährigen Entwicklungsmodus (Battisti 2004, Antonitsch & Schafellner 2017). Mit dem Ansteigen der Jahresmitteltemperaturen in den letzten zwei Jahrzehnten lässt sich auch eine Arealausweitung von wärmeliebenden Insekten beobachten, wie etwa bei den Prozessionsspinnerarten an Eiche und Kiefer (Roques 2015). Ähnliche Entwicklungen zeichnen sich für Schwammspinner, Nonne und Kiefernspinner ab (Vanhanen et al. 2007, Ray et al. 2016).

Abb. 10: Großflächige Nadelverluste an Kiefern im nordostdeutschen Tiefland (Südbrandenburg) im Herbst 2016, verursacht durch Larven einer durch warme Frühsommer geförderten zweiten Generation der Gemeinen Kiefernbuschhornblattwespe. (Foto: M. Kopka)

Langfristige Beobachtungen über Schwankungen von Insektenpopulationen und die durch sie verursachten Fraßschäden, die auf geänderte Umwelt- und Klimabedingungen zurückzuführen sind, existieren nur für wenige Arten (Netherer & Schopf 2010). Zwischen 1990 und 2005 kam es in mehreren Ländern Mitteleuropas zu massiven Schwammspinner-Gradationen, darunter in Deutschland, der Schweiz, Österreich, Ungarn, Tschechien und der Slowakei. Selbst in Ländern mit eher ungünstigen Klimaverhältnissen wie etwa England trat der Schwammspinner verstärkt auf. Die Ursachen dieser starken Ausbrüche sind nicht vollständig geklärt, doch werden sie oft mit einer Änderung des Klimas, insbesondere höheren Temperaturen und geringeren Niederschlägen, in Zusammenhang gebracht (Wulf & Graser 1996, Bub 2006, Csóka et al. 2015, Hlásny et al. 2016). In Ungarn und Kroatien waren zunehmend Buchenwälder in höher gelegenen Regionen betroffen, was ebenfalls durch die klimatischen Veränderungen bedingt sein könnte (Pernek et al. 2008, Csóka et al. 2015).

Die rasante Zunahme der Populationsdichten und damit der Schäden durch den Eichenprozessionsspinner in Deutschland fallen mit überdurchschnittlich warmen und zeitig beginnenden Frühjahren zusammen. Solche Witterungsbedingungen sind gekoppelt mit einem früheren Austreiben der Eichen und einer rascheren Entwicklung und höheren Überlebensrate der empfindlichen Eiräupchen (Wagenhoff et al. 2014, Schröder et al. 2016). Beim Kiefernspinner haben sich im nordostdeutschen Tiefland die Phasen der Latenz im Massenwechselzyklus verkürzt (Gräber et al. 2012). Als wärmeliebende Art profitiert der Kiefernspinner besonders von warmen und trockenen Spätsommermonaten in der Zeit von Falterflug, Eiablage und Junglarvenentwicklung (Ziesche 2015). Temperaturen über 13 °C und Niederschläge unter 120 mm in den Monaten August bis Oktober haben demnach die höchste Relevanz für einen Massenwechselausbruch dieses Insekts (Ray et al. 2016). Auch für Kiefernbuschhornblattwespen (*Diprion pini* L.) und Fichtenblattwespen (*Pristiphora abietina* Christ., *Pachynematus montanus* Zadd.) werden zurzeit großflächige Massenvermehrungen registriert (Abb. 10). Komplexe Datenanalysen belegen beispielhaft die aufwendige Suche nach den Zusammenhängen zwischen Witterung, Standort und Populationsdynamik der einzelnen Insektenarten (Schafellner & Schopf 2014, Möller et al. 2017, Hentschel et al. 2018).

Nicht immer wirkt sich die Klimaänderung förderlich auf das Populationswachstum von Insekten aus. Seit 1990 bleibt etwa die den Alpenbogen überspannende Gradationswelle des Lärchenwicklers mit Kahlfraß der Lärchen aus (Baltensweiler 1993, Iyengar et al. 2016). Diese Periode fehlender synchroner Massenvermehrungen fällt mit der überdurchschnittlichen Temperaturzunahme der letzten beiden Jahrzehnte zusammen, die in den Alpen etwa doppelt so hoch war als im weltweiten Mittel (Büntgen et al. 2009). Mildere Winter, aber auch ein rascher Wechsel von warmen Tagen mit Temperatureinbrüchen im Frühling (Spätfröste) könnten die Ursache für eine hohe Eimortalität des Lärchenwicklers sein. Das Populationswachstum bleibt dadurch gedämpft und die Kahlfraßgebiete lokal begrenzt.

Obwohl allgemeine Aussagen nicht möglich sind, gilt es als wahrscheinlich, dass Waldökosysteme der gemäßigten Breiten durch einzelne Insektenarten künftig stärker beeinflusst werden als in der Vergangenheit, und zwar sowohl durch klimatische Veränderungen als auch durch unangepasste Bewirtschaftungskonzepte. Im Falle massiver Ökosystemstörungen, wie es ein flächiges Absterben von Bäumen darstellt, werden große Mengen an Kohlenstoff, der über viele Jahrzehnte in den Bäumen gebunden wurde, innerhalb kurzer Zeit an die Atmosphäre abgegeben (engl. *slow in, fast out system*) (Körner 2003). Dieser Verlust von Kohlenstoffsenken in terrestrischen Ökosystemen wirkt sich wiederum verstärkend auf die Klimaänderung aus.

Literatur

- Altenkirch W, Majunke C, Ohnesorge B (2002) Waldschutz auf ökologischer Grundlage. Eugen Ulmer, Stuttgart. 434 S.
- Antonitsch A, Schafellner C (2017) Auswirkungen einer Klimaänderung auf die Populationsdynamik der Fichten-Gespinstblattwespe im Waldviertel. In: Bednar-Friedl B, Formayer H, Brand U, Kienberger S, Auer I (Hrsg.), 18. Klimatag, Aktuelle Klimaforschung in Österreich, Wien. S. 20–21.
- Baltensweiler W (1975) Zur Bedeutung des Grauen Lärchenwicklers (*Zeiraphera diniana* Gn.) für die Lebensgemeinschaft des Lärchen-Arvenwaldes. Mitt. Schweiz Entomol. Ges. 48: 5–12.
- Baltensweiler W, Benz G, Bovey P, Delucchi V (1977) Dynamics of larch bud moth populations. Ann. Rev. Entomol. 22: 79–100.
- Baltensweiler W, Fischlin A (1988) The larch budmoth in the Alps. In: Berryman AA (ed.) Dynamics of forest insect populations: patterns, causes, implications. Plenum Press, New York. pp. 331–351.
- Baltensweiler W, Rubli D (1984) Forstliche Aspekte der Populationszyklen von *Zeiraphera diniana* Gn. (Lep., Tortricidae). Mitt. Eidg. Anst. forst. Versuchswes. 60: 1–148.
- Baltensweiler W, Rubli D (1999) Dispersal – an important driving force of the cyclic population dynamics of the larch bud moth. Forest Snow Landsc. Res. 74: 3–153.
- Baltensweiler W (1993) Why the larch bud-moth cycle collapsed in the subalpine larch-cembran pine forests in the year

1990 for the first time since 1850. Oecologia 94: 62–66.
- Baltensweiler W, Weber UM, Cherubini P (2008) Tracing the influence of larch-bud-moth insect outbreaks and weather conditions on larch tree-ring growth in Engadine (Switzerland). Oikos 117: 161–172.
- Battisti A (2004) Forests and climate change – lessons from insects. Forest 1: 17–24.
- Benz G (1974) Negative Rückkoppelung durch Raum- und Nahrungskonkurrenz sowie zyklische Veränderung der Nahrungsgrundlage als Regelprinzip in der Populationsdynamik des Grauen Lärchenwicklers, *Zeiraphera diniana* (Guenée)(Lep., Tortricidae). J. Appl. Entomol 76: 196–228.
- Berryman AA (1988) Dynamics of forest insect populations: Patterns, causes, implications. Plenum Press, New York. 603 S.
- Bjørnstad ON, Peltonen M, Liebhold AM, Baltensweiler W (2002) Waves of larch budmoth outbreaks in the European Alps. Science 298: 1020–1023.
- Bjørnstad ON, Robinet C, Liebhold AM (2010) Geographic variation in North American gypsy moth cycles: subharmonics, generalist predators, and spatial coupling. Ecology 91: 106–118.
- Blank R (1997) Ringporigkeit des Holzes und häufige Entlaubung durch Insekten als spezifische Risikofaktoren der Eichen. Forst Holz 52: 235–242.
- Block J, Delb H, Hartmann G, Seemann D, Schröck H (1995) Schwere Folgeschäden nach Kahlfraß durch Schwammspinner im Bienwald. AFZ/Wald 50: 1278–1281.
- Bréda N, Granier A (1996) Intra- and interannual variations of transpiration, leaf area index and radial growth of a sessile oak stand *(Quercus petraea)*. Ann. Sci. For. 53: 521–536.
- Bub G (2006) Massenvermehrung von Schwammspinner und Eichenprozessionsspinner. FVA-Einblick 10/1: 1–5.
- Büntgen U, Frank D, Liebhold A, Johnson D, Carrer M, Urbinati C, Grabner M, Nicolussi K, Levanic T, Esper J (2009) Three centuries of insect outbreaks across the European Alps. New Phytol. 182: 929–941.
- Bussler H (2014) Käfer und Großschmetterlinge an der Traubeneiche. LWF Wissen 75: 89–93.
- Clancy KM, Wagner MR, Tinus RW (1988) Variations in nutrient levels as a defense: identifying key nutritional traits of host plants of the western spruce budworm. In: Mattson WJ, Levieux J, Bernard-Dagan C (eds) Mechanisms of woody plant defenses against insects: search for pattern. Springer, New York. pp. 203–214.
- Csóka G, Pödör Z, Nagy G, Hirka A (2015) Canopy recovery of pedunculate oak, Turkey oak and beech trees after severe defoliation by gypsy moth *(Lymantria dispar)*: Case study from Western Hungary. Forest. J. 61: 143–148.
- Delb H (2012) Eichenschädlinge im Klimawandel in Südwestdeutschland. FVA-Einblick 16/2: 11–14.
- Delb H (2016) Monitoring und Prognose der Schadorganismen im Wald: eine Kernaufgabe des Waldschutzes. FVA-Einblick 20/1: 4–9.
- Delb H, Block J (1999) Untersuchungen zur Schwammspinner-Kalamität von 1992 bis 1994 in Rheinland-Pfalz. Mitt. Forstl. Vers.anst. Rheinland-Pfalz 45: 1–241.
- Dettner K, Peters W (2003) Lehrbuch der Entomologie. Spektrum Akademischer Verlag, Heidelberg, Berlin. 921 S.
- Elkinton JS, Liebhold AM, Muzika R-M (2004) Effects of alternative prey on predation by small mammals on gypsy moth pupae. Popul. Ecol. 46: 171–178.
- Esper J, Büntgen U, Frank DC, Nievergelt D, Liebhold A (2007) 1200 years of regular outbreaks in alpine insects. P. Roy. Soc. Lond. B. Bio. 274: 671–679.
- Fischlin A, Baltensweiler W (1979) Systems analysis of the larch bud moth system: 1. The larch : larch bud moth relationship. Mitt. Schweiz Entomol. Ges. 52:
- Führer E (1998) Oak decline in Central Europe: a synopsis of hypotheses. Proceedings of population dynamics, impacts, and integrated management of forest defoliating insects. USDA Forest Service General Technical Report NE-247: 7–24.

- Gaertig T, Wilpert K, Seemann D (2005) Differentialdiagnostische Untersuchungen zu Eichenschäden in Baden-Württemberg. Ber. Freibg. Forstl. Forsch. 61: 1–161.
- Goode J (2005) The science of wine: From vine to glass. University of California Press, Berkeley, Los Angeles. 2016 S.
- Gößwein S, Lobinger G (2014) Waldschutzrelevante Organismen an der Traubeneiche. LWF Wissen 75: 80–88.
- Gräber J, Ziesche T, Möller K, Kätzel R (2012) Gradationsverlauf der Kiefernschadinsekten im Norddeutschen Tiefland. AFZ/Wald 9: 35–38.
- Grabherr G, Koch G, Kirchmeir H, Reiter K (1995) Hemerobie österreichischer Waldökosysteme. Z. Ökol. Nat.schutz 4: 131–136.
- Habermann M (2017) Auswirkungen der Anwendungsbestimmungen für die Ausbringung von Pflanzenschutzmitteln mit Luftfahrzeugen im Wald. J. Kulturpflanzen 69: 249–254.
- Hansen J (1999) Radialzuwachsverlauf und Gefäßstruktur der Jahrringe von Eichen in ausgewählten Beständen des Bienwaldes im Rahmen der Schwammspinner-Kalamität 1993/94. Mitt. Forstl. Vers.anst. Rheinland-Pfalz 45: 151–175.
- Hättenschwiler S, Schafellner C (1999) Opposing effects of elevated CO_2 and N deposition on *Lymantria monacha* larvae feeding on spruce trees. Oecologia 118: 210–217.
- Hättenschwiler S, Schafellner C (2004) Gypsy moth feeding in the canopy of a CO_2-enriched mature forest. Glob. Change Biol. 10: 1899–1908.
- Hawkins BA (1994) Pattern and process in host-parasitoid interactions. University Press Cambridge, Cambridge. 190 S.
- Hentschel R, Möller K, Wenning A, Degenhardt A, Schröder J (2018) Importance of ecological variables in modeling population dynamics of pine pest insects. Front. Plant Sci. 9: article 1667.
- Herrmann I (2014) Räumliche Optimierung der Bestandesstruktur unter Berücksichtigung von Einzelbaumeffekten. Universität Dresden; Fakultät Umweltwissenschaften, Dresden. 233 S.
- Hilker M, McNeil J (2008) Chemical and behavioral ecology in insect parasitoids: how to behave optimally in a complex odorous environment. In: Wajnberg E, Bernstein C, van Alphen J (eds) Behavioral ecology of insect parasitoids: From theoretical approaches to field applications. Blackwell, Malden. pp. 92–112.
- Hlásny T, Trombik J, Holuša J, Lukášová K, Grendár M, Turčáni M, Zúbrik M, Tabaković-Tošić M, Hirka A, Buksha I, Modlinger R, Kacprzyk M, Csóka G (2016) Multi-decade patterns of gypsy moth fluctuations in the Carpathian Mountains and options for outbreak forecasting. J. Pest Sci. 89: 413–425.
- Holtmeier FK (2002) Tier in der Landschaft – Einfluss und ökologische Bedeutung (2. Aufl.). Ulmer, Stuttgart. 367 S.
- Iyengar SV, Balakrishnan J, Kurths J (2016) Impact of climate change on larch budmoth cyclic outbreaks. Sci. Rep. 6: article 27845.
- Jäkel A, Roth M (2004) Umwandlung einschichtiger Kiefernmonokulturen in strukturierte (Misch)bestände: Auswirkungen auf parasitoide Hymenoptera als Schädlingsantagonisten. Mitt. Dtsch. Ges. allg. angew. Entomol. 14: 265–268.
- Jansen S (2003) Schädlinge. Geschichte eines wissenschaftlichen und politischen Konstrukts 1880–1920. Campus Verlag, Frankfurt, New York. 437 S.
- Johnson DM, Bjørnstad ON, Liebhold AM (2004) Landscape geometry and travelling waves in the larch budmoth. Ecol. Lett. 7: 967–974.
- Kallweit R, Mayer U (2008) § 10 LWaldG (Kahlschlag) – Was sind freilandähnliche Verhältnisse nach Holznutzungsmaßnahmen? Eberswalder Forstl. Schr.reihe 35: 26–34.
- Kätzel R, S. L, Schröder J (2013) Sterben vor der Zeit – Das Eichensterben als Komplexkrankheit. Eberswalder Forstl. Schr.reihe 53: 21–34.
- Körner C (2003) Slow in, rapid out – carbon flux studies and Kyoto targets. Science 300: 1242–1243.
- Kovats RS, Valentini R, Bouwer LM, Georgopoulou E, Jacob D, Martin E, Rounsevell M, Soussana J-F (2014) Europe. In: Climate Change 2014: Impacts, adaptation, and vulnerability. Part B: Regional aspects. Contribution of Working Group II to the Fifth Assessment Re-

port of the Intergovernmental Panel on Climate Change. Cambridge University Press, Cambridge, United Kingdom and New York, NY, USA. pp. 1267–1326.

- Kowarik I (1990) Some responses of flora and vegetation to urbanization in Central Europe. In: Sukopp H, Hejny S, Kowarik I (eds) Urban Ecology: Plant communities in urban environments. Academic Publishing, Amsterdam. pp. 45–74.
- Kratochwil A, Schwabe A (2001) Ökologie der Lebensgemeinschaften. Biozönologie. UTB; Ulmer, Stuttgart. 756 S.
- Lamy M (1990) Contact dermatitis (erucism) produced by processionary caterpillars (Genus *Thaumetopoea*). J. Appl. Entomol. 110: 425–437.
- Le Mellec A, Krummel T, Korczynsk I, Reinhardt A, Vogt-Altena H, Slowik J, Erasmi S, Thies C, Gerold G, Rohe W, Roloff A, Rust S, Lasch P, Möller K, Kätzel R, Zeller B, Karg J, Mazur A, Bernacki Z, Rennenberg H (2010) From Carbon sinks to carbon sources – insect mass outbreaks and the increased risk of carbon loss in forest ecosystems. In: Endlicher W, Gerstengarbe F-W (eds) Continents under climate change. Potsdam Institute for Climate Impact Research (PIK), Report number 115, Berlin. pp. 115.
- Liebhold AM, Sharov AA, Tobin PC (2007) Population biology of gypsy moth spread. In: Tobin PC, Blackburn LM (eds) Slow the spread: a national program to manage the gypsy moth. Gen. Tech. Rep. NRS-6. Newtown Square, PA: U.S. Dept. Agric., Forest Service, Northern Res. Station. pp. 15–32.
- Lobinger G (2006) Entwicklung neuer Strategien im Borkenkäfermanagement. Forstschutz Aktuell 37: 11–13.
- Maier H (2013) The Pussy Caterpillar; Gesundheitliche Gefahren durch die Brennhaare des Eichenprozessionsspinners (*Thaumetopoea processionea* Linné) Julius-Kühn-Archiv 440: 33–34.
- Marx A, Möller K, Wenk M (2015) RapidEye-Waldschutzmonitoring in Brandenburg. AFZ/Wald 11: 40–42.
- Matyssek R, Fromm J, Rennenberg H Roloff A (2010) Biologie der Bäume. Von der Zelle zur globalen Ebene. UTB; Ulmer, Stuttgart. 439 S.
- Menge A, Pastowski F (2016) Kahlfraß der Naturverjüngung – wenig Chancen auf Erholung. AFZ/Wald 15: 35–37.
- Meyer A (1946) Untersuchungen über die Bekämpfung des grauen Lärchenwicklers (*Semasia diniana* Gn.) in den Wäldern des Ober-Engadins. Mitt. Schweiz Entomol. Ges. 20: 452–474.
- Mirchev P, Linde A, Pilarska D, Pilarski P, Georgieva M, Georgiev G (2013) Impact of *Entomophaga maimaiga* on gypsy moth populations in Bulgaria. IOBC-WPRS Bull. 90: 359–363.
- Möller K (2002) Der Einfluss von Störungen auf die Arthropodenfauna in Kiefernforsten Brandenburgs. Beitr. Forstwirtsch. Landsch.ökol. 36: 77–80.
- Möller K (2014) Klimawandel und integrierter Waldschutz – Risikomanagement mit mehr Unbekannten und weniger Möglichkeiten. Eberswalder Forstl. Schr.reihe 55: 59–65.
- Möller K (2015) Nur ein toter Baum ist ein guter Baum – Das Ende der Multifunktionalität des Waldes? Eberswalder Forstl. Schr.reihe 59: 70–78.
- Möller K, Bemmann M (2009) Eiparasitoide als Gegenspieler von Kiefernschädlingen. AFZ/Wald 8: 396–399.
- Möller K, Heinitz M (2016) Waldschutz in Brandenburg – das Risikomanagement erfordert die Zusammenarbeit von Forst- und Naturschutzbehörden. Nat.schutz Landsch.pfl. Brandenburg 1/2: 30–39.
- Möller K, Apel K-H, Engelmann A, Hielscher K, Walter C (2007) Die Überwachung der Waldschutzsituation in den Kiefernwäldern Brandenburgs – Weiterentwicklung bewährter Methoden. Eberswalder Forstl. Schr.reihe 32: 288–296.
- Möller K, Hentschel R, Wenning A, Schröder J (2017) Improved outbreak prediction for common pine sawfly (*Diprion pini* L.) by analyzing floating «climatic windows» as keys for changes in voltinism. Forests 8: 319.
- Moreau G, Lucarotti CJ (2007) A brief review of the past use of baculoviruses for the management of eruptive forest defoliators and recent developments on a sawfly virus in Canada. Forest. Chron. 83: 105–112.

- Mumm R, Hilker M (2006) Direct and indirect chemical defence of pine against folivorous insects. Trends Plant Sci. 11: 351–358.
- Murray KD, Elkinton JS (1989) Environmental contamination of egg masses as a major component of transgenerational transmission of gypsy moth nuclear polyhedrosis virus (LdMNPV). J. Invertebr. Pathol. 53: 324–334.
- Netherer S, Schopf A (2010) Potential effects of climate change on insect herbivores in European forests — general aspects and the pine processionary moth as specific example. Forest Ecol. Manag. 259: 831–838.
- Niesar M, Zúbrik M, Kunca A (2015) Waldschutz im Klimawandel. Landesbetrieb Wald und Holz Nordrhein-Westfalen, Münster. 202 S.
- Nola P, Morales M, Motta R, Villalba R (2006) The role of larch budmoth (*Zeiraphera diniana* Gn.) on forest succession in a larch (Larix decidua Mill.) and Swiss stone pine (*Pinus cembra* L.) stand in the Susa Valley (Piedmont, Italy). Trees 20: 371–382.
- Oberhuber W (2009) Bäume als Zeugen der Klima- und Umweltgeschichte. In: Hofer R (Hrsg.) Die Alpen. Einblicke in die Natur. Innsbruck University Press, Innsbruck. S. 57–60.
- Omlin FX, Herren HR (1976) Zur Populationsdynamik des Grauen Lärchenwicklers, *Zeiraphera diniana* (Guénée) (Lep. Tortricidae), im Ahrntal (Südtirol, Italien): Lebenstafeluntersuchungen und Nahrungsverhältnisse während der Vegetationsperiode 1975. Mitt. Schweiz Entomol. Ges. 49: 203–228.
- Patočka J, Krištin A, Kulfan J, Zach P (1999) Die Eichenschädlinge und ihre Feinde. Institut für Waldökologie der Slowakischen Akademie der Wissenschaften, Zvolen. 396 S.
- Pernek M, Pilas I, Vrbek B, Benko M, Hrasovec B, Milkovic J (2008) Forecasting the impact of the Gypsy moth on lowland hardwood forests by analyzing the cyclical pattern of population and climate data series. Forest Ecol. Manag. 255: 1740–1748.
- Price B, Allgöwer B, Fischlin A (2006) Synchrony and travelling waves of larch bud moth? Time series analysis with changing scale. Ecol. Model. 199: 433–441.
- Quiring D, McKinnon M (1999) Why does early-season herbivory affect subsequent budburst? Ecology 80: 1724–1735.
- Radermacher FJ (2011) Wege zum 2-Grad-Ziel – Wälder als Joker. Polit. Ökol. 127: 136–139.
- Ray D, Peace A, Moore R, Petr M, Grieve Y, Convery C, Ziesche T (2016) Improved prediction of the climate-driven outbreaks of *Dendrolimus pini* in *Pinus sylvestris* forests. Forestry 89: 230–244.
- Roques A (2015) Processionary moths and climate change: An update. Springer, Dordrecht. 427 S.
- Ruohomäki K, Tanhuanpää M, Ayres MP, Kaitaniemi P, Tammaru T, Haukioja E (2000) Causes of cyclicity of *Epirrita autumnata* (Lepidoptera, Geometridae): grandiose theory and tedious practice. Popul. Ecol. 42: 211–223.
- Schafellner C, Schopf A (2014) Massenauftreten der Fichtengebirgsblattwespe in Tieflagen als Folge des Klimawandels? Forstschutz Aktuell 60/61: 12–19.
- Scherzinger W (1996) Naturschutz im Wald: Qualitätsziele einer dynamischen Waldentwicklung. Ulmer, Stuttgart. 448 S.
- Schopf R (1986) Laboruntersuchungen zur Disposition unterschiedlich geschädigter Fichten (*Picea abies* Karst.) für den Befall durch *Gilpinia hercyniae* Htg. (Hym., Diprionidae) und *Lymantria monacha* L.(Lep., Lymantriidae). J. Appl. Entomol. 101: 389–396.
- Schröder J, Wenning A, Hentschel R, Möller K (2016) Rückkehr eines Provokateurs: Was steuert die Ausbreitungsdynamik des Eichenprozessionsspinners in Brandenburg? Eberswalder Forstl. Schr.reihe 62: 77–88.
- Schultz JC, Baldwin IT (1982) Oak leaf quality declines in response to defoliation by gypsy moth larvae. Science 217: 149–151.
- Schwenke W (1978) Die Forstschädlinge Europas. Schmetterlinge. 3. Band. Paul Parey, Hamburg und Berlin. 467 S.
- Schwerdtfeger F (1981) Die Waldkrankheiten: ein Lehrbuch der Forstpathologie

und des Forstschutzes (4. Aufl.). Paul Parey, Hamburg, Berlin. 486 S.
- Sierpinska A (1988) Towards an Integrated Management of *Dendrolimus pini* L. In: McManus ML, Liebhold AM (eds) Population dynamics, impacts, and integrated management of forest defoliating insects. USDA Forest Service General Technical Report NE-247. pp. 129–142.
- Strasser L, J. Z, Wolf M, Lobinger G, Petercord R (2013) Die Waldschutzsituation in Bayern 2012. AFZ/Wald 7: 12–15.
- Thomas FM, Blank R, Hartmann G (2002) Abiotic and biotic factors and their interactions as causes of oak decline in Central Europe. Forest Pathol. 32: 277–307.
- Tobin PC, Blackburn LM (2007) Slow the spread: a national program to manage the gypsy moth. Gen. Tech. Rep. NRS-6. Newtown Square, PA: U.S. Dept. Agric., Forest Service, Northern Res. 109 p.
- Vanhanen H, Veteli TO, Päivinen S, Kellomäki S, Niemelä P (2007) Climate change and range shifts in two insect defoliators: gypsy moth and nun moth – a model study. Silva Fenn. 41: 621.
- Varley GC (1949) Population changes in German forest pests. J. Anim. Ecol. 18: 117–122.
- Wagenhoff E, Wagenhoff A, Blum R, Veit H, Zapf D, Delb H (2014) Does the prediction of the time of egg hatch of *Thaumetopoea processionea* (Lepidoptera: Notodontidae) using a frost day/temperature sum model provide evidence of an increasing temporal mismatch between the time of egg hatch and that of budburst of *Quercus robur* due to recent global warming? Eur. J. Entomol. 111: 207.
- Weckwerth W (1952) Der Kiefernspinner und seine Feinde. Akademische Verlagsgesellschaft Geest & Portig, Leipzig. 40 S.
- Wehrli A, Brang P, Maier B, Duc P, Binder F, Lingua E, Ziegner K, Kleemayr K, Dorren L (2007) Schutzwaldmanagement in den Alpen – eine Übersicht / Management of protection forests in the Alps – an overview. Schweiz. Z. Forstwes. 158: 142–156.
- Wenk M (2016) Dokumentation des Schadverlaufs nach Kahlfraß in Kiefernforsten – Einsatz von Satellitenbildern und Bügelschaber. Eberswalder Forstl. Schr.reihe 62: 23–26.
- Wenk M, Möller K (2013) Prognose Bestandesgefährdung – Bedeutet Kahlfraß das Todesurteil für Kiefernbestände? Eberswalder Forstl. Schr.reihe 51: 9–14.
- Wulf A, Graser E (1996) Gypsy moth outbreaks in Germany and neighboring countries. Nachr.bl. Dtsch. Pflanzenschutzd. 48: 265–269.
- Wulf A, Kehr R (1996) Eichensterben in Deutschland. Situation, Ursachenforschung und Bewertung. Mitt. Biol. Bundesanst. Land- Forstwirtsch., Berl.-Dahl. 318: 157.
- Ziesche TM (2015) Was steuert die Populationsdynamik der Kieferngroßschädlinge im Süden Brandenburgs im Klimawandel? Eberswalder Forstl. Schr.reihe 59: 79–87.
- Zúbrik M, Hajek A, Pilarska D, Špilda I, Georgiev G, Hrašovec B, Hirka A, Goertz D, Hoch G, Barta M, Saniga M, Kunca A, Nikolov C, Vakula J, Galko J, Pilarski P, Csóka G (2016) The potential for *Entomophaga maimaiga* to regulate gypsy moth *Lymantria dispar* (L.)(Lepidoptera: Erebidae) in Europe. J. Appl. Entomol. 140: 565–579.

5.3 Borkenkäfer

Beat Wermelinger[1] und Oliver Jakoby[1]

[1] Forschungseinheit Waldgesundheit und biotische Interaktionen, Eidgenössische Forschungsanstalt WSL, Birmensdorf, Schweiz

Kurzfassung
Borkenkäfer sind wichtige Komponenten in der natürlichen Dynamik von Nadelwäldern. In Europa hat vor allem der Buchdrucker (Ips typographus) das Potenzial, großflächigen Befall zu verursachen und damit als ökologische Störung zu wirken. Nach vorausgehenden Störungen wie Windwurf oder Trockenheit kann er seine Populationsdichten so weit erhöhen, dass er auch vitale Bäume erfolgreich befallen kann. Der weitere Verlauf einer solchen Massenvermehrung auf lebenden Bäumen wird vor allem durch die Temperatur und die Disposition der Wirtsbäume gesteuert. Ökologisch gesehen, trägt Borkenkäferbefall zur Erneuerung der Waldökosysteme bei und schafft wertvolle neue Habitate für viele Organismen; sozioökonomisch bedeutet er aber häufig auch einen Schaden.

5.3.1 Verbreitung und Ökologie

Massenvermehrungen von Borkenkäfern (Curculionidae: Scolytinae) sind natürliche Ereignisse in der langfristigen Dynamik insbesondere auch von Nadelwäldern. Am häufigsten und stärksten davon betroffen sind die europäischen Fichtenwälder sowie die Kiefernwälder Nordamerikas. In den Wäldern Europas werden 8 % aller «Waldschäden» von Borkenkäfern verursacht (Schelhaas et al. 2003). Infolge ihrer ökonomischen Bedeutung werden solche Ereignisse vor allem als Schäden und weniger als natürliche Störungen wahrgenommen. Von den mehr als 250 europäischen Borkenkäferarten können sich aber nur einige wenige rindenbrütende Spezialisten unter bestimmten Bedingungen in Massen auf vitalen Bäumen vermehren und großflächige Störungen verursachen. Die diesbezüglich wichtigsten Käferarten gehören zu den Gattungen *Ips* und *Dendroctonus*. In Europa sind es in erster Linie der Buchdrucker (*Ips typographus* L.) und der Sechszähnige Kiefernborkenkäfer (*I. acuminatus* Gyll.), sowie in kleinerem Umfang der Kupferstecher (*Pityogenes chalcographus* L.) und *Scolytus*- und *Tomicus*-Arten (Grégoire & Evans 2004, Wermelinger 2004). In Nordamerika spielen vor allem der «Mountain Pine Beetle» (*Dendroctonus ponderosae* Hopkins) sowie weitere Arten der Gattungen *Dendroctonus* und *Ips* eine Rolle (Kleinman et al. 2012, Six & Bracewell 2015). Die meisten dieser Arten befallen ausgewachsene Nadelbäume und sind monophag, also auf eine Baumgattung beschränkt. Eine umfassende Übersicht über die generelle Biologie und Ökologie von Borkenkäfern geben Raffa et al (2015b).

Obwohl die Lebensweisen von Borkenkäfern sehr verschieden sein können, gibt es unter den oben erwähnten Rindenbrütern einige Gemeinsamkeiten. Ihre generelle Biologie wird im Folgenden anhand des Buchdruckers *(I. typographus)* besprochen, des in Europa wichtigsten und daher am besten untersuchten Borkenkäfers (Wermelinger 2004). Die sogenannten Pioniermännchen suchen für die Besiedlung geeignete Fichten (*Picea abies* L. Karst.). Dabei lassen sie sich vorwiegend von optischen Signalen und wirtsbaumspezifischen Duftstoffen leiten (Byers 2004, Saint-Germain et al. 2007). Nach dem Einbohren in die Rinde produzieren sie aus Monoterpenoiden bestehende Aggregationspheromone (Blomquist et al. 2010) und locken damit weitere Artgenossen an. Die Paarung findet unter der Rinde statt; anschließend legen die Weibchen ihre Eier in den Muttergängen ab. Die geschlüpften Larven entwickeln sich im nährstoffreichen Bast und verpuppen sich am Ende der Larvengänge; es entsteht das charakteristische Brutbild (Abb. 1). Die gesamte Entwicklung des Buchdruckers, inklusive Reifungsfraß der Jungkäfer am Ort ihrer Entwicklung, dauert 2–3 Monate. Danach fliegen die Käfer aus oder überwintern unter der Rinde. Da die Entwicklungsdauer des Buchdruckers von der Temperatur gesteuert wird (Wermelinger & Seifert 1998), hängt die Anzahl der jährlichen Generationen auch von der Höhenlage ab (vgl. Kap. 5.3.7). In den Tieflagen Mitteleuropas entstehen meist zwei Generationen pro Jahr, in höheren Lagen ab rund 1500 m ü. M. sind die Populationen üblicherweise monovoltin (eine Generation pro Jahr).

Duftstoffe spielen nicht nur beim Anlocken von Artgenossen eine wichtige Rolle, sondern auch bei der Regulation der Besiedlungsdichte. Wird die Käferdichte in einem Baum zu hoch, emittieren die eingebohrten Käfer ein Anti-Aggregationspheromon. Dieses wirkt auf weitere Artgenossen abweisend und verhindert damit eine zu hohe Besiedlungsdichte mit großer intraspezifischer Konkurrenz (Lindgren & Miller 2002).

Zu den wichtigsten natürlichen Feinden der Borkenkäfer gehören räu-

Abb. 1: Brutbilder des Buchdruckers *(Ips typographus)*. In den parallel zur Stammachse verlaufenden Muttergängen sind die Elternkäfer sichtbar. In den rechtwinklig davon abzweigenden Gängen entwickeln sich die Larven. Dichter Fraß führt zu einer Unterbrechung des Saftstroms im Phloem, wodurch der Baum abstirbt. (Foto B. Wermelinger)

berische Käfer und Fliegen, parasitische Wespen sowie Spechte (Wegensteiner et al. 2015).

5.3.2 Befallsstrategien

Nadelbäume können eindringende Insekten oder Pilze mit Harz abwehren, einerseits physisch und anderseits chemisch durch die darin enthaltenen toxischen Terpenoide (Franceschi et al. 2005, Krokene 2015). Die Resistenz gegenüber den Aggressoren setzt sich aus der vorgebildeten *konstitutiven* und der durch den Befall ausgelösten *induzierten* Abwehr zusammen (Phillips & Croteau 1999, Lieutier 2004, Krokene 2015). Das konstitutive Harz ist je nach Baumart an verschiedenen Orten im Holz eingelagert und wird beim Eindringen von Fremdkörpern freigesetzt. Die induzierte Abwehr besteht aus einer hypersensitiven Reaktion und einer verzögerten Resistenz: Das befallene

Abb. 2: Bei geringen Populationsdichten in der Latenzphase müssen sich die Borkenkäfer (hier *Ips sexdentatus* Börner) die geschwächten Wirtsbäume mit Konkurrenten wie beispielsweise Prachtkäfern (Larven mit verbreitertem Kopfteil) teilen. Sie sind einem hohen Prädationsdruck ausgesetzt (rosa- und cremefarbige Buntkäferlarven). (Foto B. Wermelinger)

Gewebe wird mit Harz imprägniert und damit nekrotisch. Diese Reaktion findet sowohl im Phloem als auch im Xylem statt, und läuft der räumlichen Ausbreitung der einzelnen Befallszonen voraus. Das absterbende Gewebe und die toxischen Terpenoide und Phenole beeinträchtigen oder verhindern die Entwicklung der Borkenkäferbrut. Mittelfristig kann nach einem abgewehrten Befall die Baumresistenz z.B. durch zusätzliches Anlegen «traumatischer Harzkanäle» um die befallenen Zonen erhöht werden. Eine erfolgreiche Besiedlung von Bäumen durch Borkenkäfer hängt deshalb neben der Befallsdichte stark von der Ausprägung dieser Abwehrmechanismen ab. Bei der Besiedlung werden die Käfer auch von symbiotischen Pilzen unterstützt, die zur Überwindung der Harzabwehr und zum Absterben der befallenen Bäume beitragen (Paine et al. 1997).

Die Borkenkäferarten mit dem größten Störungspotenzial (*I. typographus*, *D. ponderosae*) haben eine plastische Wirtsselektion, die von der Populationsgröße abhängt (Raffa et al. 2015b): In endemischen Phasen mit geringen Populationsdichten (Latenz) leben die Käfer saprophag auf frisch abgestorbenen oder stark geschwächten Bäumen mit fehlender oder sehr schwacher Abwehr. Diese Sicherheitsstrategie erlaubt zwar eine relativ einfache Besiedlung dieser Bäume, hat allerdings für die Käfer verschiedene Nachteile: Solche Bäume sind unter normalen Bedingungen relativ selten und zufällig in der Landschaft verteilt, die Nahrungsqualität des degradierenden Phloems ist niedrig und die sich entwickelnde Käferbrut steht in Konkurrenz mit anderen, saprophagen Käferarten (Abb. 2). In Kombination führt dies zu einer niedrigen Vermehrungsrate (Raffa et al. 2008).

Erreicht eine Käferpopulation jedoch nach externen Störungen wie Sturm oder Trockenheit (s. Kap. 5.3.3) eine epidemische Dichte (Ausbruch), kann sie zur Risikostrategie übergehen: Die vielen sich gleichzeitig einbohrenden Käfer können nun die Harzabwehr lebender, vitaler Bäume überwinden. Die Besiedlung ist zwar infolge der ausgeprägten Harzproduktion der Bäume risikobehaftet, im Erfolgsfall profitiert die Population aber von einer höheren Vermehrungsrate: Potenzielle Wirtsbäume sind im Überfluss vorhanden, ihre hohe Phloemqualität gewährt ein günstiges Nahrungsangebot, und die sich entwickelnde Brut ist praktisch konkurrenzlos, da bei Befallsbeginn andere Käferarten weder angelockt werden noch die intakten Abwehrmechanismen der Bäume überwinden können. Für den «Mountain Pine Beetle» konnte gezeigt werden, dass er in der epidemischen Phase vitalere, harzreiche Bäume gegenüber weniger Harz produzierenden Bäumen sogar bevorzugt (Boone et al. 2011; Abb. 3). Diese Risikostrategie kann aber nur bei hohen Populationsdichten verfolgt werden. Je vitaler ein Wirtsbaum ist, desto höher muss die Zahl der gleichzeitig angreifenden Käfer sein, um den Baum erfolgreich besiedeln zu können (Mulock & Christiansen 1986, Nelson & Lewis 2008; Abb. 4). Man schätzt den Schwellenwert für die Besiedlung einer gesunden Fichte durch den Buchdrucker auf etwa 200 Käfer (Fahse & Heurich 2011), beim «Mountain Pine Beetle» auf der Kiefer rechnet man mit etwa 60–90 Käfer pro Quadratmeter Rindenfläche (Berryman et al. 1985).

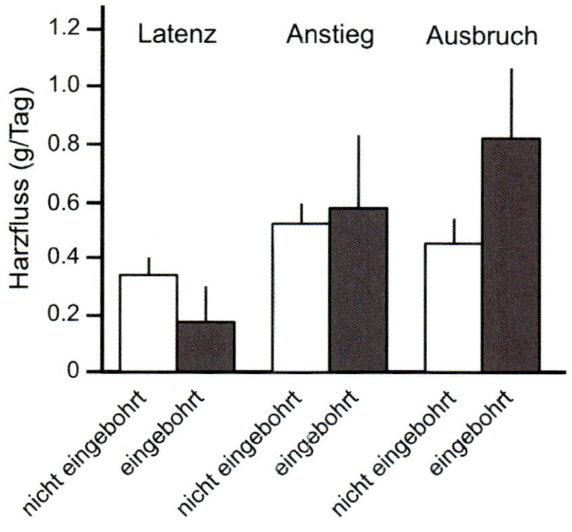

Abb. 3: Konstitutiver Harzgehalt (Mittelwert ± SE) von Kiefern *(Pinus contorta)* mit erfolgreicher («eingebohrter») bzw. nicht erfolgreicher («nicht eingebohrter») Besiedlung durch den «Mountain Pine Beetle» *(D. ponderosae)* in unterschiedlichen Populationsphasen (Latenz, Anstieg, Ausbruch). In der Latenzphase können vor allem Bäume mit geringem Harzgehalt erfolgreich befallen werden, während in der Ausbruchsphase Bäume mit hohem Harzgehalt bevorzugt werden. (nach Boone et al. 2011)

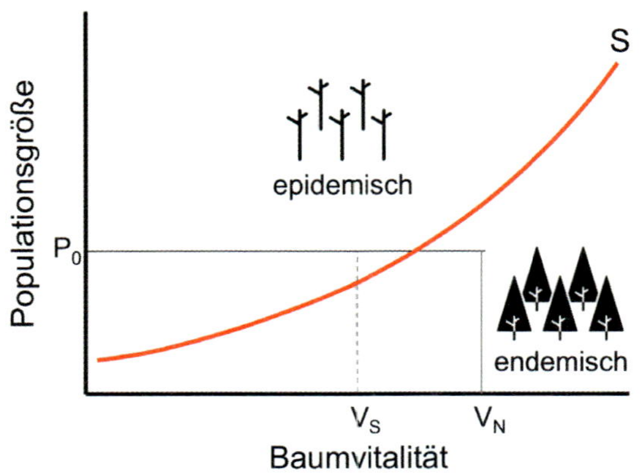

Abb. 4: Schwellenwert S der minimal notwendigen Populationsgröße für einen erfolgreichen Befall in Abhängigkeit von der Vitalität eines Wirtsbaums. In einem Wirtsbaumbestand mit einer «normalen» Vitalität V_N reicht die endemische Käferpopulationsgröße P_0 nicht für das Überwinden der Baumabwehr, weshalb die Käferpopulation in der Latenzphase bleibt. Sinkt die Baumvitalität infolge Stress (z. B. plötzlicher Trockenheit) auf ein tieferes Niveau V_S, reicht dieselbe Populationsdichte P_0 der Borkenkäfer für eine erfolgreiche Besiedlung dieser Bäume aus. Die Käfer können die epidemische Phase erreichen, was meist zum Absterben der befallenen Bäume führt. (Verändert nach Mulock & Christiansen 1986).

5.3.3 Auslöser von Massenvermehrungen

Die Gradationen (der Begriff «Gradation» wird hier gleichbedeutend mit Massenvermehrung verwendet) fast aller Borkenkäferarten ist nicht zyklisch, sondern wird meistens durch stochastische Störungen ausgelöst. Am häufigsten sind dies abiotische Störungen klimatischer Natur (Six & Bracewell 2015). Daneben werden Bäume oft auch infolge der Schwächung durch nadelfressende Insekten für einen Folgebefall durch rindenbrütende Borkenkäfer prädisponiert. Auch eine unsorgfältige Waldbewirtschaftung kann zur Vermehrung von Borkenkäfern führen. Intensive Durchforstungen, Kahlschläge und durch die Holzernte geschädigte Bäume in bereits geschwächten oder labilen Beständen sind oft Ausgangspunkt von Borkenkäferausbrüchen, insbesondere wenn die Populationsdichten bereits hoch sind (Six & Bracewell 2015). Häufig ist auch die Kombination von abiotischen und biotischen/anthropogenen Störungen der Auslöser von Gradationen. Unabhängig von der Art der auslösenden Faktoren sind die Voraussetzungen für einen Massenbefall dann am günstigsten, wenn es sich um größere, zusammenhängende Wälder mit gleichförmigen, reifen bis alten Beständen von nur einer dominierenden Baumart (vorwiegend Fichte oder Kiefer) handelt.

Abiotische Auslöser

In Europa waren häufig *Windwürfe* der Hauptauslöser von Buchdruckergradationen (Wermelinger 2004, Eriksson et al. 2005; Tab. 1). Die zu Boden geworfenen Stämme dienen den Borkenkäfern als resistenzarmes Substrat, in dem sie ihre Populationsgröße so weit erhöhen können, dass ein Massenbefall vitaler Fichten möglich wird (Abb. 5). Da ein Sturm meist auch die stehengebliebenen Bestände schwächt (Auflichtungen, Wurzelschäden; Kap. 4.2), sind diese für einen Folgebefall durch Borkenkäfer anfällig (Seidl & Blennow 2012).

Ein weiterer wichtiger Auslöser sind *Trockenperioden*, meist gepaart mit hohen Temperaturen. Der erhöhte Transpirationsbedarf der Bäume kann nicht mehr gedeckt werden, was sie unter Stress setzt und befallsanfällig macht. In Europa reagieren beispielsweise die Weißtannenborkenkäfer (*Pityokteines* spp.; Meier et al. 2004), aber auch der Buchdrucker (Meier et al. 2004, Rouault et al. 2006) auf längere warme und trockene Perioden. In Nordamerika ist dies von *D. brevicomis* und *D. rufipennis* bekannt (Six & Bracewell 2015). Starke Trockenheit setzt Wälder abrupt und großflächig unter Stress, sodass derart ausgelöste Gradationen oft simultan auf Landschaftsebene stattfinden (Raffa et al. 2015b, Seidl et al. 2016). Temperatur- und Trockenheitseffekte waren auch der dominierende Faktor bei der gigantischen Massenvermehrung des «Mountain Pine Beetle» (siehe Textbox).

Gelegentlich können auch anthropogene oder natürliche *Waldbrände* (vgl. Kap. 4.1) als abiotische Auslöser von Borkenkäfergradationen wirken. Aus Nordamerika sind darauf zurückzuführende Massenvermehrungen von *D. pseudotsugae* bekannt (Six & Bracewell 2015). Auch Schneebruch (Kronenbrüche) und Lawinen können, ähnlich wie Sturmereignisse, Brutmaterial als Ausgangspunkt für Gradationen bereitstellen, allerdings in einem räumlich begrenzteren Ausmaß.

Biotische Auslöser

Im Vergleich zu abiotischen Faktoren stehen in Europa biotische Stressoren weit weniger häufig am Anfang von Borkenkäfergradationen. Sie sind meist kleinräumiger und lösen deshalb eher lokale Ausbrüche aus. Meistens ist es ein starker *Raupenfraß*, der zu einer Schwächung der Wirtsbäume und zu nachfolgendem Befall durch Borkenkäfer führen kann. In Finnland fand beispielsweise ein Befall durch

Tomicus-Borkenkäfer nur auf solchen Kiefern (*Pinus sylvestris* L.) statt, die praktisch zu 100 % von der Blattwespe *Diprion pini* (L.) entlaubt waren, wobei der Befall aber keine Gradation auslöste (Annila et al. 1999). Größere Befallsereignisse nach Entlaubung traten in Nordamerika auf. Dort führte der Fraß von Schmetterlings- oder Blattwespenraupen an verschiedensten Nadelbaumarten zu Folgebefällen durch *Dendroctonus*-Arten (Negrón et al. 2011, Goodsman et al. 2015).

Abb. 5: Im liegenden Holz eines Windwurfs kann der Buchdrucker *(Ips typographus)* sich auf ein Populationsniveau entwickeln, das anschließend die Besiedlung von lebenden Bäumen erlaubt. (Foto: I. Brauer)

5.3.4 Befallsdynamik

Der Verlauf von Massenvermehrungen ist durch die Befallsstrategien der Borkenkäfer charakterisiert. Frisches Sturmholz oder durch Trockenheit oder andere Stressoren geschwächte Bäume ermöglichen den Käfern, ihre in der Latenzzeit geringe Populationsgröße über den Ausbruchsschwellenwert zu erhöhen (Raffa et al. 2008). Beim Buchdrucker geschieht dies häufig in Fichtensturmholz (Abb. 5), dessen Phloem zu Beginn noch frisch und nährstoffreich ist. Je nach Höhenlage, Exposition, Temperatur, Rindendicke und Wurzelkontakt trocknen die Stämme jedoch nach 1–3 Jahren aus und eignen sich nicht mehr für die Entwicklung weiterer Generationen. Die massenhaft ausfliegenden Käfer gehen deshalb auf die angrenzenden Randbäume über, die noch vom Sturm geschwächt sind und deren Stämme durch die plötzliche Freistellung unter der intensiven Sonneneinstrahlung leiden. Gleichzeitig entwickeln sich um einzelne geworfene und geschwächte Bäume im Bestandsinneren häufig weitere Befälle, wodurch es zur Bildung von sogenannten Käfernestern kommt (Gruppen von einigen Dutzend befallenen Bäumen). Die Populationsgröße überschreitet die für eine Besiedlung vitaler Bäume nötige Schwelle (Abb. 4) und erhält unter der Risikostrategie eine selbsterhaltende Dynamik mit positiver Rückkopplung: Je größer die Population ist, desto vitalere Bäume werden besiedelt und desto erfolgreicher ist die Vermehrung der Käfer. Über 90 % der Neubefälle entstehen näher als 500 m und 66 % sogar innerhalb von 100 m um einen Vorjahresbefall, unabhängig von auslösenden Faktoren und allfälligen Bekämpfungsmaßnahmen (Kautz et al. 2011, Stadelmann et al. 2014a; Abb. 6). Fast identische Distanzen zeigen auch die ersten Befälle lebender Bäume in den Beständen, die an Windwurfflächen angrenzen. Dabei sind die Radien rund um belassene Windwürfe deutlich kleiner (200 m) als um geräumte Flächen (Havašová et al. 2017). Die Käfernester können mit der Zeit zu einem flächigen Befall zusammenfließen, und dieser kann sich sogar als Front weiter ausbreiten. Üblicherweise dauert eine Gradation des Buchdruckers einige Jahre. Im Falle der beiden größten mitteleuropäischen Massenvermehrungen

Der «Mountain Pine Beetle» in Nordamerika

Vom «Mountain Pine Beetle» (MPB; *Dendroctonus ponderosae* Hopkins), einem in Nordamerika heimischen Kiefernborkenkäfer, sind Massenvermehrungen und entsprechend großflächiges Absterben von Kiefernwäldern schon seit längerer Zeit bekannt (Safranyik et al. 2010, Jarvis & Kulakowski 2015). Auslöser war in den meisten Fällen eine trocken-heiße Witterung, welche die Harzabwehr der Wirtsbäume – in erster Linie *Pinus contorta* Dougl. ex Loud. – reduzierte, die Entwicklung der Käfer beschleunigte und synchronisierte und damit einen großflächigen Befall ermöglichte. Die sogenannten Gradationen wurden jeweils beendet, wenn der Vorrat geeigneter Wirtsbäume erschöpft war und die Larvenmortalität nach kalten Wintern anstieg (Safranyik & Linton 1991, Creeden et al. 2014). In hohen Lagen blieben Massenvermehrungen des MPB bis vor Kurzem aus, da der Entwicklungszyklus einer Käfergeneration temperaturbedingt zwei oder noch mehr Jahre betrug, begleitet von hoher Mortalität während der Winterzeit (Logan & Powell 2001).

Seit Ende des 20. Jahrhunderts spielt sich im Westen Kanadas und der USA eine gigantische Massenvermehrung des MPB von historischem Ausmaß ab, die erst jetzt langsam am Abklingen ist. Allein in der am stärksten betroffenen kanadischen Provinz British Columbia starben bisher Kiefern auf rund 183 000 Quadratkilometern ab (Corbett et al. 2016). Waren in früheren Zeiten nur Gebiete westlich der Rocky Mountains betroffen, schwappte der Befall ab etwa 2003 über diese klimatische Gebirgsbarriere bis in die angrenzende Provinz Alberta hinüber; in der Folge befielen die Käfer erstmals auch die Kieferart *Pinus banksiana* Lamb. In den USA zog sich das Befallsgebiet entlang der Rocky Mountains weit in den Süden bis nach Arizona hinunter. Im Jahr 2010 wurde die gesamte Befallsfläche in Nordamerika auf über 250 000 Quadratkilometer geschätzt (Bentz et al. 2010). Das Befallsgebiet weitete sich gegenüber den historischen Befallsgebieten nicht nur nach Osten, sondern auch nach Norden und in höhere Lagen aus. So wurde in der «*Greater Yellowstone Area*» im Nordwesten der USA erstmals die nordamerikanische fünfnadelige Kiefer *Pinus albicaulis* Engelm. in Höhenlagen von 2000–3000 Metern über Meer flächig befallen (Abb. 1). Dies ist eine Baumart, die evolutiv bedingt nur eine geringe Abwehrkraft gegen Borkenkäfer besitzt (Raffa et al. 2013). Ein Befall wurde möglich durch die angestiegenen Temperaturen, die den Käfern den Übergang von einer mehrjährigen zu einer einjährigen, synchronen Entwicklung erlaubten (Logan & Powell 2001).

Diese Befälle kontinentalen Ausmaßes können auf verschiedene Ursachen zurückgeführt werden. Einerseits spielen die mit dem laufenden Klimawandel einhergehenden, veränderten Witterungsverhältnisse eine entscheidende Rolle. Die höheren Temperaturen ermöglichen im Sommer eine schnellere und synchrone Entwicklung der Borkenkäferbrut und haben im Winter eine geringere Mortalität zur Folge (Logan & Powell 2001, Régnière & Bentz 2007). Die häufigeren trockenen Sommer setzen die Abwehrfähigkeit der Wirtsbäume herunter und machen sie anfällig für einen Befall (Berg et al. 2006).

Ein weiterer wichtiger Grund für die ungehemmte Ausbreitung der Befallsgebiete sind die großflächig vorhandenen, anfälligen Kiefernbestände. Die überalterten und gleichförmigen Wälder entstanden durch langjährige Brandverhütung und -bekämpfung, großflächige Kahlschläge oder frühere Borkenkäferbefälle (Taylor & Carroll 2004, Youngblood et al. 2009, Jenkins et al. 2014). Während die natürlichen Störungen wie Feuer oder Käferbefall früher zu einem Mosaik von befallsfähigen und befallsuntauglichen Beständen und damit zu einer räumlichen und zeitlichen Verteilung von MPB-Befällen führten, sorgten die menschlichen Eingriffe für ein großflächiges Angebot an attraktiven Wirtsbäumen. Nach solch riesigen Massenvermehrungen entstehen meist wiederum gleichförmige Kiefern-

Abb. 1: Großflächiger Befall von *Pinus albicaulis* durch den «Mountain Pine Beetle» im Yellowstone Nationalpark in den USA. Nur ganz junge Bäume oder Nicht-*Pinus*-Arten wurden verschont. (Foto B. Wermelinger)

wälder, die zur selben Zeit ins befallsfähige Alter kommen und damit erneut Grundlage für Gradationen des MPB auf Landschaftsebene sind.

Die gigantische Massenvermehrung wirkt sich auch auf die Forst- und Holzwirtschaft aus. Die nachhaltige Bereitstellung von Nadelholz wurde vielerorts auf Jahrzehnte hinaus verunmöglicht. Deshalb wurden die jährlich erlaubten Hiebsätze massiv reduziert, was die holzproduzierende und -verarbeitende Branche empfindlich treffen wird (Corbett et al. 2016). Das großflächige Absterben von Bäumen hat auch Konsequenzen für die globale Kohlenstoffbilanz, da die toten Bestände von einer Kohlenstoffsenke zu einer Kohlenstoffquelle werden, die bis ins Jahr 2020 rund 270 Megatonnen Kohlenstoff emittieren werden (Kurz et al. 2008).

Seit 2005 geht der Befall in British Columbia langsam zurück, vor allem als Folge des nachlassenden Angebots an Wirtsbäumen, aber auch wegen tiefer Wintertemperaturen (Sambaraju et al. 2012, Creeden et al. 2014). Man schätzt aber, dass bis ins Jahr 2023 etwa 58 % aller hiebsreifen Kiefern British Columbias abgestorben sein werden (Walton 2013). Vor allem bei künftig höheren Wintertemperaturen ist sogar ein Szenario denkbar, wonach sich der Befall quer durch Nordamerikas borealen Kieferngürtel bis an die Ostküste ausbreiten könnte (Safranyik et al. 2010).

Beat Wermelinger, Forschungseinheit Waldgesundheit und biotische Interaktionen, Eidgenössische Forschungsanstalt WSL, Birmensdorf, Schweiz

Literatur

- Bentz BJ, Régnière J, Fettig CJ, Hansen EM, Hayes JL, Hicke JA, Kelsey RG, Negrón JF, Seybold SJ (2010) Climate change and bark beetles of the western United States and Canada: direct and indirect effects. BioScience 60: 602–613.

- Berg EE, Henry JD, Fastie CL, De Volder AD, Matsuoka SM (2006) Spruce beetle outbreaks on the Kenai Peninsula, Alaska, and Kluane National Park and Reserve, Yukon Territory: relationship to summer temperatures and regional differences in disturbance regimes. Forest Ecol. Manag. 227: 219–232.
- Corbett LJ, Withey P, Lantz VA, Ochuodho TO (2016) The economic impact of the mountain pine beetle infestation in British Columbia: provincial estimates from a CGE analysis. Forestry 89: 100–105.
- Creeden EP, Hicke JA, Buotte PC (2014) Climate, weather, and recent mountain pine beetle outbreaks in the western United States. Forest Ecol. Manag. 312: 239–251.
- Jarvis DS, Kulakowski D (2015) Long-term history and synchrony of mountain pine beetle outbreaks in lodgepole pine forests. J. Biogeogr. 42: 1029–1039.
- Jenkins MJ, Runyon JB, Fettig CJ, Page WG, Bentz BJ (2014) Interactions among the mountain pine beetle, fires, and fuels. Forest Sci. 60: 489–501.
- Kurz WA, Dymond CC, Stinson G, Rampley GJ, Neilson ET, Carroll AL, Ebata T, Safranyik L (2008) Mountain pine beetle and forest carbon feedback to climate change. Nature 452: 987.
- Logan JA, Powell JA (2001) Ghost forests, global warming, and the mountain pine beetle (Coleoptera: Scolytidae). Am. Entomol. 47: 160–172.
- Raffa KF, Powell EN, Townsend PA (2013) Temperature-driven range expansion of an irruptive insect heightened by weakly coevolved plant defenses. Proc. Nat. Acad. Sci. USA 110: 2193–2198.
- Régnière J, Bentz B (2007) Modeling cold tolerance in the mountain pine beetle, *Dendroctonus ponderosae*. J. Insect Physiol. 53: 559–572.
- Safranyik L, Linton D (1991) Unseasonably low fall and winter temperatures affecting mountain pine beetle and pine engraver beetle populations and damage in the British Columbia Chilcotin Region. J. Entomol. Soc. Brit. Columb. 88: 17–21.
- Safranyik L, Carroll AL, Régnière J, Langor DW, Riel WG, Shore TL, Peter B, Cooke BJ, Nealis VG, Taylor SW (2010) Potential for range expansion of mountain pine beetle into the boreal forest of North America. Canad. Entomol. 142: 415–442.
- Sambaraju KR, Carroll AL, Zhu J, Stahl K, Moore RD, Aukema BH (2012) Climate change could alter the distribution of mountain pine beetle outbreaks in western Canada. Ecography 35: 211–223.
- Taylor SW, Carroll AL (2004) Disturbance, forest age, and mountain pine beetle outbreak dynamics in BC: A historical perspective. In: Shore TL, Brooks JE, Stone JE (eds) Mountain pine beetle symposium: Challenges and solutions. Natural Resources Canada, Canadian Forest Service, Pacific Forest Centre, Victoria, BC, Canada. pp. 41–51.
- Walton A (2013) Provincial-level projection of the current Mountain Pine Beetle outbreak: Update of the infestation projection based on the provincial aerial overview surveys of forest health conducted from 1999 through 2012 and the BCMPB model (year 10). BC Ministry of Forests, Lands and Natural Resource Operations, Victoria, BC, Canada. 13 S.
- Youngblood A, Grace JB, McIver JD (2009) Delayed conifer mortality after fuel reduction treatments: interactive effects of fuel, fire intensity, and bark beetles. Ecol. Appl. 19: 321–337.

der letzten Jahrzehnte im deutschen Nationalpark Bayerischer Wald zog sich der Befall – ohne menschliche Eingriffe – jeweils gegen 10 Jahre hin. Dieser wurde begünstigt durch trockene und heiße Sommer, wiederkehrende kleinere Störungen wie Schneebruch im Winter und weitere Sturmereignisse sowie durch die Schwächung der Wirtsbäume infolge kurz aufeinanderfolgender Vollmastjahre (Nüsslein et al. 2000, Heurich et al. 2001).

Die den Gradationsverlauf bestimmenden Faktoren sind in erster Linie Witterungsfaktoren, d. h. Temperatur und Trockenheit (Marini et al. 2017). In einer Analyse des Buchdruckerbefalls in der Schweiz nach dem Orkan Lothar 1999 hing der Gesamtbefall von Fichten am stärksten von der Temperatur ab, mehr als von Sturmholzmenge, Niederschlag, Vorjahresbefall oder Fichtenanteil (Stadelmann et al. 2013b). Auch bei nordamerikanischen *Dendroctonus-* und *Ips*-Arten korrelierten die Veränderungen von Temperatur und Niederschlägen mit den Wachstumsraten der Populationen (Raffa et al. 2008). Die Abnahme der Käferdichte und damit der Rückgang des Befalls kann verschiedene Gründe haben: zunehmende Widerstandskraft der Wirtsbäume (v. a. durch ausreichende Niederschläge), kühle Witterung, intraspezifische Konkurrenz, die regulatorische Wirkung von natürlichen Feinden, der abnehmende Vorrat an Wirtsbäumen oder eine Kombination dieser käferfeindlichen Einflüsse (z. B. Marini et al. 2017). Wird in der Folge die kritische Schwelle für Stehendbefall unterschritten, kommt die Gradation zu einem Ende. In bewirtschafteten Wäldern spielen auch die Bekämpfungsmaßnahmen (Zwangsnutzung befallener Bäume) eine wichtige Rolle (Stadelmann et al. 2013a).

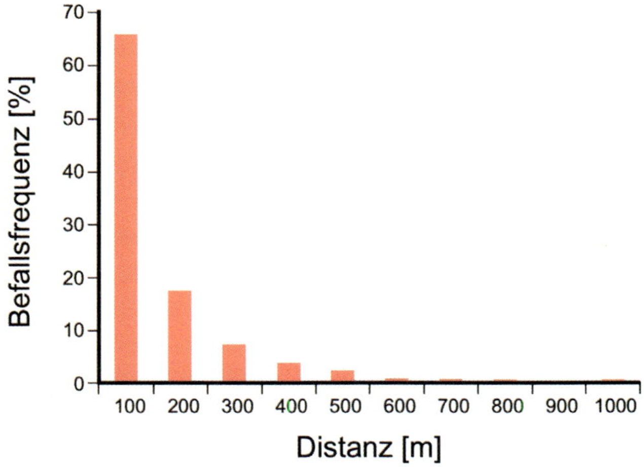

Abb. 6: Verteilung der Neubefälle durch den Buchdrucker *(Ips typographus)* in Abhängigkeit von der Distanz des Vorjahresbefalls. (Daten aus Kautz et al. 2011)

Auch der Typ der auslösenden Störung beeinflusst den Fortgang und das Ausmaß einer sich an die Störung anschließenden Borkenkäfermassenvermehrung. Waldbrand und Windwurf sind räumlich und zeitlich begrenzt und schwächen damit die Bäume des angrenzenden Waldes nur einmalig und vorwiegend in unmittelbarer Umgebung der Störung. Deshalb sind die nachfolgenden Gradationen meistens auf wenige Jahre beschränkt, wenn keine weiteren Störungen hinzukommen. Erhöhte Temperaturen und Trockenheit hingegen stellen sich vielfach als räumlich oder zeitlich ausgedehnteres Phänomen dar, was dazu führt, dass über einen gewissen Zeitraum ein größeres Angebot an geschwächten Bäumen vorhanden ist (DeRose & Long 2012). Dies bedeutet, dass Borkenkäferpopulationen sich großflächig aufbauen und über längere Zeit auch auf epidemischen Dichten verharren können. Im Allgemeinen klingen Massenvermehrungen ab, wenn der auslösende Faktor nicht mehr gegeben ist und keine neuen Störungen auftreten.

Abb. 7: Beispiel aus dem nordamerikanischen Yellowstone Nationalpark für die Interaktion von mehreren Störungsfaktoren. Die nordamerikanische Arve («Whitebark Pine»; *Pinus albicaulis*) ist eine Schlüsselart (engl. *keystone species*) der höher gelegenen Ökosysteme dieses Parks. Im Lawinenzug des «*Avalanche Peak*» (Fotostandpunkt, 2009) hinunter ins Tal ist Jungwuchs von *P. albicaulis* zu sehen. Dieser stammt von Samen, die der Kiefernhäher *(Nucifraga columbiana)* von den zum Zeitpunkt des Lawinenniedergangs noch intakten umgebenden Arvenwäldern in die Lawinenschneise trug. Der Bestand am Hang im Hintergrund fiel den riesigen Waldbränden von 1988 zum Opfer, und knapp 20 Jahre später wurde der Arvenbestand am Hang rechts im Bild durch den «Mountain Pine Beetle» *(D. ponderosae)* abgetötet. Der dunkelgrüne Waldstreifen in der Mitte des Bildes besteht aus Fichten-/Tannenarten, die vom «Mountain Pine Beetle» nicht befallen werden. Im ganzen Einzugsgebiet fehlen somit reife *P. albicaulis*-Bäume, die als Samenbäume dienen können, bis der Jungwuchs im Lawinenzug ins reproduktive Alter kommt. Käme dem eine weitere Lawine zuvor, könnte die Arve in diesem Tal auf Jahrzehnte verschwinden, da sich die von den Arvennüsschen abhängigen Kiefernhäher aus dem Gebiet zurückgezogen haben. Zudem ist allfälliger Arven-Jungwuchs durch den eingeschleppten Blasenrostpilz *Cronartium ribicola* bedroht (Campbell & Antos 2000). (Foto: B. Wermelinger)

5.3.5 Interaktionen mit anderen Störungen

Borkenkäfer können in vielfältiger Wechselwirkung mit anderen Störungen stehen. Wie oben erwähnt, werden Massenvermehrungen durch vorhergehende andere Störungsereignisse ausgelöst (Kap. 5.3.3), und umgekehrt können Gradationen auch Ursache für später auftretende, weitere Störungen sein. Großräumiger Befall führt dazu, dass die neu heranwachsenden Bestände oft über größere Flächen eine gleichaltrige und baumartenarme Struktur aufweisen (Coleman et al. 2008). Ab einem bestimmten Alter steigt dann die Gefährdung durch Borkenkäferbefall, Feuer und Windwurf erneut an.

Vor allem in Nordamerika wurde die von den käferbedingten Totholzbeständen ausgehende Waldbrandgefahr intensiv diskutiert (Hicke et al. 2012,

Black et al. 2013, Dhar et al. 2016). Kurz nach dem Tod eines Baumes stellen die abgestorbenen Nadeln durch die hohe Emission von leicht entzündlichen Terpenoiden ein erhöhtes Risiko für das Entstehen eines Waldbrandes dar. Die meisten Untersuchungen zeigten jedoch, dass Borkenkäfermassenvermehrungen das Risiko von Kronenfeuern in Kiefern- und Fichtenbeständen nicht wesentlich verschärften, da dieses in erster Linie von der Trockenheit und weniger von der Bestandsstruktur abhängt (Black et al. 2013). Ein komplexes Zusammenspiel von Borkenkäferbefall mit anderen Störungen wird in Abb. 7 erläutert.

5.3.6 Bedeutung

Ökologische Bedeutung

Aus Sicht eines Waldökosystems erfüllen Borkenkäfer verschiedene ökologische Funktionen. Sie gehören zu den Pionierinsekten, die geschwächte lebende oder frisch abgestorbene Nadelbäume besiedeln, ihre Rinde lösen und damit den Abbau des Holzes einleiten. Sie initiieren damit eine ganze Sukzession von vielen weiteren xylobionten, rein saprophagen Insekten, Pilzen bis hin zu Wirbeltieren (Müller et al. 2008, Beudert et al. 2015, Zuo et al. 2016). Borkenkäfer sind auch eine wesentliche Nahrungsgrundlage spezialisierter räuberischer und parasitischer Insekten sowie von Spechten (Wegensteiner et al. 2015). Verschiedenen Milben und Nematoden dienen sie als Vektoren beim Transport zu neuen Habitaten (z.B. Moser et al. 2005). In den Käfernestern beginnt nach dem Absterben der befallenen Bäume die Baumverjüngung; damit beeinflussen die Käfer auch die Baumartenzusammensetzung und Waldstruktur.

Borkenkäfer wirken nicht nur kleinräumlich als Ökosystem-Ingenieure, sondern können auch auf Landschaftsebene die Zusammensetzung und Kreisläufe ganzer Ökosysteme verändern (Abb. 7 und 8). So nahm im Nationalpark Bayerischer Wald nach dem großflächigen Absterben von Fichten infolge Buchdruckerbefalls der Wasserabfluss in Grundwasser und Bäche des Einzugsgebiets stark zu. Der Nitratgehalt des Grundwassers war während sieben Jahren erhöht, kehrte aber nach 10–17 Jahren auf den ursprünglichen Wert zurück (Huber 2005, Beudert et al. 2015). Im «*Greater Yellowstone*»-Gebiet Nordamerikas zeigte sich in einer 30-jährigen Zeitreihe nach Befällen des «Mountain Pine Beetle», dass der kurzfristig massiv erhöhte Nadelfall das Bodenklima veränderte und die Stickstoff-Mineralisierungsrate stark erhöhte, was sich auch längerfristig in einem höheren Stickstoffgehalt in den neuen Nadeln der überlebenden Bäume niederschlug (Griffin et al. 2011). Borkenkäferbefälle von regionalem oder gar kontinentalem Ausmaß führen dazu, dass die betroffenen Wälder weniger Kohlenstoff binden und vorübergehend von einer Kohlenstoffsenke zu einer Kohlenstoffquelle werden (Seidl et al. 2008). Die überlebenden Bäume und der nachwachsende Jungwuchs kompensieren dies nach ein bis zwei Jahrzehnten (Hansen 2014).

Ökonomische Bedeutung

Borkenkäfer wie der Buchdrucker oder der «Mountain Pine Beetle» können zum großflächigen Absterben lebender Bäume führen und damit grundlegend die Waldbewirtschaftung und -nutzung durch den Menschen beeinflussen. In Europa hat der Buchdrucker vor allem infolge der Großstürme um die letzte Jahrhundertwende zu massiven Schäden geführt (Grégoire & Evans 2004; Tab. 1). Dabei fielen Millionen von Kubikmetern Käferholz an, auch begünstigt durch das Hitzejahr 2003 (Abb. 9). Obwohl die Stämme der abgestorbenen Bäume grundsätzlich normal verwertet werden können, führt das plötzliche Überangebot zu einem Preisverfall (vgl. Kap. 4.2), und oft wird die nachhaltige Bewirtschaftung eines Waldes durch Massenbefall gefährdet. Ganz andere Dimensionen erreichte die Gradation des «Mountain Pine Beetle» in der kanadischen Provinz British Columbia, wo zwischen 1990 und 2015 rund 700 Mio. Kubikmeter Kiefern befallen wurden und der Befall noch immer anhält (Corbett et al. 2016). Bis Mitte dieses Jahrhunderts rechnet man für diese Provinz mit einer kumulativen Reduktion des Bruttosozialprodukts um 57 Mia. Kanadische Dollar. Einerseits kann das Käferholz wegen des nach Großstürmen gesättigten Marktes vielfach nur

Tab. 1: Größere Massenvermehrungen des Buchdruckers *(Ips typographus)* der letzten drei Jahrzehnte in Mittel- und Nordeuropa. Als Vergleich dazu Angaben einer Massenvermehrung des «Mountain Pine Beetle» *(Dendroctonus ponderosae)* in Nordamerika.

Gebiet	Dauer	Auslöser	Käferholz (Mio. m^3)	Befallsfläche (km^2)	Quelle
Ips typographus (L.)					
Mitteleuropa	1942–1951	Temperatur, Trockenheit, Schneebruch, Kriegseinfluss, Kahlschläge	25*		Wellenstein (1954)
Südnorwegen	1971–1981	Sturm, Trockenheit	5		Bakke (1989)
NP Bayerischer Wald (D)	1988–2010	Gewitterstürme, Trockenheit		58	Lausch et al. (2013)
Schweden	1971–1981	Sturm, Trockenheit	5		Kärvemo & Schroeder (2010)
Schweiz	1990–1996	Stürme Vivian/Wiebke	2		Stadelmann et al. (2014b)
Europa	1990–2001	diverse Stürme	31.6		Grégoire & Evans (2004)
Österreich	1992–1999	Stürme Vivian/Wiebke	10.7**		Hoch et al. (2016)
Deutschland	1999–2005	Sturm Lothar, Trockenheit	15.5		R. John, FVA Freiburg
Schweiz	2000–2007	Sturm Lothar, Trockenheit	8		Stadelmann et al. (2014b)
Frankreich	2001–2008	Diverse Stürme	3.6		Nageleisen (2009)
Österreich	2003–2012	Föhnsturm, Sturm Kyrill	21.6**		Hoch et al. (2016)
Schweden	2006–2011	Sturm Gudrun	3.2		Kärvemo & Schroeder (2010)
Deutschland	2009–2015	Sturm Kyrill	9		R. John, FVA Freiburg
Dendroctonus ponderosae Hopkins					
British Columbia (Kanada)	1990–2015	Temperatur, Trockenheit	700	183 000	Corbett et al. (2016)

* inkl. div. Tannenborkenkäfer und Kupferstecher (*Pityogenes chalcographus* L.)
** inkl. Kupferstecher

Danksagung Für wertvolle Hinweise beim Zusammenstellen der europäischen Befallszahlen (Tab. 1) bedanken wir uns bei B. Forster, G. Hoch, R.J. Müller, L.M. Nageleisen, S. Netherer und M. Schroeder.

Abb. 8: Massenvermehrungen des Buchdruckers *(Ips typographus)* können ein Ökosystem vorübergehend stark verändern und zu Verlusten sowohl materieller als auch ideeller Art führen. (Foto: M. Heurich)

mit Verlust verkauft werden, und anderseits verändert großflächiger Befall die langfristige Planung der Waldentwicklung massiv. Das kann auch weitreichende Konsequenzen für die Beschäftigung in der Holzbranche haben (Abbott et al. 2009, Corbett et al. 2016).

Auch die Schutzwirkung von Gebirgswäldern kann durch Befall stark beeinträchtigt werden. Die abgestorbenen Bäume bleiben zwar noch eine Zeit lang stehen, brechen dann aber um, womit der Schutz von darunterliegenden Siedlungen und Verkehrswegen vor Steinschlag, Murgängen und Lawinen verringert wird (Kupferschmid & Bugmann 2005). Dies stellt Waldbesitzer und Behörden vor die schwierige Frage, ob es sinnvoller ist, die toten Bäume zu vielfach nicht kostendeckenden Bedingungen zu nutzen und vorübergehend künstliche Verbauungen zu errichten, oder den noch einige Zeit Schutz gewährenden Totholzbestand stehen zu lassen und auf eine rechtzeitige Übernahme der Schutzfunktion durch die nachwachsende Naturverjüngung zu setzen (vgl. Kap. 4.3).

Ein entnadelter Wald bietet der Gesellschaft oft auch nicht mehr denselben ideellen Wert und Erholungsnutzen wie ein intakter Bestand (Heurich et al. 2001; Abb. 8). Der ökologische Wert von Totholz ist in der breiten Bevölkerung vielfach noch wenig bekannt und kann den ideellen Verlust eines grünen, Schatten spendenden Waldes kaum kompensieren. Selbst wenn das gesellschaftliche Verständnis für die großen räumlichen und zeitlichen Skalen von natürlichen ökologischen Prozessen laufend wächst, werden solche Störungen auch in Zukunft mehr oder weniger im Konflikt mit den Erwartungen des Menschen stehen, der vom Wald möglichst permanent Leistungen wie Holz, Schutz und Erholung verlangt.

5.3.7 Borkenkäfer und Klimawandel

Für den größten Teil Europas werden in der zweiten Jahrhunderthälfte deutlich höhere Temperaturen und vermehrte Sommertrockenheit erwartet, möglicherweise gepaart mit veränderten Sturmregimen (Della-Marta &

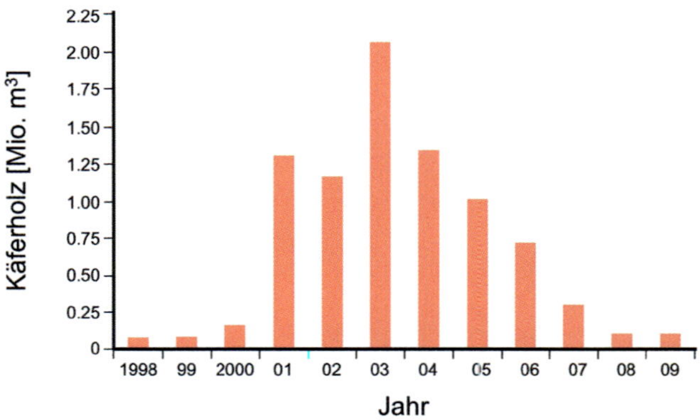

Abb. 9: Entwicklung des Befalls von lebenden Fichten («Käferholz») durch den Buchdrucker *(Ips typographus)* nach dem Orkan Lothar (Dezember 1999) in der Schweiz. Zwei Jahre nach dem Sturm erreichte die Befallsmenge ein erstes Maximum und ging ein Jahr später bereits etwas zurück. Die Rekordmenge im folgenden Jahr 2003 war das Resultat der immer noch sehr hohen Populationen von Borkenkäfern, denen infolge des extrem heißen und trockenen Jahres 2003 ein riesiges Angebot an geschwächten Fichten für die Besiedlung zur Verfügung stand. (Daten von Waldschutz Schweiz, WSL)

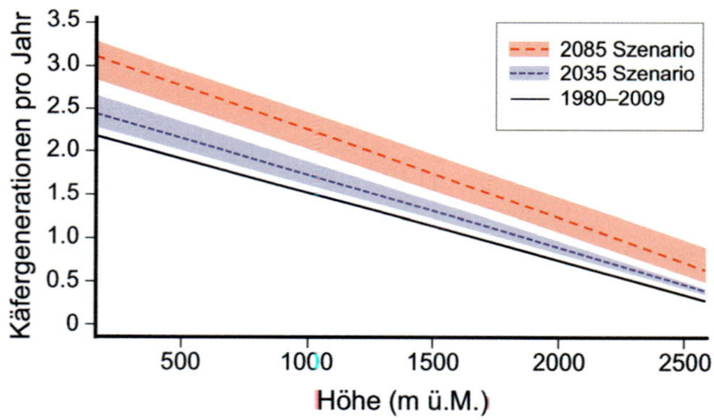

Abb. 10: Mittlere Anzahl jährlicher Generationen in Abhängigkeit von der Höhenlage unter aktuellen Bedingungen (1980–2009) sowie für die Zeitperioden 2020–2049 (2035 Szenario) und 2070–2099 (2085 Szenario) unter dem IPCC-Klimaszenario A1B am Beispiel der Schweiz. Dargestellt ist der mittlere Zusammenhang (Linie) mit Unsicherheitsbereichen aufgrund der Klimaszenarien (eingefärbte Bereiche). (nachgezeichnet aus Jakoby et al. 2015)

Pinto 2009, Usbeck et al. 2010, Seidl et al. 2017; vgl. Kap. 7.1). Dies wird sich meist positiv auf das Populationswachstum der Borkenkäfer und negativ auf die Widerstandskraft ihrer Wirtsbäume auswirken (Logan et al. 2003, Raffa et al. 2015a, Ramsfield et al. 2016). Zudem können solche Veränderungen die Synchronisation zwischen Borkenkäfern und ihren natürlichen Feinden negativ beeinflussen (Ayres & Lombardero 2000, Bentz et al. 2010, Raffa et al. 2015a). Auch für den Buchdrucker wird der Klimawandel zahlreiche direkte und indirekte Auswirkungen haben (Økland et al. 2015). Eine erhöhte Temperatur bewirkt, dass sich sein Aktivitätsbereich weiter nach Norden und in höhere Lagen ausbreiten wird (Hlásny & Turčáni 2009, Netherer & Schopf 2010). In einigen dieser Gebiete wird sich zukünftig erstmals regelmäßig eine vollständige Generation pro Jahr ausbilden können, während in tiefer gelegenen Regionen die Anzahl Generationen pro Jahr auf 2–3 ansteigen wird (Jönsson et al. 2011, Jakoby et al. 2015; Abb. 10). Die Befallsperiode des Buchdruckers wird im Frühjahr früher beginnen, und die Aktivität in den Tieflagen und in warmen Gebieten könnte sich weiter in den Herbst hinein verschieben, da das Diapausestadium bei sehr warmen Temperaturen (>23 °C) nicht mehr ausschließlich durch die Tageslänge gesteuert wird (Schopf & Kritsch 2010). Während der milderen Winter werden sich vermehrt auch Jugendstadien angefangener Generationen bis zum adulten Käfer fertigentwickeln können (Šťefková et al. 2017), und in einigen Regionen wird die frostbedingte Mortalität der überwinternden Käfer an Bedeutung verlieren. Dadurch dürfte die Startpopulation für den Erstbefall im folgenden Jahr größer werden. Außerdem reduziert zunehmender Trockenstress vor allem im Sommer die Abwehrfähigkeit der Fichte gegen Buchdruckerbefall. Netherer et al. (2015) konnten zeigen, dass sich mit steigendem Trockenstress eines Baumes der Besiedlungserfolg durch den Buchdrucker erhöht, die Wirtsakzeptanz bei sehr starkem Trockenstress jedoch wieder abnimmt.

Da warme und trockene Bedingungen generell die Stärke von Borkenkäferausbrüchen positiv beeinflussen (Marini et al. 2012), wird der Klimawandel das Befallsrisiko in europäischen Fichtenwäldern wie auch in den Wäldern Nordamerikas sehr wahrscheinlich noch weiter erhöhen (Logan et al. 2003, Raffa et al. 2008, Seidl et al. 2014). So könnte in Mitteleuropa der vermehrte Borkenkäferbefall in Kombination mit trockenheitsbedingter Mortalität der Fichte langfristig zu einem teilweisen oder völligen Verschwinden von sekundären Fichtenbeständen in tiefen Lagen führen (Temperli et al. 2013). Insgesamt wird einer angepassten Waldbewirtschaftung zukünftig eine entscheidende Rolle bei der Minderung des Befallsrisikos zukommen (Björkman et al. 2015; vgl. Kap. 8.1).

Literatur

- Abbott B, Von Kooten GC, Stennens B (2009) Mountain pine beetle, global markets, and the British Columbia forest economy. Can. J. For. Res. 39: 1313–1321.
- Annila E, Långström B, Varama M, Hiukka R, Niemelä P (1999) Susceptibility of defoliated Scots pine to spontaneous and induced attack by *Tomicus piniperda* and *Tomicus minor*. Silva Fenn. 33: 93–106.
- Ayres MP, Lombardero MJ (2000) Assessing the consequences of global change for forest disturbance from herbivores and pathogens. Sci. Total Environ. 262: 263–286.
- Bakke A (1989) The recent *Ips typographus* outbreak in Norway – experiences from a control program. Holarct. Ecol. 12: 515–519.
- Bentz BJ, Régnière J, Fettig CJ, Hansen EM, Hayes JL, Hicke JA, Kelsey RG, Negrón JF, Seybold SJ (2010) Climate change and bark beetles of the western United States and Canada: direct and indirect effects. BioScience 60: 602–613.
- Berryman AA, Dennis B, Raffa KF, Stenseth NC (1985) Evolution of optimal group attack, with particular reference to bark beetles (Coleoptera: Scolytidae). Ecology 66: 898–903.
- Beudert B, Bässler C, Thorn S, Noss R, Schröder B, Dieffenbach-Fries H, Foullois N, Müller J (2015) Bark beetles increase biodiversity while maintaining drinking water quality. Cons. Lett. 8: 272–281.
- Björkman C, Bylund H, Nilsson U, Nordlander G, Schroeder M (2015) Effects of new forest management on insect damage risk in a changing climate. In: Björkman C, Niemelä P (eds) Climate change and insect pests. CAB International, Wallingford. pp. 248–266.
- Black SH, Kulakowski D, Noon BR, Della Sala DA (2013) Do bark beetle outbreaks increase wildfire risks in the central US Rocky Mountains? Implications from recent research. Nat. Areas J. 33: 59–65.
- Blomquist GJ, Figueroa-Teran R, Aw M, Song MM, Gorzalski A, Abbott NL, Chang E, Tittiger C (2010) Pheromone production in bark beetles. Insect Biochem. Molec. 40: 699–712.
- Boone CK, Aukema BH, Bohlmann J, Carroll AL, Raffa KF (2011) Efficacy of tree defense physiology varies with bark beetle population density: a basis for positive feedback in eruptive species. Can. J. For. Res. 41: 1174–1188.
- Byers J (2004) Chemical ecology of bark beetles in a complex olfactory landscape. In: Lieutier F, Day KR, Battisti A, Grégoire JC, Evans HF (eds) Bark and wood boring insects in living trees in Europe: a synthesis. Kluwer Academic Publishers, Dordrecht. pp. 89–134.
- Campbell EM, Antos JA (2000) Distribution and severity of white pine blister rust and mountain pine beetle on whitebark pine in British Columbia. Can. J. For. Res. 30: 1051–1059.
- Coleman TW, Meeker JR, Clarke SR, Rieske LK (2008) The suppression of *Dendroctonus frontalis* and subsequent

wildfire have an impact on forest stand dynamics. Appl. Veg. Sci. 11: 231–242.
- Corbett LJ, Withey P, Lantz VA, Ochuodho TO (2016) The economic impact of the mountain pine beetle infestation in British Columbia: provincial estimates from a CGE analysis. Forestry 89: 100–105.
- Della-Marta PM, Pinto JG (2009) Statistical uncertainty of changes in winter storms over the North Atlantic and Europe in an ensemble of transient climate simulations. Geophys. Res. Lett. 36: L14703.
- De Rose RJ, Long JN (2012) Factors influencing the spatial and temporal dynamics of Engelmann spruce mortality during a spruce beetle outbreak on the Markagunt Plateau, Utah. Forest Sci. 58: 1–14.
- Dhar A, Parrott L, Hawkins CDB (2016) Aftermath of mountain pine beetle outbreak in British Columbia: Stand dynamics, management response and ecosystem resilience. Forests 7: 171.
- Eriksson M, Pouttu A, Roininen H (2005) The influence of windthrow area and timber characteristics on colonization of wind-felled spruces by *Ips typographus* (L.). Forest Ecol. Manag. 216: 105–116.
- Fahse L, Heurich M (2011) Simulation and analysis of outbreaks of bark beetle infestations and their management at the stand level. Ecol. Model. 222: 1833–1846.
- Franceschi VR, Krokene P, Christiansen E, Krekling T (2005) Anatomical and chemical defenses of conifer bark against bark beetles and other pests. New Phytol. 167: 353–376.
- Goodsman DW, Goodsman JS, McKenney DW, Lieffers VJ, Erbilgin N (2015) Too much of a good thing: landscape-scale facilitation eventually turns into competition between a lepidopteran defoliator and a bark beetle. Landsc. Ecol. 30: 301–312.
- Grégoire J-C, Evans HF (2004) Damage and control of BAWBILT organisms – an overview. In: Lieutier F, Day KR, Battisti A, Grégoire JC, Evans HF (eds) Bark and wood boring insects in living trees in Europe: a synthesis. Kluwer Academic Publishers, Dordrecht. pp. 19–37.
- Griffin JM, Turner MG, Simard M (2011) Nitrogen cycling following mountain pine beetle disturbance in lodgepole pine forests of Greater Yellowstone. Forest Ecol. Manag. 261: 1077–1089.
- Hansen EM (2014) Forest development and carbon dynamics after mountain pine beetle outbreaks. Forest Sci. 60: 476–488.
- Havašová M, Ferenčík J, Jakuš R (2017) Interactions between windthrow, bark beetles and forest management in the Tatra national parks. Forest Ecol. Manag. 391: 349–361.
- Heurich M, Reinelt A, Fahse L (2001) Waldentwicklung im montanen Fichtenwald nach großflächigem Buchdruckerbefall im Nationalpark Bayerischer Wald. In: Heurich M (Hrsg.) Waldentwicklung im Bergwald nach Windwurf und Borkenkäferbefall. Nationalparkverwaltung Bayerischer Wald, Grafenau. S. 99–177.
- Hicke JA, Johnson MC, Hayes JL, Preisler HK (2012) Effects of bark beetle-caused tree mortality on wildfire. Forest Ecol. Manag. 271: 81–90.
- Hlásny T, Turčáni M (2009) Insect pests as climate change driven disturbances in forest ecosystems. In: Střelacová K et al. (eds) Bioclimatology and natural hazards. Springer, Dordrecht. pp. 165–177.
- Hoch G, Cech TL, Fürst A, Hoyer-Tomiczek U, Krehman H, B. P, Steyrer G (2016) Waldschutzsituation 2015 in Österreich. AFZ/Wald 7/2016: 52–54.
- Huber C (2005) Long lasting nitrate leaching after bark beetle attack in the highlands of the Bavarian Forest National Park. J. Environ. Qual. 34: 1772–1779.
- Jakoby O, Wermelinger B, Stadelmann G, Lischke H (2015) Borkenkäfer im Klimawandel. Eidg. Forschungsanstalt WSL, Birmensdorf. 45 S.
- Jönsson AM, Harding S, Krokene P, Lange H, Lindelöw Å, Økland B, Ravn HP, Schroeder LM (2011) Modelling the potential impact of global warming on *Ips typographus* voltinism and reproductive diapause. Clim. Change 109: 695–718.
- Kärvemo S, Schroeder LM (2010) A comparison of outbreak dynamics of the spruce bark beetle in Sweden and the

mountain pine beetle in Canada (Curculionidae : Scolytinae). Entomol. Tidskrift 131: 215–224.

- Kautz M, Dworschak K, Gruppe A, Schopf R (2011) Quantifying spatio-temporal dispersion of bark beetle infestations in epidemic and non-epidemic conditions. Forest Ecol. Manag. 262: 598–608.
- Kleinman SJ, De Gomez TE, Snider GB, Williams KE (2012) Large-scale pinyon ips *(Ips confusus)* outbreak in southwestern United States tied with elevation and land cover. J. Forestry 110: 194–200.
- Krokene P (2015) Conifer defense and resistance to bark beetles. In: Vega FE, Hofstetter RW (eds) Bark beetles: biology and ecology of native and invasive species. Academic Press, London. pp. 177–207.
- Kupferschmid AD, Bugmann H (2005) Predicting decay and ground vegetation development in Picea abies snag stands. Plant Ecol. 179: 247–268.
- Lausch A, Heurich M, Fahse L (2013) Spatio-temporal infestation patterns of *Ips typographus* (L.) in the Bavarian Forest National Park, Germany. Ecol. Ind. 31: 73–81.
- Lieutier F (2004) Host resistance to bark beetles and its variations. In: Lieutier F, Day KR, Battisti A, Grégoire JC, Evans HF (eds) Bark and wood boring insects in living trees in Europe: a synthesis. Kluwer Academic Publishers, Dordrecht. pp. 135–180.
- Lindgren BS, Miller DR (2002) Effect of verbenone on five species of bark beetles (Coleoptera: Scolytidae) in lodgepole pine forests. Environ. Entomol. 31: 759–765.
- Logan JA, Régnière J, Powell JA (2003) Assessing the impacts of global warming on forest pest dynamics. Front. Ecol. Environ. 1: 130–137.
- Marini L, Ayres MP, Battisti A, Faccoli M (2012) Climate affects severity and altitudinal distribution of outbreaks in an eruptive bark beetle. Clim. Change 115: 327–341.
- Marini L, Økland B, Jönsson AM, Bentz BJ, Carroll AL, Forster B, Grégoire JC, Hurling R, Nageleisen LM, Netherer S (2017) Climate drivers of bark beetle outbreak dynamics in Norway spruce forests. Ecography:
- Meier F, Engesser R, Forster B, Odermatt O, Angst A (2004) Forstschutz-Überblick 2003. Eidgenössische Forschungsanstalt für Wald, Schnee und Landschaft, Birmensdorf. 22 S.
- Moser JC, Konrad H, Kirisits T, Carta LK (2005) Phoretic mites and nematode associates of *Scolytus multistriatus* and *Scolytus pygmaeus* (Coleoptera: Scolytidae) in Austria. Agr. Forest Entomol. 7: 169–177.
- Müller J, Bussler H, Gossner M, Rettelbach T, Duelli P (2008) The European spruce bark beetle *Ips typographus* in a national park: from pest to keystone species. Biodiv. Cons. 17: 2979–3001.
- Mulock P, Christiansen E (1986) The threshold of successful attack by *Ips typographus* on *Picea abies:* a field experiment. Forest Ecol. Manag. 14: 125–132.
- Nageleisen L (2009) L'estimation des dégâts liés aux scolytes après les tempêtes de 1999. In: Birot Y, Landmann G, Bonhême I (eds) La forêt face aux tempêtes. Éd. Quae, Montpellier. pp. 69–75.
- Negrón JF, Schaupp Jr WC, Pederson L (2011) Flight Periodicity of the Douglas-Fir Beetle, Dendroctonus pseudotsugae Hopkins (Coleoptera: Curculionidae: Scolytinae) in Colorado, USA. Coleopts. Bull. 65: 182–184.
- Nelson WA, Lewis MA (2008) Connecting host physiology to host resistance in the conifer-bark beetle system. Theor. Ecol. 1: 163–177.
- Netherer S, Matthews B, Katzensteiner K, Blackwell E, Henschke P, Hietz P, Pennerstorfer J, Rosner S, Kikuta S, Schume H (2015) Do water – limiting conditions predispose Norway spruce to bark beetle attack? New Phytol. 205: 1128–1141.
- Netherer S, Schopf A (2010) Potential effects of climate change on insect herbivores in European forests – general aspects and the pine processionary moth as specific example. Forest Ecol. Manag. 259: 831–838.
- Nüsslein S, Faisst G, Weissbacher A, Moritz K, Zimmermann L, Bittersol J, Kennel M, Troycke A, Adler H (2000) Zur Waldentwicklung im Nationalpark

Bayerischer Wald 1999. Ber. Ber. Bay. Landesanst. Wald Forstwirts. 25:
- Økland B, Netherer S, Marini L (2015) The Eurasian spruce bark beetle: the role of climate. In: Björkman C, Niemelä P (eds) Climate change and insect pests. CAB International, Wallingford. pp. 202–219.
- Paine TD, Raffa KF, Harrington TC (1997) Interactions among scolytid bark beetles, their associated fungi, and live host conifers. Ann. Rev. Entomol. 42: 179–206.
- Phillips MA, Croteau RB (1999) Resin-based defenses in conifers. Trends Plant Sci. 4: 184–190.
- Raffa KF, Aukema BH, Bentz BJ, Carroll AL, Hicke JA, Turner MG, Romme WH (2008) Cross-scale drivers of natural disturbances prone to anthropogenic amplification: the dynamics of bark beetle eruptions. BioScience 58: 501–517.
- Raffa KF, Aukema BH, Bentz BJ, Carroll AL, Hicke JA, Kolb TE (2015a) Responses of tree-killing bark beetles to a changing climate. In: Björkman C, Niemelä P (eds) Climate change and insect pests. CAB International, Wallingford. pp. 173–201.
- Raffa KF, Grégoire J-C, Lindgren BS (2015b) Natural history and ecology of bark beetles. In: Vega FE, Hofstetter RW (eds) Bark beetles: biology and ecology of native and invasive species. Academic Press, London. pp. 1–40.
- Ramsfield TD, Bentz BJ, Faccoli M, Jactel H, Brockerhoff EG (2016) Forest health in a changing world: effects of globalization and climate change on forest insect and pathogen impacts. Forestry 89: 245–252.
- Rouault G, Candau J-N, Lieutier F, Nageleisen L-M, Martin J-C, Warzée N (2006) Effects of drought and heat on forest insect populations in relation to the 2003 drought in Western Europe. Ann. For. Sci. 63: 613–624.
- Saint-Germain M, Buddle CM, Drapeau P (2007) Primary attraction and random landing in host-selection by wood-feeding insects: a matter of scale? Agr. Forest Entomol.:
- Schelhaas MJ, Nabuurs GJ, Schuck A (2003) Natural disturbances in the European forests in the 19th and 20th centuries. Glob. Change Biol. 9: 1620–1633.
- Schopf A, Kritsch P (2010) Kältehärte und Überwinterung des Buchdruckers. Forstschutz Aktuell 50: 11–16.
- Seidl R, Blennow K (2012) Pervasive growth reduction in Norway spruce forests following wind disturbance. Plos One 7: e33301, 33301–33308.
- Seidl R, Rammer W, Jäger D, Lexer MJ (2008) Impact of bark beetle (*Ips typographus* L.) disturbance on timber production and carbon sequestration in different management strategies under climate change. Forest Ecol. Manag. 256: 209–220.
- Seidl R, Rammer W, Blennow K (2014) Simulating wind disturbance impacts on forest landscapes: Tree-level heterogeneity matters. Environ. Modell Softw. 51: 1–11.
- Seidl R, Müller J, Hothorn T, Bässler C, Heurich M, Kautz M (2016) Small beetle, large-scale drivers: How regional and landscape factors affect outbreaks of the European spruce bark beetle. J. Appl. Ecol. 53: 530–540.
- Seidl R, Thom D, Kautz M, Martin-Benito D, Peltoniemi M, Vacchiano G, Wild J, Ascoli D, Petr M, Honkaniemi J, Lexer MJ, Trotsiuk V, Mairota P, Svoboda M, Fabrika M, Nagel TA, Reyer CPO (2017) Forest disturbances under climate change. Nat. Clim. Change 7: 395–402.
- Six DL, Bracewell R (2015) Dendroctonus. In: Vega FE, Hofstetter RW (eds) Bark beetles: biology and ecology of native and invasive species. Academic Press, London. pp. 305–350.
- Stadelmann G, Bugmann H, Meier F, Wermelinger B, Bigler C (2013a) Effects of salvage logging and sanitation felling on bark beetle (*Ips typographus* L.) infestations. Forest Ecol. Manag. 305: 273–281.
- Stadelmann G, Bugmann H, Wermelinger B, Meier F, Bigler C (2013b) A predictive framework to assess spatio – temporal variability of infestations by the

European spruce bark beetle. Ecography 36: 1208–1217.
- Stadelmann G, Bugmann H, Wermelinger B, Bigler C (2014a) Spatial interactions between storm damage and subsequent infestations by the European spruce bark beetle. Forest Ecol. Manag. 318: 167–174.
- Stadelmann G, Meier F, Bigler C (2014b) Ursachen und Verlauf von Buchdrucker-Epidemien. Wald Holz 5/14: 25–28.
- Štefková K, Okrouhlík J, Doležal P (2017) Development and survival of the spruce bark beetle, *Ips typographus* (Coleoptera: Curculionidae: Scolytinae) at low temperatures in the laboratory and the field. Eur. J. Entomol. 114: 1–6.
- Temperli C, Bugmann H, Elkin C (2013) Cross – scale interactions among bark beetles, climate change, and wind disturbances: a landscape modeling approach. Ecol. Monogr. 83: 383–402.
- Usbeck T, Wohlgemuth T, Pfister C, Bürgi A, Dobbertin M (2010) Increasing storm damage to forests in Switzerland from 1858 to 2007 Agr. Forest Meteorol. 150: 47–55.
- Wegensteiner R, Wermelinger B, Herrmann M (2015) Natural enemies of bark beetles: predators, parasitoids, pathogens, and nematodes. In: Vega FE, Hofstetter RW (eds) Bark beetles: biology and ecology of native and invasive species. Academic Press, London. pp. 247–304.
- Wellenstein G (1954) Die große Borkenkäferkalamität in Südwestdeutschland 1944–1951. Forstschutzstelle Südwest, Ringingen. 496 S.
- Wermelinger B (2004) Ecology and management of the spruce bark beetle *Ips typographus* – a review of recent research. Forest Ecol. Manag. 202: 67–82.
- Wermelinger B, Seifert M (1998) Analysis of the temperature dependent development of the spruce bark beetle *Ips typographus* (L)(Col., Scolytidae). J. Appl. Ecol. 122: 185–191.
- Zuo J, Cornelissen JHC, Hefting MM, Sass-Klaassen U, Van Logtestijn RSP, Van Hal J, Goudzwaard L, Liu JC, Berg MP (2016) The (w)hole story: Facilitation of dead wood fauna by bark beetles? Soil Biol. Biochem. 95: 70–77.

5.4 Großherbivoren

Josef Senn[1]

[1] Forschungseinheit Ökologie der Lebensgemeinschaften, Eidgenössische Forschungsanstalt WSL, Birmensdorf, Schweiz

Kurzfassung

Große Herbivoren können die Populationsdynamik ihrer Futterpflanzen beeinflussen. Fraß bedeutet für die betroffenen Pflanzen eine Störung. Obwohl Herbivoren in den meisten Fällen nur einen relativ kleinen Anteil der gesamten Phytomasse konsumieren, beeinflussen sie die intra- und interspezifischen Konkurrenzverhältnisse der Pflanzenpopulationen. Ob und in welchem Umfang Pflanzenfresser die Wald-Offenland-Verteilung verändern, ist Gegenstand kontroverser Diskussionen. Artenvielfalt und Populationsdichte von Großherbivoren waren in den ursprünglichen, von Menschen unbeeinflussten Landschaften der temperaten Zone höher als heute. Deswegen kann von einem ehemals stärkeren Einfluss dieser Arten auf die Vegetation ausgegangen werden. Diesem Umstand ist beim modernen Management von naturnahen Landschaften Rechnung zu tragen.

5.4.1 Herbivoren als Störung in Pflanzengemeinschaften

Herbivoren reduzieren mit dem Fressen die Biomasse ihrer Futterpflanzen. Werden kleine Individuen mehr oder weniger vollständig gefressen oder wird an größeren Pflanzen stark und wiederholt gefressen, kann dies zum Tod des Individuums führen. Töten Herbivoren die betroffenen Pflanzenindividuen, schaffen sie in der Vegetationsdecke freie Stellen, welche durch andere Pflanzen besiedelt werden können. Daher bedeutet Herbivorie für die betroffenen Pflanzenindividuen und -populationen eine Störung. Diese Störungen können für Pflanzengemeinschaften eine wichtige strukturierende Funktion haben (Grime 1974).

Störungen beeinflussen die Konkurrenzverhältnisse zwischen den betroffenen Pflanzenindividuen und -arten. Wenn Herbivoren fressen, reduzieren sie Größe und Dichte ihrer Futterpflanzen. Werden gewisse Pflanzenarten selektiv stärker gefressen als andere, beeinflussen Herbivoren die Beziehungen zwischen den Pflanzenarten. Pflanzenfresser reduzieren die Konkurrenzkraft einer Pflanzenart zum Vorteil einer anderen. Die Abundanz der Pflanzenarten ändert sich. Verschwinden bevorzugte Pflanzenarten als Folge des Fraßes, ändert sich damit auch die Artenzusammensetzung der Vegetation.

In temperaten Wäldern konsumieren Herbivoren nur einen geringen Teil der jährlich produzierten Phytomasse. Abgesehen von relativ selten auftretenden Massenvermehrungen von herbivoren Insekten sind die konsumierten Mengen an Pflanzenmaterial so klein, dass sie im größeren räumlichen Maßstab kaum quantifiziert werden können. Verschiedene Studien rechnen für die von Insekten in Wäldern verzehrte Menge mit durchschnittlich etwa 1 % der jährlichen Pflanzenproduktion (z. B. Nielsen 1978). Im Vergleich dazu verbrauchen vertebrate Herbivoren noch einmal deutlich weniger, da sie im Wald einen Großteil der potenziell nutzbaren Phytomasse nicht erreichen können. Dennoch können Wirbeltiere lokal sowohl die Waldstruktur als auch die Zusammensetzung der Baumarten nachhaltig beeinflussen (Putman et al. 1989). Indem sie Keimlinge oder junge Sämlinge von Bäumen fressen, erhöhen sie die Mortalität beziehungsweise verändern sie das Überleben der betroffenen Arten. Wenn sie Triebspitzen und insbesondere die terminalen Triebe von jungen Bäumen fressen, reduzieren Herbivoren die Geschwindigkeit des Aufwachsens der betroffenen Individuen und verschieben damit die Konkurrenzverhältnisse zwischen den jungen Bäumen. Die selektive Bevorzugung einzelner Arten kann sich auf die Baumartenzusammensetzung im Wald auswirken, wobei einzelne Baumarten lokal seltener werden oder gar verschwinden, was im Waldbau als «Entmischung» bezeichnet wird (Putman et al. 1989). Anhand einer Metaanalyse von Daten aus dreizehn Studien aus Europa und Nordamerika mit Vergleichen von Baumartenzahlen und -häufigkeiten in gezäunten und ungezäunten Flächen zeigten Gill & Beardall (2001), dass gewisse Baumarten bei überdurchschnittlich hohen Hirschdichten in den zugänglichen Flächen seltener geworden sind. Allerdings führten die hohen Hirschdichten nicht zur Veränderung der Baumartenzahl. Die Beweidung durch Hirsche führte in keiner der untersuchten Flächen zum Verlust einer Baumart.

Die Einflüsse der vertebraten Herbivoren, vor allem von Huftieren wie Rothirsch (*Cervus elaphus* L.), Reh (*Capreolus capreolus* L.) und Gämse (*Rupicapra rupicapra* L.), auf die Waldentwicklung sind Gegenstand kontroverser Diskussion (Senn & Suter 2003). Waldeigentümer und Förster fürchten, dass Herbivoren die Waldentwicklung und die spätere Bestandsstruktur negativ beeinflussen können (Gill & Beardall 2001). In einem Review über den Wildverbiss durch Huftiere in Wäldern der Schweiz fanden Kupferschmid et al. (2015) auf zwei Dritteln der untersuchten Waldflächen weder für einzelne Baumarten noch für die gesamte Waldverjüngung einen bedeutenden Einfluss des Wildverbisses. Negative Einflüsse auf einzelne Arten konstatierten sie für die Eiche (*Quercus* sp. L.) in den Tieflagen, für die Tanne (*Abies alba* Miller) in der montanen und für Vogelbeere (*Sorbus aucuparia* L.) und Berg-Ahorn (*Acer pseudoplatanus* L.) in der subalpinen Höhenstufe. Neben möglichen wirtschaftlichen Verlusten bei der späteren Holznutzung kann die Entmischung durch Verbisseinfluss beispielsweise die Schutzfunktion von Bergwäldern gegen Lawinen und Starkniederschläge beeinträchtigen (Dorren et al. 2004).

Im Offenland können weidende Herbivoren ebenfalls die Artenzusammensetzung der Vegetation beeinflussen. Weil Herbivoren anders als im Wald im Offenland mehr oder weniger die gesamte Vegetation erreichen, können sie hier die Phytomasse viel stärker reduzieren und durch selektives Abweiden die interspezifische Konkurrenz stärker verändern als im Wald. Bei starkem Weidedruck werden ganze Pflanzen abgefressen oder aus dem Boden gerissen, was zu kleineren Öffnungen in der Vegetation führt. Mechanische Zerstörung der Vegetation durch Huftritt oder das Wälzen großer Tiere auf dem Boden hinterlassen in der Vegetationsdecke teilweise größere offene Stellen (Miles & Kinnaird 1979). Auf diesen können einfliegende oder durch Tiere verbreitete Samen keimen und sich so neue Pflanzen etablieren. Im Offenland wird in vielen untersuchten Fällen durch wilde Huftierpopulationen nur ein geringer Teil der Phytomasse genutzt. Sogar in relativ unproduktiven Lebensräumen wie arktischen Tundren bewegt sich dieser im Bereich von wenigen Prozenten (Pavlov et al. 1994). Im Schweizerischen Nationalpark mit z.T. dichten Hirschpopulationen wurden dagegen deutlich höhere Werte für die jährliche Konsumation gemessen, die kleinräumig zwischen 17 % der Jahresproduktion in subalpinen Wiesen und 83 % in alpinen Rasen liegen (Schütz et al. 2006, Risch et al. 2013)

Moderate Beweidung sowohl durch Wildtiere als auch durch Nutztiere erhöht die Produktivität wie auch die Pflanzenartenvielfalt von Weiden. Sowohl nicht beweidete als auch überweidete Flächen enthalten im Vergleich dazu im Allgemeinen deutlich weniger Pflanzenarten. Dieses Phänomen wird durch die Hypothese der mittleren Störungen (engl. *Intermediate Disturbance Hypothesis* IDH) erklärt (Grime 1973, Connell 1978, Fox 1979). Auf nicht beweideten Flächen entwickeln sich einige wenige Pflanzenarten stärker als die restlichen und breiten sich auf deren Kosten aus. Bei Überweidung bevorzugen die Herbivoren gewisse Pflanzenarten, die dadurch seltener werden. Sind diese mehr oder weniger verschwunden, werden die nächstbesten abgeweidet, bis schließlich nur noch die sogenannten Weideunkräuter übrig bleiben. Diese sind entweder mechanisch «verteidigt», etwa durch Stacheln oder Dornen, oder chemisch, indem Sekundärstoffe sie für Pflanzenfresser schwer verdaulich oder sogar giftig machen. Bei anhaltender, starker Überweidung können sich Weideunkräuter ausbreiten, bis sie schließlich die gesamte Weide bedecken und sie damit für Nutztiere wertlos macht (DiTomaso 2000). Bei sehr starker Beweidung und mechanischer Beanspruchung der Vegetation durch Nutztiere in hohen Dichten kann die Vegetation aber auch flächig verschwinden, wodurch Offenflächen entstehen (Foss 1960).

Auf nährstoffarmen Böden und bei limitiertem Wasserangebot führt intensive Beweidung schneller zu nachhaltigerer Schädigung der Vegetation als in nährstoffreichen Weiden mit ausreichender Wasserversorgung (Skarpe 1991).

5.4.2 Vergleich der Einflüsse von Nutztieren und Wildtieren auf die Vegetation

Im Gegensatz zu Wildtieren können Nutztiere wie Rinder und Schafe ihre Weiden stärker und nachhaltiger beeinflussen und sogar zerstören. Sie nutzen in allen Fällen einen deutlich höheren Anteil der Phytomasse (Fleischner 1994). Der Grund dafür ist, dass die Dichte der Nutztiere fast immer größer ist als diejenige von Wildtieren. Noch wichtiger ist aber, dass Nutztiere fast immer eine bestimmte Fläche länger nutzen als Wildtiere, da diese Flächen in der Regel eingezäunt sind.

Sogar sehr extensive Weidenutzungen wie diejenige mit Rentieren (*Rangifer tarandus* L.) in Nordskandinavien führen zu großräumiger Degradation der Vegetationsdecke (Moen & Danell 2003). In der Finnmark waren bis in die 1950er-Jahre die Dichten der Rentiere mit weniger als 2 Tieren pro Quadratkilometer relativ niedrig. Die Herden wurden von Hirten begleitet, welche die Beweidung lenkten mit dem Ziel, die Vegetation nicht zu übernutzen. Die Dichte der Rentiere schwankte zwischen den Jahren beträchtlich. Auf strenge Winter mit erhöhter Mortalität folgten Jahre mit niedrigerer Dichte, sodass sich die Vegetation erholen konnte. Später wurde die aktive Be-

Abb. 1: Im Inneren der Varanger-Halbinsel (Norwegen) schränken Zäune die Wanderungen der Rentiere ein. Die Bodenvegetation auf der linken Seite wurde durch starken Weidedruck großflächig und nachhaltig zerstört, während sie auf der rechten Seite weitgehend intakt ist. (Foto: J. Senn)

hirtung der Rentierherden weitgehend aufgegeben. Die Tiere bewegten sich innerhalb gewisser Grenzen während des größten Teils des Jahres selbstständig in den Weidegebieten. In strengen Wintern verhindert in neuerer Zeit Zusatzfütterung mit Heu größeres Sterben. Dadurch erhöhte sich die Dichte der Rentiere in Nordskandinavien bis in die 1980er-Jahre auf über 8 Tiere pro Quadratkilometer (Lempa et al. 2005). In den letzten Jahrzehnten kam es zu einer zunehmenden «Parzellierung» der Weidegründe durch feste Zäune. Die Begrenzung der Tiere auf kleinere Flächen führte lokal zu starker Übernutzung bis hin zur Zerstörung der Pflanzendecke (Abb. 1; Moen & Danell 2003). Ist die Vegetation einmal zerstört, braucht es in der subarktischen Zone Jahrzehnte bis Jahrhunderte, bis sich die Vegetationsdecke regeneriert hat.

Überweidung mit Nutztieren führte in verschiedenen Kulturen zu weiträumiger Zerstörung der Vegetation mit nachhaltigen negativen Auswirkungen auf die betroffene Bevölkerung (Diamond 2004). Schon im 10. Jahrhundert zerstörten weidende Schafe auf Island großflächig die Pflanzendecke (Thorsteinsson et al. 1971). Damit waren die feinkörnigen vulkanischen Böden schutzlos den Niederschlägen ausgesetzt, wodurch Regen einen Großteil der ursprünglichen Humusdecke der Insel ins Meer schwemmte. In den 1930er-Jahren führte Überweidung mit Rindern und Schafen im Mittleren Westen der USA zur berüchtigten «*Dust Bowl*», in deren Folge ein Großteil des Humus über Hunderte von Kilometern von Winden weggetragen wurde (Foss 1960), wodurch große Landwirtschaftsflächen verloren gingen.

5.4.3 Beeinflussung der Wald-Offenland-Verteilung durch große Herbivoren

Ob und in welchen Umfang große Herbivoren (nach Martin & Klein 1984) fähig sind, geschlossene Wälder aufzulichten und langfristig das Zuwachsen von waldfähigen Standorten zu verhindern, war und ist das Thema kontroverser Diskussionen (z.B. Owen-Smith 1987, Zoller & Haas 1995, Bunzel-Drüke et al. 1999, Bradshaw et al. 2003, Birks 2005). Aus Ostafrika ist schon länger bekannt, dass Elefanten (*Loxodonta africana* Blumenbach) Wald auflichten und in Grasland umwandeln können (z.B. Buechner & Dawkins 1961). Auch für temperate Gebiete muss davon ausgegangen werden, dass die heute ausgestorbenen zwischen- und nacheiszeitlichen Großherbivoren sowohl im Wald als auch im Offenland Struktur und Artenzusammensetzung der Vegetation nachhaltig beeinflussten (Sandom et al. 2014b). Damit stellt sich die grundsätzliche Frage, wie dicht die Urlandschaften Mitteleuropas unter dem natürlichen Einfluss der pflanzenfressenden Großsäuger bewaldet waren und wie schnell sie sich nach der Eiszeit wieder bewaldeten. Diese Frage ist auch heute noch relevant, wenn zum Beispiel «potenzielle natürliche Waldgesellschaften» definiert werden sollen (Tüxen 1956, Ellenberg & Klötzli 1972). Darf eine «natürliche Waldgesellschaft» von Herbivoren beeinflusst werden, oder ist sie ohne systemrelevante Herbivoreneinflüsse definiert? Wenn im modernen Naturschutz Wälder mit den darin ablaufenden Prozessen erhalten werden sollen, d.h. Ur- oder Primärwälder mit Prozessschutz, stellt sich die Frage, ob Herbivoreneinflüsse zu den schützenswerten Prozessen gehören, und welche Populationsdichten bei den Herbivoren ohne die Einflüsse des Menschen erreicht würden. Diese Diskussion begann schon vor über hundert Jahren mit Vermutungen, dass die ungarische Puszta ursprünglich waldfrei war (Kerner v. Marilaun 1863) sowie mit Gradmann (1900), der für die Schwäbische Alb eine Steppentheorie entwarf (Gradmann 1933). Bereits Anfang des 20. Jahrhunderts entwickelte sich eine Kontroverse um die Frage der Bewaldung Mitteleuropas (z.B. Tüxen 1931). Das eine Lager plädierte dafür, dass die sogenannten Megaherbivoren auch in Mitteleuropa großflächige Savannenlandschaften geschaffen hatten und diese langfristig erhalten konnten (Vera 2000). Das andere Lager lehnte jegliche Einflüsse der Großherbivoren auf die Wald-Offenland-Verteilung vor dem Neolithikum, also dem Übergang von Jäger- und Sammlerkulturen zur Sesshaftigkeit mit Ackerbau und Haustieren vor ca. 7500 Jahren, ab (z.B. Zoller & Haas 1995). Offene Flächen sollen demnach in der Schweiz erst ab dann durch anthropogene Feuer entstanden sein (Gobet et al. 2010).

Über die natürlichen Dichten und die Fluktuationen der heute größtenteils ausgestorbenen Großherbivoren in den gemäßigten Breiten war bis vor Kurzem nichts bekannt, denn die Mehrzahl der Huftierarten ist in dieser Zone während und nach der letzten Eiszeit verschwunden (Owen-Smith 1987) und nach heutigen Kenntnissen mit großer Wahrscheinlichkeit durch den Menschen ausgerottet worden (Sandom et al. 2014a). Dazu kam in geschichtlicher Zeit noch die Ausrottung von Wildpferd (*Equus ferus ferus* Boddaert) und Auerochse (*Bos taurus primigenius* Bonjanus; van Vuure 2005). Bei den überlebenden Arten wird heute fast in allen Populationen mehr oder weniger stark eingegriffen; d.h., die Populationsdichten und -größen werden nach vorgegebenen Werten mit unterschiedlichen Maßnahmen, vor allem durch Jagd, kontrolliert (Apollonio et al. 2010). Die erreichten Populationsdichten liegen fast in allen Fällen unterhalb der Werte, die ohne menschliche Einflüsse mindestens zeitweise erreicht würden. Ein erklärtes Ziel des Managements von Wildtierpopulationen ist es in den meisten Fällen, stärkere Schwankungen der Populationsgrößen und -dichten zu verhindern (Kenward & Putman 2011). Einerseits soll eine nachhaltige Jagd gewährleisten, dass Wildtierpopulationen nicht übernutzt werden, d. h. die Populationsdichten sollen nicht unter eine definierte Dichte fallen. Anderseits verlangen die Forstdienste eine Begrenzung der Populationsdichten nach oben, um die Einflüsse der Wildtiere auf die Waldvegetation zu kontrollieren. Allerdings leben heute die meisten Wildtierpopulationen in mehr oder weniger stark anthropogen beeinflussten Habitaten. Sie halten sich zwar hauptsächlich im Wald auf, haben aber Zugang zu vielfältigen Landwirtschaftsflächen mit reichhaltigem und ausreichendem Futterangebot. Diese Flächen werden vor allem im Schutz der Dunkelheit zur Nahrungsaufnahme aufgesucht. Die oft kleinräumige Verzahnung von Wald und Landwirtschaftsflächen erleichtert deren Erreichbarkeit.

In den wenigen noch existierenden großflächigen Ur- oder Primärwäldern der gemäßigten Zone Osteuropas und Asiens leben heute fast keine wilden Huftiere mehr. Während diese Wälder bis heute forstlich kaum genutzt wurden, sind die darin vorkommenden Huftiere durch intensive, meist illegale Jagd auf kleine Restbestände reduziert worden. Somit fehlen Referenzsysteme weitgehend, in denen die Wald- oder Wald-Offenland-Entwicklung unter dem Einfluss einer natürlichen Herbivorengilde gezeigt oder studiert werden könnte.

Bradshaw et al. (2003) untersuchten den Einfluss von Herbivorenfaunen auf die Vegetation und vor allem auf die Wald-Offenland-Verteilung während der letzten 500000 Jahre in Mittel- und Nordeuropa und diskutierten deren Bedeutung für heutige Wald-Ökosysteme. Frühere Interglaziale waren charakterisiert durch eine artenreiche Fauna mit großen Herbivoren, welche in vielen Arbeiten als «Megafauna» bezeichnet wird (Tab. 1). Über die letzten sieben Zwischeneiszeiten (Warmzeiten) blieb deren Artenzahl mehr oder weniger gleich hoch. Erst während und kurz nach der letzten Eiszeit starb rund die Hälfte der großen Herbivorenarten aus (Owen-Smith 1987). Die Rolle des Menschen beim Aussterben dieser Arten ist umstritten (Martin & Klein 1984, Koch & Barnosky 2006, Firestone et al. 2007). Auffallend ist, dass einerseits auf anderen Kontinenten und großen Inseln ein Großteil oder sogar die gesamte Megafauna kurz nach Ankunft und Ausbreitung des Menschen ausstarb (Martin & Klein 1984, Koch & Barnosky 2006). Andererseits überlebten Arten in von Menschen nicht oder kaum genutzten Regionen teilweise mehrere Tausend Jahre länger als in früh besiedelten Regionen (Stuart et al. 2004). In Europa und im westlichen Asien nahmen die Populationen der überlebenden Arten nach Beginn der Landwirtschaft im Neolithikum ab oder sie starben lokal aus (z. B. Aaris-Sørensen 1980). Erst in der jüngsten Vergangenheit haben sich die überlebenden Arten vielerorts dank effektiven Schutzmaßnahmen und regulierter Jagd wieder stark vermehrt, sodass diese Arten heute lokal wahrscheinlich in noch nie dagewesenen hohen Dichten vorkommen (Bradshaw & Mitchell

1999). Wegen der geringeren Artenvielfalt müssen sich die Einflüsse auf die Vegetation heute grundsätzlich von denjenigen der früheren, vielfältigeren Herbivorenfaunen unterscheiden. Die heutigen Einflüsse der Herbivoren sind vor allem dichtebestimmt, d. h., mit zunehmender Dichte werden die Einflüsse stärker und unspezifischer, während die Einflüsse der früheren, artenreicheren Herbivorenfaunen auf die Vegetation vor allem als Folge der Interaktionen zwischen den Arten strukturiert und vielfältiger waren. Diese Einflüsse reichten von interspezifischer Konkurrenz um Futter bis zur erleichterten Futteraufnahme (engl. *faciliation*), d. h., dass eine Herbivorenart das Futter für eine andere Art erschloss oder dieses mindestens leichter erreichbar machte (z. B. Fritz et al. 2002). Zudem unterschieden sich die verschiedenen Herbivorenarten stärker in ihrer Diät bzw. Vorlieben für Gehölzpflanzen, Gräser und Kräuter als die wenigen heute noch vorkommenden wilden Huftierarten (Bradshaw & Mitchell 1999).

Die Artenvielfalt und die Häufigkeit der einzelnen Pflanzenarten in Wäldern in der Vergangenheit wird meist mithilfe von Pollendiagrammen bestimmt (Huntley & Birks 1983). In geringerem Maße werden dafür auch pflanzliche Makroreste verwendet. Im Holozän waren in Mitteleuropa Eichen (*Quercus* spp.) und Hasel (*Corylus avellana* L.) sehr häufig (Vera 2000). Beide Arten deuten auf offene Wälder hin. Sie können sich im geschlossenen Hochwald nur schlecht oder gar nicht regenerieren. Während früher angenommen wurde, dass schon kleine Lücken, beispielsweise von alten, abgestorbenen Bäumen, für eine erfolgreiche Verjüngung dieser Arten ausreichten (Watt 1947), vertrat Vera (2000) die Ansicht, dass es größere offene Flächen brauchte, damit sich diese Arten in den gefundenen Mengen natürlich entwickeln konnten. Nach Vera (2000) können Huftiere den Wald so weit auflichten, dass sich darin lichtliebende Pflanzenarten etablieren und halten konnten. Solche Wälder bräuchten aber höhere Dichten und längere Verweilzeiten von großen Huftieren, damit sie längerfristig offen blieben. Pollenanalysen sowie Funde von Makroresten der Herbivoren zeigten, dass in Europa sowohl lichtliebende Pflanzenarten vorkamen als auch große Herbivoren, welche potenziell die Wälder offen halten konnten (Bradshaw et al. 2003). Vera (2000) leitete seine Hypothese hauptsächlich aus Beobachtungen und Experimenten in Naturschutzgebieten ab, in welchen Huftiere mit dem Ziel eingesetzt werden, das Verwalden einer strukturreichen, relativ offenen Landschaft zu verhindern. Hier zeigte sich, dass die Entwicklung der Holzpflanzen im Wesentlichen über vier Stadien abläuft (Abb. 2). Im ersten Stadium enthält die praktisch offene Landschaft nur einige wenige größere Bäume. Die Vegetation besteht hauptsächlich aus Gräsern, Kräutern und Zwergsträuchern. Herbivoren beweiden den Großteil der Vegetation, meiden aber aufkommende dornige Sträucher. Diese Sträucher können sich auf Kosten der übrigen Vegetation ausbreiten und bilden so das zweite Stadium. Bedecken die dornigen Sträucher genügend große Flächen, können sich darin, von den Herbivoren ungestört, Bäume entwickeln. Die Bäume werden zahlreicher und wachsen auf, bis sich das Kronendach zu Wald schließt. In diesem dritten Stadium wachsen im Schatten des Kronendaches nur noch relativ wenige Pflanzen, welche von den Herbivoren fast vollständig als Futter genutzt werden. Auch die spärlichen Baumsämlinge werden fast alle

Tab. 1: Ungulaten-Faunen der britischen Interglazialstadien (nach Bradshaw et al. 2003).

	Interglaziale							
Beginn in Jahrtausenden vor heute	700	620	520	410	330	240	130	11.5
Cervidae (Hirsche)								
Megaloceros savini (Riesenhirsch)	X	X	X					
M. verticornis	X	X						
M. dawkinsi		X	X					
M. giganteus (Irischer Riesenhirsch)				X	X	X	X	
Alces latifrons (Riesenelch)	X							
A. alces (Elch)								X
Cervus elaphus (Rothirsch)	X	X	X	X	X	X	X	X
Dama dama (Damhirsch)	X	X	X	X	X		X	
Capreolus capreolus (Reh)	X		X	X	X	X	X	X
Bovidae (Hornträger/Rinderartige)								
Bison schoetensacki (Bison)	X	X	X	X	X	X	X	
Bos primigenius (Auerochse)				X	X	X	X	X
Suinae (Schweineartige)								
Hippopotamus amphibius (Flusspferd)		X					X	
Sus scrofa (Wildschwein)	X	X		X	X	X	X	X
Rhinocerotidae (Nashörner)								
Stephanorhinus hundsheimensis	X	X	X					
S. kirchbergensis (Waldnashorn)				X	X	X		
S. hemitoechus (Steppennashorn)				X	X	X	X	
Equidae (Pferde)								
Equus ferus (Wildpferd)	X		X	X	X	X		
E. altidens (Wildesel)	X	X		X		X		
Proboscidae (Rüsseltiere)								
Paleoloxodon antiquus (Eur. Waldelefant)		X		X	X	X	X	
Mammuthus trogontherii (Steppenmammut)	X	X				X		
Anzahl Arten	12	12	11	12	11	12	10	5

gefressen. Als Folge der fehlenden Verjüngung bricht der überalterte Wald im vierten Stadium schließlich zusammen, worauf wieder das erste Stadium, eine offene, parkähnliche Landschaft, entsteht.

Vera hat seine Hypothese aus Beobachtungen in räumlich begrenzten, in den meisten Fällen geschlossenen, d.h. eingezäunten, Naturschutzgebieten abgeleitet. Hier besteht auf der ganzen Fläche ein starker Druck der in hohen

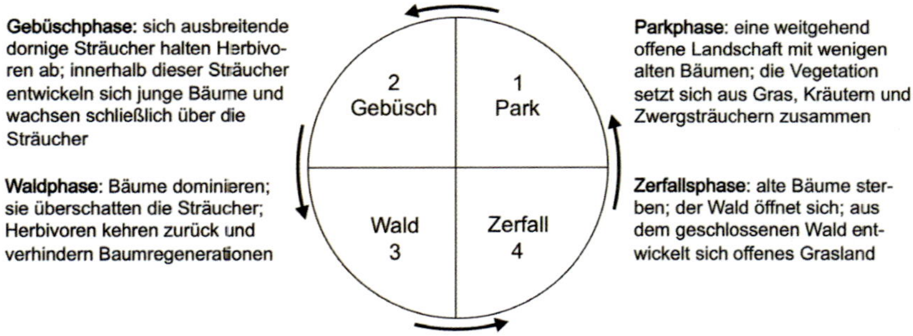

Abb. 2: Veras Modell enthält vier Entwicklungsphasen von einer offenen Parklandschaft bis zu geschlossenem Wald, welcher sich über eine Zerfallsphase wieder in eine offene Parklandschaft entwickelt. (nach Vera 2000)

Abb. 3: Im 6000 ha großen Naturschutzgebiet Oostvaardersplassen (Niederlande) weiden heute rund 1000 Rothirsche zusammen mit je etwa 700 Heckrindern und Konik-Pferden weitgehend frei von menschlichen Eingriffen. (Foto: J. Senn)

Dichten vorkommenden Herbivoren, eine Situation, wie sie etwa in den 6000 ha großen Oostvaardersplassen (Abb. 3) in den Niederlanden gefunden werden kann. Angewandt auf eine deutlich großflächigere, topografisch stärker strukturierte Landschaft, scheint ein solches Szenario jedoch wenig realistisch.

Kirby (2004) schlägt für größere Räume ein zeitlich und räumlich differenziertes Szenario vor. Einzelne Teile der Landschaft sind für die Herbivoren unterschiedlich gut zugänglich, und die Herbivorenpopulationen fluktuieren zeitlich stark, etwa als Folge von Seuchen oder schneereichen Wintern (Abb. 4). Die treibende Kraft bleibt auch hier Veras Zyklus. Allerdings beinhaltet Kirbys Landschaft Bereiche, welche infolge schlechter Zugänglichkeit für Herbivoren permanent von Wald bedeckt sind. Diese Wälder können sich in Zeiten mit niedrigeren Herbivorenpopulationen ausdehnen. Demgegenüber finden sich Landschaftsteile, in denen sich Herbivoren konzentrieren, das Aufkommen von Bäumen verhindern, und die deshalb permanent offen bleiben. Weitere Teile der Landschaft unterliegen fluktuierenden Herbivoreneinflüssen gemäß dem von Vera (2000) postulierten Zyklus.

Analysen von Ablagerungen aus dem Holozän aus Irland ergaben ebenfalls große Mengen an Pollen der lichtliebenden Eichen (*Quercus* spp.) und Hasel (*Corylus avellana*; Mitchell 1988). Auerochse, Wisent und Wildpferd kamen damals in Irland nicht vor (Woodman et al. 1997). Das zeigt, dass mindestens in Irland nicht diese Tiere günstige Bedingungen für lichtliebende Pflanzenarten geschaffen haben konnten (Mitchell 2005). In Ablagerungen nicht nur aus Irland, sondern auch aus England sowie aus Kontinentaleuropa wurden neben den Pollen auch größere Mengen von Holzkohlepartikeln gefunden (Bradshaw et al. 1997). Diese deuten darauf hin, dass durch Blitze angefachte Feuer ein Grund für die offenen Flächen in Wäldern gewesen sein können (Svenning 2002). Rezente Beispiele zeigen, dass in hohen Dichten vorkommende Huftiere Wälder über längere Zeit offenhalten konnten, nachdem diese durch Feuer aufgelichtet worden waren (Scholes & Archer 1997, van Langevelde et al. 2003). Dass Feuer keine neue Erscheinung sind und nicht mit menschlichen Aktivitäten zusammenhängen müssen, zeigt die Arbeit von Maxwell (2004). Er untersuchte die Vegetation und das Feuerregime während der letzten 9300 Jahre in den relativ offenen Monsunwäldern von Nordost-Kambodscha. Diese savannenartige Landschaft beherbergte bis weit ins 20. Jahrhundert verschiedene Hirsch- und Wildrind-Arten in hohen Dichten (Wharton 1966). Die Konzentration der Holzkohlepartikel war in den ältesten Schichten, d.h. in der Zeit von 9300 bis 8000 Jahre vor heute am größten und ein Mehrfaches von heute. Diese Feuer waren eng mit einem großen Grasanteil in den Wäldern korreliert. Häufigkeit und Intensität der Feuer waren in Nordost-Kambodscha über den ganzen untersuchten Zeitraum noch nie so gering wie in den letzten 2500 Jahren. Diese Daten widersprechen der in Naturschutzkreisen häufig geäußerten Befürchtung, dass heute von Menschen verursachte Feuer zu häufig vorkommen und dass diese Störungen die Monsunwälder und ihre Biodiversität gefährden könnten (z.B. Moore et al. 2002). Es sieht im Gegenteil so aus, dass Feuer ein wichtiger Faktor zum Erhalt solcher Ökosysteme

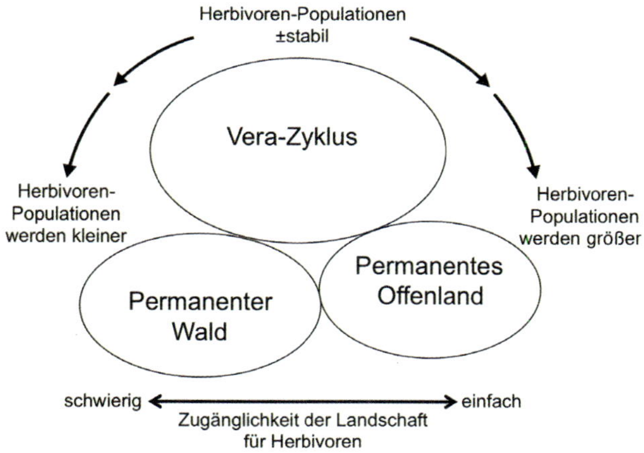

Abb. 4: Unterschiede in Raum (Zugänglichkeit für Herbivoren) und Zeit (stark schwankende Populationsdichten der Herbivoren) könnte das Gleichgewicht zwischen Veras Zyklus, permanent offenen Gebieten und permanent geschlossenen Wäldern über längere Zeiträume und größere Gebiete verschieben. (nach Kirby 2004)

Abb. 5: In temperaten Wäldern können Huftiere nur in sehr hohen Dichten ein Zuwachsen über längere Zeiträume verhindern. (Foto: J. Senn)

ist. Neben Feuer können auch extreme Sturmereignisse Wälder großflächig öffnen (Webb & Walker 1999). Wenn dann Herbivoren in großen Dichten vorkommen, können diese über längere Zeiträume ein Zuwachsen verhindern (Abb. 5; Bond & Keeley 2005). Allerdings können von Stürmen umgeworfene Bäume über eine gewisse Zeit junge Bäume vor Herbivorenfraß schützen (Moser et al. 2008).

Neuere Studien aus den nordöstlichen USA zeigen anhand von Pollendiagrammen, dass nach dem Ende der letzten Eiszeit offene Nadelwälder mit einem geringen Anteil an Laubbäumen sowie größeren Anteilen von Gräsern und Kräutern vorherrschten (Gill et al. 2009). In diesen Gebieten kamen große Herbivoren in hohen Dichten vor. Diese Megaherbivoren sollen neben Gras und Kräutern vor allem Laubholzarten gefressen haben. Die Dichte der Herbivoren wurde mittels Sporen der im Darm und Kot der Huftiere lebenden Pilze der Gattung *Sporormiella* (Ellis & Everhan) bestimmt, welche zusammen mit den Pollen gefunden wurden. Analysen der Häufigkeiten der *Sporormiella*-Sporen zeigen, dass mit der Ausbreitung der neu in Nordamerika eingewanderten Menschen die Bestände der Großsäuger relativ schnell abnahmen und rund 10000 Jahre vor heute fast vollständig verschwanden. In der Folge veränderte sich die Zusammensetzung der Wälder dramatisch. Der Anteil der Laubhölzer nahm stark zu, und Nadelhölzer wurden seltener. Zwischen dem Aussterben der Megaherbivoren und dem Etablieren der Laubwälder existierten gemäß den Pollendiagrammen Waldgesellschaften, deren Artenzusammensetzung sich stark von früherer und späterer Waldvegetation unterschied. Die Wälder wurden dichter, und wegen der fehlenden Herbivoren kam es zu einer Anhäufung von teilweise abgestorbenem und deshalb gut brennbarem Pflanzenmaterial. Häufigkeit und Intensität von Waldbränden nahmen deshalb zu (Gill et al. 2009).

Eines der wenigen rezenten Beispiele, das anhand von Daten zeigt, dass weidende Huftiere mittelfristig Wälder auflichten und in Grasflächen überführen können, stammt aus Nordskandinavien. In einer Metaanalyse untersuchten Lempa et al. (2005) die Einflüsse von weidenden Rentieren (*Rangifer tarandus* L.) auf die Vegetationsentwicklung. In allen 38 analysierten Studien wurde mit paarweisen Vergleichen von Flächen mit und ohne Beweidung gearbeitet. Die Resultate zeigten sehr variable Einflüsse der Rentiere auf die Vegetation (Abb. 6). Es ließen sich aber einige deutliche Trends erkennen. Die stärksten Einflüsse wurden bei den Flechten gefunden. Sobald mehr als 2 Rentiere pro km^2 vorkamen, nahm der Anteil der von Flechten bedeckten Bodenoberfläche deutlich ab. Bei den Birken (*Betula pubescens* Ehrhart und *B. pendula* Roth) nahm sowohl die Blattmasse als auch die Stammzahl ab. Andererseits nahmen sowohl der Deckungsgrad der Gräser und Seggen als auch deren Biomasse auf den beweideten Flächen zu. Die Dichte der buschförmigen Birken und noch mehr die Dichte der Birkensämlinge variierte stark, trotz Einfluss der Rentierweide. Diese Metaanalyse zeigt somit, dass als Folge von Beweidung durch Rentiere unter dem gegenwärtigen Weidedruck mittel- bis langfristig mit einer Abnahme des Waldanteils und mit einer Zunahme der Grasflächen zu rechnen ist.

Die Vertreter der Hochwald-Hypothese (z. B. Zoller & Haas 1995, Birks 2005) verneinen signifikante Einflüsse der Herbivoren auf die Waldbedeckung. Große Huftiere sollen bei der Entwick-

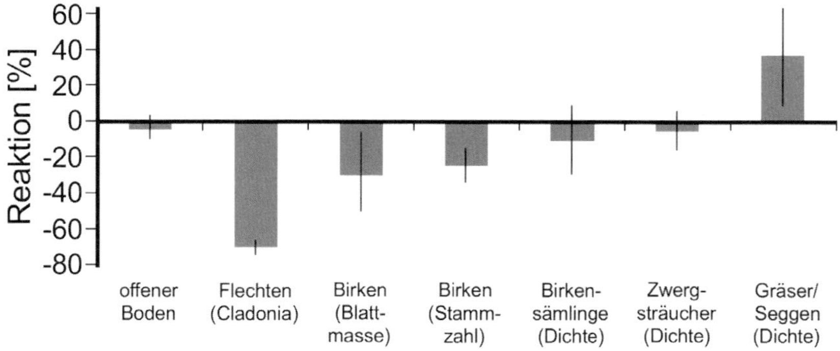

Abb. 6: Reaktionen verschiedener Weide-Komponenten auf Beweidung durch Rentiere in der Moorbirkenzone Nordskandinaviens. (nach Lempa et al. 2005)

lung dieser Wälder keine Rolle gespielt haben und deshalb auch für die Dynamik in heutigen naturnahen Wäldern keine Rolle spielen. Die oben genannten Autoren leiteten diese Hypothese aus Studien in gegenwärtigen naturnahen, d.h. wenig bewirtschafteten Wäldern ab (Peterken 1996). Die Wälder, welche sich nach dem Ende der letzten Eiszeit entwickelten, sollen sich kaum von den geschlossenen, dunklen Urwäldern/Primärwäldern der gemäßigten Zone unterscheiden, wie sie heute noch als Reste in Europa und im Nordosten der USA vorkommen. Lichte Wälder sollen demnach die Ausnahme sein und nur auf sandigen, nährstoffarmen Böden und auf saisonal überfluteten Standorten vorkommen. Beispiele aus Dänemark zeigen, dass sich solche lichten Wälder in regionalen Pollendiagrammen gut abbilden (Odgaard 1994).

Im geschlossenen Hochwald stellte sich die Baumregeneration in kleinen Öffnungen ein, welche immer wieder beim Fallen alter Einzelbäume entstanden (Yamamoto 2000). Vereinzelte lichtliebende Pflanzenarten, welche in Pollendiagrammen aus solchen Wäldern gefunden wurden, sollen nicht als Beweis für Einflüsse von Großherbivoren auf die Waldstruktur ausreichen.

Mit der Hochwald-Hypothese kann allerdings das großräumige und lange anhaltende häufige Vorkommen von Eichen und Hasel im Holozän sowie das Überleben vieler weiterer lichtbedürftiger Pflanzenarten in Mitteleuropa (Ellenberg et al. 1991) nicht erklärt werden.

5.4.4 Management von Schutzgebieten mit wilden und domestizierten Huftieren

Die Ausrottung und damit das Fehlen der Einflüsse der beiden größten Herbivorenarten Wildpferd (*Equus ferus ferus*) und Auerochse (*Bos taurus primigenius*) auf die Vegetation veränderte sowohl die Artenzusammensetzung der betroffenen Flora als auch der Kleintierfauna in Mitteleuropa (Beispiele in Finck et al. 2004).

Nach Pykälä (2000) kompensierte die traditionelle Landwirtschaft mindestens teilweise die natürlichen Prozesse, welche durch die Reduktion der ursprünglichen Huftierfauna sowie durch das weitgehende Unterdrücken von weiteren Störungen wie Feuer verloren gingen. Die traditionell bewirtschaftete Landschaft bewahrte somit viele Elemente der Urlandschaft. Auch im Wald übernahm der Mensch mit Roden und Auflichten nach dem Verschwinden der Großherbivoren deren frühere Rolle (Bocherens 2018). Lichtbedürftige Pflanzenarten fanden in den traditionellen Mäh- und Weidesystemen und in Lichtungen in Wäldern

Abb. 7: Die aus alten Rinderrassen «rückgezüchteten» Heckrinder kommen phänotypisch dem im 17. Jahrhundert ausgerotteten Auerochsen *(Bos taurus primigenius)* relativ nahe. Mit einem hohen Anteil an verholzten Pflanzen in ihrer Nahrung können sie in Naturschutzgebieten Verbuschung und Verwaldung kontrollieren. (Foto: J. Senn)

Abb. 8: Das Konik-Pferd ähnelt in Größe und Aussehen stark dem zu Beginn des 20. Jahrhunderts ausgerotteten Wildpferd oder Tarpan *(Equus ferus ferus)*. Als spezialisierter Grasfresser, der immer wieder auf den gleichen Flächen intensiv weidet, kann er in Naturschutzgebieten die räumliche Diversität der Vegetationsdecke fördern. (Foto: J. Senn)

ausreichende Lebensräume. Die meisten Arten in diesen vom Menschen geschaffenen Offenflächen sind ursprünglich in Mitteleuropa vorkommende Arten. Die zunehmende Intensivierung in der modernen Landwirtschaft hat diese Artenvielfalt reduziert und zum lokalen Aussterben von seltenen Arten geführt. Da rationalisierte und großflächige Bewirtschaftung eine Förderung vieler dieser Pflanzenarten auf modernen Landwirtschaftsflächen kaum zulässt, muss dies auf alternativen Flächen z. B. in Naturschutzgebieten geschehen. Wenn auf diesen Flächen Arten- und Prozessschutz Vorrang haben sollen, kann dies mit dem Einsatz von domestizierten Formen als Ersatz für die ausgerotteten Huftiere gefördert werden (Bunzel-Drüke 2001). Wenig domestizierte, robuste Rinder- und Pferderassen können genutzt werden, um die Vegetation in Naturschutzgebieten zielbringend zu beeinflussen (Wallis de Vries et al. 1998).

Rind und Pferd sind im Vergleich zu den heute noch vorkommenden wilden Huftierarten relativ unselektiv und gut an faserreiche Nahrung angepasst. Sie sind damit prädestiniert, häufig vorkommende und relativ große Pflanzenarten zu kontrollieren. Da die Wildformen von Pferd und Rind nicht mehr zur Verfügung stehen und bezüglich Weideverhalten und Futterselektion keine ähnlichen wilden Huftierarten vorhanden sind, bieten sich diese beiden Nutztierarten und besonders deren Rückzüchtungen wie Heckrind (Abb. 7) und Konik-Pferd (Abb. 8) geradezu an für den Einsatz im Naturschutz (Vera 2000). Verholzte Pflanzenarten machen bei den Rindern einen hohen Anteil der Nahrung aus (Buttenschøn & Buttenschøn 2013), während die Pferde mehrheitlich Gräser nutzen (Cosyns et al. 2001). Damit ergänzen sich die beiden Herbivoren in ihrer Wirkung auf die Vegetation in idealer Weise (Loucougaray et al. 2004). Wenn diese Tiere große Weideflächen nutzen können, werden sich aus der räumlich variablen Beweidung eine Vielzahl unterschiedlicher Lebensräume entwickeln (Pykälä 2000, Gilhaus et al. 2014), in denen sich die ursprüngliche Pflanzenvielfalt halten kann und sich einst verdrängte Arten wieder etablieren können.

Während sich der Einsatz von großen Herbivoren bisher in den meisten Fällen auf relativ kleine, oft eingezäunte Naturschutzgebiete beschränkte, sind in den letzten Jahren in Nordamerika und in Europa unter dem Begriff *rewilding* einige Großversuche gestartet worden (Pereira & Navarro 2015). Dabei wird versucht, in wirtschaftlichen Randgebieten, in denen die Landwirtschaft aufgegeben wurde, große Gebiete wieder in einen naturnahen Zustand mit der gesamten ursprünglich vorhandenen biologischen Vielfalt zurückzuführen. Die «Rekonstruktion» der Herbivorenfauna inklusive wild lebender Rinder und Pferde ist ein Teil der Anstrengungen, ganzen Landschaften ihre ursprüngliche Wildheit zurückzugeben, inklusive der ursprünglich darin ablaufenden physikalischen und biologischen Störungsprozesse (Navarro et al. 2015).

Literatur

- Aaris-Sørensen K (1980) Depauperation of the mammalian fauna of the island of Zealand during the Atlantic period. Vidensk. Meddel. Dansk Naturhist. Foren. 142: 131–138.
- Apollonio M, Andersen R, Putman R (2010) European ungulates and their management in the 21st century. Cambridge University Press, Cambridge. 410 p.
- Birks HJB (2005) Mind the gap: how open were European primeval forests? Trends Ecol. Evol. 20: 154–156.
- Bocherens H (2018) The rise of the anthroposphere since 50000 years: An ecological replacement of megaherbivores by humans in terrestrial ecosystems? Front. Ecol. Evol. 6: Article 3.
- Bond WJ, Keeley JE (2005) Fire as a global «herbivore»: the ecology and evolution of flammable ecosystems. Trends Ecol. Evol. 20: 387–394.
- Bradshaw RHW, Tolonen K, Tolonen M (1997) Holocene records of fire from the boreal and temperate zones of Europe. In: Clark JS, Cachier H, Goldammer JG, Stocks B (eds) Sediment records of biomass burning and blobal change. Springer Berlin Heidelberg. pp. 347–365.
- Bradshaw RHW, Mitchell FJG (1999) The palaeoecological approach to reconstructing former grazing-vegetation interactions. Forest Ecol. Manag. 120: 3–12.
- Bradshaw RHW, Hannon GE, Lister AM (2003) A long-term perspective on ungulate-vegetation interactions. Forest Ecol. Manag. 181: 267–280.
- Buechner HK, Dawkins HC (1961) Vegetation change induceded by elephants and fire in Murchison Falls National Park, Uganda. Ecology 42: 752–766.
- Bunzel-Drüke M (2001) Ecological substitutes for Wild Horse (*Equus ferus* Boddaert, 1785 = *E. przewalskii* Poljakov, 1881) and Aurochs (*Bos primigenius* Bojanus, 1827). Natur- und Kulturlandschaft 4: 240–252.
- Bunzel-Drüke M, Drüke J, Hauswirth L, Vierhaus H (1999) Großtiere und Landschaft – Von der Praxis zur Theorie. Natur- und Kulturlandschaft 3: 210–229.
- Buttenschøn RM, Buttenschøn J (2013) Woodland grazing with cattle – results from 25 years of grazing in acidophilus pedunculate oak *(Quercus robur)* woodland. In: Rotherham ID (ed.) Trees, forested landscapes and grazing animals. Routledge, Oxon UK.
- Connell JH (1978) Diversity in tropical rain forests and coral reefs: High diversity of trees and corals is maintained only in a non-equilibrium state. Science 199: 1302–1310.
- Cosyns E, Degezelle T, Demeulenaere E, Hoffmann M (2001) Feeding ecology of Konik horses and donkeys in Belgian coastal dunes and its implications for nature management. Belg. J. Zool. 131: 111–118.
- Diamond J (2004) Collapse: How societies choose to fail or succeed. Viking Press, New York. 592 p.
- Di Tomaso JM (2000) Invasive weeds in rangelands: Species, impacts, and management. Weed Sci. 48: 255–265.

- Dorren LKA, Berger F, Imeson AC, Maier B, Rey F (2004) Integrity, stability and management of protection forests in the European Alps. Forest Ecol. Manag. 195: 165–176.
- Ellenberg H, Klötzli F (1972) Waldgesellschaften und Waldstandorte der Schweiz. Mitt. Eidg. Anst. forst. Versuchswes. 48: 589–930.
- Ellenberg H, Weber HE, Düll R, Wirth V, Werner W, Paulissen D (1991) Zeigerwerte von Pflanzen in Mitteleuropa. Scri. Geobot. 18: 1–248.
- Finck P, Härdtle W, Redecker B, Riecken U (2004) Weidelandschaften und Wildnisgebiete – Vom Experiment zur Praxis. Schrift.reihe. Landsch.pfl. Nat.schutz 78: 1–539.
- Firestone RB, West A, Kennett JP, Becker L, Bunch TE, Revay ZS, Schultz PH, Belgya T, Kennett DJ, Erlandson JM, Dickenson OJ, Goodyear AC, Harris RS, Howard GA, Kloosterman JB, Lechler P, Mayewski PA, Montgomery J, Poreda R, Darrah T, Hee SSQ, Smitha AR, Stich A, Topping W, Wittke JH, Wolbach WS (2007) Evidence for an extraterrestrial impact 12900 years ago that contributed to the megafaunal extinctions and the Younger Dryas cooling. Proc. Nat. Acad. Sci. USA 104: 16016–16021.
- Fleischner TL (1994) Ecological costs of livestock grazing in western North America. Cons. Biol. 8: 629–644.
- Foss PO (1960) Politics and grass. Greenwood Press, New York. 236 p.
- Fox JF (1979) Intermediate-disturbance hypothesis. Science 204: 1344–1345.
- Fritz H, Duncan P, Gordon IJ, Illius AW (2002) Megaherbivores influence trophic guilds structure in African ungulate communities. Oecologia 131: 620–625.
- Gilhaus K, Stelzner F, Holzel N (2014) Cattle foraging habits shape vegetation patterns of alluvial year-round grazing systems. Plant Ecol. 215: 169–179.
- Gill JL, Williams JW, Jackson ST, Lininger KB, Robinson GS (2009) Pleistocene Megafaunal Collapse, Novel Plant Communities, and Enhanced Fire Regimes in North America. Science 326: 1100–1103.
- Gill RMA, Beardall V (2001) The impact of deer on woodlands: the effects of browsing and seed dispersal on vegetation structure and composition. Forestry 74: 209–218.
- Gobet E, Vescovi E, Tinner W (2010) A paleoecological contribution to assess the natural vegetation of Switzerland. Bot. Helv. 120: 105–115.
- Gradmann R (1900) Das Pflanzenleben der Schwäbischen Alb, 2 Bde (2. Aufl.). Schwäbischer Albverein, Tübingen.
- Gradmann R (1933) Die Steppentheorie. Geogr. Z. 39: 265–278.
- Grime JP (1973) Competitive exclusion in herbaceous vegetation. Nature 242: 344–347.
- Grime JP (1974) Vegetation classification by reference to strategies. Nature 250: 26–31.
- Huntley B, Birks HJB (1983) An atlas of past and present pollen maps for Europe: 0–13000 years ago. Cambridge University Press, Cambridge. 688 p.
- Kenward R, Putman RJ (2011) Ungulate management in Europe: towards a sustainable future. In: Apollonio M, Andersen R, Putman RJ (eds) Ungulate management in Europe: Problems and practices. Cambridge University Press, Cambridge. pp. 376–395.
- Kerner v. Marilaun A (1863) Das Pflanzenleben der Donauländer. Wagner, Innsbruck. 348 S.
- Kirby KJ (2004) A model of a natural wooded landscape in Britain as influenced by large herbivore activity. Forestry 77: 405–420.
- Koch PL, Barnosky AD (2006) Late quaternary extinctions: State of the debate. Ann. Rev. Ecol. Evol. S. 37: 215–250.
- Kupferschmid AD, Heiri C, Huber M, Fehr M, Frei M, Gmür P, Imesch N, Zinggeler J, Brang P, Clivaz N-C, Odermatt O (2015) Einfluss wildlebender Huftiere auf die Waldverjüngung: ein Überblick für die Schweiz. Schweiz. Z. Forstwes. 166: 420–431.
- Lempa K, Neuvonen S, Tømmervik H (2005) Effects of reindeer grazing on pastures – A necessary basis for sustainable reindeer herding. In: Wielgolaski FE (ed.) Plant ecology, herbivory, and human impact in Nordic mountain birch forests. Springer Berlin Heidelberg. pp. 157–164.

- Loucougaray G, Bonis A, Bouzille JB (2004) Effects of grazing by horses and/ or cattle on the diversity of coastal grasslands in western France. Biol. Cons. 116: 59–71.
- Martin PS, Klein RG (1984) Quaternary extinctions. A prehistoric revolution. University of Arizona Press, Tucson. 892 p.
- Maxwell AL (2004) Fire regimes in north-eastern Cambodian monsoonal forests, with a 9300-year sediment charcoal record. J. Biogeogr. 31: 225–239.
- Miles J, Kinnaird JW (1979) The establishment and regeneration of birch, juniper and Scots pine in the Scottish Highlands. Scot. For. 33: 102–119.
- Mitchell FJG (1988) The vegetational history of the Killarney oakwoods, SW Ireland – evidence from fine spatial-resolution pollen analysis. J. Ecol. 76: 415–436.
- Mitchell FJG (2005) How open were European primeval forests? Hypothesis testing using palaeoecological data. J. Ecol. 93: 168–177.
- Moen J, Danell O (2003) Reindeer in the Swedish mountains: An assessment of grazing impacts. Ambio 32: 397–402.
- Moore P, Ganz D, Lay CT, Enters T, Durst PB (2002) Communities in flames: Proceedings of an international conference on community involvement in fire management. FAO Regional Office for Asia and the Pacific, Bangkok, Thailand. 133 p.
- Moser B, Schütz M, Hindenlang KE (2008) Resource selection by roe deer: are windthrow gaps attractive feeding places? Forest Ecol. Manag. 255: 1179–1185.
- Navarro LM, Proença V, Kaplan JO, Pereira HM (2015) Maintaining disturbance-dependent habitats. In: Pereira HM, Navarro LM (eds) Rewilding European landscapes. Springer International Publishing, Cham. pp. 143–167.
- Nielsen BO (1978) Above ground food resources and herbivory in a beech forest ecosystem. Oikos 31: 273–279.
- Odgaard BV (1994) The Holocene vegetation history of northern West Jutland. Opera Bot. 123: 1–171.
- Owen-Smith N (1987) Pleistocene Extinctions: The Pivotal Role of Megaherbivores. Paleobiology 13: 351–361.
- Pavlov BM, Kolpashchikov LA, Zyryanov VA (1994) Population dynamics of the Taimyr reindeer population. Rangifer 9: 381–384.
- Pereira HM, Navarro LM (2015) Rewilding European landscapes. Springer International Publishing, Cham. 227 p.
- Peterken GF (1996) Natural Woodland. Ecology and conservation in northern temperate regions. Cambridge University Press, Cambridge. 522 p.
- Putman RJ, Edwards PJ, Mann JCE, How RC, Hill SD (1989) Vegetational and faunal changes in an area of heavily grazed woodland following relief of grazing. Biol. Cons. 47: 13–32.
- Pykälä J (2000) Mitigating human effects on European biodiversity through traditional animal husbandry. Cons. Biol. 14: 705–712.
- Risch AC, Haynes AG, Busse MD, Filli F, Schütz M (2013) The response of soil CO_2 fluxes to progressively excluding vertebrate and invertebrate herbivores depends on ecosystem type. Ecosystems 16: 1192–1202.
- Sandom C, Faurby S, Sandel B, Svenning JC (2014a) Global late Quaternary megafauna extinctions linked to humans, not climate change. P. Roy. Soc. B.-Biol. Sci. 281:
- Sandom CJ, Ejrnaes R, Hansen MDD, Svenning JC (2014b) High herbivore density associated with vegetation diversity in interglacial ecosystems. Proc. Nat. Acad. Sci. USA 111: 4162–4167.
- Scholes RJ, Archer SR (1997) Tree-grass interactions in savannas. Ann. Rev. Ecol. Syst. 28: 517–544.
- Schütz M, Risch AC, Achermann G, Thiel-Egeneter C, Page-Dumroese DS, Jurgensen MF, Edwards PJ (2006) Phosphorus translocation by red deer on a subalpine grassland in the central European Alps. Ecosystems 9: 624–633.
- Senn J, Suter W (2003) Ungulate browsing on silver fir *(Abies alba)* in the Swiss Alps: beliefs in search of supporting data. Forest Ecol. Manag. 181: 151–164.

- Skarpe C (1991) Impact of grazing in savanna ecosystems. Ambio 20: 351–356.
- Stuart AJ, Kosintsev PA, Higham TFG, Lister AM (2004) Pleistocene to Holocene extinction dynamics in giant deer and woolly mammoth. Nature 431: 684–689.
- Svenning JC (2002) A review of natural vegetation openness in north-western Europe. Biol. Cons. 104: 133–148.
- Thorsteinsson I, Olafsson G, Van Dyne GM (1971) Range resources of Iceland. J. Range Manag. 24: 86–93.
- Tüxen R (1931) Die Grundlagen der Urlandschaftsforschung. Ein Beitrag zur Erforschung der Geschichte der anthropogenen Beeinflussung der Vegetation Mitteleuropas. Niedersächs. Jahrb. Landesgesch. 8: 59–105.
- Tüxen R (1956) Die heutige potentielle natürliche Vegetation als Gegenstand der Vegetationskartierung. Angew. Pflanezensoz. 13: 5–42.
- Van Langevelde F, Van de Vijver C, Kumar L, Van de Koppel J, De Ridder N, Van Andel J, Skidmore AK, Hearne JW, Stroosnijder L, Bond WJ, Prins HHT, Rietkerk M (2003) Effects of fire and herbivory on the stability of savanna ecosystems. Ecology 84: 337–350.
- Van Vuure C (2005) Retracing the aurochs: history, morphology and ecology of an extinct wild ox. Pensoft Publishers, Sofia and Moscow.
- Vera FWM (2000) Grazing ecology and forest history. CAB International, Wallingford. 528 p.
- Wallis de Vries MF, Bakker JP, Van Wieren SE (1998) Grazing and conservation management. Kluwer Academic Publishers, Dordrecht.
- Watt AS (1947) Pattern and process in the plant community. J. Ecol. 35: 1–22.
- Webb SL, Walker LR (1999) Disturbance by wind in temperate-zone forests. In: Walker LR (ed.) Ecosystems of disturbed ground. Elsevier Science Press, Amsterdam. pp. 187–222.
- Wharton CH (1966) Man, fire and wild cattle in North Cambodia. In: Proceedings of the fifth annual tall timbers fire ecology conference March 24-25, 1966, vol 5, Tallahassee, Florida. pp. 23–65.
- Woodman P, McCarthy M, Monaghan N (1997) The Irish Quaternary fauna project. Quarternary Sci. Rev. 16: 129–159.
- Yamamoto S (2000) Forest gap dynamics and tree regeneration. J. Forest Res. 5: 223–229.
- Zoller H, Haas JN (1995) War Mitteleuropa ursprünglich von einer halboffenen Weidelandschaft oder von geschlossenen Wäldern bedeckt? Schweiz. Z. Forstwes. 146: 321–354.

6 Anthropogene Störungen

6.1 Waldnutzungen

Peter Meyer[1] & Christian Ammer[2]

[1] Abteilung Waldwachstum, Nordwestdeutsche Forstliche Versuchsanstalt, Göttingen, Deutschland
[2] Waldbau und Waldökologie der gemässigten Zonen, Georg-August-Universität Göttingen, Deutschland

Kurzfassung
Forstliche Eingriffe stellen im ökologischen Sinne Störungen dar, mit denen die Waldentwicklung auf unterschiedlichen räumlichen Skalen gezielt gesteuert wird, um bestimmte Ökosystemleistungen bereitzustellen. Durch waldbauliche Maßnahmen wird die räumliche und zeitliche Verteilung von Ressourcen mit dem Ziel verändert, die Konkurrenzverhältnisse zwischen Baumindividuen, -arten und -generationen zu steuern. Auch die Erschließung der Waldlandschaft und weitere forstliche Maßnahmen wie Entwässerung, Kalkung oder Waldschutz sind als ökologische Störungen einzustufen. Für die Biodiversität ist die durch natürliche wie forstliche Störungen hervorgerufene Vielfalt der Bestands- und Landschaftsstrukturen bedeutsam. Forstlich initiierte und natürliche Störungen weisen zahlreiche Gemeinsamkeiten, aber auch wichtige Unterschiede auf. Eine ökologisch orientierte, naturnahe Forstwirtschaft zeichnet sich durch die Integration wesentlicher Elemente und Kennzeichen des natürlichen Störungsregimes in die Waldbewirtschaftung aus.

6.1.1 Bedeutung der Störungsökologie für die Waldbewirtschaftung

Spätestens seit den 1980er-Jahren hat sich das Selbstverständnis der Forstwirtschaft in Mitteleuropa tief greifend gewandelt. Statt altersgleiche Reinbestände mit dem vorrangigen Ziel der Holzproduktion zu bewirtschaften, wird die Forstwirtschaft zunehmend als Management komplexer Ökosysteme mit verschiedenen Zielen auf unterschiedlichen räumlichen Skalen aufgefasst (Kohm & Franklin 1997). Dafür ist ein ausreichendes Wirkungsverständnis natürlicher und nutzungsbedingter Störungen von zentraler Bedeutung, da die Komplexität und Diversität von Wäldern und damit ihre Ökosystemleistungen wesentlich von Störungen abhängen.

Häufig wird in der Nachahmung bzw. Integration natürlicher Störungen ein vielversprechender Weg für die Forstwirtschaft gesehen, um die biologische Vielfalt auf den verschiedenen Ebenen (genetische Ausstattung, Vielfalt der Arten und Ökosysteme) zu erhalten (Franklin et al. 2002, North & Keeton 2008) und den Bewirtschaftungsaufwand nach dem Grundsatz der «biologischen Rationalisierung» (Schütz 1996, Puettmann et al. 2009) zu senken.

Naturnahe und naturgemäße Waldwirtschaft haben in Mitteleuropa und insbesondere in Deutschland eine lange Tradition (Gayer 1886, Möller 1923). Die entsprechenden Bewirtschaftungskonzepte werden bis heute weiterentwickelt (Pommerening & Murphy 2004, Schmidt 2009). Darüber hinaus werden Waldbehandlungskonzepte diskutiert, die auf explizite Produktionsziele verzichten, um natürliche Prozesse möglichst weitgehend zuzulassen (Sturm 1993, Otto 1995 mit kritischer Diskussion, Puettmann et al. 2009).

Durch Untersuchungen europäischer Urwälder (Leibundgut 1993, Korpel 1995) sowie die Einrichtung und Erforschung aus der Nutzung genommener Naturwaldreservate (Bücking 1997, Meyer 1997) hat sich das Verständnis natürlicher Störungen und ihrer Bedeutung für die Dynamik von Waldökosystemen bis heute wesentlich erweitert (Meyer et al. 2004, Brang 2005, Svoboda et al. 2012, Trotsiuk et al. 2014, Hobi et al. 2015, Winter 2015). Dieses Verständnis bildet die Grundlage eines naturnahen Waldmanagements, auch wenn bei einer stark veränderlichen Umwelt das Störungsregime der Vergangenheit nur bedingt als Referenz für die Ausrichtung der künftigen Nutzung herangezogen werden kann (Puettmann et al. 2014).

6.1.2 Historischer Wandel der Waldnutzung

Die Nutzung des Waldes reicht in Mitteleuropa Jahrtausende zurück. Wälder waren eine Flächenreserve, die in Phasen der Bevölkerungszunahme und Landnahme zur Gewinnung von Ackerland diente (Grober 2013). Im Laufe der Nutzungsgeschichte haben sich Art und Intensität der Waldnutzungen und damit Ausmaß, Dauer und Art der damit verbundenen Störungen grundlegend gewandelt (Abb. 1). Ab dem Neolithikum standen Waldrodungen zur Etablierung landwirtschaftlicher Nutzflächen, die Gewinnung von Brenn- und Bauholz sowie Beweidung und Jagd im Vordergrund des

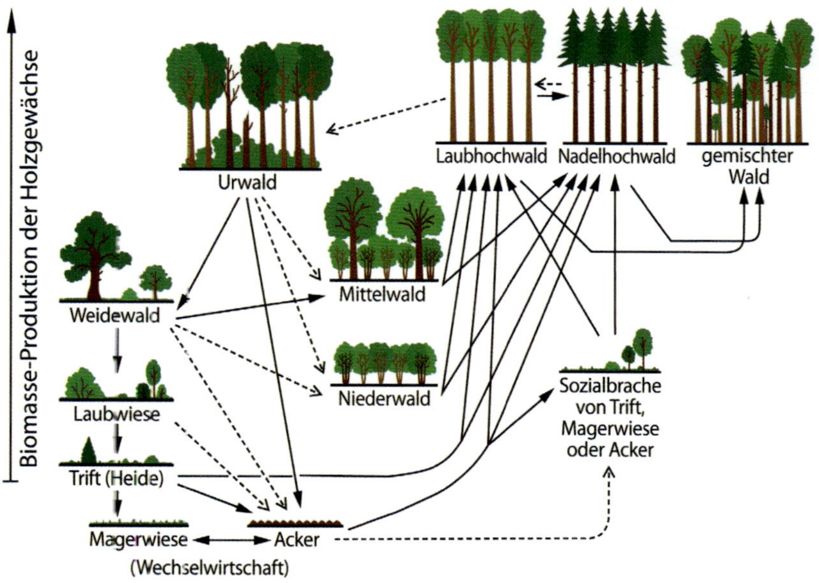

Abb. 1: Aus den ursprünglichen Urwäldern wurden verschiedene kulturhistorische Nutzungssysteme entwickelt. Als Waldnutzungssystem herrschen heute Hochwälder vor (nach Ellenberg 1996, verändert; © NW-FVA)); durchgehende Pfeile: bedeutsame Entwicklung, gestrichelte Pfeile: weniger bedeutsam.

Nutzungsinteresses. Hierdurch wurde bereits frühzeitig die Baumartenzusammensetzung der Wälder verändert (Firbas 1949, Ellenberg et al. 2010). Im Laufe des Mittelalters wurden komplexe Nutzungssysteme wie die Nieder- und Mittelwaldwirtschaft entwickelt, die bereits auf eine nachhaltige Befriedigung mehrerer Bedürfnisse, z. B. nach Weide, Brenn- und Bauholz, ausgerichtet waren. Das breite Spektrum vorindustrieller Waldnutzung mit starken lokalen und regionalen Unterschieden wurde durch die fast flächendeckende Einführung der Hochwaldwirtschaft ab dem 19. Jahrhundert weitgehend auf die Holzproduktion eingeschränkt.

Abb. 2: Borkenkäferflächen am Lusen im Nationalpark Bayerischer Wald. (© NW-FVA)

Abb. 3: Das Bild zeigt einen Buchenbestand in sogenannter Schirmstellung, unter dem die Eiche verjüngt werden soll. Obwohl es sich um einen Schirmschlag handelt, wurde das Bild als Kahlschlag tituliert. (aus Kaiser et al. 2012; Bild: Andreas Varnhorn/Greenpeace)

6.1.3 Bewertung von Störungen im Wald

Die Bewirtschaftung natürlicher Ressourcen ist traditionell darauf ausgerichtet, das Risiko eines Produktionsausfalls durch Störungen zu minimieren. Lange Zeit wurde in der Vereinfachung der Nutzungssysteme in Form gleichaltriger Reinbestände und standardisierter Eingriffe ein geeigneter Weg gesehen, um eine berechenbare Holzversorgung zu gewährleisten (Puettmann et al. 2009). Inzwischen hat sich weitgehend die Erkenntnis durchgesetzt, dass hierdurch das Risiko ungeplanter natürlicher Störungen erhöht wird (Holling & Meffe 1996). Moderne Ansätze der Waldnutzung zielen daher auf eine Diversifizierung der Flächeneinheiten, der nutzenden Eingriffe und der Waldaufbauformen ab (Wagner 2007).

Das Spektrum an gesellschaftlich akzeptierten Störungen im Wald hat sich in den letzten Jahrzehnten stark verändert. Wurden noch in den 1970er-Jahren flächenhafte Windwürfe und Borkenkäferkalamitäten ausschließlich als Katastrophen wahrgenommen (Kremser 1973), so wird heute mit Windwürfen differenzierter umgegangen (BUWAL 2000, Brang et al. 2015), und ausgedehnte Borkenkäferflächen prägen das Landschaftsbild in einigen Großschutzgebieten Mitteleuropas (Abb. 2). Gleichzeitig hat sich die Akzeptanz größerer anthropogen bedingter Störungen verringert. Dies zeigt die zunehmend kritische Beurteilung von Nutzungssystemen wie dem Kahl- oder dem Großschirmschlag (Abb. 3), die sich z. B. in Zertifizierungsvorgaben manifestiert (F. S. C. Arbeitsgruppe Deutschland 2012).

6.1.4 Vergleich natürlicher und forstlicher Störungen

Natürliche und forstliche Störungen können anhand verschiedener Kriterien einander gegenübergestellt werden, um Gemeinsamkeiten und Unterschiede zu erkennen. Dabei spielen insbesondere die Art der Störung, ihre Stärke (betroffene Biomasse je Flächeneinheit) und räumliche Ausdehnung, die Häufigkeit der Wiederkehr auf der gleichen Fläche sowie ihre Folgen für den Baumbestand eine Rolle (Tab. 1 und 2).

Forstlich initiierte und natürliche Störungen im Wald weisen zahlreiche Gemeinsamkeiten, aber auch wichtige Unterschiede auf. Sowohl durch die forstliche Pflege und Nutzung als auch durch natürliche Störungen werden häufig Bäume aus dem lebenden Bestand entfernt und damit die Populationsdichte gesenkt. Während Nutzungen mit dem Export eines großen Teils der Biomasse einhergehen, verbleibt bei natürlichen Störungen in den meisten Fällen diese Biomasse im Ökosystem.

Tab. 1: Typologie natürlicher Störungen in Wäldern (Zusammenstellung in Anlehnung an Oliver & Larson 1990, Richter 1997, Roberts 2004). (© NW-FVA)

Art der Störung	Stärke/Intensität	räumliche Ausdehnung der Auswirkung				betroffene Bestandes-schicht			Frequenz			Beeinflussung durch Nutzungsregime	unmittelbare Auswirkung auf den Baumbestand
		Einzelbaum	Trupp/Gruppe	Bestand	Landschaft	Kronenraum	Stammraum	Wurzelraum/Boden	häufig	sporadisch	selten		
Sturm	◉	◣	◣	◣		⟷	⟷	⟷	◣	◣		●	Wurf und Bruch ganzer Bäume
Orkan	●		◢	◢	◢	⟷	⟷	⟷		◢	◢	◉	Wurf und Bruch flächenhaft
Bodenfeuer	○	◣	◣	◣	◣		⟷	⟷		?		●	Verminderung der Vitalität, erhöhte Mortalität
Kronenfeuer	●			◢	◢	⟷	⟷	⟷		◢	◢	●	stark erhöhte Mortalität, verminderte Vitalität
Überflutung[*1]	○-●			◢	◢			⟷		◢	◢	-	Verminderung der Vitalität, erhöhte Mortalität
Erdrutsch	●			⟷	⟷	⟷	⟷	⟷			◢	●	flächige Mortalität
Bergsturz	●			⟷	⟷	⟷	⟷	⟷			◢	-	flächige Mortalität
Lawine	●			⟷	⟷	⟷	⟷				◢	○	Wurf und Bruch flächenhaft
Krankheiten	○-◉	⟷	⟷	⟷	⟷	⟷	⟷	⟷	⟷	⟷	⟷	◉	Verminderung der Vitalität, erhöhte Mortalität
Insektenbefall	○-●	⟷	⟷	⟷	⟷	⟷	⟷	⟷	◢	◢	◢	○	erhöhte Mortalität, verminderte Vitalität

[*1] Regelmäßige Überflutungen (in Auen- und Feuchtwäldern) werden nicht als Störung des Baumbestandes angesehen und daher hier ausgeschlossen

Bedeutung/Einfluss: ○ = gering, unbedeutend, selten, langsam, ◉ = mäßig, ● = stark, hoch, häufig, schnell,

⟷ = Spannweite, ◣ = abnehmend, ◢ = zunehmend.

Tab. 2: Typologie forstlich bedingter Störungen im Hochwald (nähere Erläuterungen zu den Störungsarten und ihren Wirkungen s. Kap. 6.1.6). (© NW-FVA)

Art der Störung		räumliche Ausdehnung der Auswirkung				betroffene Bestandesschicht			Frequenz			unmittelbare Auswirkung auf den Baumbestand
	Stärke/Intensität	Einzelbaum	Trupp/Gruppe	Bestand	Landschaft	Kronenraum	Stammraum	Wurzelraum/Boden	häufig	sporadisch	selten	
Kulturpflege	○-◎	◣	◣			←	—	→			◥	Konkurrenzsteuerung Begleitflora
Läuterung	○	◣	◣			←	—	→			◥	Konkurrenzsteuerung zur negativen Qualitätsauslese und Mischungsregulierung
Niederdurchforstung	○-◎	◣	◣	◣		←	—	→	◣	◣	◣	Konkurrenzsteuerung zur positiven Qualitätsauslese und Mischungsregulierung
Hochdurchforstung	○-◎	◣	◣	◣		←	—	→	◣	◣	◣	Konkurrenzsteuerung zur positiven Qualitätsauslese und Mischungsregulierung
Lichtung	◎-●	◣	◣	◣		←	—	→			◥	starke Dichteabsenkung
Ernte hiebsreifer Bäume	○-●	←	—	—	→	←	—	→			◥	schlagartige (Kahlschlag) oder sukzessive Entfernung der Altbäume
Vollumbruch	●			↔				↔			◥	verbesserte Anwuchsbedingungen für Bäume
oberflächige Bodenbearbeitung	○-◎			↔				↔			◥	verbesserte Etablierungs-/Anwuchsbedingungen für Bäume
Düngung	○-◎	←	—	→				↔			◥	Verbesserung der Nährstoffversorgung
Kalkung	○			↔				↔		◣	◣	Kompensation von sauren Stoffeinträgen, veränderte Pflanzenernährung
Wegebau	◎-●			←	→	←	—	→			◥	linienhafte Auflichtung, Unterbrechung der horizontalen Wasserleitung
Feinerschließung	○-◎			↔		←	—	→	◣	◣		linienhafte Auflichtung
Entwässerung	◎-●			←	→			↔			◥	Verringerung der Phasen mit Wasserüberschuss
Einführung von Baumarten	○-●			←	→	←	—	→			◥	Änderung der Konkurrenzverhältnisse

Bedeutung/Einfluss: ○ = gering, unbedeutend, selten, langsam, ◎ = mäßig, ● = stark, hoch, häufig, schnell,
⟷ = Spannweite, ◣ = abnehmend, ◥ = zunehmend.

Ein Hauptunterschied zwischen natürlichen und anthropogenen Waldstörungen besteht also in den Totholzmengen nach einer Störung.

Für natürliche Störungen, die nicht zum Absterben von Bäumen, sondern lediglich zu einer Verminderung ihrer Vitalität führen, wie Krankheiten oder unregelmäßige Überflutungen, gibt es wenig Analogien in den modernen forstlichen Nutzungssystemen. Ausnahmen sind gezielt gelegte Bodenfeuer zur Verminderung der brennbaren Biomasse (engl. *prescribed burning*) oder zur Einleitung der Naturverjüngung, die auf Boden und Baumbestand ähnlich wie natürliche Bodenfeuer wirken dürften (Pyne et al. 1996, Kraus & Zeppenfeld 2013). Auch einzelne Maßnahmen, wie das Abknicken von Bäumen bei der

Läuterung (siehe Kap. 6.1.6.2) bewirken nicht unmittelbar das Absterben von Bäumen. Umgekehrt zeigen die forstlichen Eingriffe zur Walderschließung, Entwässerung und überwiegend auch der Bodenbearbeitung keine Analogie zu natürlichen Störungen.

Meist treten natürliche Störungen unregelmäßig auf und erzeugen ein heterogenes räumliches Muster (Turner 2010). Dies ist bei forstlichen Eingriffen nur teilweise der Fall, da sie zumeist räumlich vergleichsweise homogen wirken (siehe jedoch Kap. 6.1.6). Durch natürliche Störungen entstehen in der Regel breite und unregelmäßig verlaufende Übergangszonen (Ökotone) zwischen gestörten und ungestörten Bereichen. Lineare forstliche Störungen wie Wegebau oder Erschließungslinien sowie die Grenzen zwischen forstlichen Beständen zeigen hingegen häufig einen geradlinigen Verlauf und weisen schmale Übergangszonen auf.

Natürliche Störungen betreffen zudem oft andere Waldentwicklungsphasen (Leibundgut 1993) als forstliche Störungen (Abb. 4). Alters- und Zerfallsphasen sowie ungeräumte, totholzreiche Windwurf- und Borkenkäferflächen kamen lange Zeit in regulär bewirtschafteten Hochwäldern nicht vor. Mittlerweile werden allerdings zunehmend Waldbausysteme eingeführt, bei denen Altbäume von der Ernte ausgenommen und in die nächste Wald-

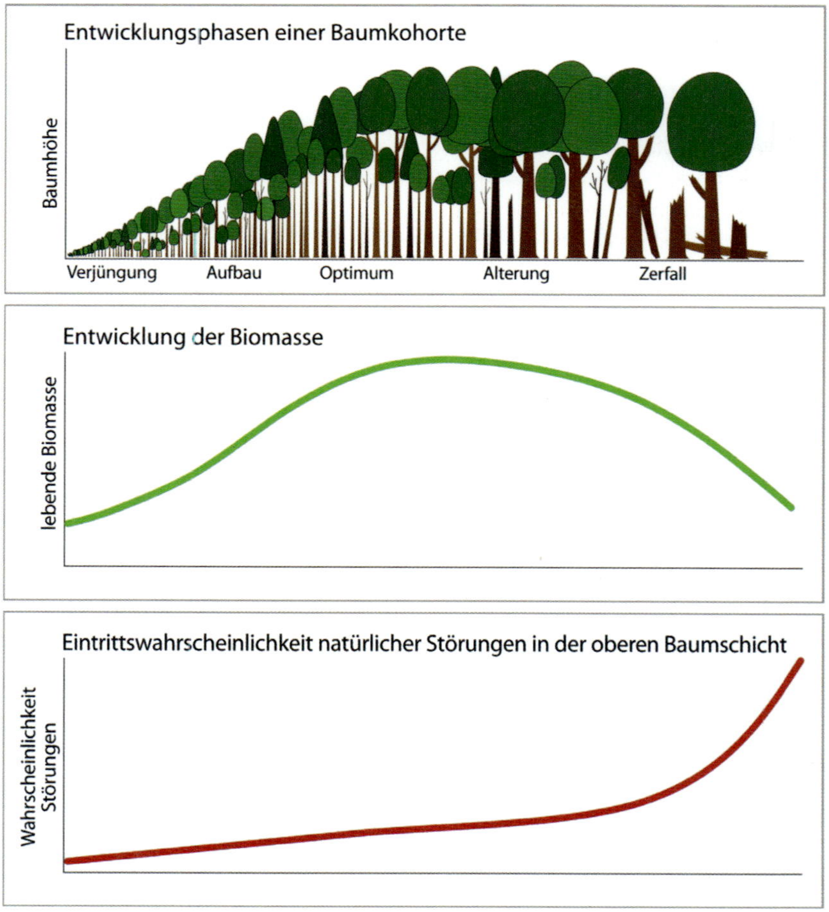

Abb. 4: Entwicklung der Biomasse (Mitte) und Häufigkeitsverteilung natürlicher Störungen (unten) in den verschiedene Entwicklungsphasen einer Baumkohorte (oben) von Laub- und Laubmischwäldern der gemäßigten Zonen (abgeleitet aus den Modellvorstellungen für Waldentwicklungsphasen nach Watt 1947, Korpel 1982, Oliver & Larson 1990). (© NW-FVA)

generation überführt werden (engl. *retention*, siehe Gustafsson et al. 2012; vgl. Kap. 6.1.6.3). Innerhalb des verkürzten Lebenszyklus eines Wirtschaftswaldes zeigen die forstlichen Störungen je nach Waldbausystem ein unterschiedliches zeitliches Verteilungsmuster. Die Ernte als die größte Störung findet konzentriert in der Optimalphase statt, auch wenn sich die betreffenden Eingriffe über mehrere Jahrzehnte erstrecken können. In dieser Entwicklungsphase sind in den Laub- und Laubmischwäldern der gemäßigten Zonen Störungen natürlicherweise noch vergleichsweise selten (Abb. 4). So kommt es in dieser Phase, von großflächigen Störungen infolge von außergewöhnlichen Witterungsereignissen abgesehen, in der Regel zu einer relativ geringen Mortalität (Holzwarth et al. 2013).

6.1.5 Waldbausysteme als anthropogene Störungen

Waldbauliche Systeme beschreiben Art, Stärke und Turnus der Baumentnahmen im Laufe des Bestandslebens zum Zweck der Pflege, Holzernte und Etablierung der nachfolgenden Baumgeneration (Verjüngung). Üblicherweise werden Nieder-, Mittel- und Hochwald unterschieden. In allen drei Betriebsarten liegt die durchschnittliche lebende Biomasse im Verlauf des Nutzungszyklus mehr oder weniger deutlich unter dem Niveau eines ungestörten Waldbestandes (Abb. 5). Nieder- und Mittelwälder werden in Form eines räumlich zusammenhängenden Systems von Hiebsflächen (den sogenannten Schlägen) bewirtschaftet. Da die Holzernte jedes Jahr auf einem anderen Schlag stattfindet, entspricht die Zahl der Schläge der Dauer des Nutzungsumlaufs – der sogenannten Umtriebszeit. Für Niederwälder sind Umtriebszeiten von 15–20 Jahren, für Mittelwälder von 20–30 Jahren üblich. Niederwälder dienen vor allem der Brennholzproduktion. In ihnen erreichen die Bäume nur geringe Dimensionen. Die Verjüngung erfolgt vegetativ durch Stockausschlag.

Im Mittelwald werden zusätzlich zu der Niederwaldschicht, der sogenannten Hauschicht, einzelne generativ vermehrte Bäume von der Nutzung zunächst ausgenommen (Kernwüchse). Sie bilden einen locker stehenden Oberstand, dessen Kronen 30–50 % der Fläche bedecken (Abb. 6). Der Mittelwald dient neben der Brennholzerzeugung (Hauschicht) auch der Produktion von Sägeholz (Kernwüchse). Eingriffe in die Hauschicht wurden bei beiden Betriebsarten in der Vergangenheit häufig mit einer Weidenutzung kombiniert. Im mitteleuropäischen Durchschnitt beträgt in Niederwäldern die oberirdische Biomasse 60 t ha^{-1} (±38 t ha^{-1}) und in Mittelwäldern 103 t ha^{-1} (±58 t ha^{-1}) (Albert & Ammer 2012). Eine deutlich höhere maximale Biomasse zeichnet den Hochwald mit, je nach Baumart, mehr als 400 t ha^{-1} aus. Zudem ist eine erheblich größere Schwankungsbreite im zeitlichen Verlauf charakteristisch. Der Holzzuwachs ist im Hochwald insgesamt deutlich größer als im Nieder- und Mittelwald (Albert & Ammer 2012). Das primäre Ziel des Hochwaldes ist die Produktion von Sägerundholz.

Aufgrund der mosaikartigen Gliederung in Schläge bieten Nieder- und Mittelwälder einen großen Reichtum an Grenzlinien und unterschiedlichen Entwicklungsphasen auf kleinem Raum. Diese in Mitteleuropa nur noch selten praktizierten Betriebsarten zeichnen sich daher durch einen hohen Arten- und Strukturreichtum auf kleiner Fläche aus (Schröder 2009, Fartmann et al. 2013). Das Nutzungsregime

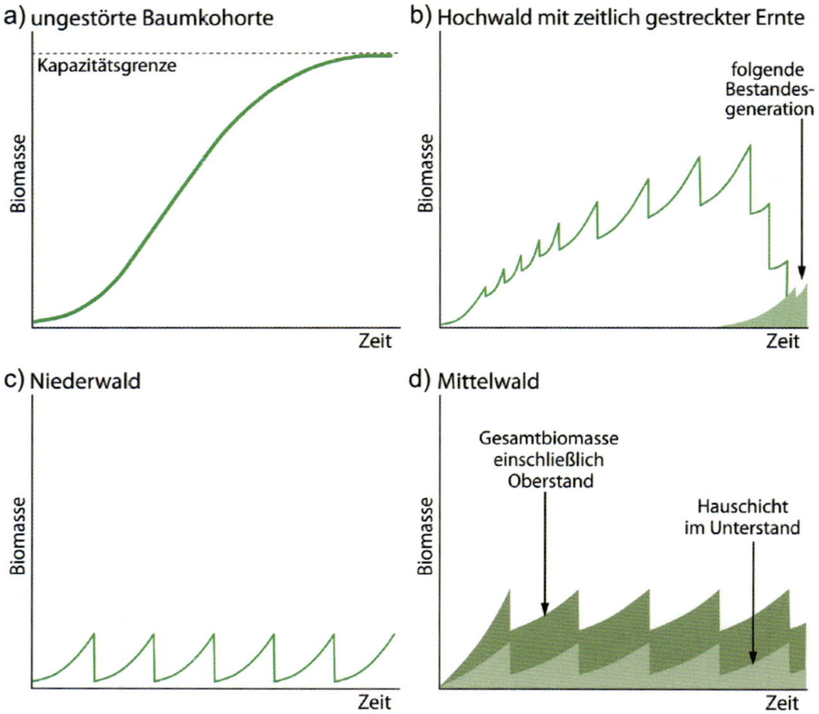

Abb. 5: Schematische Entwicklung der oberirdischen holzigen Biomasse einer ungestörten Baumkohorte (a) im Vergleich zu einem Hochwald mit zeitlich gestreckter Ernte (b), einem Nieder- (c) und einem Mittelwald (d). (©NW-FVA)

Abb. 6: Typischer Aufbau eines Mittelwaldes ein Jahr nach Schlagen der Hauschicht am Beispiel eines Bestandes im niedersächsischen Forstamt Liebenburg im nördlichen Harzvorland. (© NW-FVA)

weist allerdings nur wenige Analogien zu natürlichen Störungen auf. Weder das regelmäßige räumliche Muster aufeinander folgender flächenhafter Störungen noch die flächenhafte vegetative Verjüngung finden sich in natürlichen Wäldern Europas, von subalpinen Gebüschen und Latschenfeldern, die regelmäßigem Steinschlag und Schneeschub ausgesetzt sind, einmal abgesehen. Durch konsequent betriebene Nieder- und Mittelwaldwirtschaft erhalten ausschlagfähige Baumarten einen deutlichen Konkurrenzvorteil (Matula et al. 2012). Eine gewisse Analogie besteht zwischen dem Oberstand von Mittelwäldern und Windwurfflächen, auf denen 30–50 % des Bestandes überlebt haben. Allerdings sind die Qualitäten der verbleibenden Bäume sehr unterschiedlich: Im Mittelwald herrschen vitale Bäume mit großen Kronen vor, während auf natürlichen Windwurfflächen eher unter- und zwischenständige und teilweise gebrochene Bäume verbleiben (Abb. 7).

Eine deutlich größere Analogie besteht zwischen Hoch- und natürlichen Laub- und Nadelwäldern. So erreichen die Bäume im Hochwald annähernd ihre maximale natürliche Höhe. Auch der maximal erreichte Biomassevorrat des Hochwaldes kurz vor dem Beginn der Erntephase entspricht in deutlich größerem Maße dem eines Naturwaldes. Beispielsweise kann ein 60-jähriger Douglasienbestand bereits die Hälfte der Biomasse eines 450-jährigen Naturwaldes aus Douglasie und Hemlocktanne erreichen (Barnes et al. 1998). In mitteleuropäischen Rotbuchen-Hochwäldern entspricht der Volumenvorrat im Alter von 120 Jahren (Ertragstafel Wiedemann 1931) dem durchschnittlichen Vorrat eines Rotbuchen-Urwaldes von 582 m^3 ha^{-1} (Hobi et al. 2015). Der Durchschnittsvorrat eines Buchenhochwaldes im Altersbereich zwischen 30 und 120 Jahren beträgt ca. 350 m^3 ha^{-1}. Für eine Bilanz müssen hierzu die jeweiligen Entnahmen im Zuge der Nutzung und das vorhandene Totholz hinzugerechnet werden. In den von Hobi et al. (2015) untersuchten Buchenurwäldern der Westkarpaten lag die Totholzmenge bei 162,5 ± 8,4 m^3 ha^{-1}.

Je nach dem regional vorherrschenden natürlichen Störungsregime ändert sich auch die Einschätzung der Naturnähe der verschiedenen Hiebsformen. Während in den Laubwäldern der gemäßigten Zonen kleinräumige Störungen dominieren (Abb. 7; Seymour et al. 2002, Hobi et al. 2015), sind großflächige Windwürfe, Feuer und Insektenbefall in borealen Wäldern wesentlich häufiger. In hochmontanen und subalpinen Lagen führen Hangrutschungen und Lawinenabgang ebenfalls zu Störungen auf großen Flächen (Bebi et al. 2009). Allerdings kommen auch in tieferen Lagen in den südosteuropäischen Rotbuchen-Urwäldern großflächige Störungen durchaus vor (Nagel et al. 2014, Hobi et al. 2015). Dies zeigen Sturmwurfflächen in Rotbuchen-Urwäldern (Abb. 7) und Naturwaldreservaten (Willig 2002, Schmidt & Meyer 2015). Seltene starke Eingriffe auf einer größeren zusammenhängenden Fläche tragen daher auch im nemoralen Laubwald zur Erhöhung der Naturnähe bei und sind mit natürlich vorkommenden Störungen kongruent (Foster & Boose 1992). Grundsätzlich kann – hinsichtlich der gestörten Fläche – keine Hiebsform als naturfern gelten, solange sie nicht deutlich häufiger oder seltener als in der Natur stattfindende Störungen praktiziert wird (Abb. 8). Waldbauliche Hiebsvarianten schaffen demnach keine anderen Lichtstellungen als jene, die auch bei natürlichen Störungen auftreten kön-

Abb. 7: Im ost-slowakischen Rotbuchen-Urwald Havesova ist im Jahr 2014 eine 8 Hektar große Windwurffläche entstanden. (© NW-FVA)

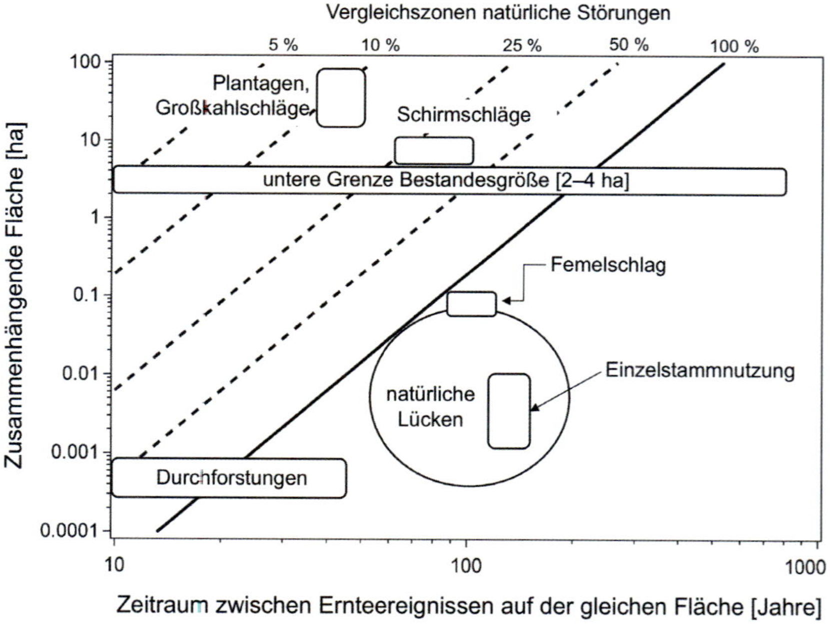

Abb. 8: Frequenz und Flächengröße der durch verschiedene Hiebsformen verursachten Störungen im Vergleich zu natürlichen Störungen in nordostamerikanischen Laub- und Laubmischwäldern der gemäßigten Zone (aus Seymour et al. 2002, übersetzt). Die Vergleichszonen geben die Wiederkehr von Hiebsereignissen im Vergleich zur Wiederkehr natürlicher Störungen gleicher Flächendimension wieder (% des Rotationszeitraums natürlicher Störungen). Die alle ca. 100 Jahre erfolgende Wiederkehr von Femelschlägen entspricht demnach dem natürlichen Störungsregime.

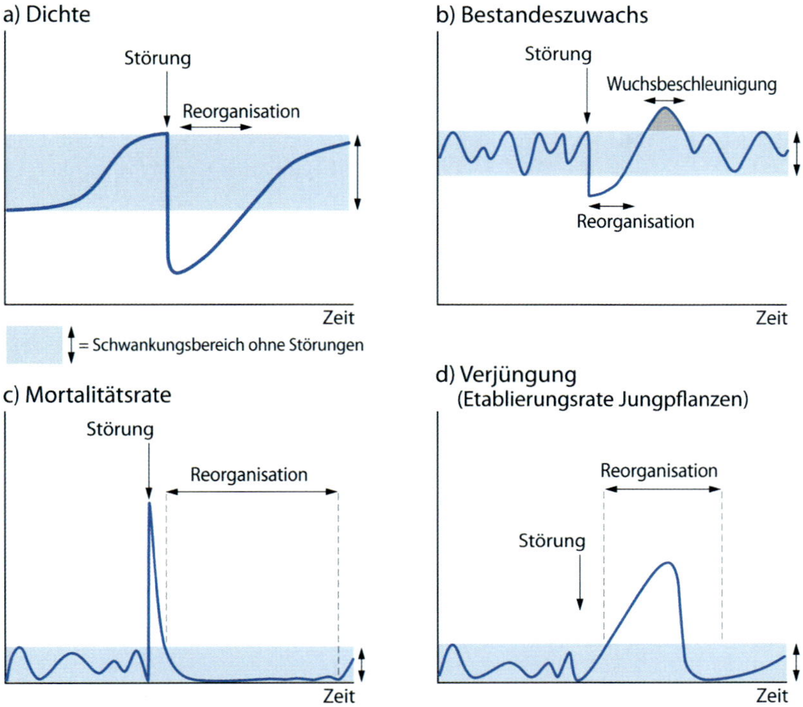

Abb. 9: Mögliche Veränderung der Bestandsdichte und endogener Prozesse in Wäldern durch Störungen: Dichte (a), Zuwachs (b), Mortalität (c) und Verjüngung (d).

nen. Bezüglich anderer Aspekte, wie z. B. der Totholzdynamik, unterscheiden sich aber quasi alle Waldbausysteme deutlich von natürlichen Störungen.

6.1.6 Störungswirkungen einzelner forstlicher Maßnahmen

Zur Bewertung von Störungen sind in erster Linie ihre Auswirkungen auf die Strukturen und Prozesse der betroffenen Ökosysteme und nicht die Kategorisierung nach anthropogenem oder natürlichem Ursprung entscheidend (Bazzaz 1983). Störungen verändern mehr oder weniger schlagartig die Dichte und damit auch die Konkurrenzprozesse in Waldbeständen sowie das Wachstum, die Mortalität oder die Verjüngungsrate von Bäumen und führen typischerweise zu einer Phase der Reorganisation des Waldökosystems (Abb. 9). Nur wenige forstliche Maßnahmen sind derart drastisch, dass sie zum Verlassen des natürlichen (ungestörten und gestörten) Schwankungsbereichs des Ökosystems führen. Auf Dauer können viele Pionierbaumarten nur überleben, wenn größere Störungen auftreten, da sie sich in geschlossenen Wäldern nicht erfolgreich verjüngen.

Im Kern können forstliche Maßnahmen auf zwei grundlegende Managemententscheidungen zurückgeführt werden: die Baumartenwahl und die Regulation der Bestandsdichte (Schall & Ammer 2013). Ökologisch gesehen kommt es durch die Baumartenwahl mitunter zu einer mehr oder weniger deutlichen Abweichung von den am jeweiligen Standort unter natürlichen Verhältnissen am Waldaufbau beteiligten Arten, während die Regelung der Bestandsdichte zu einer Beeinflussung der inner- und zwischenartlichen Konkurrenz führt und eine Neuverteilung der Ressourcen unter den verbleibenden Bäumen bewirkt (Ammer 2008). Die Eingriffe unterscheiden sich je nach der Entwicklungsphase, in der sich ein Bestand befindet. Zunächst geht es bei der sogenannten Jungwuchspflege um begleitende Maßnahmen zur Sicherung der etablierten Jungbäume. Hier trifft die forstliche Störung also z. B. die konkurrierende Vegetation. Sodann werden in jüngeren Beständen Läuterungen durchgeführt, um Bäume mit schlechter Stammqualität zu entnehmen bzw. eine gewünschte Baumartenmischung zu erhalten. In diesem Fall greift die waldbauliche Störung in das inner- und zwischenartliche Konkurrenzgefüge ein, denn es werden nicht notwendigerweise immer die Bäume begünstigt, die sich ohne den Menschen durchgesetzt hätten. Bei den nachfolgenden Durchforstungen werden die qualitativ besten Bäume bzw. Individuen bestimmter Baumarten gefördert, indem Konkurrenten entfernt werden. Nach Erreichen des Produktionsziels erfolgt schließlich die Ernte oder Endnutzung des Bestandes. Je nach der Geschwindigkeit des Vorgehens und der entnommenen Holzmenge schwanken die von dieser Art der Störung ausgehenden Wirkungen (siehe unten).

6.1.6.1 Kulturpflege, Jungwuchspflege

Im Rahmen der Kulturpflege wird eventuell bedrängende Bodenvegetation zugunsten gepflanzter, gesäter oder natürlich angesamter Bäumchen zurückgedrängt (Davis et al. 1998). Im Gegensatz zum angloamerikanischen Raum, wo hierfür häufig Herbizide eingesetzt werden, erfolgt dies in Mitteleuropa in der Regel auf mechanischem Weg (Ammer et al. 2011). Die Umverteilung der Ressourcen zugunsten der gewünschten Jungbäume führt zu einem gesteigerten Wachstum (Harrington et al. 1999). Zusätzlich kommt es zu einer veränderten Verteilung der Biomasse. So geht eine Erhöhung der Lichtmenge in der Regel mit einer Vergrößerung der Wurzelbiomasse im Verhältnis zur Gesamtbiomasse einher (Shipley & Meziane 2002, Schall et al. 2012).

6.1.6.2 Läuterung und Durchforstung

Die Anzahl der Pflanzen eines gleichaltrigen voll bestockten Bestandes nimmt mit der Zunahme der mittleren Pflanzenbiomasse entlang einer Ausdünnungslinie auch ohne menschliche Einflussnahme gesetzmäßig ab (Reineke 1933, Yoda et al. 1963). Dieser dichteabhängigen Mortalität kann durch ausreichend starke Eingriffe vorgegriffen werden. In der Dickungsphase, also der Phase vom Erreichen des Bestandsschlusses bis zum Beginn der natürlichen Astreinigung bzw. einem Durchmesser der herrschenden Bäume von ca. 15 cm in Brusthöhe, werden vor allem beim Laubholz kaum Eingriffe durchgeführt, die den natürlichen Absterbeprozess aufhalten, da im Rahmen der Läuterung meist nur einzelne qualitativ unbefriedigende Individuen entfernt werden. Bei Nadelbäumen erfolgt hingegen aus Stabilitätsgründen (z. B. zur Vermeidung von Schneebruch) häufig schon in dieser Phase eine Stammzahlreduktion.

Die Auswirkungen von Durchforstungen hängen von ihrer Frequenz, Stärke und Art ab. Die sogenannte Niederdurchforstung greift im Wesentlichen in die beherrschte Bestandsschicht ein, sodass sich die Konkurrenzsituation für die dominanten Bäume nur unwesentlich ändert. Sehr viel wirksamer sind in dieser Hinsicht dagegen Eingriffe in der herrschenden Schicht (Hochdurchforstungen), wodurch den verbliebenen Bäumen mehr Ressourcen zur Verfügung gestellt werden. Darauf reagieren diese in Abhängigkeit von ihrem Alter und der baumartenspezifischen Wuchsdynamik mit einer Vergrößerung der Kronenoberfläche, die sich mit einem gewissen zeitlichen Verzug in einer erhöhten Bestandsproduktivität niederschlägt. Die kann, sofern die Dichte nicht zu stark abgesenkt wurde, die Produktivität bei maximaler Dichte übersteigen (Assmann 1961, Pretzsch 2004; «Wuchsbeschleunigung» in Abb. 9b). Allerdings ist nach wie vor nicht abschließend geklärt, wie lange der produktionssteigernde Effekt anhält, und ob – im Vergleich zu einem unbehandelten Bestand – tatsächlich über die gesamte Lebensspanne eines Bestandes hinweg eine höhere Produktivität erreicht werden kann (Curtis et al. 1995, Zeide 2001). Die Bestandsdichte, bei der eine maximale Produktivität erreicht wird, ist vom Alter und mittleren Durchmesser des Bestandes abhängig (Zeide 2004), zudem ist sie bei Lichtbaumarten geringer als bei Schattbaumarten (Pretzsch 2005). Durchforstungen beschleunigen die individuelle Pflanzenentwicklung und gewährleisten damit, dass ein bestimmter Zieldurchmesser schneller erreicht wird. Zudem können Hochdurchforstungen das Überleben von unterdrückten Bäumen sichern. Gleiches gilt für die Erhaltung von konkurrenzschwächeren Arten. Beispiele hierfür sind die Förderung von Eichen oder von Laubbäumen wie Esche und Ahornarten in Buchenbeständen (Nüsslein 1995). Auch in natürlichen Wäldern werden bestimmte Baumarten z. B. in der Verjüngungsphase durch das Entstehen von Bestandslücken begünstigt (Poulson & Platt 1996).

Wie neuere Untersuchungen gezeigt haben (Kohler et al. 2010, Gebhardt et al. 2014), führen Durchforstungen auch zur Vermeidung von Trockenstress. Zum einen werden Interzeptionsverluste verringert und damit die den Waldboden erreichende Niederschlagsmenge erhöht (Stogsdili et al. 1992, Simonin et al. 2007). Zum anderen sinkt die Bestandstranspiration deutlich ab (Bréda et al. 1995, Gebhardt et al. 2014). Dadurch erhöht sich die Menge des zur Verfügung stehenden Wassers (Aussenac & Granier 1988, Gebhardt et al. 2014). Diese Effekte sind analog zur Lichtextinktion ebenfalls nicht proportional zur Bestandsdichte (Bréda et al. 1995). Die Wirksamkeit der Eingriffe ist damit von der Stärke der Störung abhängig. Sehr starke Eingriffe können allerdings zu einer üppigen Entwicklung der Bodenvegetation führen (Son et al. 2004). Die positive Wirkung von Durchforstungen auf Waldbestände hält nach Trockenheitsereignissen mehrere Jahre an. Bei häufiger werdenden Trockenereignissen (Lindner et al. 2014) zählen wiederholte und kräftige Eingriffe daher zu den wirksamen Anpassungsmaßnahmen von Waldbeständen an den Klimawandel (Ammer 2017).

Hinsichtlich der Auswirkungen von Durchforstungseingriffen auf die mechanische Stabilität und damit die Empfindlichkeit gegenüber künftigen Störungen durch Wind und Schnee sind zwei aufeinander folgende Phasen zu unterscheiden. Unmittelbar nach einem Eingriff sinkt die Stabilität des Bestandes zunächst ab (Richter 2003, Albrecht et al. 2012), geht danach jedoch in eine längere Phase höherer Stabilität über, da Einzelindividuen durch morphologische Anpassungen gegenüber mechanischen Belastungen widerstandsfähiger werden. So sinkt infolge von Durchforstungen das Höhen-Durchmesser-Verhältnis und die Kronenlänge steigt an. Beides kann das Windwurfrisiko verringern (Mayer & Schindler 2002).

6.1.6.3 Endnutzungen, Verjüngungsverfahren

Ernte des Altbestandes

Mit der Ernte geht je nach Stärke des Eingriffs und der davon betroffenen Fläche eine mehr oder weniger drastische Veränderung der abiotischen Bedingungen einher. Diese betrifft nicht nur das Strahlungsangebot und das Temperaturregime, sondern auch die unterirdische Ressourcenverfügbarkeit. Die Endnutzung ist damit zumeist der Startpunkt für die Etablierung und/oder Entwicklung einer neuen Baumgeneration.

Die Verfahren unterscheiden sich im Wesentlichen hinsichtlich der betroffenen Fläche, der Entnahmemenge je Eingriff und der Verteilung der entnommenen Bäume auf der Fläche sowie der Zahl der Eingriffe (Abb. 10). Der stärkste Wechsel der Bedingungen tritt bei einem Kahlhieb ein, bei dem keine Altbäume auf der Fläche verbleiben. Daraus resultieren ähnlich wie bei großflächigen natürlichen Störungen drastische Änderungen der abiotischen Bedingungen (Abb. 11), wie a) der Zunahme von Temperaturdifferenzen, b) der Windgeschwindigkeit, c) der Strahlung, d) der den Waldboden erreichenden Wassermenge, e) der Evaporation von der Bodenoberfläche und der Transpiration durch die Schlagflora, f) der Abnahme der Luft- und Bodenfeuchtigkeit, g) der Erhöhung der Streuabbaurate, womit Humusverluste einhergehen können sowie h) einer verstärkten Stickstoff-Mineralisation (Chen et al. 1993, Carlson & Groot 1997). Je nach der Geschwindigkeit, mit der sich eine

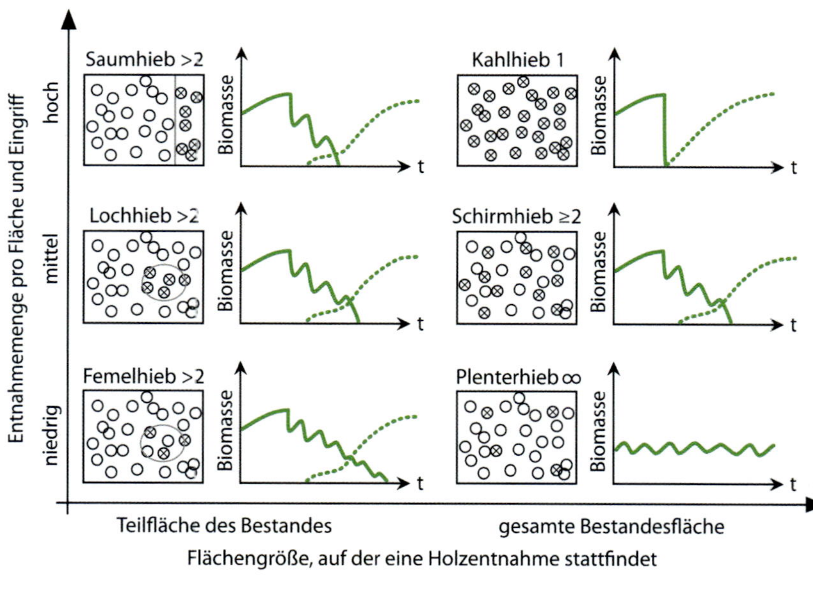

Abb. 10: Einordnung von typischen Hiebsformen zur Ernte von Holz und zur Verjüngung von Waldbeständen nach Entnahmemenge pro Teilfläche und Eingriff und der Fläche, auf der diese Eingriffe stattfinden. Die Zahlen geben an, wie häufig Eingriffe bis zur vollständigen Nutzung des Bestandes durchgeführt werden. Für alle Hiebsvarianten sind zudem das räumliche Vorgehen (jeder Kreis steht für einen Baum, Kreise mit Kreuz sind Bäume, die in einem Eingriff entnommen werden) und der Verlauf der Biomasse des Bestandes (gestrichelte Linie: Biomasse der neuen Baumgeneration) über die Zeit dargestellt (Erläuterungen siehe Text). (© Abt. Waldbau und Waldökologie der gemäßigten Zonen der Forstl. Fak. der Georg-August-Univ. Göttingen)

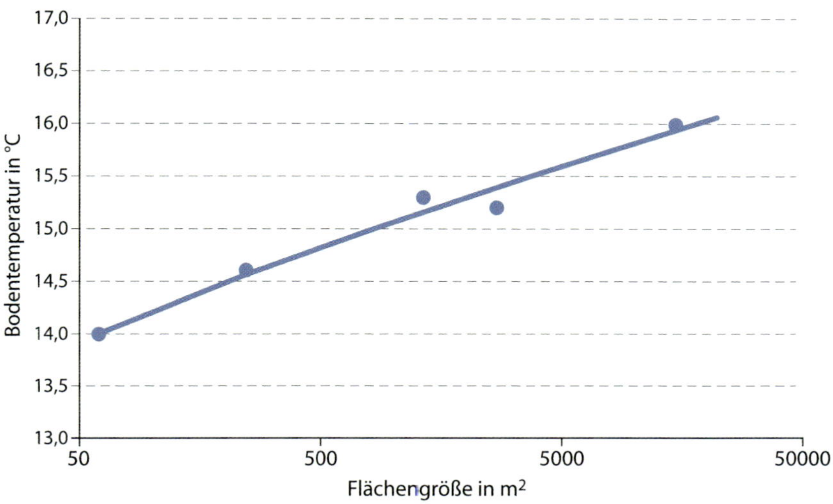

Abb. 11: Veränderung der Bodentemperatur (5 cm im Boden, Mittelwerte von Juni bis September) mit der Flächengröße, auf der ein Eingriff stattgefunden hat. Aus Gründen der Übersichtlichkeit wurde auf der Abszisse eine logarithmische Darstellung gewählt. Die größte Fläche repräsentiert einen 1,5 ha großen Kahlschlag, die kleinste eine 60 m² große Lücke (Daten aus Carlson & Groot 1997). (© Abt. Waldbau und Waldökologie der gemäßigten Zonen der Forstl. Fak. der Georg-August-Univ. Göttingen)

flächige Bodenvegetation einstellt, kann dies mit temporären Stickstoffverlusten verbunden sein (Lindo & Visser 2003, Weis et al. 2006, Klinck et al. 2013). Hinsichtlich der Bestandsverjüngung begünstigen diese Verhältnisse frühsukzessionale Arten und/oder solche, die, wie Fichte und Kiefer, an die Folgen hoher Einstrahlung und Fröste angepasst sind (Fisichelli et al. 2014).

Eine vollständige Entnahme von Bäumen auf kleinerer Fläche wird beim Lochhieb (Durchmesser häufig ca. 30 m; vgl. Wagner 1999, Moslonka-Lefebvre et al. 2011) und beim Saumhieb (Breite entspricht maximal der Höhe der Altbäume; vgl. Röhrig et al. 2006) durchgeführt. Hier fällt die Veränderung der Umweltbedingungen nicht so drastisch aus wie beim Kahlschlag. Sowohl Loch- als auch Saumhiebe führen zu einem Gradienten an ökologischen Bedingungen, sodass Baumarten mit unterschiedlichen Ansprüchen gleichzeitig verjüngt werden können (Abb. 12). Bei Saumhieben steigt das Strahlungsangebot am Waldboden vom Bestandsinneren über den Bestandsrand bis auf die geerntete Fläche kontinuierlich an. Entsprechend nimmt auch die unterirdische Ressourcenverfügbarkeit zu. Bei einem Lochhieb erhöht sich diese zur Lochmitte hin deutlich (Ritter et al. 2005, Herrmann 2014), während der höchste Strahlungsgenuss bei ebener Lage – auf der Nordhalbkugel – am Nordrand des Lochs erreicht wird (Wagner 1999). Sowohl beim Loch- als auch beim Saumhieb vergehen bis zur vollständigen Nutzung des Bestandes Jahre bis Jahrzehnte.

Auch bei einem Schirmschlag und beim Femelschlag verteilt sich die Ernte auf mehrere Eingriffe auf derselben Fläche und erstreckt sich meist über mehrere Jahrzehnte. Da Schirmhiebe stets auf der gesamten Bestandsfläche geführt werden, schaffen sie relativ homogene ökologische Bedingungen. Hingegen erfolgen die initialen Auflichtungen beim Femelschlag auf Teilflächen (in der Regel in Gruppengröße, d.h. zwischen 500 und 1000 m²), sodass heterogenere Ressourcenverhältnisse als beim Schirmschlag entstehen. In beiden Fällen bleiben bei den initialen Eingriffen Altbäume stehen: beim Schirmschlag verteilt auf

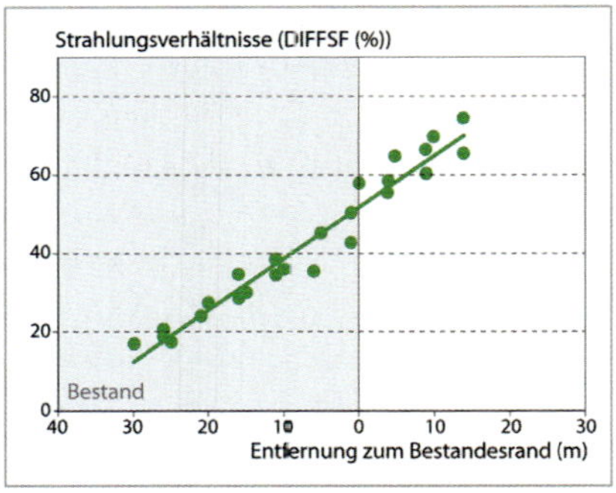

Abb. 12: Strahlungsverhältnisse (DIFFSF = diffuse Strahlung in % der Freilandhelligkeit) und Höhen der Buchenverjüngung im Innen- und Außenbereich eines Saumes (aus Wagner & Spellmann 1993). (© Abt. Waldbau und Waldökologie der gemäßigten Zonen der Forstl. Fak. der Georg-August-Univ. Göttingen)

der ganzen Fläche, beim Femelschlag sowohl auf der Teilfläche als auch auf der unberührten Restfläche des Bestandes. Diese Bäume reduzieren die den Verjüngungspflanzen zur Verfügung stehenden Ressourcen (Ammer 2002, Petriţan et al. 2011). Die Wirkung des Schirms wird vor allem für die Konkurrenzsteuerung innerhalb der Verjüngung und für deren qualitative Entwicklung genutzt. Von Lüpke und Hauskeller-Bullerjahn (2004) konnten am Beispiel eines sehr ungleichmäßig aufgelichteten 160-jährigen Buchenbestandes (Belichtung am Waldboden zwischen 6 % und 67 % des Freilandes) zeigen, wie die Relationen des Höhenwachstums zwischen Eiche und Buche und damit die Baumartenzusammensetzung gesteuert werden kann. So erreichten junge Eichen ab einem bestimmten Schwellenwert an Strahlung eine größere Höhe als junge Buchen. Allerdings verschob sich dieser Schwellenwert in nur drei Jahren in Richtung eines höheren Strahlungswertes. Dies bedeutet, dass die Lichtmenge, die die Eichen benötigen, um gegenüber der Buche konkurrenzfähig zu bleiben, mit dem Alter steigt. Dies kann durch geeignete Auflichtungen des Altbestandes gewährleistet werden (von Lüpke & Hauskeller-Bullerjahn 2004). Die neben der Steuerung von Mischungen zweite forstlich bedeutende Funktion eines Bestandsschirms besteht darin, dass Bäumchen unter Schirm aufgrund der Ressourcenknappheit weniger und dünnere Äste ausbilden (Weidig et al. 2014). Eine dritte Wirkung besteht in der wirkungsvollen Begrenzung der Etablierung einer mit den Verjüngungspflanzen um Ressourcen konkurrierenden Bodenvegetation (Kuuluvainen & Pukkala 1989, Ammer 1996).

Ein Verfahren, bei dem nur einzelstammweise und in einzelnen Eingriffen nur geringe Erntemengen entnommen werden, ist die sogenannte Plenterung (Abb. 10; Schütz 1994). Kennzeichnend für die Plenterung ist, dass ein bestimmter Bestandsvorrat weder unter- noch überschritten werden darf, da sonst die typische Mehrschichtigkeit verloren geht. Das Störungsregime entspricht weitgehend der kleinräumigen Lückendynamik natürlicher Laubmischwälder aus Schattbaumarten. Die Unterbrechung des Kronenschlusses soll eine kontinuierliche Erneuerung des Baumbestandes gewährleisten.

Mit diesem Verfahren sind gleichmäßigere Licht- und Temperaturverhältnisse verbunden als bei den zuvor genannten (Burschel & Huss 2003, Ehbrecht et al. 2017), bei denen sich mehr oder weniger gleich alte Bestände ausbilden, die auf Landschaftsebene ein Mosaik an unterschiedlichen Entwicklungsphasen ergeben. Die daraus resultierende

Unterschiedlichkeit scheint sich auf die Biodiversität positiv auszuwirken, während die Plenterung nur einem an dunklere Verhältnisse angepassten und damit eingeschränkteren Artenspektrum Platz bietet (Schall et al. 2018).

Alte und dicke Bäume haben für die Biodiversität eine hohe Bedeutung, da sie besonders häufig Mikrohabitate tragen (Vuidot et al. 2011, Larrieu & Cabanettes 2012), die wichtige Lebensräume für seltene Arten darstellen (Hofmeister et al. 2016). Dem wird im sogenannten Retentionsverfahren (Gustafson et al. 2007, Aubry et al. 2009) Rechnung getragen, bei dem in Abwandlung der klassischen Hiebsformen die Bäume eines Altbestandes nicht vollständig genutzt, sondern, zumeist in Gruppen, zu einem gewissen Teil (ca. 10 Bäume ha^{-1}) dauerhaft auf der Fläche belassen werden, wo sie sich weiterentwickeln und nach ihrem natürlichen Tod als stehendes oder liegendes Totholz ebenfalls positive Wirkungen auf die Biodiversität entfalten (Müller & Bütler 2010, Seibold et al. 2015). Ein Teil der Altbäume wird demnach in die kommende Waldgeneration übernommen. Dieses Vorgehen zeichnet sich durch eine höhere Naturnähe aus als Hiebsformen mit vollständiger Ernte und kann dazu beitragen, dass die an Altbäume gebundene Artenvielfalt im Wald erhalten wird (Rosenvald & Lõhmus 2008, Fedrowitz et al. 2014).

Maßnahmen zur Etablierung der Verjüngung

Zumeist geht die Ernte hiebsreifen Holzes mit Maßnahmen der Bestandsverjüngung einher. Vereinzelt kommt es dabei zu weiteren Maßnahmen, die vor allem eine Störung für die Bodenvegetation darstellen. Dazu gehören die Bodenbearbeitung und die Schlagräumung, d. h. die Beseitigung von Kronenmaterial. Während die Bodenbereitung vor allem in Skandinavien auf großer Fläche üblich ist (Örlander et al. 1996), kommt sie in den gemäßigten Zonen Europas nur gelegentlich, z. B. zur Unterstützung der Naturverjüngung von Kiefer (Lehnigk & Ammer 2012), zum Einsatz. Während früher analog zur Landwirtschaft gepflügt wurde, erfolgt heute in diesen Fällen lediglich eine Bodenverwundung, die den Mineralboden freilegt. Die Schlagräumung findet in der Regel bei jenen Hiebsverfahren statt, bei denen viel Holz pro Eingriff anfällt und die Fläche umgehend begeh- und bepflanzbar gemacht werden soll oder bei denen die Gefahr besteht, dass sich im Kronenmaterial Insekten vermehren, die bei hoher Dichte nachfolgend auch lebende Bäume befallen können (Lobinger 2006). Während hierzu früher das Kronenmaterial mit Fahrzeugen auf große Haufen oder Streifen geschoben wurde, wird es heute häufig abtransportiert und thermisch verwertet. Je nach Nährstoffausstattung der Böden kann damit ein empfindlicher Verlust an Nährstoffen verbunden sein (Meiwes et al. 2008), weshalb die Entnahme z. B. in Zertifizierungsrichtlinien reglementiert wird. In der Regel verbleibt das Kronenmaterial aber im Wald. Pflanzmaßnahmen, sei es um durch Störungen entstandene Lücken durch den Anbau von schnellwüchsigen (gegebenenfalls fremdländischen) Baumarten zu schließen oder im Zuge des sogenannten Voranbaus schattentolerante Baumarten unter dem Schirm von Altbeständen zu etablieren, stellen zwar selbst keine Störungen im engeren Sinn dar, nehmen aber auf die Reaktion eines Waldökosystems auf eine Störung Einfluss.

6.1.6.4 Indirekte Effekte der Waldnutzung

Erschließung

In dauerhaft genutzten Waldlandschaften finden sich ein permanentes Netz aus befestigten LKW-fähigen Wegen sowie Erschließungs- und Rückelinien innerhalb der Bestände. Die Anlage eines befestigten Weges stellt eine unmittelbare Störung dar: Es werden ein Waldinnensaum geschaffen, der gewachsene Boden entfernt, Wegebaumaterial eingebracht, und meist wird ein Seitengraben zur Entwässerung des Wegekörpers angelegt. Im Wurzelraum der Randzone wird die Wasserführung mehr oder weniger stark verändert. Zudem verändert das Erschließungssystem die Wasserführung auf der Landschaftsebene und hat negative Effekte auf Fließ- und Stillgewässer (Lindenmayer & Franklin 2002). In grundwassernahen Waldlandschaften dienen die Wegeseitengräben auch der Entwässerung der Waldbestände, indem sie das aus einem Grabensystem ankommende Wasser abführen. Wald- und Rückewege fungieren zudem bei Starkregenereignissen als Abflussrinnen und beschleunigen daher den Oberflächenabfluss (Witzig et al. 2004). In bodensauren Waldlandschaften führen Wege aus basischem Kalkschotter meist auch zu einer starken Veränderung der die Wege begleitenden Flora (Mrotzek et al. 2000). Waldwege sind zudem Ausbreitungslinien für Ruderalarten und Neophyten, da deren Diasporen mit Fahrzeugen (Ehbrecht et al. 2017) und durch Schalenwild, das sich an Wegen häufig zur Nahrungsaufnahme aufhält (Heinken et al. 2005), transportiert werden.

Die Wirkung von unbefestigten Rückewegen ist weniger ausgeprägt, da sie schmaler sind und weder Material eingebracht noch Seitengräben angelegt werden. Allerdings ist der gewachsene Boden unmittelbar der Druckbelastung durch Erntemaschinen und Transportfahrzeuge ausgesetzt. Hierdurch tritt eine Bodenverdichtung ein, die auf empfindlichen Böden zu einer Einschränkung der Sauerstoffversorgung, einer Zunahme von Staunässe und einer Reduktion der Stickstoffversorgung führt (Hildebrand 2008, Ehbrecht et al. 2017). Bodenverdichtungen sind generell auf lehmigen und tonigen sowie auf sauren Böden mit geringer biologischer Aktivität wenig reversibel (Ebrecht & Schmidt 2005, Wilpert von & Schäffer 2006). Ebeling et al. (2016) stellten bei biologisch aktiven Böden auf Kalkgestein und auf Lößböden über Sandstein 20 Jahre nach dem Befahren eine Erholung der Bodenstruktur fest. Sandig-lehmige Podsole zeigten über denselben Zeitraum hingegen kaum Erholung.

Entwässerung

Waldbestände auf grundwassernahen und staunassen Standorten werden oft dauerhaft entwässert, um sie rentabel bewirtschaften zu können. Vielfach wurden im 19. und 20. Jahrhundert engmaschige Entwässerungssysteme angelegt (Abb. 13). Staunasse Standorte wurden in Deutschland bis in die 1980er-Jahre in vielen Fällen vor der Pflanzung flächenhaft umgebrochen (Dertz 1972; Abb. 14) – ein Vorgehen, das heute aus Gründen des Bodenschutzes abgelehnt wird.

Auf Moorstandorten kommt es hierdurch zu einer starken Sackung und Torfzehrung (Kuntze 1993). Aber auch auf mineralischen Standorten werden Wasser- und Stoffhaushalt sowie die Artenzusammensetzung der Bodenvegetation erheblich verändert. Insbesondere auf wechselnassen Böden werden die Extreme von hoch anstehendem

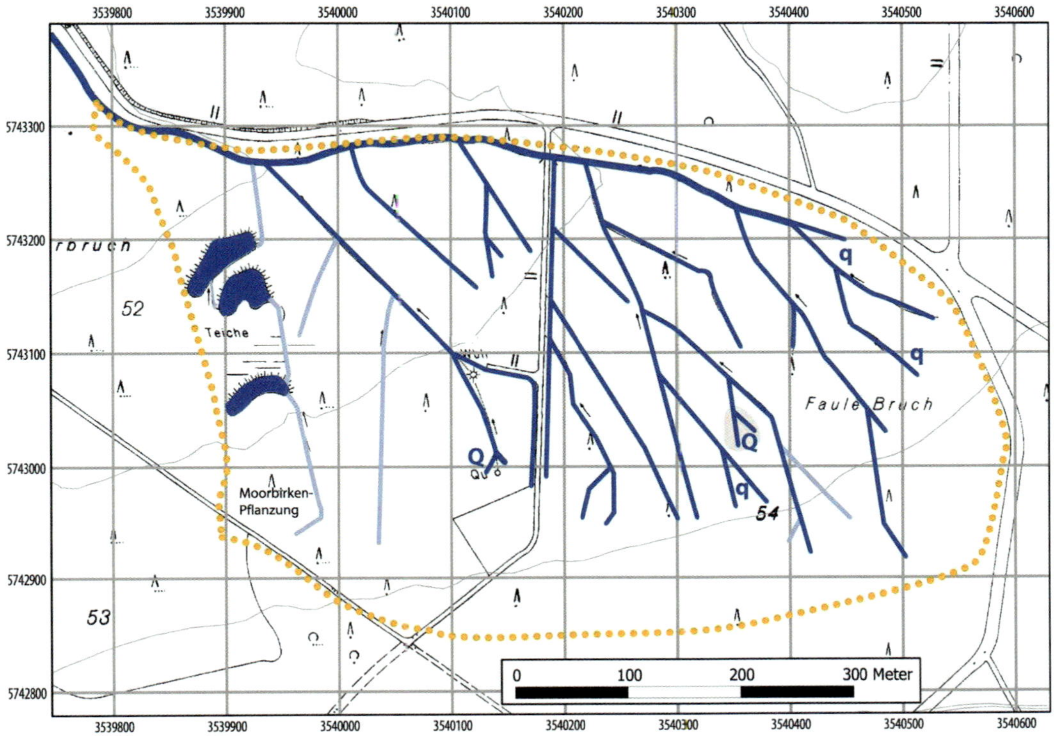

Abb. 13: Entwässerungssystem (blaue Linien) in einem Waldbestand im Solling/Niedersachsen (aus Küchler 2011). (© NW-FVA)

Grund- und/oder Stauwasser gedämpft. Die gleichmäßigere Wasserführung kann sich positiv auf die Vitalität von Waldbäumen auswirken, da Phasen einer defizitären Sauerstoffversorgung im Oberboden verkürzt werden. Hierdurch können die Konkurrenzverhältnisse verschoben werden, da sich die Baumarten stark in ihrer Toleranz gegenüber Staunässe, zeitweiligem Überstau und Überflutung unterscheiden (Glenz et al. 2006). Eine Flächenentwässerung erhöht zwar den Anwuchserfolg von Pflanzungen, verlängert den Zeitraum für eine bodenschonende Holzernte und vermindert damit indirekt Bodenschäden, ist allerdings aus Sicht der Kohlenstoffspeicherung, des Landschaftswasserhaushaltes und des Naturschutzes häufig negativ zu bewerten (Niemelä et al. 2005).

Düngung und Kalkung

Voll- oder Ganzbaumnutzungen in Verbindung mit Nährstoffverlusten durch saure Stoffeinträge können zu einer Unterschreitung von kritischen Grenzen einer nachhaltigen Nährstoffversorgung führen (Stüber et al. 2008, Waldner et al. 2015). Bis in die 1980er-Jahre war Düngung im Wald nicht unüblich. Ihre Wirksamkeit für die Anhebung von Vitalität und Produktivität von Wäldern ist in zahlreichen Versuchen belegt worden. Aus Naturschutzsicht ist Düngung aber eine naturferne Maßnahme, die den Nährstoffhaushalt und die bodenchemischen Bedingungen schlagartig verändern und damit zu einer für den Standort untypischen Veränderung der Zusammensetzung der Vegetation führen kann.

Kompensationskalkungen dienen dazu, saure Stoffeinträge auszugleichen

Abb. 14: Entwässerung und Umbruch eines Moorstandortes im Reinhardswald mit der Scheibenegge. Das Foto entstand 1928 auf der Reinhardswald-Hochfläche. Der Umbruch wurde zur Vorbereitung einer Fichtenaufforstung durchgeführt. (Foto: unbekannt, Archiv Prof. Dr. Gisbert Backhaus)

(Hüttl 1989). Die frühere Praxis flächendeckender Kalkungen wird heute abgelehnt und die Kalkungsbedürftigkeit differenzierter betrachtet (Janssen et al. 2016). Auf der einen Seite laufen Kalkungen der Erhaltung natürlicherweise nährstoffarmer Ökosysteme entgegen (Reif et al. 2014), können zu Stickstofffreisetzungen führen (Kreutzer 1995) und starke Veränderungen der Bodenvegetation hervorrufen (Schmidt 2002). Sie kompensieren auf der anderen Seite aber Säuren im Boden, führen zu einer biologischen Aktivierung des Mineralbodens und erhöhen die Versorgung der Bäume mit Nährstoffen (Grüneberg et al. 2017).

Einsatz von Pflanzenschutzmitteln

In Wäldern Mitteleuropas werden Pestizide heute kaum noch eingesetzt (Kogan 1998, Ammer et al. 2011). Bei bestandsbedrohenden Gradationen von Forstinsekten kann der Einsatz von Insektiziden erfolgen. Dadurch wird eine eigendynamisch ablaufende Störung aufgehalten und die vorherige Entwicklungsphase stabilisiert. Der Einsatz von Pflanzenschutzmitteln wird aber insbesondere auch wegen der Auswirkungen auf Nicht-Zielorganismen kontrovers diskutiert (Petercord & Lobinger 2010).

6.1.7 Effekte von Waldnutzung auf der Landschaftsebene

6.1.7.1 Veränderung der räumlichen Waldverteilung

Waldrodungen führen zu einer Fragmentierung der Waldfläche und einer Zunahme der Randzonen (Harris 1984). Die resultierenden Randeffekte sind stark von der Ausformung der Ränder, den standörtlichen Bedingungen und der Artenzusammensetzung abhängig (Murcia 1995). Vom Bestandsinneren in Richtung Waldrand nehmen die physikalischen und ökologischen Bedingungen zunehmend Freiflächencharakter an. Untersuchungen des Mikroklimas sowie des Wasser- und Stoffhaushalts zeigen, dass diese Übergangszone mit mehreren Baumlängen recht breit sein kann (Keenan & Kimmins 1993, Klinck et al. 2013). Offenlandarten (Schmidt et al. 2011) können in den vormals geschlossenen Waldbestand eindringen. Für Arten, die an die ökologischen Bedingungen geschlossener Wälder gebunden sind, verringern sich die zur Verfügung stehenden Habitatflächen sowie die Ausbreitungsmöglichkeiten, sodass eine vormals größere, räumlich zusammenhängen-

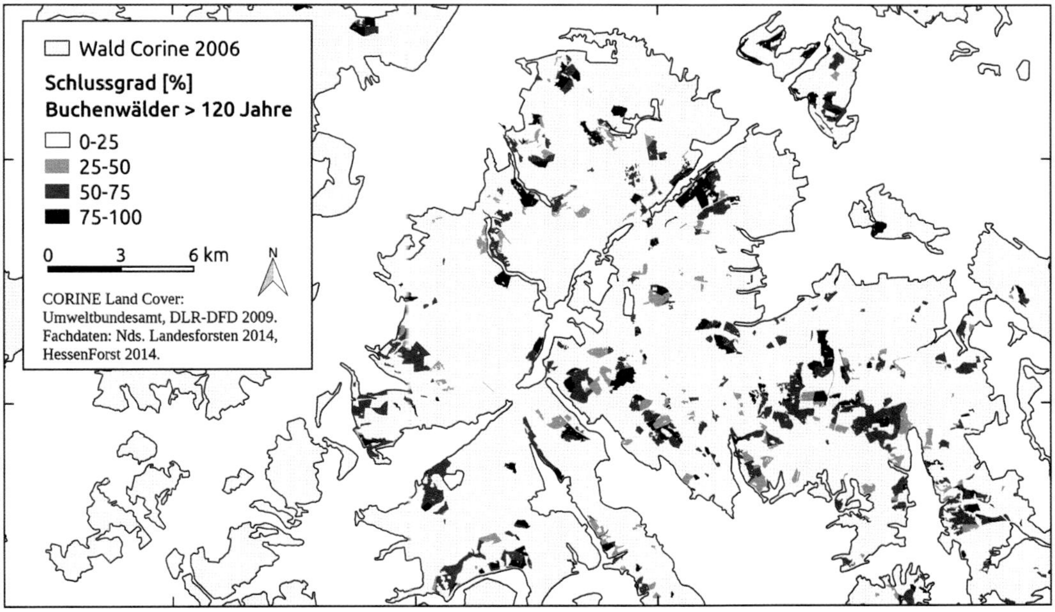

Abb. 15: Schlussgrad und räumliche Verteilung der über 120 Jahre alten Buchenwälder im Solling (Datenbestand der Untersuchung von Meyer et al. 2016).

de Population in voneinander isolierte Teilpopulationen zerfallen kann. In der Randzone führen das erhöhte Licht- und Wärmeangebot sowie die verminderte Baumkonkurrenz zu einer Verbesserung der Wuchsbedingungen der Strauch- und Krautschicht und zu einer Erhöhung der Abundanz und Artenvielfalt insbesondere von Arthropoden und Vögeln (Reif & Achtziger 2000). Da sich an Waldrändern Offenland- und Wald-Ökosysteme verzahnen, können sie als Ausbreitungsachsen für Tier- und Pflanzenarten fungieren. Aufgrund dieser positiven Effekte auf die biologische Vielfalt wird die gezielte Anlage und Pflege von Waldrändern häufig als wichtige Naturschutzmaßnahme angesehen (Coch 1995).

Neben der Zunahme von Randeffekten haben Rodungen für Waldarten (Schmidt et al. 2011) eine zunehmende Isolation zwischen Teilpopulationen und eine Verringerung der Habitatfläche zur Folge. Dabei scheint die Verkleinerung der Habitatfläche für die Populationen entscheidender zu sein als die Isolation der Lebensräume (Bailey 2007, Fahrig 2013).

Waldrodungen beeinflussen neben der biologischen Vielfalt auch den Wasser- und Stoffhaushalt und die geologischen Umlagerungsprozesse in einer Landschaft. So haben die mittelalterlichen Rodungen in Mitteleuropa zu einer Erhöhung der Grundwasserspiegel und einer starken Zunahme der Erosion geführt (Bork et al. 1998, Ellenberg et al. 2010). Der flächenhafte Verlust fruchtbarer Böden durch einen Starkregen im Jahr 1342 (Magdalenenflut) ist ein eindrucksvolles Beispiel für die möglichen Effekte ackerbaulicher Nutzung ehemaliger Waldlandschaften (Bork & Kranz 2008).

Im Zuge der Landnutzung kommt es aber nicht nur zur Verringerung, sondern auch zur Vergrößerung der

Waldfläche. Beispiele sind die Hochmoore Nordwestdeutschlands, die nach Abtorfung und Entwässerung erstmals waldfähig wurden, oder neu entstandener Wald auf ehemals genutzten Flächen wie Bergbaufolgelandschaften oder Truppenübungsplätzen. Weltweit betrachtet, vollzieht sich bei insgesamt steigender Intensität der Landnutzung auf Gunststandorten ein Konzentrationsprozess der menschlichen Siedlungs- und Wirtschaftstätigkeit, in dessen Folge große Flächen in traditionellen Kulturlandschaften brachfallen und sich zu Wald entwickeln (Poyatos et al. 2003).

6.1.7.2 Landschaftseffekte der Bestandsbehandlung

Untersuchungen in Agrarlandschaften deuten darauf hin, dass für die biologische Vielfalt Landschaftseffekte oftmals bedeutender sind als die Effekte auf der Bestandsebene (Gámez-Virués et al. 2015). In Wäldern führen die verschiedenen Hiebsformen (siehe Kap. 6.1.6) zu unterschiedlichen Landschaftsmustern. Während kleinräumige einzelstamm- bis gruppenweise Nutzungen ein feinkörniges Mosaik der Altersklassen erzeugen, gehen Schirmschläge oder flächenhafte Nutzungen mit entsprechend großflächigeren Mustern einher (Shifley et al. 2008). In einer Waldlandschaft mit verschiedenen Forstbetrieben kann sich allein durch die Heterogenität der betrieblichen Zielsetzungen und Bewirtschaftungskonzepte eine große Vielfalt der Waldbestände hinsichtlich ihrer Baumartenzusammensetzung, Dichte und Struktur herausbilden (Gustafson et al. 2007, Schaich & Plieninger 2013).

Wie durch das Nutzungsregime das Landschaftsmuster beeinflusst wird, zeigt eine großräumige Betrachtung älterer Buchenwälder in einer Reihe von deutschen Landesforstbetrieben (Meyer et al. 2016). Während dicht geschlossene alte Buchenwälder neben gestörten Flächen natürlicherweise vermutlich dominieren würden (Kaiser & Zacharias 2003, Meyer & Schmidt 2008), sind die Bestände älterer Buchenwälder heute stark fragmentiert und stellenweise stärker aufgelichtet, da sie sich in der Erntephase befinden (Abb. 15). Allerdings werden bei der heutigen Buchenbewirtschaftung Habitatbäume in der Regel nach der Ernte belassen (vgl. Kap. 6.1.6.3) – hierdurch nehmen die Randlinienlängen und die Feinkörnigkeit des Bestandsmosaiks zu, während sich die Isolation zwischen den Lebensräumen der Arten alter Wälder verringert.

Es ist anzunehmen, dass die verschiedenen Arten unterschiedlich auf die Größe und räumliche Verteilung der verbleibenden Bestandsteile reagieren (Fedrowitz et al. 2014). Bevor zur Frage der optimalen Größe und Verteilung der verbleibenden Einzelbäume, Baumgruppen und Bestände keine belastbaren und lokal übertragbaren Ergebnisse vorliegen, macht es Sinn, hier variabel vorzugehen. Von großer Bedeutung ist es zudem, die vorhandenen Hotspots der Biodiversität zu integrieren (Meyer et al. 2015).

Insgesamt dürfte es durch eine Mischung verschiedener Hiebsformen und Schutzkonzepte in einer Landschaft am besten möglich sein, die biologische Vielfalt zu erhalten, da hierdurch die Heterogenität der Umweltbedingungen maximiert wird. So konnten Schall et al. (2018) bei einem Vergleich von Schirmschlagbetrieb und Plenterwald für Buchenwälder zeigen, dass beim Schirmschlagbetrieb die Diversität auf der Landschaftsebene bei für 6 von 15 Artengruppen (Gefäßpflanzen, Käfer, Spinnen, Weberknechte, Vögel und Flechten) in mindestens einem Diversitätsmaß signifikant über jener des Plenterwaldes lag. Interessanterweise zeigte sich dieser Trend für Gefäßpflanzen und Spinnen auch bei ausschließlicher Berücksichtigung jener Arten, die nur in Wäldern vorkommen. Keine signifikanten Unterschiede ergaben sich für Fledermäuse, Moose, Totholzpilze, Netzflügler, Hautflügler, Wanzen, Ektomykorrhiza und Bakterien-RNA, während die Vielfalt der Bakterien-DNA im Plenterwald höher war (Schall et al. 2018). Eine mögliche Erklärung für diese Befunde ist, dass im Plenterwald zwar eine hohe kleinräumige Heterogenität der Bestandsstrukturen herrscht, solche Wälder auf der Landschaftsebene aber relativ homogene Strukturen bilden. Im Gegensatz dazu unterscheiden sich die abiotischen Verhältnisse auf den Flächen des Schirmschlagbetriebes innerhalb eines Bestandes wenig, zwischen den jeweiligen Altersphasen dagegen deutlich.

6.1.8 Schlussfolgerungen

Die Waldbewirtschaftung zeichnet sich durch eine große Vielfalt an Störungen aus, die in ihren Wirkungen zum Teil Störungen natürlichen Ursprungs ähneln. Allerdings unterscheiden sich forstwirtschaftlich genutzte und nicht genutzte Waldlandschaften und Waldbestände sehr deutlich voneinander (Lindenmayer & Franklin 2002).

Das kausale Verständnis von natürlichen und anthropogenen Störungen ist für die Waldnutzung und den Waldnaturschutz von essenzieller Bedeutung. Als Strategie zur Erhaltung der biologischen Vielfalt ist die Orientierung der Forstwirtschaft an natürlichen Störungen folgerichtig, da viele Arten und Ökosysteme in ihrem Bestand auf natürliche Störungen angewiesen sind (Spies & Turner 1999). Allerdings eignen sich natürliche Störungen nur in wenigen Fällen als unmittelbare Blaupause für die Forstwirtschaft, da die Rahmenbedingungen bereits stark verändert sind und in der Regel neben den naturschutzfachlichen auch wirtschaftliche und andere gesellschaftliche Zielsetzungen verfolgt werden (Lindenmayer & Franklin 2002). Natürliche Störungen können die gewählten Ziele unterstützen oder auch konterkarieren. Die Störungsökologie hat den Blick dafür geschärft, dass natürliche Ökosysteme verschiedene Entwicklungspfade durchlaufen, die wesentlich durch zufällige Ereignisse verändert oder in Gang gesetzt werden (Deangelis & Waterhouse 1987, Perry & Amaranthus 1997). Dabei sind auch größere Störungsflächen für die Erhaltung der Biodiversität von entscheidender Bedeutung. Eine ökologisch orientierte, naturnahe Forstwirtschaft zeichnet sich demnach nicht durch gleichmäßige und geringe, sondern durch vielfältige Eingriffe unterschiedlicher Intensität sowie die Integration wesentlicher Elemente des natürlichen Störungsregimes aus.

Literatur

- Albert K, Ammer C (2012) Biomasseproduktivität ausgewählter europäischer Mittel- und Niederwaldbestände – Ergebnisse einer vergleichenden Metaanalyse. Allg. Forst. Jagdztg. 183: 225–237.
- Albrecht A, Hanewinkel M, Bauhus J, Kohnle U (2012) How does silviculture affect storm damage in forests of south-western Germany? Results from empirical modeling based on long-term observations. Eur. J. Forest Res. 131: 229–247.
- Ammer C (1996) Konkurrenz um Licht – zur Entwicklung der Naturverjüngung im Bergmischwald. Forstl. Forsch.ber. München 158: 1–189.

- Ammer C (2002) Response of *Fagus sylvatica* (L.) seedlings to root competition by overstorey *Picea abies* (L.) Karst. Scand. J. Forest Res. 17: 408–416.
- Ammer C (2008) Konkurrenzsteuerung – Anmerkungen zu einer Kernaufgabe des Waldbaus beim Aufbau vielfältiger Wälder. In: Eberswalder Forstl. Schr.reihe, vol 36. pp. 21–26.
- Ammer C (2017) Unraveling the importance of inter- and intraspecific competition for the adaptation of forests to climate change. Prog. Bot. 78: 345–367.
- Ammer C, Balandier P, Bentsen NS, Coll L, Löf M (2011) Forest vegetation management under debate: an introduction. Eur. J. Forest Res. 130: 1–5.
- Assmann E (1961) Waldertragskunde. Organische Produktion. Struktur. Zuwachs und Ertrag von Waldbeständen. München, Bonn, Wien: BLV Verlagsgesellschaft. 490 S.
- Aubry KB, Halpern CB, Peterson CE (2009) Variable-retention harvests in the Pacific Northwest: A review of short-term findings from the DEMO study. Forest Ecol. Manag. 258: 398–408.
- Aussenac G, Granier A (1988) Effects of thinning on water stress and growth in Douglas-fir. Can. J. For. Res. 18: 100–105.
- Bailey S (2007) Increasing connectivity in fragmented landscapes: An investigation of evidence for biodiversity gain in woodlands. Forest Ecol. Manag. 238: 7–23.
- Barnes BV, Zak DR, Denton SR, Spurr SH (1998) Forest ecology. John Wiley & Sons, USA. 774 p.
- Bazzaz FA (1983) Characteristics of populations in relation to disturbance in natural and man-modified ecosystems. In: Mooney HA, Gordon M (eds) Disturbance and ecosystems. Springer, Berlin, Heidelberg. pp. 259–275.
- Bebi P, Kulakowski D, Rixen C (2009) Snow avalanche disturbances in forest ecosystems: State of research and implications for management. Forest Ecol. Manag. 257: 1883–1892.
- Bork H-R, Kranz A (2008) Die Jahrtausendflut des Jahres 1342 prägt Deutschland - Neue Forschungsergebnisse aus dem Einzugsgebiet des Mains. Jahresber. Wetterauischen Ges. gesamt. Naturkunde 158: 119–129.
- Bork HR, Bork H, Dalchow C, Piorr HP, Schatz T, Faust B (1998) Landschaftsentwicklung in Mitteleuropa: Wirkungen des Menschen auf Landschaften. Klett-Perthes, Gotha. 328 S.
- Brang P (2005) Virgin forests as a knowledge source for central European silviculture: reality or myth? Forest Snow Landsc. Res. 79: 19–32.
- Brang P, Hilfiker S, Wasem U, Schwyzer A, Wohlgemuth T (2015) Langzeitforschung auf Sturmflächen zeigt Potenzial und Grenzen der Naturverjüngung. Schweiz. Z. Forstwes. 166: 147–158.
- Bréda N, Granier A, Aussenac G (1995) Effects of thinning on soil and tree water relations, transpiration and growth in an oak forest (*Quercus petraea* (Matt.) Liebl.). Tree Physiol. 15: 295–306.
- Bücking W (1997) Naturwald, Naturwaldreservate, Wildnis in Deutschland und Europa. Forst Holz 52: 515–522.
- Burschel P, Huss J (2003) Grundriss des Waldbaus. Ein Leitfaden für Studium und Praxis (3. Aufl.). Ulmer, Stuttgart. 487 S.
- Buwal (2000) Entscheidungshilfe bei Sturmschäden im Wald. Schweizerisches Bundesamt für Umwelt, Wald und Landschaft BUWAL (Hrsg.), Bern. 100 S.
- Carlson DW, Groot A (1997) Microclimate of clear-cut, forest interior, and small openings in trembling aspen forest. Agr. Forest Meteorol. 87: 313–329.
- Chen J, Franklin JF, Spies TA (1993) Contrasting microclimates among clearcut, edge, and interior of old-growth Douglas-fir forest. Agr. Forest Meteorol. 63: 219–237.
- Coch T (1995) Waldrandpflege, Grundlagen und Konzepte. Neumann, Radebeul. 240 S.
- Curtis RO, Marshall DD, Bell JF (1995) Logs: A pioneering example of silvicultural research in coast Douglas-fir. J. Forestry 95: 19–25.
- Davis MA, Wrage KJ, Reich PB (1998) Competition between tree seedlings and herbaceous vegetation: support for a theory of resource supply and demand. J. Ecol. 86: 652–661.

- Deangelis DL, Waterhouse JC (1987) Equilibrium and non-equilibrium concepts in ecological models. Ecol. Monogr. 57: 1–21.
- Dertz W (1972) Möglichkeiten und Grenzen forstlicher Bewirtschaftung der Molkenböden des Oberweserberglandes. Allg. Forst. Jagdztg. 143: 153–162.
- Ebeling C, Lang F, Gaertig T (2016) Structural recovery in three selected forest soils after compaction by forest machines in Lower Saxony, Germany. Forest Ecol. Manag. 359: 74–82.
- Ebrecht L, Schmidt W (2005) Einfluss von Rückegassen auf die Vegetation. Forstarchiv 76: 83–101.
- Ehbrecht M, Schall P, Ammer C, Seidel D (2017) Quantifying stand structural complexity and its relationship with forest management, tree species diversity and microclimate. Agr. Forest Meteorol. 242: 1–9.
- Ellenberg H (1996) Vegetation Mitteleuropas mit den Alpen in ökologischer, dynamischer und historischer Sicht (5. Aufl.). Ulmer, Stuttgart. 1095 S.
- Ellenberg H, Leuschner C, Dierschke H (2010) Vegetation Mitteleuropas mit den Alpen in ökologischer, dynamischer und historischer Sicht (6., vollst. neu bearb. und stark erw. Aufl.). Ulmer, Stuttgart. 1334 S.
- Fahrig L (2013) Rethinking patch size and isolation effects: the habitat amount hypothesis. J. Biogeogr. 40: 1649–1663.
- Fartmann T, Müller C, Poniatowski D (2013) Effects of coppicing on butterfly communities of woodlands. Biol. Cons 159: 396–404.
- Fedrowitz K, Koricheva J, Baker SC Lindenmayer DB, Palik B, Rosenvald R Beese W, Franklin JF, Kouki J, Macdonald E, Messier C, Sverdrup-Thygeson A Gustafsson L (2014) Can retention forestry help conserve biodiversity? A meta-analysis. J. Appl. Ecol. 51: 1669–1679.
- Firbas R (1949) Spät- und nacheiszeitliche Waldgeschichte Mitteleuropas. Gustav Fischer, Jena. 480 S.
- Fisichelli N, Vor T, Ammer C (2014) Broadleaf seedling responses to warmer temperatures «chilled» by late frost that favors conifers. Eur. J. Forest Res. 133: 587–596.
- Foster DR, Boose ER (1992) Patterns of forest damage resulting from catastrophic wind in central New England, USA. J. Ecol. 80: 79–98.
- Franklin JF, Spies TA, Van Pelt R, Carey AB, Thornburgh DA, Berg DR, Lindenmayer DB, Harmon ME, Keeton WS, Shaw DC, Bible K, Chen J (2002) Disturbances and structural development of natural forest ecosystems with slivicultural implications, using Douglas-fir forests as an example. Forest Ecol. Manag. 155: 399–423.
- F.S.C. Arbeitsgruppe Deutschland (2012) Deutscher FSC-Standard – Deutsche, übersetzte Fassung. Forest Stewardship Council. 51 S.
- Gámez-Virués S, Perović DJ, Gossner MM, Börschig C, Blüthgen N, De Jong H, Simons NK, Klein AM, Krauss J, Maier G, Scherber C, Steckel J, Rothenwöhrer C, Steffan-Dewenter I, Weiner CN, Weisser W, Werner M, Tscharntke T, Westphal C (2015) Landscape simplification filters species traits and drives biotic homogenization. Nature Comm. 6: article 8568.
- Gayer K (1886) Der gemischte Wald. Parey, Berlin. 168 S.
- Gebhardt T, Häberle K-H, Matyssek R, Schulz C, Ammer C (2014) The more, the better? Water relations of Norway spruce stands after progressive thinning. Agr. Forest Meteorol. 197: 235–243.
- Glenz C, Schlaepfer R, Iorgulescu I, Kienast F (2006) Flooding tolerance of Central European tree and shrub species. Forest Ecol. Manag. 235: 1–13.
- Grober U (2013) Die Entdeckung der Nachhaltigkeit – Kulturgeschichte eines Begriffs. Kunstmann, München. 303 S.
- Grüneberg E, Von Wilpert K, Meesenburg H, Evers J, Ziche D, Andrae H, Wellbrock N (2017) Was nützt die Waldkalkung? AFZ/Wald 72: 15–17.
- Gustafson EJ, Lytle DE, Swaty R, Loehle C (2007) Simulating the cumulative effects of multiple forest management strategies on landscape measures of forest sustainability. Landsc. Ecol. 22: 141–156.

- Gustafsson L, Baker SC, Bauhus J, Beese WJ, Brodie A, Kouki J, Lindenmayer DB, Lõhmus A, Pastur GM, Messier C, Neyland M, Palik B, Sverdrup-Thygeson A, Volney WJA, Wayne A, Franklin JF (2012) Retention Forestry to Maintain Multifunctional Forests: A World Perspective. BioScience 62: 633–645.
- Harrington TB, Edwards MB, Boyd M (1999) Understory vegetation, resource availability, and litterfall responses to pine thinning and woody vegetation control in longleaf pine plantations. Can. J. For. Res. 29: 1055–1064.
- Harris LD (1984) The fragmented forest. The University of Chicago Press, Chicago, London. 211 p.
- Heinken T, Oheimb VG, Schmidt M, Kriebitzsch W-U, Ellenberg H (2005) Schalenwild breitet Gefäßpflanzen in der mitteleuropäischen Kulturlandschaft aus – ein erster Überblick. Natur Landsch. 80: 141–147.
- Herrmann I (2014) Räumliche Optimierung der Bestandesstruktur unter Berücksichtigung von Einzelbaumeffekten. Universität Dresden; Fakultät Umweltwissenschaften, Dresden. 233 S.
- Hildebrand EE (2008) Lässt sich das «Großraumexperiment Waldbodenverformung» stoppen? AFZ/Wald 63: 291–293.
- Hobi ML, Commarmot B, Bugmann H (2015) Pattern and process in the largest primeval beech forest of Europe (Ukrainian Carpathians). J. Veg. Sci. 26: 323–336.
- Hofmeister J, Hosek J, Malicek J, Palice Z, Syrovatkova L, Steinova J, Cernajova I (2016) Large beech (*Fagus sylvatica*) trees as «lifeboats» for lichen diversity in central European forests. Biodiv. Cons. 25: 1073–1090.
- Holling CS, Meffe GK (1996) Command and control and the pathology of natural recource management. Cons. Biol. 10: 328–337.
- Holzwarth F, Kahl A, Bauhus J, With C (2013) Many ways to die – partitioning tree mortality dynamics in a near-natural mixed deciduous forest. J. Ecol. 101: 220–230
- Hüttl RF (1989) Liming and fertilization as mitigation tools in declining forest ecosystems. Water Air Soil Poll. 44: 93–118.
- Janssen A, Schäffer J, Von Wilpert K, Reif A (2016) Flächenbedeutung der Waldkalkung in Baden-Württemberg – Extent of forest liming in Baden-Württemberg. Waldökol. Landschaftsforsch. Natursch. 15: 5–33.
- Kaiser M, Sadik WJ, Kunkel M (2012) Potenzial und Gefährdung der Urwälder von morgen Der Bayerische Spessart Abschlussbericht der Kartierung im BaySF Forstbetrieb Rothenbuch Winter 2011/12. Greenpeace. 51 S.
- Kaiser T, Zacharias D (2003) PNV-Karten für Niedersachsen auf Basis der BÜK50. Niedersächsisches Landesamt für Ökologie, Hannover.
- Keenan RJ, Kimmins JP (1993) The ecological effects of clear-cutting. Environ. Rev. 1: 121–144.
- Klinck U, Fröhlich D, Meiwes KJ, Beese F (2013) Entwicklung der Stoffein- und -austräge nach einem Fichten-Kleinkahlschlag. Forstarchiv 84: 93–101.
- Kogan M (1998) Integrated pest management: Historical perspectives and contemporary developments. Ann. Rev. Entomol. 43: 243–270.
- Kohler M, Sohn J, Nägele G, Bauhus J (2010) Can drought tolerance of Norway spruce (*Picea abies* (L.) Karst.) be increased through thinning? Eur. J. Forest Res. 129: 1109–1118.
- Kohm KA, Franklin JF (1997) Creating a forestry for the 21st century: The science of ecosystem management. Island Press, Washington. 475 p.
- Korpel' S (1982) Degree of equilibrium and dynamical changes of the forest on example of natural forest of Slovakia. 24: 9–31.
- Korpel' S (1995) Die Urwälder der Westkarpaten. Gustav Fischer, Stuttgart. 310 S.
- Kraus D, Zeppenfeld T (2013) Feuer als Störfaktor in Wäldern. AFZ/Wald 68: 8–9.
- Kremser W (1973) Lacerati turbine ventorum – vom Sturm zerfetzt! Ein Orkan verheerte Niedersachsens Wälder. Neues Arch. Niedersachsen 22: 219–241.

- Kreutzer K (1995) Effects of forest liming on soil processes. Plant Soil 168/169: 447–470.
- Küchler P (2011) Vorstudie als Grundlage zur zukünftigen Behandlung der Moore und Feuchtwälder im Solling Gutachten im Auftrag des Forstamtes Neuhaus, Holzminden-Neuhaus, Niedersachsen. 172 S.
- Kuntze H (1993) Niedermoore als Senke und Quelle für Kohlenstoff und Stickstoff. Wasser Boden 9: 699–702.
- Kuuluvainen T, Pukkala T (1989) Effect of Scots pine seed trees on the density of ground vegetation and tree seedlings. Silva Fenn. 23: 159–167.
- Larrieu L, Cabanettes A (2012) Species, live status, and diameter are important tree features for diversity and abundance of tree microhabitats in subnatural montane beech fir forests. Can. J. For. Res. 42: 1433–1445.
- Lehnigk M, Ammer C (2012) Erfolgreiche Naturverjüngung in Kiefernbeständen: Plätzeweise Bodenbearbeitung mit dem MOHEDA-Kultivator. AFZ/Wald 67: 22–24.
- Leibundgut H (1993) Europäische Urwälder: Wegweiser zur naturnahen Waldwirtschaft. Verlag Paul Haupt, Bern und Stuttgart. 260 S.
- Lindenmayer DB, Franklin JF (2002) Conserving forest biodiversity: A comprehensive multiscaled approach. Island Press, Washington DC, USA. 351 p.
- Lindner M, Fitzgerald JB, Zimmermann NE, Reyer C, Delzon S, Van der Maaten E, Schelhaas M-J, Lasch P, Eggers J, Van der Maaten-Theunissen M, Suckow F, Psomas A, Poulter B, Hanewinkel M (2014) Climate change and European forests: What do we know, what are the uncertainties, and what are the implications for forest management? J. Environ. Manage. 146: 69–83.
- Lindo Z, Visser S (2003) Microbial biomass, nitrogen and phosphorus mineralization, and mesofauna in boreal conifer and deciduous forest floors following partial and clear-cut harvesting. Can. J. For. Res. 33: 1610–1620.
- Lobinger G (2006) Entwicklung neuer Strategien im Borkenkäfermanagement. Forstschutz Aktuell 37: 11–13.
- Matula R, Svatek M, Kurova J, Uradnicek L, Kadavy J, Kneifl M (2012) The sprouting ability of the main tree species in Central European coppices: implications for coppice restoration. Eur. J. Forest Res. 131: 1501–1511.
- Mayer H, Schindler D (2002) Forstmeteorologische Grundlagen zur Auslösung von Sturmschäden im Wald in Zusammenhang mit dem Orkan «Lothar». Allg. Forst. Jagdztg. 173: 200–208.
- Meiwes KJ, Asche N, Block J, Kallweit R, Kölling C, Raben G, Wilpert von K (2008) Potenziale und Restriktionen der Biomassenutzung im Wald. AFZ/Wald 63: 598–603.
- Meyer P (1997) Probleme und Perspektiven der Naturwaldforschung am Beispiel Niedersachsens. Forstarchiv 68: 87–98.
- Meyer P, Schmidt M (2008) Aspekte der Biodiversität von Buchenwäldern – Konsequenzen für eine naturnahe Bewirtschaftung. Beitr. Nordwestdeutsch. Forstl. Versuchsanst. 3: 159–192.
- Meyer P, Bücking W, Schmidt S, Schulte U, Willig J (2004) Stand und Perspektiven der Untersuchung von Naturwald-Vergleichsflächen. Forstarchiv 75: 167–179.
- Meyer P, Lorenz K, Engel F, Spellmann H, Boele-Keimer C (2015) Wälder mit natürlicher Entwicklung und Hotspots der Biodiversität – Elemente einer systematischen Schutzgebietsplanung am Beispiel Niedersachsen. Nat.schutz Landsch.plan. 47: 275–282.
- Meyer P, Blaschke M, Schmidt M, Sundermann M, Schulte U (2016) Wie entwickeln sich Buchen- und Eichen-FFH-Lebensraumtypen in Naturwaldreservaten? – Eine Bewertung anhand von Zeitreihen. Nat.schutz Landsch.plan. 48: 5–14.
- Möller A (1923) Der Dauerwaldgedanke. Erich Degreif Verlag, Oberteuringen. 127 S.
- Moslonka-Lefebvre M, Finley A, Dorigatti I, Dehnen-Schmutz K, Harwood T, Jeger MJ, Xu X, Holdenrieder

O, Pautasso M (2011) Networks in plant epidemiology: from genes to landscapes, countries, and continents. Phytopathology 101: 392–403.
- Mrotzek R, Pfirrmann H, Barge U (2000) Einfluss von Wegebaumaterial und Licht auf die Vegetation an Waldwegen und im angrenzenden Bestand – dargestellt an Wegen im niedersächsischen Forstamt Bramwald. forstarchiv 71: 234–244.
- Müller J, Bütler R (2010) A review of habitat thresholds for dead wood: a baseline for management recommendations in European Forests. Eur. J. Forest Res. 129: 981–992.
- Murcia C (1995) Edge effects in fragmented forests: implications for conservation. Trends Ecol. Evol. 10: 58–62.
- Nagel TA, Svoboda M, Kobal M (2014) Disturbance, life history traits, and dynamics in an old-growth forest landscape of southeastern Europe. Ecol. Appl. 24: 663–679.
- Niemelä J, Young J, Alard D, Askasibar M, Henle K, Johnson R, Kurttila M, Larsson T-B, Matouch S, Nowicki P, Paiva R, Portoghesi L, Smulders R, Stevenson A, Tartes U, Watt A (2005) Identifying, managing and monitoring conflicts between forest biodiversity conservation and other human interests in Europe. Forest Policy Econ. 7: 877–890.
- North MP, Keeton WS (2008) Emulating natural disturbance regimes: an emerging approach for sustainable forest management. In: Lafortezza R, Chen J, Sanesi G, Crow TR (eds) Patterns and processes in forest landscapes: Multiple use and sustainable management. Springer Netherlands, Dordrecht. pp. 341–372.
- Nüsslein S (1995) Struktur und Wachstumsdynamik jüngerer Buchen-Edellaubholz-Mischbestände in Nordbayern. Forstl. Forsch.ber. München 151: 1-295.
- Oliver CD, Larson BC (1990) Forest stand dynamics. McGraw-Hill. 467 p.
- Örlander G, Egnell G, Albrektson A (1996) Long-term effects of site preparation on growth in Scots pine. Forest Ecol. Manag. 86: 27–37.
- Otto HJ (1995) Zielorientierter Waldbau und Schutz sukzessionaler Prozesse. Forst Holz 50: 203–209.
- Perry DA, Amaranthus MP (1997) Disturbance, recovery, and stability. In: Kohm KA, Franklin JF (eds) Creating a forestry for the 21st century: The science of ecosystem management. Island Press, Washington DC, USA. pp. 31-56.
- Petercord R, Lobinger G (2010) Diflubenzuron: ein notwendiger Wirkstoff für einen integrierten Pflanzenschutz. Forstschutz Aktuell 50: 23–26.
- Petriţan IC, Lüpke von B, Petriţan AM (2011) Effects of root trenching of overstorey Norway spruce *(Picea abies)* on growth and biomass of underplanted beech *(Fagus sylvatica)* and Douglas fir *(Pseudotsuga menziesii)* saplings. Eur. J. Forest Res. 130: 813–828.
- Pommerening A, Murphy ST (2004) A review of the history, definitions and methods of continuous cover forestry with special attention to afforestation and restocking. Forestry 77 (1): 27–44.
- Poulson TL, Platt WJ (1996) Replacement patterns of beech and sugar maple in Warren Woods, Michigan. Ecology 77: 1234–1253.
- Poyatos R, Latron J, Llorens P (2003) Land use and land cover change after agricultural abandonment: The case of a Mediterranean mountain area (Catalan Pre-Pyrenees). Mt. Res. Dev. 23: 362–368.
- Pretzsch H (2004) Gesetzmäßigkeit zwischen Bestandesdichte und Zuwachs. Lösungsansatz am Beispiel von Reinbeständen aus Fichte (*Picea abies* (L.) Karst.) und Buche (*Fagus sylvatica* L.). Allg. Forst. Jagdztg. 175: 225–234.
- Pretzsch H (2005) Stand density and growth of Norway spruce (*Picea abies* (L.) Karst.) and European beech (*Fagus sylvatica* L.): evidence from long-term experimental plots. Eur. J. Forest Res. 124: 193–205.
- Puettmann KJ, Coates KD, Messier C (2009) A critique of silverculture: Managing for complexity. Island Press. 189 p.
- Puettmann K, Messier C, Coates KD (2014) Managing forests as complex adaptive systems: introductory concepts and applications. In: Messier C, Puettmann K, Coates KD (eds) Managing forests as complex adaptive systems. Rout-

ledge Taylor & Francis Group, London and New York. pp. 3–14.
- Pyne SJ, Andrews PL, Laven RD (1996) Introduction to wildland fire (2nd ed.). Wiley, New York. 808 p.
- Reif A, Achtziger R (2000) Gebüsche, Hecken, Waldmäntel, Feldgehölze (Strauchformationen): XI-2.2. Handbuch Naturschutz und Landschaftspflege 3. Erg. Lfg. 11/00: 1–46.
- Reif A, Schulze E-D, Ewald J, Rothe A (2014) Waldkalkung – Bodenschutz contra Naturschutz? Waldökol. Landschaftsforsch. Natursch.: 5–29.
- Reineke LH (1933) Perfecting a stand density index for even aged forests. J. Agric. Res. 46: 627–638.
- Richter J (2003) Wurf- und Bruchschäden in Fichtenbeständen. Forstarchiv 74: 166–170.
- Richter M (1997) Allgemeine Pflanzengeographie. Teubner Verlag, Stuttgart. 256 S.
- Ritter E, Dalsgaard L, Einhorn KS (2005) Light, temperature and soil moisture regimes following gap formation in a semi-natural beech-dominated forest in Denmark. Forest Ecol. Manag. 206: 15–33.
- Roberts MR (2004) Response of the herbaceous layer to natural disturbance in North American forests. Can. J. Bot. 82: 1273–1283.
- Röhrig E, Bartsch N, von Lüpke B (2006) Waldbau auf ökologischer Grundlage (7. Aufl.). Ulmer, Stuttgart. 479 S.
- Rosenvald R, Lõhmus A (2008) For what, when, and where is green-tree retention better than clear-cutting? A review of the biodiversity aspects. Forest Ecol. Manag. 255: 1–15.
- Schaich H, Plieninger T (2013) Land ownership drives stand structure and carbon storage of deciduous temperate forests. Forest Ecol. Manag. 305: 146–157.
- Schall P, Ammer C (2013) How to quantify forest management intensity in Central European forests. Eur. J. Forest Res. 132: 379–396.
- Schall P, Lödige C, Beck M, Ammer C (2012) Biomass allocation to roots and shoots is more sensitive to shade and drought in European beech than in Norway spruce seedlings. Forest Ecol. Manag. 266: 246–253.
- Schall P, Gossner MM, Heinrichs S, Fischer M, Boch S, Prati D, Jung K, Baumgartner V, Blaser S, Böhm S, Buscot F, Daniel R, Goldmann K, Kaiser K, Kahl T, Lange M, Müller J, Overmann J, Renner SC, Schulze E-D, Sikorski J, Tschapka M, Türke M, Weisser WW, Wemheuer B, Wubet T, Ammer C (2018) The impact of even-aged and uneven-aged forest management on regional biodiversity of multiple taxa in European beech forests. J. Appl. Ecol. 55: 267–278.
- Schmidt M, Kriebitzsch W-U, Ewald J (2011) Waldartenliste der Farn- und Blütenpflanzen, Moose und Flechten Deutschlands. BfN-Skripten 299: 116.
- Schmidt M, Meyer P (2015) Hessische Naturwaldreservate im Portrait: Weihers-kopf. Nordwestdeutsche Forstliche Versuchsanstalt, Göttingen. 43 S.
- Schmidt UE (2009) Wie erfolgreich war das Dauerwaldkonzept bislang: eine historische Analyse | Continuous cover forests – a success? A historical analysis. Schweiz. Z. Forstwes. 160: 144–151.
- Schmidt W (2002) Einfluss der Bodenschutzkalkungen auf die Waldvegetation. Forstarchiv 73: 43–54.
- Schröder K (2009) Der Mittelwald als waldbauliche Option in Deutschland. Handbuch Naturschutz und Landschaftspflege 22: 1–14.
- Schütz JP (1994) Geschichtlicher Hergang und aktuelle Bedeutung der Plenterung in Europa. Allg. Forst. Jagdztg. 165: 106–114.
- Schütz JP (1996) Bedeutung und Möglichkeiten der biologischen Rationalisierung im Forstbetrieb. Schweiz. Z. Forstwes. 147: 315–344.
- Seibold S, Bässler C, Brandl R, Gossner MM, Thorn S, Ulyshen MD, Müller J (2015) Experimental studies of deadwood biodiversity – A review identifying global gaps in knowledge. Biol. Cons. 191: 139–149.
- Seymour RS, White AS, Demaynadier PG (2002) Natural disturbance regimes in northeastern North America – evaluating silvicultural systems using natu-

ral scales and frequencies. Forest Ecol. Manag. 155: 357–367.
- Shifley SR, Thompson FR, Dijak WD, Fan Z (2008) Forecasting landscape-scale, cumulative effects of forest management on vegetation and wildlife habitat: A case study of issues, limitations, and opportunities. Forest Ecol. Manag. 254: 474–483.
- Shipley B, Meziane D (2002) The balanced-growth hypothesis and the allometry of leaf and root biomass allocation. Funct. Ecol. 16: 326–331.
- Simonin K, Kolb TE, Montes-Helu M, Koch GW (2007) The influence of thinning on components of stand water balance in a ponderosa pine forest stand during and after extreme drought. Agr. Forest Meteorol. 143: 266–276.
- Son Y, Lee YY, Jun YC, Kim Z-S (2004) Light availability and understory vegetation four years after thinning in a Larix leptolepis plantation of central Korea. J. Forest Res. 9: 133–139.
- Spies TA, Turner MG (1999) Dynamic forest mosaics. In: Hunter ML (ed.) Maintaining biodiversity in forest ecosystems. Cambridge University Press, Cambridge. pp. 95–160.
- Stogsdili WR, Wittwer RF, Hennessey TC, Dougherty PM (1992) Water use in thinned loblolly pine plantations. Forest Ecol. Manag. 50: 233–245.
- Stüber V, Meiwes KJ, Mindrup M (2008) Nachhaltigkeit und Vollbaumnutzung: Bewertung aus Sicht der forstlichen Standortskartierung am Beispiel Niedersachsen. Forst Holz 63: 28–33.
- Sturm K (1993) Prozeßschutz – ein Konzept für naturschutzgerechte Waldwirtschaft. Z. Ökol. Nat.schutz 2: 181–192.
- Svoboda M, Janda P, Nagel TA, Fraver S, Rejzek J, Bače R (2012) Disturbance history of an old-growth sub-alpine Picea abies stand in the Bohemian Forest, Czech Republic. J. Veg. Sci. 23: 86–97.
- Trotsiuk V, Svoboda M, Janda P, Mikolas M, Bače R, Rejzek J, Samonil P, Chaskovskyy O, Korol M, Myklush S (2014) A mixed severity disturbance regime in the primary *Picea abies* (L.) Karst. forest of the Ukrainian Carpathians. Forest Ecol. Manag. 334: 144–153.
- Turner MG (2010) Disturbance and landscape dynamics in a changing world. Ecology 91: 2833–2849.
- Von Lüpke B, Hauskeller-Bullerjahn K (2004) Beitrag zur Modellierung der Jungwuchsentwicklung am Beispiel von Traubeneichen-Buchen-Mischverjüngungen. Allg. Forst. Jagdztg. 175: 61–69.
- Vuidot A, Paillet Y, Archaux F, Gosselin F (2011) Influence of tree characteristics and forest management on tree microhabitats. Biol. Cons. 144: 441–250.
- Wagner S (1999) Ökologische Untersuchungen zur Initialphase der Naturverjüngung in Eschen-Buchen-Mischbeständen. Schr. Forstl. Fak. Univ. Gött. Niedersächs. forstl. Vers.anst. 129: 1–262.
- Wagner S (2007) Rationaler Waldumbau: Fragen und Anregungen. Forst Holz 62: 12–17.
- Wagner S, Spellmann H (1993) Entscheidungshilfen für die Verjüngungsplanung in Fichtenbeständen zum Voranbau der Buche im Harz. Forst Holz 48: 483–490.
- Waldner P, Thimonier A, Graf Pannatier E, Etzold S, Schmitt M, Marchetto A, Rautio P, Derome K, Nieminen TM, Nevalainen S, Lindroos A-J, Merilä P, Kindermann G, Neumann M, Cools N, De Vos B, Roskams P, Verstraeten A, Hansen K, Pihl Karlsson G, Dietrich H-P, Raspe S, Fischer R, Lorenz M, Iost S, Granke O, Sanders TGM, Michel A, Nagel H-D, Scheuschner T, Simončič P, Von Wilpert K, Meesenburg H, Fleck S, Benham S, Vanguelova E, Clarke N, Ingerslev M, Vesterdal L, Gundersen P, Stupak I, Jonard M, Potočić N, Minaya M (2015) Exceedance of critical loads and of critical limits impacts tree nutrition across Europe. Ann. For. Sci. 72: 929–939.
- Watt AS (1947) Pattern and process in the plant community. J. Ecol. 35: 1–22.
- Weidig J, Wagner S, Huth F (2014) Qualitätsentwicklung von Buchenvoranbauten (*Fagus sylvatica* L.) im Thüringer Wald nach unplanmäßigem sturmbedingtem Verlust des Fichtenschirms. Forstarchiv 85: 122–133.
- Weis W, Rotter V, Göttlein A (2006) Water and element fluxes during the regeneration of Norway spruce with European beech: Effects of shelterwood-cut

and clear-cut. Forest Ecol. Manag. 224: 304–317.

- Wiedemann E (1931) Die Rotbuche. Mitt. Forstwirtsch. Forstwiss. 2: 1–90.
- Willig J (2002) Natürliche Entwicklung von Wäldern nach Sturmwurf: 10 Jahre Forschung im Naturwaldreservat Weiherskopf. Naturwaldreservate Hessen 8: 1–167.
- Wilpert V K, Schäffer J (2006) Ecological effects of soil compaction and initial recovery dynamics: a preliminary study. Eur. J. Forest Res. 125: 129–138.
- Winter MB (2015) Regeneration dynamics and resilience of unmanaged mountain forests in the northern limestone alps following bark beetle induced spruce dieback. Eur. J. Forest Res. 134: 949–968.
- Witzig J, Badoux A, Hegg C, Lüscher P (2004) Waldwirkung und Hochwasserschutz: eine standörtlich differenzierte Betrachtung. Forst Holz 59: 476–479.
- Yoda K, Kira T, Ogawa H, Hozumi K (1963) Self-thinning in overcrowded pure stands under cultivated and natural conditions. J. Biol. 14: 107–129.
- Zeide B (2001) Thinning and growth: a full turnaround. J. Forestry 99: 20–25.
- Zeide B (2004) Optimal stand density: a solution. Can. J. For. Res. 34: 846–854.

6.2 Grünlandnutzung

Michael Bahn[1], Johannes Ingrisch[1] und Anke Jentsch[2]

[1] Institut für Ökologie, Universität Innsbruck, Österreich
[2] Bayreuther Zentrum für Ökologie und Umweltwissenschaften (BayCEER), Universität Bayreuth, Deutschland

Kurzfassung
Anthropogene Störungen im Grünland umfassen Beweidung und Mahd sowie damit einhergehende Bewirtschaftungsmaßnahmen wie Düngung, Bewässerung und Feuer. Neben den mit der Entnahme der Vegetation verbundenen mechanischen Störungen verändern Grünlandnutzungen die Ressourcenverfügbarkeit und damit die Stoffkreisläufe und die Artenzusammensetzung und -vielfalt. Bei mäßiger Beweidungsintensität wird die Heterogenität der Lebensräume und damit die Biodiversität erhöht. Grünlandsysteme sind neben ihrer Bedeutung für die Viehwirtschaft als Kulturlandschaft auch für das Landschaftsbild bedeutsam. Grünlandsysteme regenerieren nach Dürre, Hitzewellen und Feuer rascher als Waldökosysteme. Andererseits kann Übernutzung die Erosion begünstigen und zur Degradation führen.

6.2.1 Charakterisierung der Grünlandnutzungen

Das Grünland ist seit Jahrhunderten von anthropogenen Nutzungen wie Beweidung durch Rinder, Pferde und Schafe sowie durch Mahd zur Futtergewinnung geprägt. Es stellt daher eine zentrale Grundlage für die Viehwirtschaft dar. Grünland ist weltweit vor allem in jenen Regionen verbreitet, in denen Viehhaltung betrieben wird und in denen zugleich die klimatischen oder orografischen Bedingungen sowie die Bodenqualität für den Ackerbau ungünstig sind. Dabei ist global betrachtet die Naturweidewirtschaft die wichtigste Nutzungsform. In vielen Regionen, darunter auch in Mitteleuropa, kommt neben der Beweidung auch der Mahd eine traditionell wichtige Rolle zu (Abb. 1), die über die Gewinnung von Heu und Silage eine Versorgung der Nutztiere außerhalb der Weidezeiten sicherstellt bzw. unterstützt. In mediterranen und subtropischen Grünlandgebieten dominiert als Beweidungsform die Wanderweidewirtschaft oder Wandertierhaltung (Transhumanz; Poschlod & Wallis de Vries 2002, Suttie et al. 2005), bei welcher Tiere über größere Distanzen hinweg zwischen verschiedenen Weidegründen bewegt werden, oftmals unterschieden in Sommer- und Winterweide. Der Einsatz von Feuer dient stellenweise der Offenhaltung und rascheren Nährstoffnachlieferung (Fernandes et al. 2013, Valese et al. 2014, Reinhart et al. 2016).

Beweidung und Mahd stellen die wichtigsten anthropogenen Störungen im Grünland dar. Ihre Auswirkungen auf das Ökosystem sind vergleichbar, was den regelmäßigen Verlust und Wiederaufbau oberirdischer Biomasse betrifft, jedoch unterschiedlich bezüglich der Auswirkungen auf die Biodiversität. Beweidung erhöht die Heterogenität durch eine selektive Entnahme bzw. Förderung von Pflanzenarten und der Schaffung kleinräumiger Unterschiede hinsichtlich Nährstoffverfügbarkeit, Bodenverdichtung, Bestands- und Gemeinschaftsstruktur (Milchunas & Lauenroth 1993 Oesterheld et al. 1999, Adler et al. 2001) Darüber hinaus erfolgt die Beweidung häufig über einen Zeitraum von mehreren Tagen oder Wochen (z. B. Almweide), während die Mahd eine zeitlich eng begrenzte gepulste Störung darstellt. Beweidung und Mahd sowie damit verbundene Bewirtschaftungsmaßnahmen wie Düngung, Bewässerung und kontrolliertes Feuer (Abb. 1) haben unmittelbare Auswirkungen auf Bestandsstruktur, Mikroklima und Stoffkreisläufe. Durch Veränderungen von Artengemeinschaften und Bodeneigenschaften und durch Anpassungen von Arten können diese anthropogenen Störungsregime aber auch langfristige Konsequenzen haben (Abb. 2).

Das europäische Grünland hat sich unter jahrhundertelanger, extensiver menschlicher Nutzung entwickelt und birgt einen Großteil der Biodiversität des eurasischen Kontinents. Viele seltene und gefährdete Arten sind auf die Kontinuität der anthropogenen Störungsregime angewiesen, denn sowohl Nutzungsaufgabe als auch Nutzungsintensivierung gefährden ihre Lebensräume. In jüngerer Zeit ist das europäische Grünland jedoch durch Landnutzungswandel, Klimawandel und in geringerem Ausmaß auch durch biotische Invasionsprozesse starken Veränderungen unterworfen. Vielerorts führt das Auflassen der Bewirtschaftung des Grünlands im Zuge von Sekundärsukzessionen zu einer Rückentwicklung zur standorttypischen Vegetation. In anderen Regionen führt die Intensivierung des Grünlands (Blüthgen et al. 2012) durch starke Nährstoffeinträge, die Anwendung artenarmer Einsaatmischungen und erhöhte Mahdfrequenz zu einem massiven Rückgang der standorttypischen Artenvielfalt.

Abb. 1: Anthropogene Störungsregime im Grünland: a) Beweidung durch Rinder oder Schafe, b) Wiesenmahd zur Heu- und Silagegewinnung bei Stall- und Winterfütterung, c) Wiesendüngung mit organischen Resten aus der Viehhaltung, d) Bewässerung von Wiesen in Trockengebieten, e) Brandmanagement zur Offenhaltung und Düngung der Weiden. Mahd und Beweidung sind für die Erhaltung von Grünland in Europa meist Voraussetzung. Nach Brachfallen von Grünlandflächen kommt es im Zuge einer Sekundärsukzession zur Verbuschung und Wiederbewaldung. (Fotos: a), c), d), e) A. Jentsch, b) L. Hörtnagl)

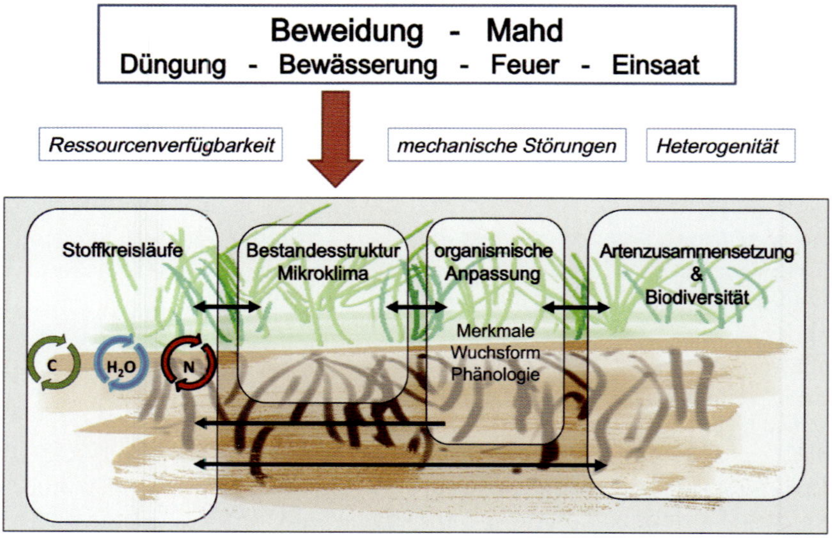

Abb. 2: Beweidung und Mahd sowie damit einhergehende Bewirtschaftungsmaßnahmen wie Düngung, Bewässerung, Feuer und Einsaat beeinflussen über mechanische Störungen und teilweise rasche Veränderungen der Ressourcenverfügbarkeit und deren räumliche Heterogenität Organismen, die Bestandsstruktur und das Mikroklima sowie die Stoffkreisläufe. Über Änderungen der Artengemeinschaften und der Merkmalsausprägungen von Arten kommt es längerfristig zur Ausbildung von Grünlandsystemen, die an das vorherrschende Störungsregime gut angepasst sind.

6.2.2 Auswirkungen des Störungsregimes auf Struktur und Funktion von Grünland

6.2.2.1 Bestandsstruktur, Mikroklima und Wasserhaushalt

Beweidung und Mahd beeinflussen die Wuchsform der Pflanzen und die vertikale Bestandsstruktur. Die beiden Störungsregime reduzieren die oberirdische Biomasse und dabei auch den Blattflächenindex (engl. *leaf area index* LAI, Blattfläche pro Bodenoberfläche) sowie die gesamte fotosynthetisch aktive Fläche, inklusive der grünen Stängel (Grünflächenindex, engl. *green area index* GAI; Abb. 3 und 5). Dies hat nicht nur Konsequenzen für die Stoffkreisläufe, sondern wirkt sich auch unmittelbar auf das Mikroklima aus (Wan et al. 2002, Klein et al. 2005). So führt eine Reduktion des Blattflächenindex zu einer Verringerung der vom Bestand aufgenommenen Strahlung sowie, je nach Bodenfarbe und -feuchte, der Albedo (Rückstrahlvermögen; Abb. 3). Durch die höhere Ein- und Ausstrahlung am Boden erhöhen sich wiederum der Bodenwärmestrom und die Bodentemperatur mit ihren tageszeitlichen Dynamiken. Diese beeinflussen über die Evapotranspiration (Verdunstung) und den sensiblen Wärmestrom die Energiebilanz des Grünlands.

Mahd und Beweidung greifen vielschichtig in den Wasserhaushalt und seine Komponenten ein und beeinflussen dabei Transpiration und Evaporation, Niederschlagsinfiltration, Oberflächenabfluss sowie den Bodenwassergehalt. Dabei spielen biotische, klimatische und edaphische Faktoren eine wichtige Rolle. Die Verringerung des Blattflächenindex durch Beweidung oder Mahd führt zu einer Verminderung der Transpiration und erhöht andererseits durch die erhöhte Einstrahlung am Boden die verfügbare Energie für die Evaporation (Abb. 4). Häufig wird die Evapotranspiration unmittelbar nach Beweidung oder Mahd verringert, was zu einer Erhöhung der Bodenfeuchte führt. Während des Wiederaufwuchses ist die Evapotranspiration erhöht, sodass die Menge an saisonal verdunstetem Wasser durch Beweidung oder Schnittfrequenz

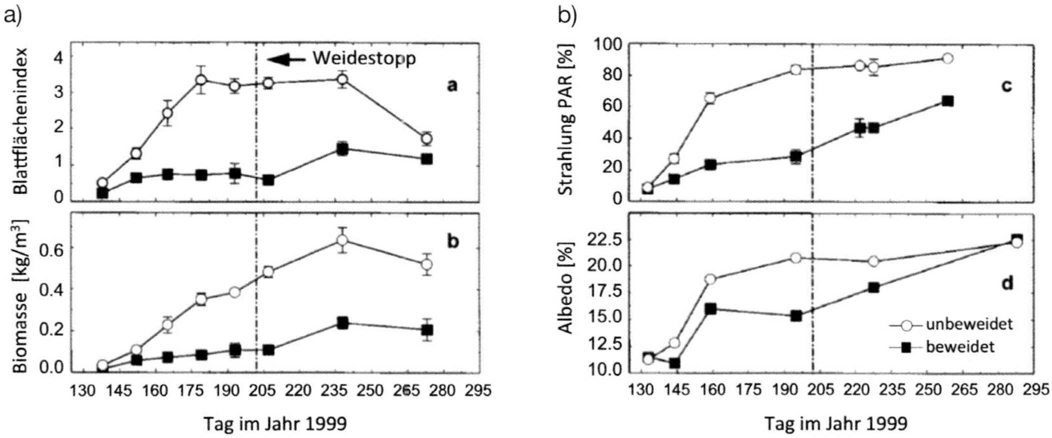

Abb. 3: Saisonale Entwicklungen auf einem beweideten (schwarze Punkte) und einem unbeweideten (weiße Punkte) Grünland: (a) Blattflächenindex (LAI), (b) oberirdische Biomasse, (c) vom Bestand absorbierte fotosynthetisch aktive Strahlung und (d) Albedo. Die gestrichelte, vertikale Linie zeigt den Zeitpunkt, an dem die Beweidung aufhört. (aus Bremer et al. 2001)

nicht wesentlich beeinflusst wird (Bremer et al. 2001, Rose 2004).

Neben aerodynamischen Effekten aufgrund der Bestandsstruktur spielen für die Transpiration auch physiologische Effekte auf Blattniveau eine wichtige Rolle (Abb. 4). Beispielsweise sinkt mit zunehmendem Blattalter die Transpirationsrate pro Blattfläche (Larcher 2001). Beweidete oder gemähte Bestände in der Wiederaufwuchsphase können somit eine höhere Bestandstranspiration aufweisen als ungestörtes Grünland.

Beweidung und (maschinengestützte) Mahd führen zu Bodenverdichtung und mitunter zu einem Aufreißen der Grasnarbe, wodurch sich, insbesondere bei geringer Vegetationsbedeckung, die Infiltration des Niederschlags in den Boden verringert und sich in der Folge der Oberflächenabfluss und die Bodenerosion erhöhen. Bei hohem Beweidungsdruck und weiteren ungünstigen Faktoren wie Hanglagen und Starkniederschlagsereignissen steigt dabei die Gefahr von Erosion und damit einer Degradation des Ökosystems (Asner et al. 2004).

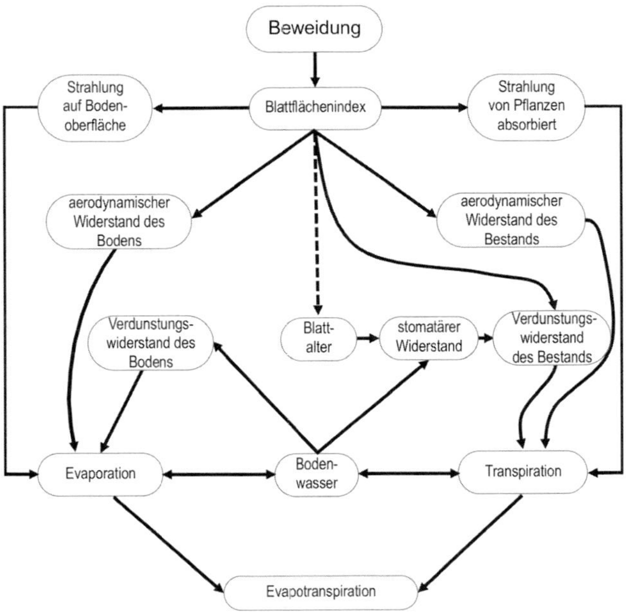

Abb. 4: Auswirkung von Beweidung auf die Evapotranspiration. (übersetzt aus Bremer et al. 2001).

6.2.2.2 Kohlenstoffhaushalt

Der Kohlenstoffhaushalt in Ökosystemen wird dadurch bestimmt, wie viel CO_2 fotosynthetisch gebunden wird und wie viel davon durch Atmungsprozesse wieder freigesetzt wird. Unter anaeroben Bedingungen, z.B. in Feuchtgebieten oder bei der Fermentierung im Pansen von Wiederkäuern, erfolgt die Kohlenstofffreisetzung primär in Form von Methan. Die Atmungsprozesse erfolgen in Grünland überwiegend unterirdisch und werden durch die Atmung der Wurzeln und den Umsatz von organischer Substanz im Boden durch Mikroorganismen bestimmt. Aus Sicht der Kohlenstoffbilanz stellt Grünland häufig eine schwache CO_2-Senke dar, die mit zunehmender Bewirtschaftungsintensität zunimmt, allerdings meist auf Kosten einer höheren Freisetzung des stark klimawirksamen Lachgases (N_2O) (Velthof & Oenema 1995, Allard et al. 2007, Soussana et al. 2007, Chang et al. 2015).

Die Entfernung des überwiegenden Teils der fotosynthetisch aktiven Biomasse bzw. Blattfläche durch Beweidung oder Mahd führt zu einer unmittelbaren Reduktion der Bestandsfotosynthese und in der Folge dazu, dass Grünland vorübergehend mehr CO_2 freisetzt als aufnimmt (Abb. 5; Wohlfahrt et al. 2008b). Eine Erhöhung der Bodentemperatur an Schönwettertagen aufgrund der fehlenden Beschattung durch den Bestand kann dabei die CO_2-Freisetzung verstärken. Häufig wird jedoch die Aktivität der Rhizosphäre durch einen Mangel an frischen Assimilaten aus der Fotosynthese eingeschränkt, sodass selbst bei höheren Temperaturen verringerte Bodenatmungsraten auftreten (Bahn et al. 2006). Je nach Wüchsigkeit des Bestands und den Witterungsverhältnissen kommt es innerhalb von wenigen (häufig 1–3) Wochen zu einem Wiederaufwuchs und zu einer erneuten Nettoaufnahme von CO_2 durch den Bestand (Abb. 5).

Bewirtschaftungsänderungen im Grünland führen zu erhöhten CO_2-Austauschraten (Fotosynthese bzw. Atmung) bei Intensivierung und zu verringerten CO_2-Austauschraten auf ungedüngten Brachflächen (Schmitt et al. 2010). Infolge des Auflassens von Grünland können größere Mengen von Streu an der Bodenoberfläche akkumulieren, die auch eine vorübergehende, aber insgesamt kaum nennenswerte Erhöhung des im Boden gespeicherten Kohlenstoffs zur Folge haben können (Meyer et al. 2012, Poeplau & Don 2013). Erhöhte Beweidungsintensität führt hingegen zu einer Reduktion des Kohlenstoffgehalts in europäischen Grünlandböden (Klumpp et al. 2011, Paz-Ferreiro et al. 2012, McSherry & Ritchie 2013).

6.2.2.3 Nährstoffhaushalt

Beweidung und Mahd sowie bewirtschaftungsbedingte Maßnahmen wie Düngung, Kalken oder Einsaat von Leguminosen beeinflussen den Nährstoffhaushalt durch Nährstoffentzug und Nährstoffzufuhr. Darüber hinaus verändern sie die Streumenge und -qualität (z.B. Semmartin et al. 2004, Bai et al. 2012) und die Umweltbedingungen (pH, Mikroklima, Stöchiometrie) für Mikroorganismen (Robson et al. 2007, Le Roux et al. 2008, Legay et al. 2016), was sich auf die Nährstoffumsätze auswirken kann. Dabei führt Beweidung zu einer starken Heterogenität der Nährstoffverteilung in einem weitgehend geschlossenen Nährstoffkreislauf, während Mahd und die Düngung von Mähwiesen eine homogenere Verteilung der Nährstoffe in einem meist offenen Nährstoffkreislauf zur Folge haben.

Düngung erhöht die Produktivität sowie die Nährstoffgehalte im Pflanzengewebe und die Futterqualität (Mosier et al. 2004). Sie fördert raschwüchsige Arten, deren Streu rascher zersetzbar ist, was wiederum den Nährstoffkreislauf beschleunigt. Starke oder unausgewo-

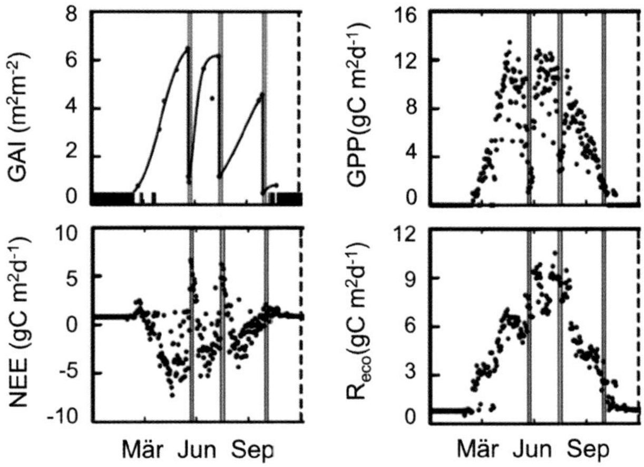

Abb. 5: Auswirkung von Mahd auf einer Talwiese in den Alpen auf den Grünflächenindex (GAI, pro Bodenfläche, fotosynthetisch aktive Fläche) und den Nettoaustausch von CO_2 zwischen Grasland und Atmosphäre (NEE) sowie dessen Komponenten, der Bestandsfotosynthese (Bruttoprimärproduktion, GPP) und der Ökosystematmung (R_{eco}). Die drei Mahdtermine sind durch vertikale Linien gekennzeichnet. Der Nettoaustausch von CO_2 ist aus Sicht der Atmosphäre negativ, wenn die Fotosynthese überwiegt, und positiv, wenn die Atmung überwiegt. (Daten aus Wohlfahrt et al. 2008a)

gene Düngung führt zu einer Akkumulation von Nährstoffen im Boden (Eutrophierung) und zu einer Verschiebung der Nährstoffverhältnisse, wodurch sich die Biodiversität (Kap. 6.2.3) und deren Reaktion auf Störungen verändert (Bakker et al. 2006). Stark erhöhte Stickstoffeinträge durch Düngung können beispielsweise zu Stickstoffauswaschung in das Grundwasser sowie zu verstärkter Ausgasung von Lachgas führen (Di & Cameron 2002, Soussana et al. 2007). Deshalb sind die Menge und der Zeitpunkt der Düngung im Verhältnis zum tatsächlichen Nährstoffbedarf und damit auch zur Wachstumsdynamik des Pflanzenbestandes wesentliche Faktoren für eine umweltschonende Grünlandbewirtschaftung.

Kalken ist eine Bewirtschaftungsmaßnahme zur Erhöhung des pH-Werts von sauren Böden (Goulding 2016, Heyburn et al. 2017). Sie führt zu einer Erhöhung der mikrobiellen Umsätze von Stickstoff und der Nährstoffverfügbarkeit in Böden. Da gekalkte Böden weniger stark gedüngt werden müssen, stellt Kalken eine Möglichkeit dar, die Lachgasemission im Grünland zu reduzieren. Die verstärkte Ausgasung von Kohlendioxid aus dem Kalk kann die Treibhausgasbilanz von Grünland allerdings insgesamt verschlechtern.

Die Nährstoffverfügbarkeit in Ökosystemen wird stark durch die komplexen Wechselwirkungen im Nahrungsnetz bestimmt, bei denen neben dem oberirdischen Biomasseverlust auch die Wurzelherbivorie sowie die Interaktionen zwischen Pflanzen und Mikroorganismen eine wichtige Rolle spielen (Abb. 6; Bardgett & Wardle 2003). So können beispielsweise Pflanzenwurzeln bei erhöhtem Nährstoffbedarf energiereiche Kohlenstoffverbindungen ausscheiden und dadurch die mikrobielle Umsetzung von in organischer Bodensubstanz festgelegten Nährstoffen begünstigen (Kuzyakov 2010). Andererseits wird durch mikrobielles Wachstum ein Großteil des freigesetzten Stickstoffs rasch wieder gebunden (immobilisiert). Gerade in der Regenerationsphase von Pflanzen unmittelbar nach Beweidung und Mahd spielt es eine wichtige Rolle, in welchem Maß ausreichend Nährstoffe zur Verfügung stehen.

Der Nährstoffhaushalt von Grünland wird durch Leguminosen (z. B. Kleearten) stark beeinflusst (Lüscher et al. 2014). Durch ihre Symbiose mit Knöllchenbakterien verbessern Leguminosen nicht nur ihre eigene Stickstoffversorgung, sondern auch die ihrer Nachbarpflanzen (Abb. 7). Dadurch tragen sie zu einer Erhöhung der Primärproduktion und des Futterwerts bei. Zur Förderung des Leguminosenanteils in Grünland wird als Bewirtschaftungsbegleitmaßnahme häufig die Nachsaat in Betracht gezogen.

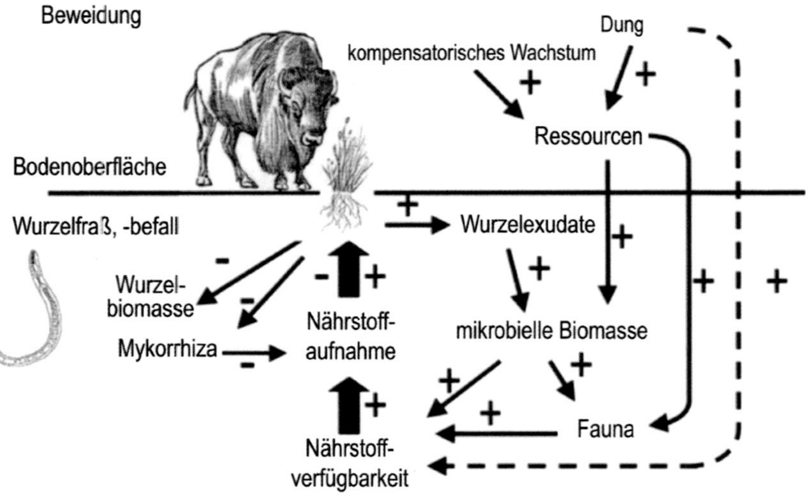

Abb. 6: Im Zusammenhang zwischen Beweidung und Nährstoffkreislauf kommt es zu starken Wechselwirkungen und Rückkopplungseffekten über mehrere trophische Ebenen (Bardgett & Wardle 2010).

6.2.2.4 Auswirkungen von spezifischen Bewirtschaftungsformen und Begleitmaßnahmen

Neben Düngung und Kalken (siehe Kap. 6.2.2.3) gibt es eine Reihe von regional oft bedeutsamen Begleitmaßnahmen der Grünlandnutzung. Neu-, Nach- und Übersaat spielen eine wichtige Rolle hinsichtlich einer geschlossenen Bodenbedeckung und können darüber hinaus neue Arten und Sorten in den Bestand einführen (Opitz von Boberfeld 1994). So werden beispielsweise in Bayern von der Landesanstalt für Landwirtschaft klimaspezifische und regional unterschiedliche Ein- und Übersaatmischungen empfohlen und für Landwirte bereitgestellt. Diese bestehen aus einer Mischung von Gräsern und Leguminosen unterschiedlicher Herkünfte, die sich auch bezüglich Wachstum, Nährstoffbedarf und Blühzeitraum komplementär unterscheiden, um unter verschiedenen Bedingungen Kontinuität des Ertrags zu gewährleisten. In der Schweiz erscheinen regelmäßig Empfehlungen für Einsaaten in Wiesen mit Eignungsbewertungen für unterschiedliche Höhenlagen (Suter et al. 2017).

Als Begleitmaßnahmen der Grünlandnutzung spielen regional auch Feuer (vgl. Kap. 4.1) und Bewässerung eine wichtige Rolle. Kontrolliertes Feuer ist eine immer noch verbreitete Methode, um die Verbuschung von Landschaften zu verhindern und die Rückführung von Nährstoffen in den Boden zu beschleunigen, auch wenn bei starken Feuerereignissen durch Volatilisierung und verstärkte Auswaschung Nährstoffverluste auftreten können (Wang et al. 2001, Alcañiz et al. 2018). In mediterranen und semiariden Regionen können Feuer häufig auch unkontrolliert auftreten. In Savannen sind sie zentraler Bestandteil der Vegetationsdynamik. Die Wahrscheinlichkeit des Auftretens von Feuer wird durch den Klimawandel (insbesondere durch Dürreereignisse und Hitzewellen) und durch invasive Arten (z. B. *Bromus tectorum* in den USA, Ziska et al. 2005) häufig begünstigt.

Bewässerung war bis in das 20. Jahrhundert in vielen Teilen Mitteleuropas und in den mediterranen Regionen eine wichtige Maßnahme zur Erhöhung der Grünlandproduktivität, aber auch der Schädlingskontrolle. Regelmäßige Bewässerung führt zu einer Erhöhung des Anteils von Rosettenpflanzen und der Leguminosen sowie zu einer Verbesserung des Strukturreichtums der Vegetation (Müller et al. 2016).

6.2.3 Anpassungen von Arten und Lebensgemeinschaften an Grünlandnutzungen

6.2.3.1 Anpassungen von Artmerkmalen

Pflanzenarten sind in der Regel gut an das Störungsregime im Grünland angepasst. Dies betrifft ihre Wuchsform und -höhe und eine Reihe weiterer Pflanzenmerkmale, wie auch ihre Phänologie und ihre Regenerationsfähigkeit nach Störungen. Global gesehen, fördert Beweidung annuelle (einjährige) im Vergleich zu perennierenden (mehrjährigen) Arten und begünstigt Ausläufer- und Rosettenpflanzen sowie kleinwüchsige bzw. niederliegende Arten (Díaz et al. 2007) und damit insgesamt Pflanzenarten mit Meristemen in Bodennähe. Durch die häufig mit der Mahd verbundene Düngung finden sich auf Mähwiesen vermehrt rasch- und hochwüchsige Pflanzenarten mit höheren Blattstickstoffkonzentrationen, gekoppelt mit bakteriell dominierten mikrobiellen Gemeinschaften. Auf extensiv bewirtschafteten und aufgelassenen Wiesen und Weiden kommen hingegen vermehrt langsamwüchsige Pflanzenarten und stärker durch Pilze dominierte mikrobielle Gemeinschaften vor, die die Produktivität und die ökosystemaren Umsatzsatzraten von Kohlenstoff und Stickstoff reduzieren (Abb. 8; Grigulis et al. 2013, Smith et al. 2014).

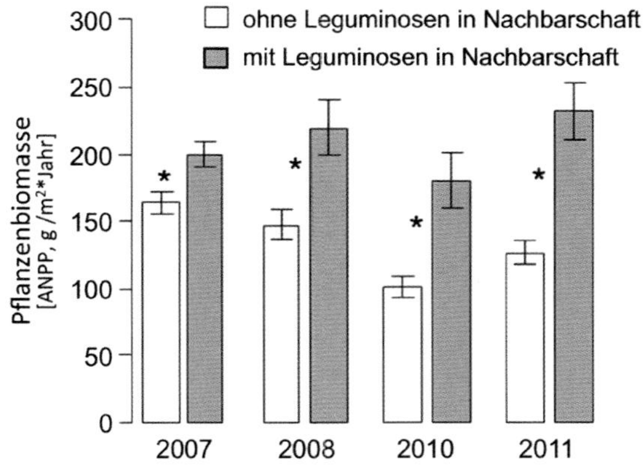

Abb. 7: Wachstumsstimulierender Leguminoseneffekt auf die Biomasseproduktion im Grünland (Arfin Khan et al. 2014). Arten, die zusammen mit stickstofffixierenden Leguminosen wachsen (grauer Balken), zeigen eine höhere oberirdische Biomasseproduktion als Arten, die ohne Leguminosen wachsen.

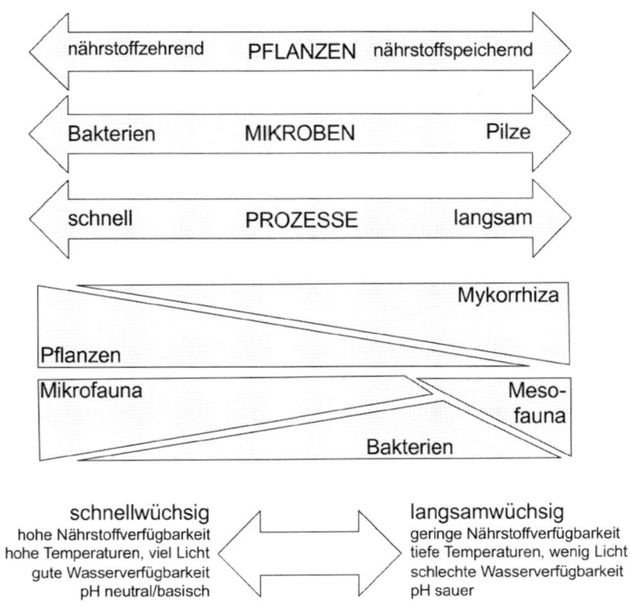

Abb. 8: Trends der dominanten Strategien von Pflanzen, Tieren und Mikroorganismen und deren Einflüsse auf Ökosystemprozesse zwischen intensiv (links) und extensiv (rechts) bewirtschaftetem Grünland (Schade et al. 2005, Grigulis et al. 2013, Mulder et al. 2013).

Evolutive Anpassungen von Phänologie und Morphologie an Beweidung und Mahd lassen sich am Beispiel der Ökotypen einer für Mitteleuropa typischen annuellen Grünlandart gut erkennen (Abb. 9): Ein späterer Schnitt-

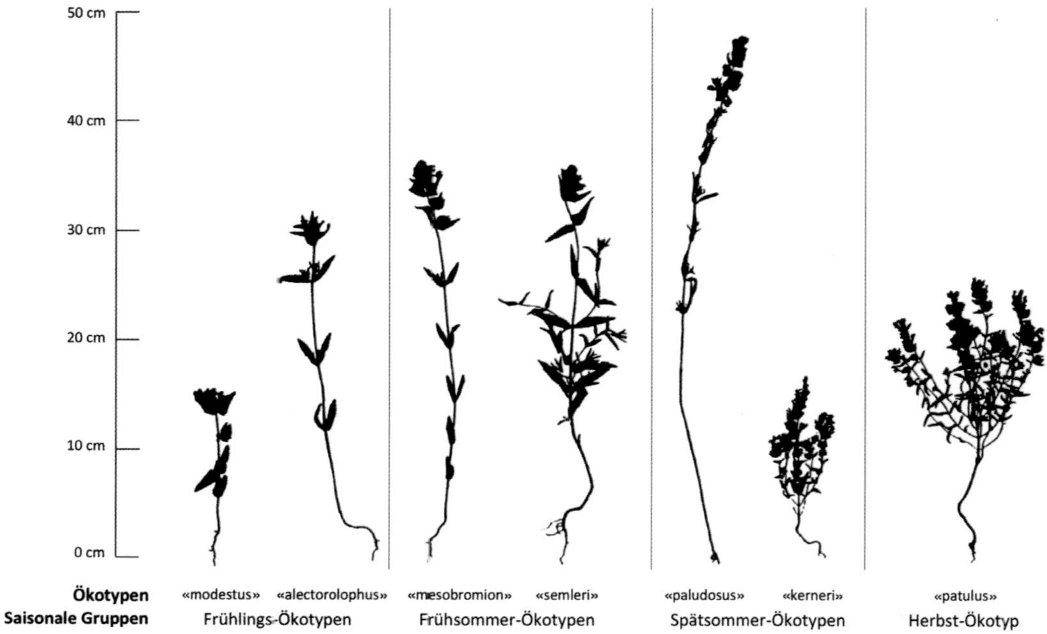

Abb. 9: Öko-Morphotypen der annuellen Grünlandart Zottiger Klappertopf (*Rhinanthus alectorolophus* (Scop.) Pollich) in Abhängigkeit von Mahd und Düngung (Ökotypen «alectorolophus» und «mesobromion») und Beweidung («kerneri» und «patulus»). (Aus Zopfi 1993, übersetzt)

zeitpunkt, verbunden mit Düngung, führt zu einer späteren Blüte und Samenreife und aufgrund der verstärkten Lichtkonkurrenz zu stärker gestreckten Internodien und längeren Sprossen, während Beweidung eine geringere Wuchshöhe und eine ausgeprägte Verzweigung des Sprosses zur Folge hat (Abb. 9). Eine starke Verzweigung des Sprosses reduziert die Wahrscheinlichkeit dass bei mäßiger Beweidungsdichte die gesamte oberirdische Biomasse verloren geht. In Mähwiesen sind Wuchshöhe und Phänologie mitunter eng gekoppelt: Niederwüchsige Rosettenpflanzen entwickeln sich und blühen meist rasch zu Beginn der Vegetationsperiode, wohingegen hochwüchsige krautige Arten und Gräser mehr Biomasse in den Spross investieren und dadurch während der Reifephase die oberen Bestandsschichten dominieren (McIntyre et al. 1995, Klimešová et al. 2008).

Zugunsten der Regeneration nach Beweidung und Mahd können die mehrjährigen Grünlandpflanzen häufig auf erhebliche Stoffspeicher in Rhizomen und Knollen zurückgreifen (Larcher 2001). Durch Kompensationswachstum können verlorene Pflanzenteile häufig zumindest teilweise ersetzt werden, in seltenen Fällen entwickeln entlaubte Pflanzen sogar eine größere oberirdische Biomasse als ungestörte Kontrollpflanzen (Ferraro & Oesterheld 2002). Die Regeneration von Pflanzen und ihrer Biomasse hängt dabei stark von der Intensität und Frequenz der Störung, der Nährstoffverfügbarkeit sowie vom Entwicklungszustand der Pflanzen ab (Strauss & Agrawal 1999, Del-Val & Crawley 2005, Wise & Abrahamson 2005).

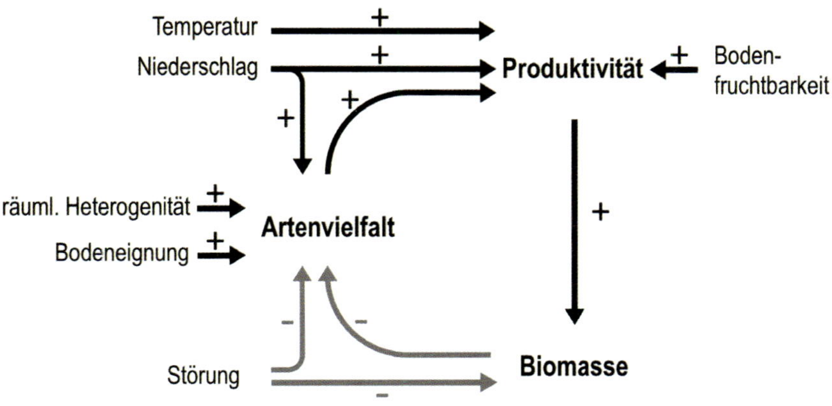

Abb. 10: Anthropogene und natürliche Störungsregime beeinflussen die Biodiversität und Produktivität von Grünland maßgeblich. Störungen können die Artenvielfalt verringern oder über eine Reduktion der Bestandsbiomasse indirekt erhöhen. Eine höhere räumliche Heterogenität, gefördert etwa durch eine mäßige Beweidungsintensität, begünstigt ebenfalls eine höhere Biodiversität (nach Gross 2016).

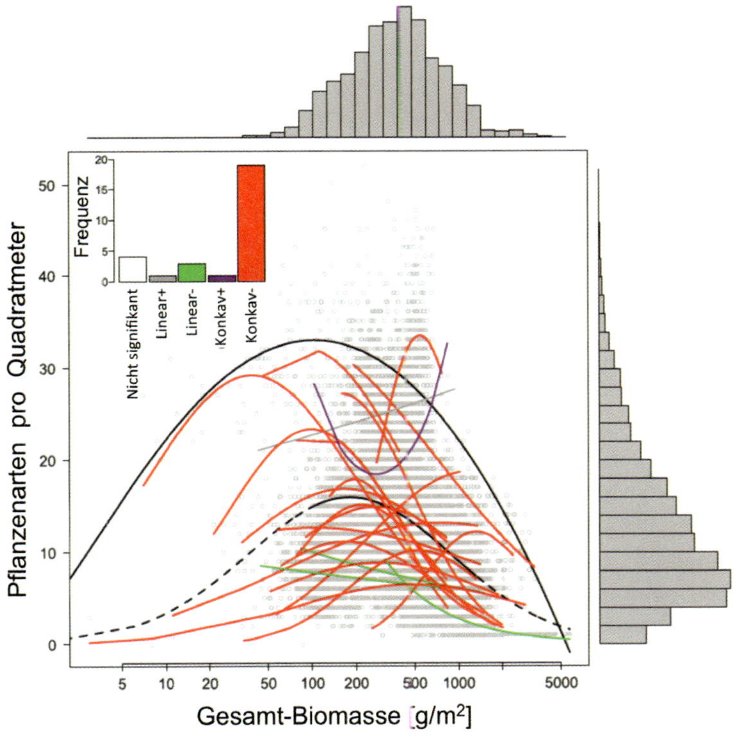

Abb. 11: Biomasseproduktion im Grünland in Abhängigkeit der Artenzahl für 28 Standorte auf fünf Kontinenten. Die schwarze Linie zeigt das generelle Muster, während die farbigen Linien die Regressionskurven für die einzelnen Standorte darstellen und überwiegend eine konkave Form (rot) aufweisen. (aus Fraser et al. 2015).

6.2.3.2 Grünlandnutzung und Artenvielfalt

Für viele Tier- und Pflanzenarten offener Lebensräume stellen die in Europa einst weit verbreiteten extensiv bewirtschafteten Wiesen- und Weidelandschaften wichtige Ersatzlebensräume dar. Im Zuge des Landnutzungswandels der letzten Jahrzehnte sind extensiv genutzte Flächen jedoch oftmals in intensiv genutztes Grünland umgewandelt worden. Dabei beeinflussen die anthropogenen Landnutzungs- und Störungsregime maßgeblich die Biodiversität und Produktivität von Grünland. Eine hohe Bodenfruchtbarkeit ermöglicht beispielsweise eine hohe oberirdische Biomasseproduktion, doch erhöht die hohe Produktivität den Konkurrenzdruck auf langsam wachsende und kleine Pflanzen, wodurch sich die Artenzahl deutlich verringert (Abb. 10; Gross 2016). In Grünlandsystemen mittlerer Produktivität finden sich im weltweiten Vergleich die größten Artenzahlen (Abb. 11, *«Hump-Back Model»;* Adler et al. 2011, Fraser et al. 2015).

Eine hohe Artenzahl kann die Biomasseproduktion des Grünlands über längere Zeiträume hinweg stabilisieren (Hector et al. 2010, Gross et al. 2014). Dabei erhöht sie die funktionelle Resilienz (vgl. Kap. 3.2) und verringert die negativen Auswirkungen klimatischer Auslenkungen wie extremer Wetterereignisse (Isbell et al. 2015). Die förderliche Wirkung von hoher Biodiversität auf Produktivität und Stabilität von Grünland wird verschiedenen Mechanismen zugeschrieben, darunter a) dem Grad an asynchronem Verhalten der Arten einer Pflanzengemeinschaft bei Störungen, b) Versicherungseffekten durch komplementäre Pflanzenstrategien von raschwüchsigen bis zu stresstoleranten Arten, c) der Überkompensation einzelner Arten bei Störungen durch Reduktion von Konkurrenzdruck, und d) der Wahrscheinlichkeit, dass bei hoher Artenzahl eine besonders produktive Art und insgesamt ein größeres Maß an Komplementarität der Arten auftritt (Yachi & Loreau 1999, Lehman & Tilman 2000, Loreau & de Mazancourt 2008, de Mazancourt et al. 2013, Hautier et al. 2014). Maßnahmen zum Erhalt der Artenvielfalt im Grünland wie Saatgutergänzung, Düngerreduktion oder Veränderung der Mahdfrequenz dienen also der Kontinuität der Biomasseproduktion in Zeiten sich ändernder Umweltbedingungen (siehe auch Moog et al. 2002, Socher et al. 2013).

Neben reinen Artenzahlen trägt vor allem die funktionelle Artenzusammensetzung der Grünlandvegetation wesentlich zur Kontinuität der Leistungsfähigkeit unter veränderten Störungsregimen wie Landnutzungs- und Klimaveränderungen bei. Es wird zwischen Arten unterschieden, welche schnelle, exploitative Strategien bezüglich Ressourcenaufnahme und -umsetzung entwickelt haben – oft einhergehend mit hoher spezifischer Blattfläche, hohen Blattstickstoffkonzentrationen und niedriger Blattmasse –, und Arten, welche diesbezüglich langsame, konservative Strategien entwickelt haben (Grime 1979, Wright et al. 2004, Reich 2014, Díaz et al. 2016; vgl. auch Abb. 8). Eine höhere Vielfalt von funktionellen Eigenschaften in Pflanzengemeinschaften des Grünlands erhöht also auch die Komplementarität zeitlicher Strategien zur Aufnahme limitierender Ressourcen wie Wasser, Nährstoffe und Licht oder zur Regeneration nach Störungen und ermöglicht damit die Kontinuität der Biomasseproduktion über die Zeit und zwischen den Jahren.

6.2.4 Interaktionen mit anderen Störungsregimen (Wetterextremen)

Im Zuge des Klimawandels wird erwartet, dass sich in den kommenden Jahrzehnten die Variabilität des Niederschlags erhöht, was zu längeren Trockenperioden und mehr Starkregenereignissen führt. Sowohl das Ausmaß als auch die Häufigkeit von Niederschlagsextremen können die Produktivität von Grünland beeinflussen. Dies wird zunehmend im Rahmen von überregional und international koordinierten Experimenten zu Auswirkungen des Klimawandels auf Ökosystemfunktio-

Zu viel des Guten: Der Untergang der artenreichen Glatthaferwiese in Mitteleuropa

Die Entwicklung des Wieslandes in Mitteleuropa zeigt eindrücklich, welch delikate Rolle Störungen für die Biodiversität spielen. Sehen wir von den flächenmäßig untergeordneten Urwiesen ab, kann sich das Wiesland Mitteleuropas nur dank regelmäßiger Störungen durch den Menschen halten und entwickeln. Diese Störungen bestehen hauptsächlich aus Mahd oder gezielter Beweidung. Entsprechend lässt sich das anthropogene Wiesland in drei Typen aufgliedern: Mähwiesen, Weiden und Mähweiden.

Wiesland ist deutlich artenreicher als störungsarme Wälder. Im Berggebiet, wo in den letzten Jahrzehnten die Nutzung vieler Wiesen aufgegeben und der Wald sich rasant ausgebreitet hat, ist die Biodiversität als Folge davon lokal stark zurückgegangen (Stöcklin et al. 2007).

Während Jahrhunderten steuerten Wiesen und Weiden von allen Lebensraumtypen den größten Teil zur Artenvielfalt Mitteleuropas bei. Man nimmt an, dass ihre Biodiversität bis zum Ende des 19. Jahrhunderts stetig zunahm, insbesondere weil die Art der Wiesennutzung immer vielseitiger wurde. Zum Beispiel setzte mit der verbesserten Dreifelderwirtschaft ab dem 18. Jahrhundert eine Nutzungsintensivierung ein, die neue Wiesentypen und damit auch neue Lebensräume schuf – die Fromental- und Goldhaferwiesen.

Bis in die 1950er-Jahre war die Fromentalwiese, auch Glatthaferwiese genannt *(Arrhenatheretum elatioris)*, der am intensivsten genutzte Wiesentyp. Mit ihrer meist zweimaligen Mähnutzung lieferte sie das traditionelle Heu und Emd. Sie wurde regelmäßig mit Mist gedüngt und kam vor allem auf guten Standorten der tieferen Lagen vor. Noch in der ersten Hälfte des 20. Jahrhunderts bedeckte dieser Wiesentyp große Teile der Kulturlandschaft Mitteleuropas und bildete die Basis für die Futterproduktion und Milchwirtschaft in der Schweiz und anderen Regionen Europas.

Fromentalwiesen waren nicht nur produktiv, sondern auch artenreich – artenreicher als heute selbst die meisten Ökowiesen in der Schweiz mit QII-Qualität.* Kostengünstig verfügbarer Kunstdünger, der zusätzliche Anfall von Gülle infolge zunehmender Importe von Futtermitteln aus dem Ausland und eine rasant voranschreitende Mechanisierung im Futterbau (Bosshard et al. 2011) brachten die Fromentalwiesen nach Ende des Zweiten Weltkriegs in wenigen Jahrzehnten praktisch zum Verschwinden. Kein anderer Lebensraum in der Schweiz ist je in derart kurzer Zeit so stark zurückgegangen. Mehr oder weniger typische Fromentalwiesen nehmen hierzulande durchschnittlich gerade noch 1–2 % der landwirtschaftlichen Nutzfläche ein, wie Untersuchungen über Fromentalwiesen zeigen (Abb. 1; Bosshard 2016).

Anstelle der einstigen Fettwiesen sind heute noch ertragreichere, aber im Hinblick auf die Biodiversität massiv verarmte Intensivwiesen getreten. Statt 2–3 werden sie 4–6 Mal jährlich gemäht oder intensiv beweidet. Viele ehemals typische und weit verbreitete Pflanzenarten, darunter eine große Zahl an attraktiven Wiesenblumen wie Margerite (*Leucanthemum vulgaris* Lam.), Salbei (*Salvia pratensis* L.), Glocken- oder Flockenblumen (Arten der Gattungen *Campanula* und *Centaurea*) erreichen unter diesem extremen Störungsregime ihre Samenreife nicht und verschwinden.

Noch stärker als die Flora ist die Fauna von der intensivierten Wieslandnutzung betroffen. Praktisch alle Tiergruppen, deren Verbreitungsschwerpunkt noch bis in die 1950er-Jahre in den Fromentalwiesen lag und die einen Großteil der

* Biodiversitätsförderflächen vom Typ «extensiv genutzte Wiese» und «wenig intensiv genutzte Wiese» – kurz «Ökowiese» – erreichen in der Schweiz das Qualitätsniveau «QII», wenn sie mindestens sechs Pflanzenarten aus einer Indikatorartenliste aufweisen. Sie gelten damit als ökologisch wertvoll und werden mit deutlich höheren Direktzahlungen gefördert als Ökowiesen QI mit weniger als sechs Indikatorarten.

Artenvielfalt in der Kulturlandschaft ausmachten, finden in den heutigen Intensivwiesen keine Überlebensmöglichkeiten mehr. Dazu gehören Heuschrecken, Tagfalter, vegetationsbewohnende Spinnen und bodenbrütende Vogelarten. Ihre Individuenzahlen sind im Wiesland der tieferen Lagen in den letzten 100 Jahren regelrecht zusammengebrochen auf durchschnittlich noch rund 1 % der damaligen Bestände. Viele früher typische Wieslandarten wie beispielsweise der Baumpieper (*Anthus trivialis* L.) oder das Braunkehlchen (*Saxicola rubetra* L.) sind in weiten Gebieten ganz ausgestorben.

Das Beispiel der Wieslandnutzung Mitteleuropas zeigt die zentrale Rolle, welche Störungen für die Biodiversität spielen. Während eine Nutzungsaufgabe oder Unternutzung von Wiesland zu Wald oder Vergandung führen, wo wenige Arten überhandnehmen, können auf der anderen Seite auch bei einer Nutzungsintensivierung mit jährlich 4–6 Schnitten nur wenige Pflanzenarten koexistieren, weil viele dem intensiven Störungsregime nicht standhalten. Wesentlich mehr Arten können sich dagegen bei einer Nutzungsintensität zwischen diesen beiden Extremen entwickeln – in den extensiv bis wenig intensiv genutzten Wiesen, zu denen auch die Fromentalwiesen gehören. Sowohl ein Zuviel wie ein Zuwenig an Störung kann die Artenvielfalt zum Verschwinden bringen, vor allem wenn sich eine solche Entwicklung flächendeckend über große Gebiete vollzieht.

Andreas Bosshard, Ö+L Ökologie und Landschaft GmbH, Oberwil-Lieli, Schweiz

Literatur

- Bosshard A (2016) Das Naturwiesland der Schweiz und Mitteleuropas. Mit besonderer Berücksichtigung der Fromentalwiesen und des standortgemässen Futterbaus (Bristol-Schriftenreihe, Bd. 50). Haupt Verlag, Bern. 265 S.
- Bosshard A, Schläpfer F, Jenny M (2011) Weissbuch Landwirtschaft Schweiz: Analysen und Vorschläge zur Reform der Agrarpolitik (2. Aufl.). Haupt Verlag, Bern. 272 S.
- Stöcklin J, Bosshard A, Klaus G (2007) Landnutzung und biologische Vielfalt in den Alpen: Fakten, Perspektiven, Empfehlungen. vdf Hochschulverlag, Zürich. 192 S.

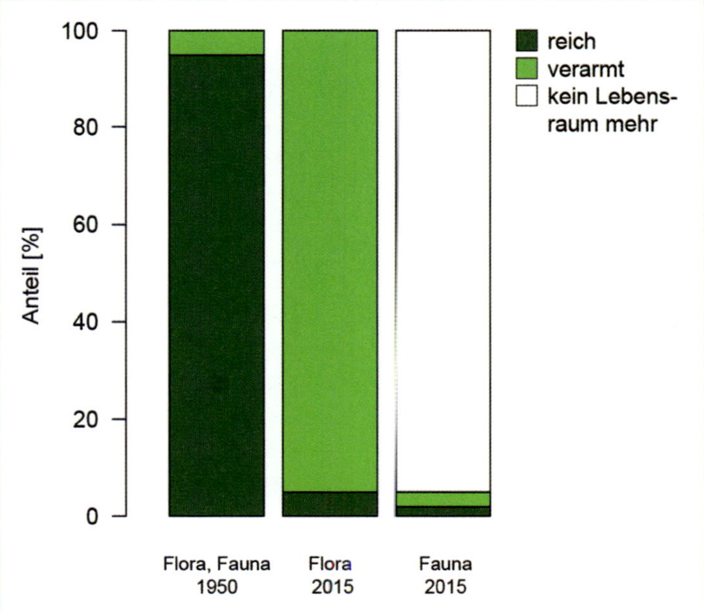

Abb. 1: Artenvielfalt im Wiesland der Tieflagen in der Schweiz 1950 und heute, in Prozenten.

nen erforscht (Abb. 12). Die Resilienz der Biomasseproduktivität in Bezug auf Dürreereignisse wird dabei maßgeblich von der Artenzusammensetzung und der Biodiversität beeinflusst (Grime et al. 2000, Kahmen et al. 2005, Jentsch et al. 2011, Isbell et al. 2015). Darüber hinaus können Niederschlagsanomalien biotische Interaktionen zwischen Pflanzenarten und über verschiedene trophische Ebenen hinweg verändern, was zu Verschiebungen im Konkurrenzgleichgewicht führt (Gilgen et al. 2010, Grant et al. 2014).

Abb. 12: Experimentelle Störungsökologie: Erforschung der Auswirkungen extremer Wetterereignisse, Landnutzungsänderungen und Biodiversität auf Ökosystemfunktionen im Grünland. (Foto: C. Schaller)

Wassermangel und die Zusammensetzung von Pflanzengemeinschaften verändern die Verfügbarkeit von Pflanzennährstoffen und die Anhäufung von Verteidigungsstoffen gegen herbivore Insekten (Walter et al. 2012a). Die Auswirkungen von Dürrestress auf die Inhaltsstoffe der Blätter und deren Einfluss auf die Herbivoren ist noch weitgehend unerforscht. Dürre verringert den relativen Wassergehalt, den löslichen Proteingehalt, den Stickstoff- und Phenolgehalt, und erhöht den Anteil an Kohlenhydraten im Gras (Abb. 13). Als Folge haben Larven, welche sich von dürrebehandelten Blättern ernähren, eine längere Larvalphase, erhöhtes Puppengewicht und höhere Entpuppungsraten (Walter et al. 2012b).

Dürre und Starkregen können durch Auswirkungen auf die Streuqualität und die bodenbiologische Aktivität auch die Zersetzungsgeschwindigkeit der Streu verringern (Joos et al. 2010, Walter et al. 2013). Verschiedene mikrobielle Gruppen reagieren unterschiedlich auf Dürreereignisse. So sind Pilzgemeinschaften, einschließlich der Mykorrhiza, beispielsweise dürreresistenter als bakterielle Gemeinschaften (Fuchslueger et al. 2014, Walter et al. 2016). Da die Bewirtschaftung von Grünland bakterielle gegenüber Pilzgemeinschaften fördert, sind bewirtschaftete Wiesen stärker von Dürre betroffen als Brachflächen (Karlowsky et al. 2018). Im Zuge der Wiederbefeuchtung des Bodens nach Dürre werden häufig erhebliche Mengen an mikrobiell gebundenem Stickstoff freigesetzt. Dieser kann den Wiederaufwuchs der Vegetation und damit die Produktivität nach Dürreereignissen begünstigen (Ingrisch et al. 2018), besonders unter dem Szenario künftig erhöhter atmosphärischer CO_2-Konzentrationen (Roy et al. 2016).

In Regionen mit häufig auftretenden Dürreereignissen spielt die Bewässerung als ausgleichende Bewirtschaftungsmaßnahme eine wichtige Rolle. Auch erhöhte Mahdfrequenz kann die nachteiligen Auswirkungen erhöhter Niederschlagsvariabilität auf die Produktivität abpuffern, allerdings sind die Effekte schwach und meist nur vorübergehend.

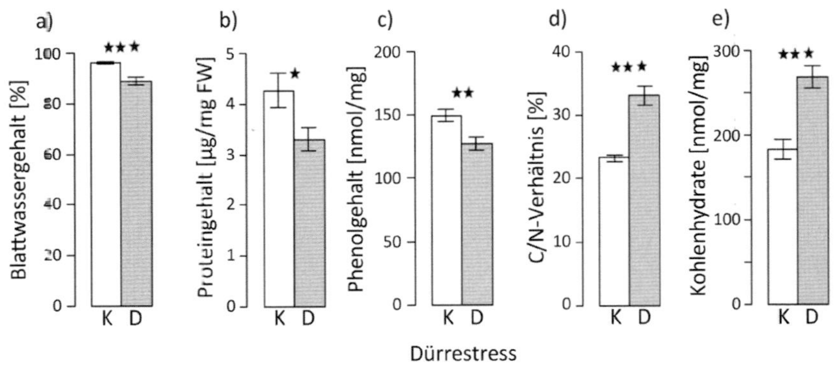

Abb. 13: Einfluss von Dürrestress (D; im Vergleich zur Kontrolle K) auf a) relativen Blattwassergehalt, b) Blattproteingehalt, c) löslichen Phenolgehalt, d) C/N-Verhältnis und e) Kohlenstoffgehalt in den Blättern des Wolligen Honiggrases (*Holcus lanatus* L.; aus Walter et al. 2012b).

6.2.5 Gesellschaftliche Aspekte und zukünftige Entwicklungen

Weltweit ist Grünland von großer Bedeutung für die Viehwirtschaft, deren Wertschöpfung über die Fleisch- und Milchproduktion erheblich ist. Auch die Gewinnung von Wolle aus der Schafwirtschaft spielt regional mitunter eine wichtige Rolle. Von großer Bedeutung in Europa ist auch der Umstand, dass Grünland häufig anthropogen geschaffen wurde und dabei ein wichtiger Bestandteil der Kulturlandschaft ist. In Gebirgsräumen wie den Alpen sind reich strukturierte, diverse Landschaften für den Tourismus besonders attraktiv (Hunziker 1995, Hunziker et al. 2008). Zu den Ökosystemleistungen von Grünland zählen somit neben bereitstellenden Dienstleistungen auch zahlreiche Dienstleistungen hinsichtlich der Erhaltung der genetischen Vielfalt der Biota (unterstützende Dienstleistung), der Klimaregulation (in Form der Kohlenstoffsequestrierung und die Energiebilanz regulierende Dienstleistung) sowie des ästhetischen Werts und der Erholung (kulturelle Dienstleistung), letztere vor allem durch extensiv genutztes Grünland.

Je nach Bewirtschaftungsform und -intensität sind die verschiedenen Ökosystemleistungen unterschiedlich stark ausgeprägt (Abb. 14) und werden durch den globalen Wandel weiter verschoben (Lamarque et al. 2014, Egarter Vigl et al. 2016). So haben sozioökonomische Veränderungen in den vergangenen Jahrzehnten häufig zu einer Intensivierung der Nutzungsintensität, andererseits aber auch zum Auflassen von bisher extensiv genutzten Grünlandflächen geführt. Intensivierung erhöht einerseits die Produktivität, anderseits aber auch die Treibhausgasemissionen und die Stickstoffbelastung des Grundwassers (vgl. Kap. 6.2.2), zudem reduziert sie die Artenvielfalt. Das Auflassen von Grünland führt wiederum zu einer Verbuschung und Wiederbewaldung und erhöht dabei die Biodiversität in den Anfangsphasen der Sekundärsukzession, während die Stoffkreisläufe mit fortschreitender Dominanz von Sträuchern und Bäumen verlangsamt werden. Aufgrund der relativ hohen Resilienz von Graslandsystemen hinsichtlich des Klimawandels, ihrer Bedeutung für die Viehwirtschaft, ihrer Biodiversität und ihrer kulturellen Dienstleistungen kommt dem Grünland auch künftig eine wichtige gesellschaftliche Rolle zu, deren Entwicklung in Europa allerdings weiterhin stark von den sozioökonomischen Rahmenbedingungen geprägt sein wird (siehe Textbox «Glatthaferwiesen»).

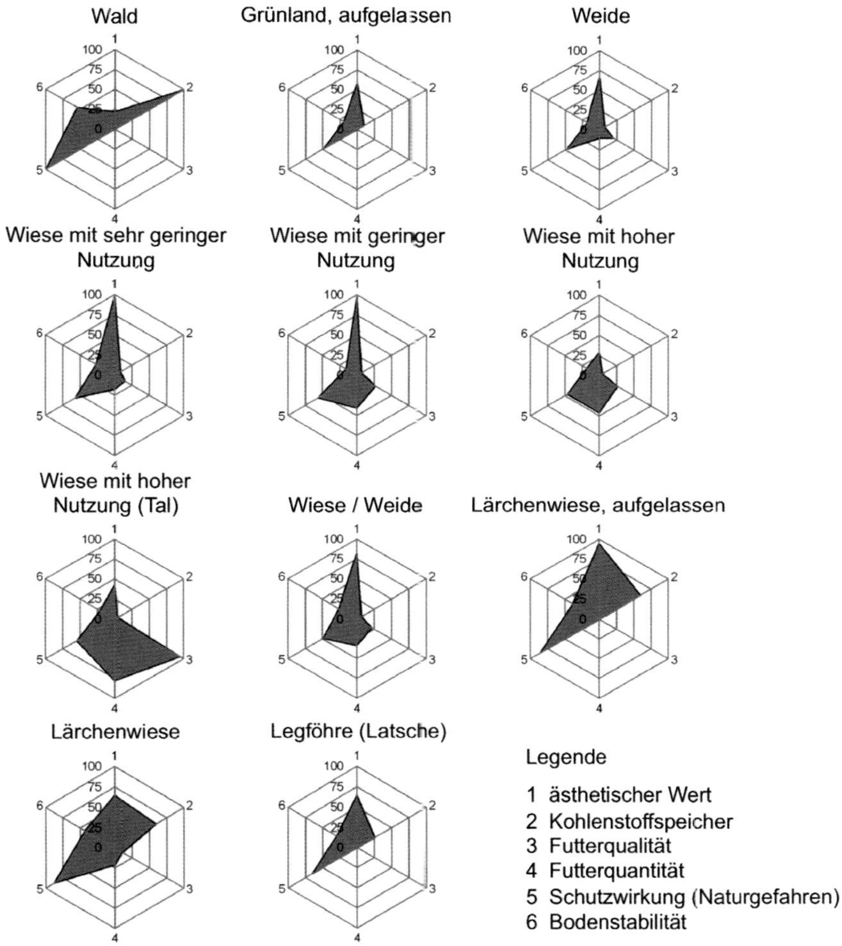

Abb. 14: Ökosystemleistungen verschieden bewirtschafteter und aufgelassener Grünlandsysteme in einer Kulturlandschaft in den Alpen (Schirpke et al. 2013).

Literatur

- Adler PB, Raff D, Lauenroth WK (2001) The effect of grazing on the spatial heterogeneity of vegetation. Oecologia 128: 465–479.
- Adler PB et al. (2011) Productivity is a poor predictor of plant species richness. Science 333: 1750–1753.
- Alcañiz M, Outeiro L, Francos M, Úbeda X (2018) Effects of prescribed fires on soil properties. Sci. Total Environ. 613-614: 944–957.
- Allard V, Soussana J-F, Falcimagne R, Berbigier P, Bonnefond JM, Ceschia E, D'hour P, Hénault C, Laville P, Martin C, Pinarès-Patino C (2007) The role of grazing management for the net biome productivity and greenhouse gas budget (CO_2, N_2O and CH_4) of semi-natural grassland. Agr. Ecosyst. Environ. 121: 47–58.
- Arfin Khan MaS, Grant K, Beierkuhnlein C, Kreyling J, Jentsch A (2014) Climatic extremes lead to species-specific legume facilitation in an experimental temperate grassland. Plant Soil 379: 161–175.
- Asner GP, Elmore AJ, Olander LP, Martin RE, Harris AT (2004) Grazing systems, ecosystem responses, and global change. Ann. Rev. Env. Resour. 29: 261–299.

- Bahn M, Knapp M, Garajova Z, Pfahringer N, Cernusca A (2006) Root respiration in temperate mountain grasslands differing in land use. Glob. Change Biol. 12: 995–1006.
- Bai Y, Wu J, Clark CM, Pan Q, Zhang L, Chen S, Wang Q, Han X, Wisley B (2012) Grazing alters ecosystem functioning and C. J. Appl. Ecol. 49: 1204–1215.
- Bakker ES, Ritchie ME, Olff H, Milchunas DG, Knops JMH (2006) Herbivore impact on grassland plant diversity depends on habitat productivity and herbivore size. Ecol. Lett. 9: 780–788.
- Bardgett RD, Wardle DA (2003) Herbivore-mediated linkages between aboveground and belowground communities. Ecology 84: 2258–2268.
- Bardgett RD, Wardle DA (2010) Aboveground-belowground linkages: Biotic interactions, ecosystem processes, and global change. Oxford University Press, Oxford. 301 S.
- Blüthgen N, Dormann CF, Prati D, Klaus VH, Kleinebecker T, Hölzel N, Alt F, Boch S, Gockel S, Hemp A, Müller J, Nieschulze J, Renner SC, Schöning I, Schumacher U, Socher SA, Wells K, Birkhofer K, Buscot F, Oelmann Y, Rothenwöhrer C, Scherber C, Tscharntke T, Weiner CN, Fischer M, Kalko EKV, Linsenmair KE, Schulze E-D, Weisser WW (2012) A quantitative index of land-use intensity in grasslands. Basic Appl. Ecol. 13: 207–220.
- Bremer DJ, Auen LM, Ham JM, Owensby CE (2001) Evapotranspiration in a Prairie ecosystem. Agron. J. 93: 338–348.
- Chang J, Ciais P, Viovy N, Vuichard N, Sultan B, Soussana J-F (2015) The greenhouse gas balance of European grasslands. Glob. Change Biol. 21: 3748–3761.
- De Mazancourt C, Isbell F, Larocque A, Berendse F, Luca E, Grace JB, Haegeman B, Wayne Polley H, Roscher C, Schmid B, Tilman D, Van Ruijven J, Weigelt A, Wilsey B, Loreau M (2013) Predicting ecosystem stability from community composition and biodiversity. Ecol. Lett. 16: 617–625.
- Del-Val EK, Crawley MJ (2005) Are grazing increaser species better tolerators than decreasers? J. Ecol. 93: 1005–1016.
- Di HJ, Cameron KC (2002) Nitrate leaching in temperate agroecosystems: Sources, factors and mitigating strategies. Nutr. Cycl. Agroecosys. 64: 237–256.
- Díaz S, Lavorel S, McIntyre S, Falczuk V, Casanoves F, Milchunas DG, Skarpe C, Rusch G, Sternberg M, Noy-Meir I, Landsberg J, Zhang W, Clark H, Campbell BD (2007) Plant trait responses to grazing – A global synthesis. Glob. Change Biol. 13: 313–341.
- Díaz S, Kattge J, Cornelissen JHC, Wright IJ, Lavorel S, Dray S, Reu B, Kleyer M, Wirth C, Colin Prentice I, Garnier E, Bönisch G, Westoby M, Poorter H, Reich PB, Moles AT, Dickie J, Gillison AN, Zanne AE, Chave J, Joseph Wright S, Sheremet Ev SN, Jactel H, Baraloto C, Cerabolini B, Pierce S, Shipley B, Kirkup D, Casanoves F, Joswig JS, Günther A, Falczuk V, Rüger N, Mahecha MD, Gorné LD (2016) The global spectrum of plant form and function. Nature 529: 167–171.
- Egarter Vigl L, Schirpke U, Tasser E, Tappeiner U (2016) Linking long-term landscape dynamics to the multiple interactions among ecosystem services in the European Alps. Landsc. Ecol. 31: 1903–1918.
- Fernandes PM, Davies GM, Ascoli D, Fernandez C, Moreira F, Rigolot E, Stoof CR, Vega JA, Molina D (2013) Prescribed burning in southern Europe: developing fire management in a dynamic landscape. Front. Ecol. Environ. 11: E4–E14.
- Ferraro DO, Oesterheld M (2002) Effect of defoliation on grass growth. A quantitative review. Oikos 98: 125–133.
- Fraser LH et al. (2015) Worldwide evidence of a unimodal relationship between productivity and plant species richness. Science 349: 302–305.
- Fuchslueger L, Bahn M, Fritz K, Hasibeder R, Richter A (2014) Experimental drought reduces the transfer of recently fixed plant carbon to soil microbes and alters the bacterial community composition in a mountain meadow. New Phytol. 201: 916–927.
- Gilgen AK, Signarbieux C, Feller U, Buchmann N (2010) Competitive advantage of *Rumex obtusifolius* L. might

increase in intensively managed temperate grasslands under drier climate. Agr Ecosyst. Environ. 135: 15–23.
- Goulding KWT (2016) Soil acidification and the importance of liming agricultural soils with particular reference to the United Kingdom. Soil Use Manage. 32: 390–399.
- Grant K, Kreyling J, Heilmeier H, Beierkuhnlein C, Jentsch A (2014) Extreme weather events and plant–plant interactions. Ecol. Res. 29: 991–1001.
- Grigulis K, Lavorel S, Krainer U, Legay N, Baxendale C, Dumont M, Kastl E-M, Arnoldi C, Bardgett RD, Poly F, Pommier T, Schloter M, Tappeiner U, Bahn M, Clément J-C (2013) Relative contributions of plant traits and soil microbial properties to mountain grassland ecosystem services. J. Ecol. 101: 47–57.
- Grime JP (1979) Plant strategies and vegetation processes. Wiley, Chichester. 222 p.
- Grime JP, Brown VK, Thompson K, Masters GJ, Hillier SH, Clarke IP, Askew AP, Corker D, Kielty JP (2000) The response of two contrasting limestone grasslands to simulated climate change. Science 289: 762–765.
- Gross K (2016) Biodiversity and productivity entwined. Nature 529: 293–294.
- Gross K, Cardinale BJ, Fox JW, Gonzalez A, Loreau M, Polley HW, Reich PB, Van Ruijven J (2014) Species richness and the temporal stability of biomass production: a new analysis of recent biodiversity experiments. Am. Nat. 183: 1–12.
- Hautier Y, Seabloom EW, Borer ET, Adler PB, Harpole WS, Hillebrand H, Lind EM, Macdougall AS, Stevens CJ, Bakker JD, Buckley YM, Chu C-J, Collins SL, Daleo P, Damschen EI, Davies KF, Fay PA, Firn J, Gruner DS, Jin VL, Klein JA, Knops JMH, La Pierre KJ, Li W, McCulley RL, Melbourne BA, Moore JL, O'halloran LR, Prober SM, Risch AC, Sankaran M, Schuetz M, Hector A (2014) Eutrophication weakens stabilizing effects of diversity in natural grasslands. Nature 508: 521–525.
- Hector A, Hautier Y, Saner P, Wacker L, Bagchi R, Joshi J, Scherer-Lorenzen M, Spehn EM, Bazeley-White E, Weilenmann M, Caldeira MC, Dimitrakopoulos PG, Finn JA, Huss-Danell K, Jumpponen A, Mulder CPH, Palmborg C, Pereira JS, Siamantziouras ASD, Terry AC, Troumbis AY, Schmid B, Loreau M (2010) General stabilizing effects of plant diversity on grassland productivity through population asynchrony and overyielding. Ecology 91: 2213–2220.
- Heyburn J, McKenzie P, Crawley MJ, Fornara DA (2017) Long-term belowground effects of grassland management. Ecol. Appl. 27: 2001–2012.
- Hunziker M (1995) The spontaneous reafforestation in abandoned agricultural lands. Landscape Urban Plan. 31: 399–410.
- Hunziker M, Felber P, Gehring K, Buchecker M, Bauer N, Kienast F (2008) Evaluation of landscape change by different social groups. Mt. Res. Dev. 28: 140–147.
- Ingrisch J, Karlowsky S, Anadon-Rosell A, Hasibeder R, König A, Augusti A, Gleixner G, Bahn M (2017) Land use alters the drought responses of productivity and CO_2 fluxes in mountain grassland. Ecosystems 21: 689–703.
- Isbell F, Craven D, Connolly J, Loreau M, Schmid B, Beierkuhnlein C, Bezemer TM, Bonin C, Bruelheide H, De Luca E, Ebeling A, Griffin JN, Guo Q, Hautier Y, Hector A, Jentsch A, Kreyling J, Lanta V, Manning P, Meyer ST, Mori AS, Naeem S, Niklaus PA, Polley HW, Reich PB, Roscher C, Seabloom EW, Smith MD, Thakur MP, Tilman D, Tracy BF, Van der Putten WH, Van Ruijven J, Weigelt A, Weisser WW, Wilsey B, Eisenhauer N (2015) Biodiversity increases the resistance of ecosystem productivity to climate extremes. Nature 526: 574–577.
- Jentsch A, Kreyling J, Elmer M, Gellesch E, Glaser B, Grant K, Hein R, Lara M, Mirzae H, Nadler SE, Nagy L, Otieno D, Pritsch K, Rascher U, Schädler M, Schloter M, Singh BK, Stadler J, Walter J, Wellstein C, Wöllecke J, Beierkuhnlein C (2011) Climate extremes initiate ecosystem-regulating functions while maintaining productivity. J. Ecol. 99: 689–702.
- Joos O, Hagedorn F, Heim A, Gilgen AK, Schmidt MWI, Siegwolf RTW, Buchmann N (2010) Summer drought reduces

total and litter-derived soil CO_2 effluxes in temperate grassland – clues from a 13C litter addition experiment. Biogeosciences 7: 1031–1041.
- Kahmen A, Perner J, Buchmann N (2005) Diversity-dependent productivity in semi-natural grasslands following climate perturbations. Funct. Ecol. 19: 594–601.
- Karlowsky S, Augusti A, Ingrisch J, Hasibeder R, Lange M, Lavorel S, Bahn M, Gleixner G (2018) Land use in mountain grasslands alters drought response and recovery of carbon allocation and plant-microbial interactions. J. Ecol. 106: 1230–1243.
- Klein JA, Harte J, Zhao X-Q (2005) Dynamic and complex microclimate responses to warming and grazing manipulations. Glob. Change Biol. 11: 1440–1451.
- Klimešová J, Latzel V, De Bello F, Van Groenendael JM (2008) Plant functional traits in studies of vegetation changes in response to grazing and mowing: towards a use of more specific traits. Preslia: 245–253.
- Klumpp K, Tallec T, Guix N, Soussana J-F (2011) Long-term impacts of agricultural practices and climatic variability on carbon storage in a permanent pasture. Glob. Change Biol. 17: 3534–3545.
- Kuzyakov Y (2010) Priming effects: Interactions between living and dead organic matter. Soil Biol. Biochem. 42: 1363–1371.
- Lamarque P, Lavorel S, Mouchet M, Quetier F (2014) Plant trait-based models identify direct and indirect effects of climate change on bundles of grassland ecosystem services. Proc. Nat. Acad. Sci. USA 111: 13751–13756.
- Larcher W (2001) Ökophysiologie der Pflanzen: Leben, Leistung und Stressbewältigung der Pflanzen in ihrer Umwelt (6. Aufl.). UTB; Ulmer, Stuttgart. 408 S.
- Le Roux X, Poly F, Currey P, Commeaux C, Hai B, Nicol GW, Prosser JI, Schloter M, Attard E, Klumpp K (2008) Effects of aboveground grazing on coupling among nitrifier activity, abundance and community structure. ISME J. 2: 221–232.
- Legay N, Lavorel S, Baxendale C, Krainer U, Bahn M, Binet M-N, Cantarel AaM, Colace M-P, Foulquier A, Kastl E-M, Grigulis K, Mouhamadou B, Poly F, Pommier T, Schloter M, Clément J-C, Bardgett RD (2016) Influence of plant traits, soil microbial properties, and abiotic parameters on nitrogen turnover of grassland ecosystems. Ecosphere 7: e01448.
- Lehman CL, Tilman D (2000) Biodiversity, stability, and productivity in competitive communities. Am. Nat. 156: 534–552.
- Loreau M, De Mazancourt C (2008) Species synchrony and its drivers: Neutral and nonneutral community dynamics in fluctuating environments. Am. Nat. 172: E48–E66.
- Lüscher A, Mueller-Harvey I, Soussana J-F, Rees RM, Peyraud JL (2014) Potential of legume-based grassland-livestock systems in Europe. Grass Forage Sci. 69: 206–228.
- McIntyre S, Lavorel S, Tremont RM (1995) Plant life-history attributes. J. Ecol. 83: 31.
- McSherry ME, Ritchie ME (2013) Effects of grazing on grassland soil carbon: a global review. Glob. Change Biol. 19: 1347–1357.
- Meyer ST, Leifeld J, Bahn M, Fuhrer J (2012) Free and protected soil organic carbon dynamics respond differently to abandonment of mountain grassland. Biogeosciences 9: 853–865.
- Milchunas DG, Lauenroth WK (1993) Quantitative effects of grazing on vegetation and soils over a global range of environments. Ecol. Monogr. 63: 327–366.
- Moog D, Poschlod P, Kahmen S, Schreiber KF (2002) Comparison of species composition between different grassland management treatments after 25 years. Appl. Veg. Sci. 5: 99.
- Mosier A, Syers JK, Freney JR (2004) Agriculture and the nitrogen cycle. Island Press, Washington, D.C. 296 S.
- Mulder C, Ahrestani FS, Bahn M, Bohan DA, Bonkowski M, Griffiths BS, Guicharnaud RA, Kattge J, Krogh PH, Lavorel S, Lewis OT, Mancinelli G, Naeem S, Peñuelas J, Poorter H, Reich PB, Rossi L, Rusch GM, Sardans J, Wright IJ (2013) Connecting the green and brown worlds.

Allometric and stoichiometric predictability of above- and below-ground networks. Adv. Ecol. Res. 49: 69–175.
- Müller MM, Hamberg L, Hantula J (2016) The susceptibility of European tree species to invasive Asian pathogens: a literature based analysis. Biol. Invas. 18: 2841–2851.
- Oesterheld M, Loreti J, Semmartin M Paruelo JM (1999) Grazing, fire and climate effects on primary productivity of grasslands and savannas. In: Walker LR (ed.) Ecosystems of disturbed ground. Elsevier, Amsterdam, New York. pp. 287–306.
- Opitz Von Boberfeld W (1994) Grünlandlehre. E. Ulmer, Stuttgart. 336 S.
- Paz-Ferreiro J, Medina-Roldán E, Ostle NJ, McNamara NP, Bardgett RD (2012) Grazing increases the temperature sensitivity of soil organic matter decomposition in a temperate grassland. Environ. Res. Lett. 7: 014027.
- Poeplau C, Don A (2013) Sensitivity of soil organic carbon stocks and fractions to different land-use changes across Europe. Geoderma 192: 189–201.
- Poschlod P, Wallis de Vries MF (2002) The historical and socioeconomic perspective of calcareous grasslands – lessons from the distant and recent past. Biol. Cons. 104: 361–376.
- Reich PB (2014) The world-wide «fast–slow» plant economics spectrum: a traits manifesto. J. Ecol. 102: 275–301.
- Reinhart KO, Dangi SR, Vermeire LT (2016) The effect of fire intensity, nutrients, soil microbes, and spatial distance on grassland productivity. Plant Soil 409: 203–216.
- Robson TM, Lavorel S, Clement J-C, Le Roux X (2007) Neglect of mowing and manuring leads to slower nitrogen cycling in subalpine grasslands. Soil Biol. Biochem. 39: 930–941.
- Rose A (2004) Economic principles, issues, and research priorities in hazard loss estimation. In: Okuyama Y, Chang SE (eds) Modeling spatial and economic impacts of disasters. Springer, Berlin. pp. 13–36.
- Roy J, Picon-Cochard C, Augusti A, Benot M-L, Thiery L, Darsonville O, Landais D, Piel C, Defossez M, Devidal S, Escape C, Ravel O, Fromin N, Volaire F, Milcu A, Bahn M, Soussana J-F (2016) Elevated CO_2 maintains grassland net carbon uptake under a future heat and drought extreme. Proc. Nat. Acad. Sci. USA 113: 6224–6229.
- Schade JD, Espeleta JF, Klausmeier CA, McGroddy ME, Thomas SA, Zhang L (2005) A conceptual framework for ecosystem stoichiometry. Oikos 109: 40–51.
- Schirpke U, Leitinger G, Tasser E, Schermer M, Steinbacher M, Tappeiner U (2013) Multiple ecosystem services of a changing Alpine landscape. Int. J. Biodiv. Sci. Ecosyst. Serv. Manag. 9: 123–135.
- Schmitt M, Bahn M, Wohlfahrt G, Tappeiner U, Cernusca A (2010) Land use affects the net ecosystem CO_2 exchange and its components in mountain grasslands. Biogeosciences 7: 2297–2309.
- Semmartin M, Aguiar MR, Distel RA, Moretto AS, Ghersa CM (2004) Litter quality and nutrient cycling affected by grazing-induced species replacements along a precipitation gradient. Oikos 107: 148–160.
- Smith SW, Woodin SJ, Pakeman RJ, Johnson D, Van der Wal R (2014) Root traits predict decomposition across a landscape-scale grazing experiment. New Phytol. 203: 851–862.
- Socher SA, Prati D, Boch S, Müller J, Baumbach H, Gockel S, Hemp A, Schöning I, Wells K, Buscot F, Kalko EKV, Linsenmair KE, Schulze E-D, Weisser WW, Fischer M (2013) Interacting effects of fertilization, mowing and grazing on plant species diversity of 1500 grasslands in Germany differ between regions. Basic Appl. Ecol. 14: 126–136.
- Soussana J-F, Allard V, Pilegaard K, Ambus P, Amman C, Campbell C, Ceschia E, Clifton-Brown J, Czobel S, Domingues R, Flechard C, Fuhrer J, Hensen A, Horvath L, Jones M, Kasper G, Martin C, Nagy Z, Neftel A, Raschi A, Baronti S, Rees RM, Skiba UM, Stefani P, Manca G, Sutton M, Tuba Z, Valentini R (2007) Full accounting of the greenhouse gas (CO_2, N_2O, CH_4) budget of nine European grassland sites. Agr. Ecosyst. Environ. 121: 121–134.

- Strauss SY, Agrawal AA (1999) The ecology and evolution of plant tolerance to herbivory. Trends Ecol. Evol. 14: 179–185.
- Suter D, Frick R, Hirschi H-U, Bertossa M (2017) Liste der empfohlenen Sorten von Futterpflanzen 2017–2018. Agrarforsch. Schweiz 8/1: 1–16.
- Suttie JM, Reynolds SG, Batello C (2005) Grasslands of the world. Food and agriculture organization of the United nations (FAO), Rome. 514 p.
- Valese E, Conedera M, Held AC, Ascoli D (2014) Fire, humans and landscape in the European Alpine region during the Holocene. Anthropocene 6: 63–74.
- Velthof GL, Oenema O (1995) Nitrous oxide fluxes from grassland in the Netherlands. Eur. J. Soil Sci. 46: 541–549.
- Walter J, Grant K, Beierkuhnlein C, Kreyling J, Weber M, Jentsch A (2012a) Increased rainfall variability reduces biomass and forage quality of temperate grassland largely independent of mowing frequency. Agr. Ecosyst. Environ. 148: 1–10.
- Walter J, Hein R, Auge H, Beierkuhnlein C, Löffler S, Reifenrath K, Schädler M, Weber M, Jentsch A (2012b) How do extreme drought and plant community composition affect host plant metabolites and herbivore performance? Arthropod-Plant Inte. 6: 15–25.
- Walter J, Hein R, Beierkuhnlein C, Hammerl V, Jentsch A, Schädler M, Schuerings J, Kreyling J (2013) Combined effects of multifactor climate change and land-use on decomposition in temperate grassland. Soil Biol. Biochem. 60: 10–18.
- Walter J, Kreyling J, Singh BK, Jentsch A (2016) Effects of extreme weather events and legume presence on mycorrhization of *Plantago lanceolata* and *Holcus lanatus* in the field. Plant Biol. 18: 262–270.
- Wan S, Luo Y, Wacker L (2002) Changes in microclimate induced by experimental warming and clipping in tallgrass prairie. Glob. Change Biol. 8: 754–768.
- Wang C, Gower ST, Wang Y, Zhao H, Yan P, Bond-Lamberty BP (2001) The influence of fire on carbon distribution and net primary production of boreal *Larix gmelinii* forests in north-eastern China. Glob. Change Biol. 7: 719–730.
- Wise MJ, Abrahamson WG (2005) Beyond the compensatory continuum. Oikos 109: 417–428.
- Wohlfahrt G, Anderson-Dunn M, Bahn M, Balzarolo M, Berninger F, Campbell C, Carrara A, Cescatti A, Christensen T, Dore S, Eugster W, Friborg T, Furger M, Gianelle D, Gimeno C, Hargreaves K, Hari P, Haslwanter A, Johansson T, Marcolla B, Milford C, Nagy Z, Nemitz E, Rogiers N, Sanz MJ, Siegwolf R, Susiluoto S, Sutton M, Tuba Z, Ugolini F, Valentini R, Zorer R, Cernusca A (2008a) Biotic, abiotic, and management controls on the net ecosystem CO_2 exchange of European mountain grassland ecosystems. Ecosystems 11: 1338–1351.
- Wohlfahrt G, Hammerle A, Haslwanter A, Bahn M, Tappeiner U, Cernusca A (2008b) Seasonal and inter-annual variability of the net ecosystem CO_2 exchange of a temperate mountain grassland: effects of climate and management. J. Geophys. Res.-Atmos. 113:
- Wright IJ, Reich PB, Westoby M, Ackerly DD, Baruch Z, Bongers F, Cavender-Bares J, Chapin T, Cornelissen H, Diemer M, Flexas J, Garnier E, Groom PK, Gulias J, Hikosaka K, Lamont BB, Lee T, Lee W, Lusk C, Midgley JJ, Navas M-L, Niinemets U, Oleksyn J, Osada N, Poorter H, Poot P, Prior L, Pyankov VI, Roumet C, Thomas SC, Tjoelker MG, Veneklaas EJ, Villar R (2004) The worldwide leaf economics spectrum. Nature 428: 821–827.
- Yachi S, Loreau M (1999) Biodiversity and ecosystem productivity in a fluctuating environment: The insurance hypothesis. Proc. Nat. Acad. Sci. USA 96: 1463–1468.
- Ziska LH, Reeves JB, Blank B (2005) The impact of recent increases in atmospheric CO_2 on biomass production and vegetative retention of Cheatgrass *(Bromus tectorum)*. Glob. Change Biol. 11: 1325–1332.
- Zopfi H-J (1993) Ecotypic variation in *Rhinanthus alectorolophus* (Scopoli) Pollich (Scrophulariaceae) in relation to grassland management. Flora 188: 15–39.

7 Störungen im globalen Wandel

7.1 Einfluss des Klimawandels auf Störungen

Rupert Seidl[1], Markus Kautz[2]

[1] Institut für Waldbau, Department für Wald- und Bodenwissenschaften, Universität für Bodenkultur Wien, Österreich
[2] Institut für Meteorologie und Klimaforschung – Atmosphärische Umweltforschung, Karlsruhe Institut für Technologie, Garmisch-Partenkirchen, Deutschland

Kurzfassung
Störungen sind klimasensitive Prozesse. Ändern sich die klimatischen Bedingungen in Zukunft wie prognostiziert, wird dies auch Änderungen in Störungsregimen hervorrufen. Direkte Klimaeffekte wie z. B. beschleunigte Lebenszyklen von Borkenkäfern infolge wärmerer Temperaturen können größere und/oder häufigere Störungen hervorrufen. Interaktionen zwischen verschiedenen Störungen können solche Klimaeffekte weiter verstärken. Indirekt kann der Klimawandel aber auch den Aufbau und die Zusammensetzung der Vegetation verändern, was zukünftige Störungen dämpfen könnte.

7.1.1 Einleitung

Sowohl abiotische als auch biotische Störungen werden ursächlich von klimatischen Bedingungen beeinflusst (Kapitel 4 und 5). Änderungen von Mittel- und Extremwerten sowie der klimatischen Variabilität, wie sie zurzeit beobachtet und für die nächsten Jahrzehnte verstärkt erwartet werden (IPCC 2013), haben somit einen bedeutenden Einfluss auf natürliche Störungsregime in Ökosystemen (Dale et al. 2001, Seidl et al. 2017). Während sich Ökosysteme in der Regel gut an sich graduell ändernde Klimabedingungen wie z. B. steigende Jahresdurchschnittstemperaturen oder -niederschläge anpassen können, bewirken klimatische Extremereignisse oft Störungen (Jentsch et al. 2007). Die Auswirkungen von Klimaänderungen auf Störungen sind oft nicht linear, da Störungen häufig erst durch das Über- oder Unterschreiten von gewissen klimatischen Grenzwerten ausgelöst werden. In diesem Kapitel werden zunächst wichtige störungsrelevante Klimaelemente identifiziert und anschließend deren verschiedenartige Effekte auf Störungsregime dargestellt. Die Synthese dieser Effekte im komplexen Zusammenspiel zwischen Klima, Vegetation und Störungen ergeben letztlich Einblicke in zu erwartende Trends in der Störungsdynamik.

7.1.2 Klima im Wandel

Temperatur, Niederschlag und Wind sind die mit Abstand bedeutsamsten Klimaelemente, welche Störungsregime weltweit beeinflussen (Seidl et al. 2017). Auf diese Klimaelemente und deren zu erwartende Änderungen wird deshalb im Folgenden genauer eingegangen.

7.1.2.1 Temperatur

Temperatur ist ein wichtiger Einflussfaktor für eine Vielzahl von ökologischen Prozessen. Der menschlich verursachte Klimawandel führt zu einem Anstieg der globalen Temperatur, verbunden mit dem häufigeren Auftreten von regionalen Wetterextremen wie Hitze- und Dürreperioden. Global stieg die Jahresmitteltemperatur zwischen 1901 und 2012 bereits um +0,9 °C. Je nach der unterstellten Entwicklung hinsichtlich zukünftiger menschlicher Treibhausgasemissionen (RCP-Szenario) wird ein weiterer Anstieg um zwischen +1,0 °C und +3,7 °C für das Ende des 21. Jahrhunderts erwartet (2081–2100, relativ zu 1986–2005; IPCC 2013). Dass die nächsten Jahrzehnte wärmer ausfallen werden als in der Vergangenheit ist also sehr wahrscheinlich. Sogar unter der Annahme eines sofortigen und vollständigen Emissionsstopps würde sich aufgrund der bereits erhöhten atmosphärischen CO_2-Konzentration das Klima nicht zeitnah regulieren können – die Effekte des menschlich verursachten Klimawandels sind somit zumindest für das nächste Millennium weitgehend irreversibel (Solomon et al. 2009).

Im Kontext der Auswirkungen auf Ökosysteme ist zu beachten, dass die Erwärmung räumlich, aber auch saisonal nicht gleichmäßig verteilt stattfindet: So erwärmen sich Landflächen und höhere Breiten stärker als Ozeane und äquatornahe Gebiete. Der Alpenraum erwärmte sich in den letzten Jahrzehnten in etwa doppelt so stark wie die nördliche Halbkugel (Auer et al. 2007). Für Europa wird für das Ende des 21. Jahrhunderts ein Temperaturanstieg von +1 °C bis +3 °C prognostiziert (2071–2100, relativ zu 1971–2000, unter konservativem Emissionsszenario RCP4.5; Jacob et al. 2014). Starke Temperaturveränderungen (>+3 °C) werden in Südeuropa vor allem im Sommer auftreten, während in Nord- und Osteuropa v. a. die Wintermonate zukünftig deutlich milder ausfallen könnten (Abb. 1). Diese Erwärmung würde sich unter einem extremeren Emissionsszenario (RCP8.5) nahezu verdoppeln (Jacob et al. 2014). Parallel zu einem prognostizierten mittleren Temperaturanstieg steigt die Wahrscheinlichkeit für Hitzewellen insbesondere in Südeuropa an. Außerdem sinkt die Anzahl der jährlichen Frosttage (Jacob et al. 2014) und erhöht sich die Variabilität der Sommertemperaturen, sowohl innerhalb eines Jahres als auch zwischen den Jahren (Schär et al. 2004, Fischer et al. 2012). Hitzeextreme, wie sie in der Vergangenheit (1961–1990) im Mittel nur alle 20 Jahre beobachtet wurden, werden zukünftig (2071–2100) in Südeuropa alle 1–2 Jahre auftreten und auch in Nordeuropa deutlich häufiger werden (alle 5 Jahre); gleichzeitig verschwinden Kälteextreme fast komplett (Nikulin et al. 2011).

Steigende Temperaturen beeinflussen eine Vielzahl von biotischen und abiotischen Störungsprozessen vorwiegend positiv, d. h., sie fördern die Störungsaktivität insbesondere von Insekten, Pathogenen und Feuer. Störungshemmende Effekte eines wärmeren Klimas sind hingegen seltener, wie etwa beim möglichen Rückgang von mit Schnee in Zusammenhang stehenden Störungen (Gobiet et al. 2014, Seidl et al. 2017). Generell nimmt der Einfluss von Temperatur auf die Störungsaktivität mit steigender geografi-

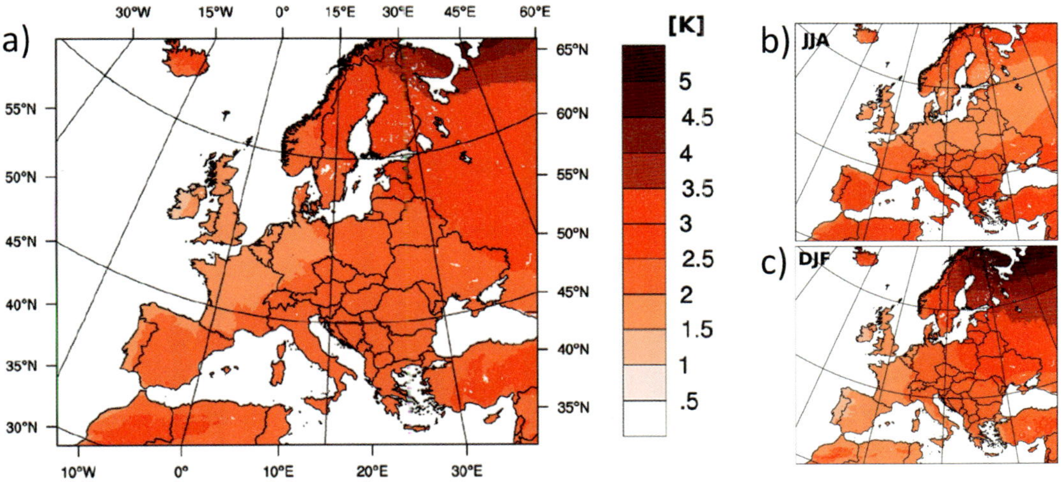

Abb. 1: Temperaturanstieg in Europa. Die Karten zeigen a) die Veränderung des Jahresmittels sowie der mittleren b) Sommer- (Juni–Juli–August) und c) Wintertemperatur (Dezember–Januar–Februar) unter dem konservativen Emissionsszenario RCP4.5 (2071–2100, relativ zu 1971–2000; aus Jacob et al. 2014).

scher Breite zu (Seidl et al. 2017). Da sich die nördlichen Breiten überdurchschnittlich stark erwärmen werden (Abb. 1; IPCC 2013), ist vor allem in borealen Wäldern mit einer Zunahme von Störungen zu rechnen.

7.1.2.2 Niederschlag

Änderungen im Niederschlag sind global deutlich weniger konsistent als jene in der Temperatur und zeigen eine leichte Erhöhung der globalen Jahresniederschlagssumme um +1,0 bis +2,8 mm pro Dekade zwischen 1901 und 2008 (IPCC 2013). Für die Zukunft wird in Europa ein dreigeteiltes Bild erwartet (Abb. 2): Während in Ost- und Nordeuropa sowie Teilen Mitteleuropas zukünftig steigende Jahresniederschlagssummen (bis zu +25 %) erwartet werden, sinken diese in Südwesteuropa (bis zu –15 %) und bleiben in Westeuropa und Teilen Mitteleuropas weitgehend unverändert (2071–2100, relativ zu 1971–2000, unter RCP4.5; Jacob et al. 2014). Diese Unterschiede sind hauptsächlich auf Veränderungen im Frühjahr, Sommer und Herbst zurückzuführen. In den Wintermonaten hingegen sind mit Ausnahme der Regionen Andalusien, Sizilien und Südgriechenland für ganz Europa erhöhte Niederschlagssummen zu erwarten (Abb. 2). Diese regionalen Niederschlagsmuster sind unter einem extremeren Emissionsszenario (RCP8.5) ähnlich, jedoch fallen dann die Veränderungen etwas stärker aus (Jacob et al. 2014). Gleichzeitig werden für weite Teile Europas häufigere Starkniederschlagsereignisse erwartet und für Südeuropa eine deutliche Zunahme der Länge von sommerlichen Trockenperioden prognostiziert (Jacob et al. 2014; Abb. 3).

Änderungen in Niederschlagsmenge und -verteilung können die Störungsaktivität stark beeinflussen, jedoch ist der Zusammenhang ambivalenter als jener mit Temperatur. Während abnehmende Niederschläge – verbunden mit längeren Trockenperioden – die Wahrscheinlichkeit einiger Störungen erhöhen (Borkenkäfer, Feuer), werden andere Störungen dadurch negativ be-

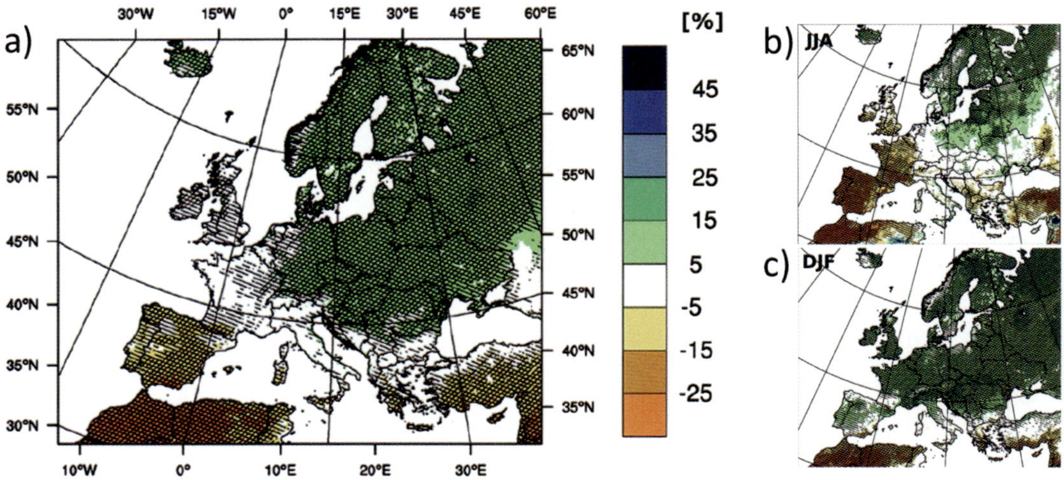

Abb. 2: Niederschlagsänderung in Europa. Die Karten zeigen die Veränderung des Jahresmittels (a) sowie des mittleren b) Sommer- (Juni–Juli–August) und c) Winterniederschlags (Dezember–Januar–Februar) unter dem konservativen Emissionsszenario RCP4.5 (2071–2100 relativ zu 1971–2000). Die schraffierte Fläche zeigt jene Gebiete, in denen die simulierte Änderung robust bzw. statistisch signifikant ist. (Quelle: Jacob et al. 2014)

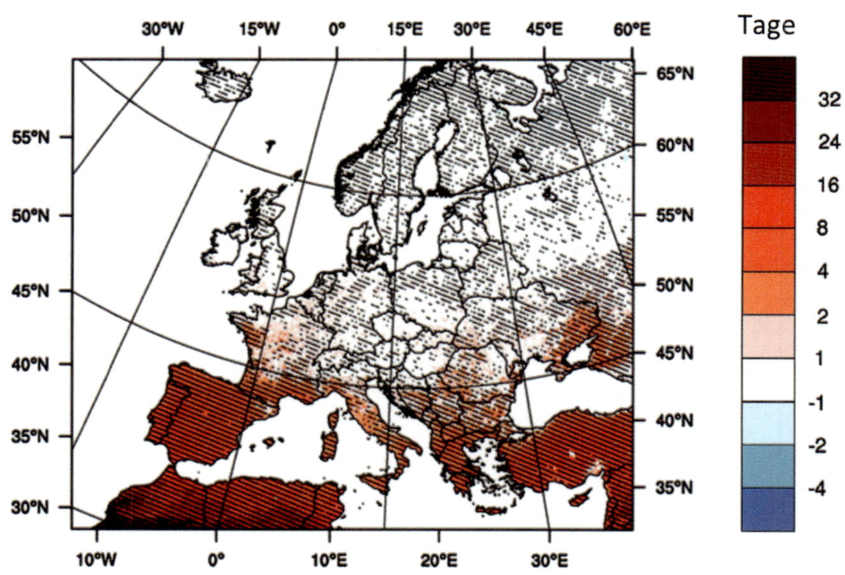

Abb. 3: Änderung in der Länge von Trockenperioden in Europa. Die Karte zeigt die Veränderung in der 95. Perzentile der Länge von Trockenperioden (in Tagen) unter dem konservativen Emissionsszenario RCP4.5 an (2071–2100 relativ zu 1971–2000). Die Schraffur bezeichnet jene Gebiete, in denen die simulierte Änderung robust bzw. statistisch signifikant ist. (Quelle: Jacob et al. 2014)

einflusst (Pathogene, Überflutungen, Lawinen und Murgänge). Generell nimmt der Einfluss von Niederschlag und wasserbezogenen Faktoren auf das Störungsregime mit zunehmender geografischer Breite ab (Seidl et al. 2017). Klimabedingte Änderungen im Wasserhaushalt werden daher vor allem in zunehmend trockeneren mediterranen und (sub-)tropischen Ökosystemen störungsrelevant.

7.1.2.3 Wind

Der Klimawandel lässt zwar die durchschnittlichen Windgeschwindigkeiten und die Anzahl von Starkwinderereignissen global und in Europa leicht zurückgehen (Ulbrich et al. 2009, Kjellström et al. 2011), gleichzeitig kann aber die zukünftige Intensität der Starkwindereignisse und damit die Wahrscheinlichkeit von Störungen regional deutlich ansteigen. Für die Tropen werden beispielsweise Zunahmen der maximalen Windgeschwindigkeiten von 2–11 % bis zum Ende des 21. Jahrhunderts erwartet (Knutson et al. 2010). Für Europa werden für Nordeuropa leichte Zunahmen, für Südeuropa hingegen leichte Abnahmen der Windspitzen erwartet (Nikulin et al. 2011, Pryor et al. 2012). Generell sind die Projektionen der Windveränderungen infolge des Klimawandels und insbesondere auch der störungsrelevanten Starkwindereignisse noch mit großen Unsicherheiten behaftet (Nikulin et al. 2011, Shaw et al. 2016).

Höhere maximale Windgeschwindigkeiten haben positive Wirkungen auf die Störungsaktivität, in erster Linie auf Windwürfe. Eine Modellstudie für ein Bergwaldökosystem zeigte beispielsweise, dass bereits geringe Zunahmen der Windspitzen (+10 %) zu einem überproportional erhöhten Störungsauftreten (+384 %) führen können (Seidl & Rammer 2017). Klimaszenarien für das Ende des 21. Jahrhunderts (+2,5 °C gegenüber derzeitigem Temperaturniveau) prognostizieren generell zunehmende Sturmschäden sowohl in den Tropen (28–63 %) als auch in Europa (23 %) (Ranson et al. 2014).

7.1.3 Klimaeffekte auf Störungen

Prinzipiell werden drei verschiedene Arten von Klimaeffekten auf die Störungsaktivität unterschieden: (1) direkte Effekte, (2) indirekte Effekte und (3) Interaktionseffekte (Seidl et al. 2017). Diese verschiedenen Effekte können parallel zueinander auftreten, können sich gegenseitig verstärken oder auch abschwächen und sind somit nicht isoliert voneinander zu betrachten.

7.1.3.1 Direkte Effekte

Unter direkten Klimaeffekten versteht man den unmittelbaren Einfluss des Klimas auf die Störungsaktivität. Vor allem bei abiotischen Störungen spielen direkte Klimaeffekte eine bedeutende Rolle: So können beispielsweise erhöhte Windgeschwindigkeiten zu größeren Windwürfen in Wäldern führen, aber auch die Ausbreitung von Bränden fördern (Gardiner et al. 2010, Billmire et al. 2014). Längere Trockenperioden verringern den Feuchtegehalt des brennbaren toten organischen Materials und erhöhen somit die Feueranfälligkeit (Williams & Abatzoglou 2016; Abb. 4). Ein weiteres Beispiel für direkte Klimaeffekte sind Störungen durch Eisanhang, verursacht durch gefrierenden Regen bei Temperaturen <0 °C in Bodennähe und >0 °C in höheren Atmosphärenschichten (Nagel et al. 2016).

Aber auch biotische Störungen werden direkt von klimatischen Bedingungen beeinflusst, und zwar vor allem über den Temperatureffekt auf den Metabolismus der störungsverursachenden

Abb. 4: Längere Trockenperioden können auch in bisher wenig brandgefährdeten Gebieten wie in Mitteleuropa zu einer Zunahme von Waldbränden führen. Das Bild zeigt eine Brandfläche in einem Kiefernwald im Osten Österreichs im trockenen Sommer 2013. (Foto: R. Seidl)

Organismen. Wärmere Temperaturen können die Reproduktionsdauer von Borkenkäfern verkürzen und somit die Entwicklung von mehreren Käfergenerationen im Jahr fördern (Jönsson & Bärring 2011; vgl. Kap. 5.3), aber auch die Wintermortalität der Individuen reduzieren (Koštál et al. 2011). Neben einer Populationszunahme wird zugleich auch eine Ausbreitung oder territoriale Verschiebung der Insekten in höhere Lagen oder in nördlichere Breiten ermöglicht, die bisher aufgrund von zu niedrigen Temperaturen nicht besiedelbar waren (Battisti et al. 2005; Abb. 5a). Ähnliche Zusammenhänge bestehen auch für andere störungsrelevante Insekten und Pathogene (Aguayo et al. 2014).

Die Wirkung solch direkter Klimaeffekte auf die abiotische und biotische Störungsaktivität erfolgt in der Regel sehr zeitnah, allerdings oft nicht linear: So reagieren Insektenpopulationen auf thermische Schwellenwerte (Lange et al. 2006; vgl. Kap. 5.3), treten Windstörungen erst oberhalb einer gewissen Mindestwindgeschwindigkeit auf (Blennow et al. 2010; vgl. Kap. 4.2) und steigt die (Nassschnee-)Lawinengefahr in einem sehr begrenzten Temperaturfenster bei gleichzeitig hoher Schneelage (Germain et al. 2009; vgl. Kap. 4.3)

7.1.3.2 Indirekte Effekte

Indirekte Klimaeffekte beschreiben klimabedingte Änderungen in Vegetationsaufbau und -zusammensetzung, welche wiederum die Aktivität sowohl abiotischer als auch biotischer Störungen beeinflussen können. Trockene klimatische Bedingungen verringern beispielsweise die Nettoprimärproduktion der Vegetation und führen dazu, dass mittelfristig weniger brennbares Material zur Verfügung steht und dadurch die Feuergefahr verringert wird (Pausas & Ribeiro 2017). Dieser indirekte Effekt wirkt also dem oben genannten direkten Effekt einer erhöhten Feuergefahr durch trockenes Klima entgegen. Bei ausreichenden Niederschlägen führen Erwärmung und CO_2-Düngungseffekt jedoch zu einer Zuwachssteigerung (Reyer et al. 2014), v.a. in höheren Breiten und in Gebirgsregionen. In Waldökosystemen resultiert dies in im Durchschnitt höheren Bäumen, welche wiederum anfälliger für Windstörungen sind (Blennow et al. 2010). Ebenso kann eine aufgrund steigender Temperaturen veränderte Baumartenzusammensetzung, z. B. von nadelholzdominierten Wäldern hin zu Nadel-Laub-Mischwäldern in Nordeuropa und den Alpen, die Anfälligkeit gegenüber wirtsbaumspezifischen biotischen Störungen wie Borkenkäfern nachhaltig beeinflussen (Temperli et al. 2013) und somit dem direkten Klimaeffekt einer Erhöhung der Borkenkäferpopulation entgegenwirken (Abb. 5b).

Indirekte Klimaeffekte können auch die Abwehrmechanismen von Pflanzen gegenüber potenziellen Störfaktoren beeinflussen. Trockengestresste Bäume beispielsweise, welche bereits zur Erhaltung ihrer physiologischen Funktionen an ihren Reserven zehren, können geringere Mengen an frei verfügbaren Kohlenhydraten für die Abwehr von Insektenbefall einsetzen und sind somit störungsanfälliger (Anderegg et al. 2015). Derartige Effekte können Ökosysteme großflächig prädisponieren und so zu einer Synchronisation des Insekt-Wirt-Systems und zu Wellen der Massenvermehrung beitragen (Seidl et al. 2016b). Weitere mögliche indirekte Klimaeffekte sind das Auftauen der oberen Bodenschichten durch steigende Temperaturen, verbunden mit einer Herabsetzung der Standfestigkeit von Bäumen gegenüber Windstörungen (Usbeck et al. 2010), sowie die zeitliche Entkopplung von Insekt-Wirt-Systemen aufgrund temperaturbedingt veränderter Pflanzenphänologie (Schwartzberg et al. 2014).

Im Gegensatz zu den direkten Klimaeffekten, welche sich unmittelbar auf Störungen auswirken, werden indirekte Effekte zum Teil erst sehr zeitverzögert wirksam. So kann die Baumartenzusammensetzung aufgrund der großen Trägheit (engl. *inertia*) in der Walddynamik mehrere Jahrhunderte hinter der Klimaentwicklung herhinken – die Geschwindigkeit, mit der Laubbäume in höhere Seehöhen steigen, wurde z. B. für die nördlichen Alpen in Mitteleuropa auf ca. 0,25 m pro Jahr geschätzt (Thom et al. 2017). Grundsätzlich wirken viele

Abb. 5: a) Borkenkäfer dringen aufgrund des Klimawandels zunehmend in höhere Lagen vor. b) Auch Laubbäume gewinnen aufgrund der Klimaerwärmung im Gebirge an Konkurrenzkraft, was mittelfristig die Wirtsbaumdichte für den Borkenkäfer verringert. (Fotos: R. Seidl)

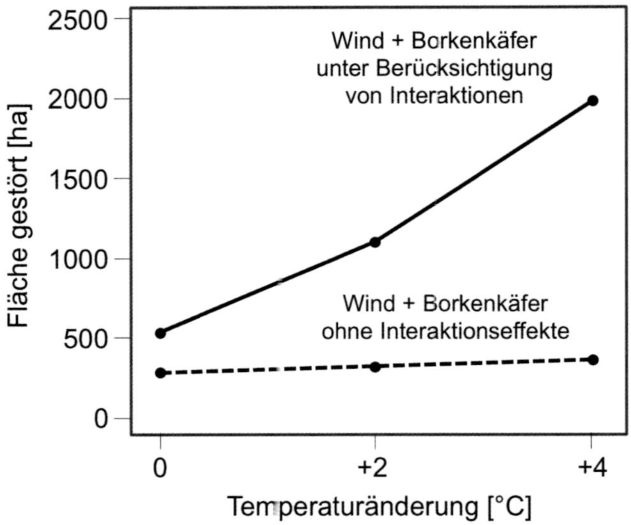

Abb. 6: Interaktionseffekte verstärken die Klimasensitivität eines aus Wind und Borkenkäfern bestehenden Störungsregimes. Für die knapp 20900 ha große Waldlandschaft des Nationalparks Kalkalpen in Österreich wurden die Interaktionseffekte mittels Simulationsanalyse isoliert und Sensitivitäten auf wärmere Temperaturen analysiert. Die Ergebnisse stellen den natürlichen Interaktionseffekt ohne menschliche Intervention dar (aus Seidl & Rammer 2017, verändert).

der indirekten Klimaeffekte dämpfend auf Störungsregime und könnten somit, wenn auch zeitverzögert, die durch direkte Effekte steigende Störungsaktivität abfedern.

7.1.3.3 Störungsinteraktionen

Veränderungen im Klima wirken nicht nur direkt und indirekt auf Störungen, sondern auch auf Störungsinteraktionen, welche ein integraler Bestandteil von Störungsregimen sind (vgl. Kap. 2). Die Interaktion zwischen verschiedenartigen Störungen kann entweder positiv (Zunahme von Störung 1 hat Zunahme von Störung 2 zur Folge) oder negativ (Zunahme von Störung 1 bewirkt Abnahme von Störung 2) sein. Global gesehen sind positive Störungsinteraktionen häufiger als negative, insbesondere fördern abiotische Störungen häufig das Auftreten von biotischen Störungen (Seidl et al. 2017). So kann z. B. eine via direkte und/oder indirekte Klimaeffekte verstärkte Störungsaktivität durch Wind zu einer Anhäufung von brennbarer Biomasse am Boden führen, was wiederum das Brandverhalten signifikant verändern kann (Hicke et al. 2012). Eine klimabedingt erhöhte Aktivität von Pathogenen im Wurzelraum von Bäumen resultiert in einer geringeren Standfestigkeit der Bäume und damit in einer höheren Anfälligkeit gegenüber Windstörungen (Whitney et al. 2002). Windwürfe wiederum sind wichtige Auslöser von Borkenkäferausbrüchen (vgl. Kap. 5.3). Wie Simulationsstudien zeigen, können Windwürfe unter wärmeren Bedingungen zu einer überproportionalen Steigerung von Borkenkäferschäden in Gebirgslandschaften führen (Seidl & Rammer 2017; Abb. 6). Eine klimabedingt erhöhte Borkenkäferaktivität kann wiederum die Widerstandsfähigkeit des Bergwaldes gegenüber Lawinen herabsetzen, was aufgrund der sich selbstverstärkenden Rückkopplungen zwischen Lawinen langfristig zu einer Intensivierung des Störungsregimes führen kann (Zurbriggen et al. 2014).

Zu den negativen Störungsinteraktionen zählen solche, bei denen eine Störung die Ressource für nachfolgende Störungen verringert: Vollständig abgebrannte oder bereits von Borkenkäfern befallene Waldflächen verhindern beispielsweise kurz- bis mittelfristig weitere Feuer- oder Insektenstörungen, da für deren Entstehung und Ausbreitung die notwendigen Ressourcen fehlen (Hart et al. 2015, Seidl et al. 2016a). Störungsinteraktionen werden – ähnlich wie direkte Effekte – meist schnell nach einer klimatischen Veränderung wirksam und weisen im Gegensatz zu indirekten Klimaeffekten keine langen Verzögerungen auf.

7.1.4 Klimawandel und Störungsdynamik

Aufgrund des dynamischen Zusammenspiels zwischen Klima, Vegetation und Störungen (Abb. 7) ist die zukünftige Entwicklung von Störungen im Klimawandel nicht generell vorhersagbar. Es ist jedoch aufgrund der unterschiedlichen Reaktionszeiten von direkten und indirekten Effekten sowie Interaktionseffekten davon auszugehen, dass kurz- bis mittelfristig direkte Effekte und Interaktionseffekte dominieren werden, während indirekte Effekte erst längerfristig an Bedeutung gewinnen werden. Da zu erwartende direkte Effekte und Interaktionseffekte häufig störungsfördernd wirken, ist für die kurz- bis mittelfristige Zukunft (d.h. in den kommenden Jahrzehnten) mit einem weiteren Anstieg von Störungen zu rechnen (Seidl et al. 2017). Für Europa, wo z.B. im Wald schon in der zweiten Hälfte des 20. Jahrhunderts ein Anstieg der quantitativ wichtigsten Störfaktoren Wind, Feuer und Borkenkäfer beobachtet werden konnte (Seidl et al. 2011), ist auf Basis von Simulationen für die Zukunft von einem weiteren Anstieg dieser Störungen auszugehen: Windschäden könnten im Mittel bis 2030 um +229 % relativ zu 1971–1980 ansteigen, Feuer um +314 % und Borkenkäferschäden sogar um +764 % (Seidl et al. 2014). Derartige Störungsniveaus würden bedeuten, dass z.B. ein Windstörungsereignis wie es in der Vergangenheit in Europas Wäldern nur alle 15 Jahre auftrat, in Zukunft im Mittel bereits jedes zweite Jahr auftreten könnte. In Bezug auf Borkenkäfer entspricht das für 2021–2030 projizierte mittlere Störungsniveau sogar einem historisch nur alle 32 Jahre beobachteten Störungsereignis. Interessant ist insbesondere, dass unter keiner der für Europa untersuchten Trajektorien (13 Klimaszenarien und vier Managementstrategien) eine Störungsabnahme bis 2030 erkennbar war (Seidl et al. 2014).

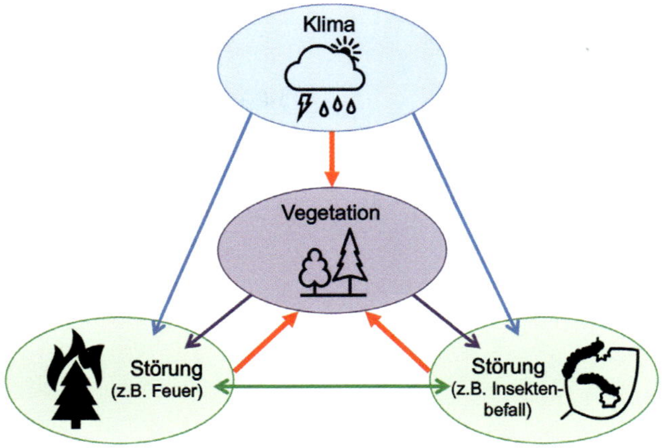

Abb. 7: Das dynamische Zusammenspiel zwischen Klima, Vegetation und Störungen resultiert in komplexen Änderungen von Störungsregimen im Klimawandel. Die Abbildung zeigt das Zusammenspiel aus verschiedenen Klimaeffekten auf Störungen (direkt: blau, indirekt: violett, Interaktionen: grün) in Verbindung mit dem (störungsunabhängigen) Klimaeffekt sowie dem Störungseffekt (rot) auf die Vegetation.

Langfristig ist jedoch davon auszugehen, dass indirekte Klimaeffekte und negative Rückkopplungen innerhalb von Störungsregimen den Störungsanstieg dämpfen werden. Eine Simulationsstudie zeigt beispielsweise den abschwächenden Effekt von sich verändernder Baumartenzusammensetzung auf die Anfälligkeit von Wäldern gegenüber Borkenkäfern (Temperli et al. 2013). Nach dem Konzept der ökologischen Resilienz würden sich gestörte Flächen unter konstanten klimatischen Bedingungen und gleichbleibender Störungsaktivität wieder hin zum ungestörten Ausgangszustand regenerieren (vgl. Kap. 3.2). Ändert sich jedoch das Klima und mit ihm die Störungsaktivität, kann es zu irreversiblen Ökosystemveränderungen kommen, z.B. zum Übergang von Nadel- zu Laubwäldern oder von Wald zu Offenland (Johnstone et al. 2016). Gleichzeitig verändert ein klimabedingter Baumartenwechsel auch das Störungspotenzial nachhaltig, wie das oben genannte Beispiel der Borkenkäfer zeigt (Temperli et al. 2013). Störungen tragen somit aktiv zu einer Anpassung von Ökosystemen an geänderte Umweltbedingungen bei (Thom et al. 2017) und können metaphorisch auch als eine «Immunreaktion» des Systems verstanden werden, durch welche ein Ungleichgewicht zwischen Klima und Vegetation verringert wird.

Wie stark sich die Störungsaktivität im Klimawandel ändern wird, hängt letztlich auch von der Bewirtschaftung durch den Menschen ab. Planerische Eingriffe, z.B. Förderung von klimaangepassten Pflanzenarten, können in Verbindung mit Maßnahmen zur Vermeidung von Störungen, z.B. Brandbekämpfung, das projizierte erhöhte Störungsniveau in den kommenden Jahrzehnten reduzieren (vgl. Kap. 8.1).

Literatur

- Aguayo J, Elegbede F, Husson C, Saintonge FX, Marçais B (2014) Modeling climate impact on an emerging disease, the *Phytophthora alni* – induced alder decline. Glob. Change Biol. 20: 3209–3221.
- Anderegg WR, Hicke JA, Fisher RA, Allen CD, Aukema J, Bentz B, Hood S, Lichstein JW, Macalady AK, McDowell N (2015) Tree mortality from drought, insects, and their interactions in a changing climate. New Phytol. 208: 674–683.
- Auer I, Böhm R, Jurkovic A, Lipa W, Orlik A, Potzmann R, Schöner W, Ungersböck M, Matulla C, Briffa K (2007) HISTALP – historical instrumental climatological surface time series of the Greater Alpine Region. Int. J. Climatol. 27: 17–46.
- Battisti A, Stastny M, Netherer S, Robinet C, Schopf A, Roques A, Larsson S (2005) Expansion of geographic range in the pine processionary moth caused by increased winter temperatures. Ecol. Appl. 15: 2084–2096.
- Billmire M, French NHF, Loboda T, Owen RC, Tyner M (2014) Santa Ana winds and predictors of wildfire progression in southern California. Int. J. Wildland Fire 23: 1119–1129.
- Blennow K, Andersson M, Sallnäs O, Olofsson E (2010) Climate change and the probability of wind damage in two Swedish forests. Forest Ecol. Manag. 259: 818–830.
- Dale VH, Joyce LA, McNulty S, Neilson RP, Ayres MP, Flannigan MD, Hanson PJ, Irland LC, Lugo AE, Peterson CJ (2001) Climate change and forest disturbances: climate change can affect forests by altering the frequency, intensity, duration, and timing of fire, drought, introduced species, insect and pathogen outbreaks, hurricanes, windstorms, ice storms, or landslides. BioScience 51: 723–734.
- Fischer EM, Rajczak J, Schär C (2012) Changes in European summer temperature variability revisited. Geophys. Res. Lett. 39: L19702.
- Gardiner BA, Blennow K, Jean-Michel Carnus J-M, Fleischer P, Ingemarson F, Landmann G, Lindner M, Marzano M, Nicoll B, Orazio C, Peyron J-L, Reviron M-P, Schelhaas M-J, Schuck A, Spielmann M, Usbeck T (2010) Destructive storms in European forests: past and forthcoming impacts. Final report to DG Environment. European Forest Institute, Atlantic European Regional Office – EFIATLANTIC. 132 p.
- Germain D, Filion L, Hétu B (2009) Snow avalanche regime and climatic conditions in the Chic-Choc Range, eastern Canada. Clim. Change 92: 141–167.
- Gobiet A, Kotlarski S, Beniston M, Heinrich G, Rajczak J, Stoffel M (2014) 21st century climate change in the European Alps – a review. Sci. Total Environ. 493: 1138–1151.
- Hart SJ, Veblen TT, Mietkiewicz N, Kulakowski D (2015) Negative feedbacks on bark beetle outbreaks: Widespread and severe spruce beetle infestation restricts subsequent infestation. Plos One 10: e0127975.
- Hicke JA, Johnson MC, Hayes JL, Preisler HK (2012) Effects of bark beetle-caused

tree mortality on wildfire. Forest Ecol Manag. 271: 81–90.
- IPCC (2013) Climate Change 2013: The physical science basis. Working Group I contribution to the IPCC fifth assessment report. Cambridge University Press, Cambridge, UK.
- Jacob D, Petersen J, Eggert B, Alias A, Christensen OB, Bouwer LM, Braun A, Colette A, Déqué M, Georgievski G (2014) EURO-CORDEX: new high-resolution climate change projections for European impact research. Reg. Environ. Change 14: 563–578.
- Jentsch A, Kreyling J, Beierkuhnlein C (2007) A new generation of climate – change experiments: events, not trends. Front. Ecol. Environ. 5: 365–374.
- Johnstone JF, Allen CD, Franklin JF, Frelich LE, Harvey BJ, Higuera PE, Mack MC, Meentemeyer RK, Metz MR, Perry GLW, Schoennagel T, Turner MG (2016) Changing disturbance regimes, ecological memory, and forest resilience. Front. Ecol. Environ. 14: 369–378.
- Jönsson AM, Bärring L (2011) Future climate impact on spruce bark beetle life cycle in relation to uncertainties in regional climate model data ensembles. Tellus A 63: 158–173.
- Kjellström E, Nikulin G, Hansson U, Strandberg G, Ullerstig A (2011) 21st century changes in the European climate: uncertainties derived from an ensemble of regional climate model simulations. Tellus A 63: 24–40.
- Knutson TR, McBride JL, Chan J, Emanuel K, Holland G, Landsea C, Held I, Kossin JP, Srivastava AK, Sugi M (2010) Tropical cyclones and climate change. Nature Geosci. 3: 157.
- Koštál V, Doležal P, Rozsypal J, Moravcová M, Zahradníčková H, Šimek P (2011) Physiological and biochemical analysis of overwintering and cold tolerance in two Central European populations of the spruce bark beetle, *Ips typographus*. J. Insect Physiol. 57: 1136–1146.
- Lange H, Økland B, Krokene P (2006) Thresholds in the life cycle of the spruce bark beetle under climate change. Interj. Complex Syst. 1648: 1–10.
- Nagel TA, Firm D, Rozenbergar D, Kobal M (2016) Patterns and drivers of ice storm damage in temperate forests of Central Europe. Eur. J. Forest Res. 135: 519–530.
- Nikulin G, Kjellström E, Hansson U, Strandberg G, Ullerstig A (2011) Evaluation and future projections of temperature, precipitation and wind extremes over Europe in an ensemble of regional climate simulations. Tellus A 63: 41–55.
- Pausas JC, Ribeiro E (2017) Fire and plant diversity at the global scale. Glob. Ecol. Biogeogr. 26: 889–897.
- Pryor SC, Barthelmie RJ, Clausen N-E, Drews M, Mackellar N, Kjellström E (2012) Analyses of possible changes in intense and extreme wind speeds over northern Europe under climate change scenarios. Clim. Dynam. 38: 189–208.
- Ranson M, Kousky C, Ruth M, Jantarasami L, Crimmins A, Tarquinio L (2014) Tropical and extratropical cyclone damages under climate change. Clim. Change 127: 227–241.
- Reyer C, Lasch-Born P, Suckow F, Gutsch M, Murawski A, Pilz T (2014) Projections of regional changes in forest net primary productivity for different tree species in Europe driven by climate change and carbon dioxide. Ann. For. Sci. 71: 211–225.
- Schär C, Vidale PL, Lüthi D, Frei C, Häberli C, Liniger MA, Appenzeller C (2004) The role of increasing temperature variability in European summer heatwaves. Nature 427: 332.
- Schwartzberg EG, Jamieson MA, Raffa KF, Reich PB, Montgomery RA, Lindroth RL (2014) Simulated climate warming alters phenological synchrony between an outbreak insect herbivore and host trees. Oecologia 175: 1041–1049.
- Seidl R, Rammer W (2017) Climate change amplifies the interactions between wind and bark beetle disturbances in forest landscapes. Landsc. Ecol. 32: 1485–1498.
- Seidl R, Schelhaas M-J, Lexer MJ (2011) Unraveling the drivers of intensifying forest disturbance regimes in Europe. Glob. Change Biol. 17: 2842–2852.

- Seidl R, Schelhaas MJ, Rammer W, Verkerk PJ (2014) Increasing forest disturbances in Europe and their impact on carbon storage. Nat. Clim. Change 4: 806–810.
- Seidl R, Donato DC, Raffa KF, Turner MG (2016a) Spatial variability in tree regeneration after wildfire delays and dampens future bark beetle outbreaks. Proc. Nat. Acad. Sci. USA 113: 13075–13080.
- Seidl R, Müller J, Hothorn T, Bässler C Heurich M, Kautz M (2016b) Small beetle, large scale drivers: How regional and landscape factors affect outbreaks of the European spruce bark beetle. J. Appl. Ecol. 53: 530–540.
- Seidl R, Thom D, Kautz M, Martin-Benito D, Peltoniemi M, Vacchiano G, Wild J, Ascoli D, Petr M, Honkaniemi J, Lexer MJ, Trotsiuk V, Mairota P, Svoboda M, Fabrika M, Nagel TA, Reyer CPO (2017) Forest disturbances under climate change. Nat. Clim. Change 7: 395–402.
- Shaw TA, Baldwin M, Barnes EA, Caballero R, Garfinkel CI, Hwang Y-T, Li C, O'gorman PA, Rivière G, Simpson IR (2016) Storm track processes and the opposing influences of climate change. Nature Geosci. 9: 656.
- Solomon S, Plattner G-K, Knutti R, Friedlingstein P (2009) Irreversible climate change due to carbon dioxide emissions. Proc. Nat. Acad. Sci. USA 106: 1704–1709.
- Temperli C, Bugmann H, Elkin C (2013) Cross – scale interactions among bark beetles, climate change, and wind disturbances: a landscape modeling approach. Ecol. Monogr. 83: 383–402.
- Thom D, Rammer W, Seidl R (2017) Disturbances catalyze the adaptation of forest ecosystems to changing climate conditions. Glob. Change Biol. 23: 269–282.
- Ulbrich U, Leckebusch GC, Pinto JG (2009) Extra-tropical cyclones in the present and future climate: a review. Theor. Appl. Climatol. 96: 117–131.
- Usbeck T, Wohlgemuth T, Pfister C, Bürgi A, Dobbertin M (2010) Increasing storm damage to forests in Switzerland from 1858 to 2007 Agr. Forest Meteorol. 150: 47–55.
- Whitney RD, Fleming RL, Zhou K, Mossa DS (2002) Relationship of root rot to black spruce windfall and mortality following strip clear-cutting. Can. J. For. Res. 32: 283–294.
- Williams AP, Abatzoglou JT (2016) Recent advances and remaining uncertainties in resolving past and future climate effects on global fire activity. Curr. Clim. Change Rep. 2: 1–14.
- Zurbriggen N, Nabel JEMS, Teich M, Bebi P, Lischke H (2014) Explicit avalanche-forest feedback simulations improve the performance of a coupled avalanche-forest model. Ecol. Complex. 17: 56–66.

8 Störungen und Management

8.1 Risikomanagement im Kontext von Störungen

Rupert Seidl[1], Sigrid Netherer[2] und Thomas Thaler[3]

[1] Institut für Waldbau, Department für Wald- und Bodenwissenschaften, Universität für Bodenkultur Wien, Österreich
[2] Institut für Forstentomologie, Forstpathologie und Forstschutz, Universität für Bodenkultur Wien, Österreich
[3] Institut für Alpine Naturgefahren, Universität für Bodenkultur Wien, Österreich

Kurzfassung
Risiko beschreibt die Auswirkung von Unsicherheiten auf Ziele. Störungen stellen wichtige Risikofaktoren für das Ökosystemmanagement dar, da sie die Bereitstellung von Ökosystemleistungen negativ beeinflussen können und in Auftreten und Ausmaß nicht genau vorhersagbar sind. Risikomanagement ist die koordinierte Aktivität zur Steuerung und Kontrolle von Risiken. Die drei zentralen Elemente des Risikomanagements sind Risiko erkennen, Risiko bewerten und Risiko behandeln. Störungsrisiken können z. B. durch die Abschätzung der Prädisposition und durch Szenarioanalysen quantifiziert werden. Die Risikobewertung beinhaltet sowohl ökonomische als auch soziale Komponenten (soziale Verwundbarkeit). Die generellen Möglichkeiten, Risiken zu behandeln, sind, sie zu akzeptieren, zu verringern oder zu kollektivieren.

8.1.1 Einleitung und Begriffsdefinition

Der Begriff des Risikos bezeichnet im allgemeinen Sprachgebrauch die Möglichkeit, Schaden zu nehmen. Der etymologische Ursprung des Wortes liegt im lateinischen Term *resecum*, was einen Fels oder eine Klippe und somit eine Gefahr für die Seefahrt bezeichnet (Pfeifer 1989). Ein in den technischen Wissenschaften weit verbreiteter Ansatz definiert Risiko R als eine Funktion der Eintrittswahrscheinlichkeit eines Ereignisses P_S und dessen Schadenspotenzial E_S (Gl. 1), wobei beide Eingangsgrößen meist multiplikativ verknüpft werden (Gl. 2; Erwartungswert-Ansatz, siehe Haimes 2004):

$$R = f(P_s; E_s) \qquad \text{Gl. 1}$$

$$R = P_s \cdot E_s \qquad \text{Gl. 2}$$

Während die frühe, einflussreiche Arbeit von Knight (1921) zwischen Risiko (= quantifizierbar) und Unsicherheit (= nicht quantifizierbar) unterscheidet, definiert die *International Organisation for Standardization* Risiko allgemein als die Auswirkung von Unsicherheiten auf Ziele (ISO 2009).

Im Kontext der Bewirtschaftung von natürlichen Ressourcen verursachen Störungen Unsicherheit, da weder deren Auftreten noch deren Auswirkungen genau vorhergesagt werden können.

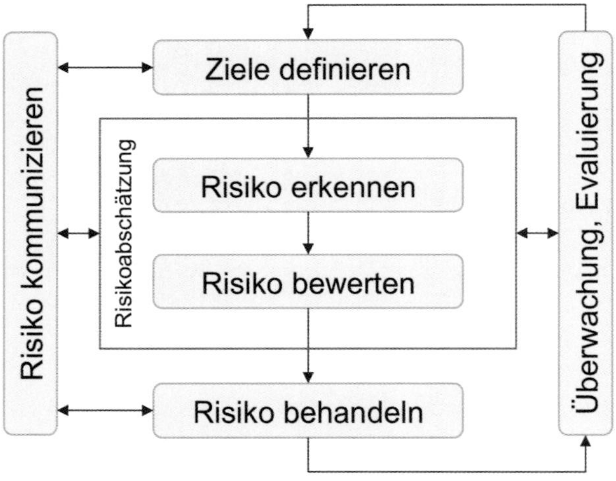

Abb. 1: Der Prozess des Risikomanagements; nach Purdy (2010), modifiziert.

Störungen kommt im Vergleich zu anderen Risikofaktoren im Ökosystemmanagement oft eine besondere Bedeutung zu: Sie laufen per Definition abrupt ab (siehe Kap. 2) und verändern somit in kurzer Zeit die von der Bewirtschaftung angestrebte Struktur und Zusammensetzung der Vegetation. Trotz ihrer relativ kurzen Dauer kann die folgende Erholung sehr lange Zeit in Anspruch nehmen, und die Auswirkungen von Störungen im Ökosystem können sehr lange andauern. Nach einem Windwurf im Bergwald können z. B. mehrere Jahrzehnte vergehen, bis die nachfolgende Waldgeneration wieder die entsprechende Bestandsstruktur ausgebildet hat, um menschliche Objekte vor Naturgefahren wie Lawinen und Steinschlag zu schützen (vgl. Kap. 4.3). Dieser Charakter des «*slow in, fast out*» (Körner 2003) macht Störungen zu einer besonders relevanten Komponente des Risikomanagements im Kontext der Bewirtschaftung von natürlichen Ressourcen.

Risikomanagement bezeichnet die koordinierten Aktivitäten zur Steuerung und Kontrolle von Risiken (Purdy 2010). Die Kernfragen des Risikomanagements sind (1) was kann passieren, (2) wie wahrscheinlich bzw. wie häufig ist das Auftreten, und (3) was sind die Auswirkungen und Folgen des eingetretenen Ereignisses (Kaplan & Garrick 1981). Zentrales Element des Risikomanagements ist die Risikoabschätzung, welche aus der Identifikation und Analyse von Risiken (was kann passieren?) sowie aus der Bewertung dieser Risiken im Kontext der konkreten Ziele (was darf passieren?) besteht (BUWAL 1999). Daraus werden mögliche Handlungsoptionen zur Reaktion auf Risiken abgeleitet (Abb. 1). Diese drei Kernelemente des Risikomanagements – Risiko erkennen, Risiko bewerten und Risiko behandeln – werden im Folgenden im Detail beleuchtet. Generell gilt, dass Risikomanagement nicht eine einmalige Tätigkeit ist, sondern periodisch durchgeführt werden muss, um geänderte Rahmenbedingungen und neue Ziele adäquat zu berücksichtigen. Das Monitoring von Maßnahmen und deren Auswirkungen ist somit ein wichtiges Werkzeug, um das Risikomanagement entsprechend den erlangten Erfahrungen zu verbessern.

8.1.2 Risiko erkennen

8.1.2.1 Identifikation

Die Identifikation des Risikos als erster Prozessschritt der Risikoabschätzung gibt Antworten auf die Fragen, was passieren kann sowie wann und wie sich das Risiko manifestiert (Purdy 2010). Im Kontext der Bewirtschaftung von natürlichen Ressourcen sind potenziell alle in den Kapiteln 4 und 5 behandelten Störungen Risikofaktoren, da sie zu Verlust von lebender Biomasse und/oder Mortalität von Pflanzen führen können. Ein erster wichtiger Aspekt in der Risikoabschätzung ist es also, die in

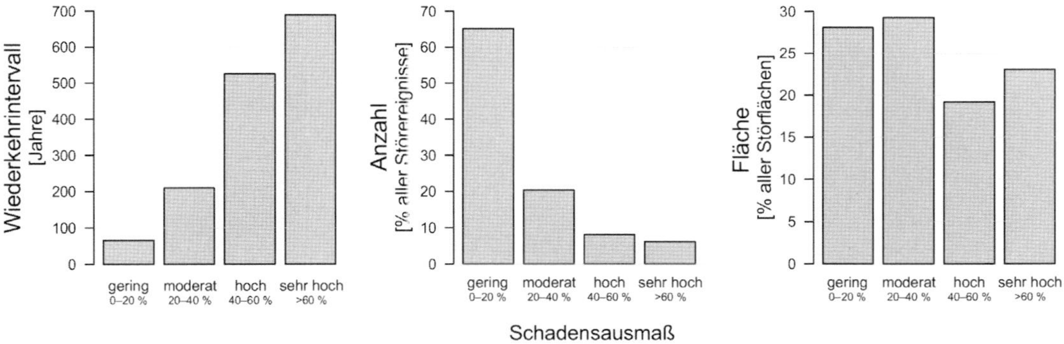

Abb. 2: Zusammenhang zwischen dem Schadensausmaß und (a) dem Wiederkehrintervall, (b) der Anzahl der Störereignisse und (c) der gestörten Fläche in unbewirtschafteten Gebirgsnadelwäldern der Westkarpaten (Daten aus Janda et al. 2017).

einem bestimmten Gebiet auftretenden Störungen zu erkennen, wozu historische Quellen zu vergangenen Ereignissen eine wichtige Rolle einnehmen (vgl. Kap. 2.2). Ob das Auftreten einer Störung jedoch als Risiko für die Bewirtschaftung betrachtet werden muss, hängt zentral von den vorliegenden Zielsetzungen ab. Beispielsweise beeinträchtigt Borkenkäferbefall die primäre Zielsetzung der Nutzholzproduktion in Wäldern deutlich (Seidl et al. 2008), weshalb er häufig als Risikofaktor eingestuft wird. Soll hingegen vorrangig die biologische Vielfalt im Wald gefördert werden, stellt derselbe Störfaktor keine Gefährdung der Zielsetzung dar, sondern kann sogar zu einer besseren Zielerfüllung beitragen (Thom et al. 2017). Ob eine Störung als Risiko zu beurteilen ist oder nicht, kann also nicht generell beantwortet werden und hängt von den konkreten Zielen ab (Abb. 1).

Für die meisten Störfaktoren besteht ein negativer Zusammenhang zwischen Schadenswahrscheinlichkeit und Schadensausmaß; schwache Störungen finden häufiger statt, starke dagegen seltener. Dies wurde z. B. für unbewirtschaftete Gebirgsnadelwälder der Westkarpaten mittels Jahrringanalysen bestätigt (Janda et al. 2017): Von 1790 bis 1960 fand im Mittel alle 66 Jahre eine Störung durch Windwurf oder Borkenkäfer statt, welche die Überschirmung um bis zu 20 % reduzierte. Dagegen traten Störereignisse mit großer Wirkung (Reduktion der Überschirmung um >60 %) rechnerisch nur alle 690 Jahre auf. Da sich Häufigkeit und Ausmaß bezüglich ihrer Wirkung je nach Zielsetzung unterscheiden können, ist in der Risikoidentifikation auf diese Unterschiede Rücksicht zu nehmen. Im Kontext der Holzproduktion oder der Kohlenstoffspeicherung können z. B. bereits kleine und häufig auftretende Störungen zu einer Beeinträchtigung der Bewirtschaftungsziele führen. Dieselben Kleinereignisse gefährden jedoch die Schutzfunktion gegen Naturgefahren in Gebirgswäldern oft kaum. Es muss jedoch angemerkt werden, dass in Bezug auf die gesamte gestörte Fläche kleine und wenig intensive Ereignisse aufgrund ihrer Häufigkeit einen wichtigen Teil des Störungsregimes darstellen (Abb. 2).

Ein weiterer wichtiger Aspekt bei der Identifikation von Risiken ist, dass Störungen meist nicht isoliert auftreten, sondern andere Störungen auslösen können. So folgen z. B. in Mitteleuropa auf Windwürfe oft Massenvermehrungen von Borkenkäfern, weil durch Wind

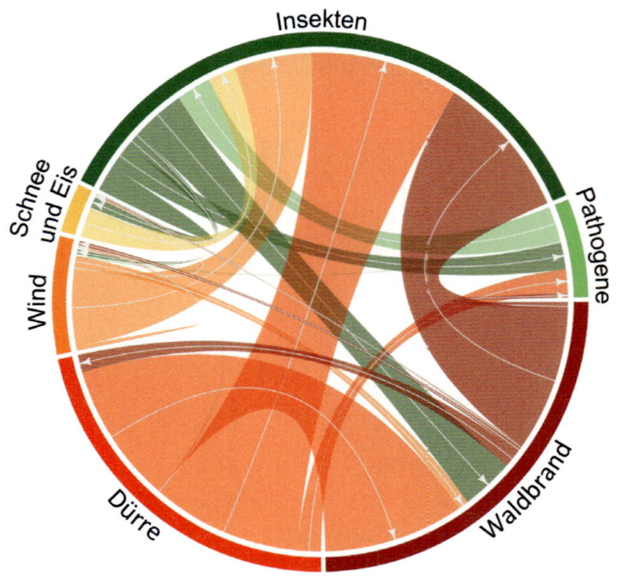

Abb. 3: Interaktion von Störfaktoren. Die Größe der Sektoren im äußeren Kreis gibt die Verteilung der Störfaktoren in der berücksichtigten Literatur wieder, während die Flüsse durch die Kreismitte die relative Häufigkeit von Interaktionen zwischen Störungen anzeigt. Die Pfeile zeigen vom beeinflussenden Störfaktor auf den beeinflussten Störfaktor. (Seidl et al. 2017, verändert)

gering resistentes Brutmaterial großflächig vorhanden ist und innerhalb kurzer Zeit eine Ausbreitung in angrenzende Waldbestände ermöglicht (vgl. Kap. 5.3; Stadelmann et al. 2014). Somit hängen die beiden Störungsarten räumlich und zeitlich zusammen (Interaktion) und erhöhen gemeinsam das Ausmaß der Störung. Eine unabhängige Betrachtung der beiden Störfaktoren im Rahmen einer Risikoanalyse würde die Wirkung auf den Wald daher deutlich unterschätzen (siehe auch Seidl & Rammer 2017). Ein globaler Überblick über die Interaktionen von wichtigen Störfaktoren hat ergeben, dass auf Störungen durch Wind, Feuer und Trockenheit häufig Störungen durch Insekten und Pathogene folgen (Abb. 3).

8.1.2.2 Quantifizierung

Risiko kann über verschiedene Verfahren quantifiziert werden. Erste Anhaltspunkte für eine Quantifizierung können historische oder rezente Beobachtungen liefern (siehe Abb. 2, aber auch Overbeck & Schmidt 2012, Thom et al. 2013). Derartige Informationen liegen jedoch im besten Fall für die Region, nicht aber für eine spezifische Landschaft in dieser Region vor. Da frühere Bedingungen die aktuelle oder zukünftige Situation oft nicht adäquat repräsentieren, müssen meist andere Verfahren zur quantitativen Analyse des Risikos herangezogen werden. Einen Überblick über die breite Palette von diesbezüglichen Methoden geben die Arbeiten von Holthausen et al. (2004), Hanewinkel et al. (2010) und Yousefpour et al. (2012). In der Folge werden zwei Ansätze – Prädispositionsabschätzung und Szenarioanalyse – exemplarisch beschrieben.

Prädispositionsabschätzungen

Die Prädispositionsabschätzung geht auf das Konzept von Manion (1981) zurück, demzufolge Baummortalität durch ein Zusammenspiel von prädisponierenden, auslösenden und unterstützenden Faktoren auftritt. Im Fall von Windwurf wären z. B. Bestandsstruktur und -zusammensetzung zu den prädisponierenden Faktoren zu zählen, Wurzelfäule durch Pilzbefall ist ein unterstützender Faktor, und die während eines Sturmereignisses auftretenden Böen sind die Auslöser der Störung. Die Prädisposition von Wäldern kann durch waldbauliche Eingriffe wie Baumartenwahl, Durchforstungs- und Erntemaßnahmen (vgl. Kap. 4.2) sowohl positiv als auch negativ verändert werden. Voraussetzung für eine effektive Risikobehandlung (siehe unten) ist das Verständnis der komplexen Zusammenhänge zwischen prädisponierenden Bestandsmerkmalen und der Vielzahl an potenziellen abiotischen und biotischen Störfaktoren. Im Risikomanagement von Waldbeständen spielt die Prädispositionsabschätzung deshalb eine wichtige Rolle (Netherer & Nopp-Mayr 2005, Jactel et al. 2009). Die Methode wird aber auch in anderen Ökosystemen angewendet.

Die Beurteilung des Risikos von Wäldern anhand standörtlicher und bestandsstruktureller Merkmale kann prinzipiell auf zwei Arten erfolgen: auf Basis statistisch ermittelter Zusammenhänge oder mithilfe von wissensbasierten Expertensystemen. Schadenswahrscheinlichkeiten werden einerseits in Form von Baumdiagrammen dargestellt, geordnet nach kritischen Bestandsmerkmalen wie z. B. der Bestandsgrundfläche. Anderseits werden sie als komplexe Regressionsmodelle mit externen Faktoren wie Witterung, Exposition u. Ä. und internen Faktoren wie z. B. Bestandsalter oder Bestandsschluss beschrieben (Seidl et al. 2011). Häufig scheitert die Einschätzung von Gefährdungspotenzialen mittels statistischer Methoden an der mangelnden Signifikanz einzelner Indikatoren. Dies hängt mit der hohen zeitlichen und räumlichen Zufälligkeit von Störungsdaten zusammen, welche die Grundlagen für derartige Regressionsmodelle bilden. Ebenfalls schwierig gestaltet sich die Verallgemeinerung von statistisch ermittelten Resultaten, d. h., deren Anwendung in anderen Gebieten ist nur sehr bedingt möglich (Hanewinkel et al. 2010).

Wissensbasierte Expertensysteme setzen dagegen auf allgemeingültige Zusammenhänge, die auf Metaanalysen von Fachliteratur und/oder Experteninterviews beruhen. Unterschiedliche Managementoptionen können hinsichtlich ihres Risikos mittels multikriterieller Entscheidungsanalyse (engl. *Multi Criteria Decision Analysis*, MCDA) bewertet werden. Diese Methode berücksichtigt eine Vielzahl an Gefährdungsfaktoren und unterschiedlich skalierten Kriterien, die diese Faktoren beeinflussen (Jactel et al. 2012). Im Gegensatz zur MCDA, die meist schon auf bestimmte Bewirtschaftungsziele ausgerichtet ist, zeigen Bonus-Malus-Systeme gefährdende Bestandseigenschaften und die Möglichkeiten der Vorbeugung oder Verringerung von Schäden generell auf (Berryman 1986, Speight & Wainhouse 1989). In solchen Prädispositions-Schätzmodellen werden Standorts- und Bestandsmerkmale je nach ihrem Einfluss auf das spezifische Störungselement unterschiedlich gewichtet und skaliert. Bezüglich verschiedener Bestandseigenschaften (z. B. Bestandshöhe) werden Punkte für die Prädisposition im Hinblick auf eine Störung vergeben. Die Summe dieser Punkte ergibt das Gefährdungsausmaß, d. h. die Prädisposition einer konkreten Waldfläche gegenüber der Störung, oft in weiterer Folge ausgedrückt als Schadenswahrscheinlichkeit (Führer & Nopp 2001; Abb. 4).

Szenarioanalyse

Mittels Szenarioanalyse werden ausgehend vom aktuellen Zustand mehrere mögliche zukünftige Entwicklungen erkundet, indem der Einfluss einer Abfolge unterschiedlicher Einflüsse und Events logisch konsistent beschrieben wird. Vereinfacht gesagt untersucht die Szenarioanalyse die Zukunft durch die Beantwortung einer Reihe von Wenn-dann-Fragen, und gestattet somit «eine Reise in mögliche Zukünfte» (UNEP 2002). Ein Vorteil der Szenarioanalyse ist, dass mögliche zukünftige Entwicklungen, z. B. hinsichtlich des Wandels von Klima- und Störungsregimen (vgl. Kap. 7.1), explizit berücksichtigt werden können. Szenarioanalysen kön-

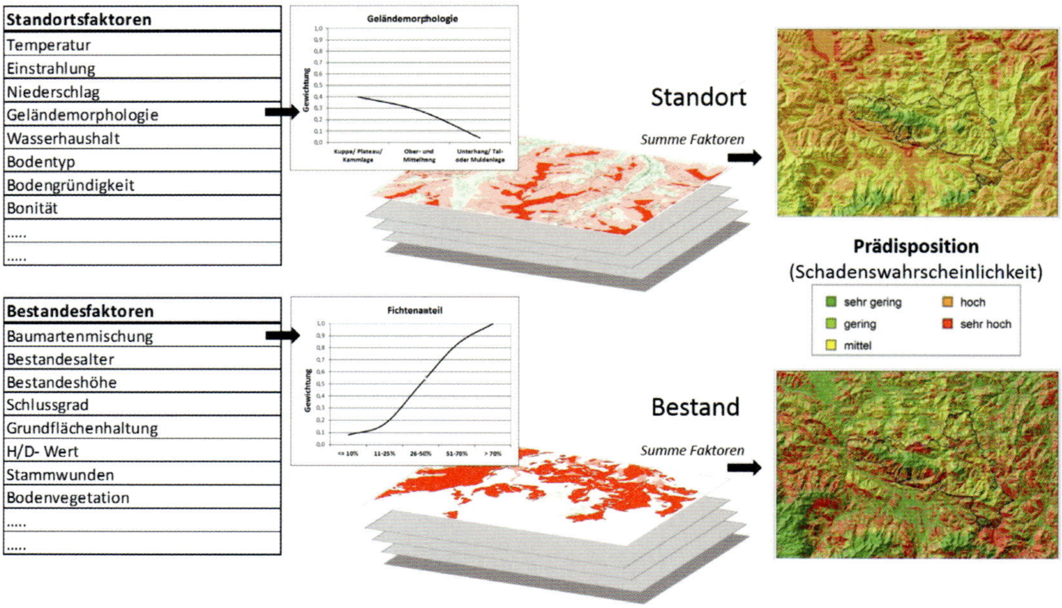

Abb. 4: Bewertung von Risikofaktoren bezüglich Standort und Bestand in einer Prädispositionsabschätzung; die Gefährdung (Prädisposition) einer Waldfläche ergibt sich aus der Summe aller relevanten Faktoren.

nen sowohl qualitativ (deskriptiv) als auch quantitativ (z.B. unter Einsatz von Simulationsmodellen, vgl. Textbox Störungsmodellierung und Abb. 5) durchgeführt werden (Van der Sluijs et al. 2004). In beiden Fällen gilt, dass der Wert von Szenarien vor allem in einem relativen Vergleich der möglichen Entwicklungen unter unterschiedlichen Annahmen besteht, weswegen die Analyse eines einzigen Szenarios meist weniger informativ ist als die Untersuchung einer größeren Anzahl kontrastierender Szenarien. Diesbezüglich folgen Szenarien oftmals *«Storylines»*, um die Interpretation von Unterschieden zwischen den einzelnen Szenarien zu erleichtern. Alternativszenarien, welche z.B. einen Wechsel in Klima oder Bewirtschaftung beschreiben, werden dabei mit einem Basisszenario verglichen, welches Kontinuität in den zurzeit vorherrschenden Bedingungen unterstellt.

In der Risikoanalyse sind Extremszenarien von zentraler Bedeutung. Diese sollen Aufschluss über die Auswirkungen einer möglichen Verkettung negativer Umstände, dem sogenannt größten anzunehmenden Unfall (GAU; engl. *worst case scenario*) geben, welche im Sinne des Vorsorgeprinzips in die Planung miteinfließen können. Ein Vorteil der Szenarioanalyse ist hierbei, dass Situationen und Bedingungen, wie sie in der Vergangenheit (noch) nicht beobachtet wurden, aber theoretisch möglich sind, berücksichtigt werden können. Dies ist von besonderer Bedeutung, wenn man bedenkt, dass starke Störereignisse nur sehr selten auftreten (Abb. 2; Pfister 1999) und daher die Wahrscheinlichkeit groß ist, dass diese nicht in den Beobachtungen der Vergangenheit enthalten sind. Es ist jedoch zu beachten, dass gerade zukünftige Überraschungen, also Ereignisse die zurzeit nicht in unserem

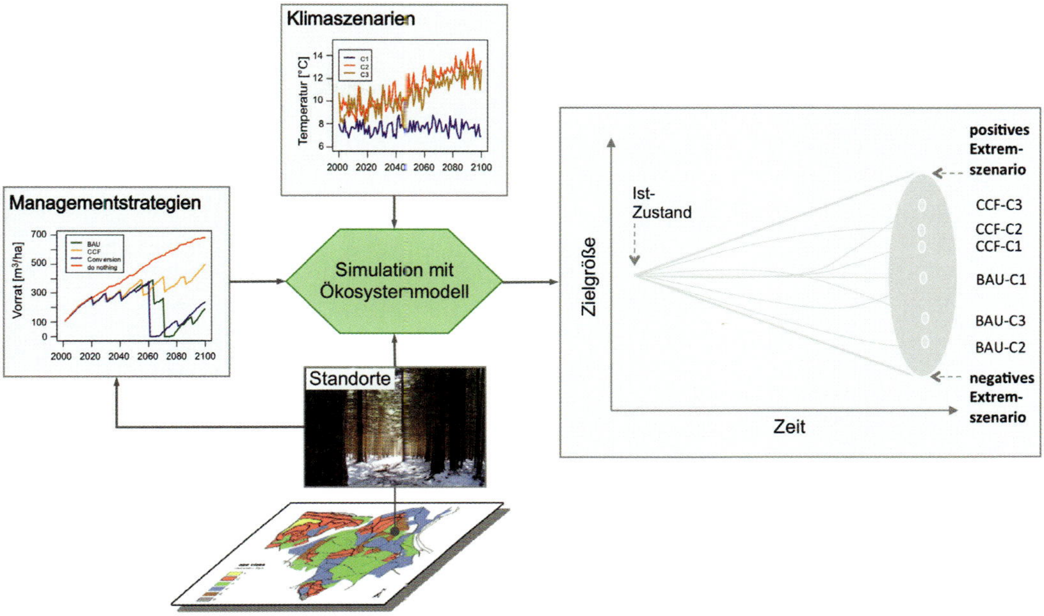

Abb. 5: Schema der modellgestützten Szenarioanalyse am Beispiel der Risikoabschätzung in Waldökosystemen unter Klimawandel. Eine Kombination aus unterschiedlichen Managementstrategien und Klimaszenarien wird mittels Simulation auf mögliche Änderungen in relevanten Zielgrößen analysiert. Die Analyse erfolgt bestandsweise, d. h., unterschiedliche Umweltbedingungen und Ist-Zustände werden berücksichtigt. Im Szenariofächer rechts im Bild sind exemplarisch die Ergebnisse für zwei Bewirtschaftungsstrategien (BAU, CCF) und drei Klimaszenarien (C1–C3) schematisch dargestellt. Für die konkrete Implementierung der hier schematisch dargestellten Analyse siehe Seidl et al. (2008).

Bewusstsein verankert sind und über die wir nichts wissen (engl. *unknown unknowns*), weder in qualitativen noch in quantitativen Szenarioanalysen Berücksichtigung finden. Diese nicht berücksichtigte Unsicherheitskomponente kann bedeutende Auswirkungen auf Ziele haben, wenn z. B. ein nicht heimischer, invasiver Schadorganismus unerwartet eingeschleppt wird und große Störungen verursacht. Daher sind die durch Szenarioanalysen identifizierten Risiken als konservative Risikoschätzer zu betrachten.

8.1.3 Risiko bewerten

Sind die Risiken identifiziert und quantitativ analysiert, müssen sie im Hinblick auf ihre Relevanz und Priorität hinsichtlich der Ziele bewertet werden. Mit anderen Worten stellt sich die Frage, was passieren darf und was nicht. Antworten dazu müssen individuelle oder institutionelle Werte und Präferenzen berücksichtigen. Daher müssen in die Risikobewertung sowohl ökologische als auch sozioökonomische Überlegungen miteinfließen. Da der bisherige Fokus dieses Buches auf der ökologischen Rolle von Störungen lag, sollen hier vor allem ökonomische und soziale Aspekte der Risikobewertung aufgezeigt werden.

8.1.3.1 Ökonomische Risikobewertung

Im Risikomanagement nehmen ökonomische Bewertungsmethoden eine bedeutende Rolle ein. Sie werden von Einzelunternehmern bis hin zu staatlichen Entscheidungsträgern, z. B. im Kontext des Naturgefahrenmanagements, prak-

Störungsmodellierung

Warum Störungsmodellierung?

Unter einem Modell versteht man generell eine vereinfachte Abbildung der Realität. Neben Beobachtung und Experiment sind Modelle eine dritte und zunehmend wichtige Methode des Erkenntnisgewinns in der Wissenschaft (Winsberg 2010). Dabei ist der Begriff «Modell» selbst wenig scharf abgegrenzt: Als «Modell» wird eine Vielzahl von Ansätzen bezeichnet, die von einfachen statistischen Zusammenhängen (Regressionen) bis hin zu hochkomplexen Softwaresystemen reichen. Genauso vielfältig wie die verfügbaren Modellansätze sind auch deren Anwendungsbereiche: Modelle werden z.B. eingesetzt, um beobachtete Daten besser zu verstehen, beispielsweise um empirisch Schlüsselfaktoren für Störungsereignisse zu identifizieren. Eine verwandte Stoßrichtung ist die Erstellung von Karten, die das Risiko für Störungen in Abhängigkeit von klimatischen und/oder naturräumlichen Bedingungen abbilden. Dabei werden Modelle vor allem zur Skalierung von lokal und kurzfristig gemachten Beobachtungen auf größere Betrachtungseinheiten und längere Zeiträume herangezogen (Seidl et al. 2013). Darüber hinaus werden Störungsprozesse auch in Ökosystemmodelle integriert, was die Simulation von dynamischen Rückkopplungen zwischen Vegetation und Störungen ermöglicht. Solche gekoppelten Systeme erlauben die Beantwortung von Was-wäre-wenn-Fragen in Form von Szenarioanalysen, z.B. welche Effekte unter Klimawandel oder bestimmten Bewirtschaftungsvarianten erwartet werden können.

Störungsprozesse und deren Modellierung

Es können fünf Schlüsselprozesse unterschieden werden, welche in Störungsmodellen abgebildet werden (nach Seidl et al. 2011):

– **Anfälligkeit:** Sie beschreibt die Gefährdung eines Ökosystems gegenüber einem Störfaktor. So kann z.B. die Windanfälligkeit eines Waldbestandes auf Basis von Bestands- und Standortsmerkmalen statistisch modelliert werden (Pasztor et al. 2015).
– **Auftreten:** Das tatsächliche Störungsereignis hängt oftmals von auslösenden Faktoren ab, wie z.B. dem Auftreten von Windspitzen über einer kritischen Windgeschwindigkeit, welche in prozessbasierten Modellen berücksichtigt werden (Seidl et al. 2014).
– **Auswirkungen:** Welche Auswirkungen ein Störfaktor ausübt, wenn er auftritt, kann über Charakteristika der Vegetation in Verbindung mit ihrer Anfälligkeit modelliert werden. Als Indikator für Auswirkungen dient häufig die Stärke der Störung, z.B. der Grad der Baummortalität auf der betroffenen Fläche. Dabei spielen in der Modellierung von Auswirkungen auch Nachbarschaftsbeziehungen eine Rolle, wenn z.B. in einem Windwurf bisher geschützte Bäume durch bereits geworfene Bäume neuen Windstößen ausgesetzt werden (Seidl et al. 2014).

Während sich diese ersten drei Prozesse primär auf die modellhafte Beschreibung einzelner Störungsereignisse beziehen, müssen in der Modellierung von Störungsregimen auch die langfristige zeitliche und räumliche Dynamik zwischen Störungen und Vegetation sowie Störungsinteraktionen berücksichtigt werden.

– **Zeitliche und räumliche Dynamik:** Hierbei geht es darum, räumliche Ausbreitungsmuster von Störungen zu modellieren (z.B. Flugverhalten und Wirtssuche von Borkenkäfern, Kautz et al. 2014), aber auch die zeitlichen Interaktionen und Feedbacks zwischen Vegetation und Störung zu berücksichtigen (z.B. abnehmendes Borkenkäferrisiko nach vorangegangenen Ausbruchswellen aufgrund eines Mangels an Wirtsbäumen, Temperli et al. 2013).
– **Störungsinteraktionen:** Störfaktoren treten oft nicht isoliert auf, sondern können sich gegenseitig verstärken oder abschwächen. Diese Interaktionen, z.B. zwischen Wind und Bor-

kenkäfern, müssen in Simulationsmodellen abgebildet werden, um das dynamische Verhalten von Störungsregimen abschätzen zu können (Seidl & Rammer 2017).

- **Modellkonzepte in der Störungsmodellierung:** Störungsmodelle bilden einen oder mehrere dieser Schlüsselprozesse ab, wobei auf eine breite Palette an unterschiedlichen Modellierungstechniken zurückgegriffen werden kann (nach Seidl et al. 2011, vereinfacht):
  - **Statistische Modelle:** Eine mathematische Approximation von beobachteten Daten auf Basis von statistischen Verfahren (z. B. Regressionsanalyse, Pasztor et al. 2015). Diese Modelle können sowohl auf der Ebene von einzelnen Störungsereignissen als auch auf der Ebene von Störungsregimen erstellt werden.
  - **Statische prozessbasierte Modelle** sind Ansätze, welche Störungsereignisse auf Basis von mechanistischen Zusammenhängen modellieren, ohne dabei aber Feedbacks oder Vegetationsänderungen zu berücksichtigen (z. B. Modelle zur Entwicklungsphenologie von Borkenkäfern, Baier et al. 2007).
- **Dynamische prozessbasierte Modelle** beruhen ebenfalls auf mechanistischen Zusammenhängen, berücksichtigen aber auch die Interaktionen zwischen Vegetation und Störungen explizit. Dies sind oft Modellansätze, in welchen Störungsmodelle in komplexe dynamische Ökosystemmodelle integriert sind. Je nach Fragestellung können die dabei verwendeten Modellplattformen auf die Simulation von Vegetation (Seidl et al. 2007), von biogeochemischen Prozessen (Wolf et al. 2008) oder von Landschaftsprozessen gerichtet sein (Sturtevant et al. 2004).

Werner Rammer und **Rupert Seidl**,
Institut für Waldbau, Departement für Wald- und Bodenwissenschaften, Universität für Bodenkultur Wien, Österreich

Literatur

- Baier P, Pennerstorfer J, Schopf A (2007) PHENIPS – a comprehensive phenology model of *Ips typographus* (L.)(Col., Scolytinae) as a tool for hazard rating of bark beetle infestation. Forest Ecol. Manag. 249: 171–186.
- Kautz M, Schopf R, Imron MA (2014) Individual traits as drivers of spatial dispersal and infestation patterns in a host-bark beetle system. Ecol. Model. 273: 264–276.
- Pasztor F, Matulla C, Zuvela-Aloise M, Rammer W, Lexer MJ (2015) Developing predictive models of wind damage in Austrian forests. Ann. For. Sci. 72: 289–301.
- Seidl R, Rammer W (2017) Climate change amplifies the interactions between wind and bark beetle disturbances in forest landscapes. Landsc. Ecol. 32: 1485–1498.
- Seidl R, Baier P, Rammer W, Schopf A, Lexer MJ (2007) Modelling tree mortality by bark beetle infestation in Norway spruce forests. Ecol. Model. 206: 383–399.
- Seidl R, Fernandes PM, Fonseca TF, Gillet F, Jönsson AM, Merganicová K, Netherer S, Arpaci A, Bontemps JD, Bugmann H, González-Olabarria JR, Lasch P, Meredieu C, Moreira F, Schelhaas MJ, F. M (2011) Modelling natural disturbances in forest ecosystems: a review. Ecol. Model. 222: 903–924.
- Seidl R, Eastaugh CS, Kramer K, Maroschek M, Reyer C, Socha J, Vacchiano G, Zlatanov T, Hasenauer H (2013) Scaling issues in forest ecosystem management and how to address them with models. Eur. J. Forest Res. 132: 653–666.
- Seidl R, Rammer W, Blennow K (2014) Simulating wind disturbance impacts on forest landscapes: Tree-level heterogeneity matters. Environ. Modell Softw. 51: 1–11.
- Sturtevant BR, Gustafson EJ, Li W, He HS (2004) Modeling biological disturbances in LANDIS: a module description and demonstration using spruce budworm. Ecol. Model. 180: 153–174.
- Temperli C, Bugmann H, Elkin C (2013) Cross-scale interactions among bark beetles, climate change, and wind disturbances: a landscape modeling approach. Ecol. Monogr. 83: 383–402.
- Winsberg E (2010) Science in the age of computer simulation. University of Chicago Press, Chicago. 152 S.
- Wolf A, Kozlov MV, Callaghan TV (2008) Impact of non-outbreak insect damage on vegetation in northern Europe will be greater than expected during a changing climate. Clim. Change 87: 91–106.

tiziert (Thaler et al. 2014). Dabei wird das Schadenspotenzial mittels ökonomischer Kennzahlen ermittelt (White 1945, Penning-Rowsell et al. 2005) und kosteneffiziente Maßnahmen für die Verringerung des Risikos abgeleitet, welche auch eine Restgefährdung miteinschließen (Leiter & Pruckner 2009, Rheinberger et al. 2009, Leiter 2011). Die Analyse erfolgt meist quantitativ, wobei im Allgemeinen das Risiko *R* für ein Objekt als eine objektiv messbare Schadenserwartung berechnet wird (Plattner 2005, Fuchs et al. 2007).

Die Wahl der ökonomischen Methode richtet sich generell nach der Wertermittlung des Schadens, der durch eine Störung entsteht. Als Schaden werden direkte und indirekte Auswirkungen auf ein System, ein Objekt oder einen Betriebsablauf (Unterbrechung) definiert. Der Schaden wird mit monetären oder nicht monetären Ansätzen berechnet. Für monetäre Ansätze wie z. B. die Quantifizierung von Schäden an Gütern und Gebäuden werden meist Marktpreise herangezogen. Bei nicht-monetären Werten wie z. B. einem Verlust von Arten oder nicht marktmäßig gehandelten Ökosystemleistungen wird der Schaden meist anhand von Nutzenpräferenzen der Konsumenten erfasst. Dazu zählen die Zahlungsbereitschaft (engl. *willingness to pay*) oder die Kompensationsforderung (engl. *willingness to accept*; Meyer et al. 2013). Diese Ansätze erlauben die ökonomische Bewertung von Gütern, die nicht über die üblichen Marktmechanismen bereitgestellt werden und somit nicht entsprechend über einen Marktpreis verfügen (Hanley & Spash 1995). Diesbezüglich erlangte die Berechnung des Wertes eines Blaukehlchens in den 1980er-Jahren erstmals eine große öffentliche Aufmerksamkeit (Vester 1983).

Bei direkten Auswirkungen werden vor allem jene Schäden berücksichtigt, die unmittelbar durch ein Ereignis komplett oder teilweise herbeigeführt wurden, wie z. B. Schäden an Gebäuden, Gütern, Dämmen oder Waldbeständen. Häufig werden diese Schäden auf Basis der Wiederherstellungskosten, abzüglich der allfälligen Abschreibung, bzw. mit den Vermögensverlusten für den jeweiligen Betroffenen bewertet (Penning-Rowsell et al. 2005). So wurde beispielsweise in der Schweiz nach dem Sturm Lothar im Jahr 1999 der direkte Vermögensverlust durch Windbruch und Windwurf in Wäldern mit 225 Mio. CHF beziffert (Baur et al. 2003). Von dem Verlust an Vermögen ist die Einkommenseinbuße durch das Ereignis zu unterscheiden, also die Verringerung des Einkommens im Vergleich zum Einkommen ohne Störereignis. Für den Sturm Lothar wurde diese für die ersten sechs Jahre nach dem Ereignis mit 284 Mio. CHF berechnet, wobei der Einkommensverlust hier vor allem auf den sturmbedingten Preisverfall am Holzmarkt zurückzuführen ist (Baur et al. 2003; vgl. Kap. 4.2). Neben Vermögensverlust und Einkommenseinbuße können auch die Auswirkungen einer Unterbrechung des Betriebsablaufes monetär bewertet werden. Hier werden jene Schäden bilanziert, die durch den Stillstand eines Betriebes anfallen, wodurch versprochene Leistungen nicht rechtzeitig oder überhaupt nicht erfüllt werden können. Als ökonomische Methoden werden hierzu allgemeine Gleichgewichtsmodelle (engl. *Computable General Equilibrium Models*) und agentenbasierte Modellierungen (engl. *Agent-Based Computational Economics*) verwendet (Loomis 1993, Rose 2004).

Indirekte Auswirkungen treten meist als Folgewirkungen eines Ereignisses auf und müssen damit über einen längeren Zeitrahmen betrachtet werden, wie z. B. Produktionsrückgänge aufgrund von Straßensperren oder die durch Störungen geänderte Altersklassenverteilung in Wäldern. Darunter fallen auch jene Schäden, die durch einen erhöhten technologischen bzw. institutionellen Aufwand entstehen und deshalb langfristige Beeinträchtigungen für die Gesamtwirtschaft nach sich ziehen. Indirekte Auswirkungen werden meist anhand von Fragebögen bzw. durch ökonomische Modellierungen, wie z. B. durch Input-Output-Modellierung oder ökonometrische Analysen, ermittelt (Nöthiger et al. 2002, Meyer et al. 2013).

8.1.3.2 Soziale Bewertung des Risikos

Die soziale Bewertung von Risiken beschäftigt sich grundsätzlich mit der sozialen Verwundbarkeit (Vulnerabilität, Verletzlichkeit) der Gesellschaft. Der Begriff «Verwundbarkeit» ist dabei eng mit den negativen Folgen und Auswirkungen von natürlichen Prozessen wie Störungen oder Naturgefahren verbunden, wobei unter Verwundbarkeit vor allem der potenzielle Verlust verstanden werden kann. Dabei wird der Begriff in verschiedenen Wissenschaftsdisziplinen unterschiedlich analysiert und bewertet. Die Naturwissenschaften tendieren dazu, die Verwundbarkeit in monetären Verlusten, also mittels metrischer Daten, zu bewerten. Hingegen untersuchen die Sozialwissenschaften die Verwundbarkeit meist mithilfe von Ordinalskalen. Insbesondere konzentrieren sich die Analysen dabei auf potenzielle sowie eingetretene Beeinträchtigungen der Gesellschaft in Hinblick auf soziale Werte und Wahrnehmungen bzw. auf deren Bewältigungs- und Anpassungsfähigkeit (Chambers 1989, Turner et al. 2003, Fuchs et al. 2007, Steinführer & Kuhlicke 2012).

Die soziale Verwundbarkeit unterscheidet dabei drei Grundsätze: (1) die Identifizierung von Bedingungen, die Menschen bzw. Orte für Störungen anfällig machen (Burton et al. 1993), (2) die Annahme, dass die Verwundbarkeit der Gesellschaft mit sozialen Strukturen in Zusammenhang steht, z. B. was das Maß des gesellschaftlichen Widerstandes gegenüber Störungen und Naturgefahren betrifft (Blaikie et al. 1994, Hewitt 1997, Wisner 1998), und (3) die Bewertung der Gefährdungen des Raumes, wie z. B. intensive Raumnutzung in Überflutungsgebieten (Kasperson et al. 1996, Cutter et al. 2003). Soziale Verwundbarkeit bezieht sich deshalb auf die jeweilige Position des Menschen in der Gesellschaft, inklusive seiner sozialen Stellung und Beziehungen. Dabei wird soziale Verwundbarkeit unter anderem aus der Perspektive der sozialen Ungleichheit in der Gesellschaft untersucht und erklärt (Watts & Bohle 1993, Blaikie et al. 1994, Steinführer & Kuhlicke 2012). Da die sozialen Beziehungen und gesellschaftlichen Prozesse von einer hohen Dynamik gekennzeichnet sind, kann man soziale Verwundbarkeit nur als dynamisches Konzept begreifen und bewerten (Watts & Bohle 1993, Bohle 2001). Damit fließen Störungen und Naturgefahren meist nur implizit in die Ermittlung der sozialen Verwundbarkeit ein – im Gegensatz zu naturwissenschaftlichen Ansätzen (O'Keefe et al. 1976, Blaikie et al. 1994).

Die Literatur unterscheidet in der Messung von sozialer Verwundbarkeit zwischen dem taxonomischen und dem situativen Ansatz (Cutter et al. 2003, Kuhlicke et al. 2011, Steinführer & Kuhlicke 2012). Der taxonomische Ansatz berechnet die soziale Verwundbarkeit anhand von Einzelindikatoren, die oft auch räumlich anhand von Karten präsentiert werden (Cutter et al. 2003,

Fekete 2009, Stock et al. 2009). Dabei werden insbesondere kleinräumige, statistische Daten der sozialen Ungleichheit als Eingangsgrößen verwendet (Tab. 1). Die Grundannahme dabei ist, dass der sozioökonomische Status einer Person negativ mit der sozialen Verwundbarkeit korreliert, d.h., dass arme Bevölkerungsschichten stärker von Störungen betroffen sind als reiche (Cutter et al. 2003, Steinführer & Kuhlicke 2012). Der situative Ansatz wiederum geht von lebensweltlichen Bezügen anstatt von statistischen Daten aus. Soziale Verwundbarkeit wird hier anhand der Selbstdeutung einer Person ermittelt. In einer Kombination dieser beiden Ansätze konnten zum Beispiel Parkins und MacKendrick (2007) zeigen, dass die Verwundbarkeit der Gesellschaft gegenüber einem großflächigen Borkenkäferausbruch stark zwischen betroffenen Gemeinden variieren kann und dass bestimmte Bevölkerungsgruppen stärker von einem Ausbruch betroffen sind als andere.

8.1.4 Risiko behandeln

Im Umgang mit Risiko gibt es drei generelle Möglichkeiten: Risiko akzeptieren, Risiko reduzieren oder Risiko kollektivieren.

Tab. 1: Beispiele für sozioökonomische Variablen zur Messung der sozialen Verwundbarkeit gegenüber Störungen.

Kriterium mit Indikatoren (Beispiel)	Erklärung	Zusammenhang mit sozialer Verwundbarkeit
Bildung: Anteil an Personen, die nur einen Pflichtschulabschluss aufweisen	Personen mit höherem Bildungsstand verfügen in der Regel über ein höheres Einkommen sowie ein höheres Verständnis für ökologische Störungen (adaptives Verhalten).	Höhere Bildung vermindert den Einfluss.
Sozioökonomischer Status: fehlende Sicherungsmechanismen durch fehlende politische und wirtschaftliche Macht, wie z. B. durch Arbeitslosigkeit	Personen mit einem hohen Einkommen erholen sich schneller von Verlusten, da sie über höhere finanzielle Ressourcen, Versicherungen oder soziale Netzwerke verfügen, welche sie in Anspruch nehmen können.	Hoher Status und hohes Einkommen vermindern den Einfluss.
Ökonomische Abhängigkeit von Einkommen aus der Bewirtschaftung von Ökosystemen: z. B. Einkünfte aus der Waldbewirtschaftung	Personen mit weiteren Einkommensmöglichkeiten (Zweitberuf) erholen sich rascher von störungsbedingten Verlusten aus der Bewirtschaftung von Ökosystemen.	Hohe Abhängigkeit aus den Erträgen des Ökosystemmanagements erhöht den Einfluss.
Lokale Einbettung in die Gemeinde: z. B. Mitglied von Vereinen, Familienmitglieder in der Nachbarschaft, Vertrauen in der Gemeinde	Personen mit großem sozialem Netzwerk verfügen in der Regel über einen besseren Informationsfluss sowie eine verstärkte lokale Unterstützung für die Behebung von Schäden, die durch Störungen entstanden sind.	Ein großes soziales Netzwerk vermindert den Einfluss.
Familienstruktur: z. B. Familiengröße	Familien mit einer hohen Anzahl von Angehörigen im Haushalt verfügen in der Regel über ein geringeres Einkommen, um Schäden durch Störungen zu kompensieren.	Die Größe der Familie vergrößert den Einfluss.

8.1.4.1 Risiko akzeptieren

Steht am Ende der Risikoabschätzung fest, dass ein identifiziertes Risiko klein genug ist, um akzeptiert werden zu können, so ist die Risikobehandlung abgeschlossen. Akzeptanz und Ignoranz eines Risikos führen gleichermaßen zum Nichtstun, also zum Verzicht auf Managementmaßnahmen. Dennoch ist die Akzeptanz eines Risikos als Ergebnis einer fundiert durchgeführten Risikoanalyse (Abb. 1) der generellen Ignoranz von Risiken vorzuziehen, da durch diesen Prozess verbleibende Unsicherheiten sichtbar gemacht werden und damit auch kommuniziert werden können. Mit anderen Worten: Risiken werden meist erst durch Ignoranz zum Problem (Ebert 2013). Risikoakzeptanz ist meist dort möglich, wo sowohl die Eintrittswahrscheinlichkeit einer Störung als auch das Schadenspotenzial, d.h. die negativen Konsequenzen auf die zu erreichenden Ziele, klein sind (Abb. 6). Am anderen Ende des Spektrums, also bei sehr hohen Schadenspotenzialen oder sehr hohen Auftretenswahrscheinlichkeiten sind die Möglichkeiten der Risikoreduktion meist nicht mehr wirkungsvoll, weshalb eine Zielerreichung als unwahrscheinlich einzuschätzen ist. Daraus folgt, dass eine Reevaluierung mit veränderten Zielen nötig ist, um diese mit den störungsbedingten ökologischen Rahmenbedingungen in Einklang zu bringen.

8.1.4.2 Risiko reduzieren

Die Reduktion von Risiken ist meist im Bereich von mittleren Eintrittswahrscheinlichkeiten und Schadenspotenzialen am effektivsten (Abb. 6). Sie beruht idealerweise auf dem verfügbaren Prozessverständnis der jeweiligen Störfaktoren (vgl. Kap. 4 und 5) sowie auf der Kenntnis der wichtigsten Einflussfaktoren, die anhand der Risikoabschätzung erarbeitet wurden und für risikoreduzierende Managementmaßnahmen verändert werden können. Dabei können ursachenbezogene und wirkungsbezogene Maßnahmen der Risikoreduktion unterschieden werden. Erstere verringern das Auftreten von Störungen, letztere reduzieren deren negative Effekte. Bei der Entwicklung von Maßnahmen zur Risikoreduktion ist darauf zu achten, dass diese nicht zu einer Erhöhung anderer Risiken führen. In langlebigen Ökosystemen wie Wäldern spielt nicht nur die kurzfristige Wirkung in der Reduktion eines Risikos eine Rolle, sondern auch deren langfristige Effekte. So führte z.B. das frühere Risikomanagement gegen Waldbrände im Westen der USA – bestehend aus einer starken Waldbrandbekämpfung und erfolgreichen Unterbindung von Feuerereignissen – dazu, dass die Wälder dichter und strukturierter aufwuchsen und sich brennbares Material am Boden akkumulierte. Solche Bestände sind heute sehr anfällig auf Feuer (vgl. Kap. 4.1), da große Mengen an brennbarem Material vorhanden sind und

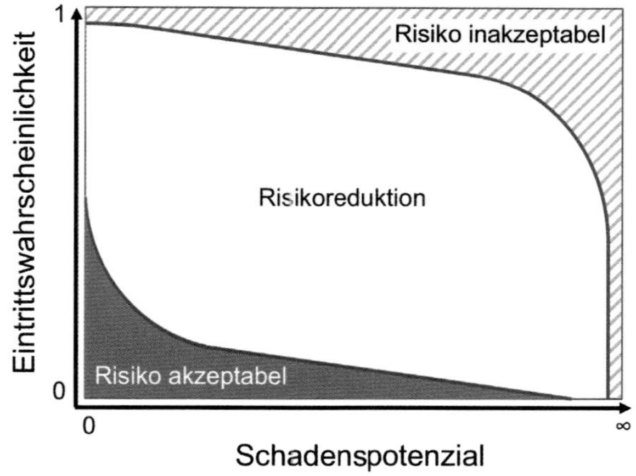

Abb. 6: Schematischer Zusammenhang zwischen Risikobehandlung, Eintrittswahrscheinlichkeit und Schadenspotenzial (Risikomatrix, verändert nach Cottin & Döhler 2013, World Bank 2013).

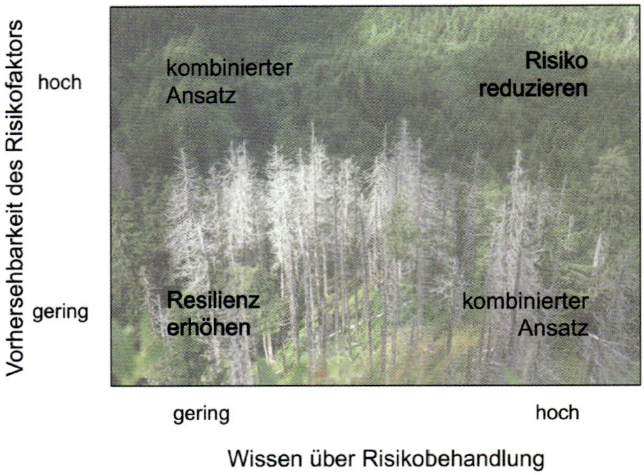

Abb. 7: Risikobehandlung unter Unsicherheit. Maßnahmen zur Risikoreduktion sind nur dann sinnvoll, wenn die Unsicherheiten bezüglich des Auftretens und der Behandlung eines Risikofaktors relativ gering sind. Da Unsicherheiten nie vollständig erfasst werden können (engl. *unknown unknowns*) ist im kombinierten Ansatz, der gleichzeitig auf die Reduktion von Risiko und die Steigerung von Resilienz abzielt, generell ein stärkerer Fokus auf Resilienz als auf Risikoreduktion zu legen (verändert nach Seidl 2014).

durch einen stufigen Bestandsaufbau aus Bodenfeuern schnell gefährliche Kronenfeuer entstehen können. Somit hat das vergangene Risikomanagement zu einem zurzeit erhöhten Feuerrisiko beigetragen (Stephens et al. 2013).

Maßnahmen zur gezielten Risikoreduktion sind dann sinnvoll, wenn die Vorhersagbarkeit des Risikofaktors relativ hoch ist und genügend Wissen über die Risikoverminderung vorhanden ist (Abb. 7; Wildavsky 1988, Seidl 2014). Tritt ein Risikofaktor dagegen räumlich und zeitlich sehr zufällig (stochastisch) auf und ist daher nur wenig vorhersehbar, können Maßnahmen zur Risikoreduktion nicht zielgerichtet erfolgen, wodurch ihre Kosten den Nutzen übersteigen. Maßnahmen zur Reduktion eines Risikos sind zudem nicht zielführend, wenn ihre Erfolgsaussichten nicht genügend bekannt sind bzw. diese erst evaluiert werden müssen. Dies kann beim Auftreten einer neu eingeschleppten invasiven Schadart wie z.B. dem Eschentriebsterben der Fall sein (vgl. Kap. 5.1). In einer derartigen Situation muss der Fokus von einer Reduktion des Risikos auf eine verbesserte Erholung im Falle seines Eintretens gerichtet werden. In solchen Situationen wird vor allem versucht, die Resilienz gegenüber Störungen (vgl. Kap. 3.2) zu erhöhen (Seidl 2014).

8.1.4.3 Risiko kollektivieren

Neben Akzeptanz und Reduktion kann auch die Übertragung des individuellen Risikos auf ein Risikokollektiv im Rahmen eines Risikotransfersystems erfolgen. Dies ist insbesondere üblich bei Risiken mit einem hohen Schadenspotenzial und einer geringen Eintrittswahrscheinlichkeit (Steinrücken 2008; siehe auch Abb. 6). Risikotransferleistungen können dabei in Versicherungslösungen und Entschädigungszahlungen, z.B. in Form von Förderungen seitens der öffentlichen Hand, unterschieden werden. In Österreich gibt es hierfür den Katastrophenfonds (Holub & Fuchs 2009). In den USA wird in Fällen von starken klimatischen Extremereignissen der nationale Notstand ausgerufen, wodurch Bundesgelder zur Verfügung gestellt werden können. Im Allgemeinen wird zwischen (1) einer freiwilligen privaten Versicherung, (2) einer Versicherungspflicht und (3) einer staatlichen Monopollösung unterschieden (Steinrücken 2008). Des Weiteren können Versicherungslösungen neben privaten Transferzahlungen eine Mischfinanzierung beinhalten (Holub & Fuchs 2009, Ebert 2013), wie z.B. die österreichische Hagelversicherung, die neben privaten Zahlungen durch öffentliche Zuschüsse finanziert wird. Staatliche sowie privatwirtschaftlich orientierte Systeme haben verschiedene Vor- und Nachteile, wobei sich die Gestaltung eines effizienten Risikotransfermodells meistens an dem optimalen volkswirtschaftlichen Vorsorgeniveau orientiert. Letzteres führt zur Frage, wie Elementarschäden vor dem Hintergrund steigender ökonomischer Schäden hinreichend abgefedert werden können bzw. wie solche Instrumente Grundbesitzer motivieren können, entsprechende Vorsorgemaßnahmen zu ergreifen (Steinrücken 2008, Schwarze et al. 2011).

8.1.5 Ausblick

Bedingt durch einen weiteren Anstieg der Weltbevölkerung und eine damit verbundene steigende Nachfrage nach Ökosystemleistungen sowie einer möglichen Intensivierung der Störungsaktivität durch den globalen Wandel, werden Überlegungen des Risikomanagements in Zukunft zunehmend an Bedeutung gewinnen. Ein Schwerpunkt wird dabei auf einer verbesserten Quantifizierung von Störungsrisiken und deren Auswirkungen liegen. Eine stärkere Berücksichtigung und Integration von Risikomanagement-Überlegungen in den Betriebsablauf kann dabei die Stabilität der Bereitstellung von Ökosystemleistungen erhöhen. Es ist jedoch auch zu berücksichtigen, dass eine vollständige Reduktion von Unsicherheiten und Risiken im Ökosystemmanagement weder möglich noch erstrebenswert ist (siehe Holling & Meffe 1996). Ein zentrales Element im Umgang mit Risiken und Unsicherheiten im Ökosystemmanagement ist daher die Förderung von Biodiversität, welche zu einer Streuung des Risikos beiträgt.

Literatur

- Baur P, Bernath K, Holthausen N, Roschewitz A (2003) LOTHAR Ökonomische Auswirkungen des Sturms Lothar im Schweizer Wald, Teil I. Einkommens- und Vermögenswirkungen für die Waldwirtschaft und gesamtwirtschaftliche Beurteilung des Sturms. BUWAL Umwelt-Materialien 157: 1–190.
- Berryman AA (1986) Forest insects. Principles and practice of population management. Plenum Press, New York, London. 279 p.
- Blaikie P, Cannon T, Davis I, Wisner B (1994) At risk: natural hazards, people's vulnerability, and disasters. Routledge, London. 284 p.
- Bohle H-G (2001) Vulnerability and critically: perspectives from social geography. International Human Dimensions Programme (IHDP) Update 2: 3–5.
- Burton I, Kates RW, White GF (1993) The environment as hazard (2nd ed.). Guildford Press, London. 290 p.
- Buwal (1999) Risikoanalyse bei gravitativen Naturgefahren. BUWAL Umwelt-Materialien 107/1: 1–115.
- Chambers R (1989) Vulnerability, coping and policy. IDS Bull. 20: 1–7.
- Cottin C, Döhler S (2013) Modellierung, Beurteilung und Management von Risiken mit Praxisbeispielen (2. Aufl.). Springer Spektrum, Wiesbaden. 456 S.
- Cutter SL, Boruff BJ, Shirley WL (2003) Social vulnerability to environmental hazards. Soc. Sci. Quart. 84: 242–261.
- Ebert C (2013) Risikomanagement kompakt. Risiken und Unsicherheiten bewerten und beherrschen (2. Aufl.). Springer, Berlin. 206 S.
- Fekete A (2009) Validation of a social vulnerability index in context to river-floods in Germany. Nat. Hazard Earth Sys. 9: 393–403.
- Fuchs S, Heiss K, Hübl J (2007) Towards an empirical vulnerability function for use in debris flow risk assessment. Nat. Hazard Earth Sys. 7: 495–506.
- Führer E, Nopp U (2001) Ursachen, Vorbeugung und Sanierung von Waldschäden. Facultas-Univ. Verlag, Wien. 514 S.

- Haimes YY (2004) Risk modeling, assessment, and management (2nd ed.). Wiley, Hoboken. 837 p.
- Hanewinkel M, Hummel S, Albrecht A (2010) Assessing natural hazards in forestry for risk management: a review. Eur. J. Forest Res. 130: 329–351.
- Hanley N, Spash CL (1995) Cost-benefit analysis and the environment. Edward Elgar Publishing, Cheltenham. 278 p.
- Hewitt K (1997) Regions of risk: a geographical introduction to disasters. Longman, Essex. 389 p.
- Holling CS, Meffe GK (1996) Command and control and the pathology of natural recource management. Cons. Biol. 10: 328–337.
- Holthausen N, Hanewinkel M, Holecy J (2004) Risikomanagement in der Forstwirtschaft am Beispiel des Sturmrisikos. forstarchiv 75: 149–157.
- Holub M, Fuchs S (2009) Mitigating mountain hazards in Austria – legislation, risk transfer, and awareness building. Nat. Hazard Earth Sys. 9: 523–537.
- Iso (2009) Risk management – Principles and guidelines, ISO 31000. International Organisation for Standardization (ed.), Geneva.
- Jactel H, Nicoll BC, Branco M, Gonzalez-Olabarria JR, Grodzki W, Långström B, Moreira F, Netherer S, Orazio C, Piou D, Santos H, Schelhaas MJ, Tojic K, Vodde F (2009) The influences of forest stand management on biotic and abiotic risks of damage. Ann. For. Sci. 66: 701–701.
- Jactel H, Branco M, Duncker P, Gardiner B, Grodzki W, Långström B, Moreira F, Netherer S, Nicoll B, Orazio C, Piou D, Schelhaas MJ, Tojic K (2012) A multicriteria risk analysis to evaluate impacts of forest management alternatives on forest health in Europe. Ecol. Soc. 17: 52.
- Janda P, Trotsiuk V, Mikoláš M, Bače R, Nagel TA, Seidl R, Seedre M, Morrissey RC, Kucbel S, Jaloviar P, Jasík M, Vysoký J, Šamonil P, Čada V, Mrhalová H, Lábusová J, Nováková MH, Rydval M, Matějů L, Svoboda M (2017) The historical disturbance regime of mountain Norway spruce forests in the Western Carpathians and its influence on current forest structure and composition. Forest Ecol. Manag. 388: 67–78.
- Kaplan S, Garrick BJ (1981) On the quantitative definition of risk. Risk Anal. 1: 11–27.
- Kasperson JX, Kasperson RE, Turner BL (1996) Regions at risk: comparisons of threatened environments. United Nations University Press, Washington DC. 588 p.
- Knight FH (1921) Risk, uncertainty, and profit. Houghton Mifflin Company, Boston, MA. 381 p.
- Körner C (2003) Slow in, rapid out - carbon flux studies and Kyoto targets. Science 300: 1242–1243.
- Kuhlicke C, Scolobig A, Tapsell S, Steinführer A, De Marchi B (2011) Contextualizing social vulnerability: findings from case studies across Europe. Nat. Hazards 58: 789–810.
- Leiter AM (2011) The sense of snow – Individuals' perception of fatal avalanche events. J. Environ. Psychol. 31: 361–372.
- Leiter AM, Pruckner GJ (2009) Proportionality of willingness to pay to small changes in risk: the impact of attitudinal factors in scope tests. Environ. Resour. Econ. 42: 169–186.
- Loomis JB (1993) An investigation into the reliability of intended visitation behavior. Environ. Resour. Econ. 3: 183–191.
- Manion PD (1981) Tree disease concepts. Prentice-Hall, Cornell University. 399 p.
- Meyer V, Becker N, Markantonis V, Schwarze R, Van Den Bergh J, Bouwer L, Bubeck P, Ciavola P, Genovese E, Green CH, Hallegatte S, Kreibich H, Lequeux Q, Logar I, Papyrakis E, Pfurtscheller C, Poussin J, Przyluski V, Thieken AH, Viavattene C (2013) Assessing the costs of natural hazards-state of the art and knowledge gaps. Nat. Hazard Earth Sys. 13: 1351–1373.
- Netherer S, Nopp-Mayr U (2005) Predisposition assessment systems (PAS) as supportive tools in forest management—rating of site and stand-related hazards of bark beetle infestation in the High Tatra Mountains as an example for system application and verification. Forest Ecol. Manag. 207: 99–107.

- Nöthiger CJ, Elsasser H, Bründl M, Ammann J (2002) Indirekte Auswirkungen von Naturgefahren auf den Tourismus: das Beispiel des Lawinenwinters 1999 in der Schweiz. Geogr. Helv. 57: 91–108.
- O'Keefe P, Westgate K, Wisner B (1976) Taking the naturalness out of natural disasters. Nature 260: 566–567.
- Overbeck M, Schmidt M (2012) Modelling infestation risk of Norway spruce by *Ips typographus* (L.) in the Lower Saxon Harz Mountains (Germany). Forest Ecol. Manag. 266: 115–125.
- Parkins JR, Mackendrick NA (2007) Assessing community vulnerability: a study of the mountain pine beetle outbreak in British Columbia, Canada. Global Environ. Chang. 17: 460–471.
- Penning-Rowsell E, Johnson C, Tunstall S, Tapsell S, Morris J, Chatterton J, Green C (2005) The benefits of flood and coastal risk management: a handbook of assessment techniques. Middlesex University Press, London. 81 p.
- Pfeifer W (1989) Etymologisches Wörterbuch des Deutschen. Q-Z. Akad.-Verl., Berlin.
- Pfister C (1999) Wetternachhersage – 500 Jahre Klimavariationen und Naturkatastrophen (1496–1995). Paul Haupt, Bern. 304 S.
- Plattner T (2005) Die Bewertung von Risiken durch Naturgefahren mit spezieller Berücksichtigung der Risikoaversion. Geogr. Helv. 60: 16–25.
- Purdy G (2010) ISO 31000: 2009 – setting a new standard for risk management. Risk Anal. 30: 881–886.
- Rheinberger CM, Bründl M, Rhyner J (2009) Dealing with the white death: avalanche risk management for traffic routes. Risk Anal. 29: 76–94.
- Rose A (2004) Economic principles, issues, and research priorities in hazard loss estimation. In: Okuyama Y, Chang SE (eds) Modeling spatial and economic impacts of disasters. Springer, Berlin. pp. 13-36.
- Schwarze R, Schwindt M, Weck-Hannemann H, Raschky P, Zahn F, Wagner GG (2011) Natural hazard insurance in Europe: tailored responses to climate change are needed. Environ. Policy Gov. 21: 14–30.
- Seidl R (2014) The shape of ecosystem management to come: Anticipating risks and fostering resilience. BioScience 64: 1159–1169.
- Seidl R, Rammer W (2017) Climate change amplifies the interactions between wind and bark beetle disturbances in forest landscapes. Landsc. Ecol. 32: 1485-1498.
- Seidl R, Rammer W, Jäger D, Lexer MJ (2008) Impact of bark beetle (*Ips typographus* L.) disturbance on timber production and carbon sequestration in different management strategies under climate change. Forest Ecol. Manag. 256: 209–220.
- Seidl R, Fernandes PM, Fonseca TF, Gillet F, Jönsson AM, Merganicová K, Netherer S, Arpaci A, Bontemps JD, Bugmann H, González-Olabarria JR, Lasch P, Meredieu C, Moreira F, Schelhaas MJ, F. M (2011) Modelling natural disturbances in forest ecosystems: a review. Ecol. Model. 222: 903-924.
- Seidl R, Thom D, Kautz M, Martin-Benito D, Peltoniemi M, Vacchiano G, Wild J, Ascoli D, Petr M, Honkaniemi J, Lexer MJ, Trotsiuk V, Mairota P, Svoboda M, Fabrika M, Nagel TA, Reyer CPO (2017) Forest disturbances under climate change. Nat. Clim. Change 7: 395-402.
- Speight M, Wainhouse D (1989) Ecology and management of forest insects. Clarendon Press, Oxford. 374 p.
- Stadelmann G, Bugmann H, Wermelinger B, Bigler C (2014) Spatial interactions between storm damage and subsequent infestations by the European spruce bark beetle. Forest Ecol. Manag. 318: 167–174.
- Steinführer A, Kuhlicke C (2012) Soziale Verwundbarkeit gegenüber Hochwasser: Lehren aus der Elbeflut 2002 Social Vulnerability to flooding: Lessons learned from the Elbe flood 2002. Gaia 21: 202–209.
- Steinrücken T (2008) Wirtschaftspolitische Grundsätze der Gestaltung von Risikotransfersystemen für Naturgefahren. Vierteljahrsh. Wirtsch.forsch. 77: 80–97.

- Stephens SL, Agee JK, Fulé PZ, North MP, Romme WH, Swetnam TW, Turner MG (2013) Managing forests and fire in changing climates. Science 342: 41–42.
- Stock M, Kropp JP, Walkenhorst O (2009) Risiken, Vulnerabilität und Anpassungserfordernisse für klimaverletzliche Regionen. Raumforsch. Raumordn. 67: 97–113.
- Thaler T, Boteler B, Dworak T, Holen S, Lago M (2014) Investigating the use of environmental benefits in the policy decision process: a qualitative study focusing on the EU water policy. J. Environ. Plann. Man. 57: 1515–1530.
- Thom D, Seidl R, Steyrer G, Krehan H, Formayer H (2013) Slow and fast drivers of the natural disturbance regime in Central European forest ecosystems. Forest Ecol. Manag. 307: 293–302.
- Thom D, Rammer W, Dirnböck T, Müller J, Kobler J, Katzensteiner K, Helm N, Seidl R (2017) The impacts of climate change and disturbance on spatio-temporal trajectories of biodiversity in a temperate forest landscape. J. Appl. Ecol. 54: 28–38.
- Turner BL, Kasperson RE, Matson PA, McCarthy JJ, Corell RW, Christensen L, Eckley N, Kasperson JX, Luers A, Martello ML, Polsky C, Pulsipher A, Schiller A (2003) A framework for vulnerability analysis in sustainability science. Proc. Nat. Acad. Sci. USA 100: 8074–8079.
- UNEP (2002) Global Environmental Outlook 3: Past, present and future perspectives. United Nations Environmental Program. Earthscan.
- Van der Sluijs JP, Janssen PHM, Petersen AC, Kloprogge P, Risbey JS, Tuinstra W, Ravetz JR (2004) Tool catalogue for uncertainty assessment. RIVM/MNP guidance for uncertainty assessment and communication, Vol. 4. Copernicus Institute, Utrecht. 60 p.
- Vester F (1983) Der Wert eines Vogels: ein Fensterbilderbuch. Kösel-Verlag, München. 17 S.
- Watts MJ, Bohle HG (1993) The space of vulnerability: the causal structure of hunger and famine. Prog. Hum. Geog. 17: 43–67.
- White GF (1945) Human adjustment to floods. Department of Geography Research Paper no. 29. University of Chicago, Chicago. 225 p.
- Wildavsky A (1988) Searching for safety. Transaction Publishers, New Brunswick. 253 p.
- Wisner B (1998) Marginality and vulnerability: Why the homeless of Tokyo don't «count» in disaster preparations. Appl. Geogr. 18: 25–33.
- World Bank (2013) World Development Report 2014: Risk and opportunity – Managing risk for development. World Bank, Washington, DC. 343 p.
- Yousefpour R, Jacobsen JB, Thorsen BJ, Meilby H, Hanewinkel M, Oehler K (2012) A review of decision-making approaches to handle uncertainty and risk in adaptive forest management under climate change. Ann. For. Sci. 69: 1–15.

8.2 Störungen und Ökosystemleistungen

Dominik Thom[1,3], Anke Jentsch[2] und Rupert Seidl[3]

[1] Rubenstein School of Environment and Natural Resources, University of Vermont, Burlington, VT, USA
[2] Bayreuther Zentrum für Ökologie und Umweltwissenschaften (BayCEER), Universität Bayreuth, Deutschland
[3] Institut für Waldbau, Department für Wald- und Bodenwissenschaften, Universität für Bodenkultur Wien, Österreich

Kurzfassung
Ökosystemleistungen umfassen alle Eigenschaften von Ökosystemen, die dem Menschen nützen. Störungen können vielfältige, oft negative Auswirkungen auf Ökosystemleistungen haben. Die Primärproduktion wird von Störungen vorübergehend reduziert, wobei Wasser- und Nährstoffkreisläufe durch Störungen angekurbelt werden. Die Produktion von Pflanzenbiomasse (Holz, Viehfutter) wird von Störungen gebremst oder lokal vernichtet. Im Kontext der Klimaregulation verringern Störungen die Speicherung von Kohlenstoff (erwärmende Wirkung), erhöhen jedoch gleichzeitig Albedo und den latenten Wärmefluss (kühlende Wirkung). Außerdem reduzieren Störungen den durch die Vegetation gewährten Schutz vor Naturgefahren. In welcher Weise sich Störungen auf kulturelle Leistungen wie z. B. die Erholungsfunktion von Ökosystemen auswirken, hängt sehr stark vom subjektiven Empfinden der Menschen ab.

Ökosystemleistungen bezeichnen alle Eigenschaften eines Ökosystems, die dem Menschen nützen, d.h. eine positive Bedeutung für den Menschen und dessen Wohlergehen haben. Das Konzept der Ökosystemleistungen (engl. *ecosystem services*) entwickelte sich in den USA aus dem Konzept der Umweltleistungen (engl. *environmental services*). Im Rahmen des *Millennium Ecosystem Assessment* (MEA) wurde die Frage des Einflusses der Menschen auf Ökosysteme global behandelt, und der Begriff *ecosystem services* fand allgemeine Akzeptanz. Ökosystemleistungen werden seither in die Kategorien unterstützende, bereitstellende, regulierende und kulturelle Leistungen unterteilt (Hassan et al. 2005; Tab. 1).

Terrestrische Ökosysteme erzeugen eine Vielzahl unterschiedlicher Ökosystemleistungen. Aufgrund der hohen räumlichen Heterogenität von Ökosystemen und der zeitlichen Schwankungen ökosystemarer Prozesse variiert auch die Menge an Ökosystemleistungen, insbesondere in Abhängigkeit zu den Jahreszeiten, der Höhe über Meeresspiegel und der geografischen Lage. Einzelne Ökosystemleistungen können innerhalb einer Landschaft sehr unterschiedlich verteilt sein (Lamy et al. 2016). Landschaftliche Heterogenität kann somit die Palette an Leistungen deutlich erhöhen (Turner et al. 2013). Der Stellenwert von Ökosystemleistungen hängt mit der lokalen Gesellschaft und mit globalen Entwicklungen zusammen, weshalb er sich über die Zeit verändert. Vor der weit verbreiteten Nutzung fossiler Energiequellen herrschte in vergangenen Jahrhunderten vielerorts große Holzknappheit, weshalb fast alle anderen Ökosystem-

Tab. 1: Kategorien von Ökosystemleistungen und wichtige Parameter (Definition MEA; Hassan et al. 2005).

Kategorien	Parameter
unterstützende Leistungen Grundlegende Eigenschaften zur Gewährleistung aller anderen Leistungen	Nährstoffkreislauf Bodenbildung Netto-Primärproduktion Sauerstoffproduktion
bereitstellende Leistungen Produkte, die der Mensch aus Ökosystemen gewinnt	Nahrung und Viehfutter Arzneimittel Brennstoffe Baustoffe
regulierende Leistungen Materieller Nutzen, der aus der Regulierung von Ökosystemen ersteht	Wasserreinhaltung Klimaregulation Schutz vor Naturgefahren Schädlingskontrolle
kulturelle Leistungen Nicht materieller Nutzen von Ökosystemen für menschliche Bedürfnisse	Ästhetik Erholung intellektuelle Entwicklung spirituelle Neigungen

leistungen des Waldes der Holzproduktion untergeordnet wurden. Heute, in Zeiten einer hohen Bevölkerungsdichte mit vielfältigen Bedürfnissen, steigt die Bedeutung anderer Ökosystemleistungen, sodass Holz vielerorts nur mehr eine von vielen gesellschaftlich nachgefragten Leistungen des Waldes darstellt. Im stark touristisch genutzten und dicht besiedelten Alpenraum rückte der Schutz von menschlicher Infrastruktur vor Naturgefahren in den Vordergrund (Abb. 1). Das Dauergrünland hingegen spielte mit der Erzeugung von Futter für das Weidevieh seit vielen Jahrhunderten eine zentrale Rolle für die Landwirtschaft, jedoch hat seine wirtschaftliche Rentabilität in den letzten Jahren deutlich abgenommen. Diese vom Menschen oftmals über Generationen geprägten Ökosysteme haben mittlerweile einen kulturellen wie auch ästhetischen Wert erhalten und stellen außerdem einen wichtigen Lebensraum für eine Reihe spezialisierter Arten dar, weshalb z. B. Almen oder Wytweiden (Stuber & Bürgi 2001) trotz verminderter wirtschaftlicher Bedeutung weiterhin beweidet werden (Abb. 2). Die Gesellschaft definiert deshalb kontextspezifisch sowohl den Nutzen von Ökosystemen als auch die Bedeutung von durch Störungen hervorgerufenen Änderungen in diesen Leistungen.

Störungen wirken sich negativ, neutral oder positiv auf Ökosystemleistungen aus. In welchem Maße sich Ökosystemleistungen durch Störungen verändern, hängt nicht nur von der Art der Störung, sondern auch von den räumlichen und zeitlichen Betrachtungsskalen (Vanderwel et al. 2013), von Störungsgrad und -frequenz (Wang et al. 2001), von Standorteigenschaften (Huang et al. 2013) und von Klimaszenarien (Seidl et al. 2008) ab. Die vielen Ökosystemleistungen werden dabei individuell unterschiedlich durch Störungen beeinflusst. So kann eine starke Überschwemmung an manchen Orten zu Erosion und Gebäudeschäden führen, jedoch über größere Flächen wie in

Auenbereichen organische Sedimente eintragen, die die Bodenfruchtbarkeit erhöhen. Windwurf kann die Holzproduktion mindern, jedoch gleichzeitig auf derselben Fläche durch vorübergehend veränderte Licht- und Temperaturverhältnisse zu einem starken Aufkommen von Beerensträuchern oder genießbaren Kräutern führen. Da die meisten Ökosysteme mehrere Ökosystemleistungen gleichzeitig bereitstellen, ist ein umfassendes Verständnis der Effekte von Störungen nötig, um Prioritäten für die nachhaltige Bewirtschaftung zu definieren. Dieses Kapitel fasst die Störungseffekte von wichtigen Störungsarten (z. B. Feuer, Wind, Insekten, Dürren und Starkregen) in Wäldern und Offenlandschaften auf verschiedene Ökosystemleistungen zusammen.

8.2.1 Unterstützende Ökosystemleistungen

Ökosystemleistungen dieser Kategorie bezeichnen grundlegende stoffliche Eigenschaften von Pflanzengemeinschaften, auf welchen alle anderen Ökosystemleistungen aufbauen. Sie betreffen die Stoffkreisläufe und die Produktion von Biomasse.

8.2.1.1 Netto-Primärproduktion

Der Begriff der Netto-Primärproduktion (NPP) umfasst die von foto- oder chemoautotrophen Organismen gebundene Trockensubstanz, d. h. die Fixierung von Kohlenstoff in ober- und unterirdischen Pflanzenteilen, abzüglich des durch Pflanzenatmung verbrauchten Anteils. Je nach Störungstyp kommt es zu einer mehr oder weniger lange andauernden Reduktion der NPP (Peters et al. 2013). Wie schnell sich die NPP nach einer Störung wieder erholt (als eine von mehreren Eigenschaften der Resilienz; vgl. Kap. 3.2), hängt vom Störungsgrad sowie vom Entwicklungs-

Abb. 1: Waldökosysteme schützen Dörfer und Verkehrswege vor Naturgefahren, wie hier am Beispiel von Hallstatt, Österreich. (Foto: R. Seidl)

Abb. 2: Almwiesen sind nicht nur ästhetisch wertvoll, sondern bieten auch einen wichtigen Lebensraum für spezialisierte Arten. (Foto: A. Jentsch)

stadium des Systems vor der Störung ab. Waldökosysteme weisen in intermediären Entwicklungsstadien, d.h. im späteren Dickungs- bis Baumholzstadium, die höchste NPP auf (Coursolle et al. 2006). Störungen dieser Stadien wirken sich somit stärker auf die NPP aus als Störungen in Wäldern in der Zerfallsphase. Während bei niedrigem Störungsgrad (z.B. nach Windwurf einzelner Bäume) die NPP eines Waldökosystems normalerweise binnen weniger Jahre auf das Niveau vor der Störung zurückkehrt, kann der Erholungsprozess bei hohem Störungsgrad, wie z.B. nach einem großflächigen Waldbrand, Jahrzehnte dauern (Peters et al. 2013). In sehr häufig gestörten Offenlandschaften reduziert das typische Störungsregime aus Beweidung und Mahd sowie Dürre und Feuer zwar kurzfristig die oberirdische Biomasse (vgl. Kap. 6.2), allerdings gilt die NPP von temperierten Grasländern als sehr resilient gegenüber Störungen (Jentsch et al. 2011). Generell steigt in vielen Ökosystemen mit zunehmender Diversität der Pflanzenarten (z.B. durch Störungen gefördert, vgl. Kap. 3.1) langfristig die Produktivität und Leistungsfähigkeit unter sonst vergleichbaren Standortbedingungen (Hector et al. 1999, Silva Pedro et al. 2016).

8.2.1.2 Wasser- und Nährstoffkreisläufe

Natürliche Vegetation ist ein Indikator der herrschenden Umweltbedingungen. Sie entwickelt im Laufe ihrer Sukzession charakteristische Stoffkreisläufe. Bewirtschaftung verändert das natürliche Störungsregime und damit die Vegetation in regional charakteristischer Weise. Damit verändern sich auch die Stoffkreisläufe oft stark, wie der Vergleich von Acker- und Waldökosystemen deutlich macht. Ein Acker ist kaum in der Lage, das gesamte Niederschlagswasser und die Nährstoffe in Form von Dünger aufzunehmen, um sie später wieder freizugeben. Andererseits neigt Ackerland zur schnellen Austrocknung während einer Dürre, wodurch angebaute Nutzpflanzen absterben können. Demgegenüber nutzen Bäume in einem Waldbestand große Niederschlagsmengen sehr effizient und führen das Wasser durch Evapotranspiration in die Atmosphäre zurück. Gegen Trockenheit sind Bäume dank langer Wurzeln, die den Wasserspeicher der Böden optimal nutzen können, resistenter (Stuart-Haëntjens et al. 2018). Ein solches System erhält sich selbst (Berger et al. 2006). Für Dauergrünland zeigt sich, dass artenreiche Pflanzengemeinschaften insgesamt leistungsfähigere biogeochemische Kreisläufe aufweisen als artenarme. Beispielsweise entweicht weniger Nitrat aus Düngung und atmosphärischen Einträgen in Sickerwasser, welches den Bodenraum verlässt und damit ins Grundwasser gelangt (Scherer-Lorenzen et al. 2003). Störungen können die Wasser- und Nährstoffkreisläufe stark beeinflussen. Da durch Störungen eine größere Menge an toter Biomasse entsteht, können die dadurch rasch freigesetzten Nährstoffe nicht immer in ihrer Gesamtheit von der verbleibenden Vegetation aufgenommen werden (z.B. Beudert et al. 2015). Dadurch kommt es je nach Bodentyp zur Auswaschung von Nährstoffen und somit zu einer mehr oder weniger lange andauernden Verarmung des Ökosystems. In Grünlandsystemen können Veränderungen im Wasserhaushalt des Bodens, beispielsweise bedingt durch Dürrephasen oder Starkregenereignisse, die Populationsdichte und Funktionalität der Bodenmikroflora und -fauna für einige Monate bis Jahre stark reduzieren (Sheik et al. 2011). Hierbei spielen direkte Effekte (Nährstofftransport,

Redoxbedingungen, Wasserversorgung) eine genauso wichtige Rolle wie indirekte Einflussgrößen, d.h. reduzierte Fotosyntheseraten der Pflanzen während längerer Trockenperioden und damit einhergehende verringerte Ausscheidung von Kohlenhydraten in den Boden (Wall et al. 2013). Andererseits können kleinere Störungsereignisse in Ökosystemen langfristig auch positive Wirkungen auf den Wasser- und Nährstoffkreislauf haben, wenn sie zur Revitalisierung eines Systems beitragen, indem langfristig gespeichertes organisches Material wieder dem Nährstoffkreislauf zugeführt wird. So dringt z.B. nach einer störungsbedingten Reduktion der Überschirmung mehr Licht auf den Waldboden, erwärmt diesen und sorgt für eine beschleunigte Zersetzung von Humusauflagen, die sich im Laufe der Bestandsentwicklung in nadelholzreichen Wäldern ausgebildet haben (Mladenoff 1987). Diese zusätzlich freigesetzten Nährstoffe kommen dann dem sich neu bildenden Bestand zugute.

8.2.2 Bereitstellende Ökosystemleistungen

Unter diese Kategorie von Ökosystemleistungen fallen Produkte, die der Mensch von Ökosystemen erhält oder bezieht und welche in der Regel auch als monetärer Wert beziffert werden können. Störungsereignisse haben einen direkten Einfluss auf solche Ressourcen. Wichtige Beispiele sind Holz aus Wäldern und Futter für die Viehwirtschaft aus Wiesen, Weiden und Äckern (z.B. Mais).

8.2.2.1 Biomasse

Mit der störungsbedingten Verringerung von Biomasse in Wäldern kann der Holzzuwachs für mehrere Jahre geschmälert werden, da die dafür notwendigen Strukturen für eine optimale Fotosyntheseleistung nach Störungen erst wieder aufgebaut werden müssen. Auch ein störungsbedingt frühzeitiger Neubeginn der Bestandsentwicklung vor der geplanten Umtriebszeit kann Zuwachsverluste für die Holzproduktion bedingen. Das Holz in Windwürfen weist vielfach wertmindernde Schäden wie mechanische Beeinträchtigungen (z.B. durch Windbruch) oder Pilzbefall (z.B. durch Bläuepilze) auf. Des Weiteren ist die Ernte in windgestörten Beständen erschwert, was sich ökonomisch negativ auswirken kann. Nach großflächigen Sturmereignissen (vgl. Kap. 4.2) und Borkenkäferkalamitäten (vgl. Kap. 5.3) entsteht ein Überangebot im Holzmarkt, was zu länger anhaltenden Preisreduktionen führt (Prestemon & Holmes 2004). Auch der verbleibende Bestand kann in seiner Leistungsfähigkeit durch Störungen direkt betroffen sein. Ein Beispiel hierzu sind Wurzel-, Stamm- oder Kronenschäden der Bäume nach einem Sturm, wodurch der Zuwachs dieser Bäume über Jahre reduziert bleibt (Seidl & Blennow 2012). Der Einfluss von Störungen auf die Holzproduktion ist somit in den ersten Jahren nach einem Störungsereignis deutlich negativ.

Aus einer längerfristigen Perspektive fällt die Einschätzung der Störungswirkung auf die Holzbiomasse in Waldökosystemen jedoch weniger klar aus. Nach Kulmination des Wachstums in der Optimalphase verringert sich der Holzzuwachs mit zunehmendem Bestandsalter. Störungen setzen diesen ökologischen Kreislauf natürlicherweise zurück und kurbeln somit den Holzzuwachs erneut an. Zudem sorgen schnellwüchsige, frühsukzessionale Arten auf Störflächen für vergleichsweise hohe Zuwächse (Kashian et al. 2005).

Das Jugendwachstum profitiert von der Freisetzung von Nährstoffen infolge beschleunigter Mineralisierung aufgrund höherer Temperatur in Bestandsöffnungen sowie längerfristig vom Abbau von Totholz, sofern dieses im Bestand verbleibt. In diesem Kontext sei auch auf die Verschiedenartigkeit der natürlichen Störungsregime hingewiesen. In Ökosystemen, die von Feuer geprägt sind, kann ein Brand essenziell sein, um bestimmte Baumarten und damit deren Holzproduktion zu erhalten (z. B. *Pinus palustris* Mill. in Nordamerika; Gilliam & Platt 1999) oder auch eine anwachsende Bodenstreuschicht umzusetzen (z. B. in borealen Ökosystemen; Pollock & Payette 2010) und damit langfristig zur Verjüngung und Leistungsfähigkeit des Standortes beitragen.

Im Dauergrünland, welches v. a. der Futterproduktion dient, sorgen Störungen ebenfalls zunächst für eine Reduktion der Biomasse. Allerdings ist die Resilienz dieses Systems deutlich höher als jene des Waldes (Stuart-Haëntjens et al. 2018). Die Rückkehrdauer zum ursprünglichen Zustand beträgt im Grünland normalerweise wenige Jahre, wohingegen ein Wald Jahrzehnte bis Jahrhunderte dazu benötigt. Im Dauergrünland wird die Biomasseproduktion vermehrt auch als Potenzial gesehen, um zur Produktion von erneuerbarem Kraftstoff beizutragen. Die Auswirkungen von Störungen auf diese Leistung des Dauergrünlands kann jedoch nur schwer abgeschätzt werden, da bislang weder Risiken noch Vorteile der Biomasseproduktion hinreichend untersucht worden sind (Eggers et al. 2009, Hellmann & Verburg 2010).

8.2.2.2 Nahrung und medizinische Produkte

Während Nahrung als Nutzen von Ökosystemen durch Jagd von Wildtieren und Sammeln von Wildfrüchten bzw. wilden Pflanzen in Industriestaaten kaum eine quantitative Rolle spielt, stellen diese natürlichen Ressourcen in anderen Regionen der Welt einen maßgeblichen Anteil zur Ernährung der Bevölkerung dar. Insbesondere im globalen Süden, in welchem die Bevölkerung ihren Bedarf an Nahrung zu großen Teilen aus wilden Erzeugnissen oder kleinflächiger Landwirtschaft, z. B. mit Hausgärten oder durch *Agroforestry*-Systeme, deckt, können großflächige Störungen natürlicher Systeme, z. B. durch Feuer, existenzgefährdend sein. Dabei verbrennt das Feuer nicht nur essbare Pflanzen; es wurde festgestellt, dass Feuer auch die Anzahl jagdbarer Tiere vermindern kann (Zamora et al. 2010). Dieser negative Störungseffekt dauert mindestens so lange an, wie diese Tiere keine Nahrung auf der gestörten Fläche finden können. Nachdem sich eine reichhaltige Krautschicht etabliert hat, ist jedoch auch eine Verbesserung der Habitatbedingungen für Wildtiere oder essbare Pflanzen denkbar, sodass es mittelfristig zu einem Anstieg der jagdbaren Wildpopulation in gestörten Gebieten kommen kann.

Für die Agrarindustrie sind Störungen ein Verlustfaktor. Die Erwärmung und Zunahme an extremen Wetterereignissen führt zu vermehrten Einbußen bei der Lebensmittelherstellung. Schädlingsbefall, Krankheiten, Hagel, Überschwemmung und Dürre sorgen für Ausfälle bei Nutzpflanzen und -tieren (Tubiello et al. 2007). Außerdem verändern Dürre und Starkregen die Zusammensetzung der Blattinhaltsstoffe und können dadurch den Futterwert herabsetzen oder durch Auswirkungen auf die Streuqualität und die bodenbiologische Aktivität die Zersetzungsgeschwindigkeit der Streu verringern (Joos et al. 2010, Walter et al. 2012).

Im Kontext von pharmazeutischen Produkten ist eine durch Störungen bedingte Erhöhung der Artenvielfalt als positiv zu beurteilen. Manche Pflanzen, wie etwa die Tollkirsche, deren Inhaltsstoffe fiebersenkend und schmerzlindernd wirken, benötigen Waldöffnungen für ihr Wachstum. Andere, wie der krampflösende Waldziest, bevorzugen ungestörte Wälder. Eine erhöhte Beta-Diversität infolge von Störungen variierenden Grades (engl. *mixed-severity disturbances*) liefert unterschiedlichste Umweltbedingungen für diese Pflanzen. Neben altbekannten Heilpflanzen für den Menschen und deren Inhaltsstoffen für die Herstellung von Medikamenten können viele Arten als Phytotherapeutika zur Tiergesundheit beitragen, besonders wenn Resistenzen gegen herkömmliche pharmazeutische Produkte auftreten, wie z.B. bei den Helminthen (parasitischen Würmern im Magen-Darm-Trakt). Der Phytomedizin kann künftig eine größere Bedeutung zukommen, da der Einsatz von Antibiotika und anderen Medikamenten in der Human- und Tiermedizin zunehmend kritisch hinterfragt wird.

8.2.3 Regulierende Ökosystemleistungen

Als regulierende Ökosystemleistung versteht man den Schutz von Mensch und Infrastruktur vor schädlichen Umwelteinflüssen und Verunreinigungen sowie Elementargefahren. Störungseffekte auf solche regulierenden Funktionen können vereinfacht mit Vegetationsindikatoren wie der Kronenüberschirmung (als Indikator für Lawinenschutz) oder der Menge an Kohlenstoff, die eingelagert wird und somit nicht in der Atmosphäre klimawirksam ist, beschrieben werden. Der zugrunde liegende Einfluss von Störungen auf regulierende Ökosystemleistungen ist jedoch meist komplex und erfordert die Betrachtung der zeitlichen und räumlichen Dynamik des Störungsregimes. Zum Beispiel bleibt die Schutzwirkung vor Steinschlag und Lawinen nach dem Auftreten kleinerer Bestandslücken erhalten. Derartige Störungen können langfristig sogar zu einer Erhöhung der Schutzwirkung führen (z.B. aufgrund steigender Stammzahlen), wohingegen großflächige Störungen zu einem Verlust der Schutzwirkung führen (Cordonnier et al. 2008). Während die Regulierung von Naturgefahren in Gebirgsräumen durch die Zunahme der Besiedlungsdichte (z.B. in den Alpen, wo der Tourismus stark zugenommen hat) wie auch die Wasser- und Luftreinhaltung in Regionen mit hohem Schadstoffeintrag (z.B. in Metropolen wie Peking) immer wichtiger werden, ist die klimaregulierende Funktion von Ökosystemen aufgrund weiterhin ansteigender Treibhausgasemissionen und deren Auswirkungen auf das Klimasystem von globaler Bedeutung.

8.2.3.1 Klimaregulierende Leistungen

Die langfristige Einlagerung von Kohlenstoff ist die mit Abstand am häufigsten diskutierte klimaregulierende Leistung von Ökosystemen. Im Vergleich zu anderen terrestrischen Ökosystemen ist der Wald von besonderer Bedeutung für die Aufnahme und langfristige Lagerung von atmosphärischem Kohlenstoff. Es wird geschätzt, dass Wälder zurzeit ungefähr 30 % der vom Menschen verursachten fossilen CO_2-Emissionen aufnehmen (Pan et al. 2011). Die überwiegende Mehrheit an Studien belegt dabei einen negativen Störungseffekt auf die Kohlenstoffspeicherung, v.a. aufgrund der Reduktion von lebender Biomasse im Ökosystem sowie zunehmender Bodenatmung nach Störungen (Thom & Seidl 2016). Prominente Beispiele dafür geben der aktuelle Ausbruch des Bergkiefernkäfers *Dendroctonus ponderosae* (Hopkins) in British Columbia, Kanada (vgl. auch Textbox Mountain Pine Beetle) ebenso wie große Windwürfe in Europa (Kurz et al. 2008, Lindroth et al. 2009). In borealen und (sub)tropischen Waldökosystemen ist Feuer von zentraler Bedeutung für den Kohlenstoffhaushalt (siehe Conard et al. 2002). Wälder werden in Bezug auf ihre Klimawirksamkeit in der Literatur als «*slow in, rapid out*»-Systeme bezeichnet (Körner 2003), da der über Jahrzehnte gespeicherte Kohlenstoffvorrat durch Störungen relativ rasch wieder in die Atmosphäre gelangen kann. Es gibt jedoch auch Berichte von langfristig positiven Störungseffekten. Eine Untersuchungsfläche in Ontario wies die größte Menge an Kohlenstoff in oberirdischer, lebender Biomasse in einem Bestand 92 Jahre (Seedre & Chen 2010) sowie die höchsten Werte für Bodenkohlenstoff zwischen 29 und 149 Jahren nach einem Feuer auf (Chen & Shrestha 2012). Hier wird also die maximale C-Speicherung im Ökosystem schon recht rasch nach einer Störung erreicht, und die C-Speicherung nimmt danach wieder leicht ab. Auch die störungsbedingte Transformation von Wald in ein anderes Ökosystem kann einen positiven Effekt für die Klimaregulation mit sich bringen. Eine Studie aus Alaska verweist z. B. auf eine beschleunigte Expansion einer Moorlandschaft durch Feuer im angrenzenden Waldgebiet, wodurch langfristig mehr Kohlenstoff einlagert wird (Myers-Smith et al. 2008).

Aus Sicht der Kohlenstoffbilanz stellt Grünland häufig eine schwache CO_2-Senke dar (vgl. Kap. 6.2), die mit zunehmender Bewirtschaftungsintensität ansteigt, allerdings meist auf Kosten einer höheren Freisetzung des stark klimawirksamen Lachgases, N_2O (Soussana et al. 2007, Chang et al. 2015). Besonders die extensiv genutzten Wiesen der mitteleuropäischen Mittelgebirgslandschaften (Wiesen mit ein- bis zweischüriger Mahd) bilden Kohlenstoffsenken (Foken & Lüers 2015). Bewirtschaftungsänderungen im Grünland führen zu erhöhten CO_2-Austauschraten (Fotosynthese bzw. Atmung) bei Intensivierung und zu verringerten CO_2-Austauschraten auf ungedüngten Brachflächen (Schmitt et al. 2010).

Trotz intensiver Forschung werden jedoch einige Aspekte der Störungswirkung auf die Kohlenstoffspeicherung in Ökosystemen immer noch unzureichend verstanden. Während oberirdische Prozesse relativ gut angesprochen werden können, sind unterirdische Prozesse schwieriger zu erfassen und deshalb mit größeren Unsicherheiten bei der Abschätzung von Störungseffekten auf die Gesamtbilanz des Kohlenstoffs im Ökosystem behaftet (Thom & Seidl 2016).

Die Auswirkungen von Störungen auf die Kohlenstoffspeicherung als klimaregulierende Ökosystemleistung wurde in zahlreichen Studien untersucht (z. B. Seidl et al. 2014). Weniger Studien gibt es zu anderen klimarelevanten Eigenschaften von Ökosystemen (z. B. Thom et al. 2017). Eine dieser Eigenschaften ist die Albedo, d. h. das Rückstrahlvermögen (Reflexstrahlung) der Erdoberfläche. Ein hohes Rückstrahlvermögen bedeutet weniger Absorption von Strahlung und bewirkt damit eine geringere Erwärmung der Erdoberfläche. Generell ist das Rückstrahlvermögen einer geschlossenen Schneedecke am höchsten, während beispielsweise ein dunkler Nadelwald einen niedrigen Albedowert aufweist. Durch Störungen entstehen Freiflächen mit potenziell größerer Schneehöhe und Schneedeckendauer im Winter. Außerdem kommt es in Waldökosystemen, in welchen Störungen eine Erhöhung des Laubbaumanteils zur Folge haben, zu einer langfristigen Erhöhung der Albedo (Euskirchen et al. 2009, Dore et al. 2012). Im Grünland bewirken Mahd und Beweidung, Feuer und Dürre eine Reduktion des Blattflächenindex, was zu einer Verringerung der vom Bestand aufgenommenen Strahlung sowie, je nach Bodenfarbe und -feuchte, einer Erhöhung der Albedo führt (vgl. Kap. 6.2). Störungen können somit einen positiven Einfluss auf die Strahlungsbilanz von Ökosystemen bewirken, wodurch der negative Einfluss von Störungen auf die Kohlenstoffbilanz in Hinblick auf die Ökosystemleistung Klimaregulierung zumindest teilweise ausgeglichen werden kann.

Ein weiterer klimawirksamer Störungsprozess, der bislang weniger untersucht wurde, ist eine Veränderung des latenten Wärmeflusses. Latente Wärme ist Energie, die durch Aggregatszustandsveränderungen von Wasser entsteht. Bei der Verdunstung von Wasser durch Evapotranspiration wird Energie von der Erdoberfläche in die Atmosphäre überführt, wodurch es lokal zu einer Abkühlung kommt. Andererseits ist Wasserdampf ein klimawirksames Treibhausgas und kann somit im größeren Kontext zu einer Erwärmung beitragen. Solche komplexen Sekundäreffekte, welche auch die Wolkenbildung beinhalten, sind bisher nur wenig erforscht. Im Folgenden wird deshalb nur der direkte Störungseffekt auf die klimaregulierende Leistung durch den latenten Wärmefluss erörtert. Veränderungen von Vegetationseigenschaften durch Störungen können unterschiedliche Wirkungen auf den latenten Wärmefluss von Ökosystemen über die Zeit haben. So sorgt eine kurzfristige Reduktion von Biomasse für weniger Evapotranspiration, wobei Vegetationsänderungen langfristig auch den gegenteiligen Effekt haben können. Unter anderem kann dies durch störungsbedingte Änderungen der Baumartenzusammensetzung erfolgen, wenn die neue Waldgesellschaft effektiver Wasser an die Atmosphäre abgibt als jene vor der Störung. Eine Simulationsstudie von Waldökosystemen in einer Berglandschaft in Österreich belegt, dass die störungsbedingt beschleunigte Zunahme von Laubbäumen im Klimawandel eine höhere Evapotranspirationsrate bewirkt und sich unter diesem Gesichtspunkt günstig auf die klimaregulierende Leistung des Waldes auswirkt (Thom et al. 2017). Eine störungs- und klimabedingte Änderung der Evapotranspiration ist auch im Grünland anzunehmen, wobei der Effekt im Vergleich zu Waldökosystemen wahrscheinlich deutlich kleiner ausfällt.

8.2.3.2 Wasserreinhaltung

Boden und Vegetation filtrieren Wasser und führen es aus tieferen Bodenschichten an die Oberfläche und Atmosphäre zurück. In Offenlandschaften greifen Mahd und Beweidung, Feuer und Dürre vielschichtig in den Wasserhaushalt und seine Komponenten ein und beeinflussen dabei Transpiration und Evaporation, Niederschlagsinfiltration, Oberflächenabfluss sowie den Bodenwassergehalt (vgl. Kap. 6.2). So führt die Verringerung der Evapotranspiration bei Beweidung und Mahd zu höheren Bodenwassergehalten im Vergleich zu ungestörtem Grünland. Eine Störung des Ökosystems führt außerdem zu einer schnelleren Zersetzung von Biomasse und verstärkter Auswaschung des Oberbodens, sodass mehr Stoffe in das Grundwasser gelangen (Mikkelson et al. 2013). Für die

Trinkwasserqualität des Grundwassers ist hierbei u.a. die Anreicherung an Stickstoff von Bedeutung. Es kann aber auch zur Freisetzung von Schwermetallen wie Quecksilber kommen (Emelko et al. 2011). Bei der Beurteilung des Störungseffekts muss der Zeitpunkt der Störung und die Geschwindigkeit der Auswaschung in das Grundwasser berücksichtigt werden. Beispielsweise können in Offenlandschaften stark erhöhte Stickstoffeinträge durch Düngung zu Stickstoffauswaschung in das Grundwasser sowie zu verstärkter Ausgasung von Lachgas führen (vgl. Kap. 6.2). Da Feuer sowohl in mediterranen Grasländern als auch in Wäldern für eine abrupte und rasche Transformation von Biomasse sorgt, sind die Stickstoffwerte im Grundwasser in den ersten Jahren nach einem Feuer besonders hoch und können die Trinkwasserqualität beeinträchtigen (Kučerová et al. 2008, Emelko et al. 2011).

Im Gegensatz dazu ist eine Störung durch Borkenkäfer in Wäldern ein langsamer ablaufender Prozess, da zum einen das Sterben der Bäume über mehrere Monate bis Jahre abläuft und zum anderen die Zersetzung von Totholz Jahrzehnte dauern kann. Mit voranschreitender Auflichtung der Krone kann sich zudem eine stärkere Kraut- und Strauchvegetation etablieren, die Stickstoff und Wasser benötigt und deshalb die Abflussspitzen mindert – wenn auch in geringerem Maße als Bäume. Die Freisetzung schädlicher Stoffe für das Trinkwasser ist somit abgepuffert, d.h., der Stickstoffgehalt im Wasser steigt zwar auch in den ersten Jahren nach einer Borkenkäferstörung an, bleibt jedoch in vielen Fällen unter den vorgegebenen kritischen Werten (Huber 2005, Beudert et al. 2015). Störungen durch Wind verursachen eine schnellere Abbaurate des organischen Materials als Störungen durch Borkenkäferbefall, da das geworfene Material zum größten Teil Bodenkontakt hat und sich deshalb rascher zu zersetzen beginnt. Das Aufkommen einer puffernden Kraut- und Strauchvegetation ist durch das liegende Totholz wiederum verzögert. Somit ist es denkbar, dass die Auswirkungen von Windstörungen auf das Trinkwasser zwischen denen von Feuer und jenen von Borkenkäferausbrüchen liegen und zumindest mittelfristig einen nur moderaten Einfluss auf die Trinkwasserqualität haben (Scharenbroch & Bockheim 2008).

8.2.3.3 Schutz vor Naturgefahren und Erosionsschutz

Eine durchgängige Vegetationsbedeckung liefert Schutzleistungen auf vielfältige Weise. Insbesondere der Wald bietet effektiven und kostengünstigen Schutz vor gravitativ wirksamen Naturgefahren (d.h. Steinschlag, Lawinen, Muren, Überflutungen) für Mensch und Infrastruktur – eine Ökosystemleistung, die ihre größte Bedeutung in dicht besiedelten Gebirgsräumen, insbesondere den Alpen hat. Je nach lokal relevanter Naturgefahr variieren die Anforderungen an den Schutzwald, doch lässt sich generell festhalten, dass eine stabile Dauerbestockung mit relativ hoher Bestandsdichte anzustreben ist. Um in Berggebieten langfristigen Schutz vor Naturgefahren zu gewährleisten, empfiehlt sich eine Mischung verschiedener Baumarten, ausreichende Naturverjüngung und eine adäquate Waldstruktur in der Landschaft (Dorren et al. 2004). Störungen öffnen den Waldbestand und verringern die Bestandsdichte, sodass Störungen insgesamt als Bedrohung für die Schutzfunktion angesehen werden müssen (Zurbriggen et al. 2014). Aufgrund der langen Verjüngungszeiträume im

Gebirgswald ist die rasche Wiederherstellung einer ausreichenden Schutzwirkung oft nur sehr schwer möglich (Brang et al. 2006, Brang et al. 2015). Andererseits zeigen Studien auch, dass die hohe strukturelle Diversität in den ersten Jahren nach einer Störung, wie z.B. nach Windwurf, durchaus auch zu einer erhöhten Schutzwirkung hinsichtlich Lawinen und Steinschlag führen können (Wohlgemuth et al. 2017). Dies ist v.a. auf die hohe Bodenrauigkeit durch Wurzelteller und liegendes Totholz nach einem Sturmereignis zurückzuführen. Die voranschreitende Zersetzung und die damit einhergehende Destabilisierung dieser Strukturelemente führt jedoch zu einer Abnahme der Schutzfunktion über die Zeit, und eine rasche Verjüngung des Folgebestandes ist notwendig, um den Schutz vor Naturgefahren dauerhaft zu gewährleisten (Schwitter et al. 2015). Zum Schutz vor Erosion ist jegliche Art von Vegetationsbedeckung besser als ein freiliegender Boden. Im Vergleich verschiedener Landnutzungsformen erbringen Wälder hier die höchste Schutzfunktion und sind aufgrund der verstärkten Erosionsgefahr v.a. in steilem Gelände von besonderer Bedeutung (El Kateb et al. 2013). Größere Bestandslücken durch natürliche oder anthropogene Störungen sollten somit in erosionsgefährdeten Gebieten vermieden werden. In Offenlandschaften führen Beweidung und (maschinengestützte) Mahd oft zur Bodenverdichtung und mitunter zu einem Aufreißen der Grasnarbe, wodurch sich, insbesondere bei geringer Vegetationsbedeckung, die Infiltration des Niederschlags in den Boden verringert und sich in der Folge Oberflächenabfluss und Bodenerosion erhöhen (vgl. Kap. 6.2). Bei zunehmenden Starkregenereignissen in Agrarlandschaften spielt Dauergrünland daher eine besonders wichtige Rolle im Erosionsschutz. Grünland reduziert den Oberflächenabfluss während eines Starkregenereignisses durch erhöhte Oberflächenrauigkeit und Sickervermögen. Unter Grünland ist deshalb der Bodenabtrag selbst bei artenarmen Beständen nur sehr gering.

8.2.4 Kulturelle Ökosystemleistungen

Im Vergleich mit den bisher behandelten Ökosystemleistungen sind die kulturellen am schwierigsten quantitativ zu bewerten, da es sich hierbei vielfach um schwer messbare, nicht materielle, intrinsische Leistungen des Ökosystems handelt und diese zudem je nach Kultur und Individuum sehr unterschiedlich wahrgenommen werden. Landschaften bieten Naturerfahrung, Erholung, Inspiration sowie Identität und haben mancherorts eine religiöse Bedeutung. Beispielsweise sind die gewaltigen Kauri-Bäume den neuseeländischen Maori heilig, und die Linden waren es einmal für die Germanen in Europa. Insbesondere Strukturreichtum, Blütenreichtum und die Vielfalt an erlebbaren Tieren wie Schmetterlingen oder Vögeln beeinflussen die positive Wahrnehmung von Landschaften (Clergeau et al. 2001). Es gibt bezüglich der Störungseffekte auf diese Gruppe von Ökosystemleistungen vergleichsweise wenig Literatur. Der Einfluss von Störungen auf die Erholungswirkung von Ökosystemen wurde bislang am besten erforscht und wird deshalb im Folgenden näher erläutert.

8.2.4.1 Erholung

Die Einschätzung, inwiefern Störungen einen Einfluss auf die Erholungswirkung von Wäldern und Offenlandschaften haben, hängt stark von der individuellen Interpretation des Landschaftsbildes

Ökologische Neuartigkeit – eine Herausforderung für Naturschutz und Gesellschaft

Unter Ökologischer Neuartigkeit (engl. *ecological novelty*) versteht man neu entstandene Ökosysteme, die aus anthropogen verursachten, schnellen Umweltveränderungen hervorgehen und sich in Zusammensetzung, Funktion und Charakter von den ursprünglichen Ökosystemen unterscheiden (Hobbs et al. 2006, Kueffer 2015). Zu den typischen Beispielen gehören massiver Landnutzungswandel wie z. B. bei Einführung von Off-Shore-Windkraftanlagen an nordeuropäischen Küsten, fortschreitende Fragmentierung als Folge von z. B. Ölexplorationsbohrungen in borealen Primärwäldern, die Ausbreitung von nicht heimischen Arten wie z. B. stickstofffixierenden Leguminosen nach deren Anpflanzung zur Hangstabilisierung, atmosphärische Stickstoffeinträge in der Nähe städtischer Ballungsgebiete, verschiedene Aspekte des Klimawandels wie Hitzewellen mit neuen Höchsttemperaturen sowie rapide veränderte oder neue Störungsregime wie z. B. Wärmepulse in Fließgewässern durch Einleitung von Kühlwasser. Neue Ökosysteme können also auf ganz verschiedene Weise entstehen (Abb. 1), sei es durch Degradierung von ursprünglichen und naturnahen Ökosystemen, durch Anlage von bisher nicht vorhandenen Strukturen (Ayanu et al. 2015) oder durch Aufgabe von intensiv genutzten landwirtschaftlichen Flächen unter veränderten Umweltbedingungen. Ein globales Beispiel neuartiger Landschaften bilden nächtliche Lichträume durch Straßenlaternen und Industriebeleuchtungen, die unzählige Insekten, Fledermäuse und nachts fliegende Zugvögel verwirren, da diese sich an polarisierendem Mondlicht orientieren, diese Orientierung aber angesichts des Kunstlichts der Glüh-, Natriumdampf- oder LED-Lampen verlieren (Klaus et al. 2005).

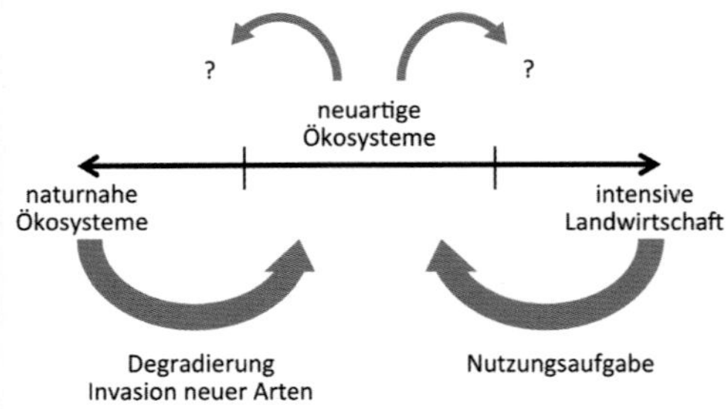

Abb. 1: Schematische Darstellung der Entstehung von neuartigen Ökosystemen durch Degradierung naturnaher Ökosysteme oder nach der Aufgabe der Nutzung von intensiv bewirtschafteten Landwirtschaftsflächen (Hobbs et al. 2006).

Die Einführung gebietsfremder Arten (engl. *novel organisms*), darunter Pflanzen, Tiere, Pilze, Pathogene und synthetische Organismen, und das Wegfallen heimischer oder lange kultivierter Arten durch Nutzungsaufgabe oder Degradierung führen zu neuen Lebensgemeinschaften (engl. *novel species communities*, Abb. 2) und zu neuen Interaktionen zwischen den Arten *(novel species interactions)* und schließlich zu neuen Lebensgemeinschaften *(novel communities)* und zu neuartigen Ökosystemen *(novel ecosystems)*. Unter den veränderten Umweltbedingungen entstehen zunächst sogenannte Hybridsysteme (Hobbs et al. 2006), in denen sowohl ursprüngliche als auch neue Arten gemischt vorkommen. Weitere Umweltveränderungen führen zu gänzlich neuen Ökosystemen mit anderen Arten, Interaktionen und Funktionen als im ursprünglichen Ökosystem. Im Rahmen der Einführung gebietsfremder Arten kann sich das Störungsregime ebenfalls verändern. So erhöhen sich die Feuerfrequenzen nach Einwanderung invasiver Arten in mediterranen Grasländern oder nach Anpflanzung von Eukalyptusarten in mediterranen Waldgebieten. Abgeleitete Kühlwasser aus Kraftwerken erzeugen in Flussabschnitten Wärmepulse mit Temperaturen, die für die einheimischen Organismen jenseits ihrer ökologischen Nische liegen.

Ökologische Neuartigkeit ist weltweit eine wachsende Herausforderung für die Naturschutzforschung und für das Schutzgebietsmanagement (Bridgewater et al. 2011). In Ökosystemen, die bereits über längere Zeit starken Umweltveränderungen unterworfen sind, ist ein allfälliges Rückfallen auf historische Umweltzu-

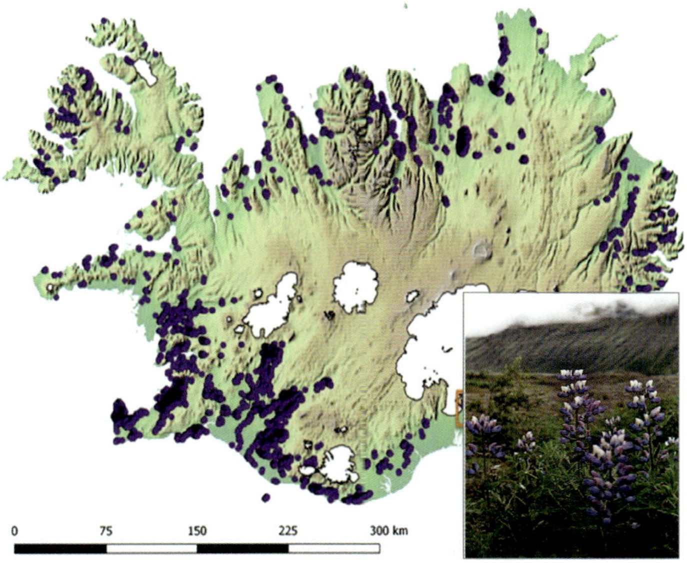

Abb. 2: Verbreitung der invasiven Alaska-Lupine (*Lupinus nootkatensis* Donn ex Sims) in Island, welche vor einigen Jahrzehnten zur Hangstabilisierung und zur Verbesserung der Bodenqualität eingeführt wurde. Heute ist die Lupine dort zum Problem geworden, weil sie fast alle tiefer gelegenen Ökosysteme der Insel besiedelt und die lokale Artenvielfalt reduziert (Vetter et al. 2018).

stände und natürliche Störungsregime oft kaum mehr möglich und wenig sinnvoll. Daher richtet sich der moderne Arten- und Prozessschutz sowie das Gebietsmanagement auf Ökosystemleistungen mit der Erfüllung von Funktionen aus. Dabei wird auf die traditionelle, ortsbezogene Fokussierung beziehungsweise auf bestehende oder historische Leitbilder verzichtet (Hobbs et al. 2009, Larson & Kueffer 2013).

Anke Jentsch, Bayreuther Zentrum für Ökologie und Umweltwissenschaften (BayCEER), Universität Bayreuth, Deutschland

Literatur

- Ayanu Y, Jentsch A, Müller-Mahn D, Rettberg S, Romankiewicz C, Koellner T (2015) Ecosystem engineer unleashed: *Prosopis juliflora* threatening ecosystem services? Reg. Environ. Change 15: 155–167.
- Bridgewater P, Higgs ES, Hobbs RJ, Jackson ST (2011) Engaging with novel ecosystems. Front. Ecol. Environ. 9: 423–423.
- Hobbs RJ, Arico S, Aronson J, Baron JS Bridgewater P, Cramer VA, Epstein PR, Ewel JJ, Klink CA, Lugo AE (2006) Novel ecosystems: theoretical and management aspects of the new ecological world order. Glob. Ecol. Biogeogr. 15: 1–7.
- Hobbs RJ, Higgs E, Harris JA (2009) Novel ecosystems: implications for conservation and restoration. Trends Ecol. Evol. 24: 599–605.
- Klaus G, Kägi B, Kobler R, Maus K, Righetti A (2005) Empfehlungen zur Vermeidung von Lichtemissionen, Bundesamt für Umwelt, Wald und Landschaft, Bern, 40 S.
- Kueffer C (2015) Ecological novelty: towards an interdisciplinary understanding of ecological change in the Anthropocene. In: Greschke HM, Tischler J (eds) Grounding global climate change: Contributions from the social and cultural sciences. Wiley-Blackwell. pp. 19–38.
- Larson BM, Kueffer C (2013) Managing invasive species amidst high uncertainty and novelty. Trends Ecol. Evol. 28: 255–256.
- Vetter V, Tjaden N, Jaeschke A, Buhk C, Wahl V, Wasowicz P, Jentsch A (2018) Invasion of a legume ecosystem engineer in a cold biome alters plant biodiversity. Front. Plant Sci. 9: Article 715.

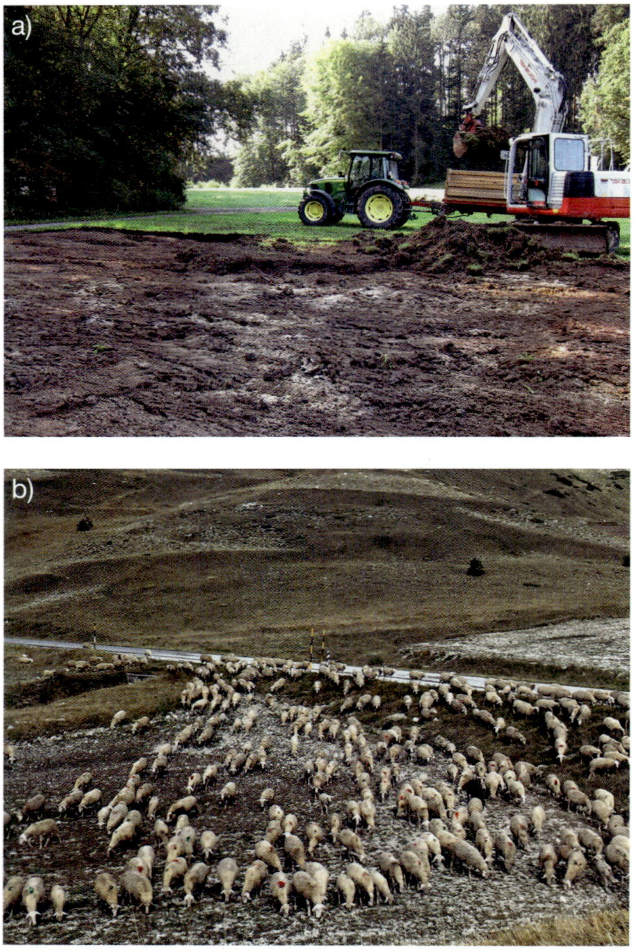

Abb. 3: Bodenstörungen mit Oberbodenabtrag (a) und Beweidung mit Schafen (b) als gezielte Pflegemaßnahmen des Naturschutzes zur Redynamisierung von Sandlebensräumen. (Fotos: A. Jentsch)

und der kulturell geprägten Wahrnehmung ab. Kommt es zu größeren Störungsereignissen, reagieren die lokale Bevölkerung und Erholungssuchende zunächst oft negativ. Die auf Störflächen oft hohe Vielfalt an Pflanzen- und Tierarten kann jedoch in weiterer Folge diese Wahrnehmung deutlich verbessern.

Ein gutes Beispiel zur Veränderung der Wahrnehmung von Störungen bietet der Nationalpark Bayerischer Wald, in welchem in den letzten Jahrzehnten mehrere Tausend Hektar Wald von Wind und Borkenkäfer (v.a. *Ips typographus* L., vgl. Kap. 5.3) gestört wurden. Während die lokale Bevölkerung und Touristen nach Beginn der Massenvermehrung des Borkenkäfers in den frühen 1990er-Jahren der Entwicklung des Nationalparks mit Sorge und Skepsis gegenüberstanden, ist die Einstellung zu diesem in Deutschland bisher einzigartigen Störungsprozess nun insgesamt neutral und variiert mit Alter und Bildungsgrad: Jüngere und gebildetere Menschen sehen die Entwicklung tendenziell positiver als ältere und weniger gebildete Menschen (Müller & Job 2009). Eine ähnliche Studie wurde für zwei Nationalparks in British Columbia (Kanada) durchgeführt, wo seit den 1990er-Jahren ein Borkenkäfer-Massenausbruch andauert (vgl. Textbox «*Mountain Pine Beetle*»). Die befragten Touristen beschrieben hier deutlich negativere Emotionen gegenüber der Borkenkäferstörung (McFarlane & Witson 2008). Des Weiteren gab es in Kanada eine Umfrage zum ästhetischen Wert von Wäldern, die durch Waldbrand geschädigt wurden. Im Vergleich zu ungestörten Wäldern ist auch hier das Ergebnis eine weitgehend negative Wahrnehmung von Störungen (Hunt & Haider 2004).

Ein anderes, ungewöhnliches Beispiel stellt die umstrittene Redynamisierung von Naturschutzgebieten dar, welche auf ehemaligen Truppenübungsplätzen entstanden sind und denen nach Unterschutzstellung die für viele geschützte und gefährdete Arten wichtige Dynamik an Bodenstörungen fehlte (Jentsch 2007, Jentsch et al. 2009). Bodenstörungen, beispielsweise durch Traktorbewegungen, Oberbodenabtrag, Wanderschäferei oder die Ansiedlung von Pferderassen stellen heute die treibende Kraft für die Vegetationsdynamik in den Sandlebensräumen der ehemaligen Binnendünenstandorte Mitteleuropas dar. Diese Störungen werden somit gezielt als naturschutzfachliche Pflegemaßnahmen eingesetzt (Abb. 3), von der Bevölkerung aber ambivalent wahrgenommen.

8.2.5 Zusammenfassende Betrachtung

Der Effekt von Störungen auf Ökosystemleistungen hängt von einer Vielzahl von Faktoren ab. Eine breit abgestützte Analyse für Wälder der gemäßigten und borealen Zone, welche sich auf 478 wissenschaftliche Veröffentlichungen zu Störungseffekten auf Ökosystemleistungen bezieht (Thom & Seidl 2016), kommt zum Schluss, dass Störungen einen überwiegend negativen Effekt auf die Ökosystemleistungen des Waldes haben. Nur auf den klimarelevanten Parameter «Albedo» haben Störungen einen überwiegend positiven Einfluss (Abb. 4). Die Übersichtsarbeit zeigt, dass die negativen Auswirkungen alle Kategorien der Ökosystemleistungen gleichermaßen betreffen (Abb. 5).

Das Offenland der temperierten Zone in Mitteleuropa zeigt eine hohe Resistenz gegenüber Störungen in den unterstützenden und bereitstellenden Ökosystemleistungen wie Biomasseproduktion und Futterwert. Dies gilt besonders für sehr artenreiche Ökosysteme. Experimentelle Untersuchungen aus verschiedenen Ländern bestätigen die fortgesetzte Biomassebereitstellung auch unter sommerlicher Trockenheit oder Veränderung des Mahdregimes. Allerdings werden andere unterstützende, bereitstellende und regulierende Leistungen wie Regulation des Nährstoffkreislaufs, des Kohlenstoffhaushalts und des Wasserkreislaufs stärker durch extreme Wetterereignisse und Landnutzungsänderungen beeinflusst als die reine Biomasseproduktion.

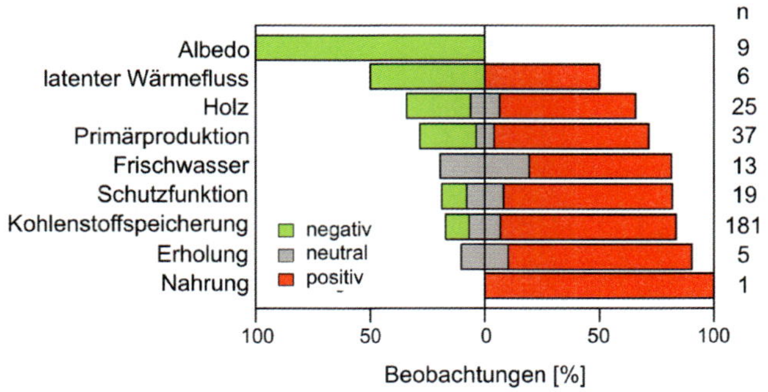

Abb. 4: Effekte von Störungen auf individuelle Ökosystemleistungen von Waldökosystemen. n ist die Anzahl unterschiedlicher Literaturquellen (Quelle: Thom & Seidl 2016).

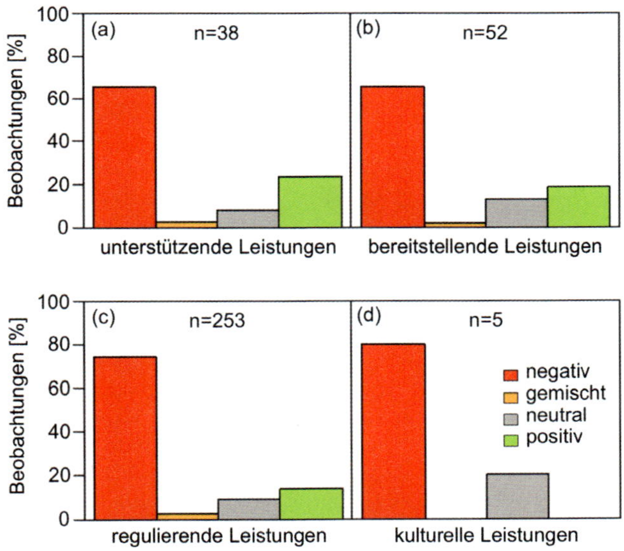

Abb. 5: Effekte von Störungen auf Gruppen von Ökosystemleistungen (nach dem *Millennium Ecosystem Assessment* (Hassan et al. 2005)): (a) unterstützende, (b) bereitstellende, (c) regulierende und (d) kulturelle Ökosystemleistungen. n ist die Anzahl an Beobachtungen (Quelle: Thom & Seidl 2016).

Literatur

- Berger TW, Swoboda S, Prohaska T, Glatzel G (2006) The role of calcium uptake from deep soils for spruce *(Picea abies)* and beech *(Fagus sylvatica)*. Forest Ecol. Manag. 229: 234–246.
- Beudert B, Bässler C, Thorn S, Noss R, Schröder B, Dieffenbach-Fries H, Foullois N, Müller J (2015) Bark beetles increase biodiversity while maintaining

drinking water quality. Cons. Lett. 8: 272–281.
- Brang P, Schönenberger W, Frehner M, Schwitter R, Thormann J-J, Wasser B (2006) Management of protection forests in the European Alps: an overview. Forest Snow Landsc. Res. 80: 23–44.
- Brang P, Hilfiker S, Wasem U, Schwyzer A, Wohlgemuth T (2015) Langzeitforschung auf Sturmflächen zeigt Potenzial und Grenzen der Naturverjüngung. Schweiz. Z. Forstwes. 166: 147–158.
- Chang J, Ciais P, Viovy N, Vuichard N, Sultan B, Soussana J-F (2015) The greenhouse gas balance of European grasslands. Glob. Change Biol. 21: 3748–3761.
- Chen HYH, Shrestha BM (2012) Stand age, fire and clearcutting affect soil organic carbon and aggregation of mineral soils in boreal forests. Soil Biol. Biochem. 50: 149–157.
- Clergeau P, Mennechez G, Sauvage A, Lemoine A (2001) Human perception and appreciation of birds: A motivation for wildlife conservation in urban environments of France. In: Marzluff JM, Bowman R, Donnelly R (eds) Avian ecology and conservation in an urbanizing world. Kluwer Academic Publishers, Boston. pp. 68–88.
- Conard SG, Sukhinin AI, Stocks BJ, Cahoon DR, Davidenko EP, Ivanova GA (2002) Determining effects of area burned and fire severity on carbon cycling and emissions in Siberia. Clim. Change 55: 197–211.
- Cordonnier T, Courbaud B, Berger F, Franc A (2008) Permanence of resilience and protection efficiency in mountain Norway spruce forest stands: a simulation study. Forest Ecol. Manag. 256: 347–354.
- Coursolle C, Margolis HA, Barr AG, Black TA, Amiro BD, McCaughey JH, Flanagan LB, Lafleur PM, Roulet NT, Bourque CP-A, Arain MA, Wofsy SC, Dunn A, Morgenstern K, Orchansky AL, Bernier PY, Chen JM, Kidston J, Saigusa N, Hedstrom N (2006) Late-summer carbon fluxes from Canadian forests and peatlands along an east west continental transect. Can. J. For. Res. 36: 783–800.
- Dore S, Montes-Helu M, Hart SC, Hungate BA, Koch GW, Moon JB, Finkral AJ, Kolb TE (2012) Recovery of ponderosa pine ecosystem carbon and water fluxes from thinning and stand-replacing fire. Glob. Change Biol. 18: 3171–3185.
- Dorren LKA, Berger F, Imeson AC, Maier B, Rey F (2004) Integrity, stability and management of protection forests in the European Alps. Forest Ecol. Manag. 195: 165–176.
- Eggers J, Tröltzsch K, Falcucci A, Maiorano L, Verburg PH, Framstad E, Louette G, Maes D, Nagy S, Ozinga W, Delbaere B (2009) Is biofuel policy harming biodiversity in Europe? GCB Bioenergy 1: 18–34.
- El Kateb H, Zhang H, Zhang P, Mosandl R (2013) Soil erosion and surface runoff on different vegetation covers and slope gradients: a field experiment in Southern Shaanxi Province, China. Catena 105: 1–10.
- Emelko MB, Silins U, Bladon KD, Stone M (2011) Implications of land disturbance on drinking water treatability in a changing climate: Demonstrating the need for «source water supply and protection» strategies. Water Res. 45: 461–472.
- Euskirchen ES, McGuire AD, Rupp TS, Chapin FS, Walsh JE (2009) Projected changes in atmospheric heating due to changes in fire disturbance and the snow season in the western Arctic, 2003–2100. J. Geophys. Res.-Biogeo. 114: G04022.
- Foken T, Lüers J (2015) Regionale Ausprägung des Klimawandels in Oberfranken. In: Obermaier G, Samimi C (Hrsg.) Folgen des Klimawandels. Bayreuther Kontaktstudium Geographie, Band 8, Universität Bayreuth. S. 33–42.
- Gilliam FS, Platt WJ (1999) Effects of long-term fire exclusion on tree species composition and stand structure in an old-growth *Pinus palustris* (longleaf pine) forest. Plant Ecol. 140: 15–26.
- Hassan R, Scholes R, Ash N (2005) Millennium Ecosystem Assessment, Vol. 1: Ecosystems and human well-being: current state and trends. Island Press, Washington. 917 S.
- Hector A, Schmid B, Beierkuhnlein C, Caldeira MC, Diemer M, Dimitrakopoulos PG, Finn J, Freitas H, Giller PS, Good J, Harris R, Högberg P, Huss-Danell K, Joshi J, Jumpponen A, Körner C,

Leadley PW, Loreau M, Minns A, Mulder CPH, O'Donovan G, Otway SJ, Pereira JS, Prinz A, Read DJ, Scherer-Lorenzen M, Schulze ED, Siamantziouras A-SD, Spehn EM, Terry AC, Troumbis AY, Woodward FI, Yachi SL, Lawton JH (1999) Plant diversity and productivity experiments in European grasslands. Science 286: 1123–1127.

- Hellmann F, Verburg PH (2010) Impact assessment of the European biofuel directive on land use and biodiversity. J. Environ. Manage. 91: 1389–1396.
- Huang S, Liu H, Dahal D, Jin S, Welp LR, Liu J, Liu S (2013) Modeling spatially explicit fire impact on gross primary production in interior Alaska using satellite images coupled with eddy covariance. Remote Sens. Environ. 135: 178–188.
- Huber C (2005) Long lasting nitrate leaching after bark beetle attack in the highlands of the Bavarian Forest National Park. J. Environ. Qual. 34: 1772–1779
- Hunt LM, Haider W (2004) Aesthetic impacts of disturbances on selected boreal forested shorelines. Forest Sci. 50: 729–738.
- Jentsch A (2007) The challenge to restore processes in face of nonlinear dynamics – on the crucial role of disturbance regimes. Restor. Ecol. 15: 334–339.
- Jentsch A, Friedrich S, Steinlein T, Beyschlag W, Nezadal W (2009) Assessing conservation action for substitution of missing dynamics on former military training areas in Central Europe. Restor. Ecol. 17: 107–116.
- Jentsch A, Kreyling J, Elmer M, Gellesch E, Glaser B, Grant K, Hein R, Lara M, Mirzae H, Nadler SE, Nagy L, Otieno D, Pritsch K, Rascher U, Schädler M, Schloter M, Singh BK, Stadler J, Walter J, Wellstein C, Wöllecke J, Beierkuhnlein C (2011) Climate extremes initiate ecosystem-regulating functions while maintaining productivity. J. Ecol. 99: 689–702.
- Joos O, Hagedorn F, Heim A, Gilgen AK, Schmidt MWI, Siegwolf RTW, Buchmann N (2010) Summer drought reduces total and litter-derived soil CO_2 effluxes in temperate grassland – clues from a 13C litter addition experiment. Biogeosciences 7: 1031–1041.
- Kashian DM, Turner MG, Romme WH (2005) Variability in leaf area and stemwood increment along a 300-year lodgepole pine chronosequence. Ecosystems 8: 48–61.
- Körner C (2003) Slow in, rapid out – carbon flux studies and Kyoto targets. Science 300: 1242–1243.
- Kučerová A, Rektoris L, Štechová T, Bastl M (2008) Disturbances on a wooded raised bog – How windthrow, bark beetle and fire affect vegetation and soil water quality? Folia Geobot. 43: 49–67.
- Kurz WA, Dymond CC, Stinson G, Rampley GJ, Neilson ET, Carroll AL, Ebata T, Safranyik L (2008) Mountain pine beetle and forest carbon feedback to climate change. Nature 452: 987.
- Lamy T, Liss KN, Gonzalez A, Bennett EM (2016) Landscape structure affects the provision of multiple ecosystem services. Environ. Res. Lett. 11: 124017.
- Lindroth A, Lagergren F, Grelle A, Klemedtsson L, Langvall O, Weslien P, Tuulik J (2009) Storms can cause Europe-wide reduction in forest carbon sink. Glob. Change Biol. 15: 346–355.
- McFarlane BL, Witson DOT (2008) Perceptions of ecological risk associated with mountain pine beetle *(Dendroctonus ponderosae)* infestations in Banff and Kootenay National Parks of Canada. Risk Anal. 28: 203–212.
- Mikkelson KM, Dickenson ERV, Maxwell RM, McCray JE, Sharp JO (2013) Water-quality impacts from climate-induced forest die-off. Nat. Clim. Change 3: 218.
- Mladenoff DJ (1987) Dynamics of nitrogen mineralization and nitrification in hemlock and hardwood treefall gaps. Ecology 68: 1171–1180.
- Müller M, Job H (2009) Managing natural disturbance in protected areas: tourists' attitude towards the bark beetle in a German national park. Biol. Cons. 142: 375–383.
- Myers-Smith IH, Harden JW, Wilmking M, Fuller CC, McGuire AD, Chapin Iii FS (2008) Wetland succession in a permafrost collapse: interactions between fire and thermokarst. Biogeosciences 5: 1273–1286.

- Pan Y, Birdsey RA, Fang J, Houghton R, Kauppi PE, Kurz WA, Phillips OL, Shvidenko A, Lewis SL, Canadell JG, Ciais P, Jackson RB, Pacala SW, McGuire AD, Piao S, Rautiainen A, Sitch S, Hayes D (2011) A large and persistent carbon sink in the world's forests. Science: 1201609.
- Peters EB, Wythers KR, Bradford JB, Reich PB (2013) Influence of disturbance on temperate forest productivity. Ecosystems 16: 95–110.
- Pollock SL, Payette S (2010) Stability in the patterns of long-term development and growth of the Canadian spruce-moss forest. J. Biogeogr. 37: 1684–1697.
- Prestemon JP, Holmes TP (2004) Market dynamics and optimal timber salvage after a natural catastrophe. Forest Sci. 50: 495–511.
- Scharenbroch BC, Bockheim JG (2008) The effects of gap disturbance on nitrogen cycling and retention in late-successional northern hardwood-hemlock forests. Biogeochemistry 87: 231–245.
- Scherer-Lorenzen M, Palmborg C, Prinz A, Schulze E-D (2003) The role of plant diversity and composition for nitrate leaching in grasslands. Ecology 84: 1539–1552.
- Schmitt M, Bahn M, Wohlfahrt G, Tappeiner U, Cernusca A (2010) Land use affects the net ecosystem CO_2 exchange and its components in mountain grasslands. Biogeosciences 7: 2297–2309.
- Schwitter R, Sandri A, Bebi P, Wohlgemuth T, Brang P (2015) Lehren aus Vivian für den Gebirgswald – im Hinblick auf den nächsten Sturm. Schweiz. Z. Forstwes. 166: 159–167.
- Seedre M, Chen HYH (2010) Carbon dynamics of aboveground live vegetation of boreal mixedwoods after wildfire and clear-cutting. Can. J For. Res. 40: 1862–1869.
- Seidl R, Blennow K (2012) Pervasive growth reduction in Norway spruce forests following wind disturbance. Plos One 7: e33301, 33301–33308.
- Seidl R, Rammer W, Jäger D, Lexer MJ (2008) Impact of bark beetle (*Ips typographus* L.) disturbance on timber production and carbon sequestration in different management strategies under climate change. Forest Ecol. Manag. 256: 209–220.
- Seidl R, Schelhaas MJ, Rammer W, Verkerk PJ (2014) Increasing forest disturbances in Europe and their impact on carbon storage. Nat. Clim. Change 4: 806–810.
- Sheik CS, Beasley WH, Elshahed MS, Zhou X, Luo Y, Krumholz LR (2011) Effect of warming and drought on grassland microbial communities. ISME J. 5: 1692.
- Silva Pedro M, Rammer W, Seidl R (2016) A disturbance-induced increase in tree species diversity facilitates forest productivity. Landsc. Ecol. 31: 989–1004.
- Soussana J-F, Allard V, Pilegaard K, Ambus P, Amman C, Campbell C, Ceschia E, Clifton-Brown J, Czobel S, Domingues R, Flechard C, Fuhrer J, Hensen A, Horvath L, Jones M, Kasper G, Martin C, Nagy Z, Neftel A, Raschi A, Baronti S, Rees RM, Skiba UM, Stefani P, Manca G, Sutton M, Tuba Z, Valentini R (2007) Full accounting of the greenhouse gas (CO_2, N_2O, CH_4) budget of nine European grassland sites. Agr. Ecosyst. Environ. 121: 121–134.
- Stuart-Haëntjens E, De Boeck HJ, Lemoine NP, Mänd P, Kröel-Dulay G, Schmidt IK, Jentsch A, Stampfli A, Anderegg WRL, Bahn M, Kreyling J, Wohlgemuth T, Lloret F, Classen AT, Gough CM, Smith MD (2018) Mean annual precipitation predicts primary production resistance and resilience to extreme drought. Sci. Total Environ. 636: 360–366.
- Stuber M, Bürgi M (2001) Agrarische Waldnutzungen in der Schweiz 1800–1950. Waldweide, Waldheu, Nadel-und Laubfutter | Agricultural use of forest in Switzerland 1800–1950. Wood pasture, wood hay collection, and the use of leaves and needles for fodder. Schweiz. Z. Forstwes. 152: 490–508.
- Thom D, Seidl R (2016) Natural disturbance impacts on ecosystem services and biodiversity in temperate and boreal forests. Biol. Rev. 91: 760–781.
- Thom D, Rammer W, Seidl R (2017) The impact of future forest dynamics on climate: Interactive effects of changing

vegetation and disturbance regimes. Ecol. Monogr. 87: 665–684.
- Tubiello FN, Soussana J-F, Howden SM (2007) Crop and pasture response to climate change. Proc. Nat. Acad. Sci. USA 104: 19686–19690.
- Turner MG, Donato DC, Romme WH (2013) Consequences of spatial heterogeneity for ecosystem services in changing forest landscapes: priorities for future research. Landsc. Ecol. 28: 1081–1097.
- Vanderwel MC, Coomes DA, Purves DW (2013) Quantifying variation in forest disturbance, and its effects on aboveground biomass dynamics, across the eastern United States. Glob. Change Biol. 19: 1504–1517.
- Wall DH, Bardgett RD, Behan-Pelletier V, Herrick JE, Jones H, Ritz K, Six J, Strong DR, Van Der Putten WH (2013) Soil ecology and ecosystem services. Oxford University Press, Oxford. 424 p.
- Walter J, Grant K, Beierkuhnlein C, Kreyling J, Weber M, Jentsch A (2012) Increased rainfall variability reduces biomass and forage quality of temperate grassland largely independent of mowing frequency. Agr. Ecosyst. Environ. 148: 1–10.
- Wang C, Gower ST, Wang Y, Zhao H, Yan P, Bond-Lamberty BP (2001) The influence of fire on carbon distribution and net primary production of boreal *Larix gmelinii* forests in north-eastern China. Glob. Change Biol. 7: 719–730.
- Wohlgemuth T, Schwitter R, Bebi P, Sutter F, Brang P (2017) Post-windthrow management in protection forests of the Swiss Alps. Eur. J. Forest Res. 136: 1029–1040.
- Zamora R, Molina-Martínez JR, Herrera MA, Rodríguez Y Silva F (2010) A model for wildfire prevention planning in game resources. Ecol. Model. 221: 19–26.
- Zurbriggen N, Nabel JEMS, Teich M, Bebi P, Lischke H (2014) Explicit avalanche-forest feedback simulations improve the performance of a coupled avalanche-forest model. Ecol. Complex. 17: 56–66.

Register

B

C

I

W